经典译丛 · 信息与通信技术

卡尔曼滤波理论与实践
(MATLAB 版)
(第四版)

Kalman Filtering: Theory and Practice Using MATLAB

Fourth Edition

[美] Mohinder S. Grewal
Angus P. Andrews 著

刘郁林 陈绍荣 徐 舜 译

電子工業出版社
Publishing House of Electronics Industry
北京 · BEIJING

内 容 简 介

本书深入系统地介绍了卡尔曼滤波的基础理论和实践考虑，涉及卡尔曼滤波的核心技术基础以及在实现中遇到的实际问题。包括：实际问题的数学模型表示方法、作为系统设计参数函数估计子的性能分析、实现机械方程的数值稳定算法、计算需求的评估、结果有效性的检验、滤波器工作性能的监控等内容。本书以大量现实世界中的实际问题作为例子，特别是拓展了导航系统的应用范围，包括 GPS、陀螺仪和加速度计的误差模型、惯性导航系统和高速公路交通管制系统等。本书还提供了 MATLAB 源程序和精心设计的习题。全书译文已根据作者于 2015 年提供的两个勘误表进行过更正。

本书适合于作为高年级本科生学习随机过程的入门教程和研究生一年级学习卡尔曼滤波理论及应用的教材，也可用于自学或者作为实际工程师和科研人员的参考书。

Kalman Filtering: Theory and Practice Using MATLAB, Fourth Edition, 9781118851210, Mohinder S. Grewal, Angus P. Andrews.

版权贸易合同登记号图字：01-2015-6372

图书在版编目（CIP）数据

卡尔曼滤波理论与实践：MATLAB 版：第四版／（美）莫欣德 S. 格雷沃（Mohinder S. Grewal），（美）安格斯 P. 安德鲁斯（Angus P. Andrews）著；刘郁林，陈绍荣，徐舜译. —北京：电子工业出版社，2017.7

（经典译丛·信息与通信技术）

书名原文：Kalman Filtering: Theory and Practice Using MATLAB, Fourth Edition

ISBN 978-7-121-31535-0

Ⅰ. ①卡… Ⅱ. ①莫… ②安… ③刘… ④陈… ⑤徐… Ⅲ. ①Matlab 软件-应用-数字信号处理-研究
Ⅳ. ①TN911.72

中国版本图书馆 CIP 数据核字（2017）第 108508 号

策划编辑：马　岚

责任编辑：李秦华

印　　刷：三河市君旺印务有限公司

装　　订：三河市君旺印务有限公司

出版发行：电子工业出版社

北京市海淀区万寿路 173 信箱　邮编　100036

开　　本：787×1092　1/16　印张：29.75　字数：762 千字

版　　次：2017 年 7 月第 1 版（原著第 4 版）

印　　次：2022 年 11 月第 6 次印刷

定　　价：99.00 元

凡所购买电子工业出版社的图书有缺损问题，请向购买书店调换；若书店售缺，请与本社发行部联系。联系及邮购电话：（010）88254888，88258888。

质量投诉请发邮件至 zlts@phei.com.cn，盗版侵权举报请发邮件至 dbqq@phei.com.cn。

本书咨询联系方式：classic-series-info@phei.com.cn。

第四版前言

本书目的是为读者提供了解和熟悉卡尔曼滤波理论及其应用的相关知识，并且将现实世界中的许多实际问题作为例子。主要内容包括卡尔曼滤波的核心技术基础以及在实现方面的更多实际方法：如何用数学模型对问题进行描述、如何分析作为系统设计参数函数估计子的性能、如何用数值稳定的算法实现机械方程、如何评估计算需求，以及如何检验结果的有效性和监控滤波器在工作中的性能，等等。上述问题都是卡尔曼滤波这一主题的重要特性，它们在理论研究中常常被忽略，而对于将卡尔曼滤波理论应用于实际问题则是非常必要的。

在第四版中，新增加了一章对于卡尔曼滤波非常重要的有关概率分布特征的内容，增加了两节内容以便更容易推导出卡尔曼增益，增加了一节讨论新的 sigmaRho 滤波器的实现问题，对卡尔曼滤波的非线性近似处理方法进行了更新，拓展了在导航领域中的应用，增加了关于卫星和惯性导航误差模型的许多推导过程和实现方法，还增加了关于传感器融合的许多新例子。附录 B 给出了有关矩阵数学方面的更多基础知识①。

为了全面提高本教材的质量，我们对习题进行了更新，还采纳了许多读者、评阅人、同事和学生的有益校正和建议。

本书所有软件都以 MATLAB 方式提供，这样读者可以使用其良好的绘图能力和编程界面，并且与用来定义卡尔曼滤波及其应用的数学方程也很接近。MATLAB 开发环境还集成了 Simulink 仿真环境，用于对具体应用进行代码验证，并且将代码编译为 C 语言，以便适用于 C 编译器的许多微处理器应用。附录 A 是对本书提供的 MATLAB 软件所给出的描述。这些软件在实际中是非常必要的，因为如果不采用计算机进行实现，卡尔曼滤波的用处就不会很大。对于学生而言，通过观察卡尔曼滤波在实际中的行为来发现其如何工作则是更好的学习体验。

利用计算机来实现卡尔曼滤波方法，可以说明有限字长算法的一些实际考虑，并且说明为了保持结果的精度还需要采用其他算法。如果学生希望将其所学用于解决实际问题，则了解卡尔曼滤波在哪些情况下可以运用、在哪些情况下不能运用是很重要的，他们还需要搞清楚这两者之间的差异。

本书是专门按照教材要求来组织的，可以作为高年级本科生学习随机过程的入门教材，也可以作为研究生一年级学习卡尔曼滤波理论和应用的教材。本书还适用于那些对这个重要领域不太熟悉而从事实际工作的工程科技人员自学或者回顾。第 1 章以简述卡尔曼滤波发展历史和应用的方式对该主题进行了简单介绍。第 2 章至第 4 章涵盖了线性系统、概率、随机过程和随机过程模型的重要基础知识。这些章节的内容可用于电子、计算机和系统工程专业的高年级课程。

第 5 章介绍了线性最优滤波器和预测器，给出了卡尔曼增益的推导过程和详细的应用举例。第 6 章综述性地介绍了基于卡尔曼滤波模型的最优平滑方法，包括鲁棒性更好的一些实现方法。第 7 章介绍了保持数值精度的最新实现技术，以及用于计算机实现的算法。

---

① 登录华信教育资源网(www. hxedu. com. cn)可注册并免费下载本书代码及附录 B 和附录 C。采用本书作为教材的教师，可联系 te_service@ phei. com. cn 获取本书教辅资源(含习题解答)。——编者注

第 8 章主要讨论在非线性应用中的近似方法，包括针对“拟线性”问题的“扩展”卡尔曼滤波器以及评估扩展卡尔曼滤波器是否足以解决这种问题的检验方法。对于那些没有通过拟线性检验的问题，我们还给出了卡尔曼滤波的粒子滤波方法、σ 点方法以及“无迹”卡尔曼滤波器等实现方法。作为举例，我们给出了这些技术在系统未知参数辨识中的应用。第 9 章在第 7 章介绍的数值方法基础上，讨论了更加实际的实现和应用问题。这些问题包括存储量和吞吐量需求（及降低这些需求的方法）、发散问题（及有效的解决方法）、次优滤波和测量值选取的实际方法等。

为了说明如何研制卡尔曼滤波应用系统并对其进行评价，在第 10 章中，针对全球导航卫星系统（GNSS）接收机、惯性导航系统（INS）以及将 GNSS 接收机与 INS 组合在一起的导航系统，介绍了如何推导并实现不同卡尔曼滤波的构造方法。

第 5 章至第 9 章涵盖了研究生一年级学习卡尔曼滤波理论及应用的主要内容，这些内容也可以作为数字估计理论和应用的基础教材。

全书内容组织可以通过如下章节关系图来说明，其中指出了每章内容与其他各章内容之间的相互依赖关系。图中的箭头方向表示了推荐的学习顺序。用箭头将某个方框与其上面的其他方框相连，表示上面方框中的内容是下面方框中主题的基础。虚线方框表示需要从网站下载阅读的相关知识。

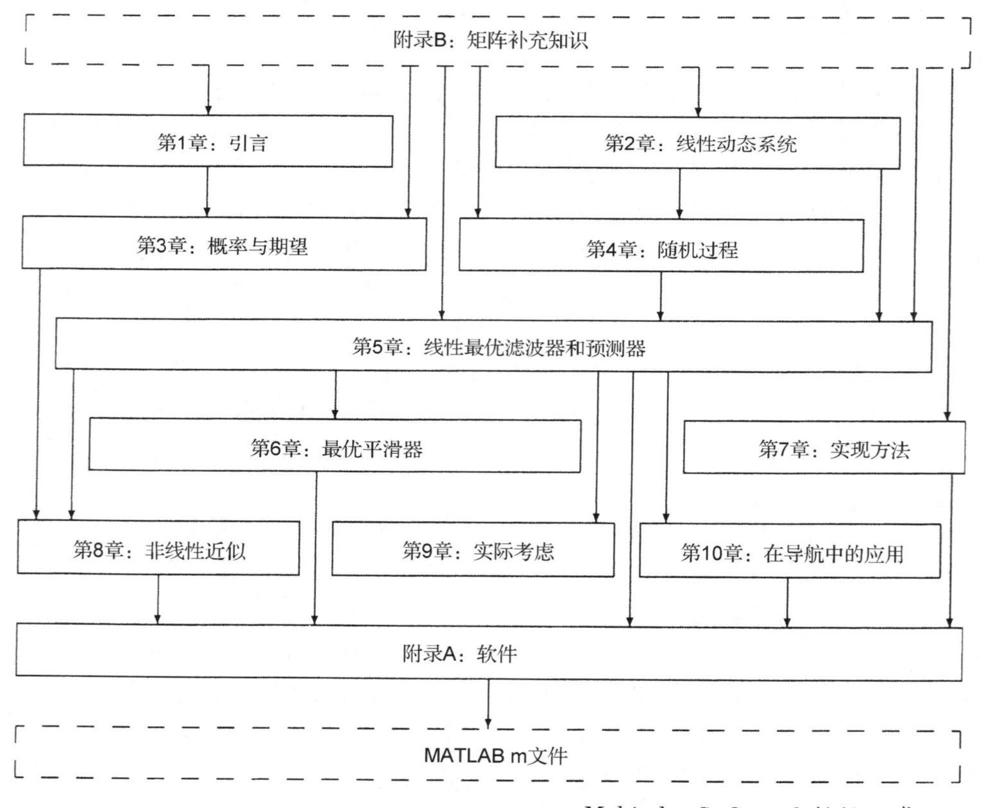

Mohinder S. Grewal 教授，博士，PE
加州州立大学富勒顿分校

Angus P. Andrews，博士
加州千橡市（Thousand Oaks）罗克韦尔科学中心，高级科学家（已退休）

致　　谢

作者对在本书核心材料准备过程中做出贡献的下列人员致以深深的感谢，他们是：E. Richard Cohen，Thomas W. De Vries，Reverend Joseph Gaffney，Thomas L. Gunckel II，Dwayne Heckman，Robert A. Hubbs，Thomas Kailath，Rudolf E. Kalman，Alan J. Laub，Robert F. Nease，John C. Pinson，John M. Richardson，Jorma Rissanen，Gerald E. Runyon，Joseph Smith 和 Donald F. Wiberg。

我们还对下列人员对本书的评阅、修改和建议表示诚挚的感谢，这些工作对提高本书第二版和第三版的质量具有很大帮助，他们是：Dean Dang，Gordon Inverarity 和 Kenneth W. Fertig。

对于第四版而言，我们衷心感谢 Jeffrey Uhlmann 和 Simon Julier 为第 1 章和第 8 章提供了新的素材，Andrey Podkorytov 对 Schmidt-Kalman 滤波器进行了修正，Rudolf E. Kalman 教授专门为第 1 章撰写了导语，已故的 Robert W. Bass（1930－2013）对第 1 章进行了修改，James Kain 对第 7 章中部分内容进行了校对，John L. Weatherwax 对习题集的解答做出了贡献，以及 Edward H. Martin 为 GNSS/INS 组合导航的早期历史提供了有关资料。

最后，我们还要特别感谢 Sonja Grewal 和 Jeri Andrews 在本书所有版本的写作过程中所给予的奉献、支持和理解，并谨以此书献给她们。

——Mohinder S. Grewal，Augus P. Andrews

目　　录

第1章　引　　言

一旦你正确地把握了物理性质，剩下的就是数学问题了。

——Rudolf E. Kalman

Kailath Lecture，斯坦福大学，2009 年 5 月 11 日

1.1　本章重点

本章对我们的讨论主题进行了扼要介绍，简述了在此以前这个主题的发展历史，综述了所有内容之间的相互联系，并且给出了常用符号以及使其更加清晰的名词术语。

1.2　关于卡尔曼滤波

1.2.1　第一个问题：什么是卡尔曼滤波器

从理论上讲，卡尔曼滤波器曾经被称为线性最小均方估计子（Linear Least Mean Squares Estimator，LLMSE），因为它利用含有噪声的线性传感器（数据）使线性随机系统的均方估计误差最小化。卡尔曼滤波器也曾称为线性二次估计子（Linear Quadratic Estimator，LQE），因为它根据白色测量值和扰动噪声，使线性动态系统的估计误差的二次函数最小化。即使在卡尔曼滤波器出现半个世纪以后的今天，它仍然是估计理论历史上的唯一成就。它是随机系统实时最优估计问题的唯一实际的有限维解决方法，它对涉及的概率分布做出很少的假设，只要求它们具有有限的均值和二阶中心距（协方差）。卡尔曼滤波器的数学模型代表了一类重要应用，它利用含有噪声的测量值来估计具有难以预测扰动的动态系统的当前状态。尽管提出了许多近似方法将其应用推广到弱线性问题，并且尽管数十年专注于其对非线性应用的研究推广，人们依然没有发现针对非线性问题的一般性有效解决方法①。

实际上，卡尔曼滤波器是数学工程（Mathematical Engineering）的伟大发现之一，它采用数学模型来解决工程问题——这与利用数学物理学解决物理问题，或者利用计算数学解决计算机实现中的效率和精度问题的方法是非常类似的。

卡尔曼滤波器的早期应用者认为它是在 20 世纪中实际估计理论的最伟大发现，并且其名声随着时间的发展而越来越响。为了说明它是普遍存在的，在 Google 网站上搜索“卡尔曼滤波器”或者“卡尔曼滤波”会得到超过 100 万的点击率。原因之一在于卡尔曼滤波器使人们能够完成许多离开它做不了的事情，正如硅一样，它也是构造许多电子系统不可缺少的部分。其最直接的应用是用于监视和控制复杂的动态系统，比如连续制造过程、飞行器、舰船或者宇宙飞船。为了控制动态系统，我们必须首先知道它正在做什么。对于这类应用，并不总是可能或者期望对你想控制的每一个变量进行测量，卡尔曼滤波器则提供了一种数学框

① 然而，人们发现了具有一定局限性的有限维非线性解决方法[1]。

架，可以从间接的有噪声的测量值中推断出未测量的变量。卡尔曼滤波器还可用来对人们不能控制的动态系统可能的未来行为进行预测，比如洪水暴发期间的水流、天体的轨迹或者商品和有价证券的价格等。它已经成为了一种将不同传感器和/或数据采集系统综合集成为一个整体的最优解决方案的通用工具。

卡尔曼滤波器模型还有一个额外的用处，它可以用来作为一种工具，对动态系统轨道类的其他传感器系统设计的相对精度进行评估。如果没有这种能力，则不太可能开发出许多复杂的传感器系统(包括全球导航卫星系统)。

从实际立场来讲，本书将提出下列观点：

1. 卡尔曼滤波器仅仅是一种工具。尽管它能够使你更容易解决问题，但是单靠它自身并不能解决任何问题。它不是一种物理工具，而是一种数学工具。正如机械工具使体力劳动效率更高一样，数学工具使脑力劳动效率更高。与任何工具相同，在有效地使用它以前，先理解其作用和功能是非常重要的。本书的目的在于使读者充分熟悉并精通卡尔曼滤波器的使用，以便正确有效地运用它。
2. 卡尔曼滤波器是一种计算机程序。它一直被称为“适用于数字计算机实现的理想工具”[2]，部分原因在于它采用了估计问题的有限表示方法——通过有限数目的变量来表示。然而，该方法确实假设这些变量都是实数——即具有无限精度。在应用中遇到的一些问题来自于有限维度和有限信息之间的区别，以及“有限”和“可处理”问题规模的区别。这些卡尔曼滤波实际方面的问题是必须同卡尔曼滤波理论一起考虑的。
3. 卡尔曼滤波器是估计问题具有一致性的统计描述方法。它不仅仅是一个估计子，因为它会传播动态系统有关知识的当前状态，包括来自于随机动态扰动和传感器噪声的均方不确定性。这些特性对于传感器系统的统计分析和预先设计都是极其有用的。

如果上述回答能够满足你所追求的理解水平，则没有必要阅读本书余下部分了。如果需要充分理解卡尔曼滤波器以便有效利用它，则请继续往下阅读。

1.2.2　为什么被称为滤波器

将“滤波器”这个词用来描述估计子看起来可能有点奇怪。通常而言，一个滤波器是指用于将混合物中不想要的部分去掉的物理设备(单词 felt 来自于相同的中古拉丁文词根，它表示用做液体过滤器的材料)。滤波器最初用于解决将液体-固体混合物中不需要的成分进行分离的问题。在晶体管收音机和真空管的时代，该术语用于对电子信号进行“滤波”的模拟电路。这些信号是不同频率成分的混合物，并且这种物理设备将不需要的频率选择性地衰减掉。

在 20 世纪 30 年代和 40 年代，这个概念被推广用于分离“信号”和“噪声”，两者都用其功率谱密度所表征。在给定信号与噪声混合物的情况下，Kolmogorov(科尔莫戈罗夫)和 Wiener(维纳)采用其概率分布的统计特征，以构造出信号的最优估计。

就卡尔曼滤波而言，这个术语的含义已经远远超出对混合物的成分进行“分离”这一原始思想了。它还用于解决求逆的问题，这种情况下我们知道如何将可测量的变量表示为最感兴趣的变量函数。从本质上讲，它对这个函数关系求逆，并且将非独立(可测量)变量的逆函数作为独立变量的估计。这些感兴趣的变量是允许动态变化的，这种动态性只能是部分可预测的。

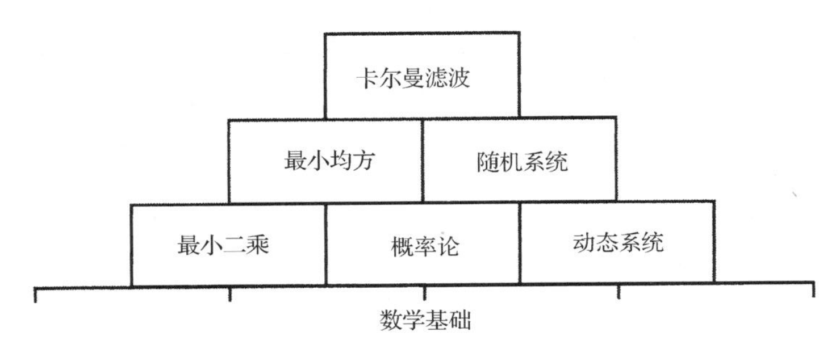

图 1.1　卡尔曼滤波中的基本概念

1.2.3　卡尔曼滤波的数学基础

在图 1.1 中，给出了构成卡尔曼滤波理论基础的基本概念。尽管这里将卡尔曼滤波画为金字塔尖顶图形，其本身仅仅是另一个学科——现代控制理论基础的一个部分，它也是统计决策理论的一个子集。

在本书中，我们将只考虑该金字塔的上面三层，以及少量数学基础知识①(即附录 B 中的矩阵理论)。

1.2.4　卡尔曼滤波的应用

卡尔曼滤波的应用包括许多领域，但其作为一种工具而言，几乎只用于两个目的：估计和估计子的性能分析。

1. 估计动态系统的状态。什么是动态系统？如果对这个概念较真的话，它几乎包含了所有的系统。除了少数基本的物理常数，在宇宙中几乎很少有事物是真正恒定不变的。矮行星谷神星的轨道参数不是恒定不变的，甚至“固定”的星星和陆地也在移动。几乎所有的物理系统都在一定程度上是变化的。如果人们希望非常精确地估计其随时间变化的特征，则必须考虑其动态变化因素。问题是人们并不总是能够非常准确地掌握其动态变化。对于部分未知的状态，能够做得最好事情是更加准确地表达出未知——利用概率论。卡尔曼滤波器允许我们利用这种统计信息，根据某种类型的随机行为对动态系统的状态进行估计。表 1.1 中的第二列给出了这类系统的部分例子。

表 1.1　估计问题举例

应用	动态系统	传感器类型
过程控制	化工厂	压力
		温度
		流速
		气体分析仪
洪水预报	水系	水位
		雨量计
		气象雷达

① 总之，在本书中最好不要过于仔细地考虑最小面一层的这些数学基础。它们最终依赖于人类的智能，而其基础并没有被完全理解。

(续表)

应用	动态系统	传感器类型
跟踪	航天器	雷达
		成像系统
导航	舰船	六分仪
		日志
		陀螺仪
		加速度计
		GNSS[a] 接收机

[a] 缩写：GNSS，全球导航卫星系统。

2. 估计系统的性能分析。表 1.1 中的第三列给出了在估计对应动态系统状态时可能用到的一些传感器类型。设计分析的目标是确定出对于某个给定的性能准则，利用这些传感器类型的好坏程度。这些准则通常与估计精度和系统成本有关。

在确定最优滤波增益时，卡尔曼滤波器利用其估计误差的概率分布的参数特征，这些参数可能用于评估其性能，该性能是估计系统“设计参数”的函数，比如包括下列参数：

1. 采用的传感器的类型。
2. 各种类型的传感器相对于被估计系统的位置和方向。
3. 传感器允许的噪声特征。
4. 对传感器噪声进行平滑处理的预滤波方法。
5. 各种类型传感器的数据采样率。
6. 为降低实现需求而对模型的简化程度。

卡尔曼滤波器的分析能力还允许系统设计人员可以为一个估计系统的各个子系统分配“误差预算”，并且对预算分配进行权衡，以便在实现所需估计精度的条件下，使代价成本或者其他性能指标达到最优。

1.3 关于最优化估计方法

卡尔曼滤波器是许多世纪以来，众多富有创造性的思想家的思想不断进化发展的结果。我们在这里给出其中一些基本思想，在图 1.2 中从历史观点列出了这些思想的发现者。这个列表并不完备，其中还包括太多的人员以至于不能全部列举出来，但是该图可以给出其中所涉及的一些时期。该图只包含了 500 年时间，数学概念的研究和发展则可以追溯到史前。对于最优估计理论的详细历史感兴趣的读者可以参考 Kailath[8,30]，Lainiotis[3]，Mendel 和 Gieseking[4]，Sorenson[55,56] 等人的综述文章，以及 Battin[5] 和 Schmidt[6] 的个人报告。在第 7 章和第 8 章中，讨论了上述列表中最后 5 位发现者的最新成果。

1.3.1 最优估计理论的出现

从噪声数据中构造出最优估计的第一个方法是最小二乘方法。通常认为，它是由 Carl Friedrich Gauss(1777 – 1855)于 1795 年发现的。虽然自从 Galileo(1564 – 1642)时代，人们就已经认识到测量误差是不可避免的，但最小二乘方法是处理这种测量误差的第一个正规方法。尽管该方法更普遍地用于线性估计问题，Gauss 却首先将其用于解决数学天文学中的非线性估计问题，这是天文学历史上令人感兴趣的事件。后面的记录将多个来源综合在一起了，包括 Baker 和 Makemson[7] 所做的记录。

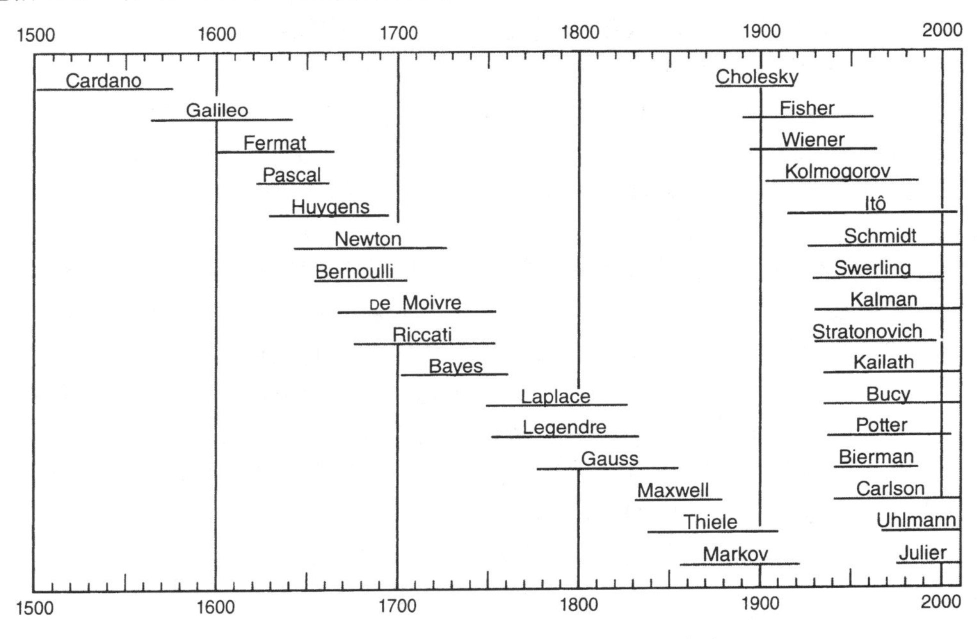

图 1.2　估计技术的一些重要贡献者的生命线

在 1801 年 1 月 1 日，19 世纪的第一天，意大利天文学家 Giuseppe Piazzi 正在检查一个星座记录中的条目。Piazzi 不知道打印机产生了一个错误，当他搜索“丢失”的星座时，却发现了某个在移动的物体。这就是“矮行星”谷神星——在小行星带中的最大天体，并且也是第一个被发现的——但是 Piazzi 却并不知道这些。在谷神星运动到离太阳太近而消失以前的 41 个夜晚期间，Piazzi 能够跟踪并记录其相对于“固定”星座背景的明显运动。

在 1 月 24 日，Piazzi 将其发现写信发给了 Johann Bode。因为提出了 Bode's 定律，Bode 在当时非常著名，他指出行星与太阳的距离可以用天文单位表示为如下序列：

$$d_n = \frac{1}{10}(4 + 3 \times 2^n), \qquad n = -\infty, 0, 1, 2, ?, 4, 5, \cdots \tag{1.1}$$

实际上，不是 Bode，而是 Johann Tietz 于 1772 年首先提出这个公式的。当时，只有 6 个已知的行星。在 1781 年，Friedrich Herschel 发现了 Uranus，它与该公式在 $n = 6$ 的情况非常一致。到目前为止，还未发现与 $n = 3$ 的情况一致的行星。受 Bode 启发，一个由欧洲天文学家组成的协会花了近 30 年时间一直在寻找“丢失”的第 8 颗行星。Piazzi 并不是这个协会的成员，但他确实将其无意中的发现告知了 Bode。

直到 3 月 20 日，Bode 才收到 Piazzi 的信。Bode 怀疑 Piazzi 的发现可能就是那颗丢失的行星，但根据当时可用的方法，没有足够的数据来确定出其轨道根数(Orbital Elements)。在非线性方程中这还是一个(有待解决的)问题，以至于牛顿自己也声称这属于数学天文学领域中最困难的问题。没有人能够解决它，因此，谷神星再次“消失”在太空中了。

直到 1801 年秋季，Piazzi 的发现才正式发表。一颗新行星可能被发现——以及后续的丢失。随着一个新世纪的开始，成为了激动人心的新闻。它与当时只有 7 个行星的哲学判断相矛盾——这个数字在谷神星被发现以前是众所周知的，并且被受人尊敬的哲学家 Georg Hegel

以及其他人所认同。Hegel(黑格尔)当时刚刚出版了一本书，其中他批评天文学家们寻找第 8 颗行星是在浪费时间，因为只有 7 颗行星的判断已经有彻底充分的哲学理由。在几乎所有地方，这个新的天体目标都成为了知识圈内谈论的主题。幸运的是，这个问题引起了 Gottingen 的一个 24 岁名叫 Carl Friedrich Gauss 的数学家的注意。

在几周以前，Gauss 正好考虑过轨道确定问题，但由于其他兴趣他又抛在了一边。现在，他把大部分时间都花在这个问题上，在 12 月估计出了谷神星的轨道，并将其结果寄给了 Piazzi。在这一年第一天被观察到的这颗新的“行星”(后来被重新分类为小行星)再次被发现了。

直到 1809 年，Gauss 才正式发表他的轨道确定方法①。在这篇论文中，他还描述了 1795 年他 18 岁时发现的最小二乘方法，并且利用这个方法对谷神星的轨道估计进行了改进。

尽管谷神星在(行星)发现的历史中发挥了重要的作用，并且它也仍然在夜晚的天空中定期不断地重复出现，但作为一个智力方面的兴趣主题，它却逐渐模糊下来，直到 2007 年发起了针对 2015 年再次与谷神星会合的科学探索。另一方面，自从被发表以后，最小二乘方法就一直不断地成为感兴趣的主题，并且各个时代的科技人员都受益匪浅。它在科学历史上产生了深远的影响。它是第一个最优化估计方法，它在实验科学和理论科学之间建立了重要的联系：它为实验人员提供了估计理论模型未知参数的一种切实可行的方法。

1.3.2　最小二乘方法

下面的例子是一种最常见的最小二乘问题，尽管最小二乘方法可以应用于更广泛的问题。

例 1.1(超定线性系统的最小二乘解)　Gauss 发现，如果将一个方程组用矩阵形式写为

$$\begin{bmatrix} h_{11} & h_{12} & h_{13} & \cdots & h_{1n} \\ h_{21} & h_{22} & h_{23} & \cdots & h_{2n} \\ h_{31} & h_{32} & h_{33} & \cdots & h_{3n} \\ \vdots & \vdots & \vdots & \ddots & \vdots \\ h_{l1} & h_{l2} & h_{l3} & \cdots & h_{ln} \end{bmatrix} \begin{bmatrix} x_1 \\ x_2 \\ x_3 \\ \vdots \\ x_n \end{bmatrix} = \begin{bmatrix} z_1 \\ z_2 \\ z_3 \\ \vdots \\ z_l \end{bmatrix} \tag{1.2}$$

或者

$$Hx = z \text{②} \tag{1.3}$$

于是，可以考虑使“估计的测量误差” $\hat{x}$ 达到最小化的估计值 $H\hat{x} - z$ 的求解问题。可以用欧几里得向量范数 $|H\hat{x} - z|$ 来表征估计误差，或者等价地采用其平方形式

$$\varepsilon^2(\hat{x}) = |H\hat{x} - z|^2 \tag{1.4}$$

$$= \sum_{i=1}^{m} \left[\sum_{j=1}^{n} h_{ij}\hat{x}_j - z_i \right]^2 \tag{1.5}$$

---

① 与此同时，最小二乘方法还被法国的 Andrien-Marie Legendre(1752 – 1833)以及美国的 Robert Adrian(1775 – 1855)所独立发现并公开发表[8]。甚至在 Gauss 出生以前，德裔瑞士物理学家 Johann Heinrich Lambert(1728 – 1777)就已经发现并使用了这个方法。这种荣格的同步性(Jungian synchronicity，即多人几乎同时发现某物的现象)在估计理论的其他重要发现上也经常会重复出现——比如 Wiener-Kolmogorov 滤波器和卡尔曼滤波器。

② 原版书中的数学符号较多且不符合规范，为不产生二次错误，在书中未进行规范——编者注。

上式是 n 个未知量 $\hat{x}_1,\hat{x}_2,\hat{x}_3,\cdots,\hat{x}_n$ 的连续微分函数。当任意分量 $\varepsilon^2(\hat{x})\to\infty$ 时，该函数 $\hat{x}_k\to\pm\infty$。因此，在所有关于 $\hat{x}_k$ 的导数都等于零的点，该函数取得其最小值。存在 n 个这种形式的方程

$$0=\frac{\partial\varepsilon^2}{\partial\hat{x}_k} \tag{1.6}$$

$$=2\sum_{i=1}^{m}h_{ik}\left[\sum_{j=1}^{n}h_{ij}\hat{x}_j-z_i\right] \tag{1.7}$$

其中，$k=1,2,3,\cdots,n$。注意到在上述最后一个方程中，表达式

$$\sum_{j=1}^{n}h_{ij}\hat{x}_j-z_i=\{H\hat{x}-z\}_i \tag{1.8}$$

为 $H\hat{x}-z$ 第 i 行，并且其最外面的求和等效于 H 的第 k 列与 $H\hat{x}-z$ 的点积。因此，式(1.7)可以重新写为

$$0=2H^{\mathrm{T}}[H\hat{x}-z] \tag{1.9}$$

$$=2H^{\mathrm{T}}H\hat{x}-2H^{\mathrm{T}}z \tag{1.10}$$

或者

$$H^{\mathrm{T}}H\hat{x}=H^{\mathrm{T}}z$$

其中，转置矩阵 H^{T} 定义为

$$H^{\mathrm{T}}=\begin{bmatrix}h_{11}&h_{21}&h_{31}&\dots&h_{m1}\\h_{12}&h_{22}&h_{32}&\dots&h_{m2}\\h_{13}&h_{23}&h_{33}&\dots&h_{m3}\\\vdots&\vdots&\vdots&\ddots&\vdots\\h_{1n}&h_{2n}&h_{3n}&\dots&h_{mn}\end{bmatrix} \tag{1.11}$$

方程

$$H^{\mathrm{T}}H\hat{x}=H^{\mathrm{T}}z \tag{1.12}$$

被称为正则方程，或者称为线性最小二乘问题方程的正则形式。它的等效标量方程的个数与未知数的个数是严格相等的。

线性最小二乘问题的 Gram 矩阵

假设矩阵

$$\mathcal{G}=H^{\mathrm{T}}H \tag{1.13}$$

是非奇异矩阵(即可逆的)，则正则方程的解为

$$\hat{x}=(H^{\mathrm{T}}H)^{-1}H^{\mathrm{T}}z$$

上述方程中的矩阵乘积 $\mathcal{G}=H^{\mathrm{T}}H$ 被称为 Gram 矩阵(Gram matrix)[①]。Gram 矩阵的行列式表征

① 这是根据丹麦数学家 Jorgen Pedersen Gram(1850－1916)的名字来命名的。这个矩阵也与非尺度化 Fisher 信息矩阵相关，该矩阵是根据英国统计学家 Ronald Aylmer Fisher(1890－1962)的名字来命名的。尽管信息矩阵和 Gram 矩阵具有不同的定义和应用，它们在这个具体的例子中的含义实际上几乎是相同的。信息矩阵这个术语的正式统计定义表示从已知概率分布的采样值中得到的信息。它与 z 中的测量误差具有联合概率分布时 Gram 矩阵的尺度形式相对应，其比例因子与测量数据的不确定性有关。信息矩阵(在一定意义上)是对数据 z 中用于估计 x 的“信息”的统计特征的量化。另一方面，Gram 矩阵则用于对解的唯一性的代数特征的量化。

了 H 的列向量是否线性独立。如果其行列式等于零，则 H 的列向量是线性独立的，此时不能唯一确定出 $\hat{x}$。如果其行列式不等于零，则解 $\hat{x}$ 可以唯一确定。

例 1.2(Guier 和 Weiffenbach 的 Gram 矩阵) 在 1957 年 10 月 4 日(星期五)，前苏联发射世界上第一颗人造卫星 Sputnik I 号以后，就开始了卫星导航系统的研发。在接下来的周一，约翰·霍普金斯大学应用物理实验室(Applied Physics Laboratory, APL)的两位科学家 William Guier(1926－2011)和 George Weiffenbach(1921－2003)就开始对来自于 Sputnik I 号的 20 MHz 载波信号进行记录和分析了。当卫星经过地平线时，这些信号呈现出明显的多普勒频移模式。在这段通常只有几分钟的时间内，Weiffenbach 能够利用频谱分析仪对多普勒频移进行跟踪。为了理解卫星轨道如何对观测到的多普勒频移模式产生影响，Guier 和 Weiffenbach 计算出了多普勒频移相对于轨道参数的偏导数。

对于卫星轨道的任意参数 p_k，Guier 和 Weiffenbach 都可以得到在已知接收机位置的可测量多普勒频移 $f_{\text{Dop}}(t)$ 相对于该参数的数值偏导，生成具有扰动值 $p_k+\delta_{p,k}$ 的轨道，并且计算出卫星经过期间在采样时刻 t_i 于接收机处得到的多普勒频移扰动 $\delta_{f,k}(t_i)$，其结果如下：

$$\frac{\partial f_{\text{Dop}}(t_i)}{\partial p_k} \approx \frac{\delta_{f,k}(t_i)}{\delta_{p,k}}$$

于是，在卫星经过下列线性方程组期间，轨道参数的微小变化 $\Delta_{p,k}$ 将会与多普勒频移的可观察到的偏差 $\Delta_{\text{Dop}}(t_i)$ 近似相关

$$\begin{bmatrix} \Delta_{\text{Dop}}(t_1) \\ \Delta_{\text{Dop}}(t_2) \\ \Delta_{\text{Dop}}(t_3) \\ \vdots \\ \Delta_{\text{Dop}}(t_N) \end{bmatrix} = \underbrace{\begin{bmatrix} \frac{\partial f_{\text{Dop}}(t_1)}{\partial p_1} & \frac{\partial f_{\text{Dop}}(t_1)}{\partial p_2} & \frac{\partial f_{\text{Dop}}(t_1)}{\partial p_3} & \cdots & \frac{\partial f_{\text{Dop}}(t_1)}{\partial p_n} \\ \frac{\partial f_{\text{Dop}}(t_2)}{\partial p_2} & \frac{\partial f_{\text{Dop}}(t_2)}{\partial p_2} & \frac{\partial f_{\text{Dop}}(t_2)}{\partial p_3} & \cdots & \frac{\partial f_{\text{Dop}}(t_2)}{\partial p_n} \\ \frac{\partial f_{\text{Dop}}(t_3)}{\partial p_1} & \frac{\partial f_{\text{Dop}}(t_3)}{\partial p_2} & \frac{\partial f_{\text{Dop}}(t_3)}{\partial p_3} & \cdots & \frac{\partial f_{\text{Dop}}(t_3)}{\partial p_n} \\ \vdots & \vdots & \vdots & \ddots & \vdots \\ \frac{\partial f_{\text{Dop}}(t_N)}{\partial p_1} & \frac{\partial f_{\text{Dop}}(t_N)}{\partial p_2} & \frac{\partial f_{\text{Dop}}(t_N)}{\partial p_3} & \cdots & \frac{\partial f_{\text{Dop}}(t_N)}{\partial p_n} \end{bmatrix}}_{H} \begin{bmatrix} \Delta_{p,1} \\ \Delta_{p,2} \\ \Delta_{p,3} \\ \vdots \\ \Delta_{p,n} \end{bmatrix}$$

其中，矩阵 H 是 $N\times n$ 维的，N 是卫星一次经过期间观察到的多普勒频移数，n 是卫星轨道参数的个数。

于是，给定 N 个观测值 $\Delta_{\text{Dop}}(t_i)$ 估计 n 个未知轨道参数 $p_1, p_2, p_3, \cdots, p_n$ 的问题就与 Gauss 在 1801 年遇到的求解谷神星的"Keplerian"轨道参数的问题相类似，即可用的观测值只占全部轨道参数的一小部分。Guier 和 Weiffenbach 也同样做了 Gauss 所做的工作：他们用 Gauss 的最小二乘方法来试验，看是否能够得到合理的估计值。这种方法取决于与之相关的 $n\times n$ 维 Gram 矩阵

$$\mathcal{G} = H^{\mathrm{T}}H$$

是否可逆。Gauss 花了几个月时间才解决这个问题，但 Guier 和 Weiffenbach 具有 Gauss 所没有的东西：利用 Univac 1103A 计算机①。

首先，根据 Gauss 的方法，偏导数是针对 Sputnik I 轨道的 6 个 Keplerian 参数的。然而，发现在卫星轨道上重力异常的影响比预料的更加严重，于是在线性化模型中增加了针对主要

① 这是拥有与 IBM 704 能力大致相同的一种电子管计算机。它有 1～4 组 18 KB 的磁芯随机访问存储器和磁鼓存储器，36 bit 的数据字，并且乘法次数在每毫秒数十次的量级。

重力异常的偏导数。另外，还增加了其他针对电离层传播效应和卫星发射频率的偏导数。在所有情况下，都可以发现对应的 Gram 矩阵 $\mathcal{G}$ 均为非奇异的。这表明仅仅根据卫星经过具有已知位置的接收机就可以利用多普勒频移模式确定出卫星轨道。作为一项额外的成果，利用这个解也可以估计出在卫星高度的重力场异常。

1958 年 3 月，APL 研究中心主任 Frank McClure(1916 – 1973)对这些结果进行了综述。McClure 提出，如果已知多普勒频移的过去值以及卫星星历表(轨道描述)，是否可以利用这种关系反过来确定出接收机的水平位置？Guier 和 Weiffenbach 能够表明，此时的 2 × 2 维 Gram 矩阵也是非奇异的。也就是说，根据单次经过已知轨道的卫星产生的多普勒频移模式，可以得到接收机天线经度和纬度的最小二乘解。

这一发现导致世界上第一个卫星导航系统——美国海军子午仪导航系统的出现。在 1956 年 12 月，美国海军负责研发一种新型核动力弹道导弹潜艇，这种潜艇于 20 世纪 60 年代下水，但是它在发射其导弹前需要精确的位置信息。子午仪导航系统可以满足这种需求。它在 1960 年代开始运行，直到 20 世纪 90 年代被全球定位系统(GPS)所逐步取代。

最小二乘解

在 Gram 矩阵可逆(即非奇异)的情况下，解 $\hat{x}$ 被称为超定线性逆系统的最小二乘解。它是在对未知测量误差的特性未作任何假设的情况下得到的估计值，尽管 Gauss 在描述这种方法时提到了这种可能性。本书后面章节将会正式讨论估计中的不确定性问题。

在第 2 章中，这种形式的 Gram 矩阵将用于定义离散时间线性动态系统模型的可观测矩阵。

连续时间最小二乘方法

通过下面的例子可以表明，最小二乘原理可用于将向量值参数模型与连续时间数据进行拟合。这个例子还表明，在这种情况下也可以应用 Gram 矩阵来对可确定性问题(即某个问题是否存在唯一解)进行表征。

例 1.3(连续时间向量值数据的最小二乘拟合) 假设对于间隔 $t_0 \leqslant t \leqslant t_f$ 内的每个时刻值 t，$z(t)$ 是 l 维信号向量，它可以用一个未知 n 维向量 x 的函数来建模，如下式所示：

$$z(t) = H(t)\, x$$

其中，$H(t)$ 是已知的 $l \times n$ 维矩阵。在每个时刻 t，上述关系中误差的平方为

$$\varepsilon^2(t) = |z(t) - H(t)\, x|^2 = x^{\mathrm{T}}[H^{\mathrm{T}}(t)H(t)]x - 2x^{\mathrm{T}}H^{\mathrm{T}}(t)z(t) + |z(t)|^2$$

于是，在整个时间间隔内总误差的平方为下列积分：

$$\|\varepsilon\|^2 = \int_{t_0}^{t_f} \varepsilon^2(t)\,\mathrm{d}t = x^{\mathrm{T}}\left[\int_{t_0}^{t_f} H^{\mathrm{T}}(t)H(t)\,\mathrm{d}t\right]x - 2x^{\mathrm{T}}\left[\int_{t_0}^{t_f} H^{\mathrm{T}}(t)z(t)\mathrm{d}t\right] + \int_{t_0}^{t_f} |z(t)|^2\,\mathrm{d}t$$

上式中，x 的排列结构与代数最小二乘问题完全相同。与前面一样，可以通过求 $\|\varepsilon\|^2$ 关于 x 分量的偏导数并令其为零，以得到 x 的最小二乘解。假设对应的 Gram 矩阵

$$\hat{x} = \left[\int_{t_0}^{t_f} H^{\mathrm{T}}(t)H(t)\,\mathrm{d}t\right]^{-1}\left[\int_{t_0}^{t_f} H^{\mathrm{T}}(t)\,z(t)\,\mathrm{d}t\right]$$

是非奇异的，则所得方程的解为

$$\mathcal{G} = \int_{t_0}^{t_f} H^{\mathrm{T}}(t)H(t)\,\mathrm{d}t$$

Gram 矩阵与可观测性

对于上述例子而言，可观测性并不取决于观测数据(z)。它只取决于 Gram 矩阵($\mathcal{G}$)的非奇异性，而该矩阵又只取决于未知量和已知量之间的线性约束矩阵(H)。

一组未知变量的可观测性，是指是否可以根据一组约束条件来唯一确定出其值的问题，这组约束条件通常用包含未知变量函数的方程来表示。如果它们的值可以由给定的约束来唯一确定，则未知变量被称为可观测的；如果它们不能由给定的约束来唯一确定，则被称为是不可观测的。

当约束方程是未知变量的线性关系时，Gram 矩阵的非奇异(或者“满秩”)条件是可观测性的代数特征。这也适用于约束方程不准确的情形，这种情况是由于方程中已知参数的值存在误差所导致的。

在第 2 章中，将利用 Gram 矩阵来定义连续时间和离散时间动态系统状态的可观测性。

1.3.3 不确定性的数学模型

概率论通过对不确定性问题提供比“我不知道”更有用的结果，来代表物理现象的知识状态。在科学史上的一个谜是，为什么数学家花了如此长的时间才正式解决这么具有重要实际意义的主题。在期望和风险成为非常有趣的数学概念以前很长时间，罗马人就开始销售保险和养老金了。后来，意大利人在文艺复兴早期也针对商业风险出台了保险政策，在那个时期出现了所知道的第一次概率理论尝试：一种靠碰运气取胜的游戏。意大利人 Girolamo Gardano①(1501 – 1576)对采用骰子的游戏进行了精确的概率分析。他假设连续扔出骰子是统计独立事件。正如前辈印度数学家 Brahmagupta(589 – 668)一样，Cardano 也在没有给出证明的情况下指出，经验统计量的精度随着试验次数的增加而趋于不断提高。后来把这个结果正式称为大数定律。

对概率更一般性的研究工作是由 Blaise Pascal(1622 – 1662)、Pierre de Fermat(1601 – 1655)和 Christiaan Huygens(1629 – 1695)完成的。Fermat 对组合的研究成果被 Jakob(或 James)Bernoulli(1654 – 1705)所接受，Bernoulli 被一些历史学家认为是概率论的奠基人。他第一个对重复独立试验(现在称为 Bernoulli 试验)情况下的大数定律给出了严格证明。在 Bernoulli 以后，Thomas Bayes(1702 – 1761)推导得出了其关于统计推理的著名准则。Abraham de Moivre(1667 – 1754)、Pierre Simon Marquis de Laplace(1749 – 1827)、Adrien Marie Legendre(1752 – 1833)和 Carl Friedrich Gauss(1777 – 1855)等人继续将这些研究工作发展到 19 世纪。

在 19 世纪早期到 20 世纪中期之间，概率自身开始具有更重要的物理意义。自然法则包含随机现象并且这种现象可以用概率模型来解决的思想在 19 世纪开始出现。概率模型的发展及其在物理世界中的应用在这个时期迅速推广，它甚至成为了社会学的重要部分。James Clerk Maxwell(1831 – 1879)在统计力学中的工作将自然现象的概率处理建立成为一门系统的(并且成功的)学科。Andrei Andreyevich Markov(1856 – 1922)发展了今天称之为马尔可夫过

---

① Cardano 是在米兰执业的一位内科医生，他也出版了一些数学著作。他对靠碰运气取胜的游戏(主要是掷骰子游戏)进行数学分析的著作 *De Ludo Hleae*，在他去世几乎一个世纪以后才得以公开出版。Caudano 还是汽车里最常用的万向转接头的发明人，它们有时也被称为 Cardan 转接头或 Caudan 轴。

程(连续时间)或者马尔可夫链(离散时间)的大部分理论，这种随机过程的性质是，它的概率分布随时间的演进可以作为一个初值问题来对待。也就是说，这种随机过程可能的状态概率分布随时间的瞬时变化是由其当前分布决定的，当前分布包括了该过程所有过去历史的影响。

在20世纪，在概率论和随机过程理论中的一个重要人物是俄罗斯院士 Andrei Nikolayevich Kolmogorov(1903 - 1987)。大概从1925年开始，他与 Aleksandr Yakovlevich Khinchin 及其他研究人员一起，重新建立了关于测度论(Measure theory)的概率论基础，测度论是积分理论基础的起源，也是概率和随机过程公认的数学基础。他还和 Norbert Wiener 一起，被认为是马尔可夫过程的预测、平滑和滤波理论，以及遍历过程的一般理论的主要奠基人之一。他的理论是涉及随机过程的系统最优估计的第一个正式理论。

1.3.4 Wiener-Kolmogorov 滤波器

Norbert Wiener(1894 - 1964)是20世纪早期更著名的天才之一。他从小是由其父亲教育的，直到9岁时进入中学。他在11岁时中学毕业，并在 Tufts 大学用3年时间获得了数学本科学位。然后在14岁时进入哈佛大学研究院，并且在18岁时获得了数学哲学博士学位。毕业以后他出国研究，并且在6年多时间里尝试了多个工作。然后，在1919年得到了麻省理工学院(MIT)的教学职位，他的后半生一直都是 MIT 的教员。

在流行的科学出版物里面，Wiener 之所以著名可能更是因为他命名并促进了控制论(Cybernetics)的发展，而不是发展了 Wiener-Kolmogoriv 滤波器。他的一些最重要的数学成就包括广义谐波分析，其中他把傅里叶变换推广到了有限功率(power)函数。以前的结果局限于有限能量(energy)函数，这对于现实生活中的信号是一个不太合理的约束。他在广义傅里叶变换中的众多成就之一，是证明了白噪声的变换也是白噪声①。

Wiener-Kolmogorov 滤波器发展

在第二次世界大战前几年，Wiener 参与了一个军方项目，需要利用雷达信息设计一个自动控制器来引导防空火力。因为飞机的速度与子弹速度相比是不能忽略的，因此要求这个系统“射向未来”。也就是说，控制器必须能够利用有噪声的雷达跟踪数据，对其目标的未来航线进行预测。

在推导最优估计器时，Wiener 利用在函数空间上的概率测度来表示不确定的动态行为。他根据信号和噪声的自相关函数，推导出了最小均方预测误差解。这个解的形式是一个积分算子，如果对自相关函数或者等效的傅里叶变换的规律性方面施加某些约束，则它可以用模拟电路来合成。他的方法利用功率谱密度代表了随机现象的概率特性。

Kolmogorov 于1941年针对离散时间系统的最优线性预测器也发表了类似的推导结果，此时 Wiener 正好完成了他对连续时间预测器的推导工作。

直到20世纪40年代晚期，Wiener 的工作才在一个题目为“平稳时间序列的外插、内插和平滑”的研究报告中被解密，这个题目后来被缩写为“时间序列”。该报告的早期版本有一个黄色的封面，因此被称为黄祸(the yellow peril)。这个报告中充满了很多数学细节，这些内

① 他还被认为发现了信号的功率谱密度(PSD)等于其自协方差函数的傅里叶变换，尽管后来发现 Albert Einstein 在他以前就已经发现了这个结论。

容超出了大多数工程本科生的能力范围，但是却被专注于电子工程学科的一代研究生们所吸引和采用。

1.3.5 卡尔曼滤波器

Rudolf Emil Kalman 于 1930 年 5 月 19 日出生于布达佩斯，他是 Otto 和 Ursula Kalman 的儿子。他们全家在第二次世界大战期间从匈牙利移民到了美国。在 1943 年，当地中海的战争基本停止的时候，他们随着大多数人穿过了土耳其和非洲，最后于 1944 年到达俄亥俄州的扬斯敦市(Youngstown)。Kalman 加入了扬斯敦学院，并且在进入 MIT 以前在那里学习了 3 年。

Kalman 分别于 1953 年和 1954 年在 MIT 获得了电子工程专业的学士学位和硕士学位。他的研究生导师是 Ernst Adolph Guillemin，论文题目是关于二阶差分方程解的行为[9]。当他在从事这项研究工作时，人们怀疑二阶差分方程应该采用与二阶微分方程类似的某种描述函数来建模。Kalman 发现它的解与微分方程的解完全不同。事实上，他发现二阶差分方程的解表现出了混沌行为。

1955 年秋天，在花了一年时间为 E. I. Du Pont 公司建立一个大型模拟控制系统以后，Kalman 得到了哥伦比亚大学的讲师职位并且成为了该大学的研究生。当时，哥伦比亚大学因为 John R. Ragazzini，Lotfi A. Zadeh① 及其他人员在控制论方面的研究工作而闻名。直到 1957 年 Kalman 在哥伦比亚大学获得科学博士学位以前，他一直在那里教学。

第二年，Kalman 在 Poughkeepsie 的 IBM(International Business Machines Corporation，国际商用机器公司)的研究实验室工作，6 年以后他又到位于 Baltimore 的 Glenn L. Martin 公司的研究中心工作，这是一家从事高级研究的研究所(Research Institute for Advanced Studies，RIAS)。

为了带领它的数学部门发展，RIAS 从普林斯顿大学招来了数学家 Solomon Lefschetz (1884 – 1972)，Lefschetz 在 Clark 大学曾经是火箭先驱 Robert H. Goddard(1882 – 1845)的同学，并且在普林斯顿大学是 Richard E. Bellman(1920 – 1984)的导师。Lefschetz 在 Robert W. Bass 的推荐下聘请了 Kalman，Bass 在 1956 年进入 RIAS 以前在普林斯顿大学曾经是 Lefschetz 的博士后。Kalman 推荐了 Richard S. Bucy，他在 RIAS 与 Kalman 一起工作。

发现

1958 年，美国空军科研办公室(Air Force Office of Scientific Research，AFOSR)资助 Kalman和 Bucy 在 RIAS 开展估计与控制的高级研究工作。

1958 年 11 月底，在加入 RIAS 以后不久，Kalman 访问完普林斯顿大学以后乘火车返回 Baltimore。大约在下午 11 点钟左右，火车正好在 Baltimore 外面停留约一个小时。天已经很晚了，Kalman 非常疲惫，还伴随着头痛。在他被困在火车上的这个小时内，突然萌发了一个想法：为什么不把状态变量②的概念应用到 Wiener-Kolmogorov 滤波问题中呢？这天晚上他实在太累了，并没有对这个问题想得更多，但这标志着一项伟大实践的开始。剩下的就是历史了。

---

① Zadeh 或许是被称为“模糊系统理论之父”和在插值推理方面的研究而更加著名。

② 尽管当时更倾向于采用频域方法来解决滤波问题，人们也已经针对时变系统提出了采用时域状态空间模型的方法(如 Laning 和 Battin [10] 在 1956 年提出的方法)。

卡尔曼滤波器是动态过程模型和相关最优估计方法发展的巅峰。

1. Wiener-Kolmogorov 模型采用频域 PSD 来表征动态过程的动态和统计特性。最优 Wiener-Kolmogorov 估计子是可以从 PSD 中导出来的，而 PSD 可以利用测量系统的输出估计出来。这要求假设动态过程模型是时不变的。
2. 控制论学者采用线性微分方程作为动态系统的模型。这就导致发展了混合模型，其中动态系统起到了由白噪声作为激励的“成型滤波器”的作用。线性微分方程的系数决定了输出 PSD 的形状，PSD 的形状定义了 Wiener-Kolmogorov 估计子。这种方法允许动态系统模型是时变的。这些线性微分方程的模型可以通过所谓的状态空间表示为一阶微分方程组。

在此发展过程中，下一步是根据时变状态空间模型得到等效的估计方法，这正是Kalman所完成的工作。

在这一时期，Robert W. Bass(1930－2013)也在 RIAS 工作，按照他[11]的说法，是 Richard S. Bucy 首先认识到(如果假设有限维状态空间模型)在推导 Wiener-Kolmogorov 滤波器时采用的 Wiener-Hopf 方程可以等效为一个非线性矩阵值微分方程。Bucy 还认识到这里所讨论的非线性微分方程与两个多世纪以前 Jacopo Francesco Riccati(1676－1754)所研究的方程是同一类型的，现在它被称为 Riccati 方程。大约在这个时候，积分方程和微分方程之间的这种关系的一般性质第一次变得显而易见了。在此期间，Kalman 和 Bucy 的更加卓越的成就之一，是证明了即使动态系统是不稳定的，Riccati 方程也具有稳定的(稳态)解——只要该系统是可观测的和可控的。

再加上有限维这个假设以后，Kalman 能够推导出 Wiener-Kolmogorov 滤波器就是现在我们所谓的卡尔曼滤波器(Kalman Filter)。在对状态空间形式进行改变以后，推导过程中所需的数学基础就变得简单多了，其证明也在许多本科生的数学知识范围内。

更早的结果

丹麦天文学家 Thorvald Nicolai Thiele(1838－1910)曾经推导出实质上是标量过程的卡尔曼滤波器，并且卡尔曼滤波器中的一些基本的(萌芽)思想也曾经在 1959 年[12]由 Peter Swerling(1929－2001)发表，以及在 1960 年[35]由 Ruslan Leont’evich Stratonovich(1930－1997)发表。

卡尔曼滤波器介绍

Kalman 的思想受到了他同事的怀疑，于是他选择了一个机械工程杂志(而不是电子工程杂志)来发表，因为“当你害怕以根深蒂固的兴趣踏上神圣的土地时，最好的办法是走小道绕行。”①他的第二篇与 Bucy 合作的关于连续时间情形的论文曾经被拒绝发表，因为(一个评阅人给的拒稿意见)在证明中有一个步骤“可能不是正确的”(它实际上是正确的)。他坚持介绍他的滤波器，并且在其他地方立即得到了更多的支持。卡尔曼滤波器很快成为了许多大学研究题目的基础，并且在接下来的十多年中成为了很多电子工程专业博士论文的选题。

① 这段话中引用的两句话来自 Kalman 关于“系统理论：过去与现在”的谈话内容，这是他于1991年4月17日在加州大学洛杉矶分校(University of California at Los Angeles，UCLA)参加一个学术研讨会谈到的。这个学术研讨会是由 UCLA 的 A. V. Balakrishnan 组织和主办的，并且由 UCLA 和美国航空与航天管理局(National Aeronautics and Space Administration，NASA，简称美国宇航局)的 Dryden 实验室联合发起的。

早期应用：Stanley F. Schmidt 的影响

1960 年秋天，Kalman 访问 NASA 的 Ames 研究中心的 Stanley F. Schmidt 时，遇到了一个对他的滤波器感兴趣的听众，这个研究中心位于加州的 Mountain View 市[13]。Schmidt 曾经在一次技术会议上听说过 Kalman，然后邀请他到 Ames 研究中心进一步对他的方法进行解释。Schmidt 意识到这种方法可以应用到当时在 Ames 研究的一个问题——阿波罗计划中的轨迹估计和控制问题，这个计划是载人登上月球并返回的任务。Schmidt 立即开始着手可能是第一个完整实现卡尔曼滤波器的工作。他很快发现了现在被称为扩展卡尔曼滤波(Extended Kalman Filtering，EKF)的方法，从此以后这种方法在许多卡尔曼滤波的实时非线性应用中被采用。由于受到本人对卡尔曼滤波器成功应用的鼓舞，他开始鼓励其他人员开展类似的工作。在 1961 年初，Schmidt 把他的成果向 MIT 仪表实验室(后来更名为 Charles Stark Draper 实验室，然后又简称为 Draper 实验室)的 Richard H. Battin 进行了介绍。Battin 已经在利用状态空间方法设计和实现太空航行制导系统，并且他还将卡尔曼滤波器作为阿波罗太空船上制导的一部分，这是在 MIT 仪表实验室设计和研发的。在 20 世纪 60 年代中期，通过 Schmidt 的影响，卡尔曼滤波器成为了 C5A 航空运输的 Northrup-built 导航系统的一部分，然后由 Lockheed 飞机公司设计出来了。卡尔曼滤波器解决了将雷达数据与惯性传感器数据结合起来得到飞机轨迹的整体估计的数据融合问题(data fusion problem)，还解决了对测量数据中外部引起的误差进行检测的数据拒绝问题(data rejection problem)。从此以后，卡尔曼滤波器就成为了几乎每个机载轨迹估计和控制系统设计的有机组成部分。

Kalman 的其他成就

大约在 1960 年，Kalman 发现动态系统的可观测性概念与可控性概念之间具有一种代数对偶关系。更确切地说，通过适当地交换系统参数，一个问题就可以转化为另一个问题，反之亦然。

Kalman 在实现理论(Realization theory)的发展中也发挥了引导作用，这个理论也大概在 1962 年开始形成体系。它讨论的问题是寻找一个系统模型来解释观测到的系统输入/输出行为。这种研究方法导致将准确的(即没有噪声的)数据映射到线性系统模型的唯一性原理(uniqueness principle)。

由于 Kalman 在数学工程中的许多贡献，他于 1974 年获得 IEEE 荣誉勋章(IEEE Medal of Honor)，1984 年获得 IEEE 一百周年纪念奖章(IEEE Centennial Medal)，1987 年获得美国数学学会 Steele 奖，1997 年获得美国自动控制协会 Bellman 奖。

在 1985 年，这是 Inamori 基金授予其 Kyoto 奖的第一年，Kalman 获得了先进技术 Kyoto 奖。在他访问日本接受颁奖时，向媒体提到了他于 1962 年在科罗拉多一家小酒馆第一次读到的一首短诗，这一直给他留下深刻印象。这首诗写道：

> 小人物讨论其他人。
> 普通人讨论事情。
> 大人物讨论思想。

他感觉自己的工作一直都在关注着思想。

Kalman是美国国家科学院院士、美国国家工程院院士、美国艺术与科学院院士，他还是法国、匈牙利和俄罗斯科学院外籍院士。

在1990年Kalman六十岁生日之际，为了纪念他在被称为数学系统理论(Mathematical system theory)的领域中所取得的开创性的成就，专门召集了一次国际学术研讨会，其后不久便出版了以数学系统理论名字命名的纪念文集[14]。

2008年2月19日，美国国家工程院在华盛顿的晚会典礼上授予Kalman Draper奖，这是在工程领域的国家最高荣誉奖。

2009年10月7日，Kalman在白宫的典礼上被美国总统Barak Obama授予了国家科学奖章(National Medal of Science)。

卡尔曼滤波对技术的影响

至少从估计与控制问题的观点来看，卡尔曼滤波器被认为是20世纪估计理论中最伟大的成就。如果没有卡尔曼滤波器，则其以后的许多成就都将是不可能的。特别地，它是太空时代的启动技术之一。如果没有它，则宇宙飞船穿过太阳系的精确而有效的导航就不能实现。

卡尔曼滤波的主要应用是在“现代”控制系统领域，在所有运载工具的跟踪和导航领域，以及在对估计和控制系统进行预先设计的领域。通过引入卡尔曼滤波器，这些技术活动才变得有可能。

卡尔曼滤波和Wiener-Kolmogorov滤波的相对优点

1. 用模拟电子器件实现的Wiener-Kolmogorov滤波器与(数字)卡尔曼滤波器相比，能够以更高的、更有效的吞吐率工作。
2. 卡尔曼滤波器能够以算法的形式用数字计算机实现，在卡尔曼滤波器提出来的时候，这种技术正在代替估计和控制系统中的模拟电路。这种实现可能更慢，但是它能够达到的精度比模拟滤波器要高得多。
3. Wiener-Kolmogorov滤波器不需要信号和噪声的有限维随机过程模型。
4. 卡尔曼滤波器不要求确定性动态模型，也不要求随机过程具有平稳特性，许多重要应用都包括非平稳随机过程。
5. 卡尔曼滤波器能够与动态系统的最优控制器的状态空间公式兼容，并且Kalman能够证明这些系统的估计和控制具有有益的对偶性质。
6. 对于现代控制工程的学生而言，卡尔曼滤波器比Wiener-Kolmogorov滤波器需要学习和应用的额外的数学预备知识更少。因此，卡尔曼滤波器可以在本科层次的工程课程中开展教学。
7. 卡尔曼滤波器能够提供一些必要信息，可以发展在数学上合理的、基于统计的决策方法来检测和拒绝异常测量值。

1.3.6 实现方法

数值稳定性问题

卡尔曼滤波的巨大成功并不是没有它自己的问题，最大的问题是相关Riccati方程的数值解的边缘稳定性。在某些应用中，很小的舍入误差也会累积起来，最终使滤波器的性能下降。在卡尔曼滤波器提出以后的十几年中，出现了几种对原始卡尔曼公式更好的数值实现方法。许多这些方法都是在以前针对最小二乘问题得到的方法基础上修改而成的。

早期临时的应急方法

在刚开始的时候，人们发现①强迫使矩阵 Riccati 方程的解具有对称性可以明显提高其数值稳定性，这种现象后来由 Verhaegen 和 Van Dooren[15]给出了更具有理论基础的解释。人们还发现，舍入误差的影响可以通过人为增加 Riccati 方程中过程噪声的协方差来得到改善。然而，这种方法很容易被滥用来掩盖模型误差。

离散时间 Riccati 方程的对称形式是由 Joseph[16]发现的，并且在 1964 年被 Honeywell 的 R. C. K. Lee 所采用。这种对卡尔曼滤波器方程的"结构化"改造在某些应用中提高了对舍入误差的鲁棒性，尽管后来提出的方法在某些问题上表现得更好[17]。

James E. Potter(1937 –2005)和平方根滤波

提高卡尔曼滤波数值稳定性的第一次重大突破发生在 MIT 的仪表实验室，这是阿波罗登月计划的制导和控制的总设计单位。用于阿波罗导航的卡尔曼滤波器可以在 IBM 7000 系列大型计算机上用 36 位浮点算法实现，但是它最终必须在飞行计算机上用 15 位定点算法运行。主要问题在于实现 Riccati 方程的解。James Potter 当时是在实验室做兼职工作的 MIT 研究生。他周五把这个问题带回家，下周一他就带着解决方法回到了实验室。

Potter 提出的思想是将协方差矩阵分解为

$$P = GG^{\mathrm{T}} \tag{1.14}$$

并且用 G 而不是 P 来表示观测更新方程。其结果是滤波器实现具有更好的数值稳定性。一种甚至更加有效的实现方法(利用三角因子)是由 Bennet 于 1967 年[18]发表的，并且 Andrews 于 1968 年[19]将这种解决方法推广到了向量值测量情形。

Cholesky 因子　Andre-Louis Cholesky②(1875 – 1918)导出了一种求解最小二乘问题的算法，它将对称正定矩阵 P 分解为对角元素为正的三角矩阵 C 与其转置的对称乘积，即

$$P = CC^{\mathrm{T}} \tag{1.15}$$

上式被称为 P 的 Cholesky 分解。三角因子 C 被称为 P 的 Cholesky 因子。

广义 Cholesky 因子　按照惯例，只有对角元素为正的三角矩阵才能被考虑作为 Cholesky 因子。否则，式(1.14)的解就不是唯一的。如果 C 是 P 的 Cholesky 因子，并且 M 是任意的正交矩阵(使得 $MM^{\mathrm{T}} = I$)，则矩阵

$$G = CM \tag{1.16}$$

也满足下列方程

$$GG^{\mathrm{T}} = (CM)(CM)^{\mathrm{T}} \tag{1.17}$$

① 这些应急方法明显是由多个研究人员独立发现的。Schmidt[13]和他在 NASA 的同事发现采用强迫对称的方法和"伪噪声"可以克服舍入效应，并且在 Honeywell 的 R. C. K. Lee 也独立发现了这种对称效果。

② 因为 Cholesky 是法国人，他的姓或许应该发音为"show-less-KEY"，即把重音放在最后一个音节上面。Cholesky 是一名法国炮兵军官，他在第一次世界大战的一次战斗中牺牲了，此后由其指挥官 Benoit[20]发表了他的算法。Cholesky 可能不是第一个推导出这种分解算法的人，但是出于尊敬的原因，他的名字很快就与这种算法联系在了一起。

$$= CMM^{\mathrm{T}}C^{\mathrm{T}} \tag{1.18}$$

$$= CIC^{\mathrm{T}} \tag{1.19}$$

$$= CC^{\mathrm{T}} \tag{1.20}$$

$$= P \tag{1.21}$$

但是，由于 G 并不一定是对角元素为正的三角矩阵，因此我们把 $GG^{\mathrm{T}} = P$ 的任意解 G 称为 P 的广义 Cholesky 因子。

矩阵平方根　矩阵 P 的平方根 S 满足方程 $P = SS$（即第二个因子没有转置）。

平方根滤波　Potter 的推导过程利用了一种特殊类型的对称矩阵，它被称为初等矩阵（elementary matrix），这个概念是由 Householder[21] 提出来的。Potter 将一个初等矩阵分解为另一个初等矩阵的平方。在这种情况下，矩阵因子完全是被分解矩阵的平方根。

Potter 当时正在研究的应用是关于太空的动态行为，其中没有明显的动态扰动噪声。在这种情况下，导航的协方差矩阵 P 在离散时间间隔内的传播可以用双矩阵乘积 $\Phi P \Phi^{\mathrm{T}}$ 来实现，其中 Φ 是关于太空中轨迹已知的状态转移矩阵（state transition matrix）。于是，Potter 可以利用单个矩阵乘积 ΦG，沿着时间前向传播 P 的广义 Cholesky 因子 G。这样做以后，G 将不再保持为一个平方根或者是 P 的 Cholesky 因子（除非它仍然是对称的）。然而，这种“平方根”名称一直伴随着 Potter 方法的推广，即使涉及的因子不是矩阵的平方根，而是广义 Cholesky 因子。

改进型平方根和 *UD* 滤波器

在 20 世纪 60 年代晚期，Dyer 和 McReynolds[22] 在 NASA/JPL（当时被称为加州理工学院的喷气推进实验室，Jet Propulsion Laboratory）对 Cholesky 因子的时间更新方法进行了研究，根据他们的工作，平方根滤波的快速算法在 20 世纪 70 年代取得了非常迅速的发展。1971 年，在斯坦福大学的 Kaminski 的毕业论文[23] 中，提出了平方根协方差的推广形式和信息滤波器。用于观测更新的第一个三角分解算法是由 Agee 和 Turner[24] 在 1972 年的发行量非常有限的一篇报告中提出来的。这些算法与传统卡尔曼滤波器的计算复杂度大致相同，但是具有更好的数值稳定性。Carlson 在 1973 年发表了“快速三角”算法[25]，后来 Bierman 在 1974 年[26] 发表了“无平方根”算法，Thornton[27] 也提出了相关的时间更新方法。此后不久，Morf 和 Kailath[28] 大大简化了时不变系统的平方根滤波器的计算复杂度。在接下来的十年中，Jover 和 Kailath[29] 及其他研究人员发展了专用并行处理结构，以便快速求解平方根滤波器方程，Kailath[30] 还发现了这些方法及更早的平方根实现方法的更简单的推导方法。

矩阵分解、因式分解和三角化

这几个术语在平方根滤波中随意使用，它们通常是可以互换的。然而，它们相互之间还是存在一些区别的。

矩阵分解（Matrix Decomposition）　分解（Decomposition）这个词或许是使用最广泛的。它通常是指将一个矩阵分解表示为由具有某些有用性质的不同部分所组成。比如，对称正定 $n \times n$ 维矩阵 P 的“奇异值分解”（Singular Value Decomposition，SVD）可以得到 P 的乘积分解式 $P = EDE^{\mathrm{T}}$，其中正交矩阵 E 的列向量是 P 的特征向量，对角矩阵 D 的对角线上具有相应的特征值，这样可以得到 $P = EDE^{\mathrm{T}}$ 的另外一种表示，即 P 的“特征值 - 特征向量分解”（Eigenvalue - eigenvector Decomposition）

$$P = \sum_{i=1}^{n} \lambda_i e_i e_i^{\mathrm{T}}$$

其中，λ_i是 P 的(正)特征值，e_i是相应的特征向量①。正如"平方根"滤波中所用的许多其他分解方法一样，SVD 也被用于解决最小二乘问题[31]。所谓的矩阵的"QR 分解"是解决最小二乘问题的另外一种分解方法。它将一个矩阵分解为正交矩阵(Q)和"三角"②矩阵 R(即在主对角线上面或者下面的元素为零)的乘积。Cholesky 分解也能产生三角形因子，但是术语"Decomposition"自身并不意味着矩阵的因式分解。比如，对于任意方阵 S，下面的对称 - 反对称分解(Symmetric - antisymmetric Decomposition)：

$$S = \underbrace{\frac{1}{2}(S + S^{\mathrm{T}})}_{\text{对称}} + \underbrace{\frac{1}{2}(S - S^{\mathrm{T}})}_{\text{反对称}}$$

将 S 分解为它的对称部分与反对称部分之和。

矩阵因式分解(Matrix Factorization)　因式分解(Factorization)这个词是 Gerald Bierman (1941 - 1987)用来表示将一个矩阵分解为多个矩阵乘积的方法，这些矩阵具有某些便于卡尔曼滤波实现的更有用的性质[32]。比如，Bierman 采用的所谓"UD 分解"(UD Decomposition)将一个对称正定矩阵 P 分解为

$$P = UDU^{\mathrm{T}}$$

其中，D 是对角元素为正的对角矩阵，U 是"单位三角矩阵"(即其主对角线元素为 1 的三角矩阵)。属于"Factorization"通常是指用来得到结果的算法方法，一般(但不一定)以"替代方式"(in-place)实现[即在存储器中用矩阵因子重写(覆盖)输入矩阵]。比如，UD 因式分解(UD Factorization)可以用 D 来重写输入矩阵的对角线元素，并且用 U 的非对角线元素来重写输入矩阵的非对角线项(因为已知 U 的对角线只包含 1)。

矩阵三角化(Matrix Triangularization)　三角化(Triangularization)这个词是指所得因子是三角矩阵的因式分解。它被用来表示以替代方式实现的"QR 分解"，破坏了原始矩阵并且用其三角因子(R)来代替。没有保存正交变换 Q，但是用来得到 Q 的操作一般具有良好的数值条件。以替代方式完成的一系列操作被称为原始矩阵的三角化。Givens[33]、Householder[21] 和 Gentleman[33] 得到的三角化方法被用来提高卡尔曼滤波实现对舍入误差的鲁棒性。

在第 7 章中，对卡尔曼滤波利用的一些更有用的因式分解方法和三角化方法进行了描述。

推广

线性估计理论已经被推广到了非二次误差准则的情形。关于"sup 范数"或者 H_∞ 范数的最优化能够使最大误差达到最小化，这种方法在可以确定相关风险为非二次型的应用中是具有优势的。卡尔曼滤波的第一个重要应用(用于"阿波罗计划"中往返月球的导航)对返回地球时进入大气层具有非常苛刻的约束条件。如果进入角度出现大的偏离则可能导致宇宙飞船烧毁或者逃逸。在这种环境下，采用 H_∞ 估计子可能会更加合适，但是到目前为止它还没有被研制出来。

---

① 特征值 - 特征向量分解是所有"正规"矩阵("Normal" Matrix)具有的性质，正规矩阵定义为使 $SST = STS$ 成立的方阵。

② 关于三角形的进一步讨论，可以参见第 7 章和附录 B。

对于线性估计方法的更广泛讨论，可以参见 Kailath 等人[34]的著作及其中的参考文献。

1.3.7　非线性近似

人类的天性是将在有限条件下解决问题的成功方法应用于解决条件以外的问题，对于这个法则而言，卡尔曼滤波器也不例外。那些有过卡尔曼滤波应用经验的人员也经常将问题进行改变，以适应卡尔曼滤波模型。

对于非线性问题而言尤其如此，因为还没有一种实际的在数学上正确的方法能够与卡尔曼滤波器相比。尽管最初是针对线性问题推导出来的，通过采用各种近似方法，卡尔曼滤波器也经常被用来解决非线性问题。这种方法虽然能够很好地解决许多非线性问题，但是对它到底能够推行多远总会存在着一定的限制。

下面，我们介绍一些方法，它们可以用来将卡尔曼滤波方法推广到非线性问题应用。这些方法的更成功的应用详见第 8 章。

拟线性问题的扩展卡尔曼滤波（EKF）

扩展卡尔曼滤波（Extended Kalman Filtering，EKF）在卡尔曼滤波的第一个应用中就被采用了，即用于解决阿波罗计划中往返月球任务的太空导航问题。从此以后，这种方法就被成功地应用到许多非线性问题中了。

这种方法的成功取决于问题是拟线性的（Quasilinear），并且在预期的变化范围内线性性质占有充分的支配地位，其中由于线性近似产生的非模型误差与由于动态不确定性和传感器噪声引起的模型误差相比是无关紧要的。在第 8 章中，介绍了判断一个问题是否具有充分拟线性的验证方法。

在 EKF 中，线性近似只是用来求解 Riccati 方程的，它的部分结果是卡尔曼增益。在传播估计值和计算传感器输出预测值时，利用的是完全非线性模型。

这种方法利用偏导作为非线性关系的线性近似。Schmidt[13]提出了在状态变量的估计值处计算这些偏导的思想。在第 8 章中，对这种非线性问题的近似线性解决方法和其他方法进行了讨论。

高阶近似

利用滤波器方程的高阶展开式（即超过线性项以外）的方法是由 Stratonovich[35]、Kushner[36]、Bucy[37]和 Bass 等人[38]提出的，其他人员提出了针对二次非线性的方法，Wiberg 和 Campbell[39]也提出了经过三阶项的高阶近似方法。但是，这些方法中还没有哪一种方法被证明是可以实际应用的。

基于采样的非线性估计方法

卡尔曼滤波方法还被进一步推广，用来解决那些采用 EKF 方法会产生无法接受的误差问题。Riccati 方程解的非线性传播的一般近似方法，是利用状态变量的代表性（典型）采样值，这与线性传播分布的均值（即估计出的状态）和协方差矩阵的方法不同。

20 世纪 40 年代，数学家 Stanislaw Ulam 构想出了一种思想，他利用伪随机采样来表征热核装置里面的中子分布的演变。他的同事 Nicholas Metropolis 为这种方法创造了一个词语“蒙特卡罗”(Monte Carlo①)。蒙特卡罗技术的许多最初发展都是在Los Alamos实验室发生的，当时在那里可以利用充分的计算资源。在Los Alamos实验室与这些技术发展有关的其他人员还包括Enrico Fermi和John von Neumann。

利用更加明智的采样规则来代替随机采样，可以将基于采样的分析方法的计算负担大大降低，这些方法包括：

1. 在序贯蒙特卡罗(Sequential Monte Carlo)方法中，采样值是按照它们表示分布的显著特征的相对重要性的顺序来选取的。
2. 在西格马点(Sigma Point)方法中，采样值是基于协方差矩阵的特征向量和特征值(一般用符号σ^2表示)来选取的。
3. 在无味变换(Unscented transform)方法中，采样值是利用协方差矩阵的Cholesky分解来选取的。得到的滤波器实现被称为无味卡尔曼滤波(Unscented Kalman Filtering)，这个名词是Jeffrey Uhlmann创造的。这种方法还包括预测状态向量和预测测量值及加权参数之间的互协方差的非线性近似，可以调整加权参数来使滤波器适应具体应用的非线性特性。n维分布的无味变换需要利用$n+1$或者$2n+1$个采样值，这大概是基于采样的方法中最少的。

粒子滤波(Particle Filter)这个词也被用来表示卡尔曼滤波器的扩展，它利用基于采样的方法，因为采样值可以被视为由非线性动态系统携带的“粒子”。

在所有情况下，都选取状态向量值的样本来代表全体后验分布(即在测量值信息已经被用来改善估计值以后的分布)的均值和协方差结构。然后，通过仿真已知的非线性动态系统，将这些样本点沿时间前向传播，在下一个测量机会得到的先验协方差是从各个样本被非线性变换以后所得分布中推导出来的。然后，为了利用测量传感器输出，得到的协方差结构也被用于计算卡尔曼增益。

在第8章中，对这些方法的更成功的应用进行了介绍。特别是已经证明了无味卡尔曼滤波器在某些更具非线性性质的应用中是非常高效和有效的——包括系统辨识(即估计动态模型的参数)，这是一个众所周知的很难解决的非线性问题。

1.3.8　真实非线性估计

在统计力学中，对非线性和随机动态系统问题的研究已经有相当长的时间了。非线性动态系统的状态的概率分布随时间的传播可以用一个非线性偏微分方程来描述，它被称为Fokker-Planck方程。Einstein[40]、Fokker[41]、Planck[42]、Kolmogorov[43]、Stratonovich[35]、Baras和Mirelli[44]以及其他研究人员先后对这个方程进行了研究。Stratonovich对信息的概率分布产生的影响进行了建模，这种信息是通过动态系统的噪声测量值得到的，他把这种影响称为调理(conditioning)。包括这种影响的偏微分方程被称为调理Fokker-Planck方程(Conditioned Fokker-Planck Equation)。Kushner[36]、Bucy[37]和其他研究人员还利用Stratonovich或者Ito的随机微积分(Stochastic Calculus)方法对此进行了研究。随机微分方程的理论基础因为白噪声不是黎曼可积函数这一事实而长期受到阻碍，但是Stratonovich或者Ito的非黎曼随机积分(Non-Riemannian Stochastic Integrals)解决了这个问题。

① 这个名字来自于摩纳哥的Monte Carlo赌场，它采用伪随机方法来改变赌博人员之间的财产分配。

这种一般方法可以得到随机偏微分方程，它描述了在所研究的动态系统的“状态空间”上的概率分布随时间的演进变化。然而，得到的模型不能享有卡尔曼滤波器的有限的代表性特征。求解它所需要的计算复杂度远远超过了传统卡尔曼滤波器已经承受的巨大负担。这些方法具有很重要的研究兴趣和应用价值，但是超过了本书的讨论范围。

关于卡尔曼滤波随机微积分的简洁而可读性强的参考文献可参阅 Jazwinski[45] 的著作。

1.3.9 监视中的检测问题

监视(Surveillance)问题包括对某个空间区域内目标的检测、识别和跟踪。卡尔曼滤波器有助于解决跟踪问题，并且在解决识别问题中也有一定的用处(作为一个非线性滤波器)。然而，检测问题(Detection Problem)通常必须在开始识别和跟踪以前首先解决。卡尔曼滤波器对每个目标都需要一个初始状态估计，并且初始估计必须通过对它的检测来获得。这些初始状态是按照某个“点过程”来分布的，但是在技术上还没有成熟的方法(与卡尔曼滤波器相比)能够估计点过程的状态。

点过程(Point Process)是一种随机过程，它对在时间和/或空间上分布的事件或者目标进行建模，比如在通信交换中心的消息到达①，或者天空中恒星的位置。它也是许多估计问题中系统初始状态的模型，比如被雷达装置监视中的飞机或者宇宙飞船在时间和空间中的位置，或者大海里被声呐监视中的潜艇位置。

John M. Richardson(1918－1996)得到了将检测和跟踪结合为一个最优估计问题的统一方法，并且将这种方法专门应用到了几个应用中[46]。单目标(Single Object)的检测和跟踪问题可以用调理 Fokker-Planck 方程来表示。Richardson 从这种单目标模型导出了一种表示目标密度(Object Density)的无限分层的偏微分方程，并且对矩之间的关系做出简单的类似高斯的闭包假设，从而对分层进行截短。结果得到单一的偏微分方程来近似表示目标密度的演变发展，该方程可以用数值方法求解。这种方法对初始状态用点过程表示的动态目标检测这一难题提供了一种解决方法。

1.4 常用符号

几乎在任何背景下，符号表示的基本问题都是没有足够的符号可以分配。在罗马字母表中没有足够的字母可以表示标准英语口语的基本语音要素，更不用说表示卡尔曼滤波及其应用中的所有变量了。因此，有些符号必须扮演多个角色。在这种情况下，它们的角色将在被引入时进行定义。有时候这是容易混淆但又不可避免的。

1.4.1 导数的“点”符号

为了方便，采用 Newton 的导数表示方法，即用 $\dot{f}(t)$，$\ddot{f}(t)$ 表示 f 关于 t 的一阶导数和二阶导数。

1.4.2 卡尔曼滤波器变量的标准符号

在卡尔曼滤波的技术出版物中，出现了两种“标准的”符号表示惯例。本书采用的表示方

① 在这些应用中，点过程也被称为到达过程(Arrival Process)。

法类似于 Kalman 的原始符号[50]。另外一种标准符号有时候与卡尔曼滤波在控制论中的应用有关。它采用字母表中的前面几个字母来代替卡尔曼符号。在表 1.2 中，给出了这两组符号表示方法，以及原始的(Kalman)符号。

表 1.2　卡尔曼滤波中的常用符号

来源*			符号定义
(a)	(b)	(c)	
F	F	A	定义动态系统的连续线性微分方程的动态系数矩阵
G	I	B	随机过程噪声和线性动态系统的状态之间的耦合矩阵
H	M	C	定义动态系统状态和可得测量值之间线性关系的测量灵敏度矩阵
$\overline{K}$	Δ	K	卡尔曼增益矩阵
P	P		状态估计不确定性的协方差矩阵
Q	Q		系统状态动态变化中过程噪声的协方差矩阵
R	0		观测(测量)不确定性的协方差矩阵
x	x		线性动态系统的状态向量
z	y		测量所得值的向量(或者标量)
Φ	Φ		离散线性动态系统的状态转移矩阵

*(a) 本书及参考文献[2,47,48,49]；(b) 参考文献[50]；(c) 参考文献[51 ~ 53,54]。

卡尔曼滤波的状态向量符号

在应用卡尔曼滤波时，状态向量 x 被各种各样的其他附属符号所修饰。在表 1.3 中，列出了本书采用的符号(第一列)以及在其他资料中发现的符号(第二列)。加上“帽子”的状态向量表示估计值 $\hat{x}$，并且再加上下标以后表示估计值序列随时间的变化。问题在于它同时有两个值：即先验值①(利用当前时刻以前的测量值来改善估计)和后验值(利用当前测量值以后的测量值来改善估计)。这种区别用正负号函数来表示。负号(－)表示先验值，正号(＋)表示后验值。

表 1.3　特殊状态空间符号

本书	其他来源	符号使用的定义
x	$\bar{x}, \vec{x}, \mathbf{x}$	状态向量
x_k		向量 x 的第 k 个分量
x_k	$x[k]$	向量序列 $\cdots, x_{k-1}, x_k, x_{k+1}, \cdots$ 的第 k 个元素
$\hat{x}$	$E\langle x\rangle, \bar{x}$	x 的估计值
$\hat{x}_{k(-)}$	$\hat{x}_{k\mid k-1}, \hat{x}_{k-}$	x_k 的先验估计值，在除了 t_k 时刻的测量值以外的所有以前的测量值条件下
$\hat{x}_{k(+)}$	$\hat{x}_{k\mid k}, \hat{x}_{k+}$	x_k 的后验估计值，在 t_k 时刻所有可以得到的测量值条件下
$\dot{x}$	$x_t, \mathrm{d}x/\mathrm{d}t$	x 关于 t(时刻)的导数

1.4.3　数组维数的常用符号

在卡尔曼滤波中，用来表示“标准”数组的维数(Dimensions)的符号也需要利用表 1.4 中所示 Gelb 等人[2]采用的符号来使之标准化。这些符号并不是专门针对这种目的才能使用的

① 这种完全采用拉丁语来形容先验统计量和后验统计量的方法是标准符号中的一种不好的选择，因为没有比较容易的方法来缩写它(甚至它们最初的缩写是相同的)。如果最初采用这种符号的人们知道它将会变得这么普遍，也许他们会用其他方式来命名。

(否则将很快用完字母表)。然而，只要在讨论中用到了其中的一种数组，就将采用这些符号来表示它们的维数。

表 1.4 数组维数的公共符号

符 号	向量名称	维 数	符 号	矩阵名称	维数 行	维数 列
x	系统状态	n	Φ	状态转移矩阵	n	n
w	过程噪声	r	G	过程噪声耦合矩阵	n	r
u	控制输入	r	Q	过程噪声协方差矩阵	r	r
z	测量值	ℓ	H	测量灵敏度矩阵	ℓ	n
v	测量值噪声	ℓ	R	测量噪声协方差矩阵	ℓ	ℓ

1.5 本章小结

卡尔曼滤波器是用来估计受到白噪声干扰的线性动态系统的状态估计子，它利用的测量值是系统状态的线性函数但是受到了加性白噪声的污染。在推导卡尔曼滤波器过程中用到的数学模型是许多感兴趣的实际问题的合理表现，包括控制问题以及估计问题。卡尔曼滤波器模型还被用来分析测量和估计问题。

最小二乘方法是第一个“最优”估计方法，它是 Gauss(及其他研究人员)大约在 19 世纪末发现的。它至今仍然被广泛使用。如果相关的 Gram 矩阵是非奇异的，则最小二乘方法可以确定出一组未知变量的唯一值，使得偏离一组约束方程的平方偏差达到最小。

一组未知变量的可观测性是指它们是否能够由一组给定的约束方程所唯一确定的问题。如果约束方程是未知变量的线性函数，则当且仅当相关的 Gram 矩阵为非奇异时，这些变量是可观测的。如果 Gram 矩阵是奇异矩阵，则未知变量是不可观测的。

Wiener-Kolmogorov 滤波器是在 20 世纪 40 年代由 Norbert Wiener(采用连续时间模型)和 Andrei Kolmogorov(采用离散时间模型)独立发现的，它是一种统计估计方法。它估计动态过程的状态，使均方估计误差达到最小化。它通过利用随机过程在频域中的功率谱密度来利用它们的统计知识。

动态过程的状态空间模型利用微分方程(或者差分方程)来表示确定性现象和随机现象。这种模型的状态变量是感兴趣的变量及其感兴趣的导数。随机过程是由它们在时域而不是频域中的统计特性来表征的。卡尔曼滤波器是利用动态和随机过程的状态空间模型来解决 Wiener 滤波问题而得到的。这种结果比 Wiener-Kolmogorov 滤波器更容易推导(和运用)。

平方根滤波是为了在有限进度算法中具有更好的数值稳定性而对卡尔曼滤波器的重新表述。它是基于相同的数学模型得到的，但是它利用的等效统计参数对计算最优滤波器增益时的舍入误差的敏感性更低。它吸收了许多最初是为了解决最小二乘问题而得到的更具有数值稳定性的计算方法。

可以利用序贯蒙特卡罗方法和粒子滤波方法来将卡尔曼滤波推广到拟线性估计问题，这种问题采用扩展卡尔曼滤波方法是可以解决的。

无味卡尔曼滤波器与扩展卡尔曼滤波的计算复杂度大致相同，并且实质上与平方根滤波器也具有相同的数值稳定性，但是对非线性效应则可能具有更好的鲁棒性。

习题

1.1　推导出寻找 a 和 b 的最小二乘方程，它能对下面三个方程提供最佳拟合：

$$2 = a + b$$

$$4 = 3a + b$$

$$1 = 2a + b$$

(a)将方程组表示为下列矩阵形式：

$$z = A\begin{bmatrix} a \\ b \end{bmatrix}$$

其中，z 是一个有三行元素的列向量，矩阵 A 的维数是 3×2。

(b)根据(a)中得到的 A，计算矩阵乘积 $A^{\mathrm{T}}A$。

(c)根据(a)中得到的 A，计算 2×2 维逆矩阵

$$[A^{\mathrm{T}}A]^{-1}$$

提示：采用下面的一般公式：

$$\begin{bmatrix} m_{11} & m_{12} \\ m_{12} & m_{22} \end{bmatrix}^{-1} = \frac{1}{m_{11}m_{22} - m_{12}^2}\begin{bmatrix} m_{22} & -m_{12} \\ -m_{12} & m_{11} \end{bmatrix}$$

求 2×2 维对称矩阵的逆矩阵。

(d)根据(a)中得到的 A，计算矩阵乘积

$$A^{\mathrm{T}}\begin{bmatrix} z_1 \\ z_2 \end{bmatrix}$$

(e)根据(c)中得到的$[A^{\mathrm{T}}A]^{-1}$，以及(d)中得到的

$$\begin{bmatrix} \hat{a} \\ \hat{b} \end{bmatrix} = [A^{\mathrm{T}}A]^{-1}A^{\mathrm{T}}\begin{bmatrix} z_1 \\ z_2 \end{bmatrix}$$

计算最小二乘解

$$A^{\mathrm{T}}\begin{bmatrix} z_1 \\ z_2 \end{bmatrix}$$

1.2　寻找下面四个方程中 a 和 b 的最小二乘解：

$$2 = a + b$$

$$4 = 3a + b$$

$$1 = 2a + b$$

$$4 = 4a + b$$

1.3　采用均匀采样的“直线拟合”问题是寻找一个偏差 b 和斜坡系数 a，对以均匀时间间隔 Δt 采样得到的 N 个测量值集合 $z_1, z_2, z_3, \cdots, z_N$ 进行拟合。这个问题可以用 N 个线性方程组来建模

$$
\begin{aligned}
z_1 &= a \times 1\Delta t + b \\
z_2 &= a \times 2\Delta t + b \\
z_3 &= a \times 3\Delta t + b \\
&\vdots \\
z_N &= a \times N\Delta t + b
\end{aligned}
$$

其中，“未知量”是 a 和 b。

(a)将方程组表示为矩阵形式，利用点符号将 A 表示为下列形式

$$
A = \begin{bmatrix} a_{11} & a_{12} \\ a_{21} & a_{22} \\ a_{31} & a_{32} \\ \vdots & \vdots \\ a_{N1} & a_{N2} \end{bmatrix}
$$

用公式表示出矩阵元 a_{ij}。

(b)对于(a)中定义的矩阵 A，导出 2×2 维矩阵 $A^{\mathrm{T}}A$ 的符号公式。

(c)对于(b)中明确的 $A^{\mathrm{T}}A$，导出 $[A^{\mathrm{T}}A]^{-1}$ 的一般公式。

(d)利用上面的结果，导出对一般的 N 个线性方程组的最小二乘估计 $\hat{a}$ 和 $\hat{b}$。

1.4 Jean Baptiste Fourier(1768－1830)正在研究利用三角函数的线性组合来近似表示圆周 $0 \leqslant \theta \leqslant 2\pi$ 上的函数 $f(\theta)$ 的问题，即

$$
f(\theta) \approx a_0 + \sum_{j=1}^{n} [a_j \cos(j\theta) + b_j \sin(j\theta)]
$$

试帮助他解决这个问题。采用最小二乘方法证明对于 $1 \leqslant j \leqslant n$ 时，系数 a_j 和 b_j 的值为

$$
\hat{a}_0 = \frac{1}{2\pi} \int_0^{2\pi} f(\theta)\,\mathrm{d}\theta
$$

$$
\hat{a}_j = \frac{1}{\pi} \int_0^{2\pi} f(\theta)\cos(j\theta)\,\mathrm{d}\theta
$$

$$
\hat{b}_j = \frac{1}{\pi} \int_0^{2\pi} f(\theta)\sin(j\theta)\,\mathrm{d}\theta
$$

给定最小平方积分近似误差为

$$
\begin{aligned}
\varepsilon^2(a,b) &= \|f - \hat{f}(a,b)\|_{\mathcal{L}_2}^2 \\
&= \int_0^{2\pi} [\hat{f}(\theta) - f(\theta)]^2\,\mathrm{d}\theta \\
&= \int_0^{2\pi} \left\{ a_0 + \sum_{j=1}^{n} [a_j \cos(j\theta) + b_j \sin(j\theta)] \right\}^2 \mathrm{d}\theta \\
&\quad - 2\int_0^{2\pi} \left\{ a_0 + \sum_{j=1}^{n} [a_j \cos(j\theta) + b_j \sin(j\theta)] \right\} f(\theta)\,\mathrm{d}\theta \\
&\quad + \int_0^{2\pi} f^2(\theta)\,\mathrm{d}\theta
\end{aligned}
$$

另外，还可以假设下列等式也已给定：

$$\int_0^{2\pi} \mathrm{d}\theta = 2\pi$$

$$\int_0^{2\pi} \cos(j\theta)\cos(k\theta)\,\mathrm{d}\theta = \begin{cases} 0, & j \neq k \\ \pi, & j = k, \end{cases}$$

$$\int_0^{2\pi} \sin(j\theta)\sin(k\theta)\,\mathrm{d}\theta = \begin{cases} 0, & j \neq k \\ \pi, & j = k \end{cases}$$

$$\int_0^{2\pi} \cos(j\theta)\sin(k\theta)\,\mathrm{d}\theta = 0, 0 \leqslant j \leqslant n,\ 1 \leqslant k \leqslant n$$

参考文献

[1] V. Beneš and R. J. Elliott, "Finite-dimensional solutions of a modified Zakai equation," *Mathematics of Control, Signals, and Systems*, Vol. 9, pp. 341–351, 1996.

[2] A. Gelb, J. F. Kasper Jr., R. A. Nash Jr., C. F. Price, and A. A. Sutherland Jr., *Applied Optimal Estimation*, MIT Press, Cambridge, MA, 1974.

[3] D. G. Lainiotis, "Estimation: a brief survey," *Information Sciences*, Vol. 7, pp. 191–202, 1974.

[4] J. M. Mendel and D. L. Geiseking, "Bibliography on the linear-quadratic-Gaussian problem," *IEEE Transactions on Automatic Control*, Vol. AC-16, pp. 847–869, 1971.

[5] R. H. Battin, "Space guidance evolution—a personal narrative," *AIAA Journal of Guidance and Control*, Vol. 5, pp. 97–110, 1982.

[6] S. F. Schmidt, "The Kalman Filter: its recognition and development for aerospace applications," *AIAA Journal of Guidance and Control*, Vol. 4, No. 1, pp. 4–7, 1981.

[7] R. M. L. Baker and M. W. Makemson, *An Introduction to Astrodynamics*, Academic Press, New York, 1960.

[8] T. Kailath, "A view of three decades of linear filtering theory," *IEEE Transactions on Information Theory*, Vol. IT-20, No. 2, pp. 146–181, 1974.

[9] R. E. Kalman, *Phase-Plane Analysis of Nonlinear Sampled-Data Servomechanisms*, M.S. thesis, Department of Electrical Engineering, Massachusetts Institute of Technology, Cambridge, MA, 1954.

[10] J. H. Laning Jr. and R. H. Battin, *Random Processes in Automatic Control*, McGraw-Hill, New York, 1956.

[11] R. W. Bass, "Some reminiscences of control and system theory in the period 1955–1960," talk presented at *The Southeastern Symposium on System Theory*, University of Alabama at Huntsville, 18 March 2002.

[12] P. Swerling, "First order error propagation in a stagewise differential smoothing procedure for satellite observations," *Journal of Astronautical Sciences*, Vol. 6, pp. 46–52, 1959.

[13] L. A. McGee and S. F. Schmidt, *Discovery of the Kalman Filter as a Practical Tool for Aerospace and Industry*, Technical Memorandum 86847, National Aeronautics and Space Administration, Ames Research Center, Moffett Field, California, 1985.

[14] A. C. Antoulas, Ed., *Mathematical System Theory, The Influence of R. E. Kalman*, Springer-Verlag, Berlin, 1991.

[15] M. Verhaegen and P. Van Dooren, "Numerical aspects of different Kalman filter implementations," *IEEE Transactions on Automatic Control*, Vol. AC-31, pp. 907–917, 1986.

[16] R. S. Bucy and P. D. Joseph, *Filtering for Stochastic Processes, with Applications to Guidance*, John Wiley & Sons, Inc., New York, 1968.

[17] C. L. Thornton and G. J. Bierman, *A Numerical Comparison of Discrete Kalman Filtering Algorithms: An Orbit Determination Case Study*, JPL Technical Memorandum, Pasadena, CA, pp. 33–771, 1976.

[18] J. M. Bennet, "Triangular factors of modified matrices," *Numerische Mathematik*, Vol. 7, pp. 217–221, 1963.

[19] A. Andrews, "A square root formulation of the Kalman covariance equations," *AIAA Journal*, Vol. 6, pp. 1165–1166, 1968.

[20] Commandant Benoit, "Note sur une méthode de résolution des équations normales provenant de l'application de la méthode des moindres carrés à un systéme d'équations linéaires en nombre infèrieur à celui des inconnues," *(Procédé du Commandant Cholesky), Bulletin Géodésique*, Vol. 2, pp. 67–77, 1924.

[21] A. S. Householder, "Unitary triangularization of a nonsymmetric matrix," *Journal of the Association for Computing Machinery*, Vol. 5, pp. 339–342, 1958.

[22] P. Dyer and S. McReynolds, "Extension of square-root filtering to include process noise," *Journal of Optimization Theory and Applications*, Vol. 3, pp. 444–458, 1969.

[23] P. G. Kaminski, *Square Root Filtering and Smoothing for Discrete Processes*, PhD thesis, Stanford University, 1971.

[24] W. S. Agee and R. H. Turner, *Triangular Decomposition of a Positive Definite Matrix Plus a Symmetric Dyad, with Applications to Kalman Filtering*, White Sands Missile Range Tech. Rep. No. 38, Oct. 1972.

[25] N. A. Carlson, "Fast triangular formulation of the square root filter," *AIAA Journal*, Vol. 11, No. 9, pp. 1259–1265, 1973.

[26] G. J. Bierman, *Factorization Methods for Discrete Sequential Estimation*, Academic Press, New York, 1977.

[27] C. L. Thornton, *Triangular Covariance Factorizations for Kalman Filtering*, PhD thesis, University of California at Los Angeles, School of Engineering, 1976.

[28] M. Morf and T. Kailath, "Square root algorithms for least squares estimation," *IEEE Transactions on Automatic Control*, Vol. AC-20, pp. 487–497, 1975.

[29] J. M. Jover and T. Kailath, "A parallel architecture for Kalman filter measurement update and parameter update," *Automatica*, Vol. 22, pp. 783–786, 1986.

[30] T. Kailath, "State-space modelling: square root algorithms," in *Systems and Control Encyclopedia* (M. G. Singh, Ed.), Pergamon, Elmsford, NY, 1984.

[31] G. H. Golub and C. Reinsch, "Singular value decomposition and least squares solutions," *Numerische Mathematik*, Vol. 14, No. 5, pp. 403–420, 1970.

[32] W. Givens, "Computation of plane unitary rotations transforming a general matrix to triangular form," *Journal of the Society for Industrial and Applied Mathematics*, Vol. 6, pp. 26–50, 1958.

[33] W. M. Gentleman, "Least squares computations by Givens transformations without square roots," *Journal of the Institute for Mathematical Applications*, Vol. 12, pp. 329–336, 1973.

[34] T. Kailath, A. H. Sayed and B. Hassibi, *Linear Estimation,* Prentice-Hall, Upper Saddle River, NJ, 2000.

[35] R. L. Stratonovich, *Topics in the Theory of Random Noise*, (R. A. Silverman, Ed.), Gordon & Breach, New York, 1963.

[36] H. J. Kushner, "On the differential equations satisfied by conditional probability densities of Markov processes," *SIAM Journal on Control, Series A*, Vol. 2, pp. 106–119, 1964.

[37] R. S. Bucy, "Nonlinear filtering theory," *IEEE Transactions on Automatic Control*, Vol. AC-10, pp. 198–206, 1965.

[38] R. W. Bass, V. D. Norum, and L. Schwartz, "Optimal multichannel nonlinear filtering," *Journal of Mathematical Analysis and Applications*, Vol. 16, pp. 152–164, 1966.

[39] D. M. Wiberg and L. A. Campbell, "A discrete-time convergent approximation of the optimal recursive parameter estimator," *Proceedings of the IFAC Identification and System Parameter Identification Symposium*, Vol. 1, pp. 140–144, 1991.

[40] A. Einstein, "Über die von molekularkinetischen Theorie der Wärme geforderte Bewegung von in ruhenden Flüssigkeiten suspendierten Teilchen," *Annelen der Physik*, Vol. 17, pp. 549–560, 1905.

[41] A. D. Fokker, "Die mittlerer Energie rotierender elektrischer Dipole im Strahlungsfeld," *Annelen der Physik*, Vol. 43, pp. 810–820, 1914.

[42] M. Planck, "Über einen Satz der statistischen Dynamik und seine Erweiterung in der Quantentheorie," *Sitzungsberichte d. König. Preussischen Akademie der Wissenschaft*, Vol. 24, pp. 324–341, 1917.

[43] A. A. Kolmogorov, "Über die analytichen Methoden in der Wahrscheinlichkeitsrechnung," *Mathematische Annelen*, Vol. 104, pp. 415–458, 1931.

[44] J. Baras and V. Mirelli, *Recent Advances in Stochastic Calculus*, Springer-Verlag, New York, 1990.

[45] A. H. Jazwinski, *Stochastic Processes and Filtering Theory*, Academic Press, New York, 1970.

[46] J. M. Richardson and K. A. Marsh, "Point process theory and the surveillance of many objects," in *Proceedings of the 1991 Symposium on Maximum Entropy and Bayesian Methods*, Seattle University, 1991.

[47] B. D. O. Anderson and J. B. Moore, *Optimal Filtering*, Prentice-Hall, Englewood Cliffs, NJ, 1979.

[48] R. G. Brown and P. Y. C. Hwang, *Introduction to Random Signals and Applied Kalman Filtering: With MATLAB Exercises and Solutions*, 4th ed., John Wiley & Sons, Inc., New York, 2007.

[49] D. E. Catlin, *Estimation, Control, and the Discrete Kalman Filter*, Springer-Verlag, New York, 1989.

[50] R. E. Kalman, "A new approach to linear filtering and prediction problems," *ASME Journal of Basic Engineering*, Vol. 82, pp. 34–45, 1960.

[51] A. V. Balakrishnan, *Kalman Filtering Theory*, Optimization Software, New York, 1987.

[52] K. Brammer and G. Siffling, *Kalman-Bucy Filters*, Artech House, Norwood, MA, 1989.

[53] C. K. Chui and G. Chen, *Kalman Filtering with Real-Time Applications*, Springer-Verlag, New York, 1987.

[54] T. Kailath, *Linear Systems*, Prentice-Hall, Englewood Cliffs, NJ, 1980.

[55] H. W. Sorenson, "Least-squares estimation: From Gauss to Kalman," *IEEE Spectrum*, Vol. 7, pp. 63–68, 1970.

[56] H. W. Sorenson, "On the development of practical nonlinear filters," *Information Sciences*, Vol. 7, pp. 253–270, 1974.

第 2 章　线性动态系统

自然界的所有现象都只是少数不可改变的定律的数学结果。

——Pierre-Simon, Marquis de Laplace(1749 – 1827)

2.1　本章重点

本章主要讨论卡尔曼滤波中采用的动态模型，特别是那些由线性微分方程组表示的动态模型。

本章目的在于通过一些具体的例子，说明如何建立这种模型以及如何将微分方程表示的模型转化为适合卡尔曼滤波的模型。

这些微分方程是根据应用得到的。对于电机系统的建模而言，这些微分方程通常是由物理定律产生的。

例如，对许多机械系统建模的微分方程来自于牛顿力学定律，如 $F = ma$，或者其旋转形式 $T = M\dot{\omega}$，以及牛顿万有引力定律(在例 2.1 中用到)。

2.1.1　更大的示意图

在图 2.1 的简要示意图中，说明了本章的动态模型是如何适用于所有估计问题的，其中的变量定义如表 2.1 所示。为了表示连续时间或者离散时间应用，对这个示意图进行了简化，本章还讨论了这两者之间的相互关系。

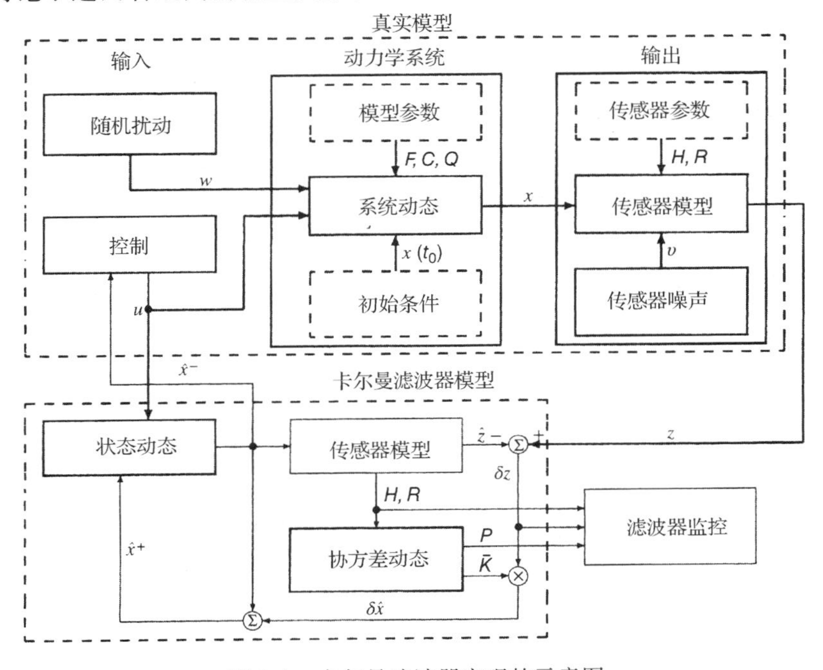

图 2.1　卡尔曼滤波器实现的示意图

图中表示了下面三种动态模型:

- 标记为“系统动态”的方框表示卡尔曼滤波器应用的实际动态系统的模型。该模型可能包含能代表与时间相关的随机过程的下列状态变量:
  - 与时间相关的随机动态扰动,如气流和(船只的)水流。
  - 与时间相关的传感器噪声,如环境温度。
  - 在某些应用中,该模型可能还将其自身动态模型的慢变化“参数”作为附加状态变量。

在理想情况下,这种模型是基于物理定律和(利用卡尔曼滤波器)对实际系统动态参数的校正结果得到的。

表 2.1 动态系统的数学模型

模　型	连续时间模型	离散时间模型
时不变		
线性	$\dot{x}(t) = Fx(t) + Cu(t) + w(t)$ $z(t) = Hx(t) + Du(t) + v(t)$	$x_k = \Phi x_{k-1} + \Gamma u_{k-1} + w_{k-1}$ $z_k = Hx_k + Du_k + v_k$
常规	$\dot{x}(t) = f(x(t), u(t)) + w(t)$ $z(t) = h(x(t), u(t)) + v(t)$	$x_k = f(x_{k-1}, u_{k-1}) + w_{k-1}$ $z_k = h(x_k, u_k) + v_k$
时变		
线性	$\dot{x}(t) = F(t)x(t) + C(t)u(t) + w(t)$ $z(t) = H(t)x(t) + D(t)u(t) + v(t)$	$x_k = \Phi_{k-1}x_{k-1} + \Gamma_{k-1}u_{k-1} + w_{k-1}$ $z_k = H_kx_k + D_ku_k + v_k$
常规	$\dot{x}(t) = f(t, x(t), u(t)) + w(t)$ $z(t) = h(t, x(t), u(t)) + v(t)$	$x_k = f_k(x_{k-1}, u_{k-1}) + w_{k-1}$ $z_k = h_k(x_k, u_k) + v_k$

系统输入:
　u 表示已知的控制输入。
　w 表示随机动态扰动。
　v 表示随机传感器噪声。
系统输出:
　z 表示传感器输出。

- 在卡尔曼滤波器中标记为“状态动态”的方框应该包含真实动态系统的非常准确的副本,除非不知道实际模型中输入 w 的值。卡尔曼滤波器模型也可以包括其他待估计的变量,以及真实的系统状态向量 x。这些增加的变量包括图 2.1 中虚线框所示的参数估计值:
  - 真实系统状态变量 $x(t_0)$ 的初始条件(本应用中采用的估计器被称为定点平滑器,第 6 章中对此进行了介绍)。
  - 表 2.1 中所示的真实系统动态模型的矩阵参数 F(或者其离散时间等价参数 Φ)和 Q(或者也可能为 C)。这种情况下的估计器是非线性的,第 8 章对此进行了讨论。
  - 传感器模型的矩阵参数 H 和 R,这种情况下的滤波器也是非线性的。比如,这些传感器参数也可以包括传感器输出的偏差值。
  - 滤波器状态变量也可以包括随机扰动 w 和/或者传感器噪声 v 的均值(偏差)。另外,在某些应用中,卡尔曼滤波器的状态变量可能包括“随机扰动”的方差(Q)和/或者“传感器噪声”的方差(R),这种情况下的滤波器变成非线性的。
- 标记为“协方差动态”的方框表示估计误差的二阶矩(协方差矩阵 P)的动态模型。当其他模型是线性或者“准线性”(即足够地接近线性,以至于可以忽略非线性引起的误差)时，这被称为矩阵 Riccati 方程。否则，估计出的状态变量分布的均值和协方差随时间的传播可以利用结构化采样方法(如无味变换方法)来实现。对于这两种方式而言，协方差更新模型都包括状态动态模型，并且实现得到的卡尔曼增益矩阵 $\overline{K}$ 可作为部分结果。

在本章中，包含了系统输入 u(来自于“控制”方框)，尽管直到第 4 章为止都没有对 u 和随机动态扰动 w 进行区分。更大的图(超出了本书讨论范围)包括了标记为“控制”方框以内的实现，它利用估计出的状态 $\hat{x}$ 作为输入。

图 2.1 中的上面部分在后续章节中进行讨论。

- 在第 4 章中，对标记为“随机扰动”和“传感器噪声”的方框的随机过程模型进行了讨论。
- 在第 4 章和第 8 章(针对非线性传感器)中，对传感器模型进行了讨论。
- 在第 5 章和第 9 章中，讨论了 Riccati 方程，并且第 8 章讨论了非线性应用的等效方法。
- 在第 9 章中，对利用卡尔曼滤波器进行健康监控(在标记为“滤波器监控”的方框)的方法进行了讨论。

2.1.2 动态系统模型

微分方程与状态变量

自从 17 世纪 Isaac Newton 和 Gottfried Leibniz 引入微分方程以后，它就一直作为对人类非常重要的许多动态系统的准确可信的数学模型。采用这种模型，Newton 只用少量的变量和参数就能够对我们太阳系中行星的运动进行建模。给定有限数量的初始条件(已知太阳和行星的精确质量和初始位置及速度就可以了)和这些方程，就可以相当精确地确定出行星在很多年里的位置和速度。一个问题(在本例中，问题是对行星的未来航迹进行预测)的有限维表示是表示微分方程及其解的所谓“状态空间方法”的基础，这是本章讨论的重点。微分方程的因变量变成了动态系统的状态变量，它们明确代表了动态系统在任何时刻的全部重要特征。

其他方法

对于当前讨论的任务(卡尔曼滤波)而言，动态系统理论的全部知识远远超过了其所需范围。本章将仅限于介绍那些对该任务很重要的一些概念，它们是发展动态系统状态空间表示方法的基础，动态系统是由线性微分方程组来描述的。这在一定程度上属于是启发式的处理方法，并没有严格的数学推证，但是在导出卡尔曼滤波器过程中，为了求解差分方程，发展并运用了函数分析的变换方法。感兴趣的读者可以在更高级的研究生教材里发现有关常微分方程的更加正规完整的讨论。对动态系统更加面向工程的应用而言，其目的一般是解决控制问题，即确定出能够使动态系统的状态达到期望条件的输入(即控制设置)这一问题。然而，这并不是本书的目的。

2.1.3 涵盖要点

本章目的在于将动态系统的可测量输出用系统内部状态和输入的函数来表征。为了定义输入与输出之间的函数关系，这里采用了确定性处理方法。

在第 4 章中，允许输入是非确定性的(即随机的)，第 5 章重点讨论在这种背景下如何估计动态系统的状态变量的问题。

动态系统和微分方程 在卡尔曼滤波背景下，一个动态系统与描述物理系统的状态随时间变化的常微分方程组是同义的。这种数学模型用于推导出方程组的解，它规定了状态变量与其初始值和系统输入之间的函数依赖关系。方程组的解定义了可测量输出与输入和模型系数之间的函数相关性。

连续时间和离散时间数学模型 在表 2.1 中，总结了本书感兴趣的主要动态系统模型，包括线性模型(本章重点)和非线性模型(第 8 章重点)。它们也包括微分方程定义的连续时间模型，以及更适宜于计算机实现的离散时间模型。

连续时间建模 对于实际动态系统而言，如何构造线性微分方程的问题是 2.2 节的关注重点，这也为我们提供了学习如何应用物理定律表示动态系统的方法。

转化为离散时间模型 如何将得到的线性微分方程模型转化为离散时间等效模型是 2.3 节和 2.4 节的关注重点。在导出连续时间情况下的可靠模型以后，这提供了针对卡尔曼滤波如何转化为离散模型的方法。

输出的可观测性 在 2.5 节中，重点讨论动态系统模型的状态是否可以通过其输出来确定的问题。

2.2 确定性动态系统模型

2.2.1 微分方程表示的动态系统模型

一个系统是指可以视为一个整体的相互关联的实体组成的集合。如果感兴趣的系统属性是随时间变化的，则它被称为动态系统。一个过程是指动态系统随时间的演变。

由太阳及其行星组成的太阳系，是动态系统的一个物理例子。这些天体的运动是由只依赖于其当前相对位置和速度的运动定律所支配的。Isaac Newton(1642 – 1727)发现了这些定律，并将它们用微分方程组表示出来——这也是他的另一个发现。从 Newton 时代开始，工程师和科学家学会了利用支配动态系统行为的微分方程来对其进行定义。他们也学会了如何求解这些微分方程，以得到能够预测动态系统未来行为的公式。

2.2.2 牛顿模型

对速度或者所有类型的物理量而言，最基本的状态空间模型来自于“刚体”(即具有无限刚性的物体)牛顿力学，刚体是由其质量和惯性①的转矩来表征的，并且任何作用力都会产生加速度和力矩。作用力的贡献通常可以分解为水平力和旋转力矩，它们可以被独立对待处理，分别得到一个一阶线性微分方程组。

刚体平移力学

如果 x 是一个物体质心的位置向量，则该质点动态变化的状态空间模型具有下列一般形式：

$$\dot{x} = v\,(\text{速度}) \tag{2.1}$$

---

① 有趣的是，卡尔曼滤波器也采用误差的均值以及均值的矩来对误差的动态变化进行表征。

$$\dot{v} = a\text{（加速度）} \tag{2.2}$$

$$\dot{a} = j_e\text{（急动度）} \tag{2.3}$$

$$\dot{j}_e = j_o\text{（震动）} \tag{2.4}$$

$$\vdots$$

上式中，只要应用需要，还可以继续进行求导运算，公式右边分别代表输入加速度、急动度(jerk)等。这是根据牛顿定律 $F = ma$ 得到的。

刚体旋转力学

牛顿旋转力学则更复杂一些，因为其姿态是三维的，但是其区域实际上与自身堆叠起来。例如，如果把自己沿着垂直轴旋转 360°，则会又回到开始的地方而不需要改变旋转方向。一个方向有三个独立的自由度(分别用倾斜角、俯仰角和偏航角来表示)，但是其拓扑结构与四维单位球面的表面相同。利用具有单位长度的四维四元数，可以十分成功地进行建模。姿态也可以用其他数学工具来表示，包括 3×3 维正交矩阵 A，其中 $A = I$ 表示参考姿态或者原点。于是，利用 A 作为方向变量的线性动态模型为

$$\dot{A} = A\omega\otimes\text{（角速度）} \tag{2.5}$$

$$\omega\otimes \overset{\text{def}}{=} \begin{bmatrix} 0 & -\omega_3 & \omega_2 \\ \omega_3 & 0 & -\omega_1 \\ -\omega_2 & \omega_1 & 0 \end{bmatrix} \tag{2.6}$$

$$\dot{\omega} = \alpha\text{（角加速度）} \tag{2.7}$$

$$\dot{\alpha} = ?\text{（角急动度）} \tag{2.8}$$

$$\vdots$$

其中，与水平情形相同，只要应用需要，还可以继续进行求导运算。在这种情况下，与 $F = ma$ 类似的方程为 $\tau = M\alpha$，其中 τ 是应用扭矩，M(与平移力学情形下的 m 类似)是物体转动惯量关于其重心的正定矩阵。

非刚体动态模型

由于现实物体并不是无限刚性的，它们通常表现为具有一定衰减幅度的震动模式。这些震动模式往往有其自身的状态空间模型，可以是水平类型或者旋转类型，并且一般具有成对的震动模式。在某些太空应用(如太空望远镜)以及其他将加速度传感器和旋转传感器附在主机车车架上的应用中①，这些模式成为了重要的动态子系统。当火箭发射器和航空器的燃料箱较空时，燃料晃动也存在类似的震动问题。在这些情况下，为了进行控制，对动态行为进行建模往往是很必要的。

例 2.1(具有 n 个大型天体的动态系统的 Newton 模型)　对于图 2.2(a)所示(其中 $n = 4$)的具有 n 个天体的行星系而言，在任何惯性(即非旋转、非加速)笛卡儿坐标系中，根据牛顿第三定律可得第 i 个天体的加速度为下列二阶微分方程：

---

① 例如，早期的阿特拉斯(Atlas)导弹测试结果表明，单体框架的弯曲模式使闭环导弹姿态控制系统在右边平面存在一个极点。

$$\frac{\mathrm{d}^2 r_i}{\mathrm{d}t^2} = C_g \sum_{\substack{j=1 \\ j\neq i}}^{n} \frac{m_j[r_j - r_i]}{|r_j - r_i|^3}, 1 \leqslant i \leqslant n$$

其中，r_j是第 j 个天体的位置坐标向量，m_j是第 j 个天体的质量，C_g为万有引力常数。从理论上讲，根据这 n 个微分方程以及天体的相应初始条件(即其初始位置和速度)，可以确定出行星系的未来发展变化。

在上述微分方程中，没有包含不依赖于因变量 r_j的项，从这个意义上讲它是齐次方程。

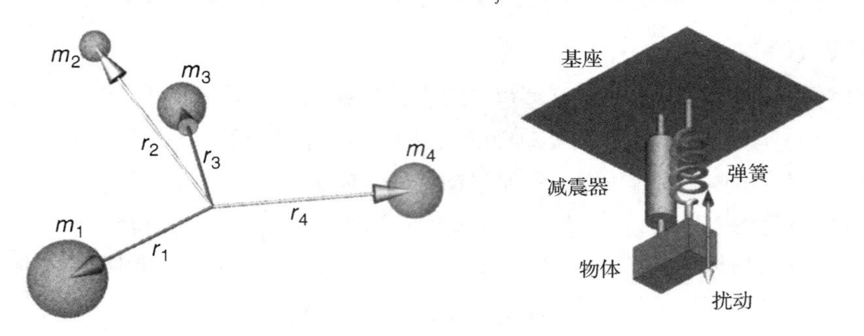

(a) 引力动态系统 (b) 机械振动系统

图 2.2 动态系统举例

例 2.2(具有线性阻尼的谐振腔) 考虑图 2.2(b)中的理想装置，其中质量为 m 的物体通过一根弹簧连接在一个固定的基座上，它与支撑基座的摩擦接触用减震器(阻尼器)①代表。令 δ 表示物体离其静止状态时位置的位移，$\mathrm{d}\delta/\mathrm{d}t$ 表示物体的速度，并且 $a(t) = \mathrm{d}^2\delta/\mathrm{d}t^2$ 表示其加速度。根据牛顿第二定律，作用在物体上的作用力 F 可以表示为

$$\begin{aligned} F(t) &= ma(t) \\ &= m\left[\frac{\mathrm{d}^2\delta}{\mathrm{d}t^2}(t)\right] \\ &= -k_s\delta(t) - k_d\frac{\mathrm{d}\delta}{\mathrm{d}t}(t) \end{aligned}$$

其中，k_s为弹簧常数，k_d为阻尼器的阻力系数。上述关系可以写为下列微分方程

$$m\frac{\mathrm{d}^2\delta}{\mathrm{d}t^2} = -k_s\delta - k_d\frac{\mathrm{d}\delta}{\mathrm{d}t}$$

其中，时刻(t)表示微分变量，位移(δ)表示因变量。该方程对阻尼谐振腔的动态行为施加约束。微分方程的阶数是最高导数的阶数，本例中阶数为 2。这个微分方程被称为线性微分方程，因为方程两边都是 δ 及其导数的线性组合(例 2.1 中的方程是非线性微分方程)。

并不是所有的动态系统都可以用微分方程来建模。还存在其他类型的动态系统模型，如 Petri 网、推理网络或者实验数据表等。然而，本书中只考虑能够用微分方程建模的动态系统，或者是根据线性微分方程或者差分方程导出的离散时间线性状态动态方程来建模的动态系统。

① 减震器(阻尼器)的工作原理与“低雷诺数”流体力学相同，其中阻尼是线性的。

2.2.3　确定性系统的状态变量和状态方程

上述例子中的二阶微分方程可以转变为关于因变量 $x_1=\delta$ 和 $x_2=\mathrm{d}\delta/\mathrm{d}t$ 的两个一阶微分方程。这样，就可以将任意更高阶的微分方程组简化为等效的一阶微分方程组。这些系统一般可以按照表 2.1 中那样进行分类，其中最常用的类型是时变微分方程，表示具有时变动态特征的动态系统。用向量形式可以表示为

$$\dot{x}(t)=f(t,x(t),u(t)) \tag{2.9}$$

其中，Newton 的“·”符号用于表示关于时间的导数，向量值函数 f 用于表示下列 n 个方程组

$$\begin{aligned}\dot{x}_1&=f_1(t,x_1,x_2,x_3,\cdots,x_n,u_1,u_2,u_3,\cdots,u_r)\\ \dot{x}_2&=f_2(t,x_1,x_2,x_3,\cdots,x_n,u_1,u_2,u_3,\cdots,u_r)\\ \dot{x}_3&=f_3(t,x_1,x_2,x_3,\cdots,x_n,u_1,u_2,u_3,\cdots,u_r)\\ &\vdots\\ \dot{x}_n&=f_n(t,x_1,x_2,x_3,\cdots,x_n,u_1,u_2,u_3,\cdots,u_r)\end{aligned} \tag{2.10}$$

它是关于自变量 t(时间)、n 个因变量 $\{x_i \mid 1\leqslant i\leqslant n\}$ 和 r 个已知输入 $\{u_i \mid 1\leqslant i\leqslant r\}$ 的方程组。这些方程被称为动态系统的状态方程。

齐次和非齐次微分方程

式(2.10)中的变量 u_i 可以与状态变量 x_i 相互独立，这种情况下方程组被视为非齐次的。然而，在控制理论中会有一些容易引起混淆的差别，其中控制输入 u_i 可能是 x_i 的函数(或者是动态系统输出的函数，这里的输出又是 x_i 的函数)。

一般而言，如果微分方程的项不依赖于因变量及其导数，则它们被称为是非齐次的，而那些没有这种“非齐次项”(即 u_i)的微分方程被称为是齐次的。

表示动态系统自由度的状态变量

变量 $x_1,\cdots,x_n$ 被称为式(2.10)定义的动态系统的状态变量。它们可以集中写为下列 n 维向量

$$x(t)=\begin{bmatrix}x_1(t) & x_2(t) & x_3(t) & \cdots & x_n(t)\end{bmatrix}^{\mathrm{T}} \tag{2.11}$$

该向量被称为动态系统的状态向量。状态向量的 n 维定义域被称为动态系统的状态空间。在关于函数 f_i 和 u_i 的连续条件下，某个初始时刻 t_0 的值 $x_i(t_0)$ 将唯一决定出在某个闭区间 $t\in[t_0,t_f]$ 上解 $x_i(t)$ 的值，这个闭区间的初始时刻为 t_0，终点时刻为 t_f[1]。从这个意义上讲，每个状态变量的初始值表示动态系统的独立自由度。n 个值 $x_1(t_0),x_2(t_0),x_3(t_0),\cdots,x_n(t_0)$ 可以独立变化，它们唯一决定了在时间区间 $t_0\leqslant t\leqslant t_f$ 上动态系统的状态。

例 2.3(谐振腔的状态空间模型)　在例 2.2 介绍的二阶微分方程中，令状态变量为 $x_1=\delta$，并且 $x_2=\dot{\delta}$。第一个状态变量表示质子距离其静态平衡点的位移量，第二个状态变量表示质子的瞬时速度。这个动态系统的一阶微分方程组可以表示为下列矩阵形式：

$$\frac{\mathrm{d}}{\mathrm{d}t}\begin{bmatrix}x_1(t)\\x_2(t)\end{bmatrix}=F_c\begin{bmatrix}x_1(t)\\x_2(t)\end{bmatrix}$$

$$F_c=\begin{bmatrix}0 & 1\\ -\frac{k_s}{m} & -\frac{k_d}{m}\end{bmatrix}$$

其中，F_c被称为一阶线性微分方程组的系数矩阵。这个例子称为用一阶微分方程组表示的高阶线性微分方程的伴随形式。

2.2.4　连续时间和离散时间

式(2.10)定义的动态系统是连续系统的一个例子，这是因为其自变量 t 是在某个实数区间 $t \in [t_0, t_f]$ 上连续变化的。然而，对于许多实际问题而言，人们只对离散时间 $t \in [t_1, t_2, t_3, \cdots]$ 处的系统状态感兴趣。例如，这些离散时间可能对应于系统输出被采样的时刻点(比如 Piazzi 记录谷神星方向的时刻)。对于这类问题而言，比较方便的是按照时刻 t_k的整数下标对其进行排序

$$t_0 < t_1 < t_2 < \cdots < t_{k-1} < t_k < t_{k+1} < \cdots$$

也就是说，将时间序列按照其下标进行排序，并且其下标在某个整数范围内连续取所有值。对于这类问题，将动态系统状态定义为递归关系就足够了，即

$$x(t_{k+1}) = f(x(t_k), t_k, t_{k+1}) \tag{2.12}$$

在上述关系中，当前状态值被表示为其在前一时刻状态值的函数。这就是离散动态系统的定义。对于具有均匀时间间隔 Δt 的系统而言，有

$$t_k = t[\text{sub } 0] + k\Delta t$$

离散时间系统的简化符号

当人们关心状态变量 x 的值构成的序列时，如果写为 $x(t_k)$会显得很累赘。更有效的方法是简写为 x_k，只要把它理解为代表 $x(t_k)$而不是 x 的第 k 个分量就行了。如果必须讨论某个具体时刻的具体分量，可以将其写为 $x_i(t_k)$ 就可以消除所有歧义了。在讨论离散时间系统时，只要从上下文来看意思很清楚，就可以去掉符号 t。

2.2.5　时变系统和时不变系统

有时候，我们用术语“物理设备”或者“设备”来代替“动态系统”，特别是对制造业领域的应用。在许多这种应用中，所考虑的动态系统确实就是物理设备——生产材料时所用的固定设施。尽管输入 $u(t)$可能是时间的函数，状态动态变化随 u 和 x 的函数关系却可能与时间无关，这种系统被称为时不变的或者自治的。与时变系统相比，其解通常更容易得到。

2.3　连续线性系统及其解

2.3.1　线性动态系统的输入输出模型

在图2.1中，标记为“状态动态”和“传感器模型”的方框是表2.1中所列动态系统方程的模型。这些模型代表了利用下面三类变量的动态系统：

- 控制输入 u_i，它可以在我们的控制之下，因此对我们而言是已知的。
- 内部状态变量 x_i，在前面章节中已经介绍。在大多数应用中，这些都是“隐变量”，意思是它们通常不能被直接测量，但是可以采用某种方法从可测变量推断出来。
- 输出 z_i，也被称为观测值或者测量值，它可以从用于测量某些内部状态变量 x_i的传感器来得到。

这些概念在后续小节中将进行更详细的讨论。

对于具有输入和输出的一般线性动态系统，其常用模型可以用示意图 2.3 表示。

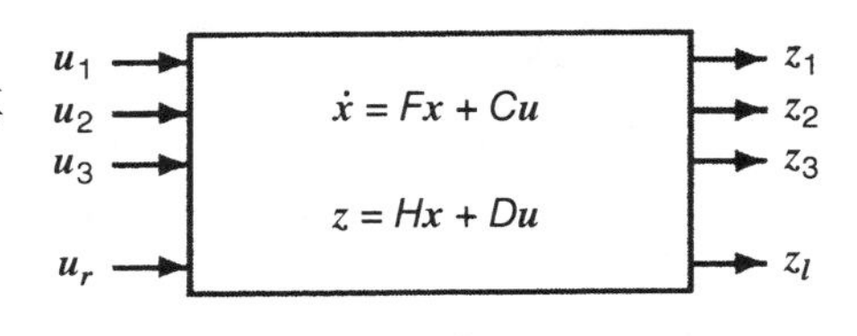

图 2.3　线性动态系统框图

2.3.2　动态系数矩阵及输入耦合矩阵

线性系统的动态变化可以用 n 个一阶线性微分方程来表示，其向量形式为

$$\begin{aligned}\dot{x}(t) &= \frac{\mathrm{d}}{\mathrm{d}t}x(t) \\ &= F(t)x(t) + C(t)u(t)\end{aligned} \tag{2.13}$$

其中，矩阵和向量的元素和分量可以是时间的函数，即

$$F(t) = \begin{bmatrix} f_{11}(t) & f_{12}(t) & f_{13}(t) & \cdots & f_{1n}(t) \\ f_{21}(t) & f_{22}(t) & f_{23}(t) & \cdots & f_{2n}(t) \\ f_{31}(t) & f_{32}(t) & f_{33}(t) & \cdots & f_{3n}(t) \\ \vdots & \vdots & \vdots & \ddots & \vdots \\ f_{n1}(t) & f_{n2}(t) & f_{n3}(t) & \cdots & f_{nn}(t) \end{bmatrix}$$

$$C(t) = \begin{bmatrix} c_{11}(t) & c_{12}(t) & c_{13}(t) & \cdots & c_{1r}(t) \\ c_{21}(t) & c_{22}(t) & c_{23}(t) & \cdots & c_{2r}(t) \\ c_{31}(t) & c_{32}(t) & c_{33}(t) & \cdots & c_{3r}(t) \\ \vdots & \vdots & \vdots & \ddots & \vdots \\ c_{n1}(t) & c_{n2}(t) & c_{n3}(t) & \cdots & c_{nr}(t) \end{bmatrix}$$

$$u(t) = \begin{bmatrix} u_1(t) & u_2(t) & u_3(t) & \cdots & u_r(t) \end{bmatrix}^{\mathrm{T}}$$

矩阵 $F(t)$ 被称为动态系数矩阵，或者简称为动态矩阵，其元素被称为动态系数。矩阵 $C(t)$ 被称为输入耦合矩阵，其元素被称为输入耦合系数。r 维向量 u 被称为输入向量。

非齐次部分：式(2.13)中的项 $C(t)u(t)$ 被称为微分方程的非齐次部分，因为它不依赖于因变量 x。

例 2.4(供暖系统/冷却系统的动态方程)　考虑在供暖的密闭房间或者建筑物内的温度 T 是一个动态系统的状态变量。这个动态系统的简化模型是下列线性方程

$$\dot{T}(t) = -k_c[T(t) - T_o(t)] + k_h u(t)$$

其中，常数“冷却系数”k_c 取决于室内与室外的热绝缘质量，T_o 为室外温度，k_h 为供暖器或者冷却器的加热/冷却速率系数，u 为输入函数，它或者取 $u=0$(关闭)或者取 $u=1$(打开)，并且可以定义为任意可测量的函数。另一方面，室外温度 T_o 也是输入函数的一个例子，它在任何时候都是可直接测量的，但在未来却是不可预测的。它实际上是一个随机过程。

2.3.3　高阶导数的伴随形式

一般而言，n 阶线性微分方程

$$\frac{\mathrm{d}^n y(t)}{\mathrm{d}t^n} + f_1(t)\frac{\mathrm{d}^{n-1}y(t)}{\mathrm{d}t^{n-1}} + \cdots + f_{n-1}(t)\frac{\mathrm{d}y(t)}{\mathrm{d}t} + f_n(t)y(t) = u(t) \tag{2.14}$$

可以重新写为 n 个一阶微分方程组。尽管状态变量表示为一阶系统不是唯一的[2]，但存在一种唯一的称为伴随形式的表示方式。

状态向量的伴随形式

对于上述 n 阶线性动态系统，其状态向量的伴随形式为

$$x(t) = \left[y(t),\quad \frac{\mathrm{d}}{\mathrm{d}t}y(t),\quad \frac{\mathrm{d}^2}{\mathrm{d}t^2}y(t),\quad \ldots,\quad \frac{\mathrm{d}^{n-1}}{\mathrm{d}t^{n-1}}y(t)\right]^{\mathrm{T}} \tag{2.15}$$

微分方程的伴随形式

对于 n 阶线性微分方程，可以用上述状态向量 $x(t)$ 重新写为下列向量微分方程：

$$\frac{\mathrm{d}}{\mathrm{d}t}\begin{bmatrix} x_1(t) \\ x_2(t) \\ \vdots \\ x_{n-1}(t) \\ x_n(t) \end{bmatrix} = \begin{bmatrix} 0 & 1 & 0 & \cdots & 0 \\ 0 & 0 & 1 & \cdots & 0 \\ \vdots & \vdots & \vdots & \ddots & \vdots \\ 0 & 0 & 0 & \cdots & 1 \\ -f_n(t) & -f_{n-1}(t) & -f_{n-2}(t) & \cdots & -f_1(t) \end{bmatrix}\begin{bmatrix} x_1(t) \\ x_2(t) \\ x_3(t) \\ \vdots \\ x_n(t) \end{bmatrix} + \begin{bmatrix} 0 \\ 0 \\ \vdots \\ 0 \\ 1 \end{bmatrix} u(t) \tag{2.16}$$

将式(2.16)与式(2.13)进行比较，很容易得到矩阵 $F(t)$ 和 $C(t)$。

尽管伴随矩阵使高阶线性微分方程和一阶微分方程组之间的关系得以简化，我们并不推荐实现伴随矩阵。Kenney 和 Liepnik 的研究[3]表明，求解微分方程是病态的。

2.3.4 输出和测量灵敏度矩阵

可测量输出与测量灵敏度

只有系统的输入和输出可以测量，通常做法是将变量 z_i 视为测量值。对于线性问题，它们通过一个线性方程组与状态变量和输入相联系，这个线性方程组可以表示为下列向量形式：

$$z(t) = H(t)x(t) + D(t)u(t) \tag{2.17}$$

其中

$$z(t) = \begin{bmatrix} z_1(t) & z_2(t) & z_3(t) & \cdots & z_\ell(t) \end{bmatrix}^{\mathrm{T}}$$

$$H(t) = \begin{bmatrix} h_{11}(t) & h_{12}(t) & h_{13}(t) & \cdots & h_{1n}(t) \\ h_{21}(t) & h_{22}(t) & h_{23}(t) & \cdots & h_{2n}(t) \\ h_{31}(t) & h_{32}(t) & h_{33}(t) & \cdots & h_{3n}(t) \\ \vdots & \vdots & \vdots & \ddots & \vdots \\ h_{\ell 1}(t) & h_{\ell 2}(t) & h_{\ell 3}(t) & \cdots & h_{\ell n}(t) \end{bmatrix}$$

$$D(t) = \begin{bmatrix} d_{11}(t) & d_{12}(t) & d_{13}(t) & \cdots & d_{1r}(t) \\ d_{21}(t) & d_{22}(t) & d_{23}(t) & \cdots & d_{2r}(t) \\ d_{31}(t) & d_{32}(t) & d_{33}(t) & \cdots & d_{3r}(t) \\ \vdots & \vdots & \vdots & \ddots & \vdots \\ d_{\ell 1}(t) & d_{\ell 2}(t) & d_{\ell 3}(t) & \cdots & d_{\ell r}(t) \end{bmatrix}$$

ℓ 维向量 $z(t)$ 被称为测量向量或者系统的输出向量。系数 $h_{ij}(t)$ 表示第 i 个测量输出对第 j 个内部状态的灵敏度(测量传感器尺度因子)。这些值构成的矩阵 $H(t)$ 被称为测量灵敏度矩阵，并且 $D(t)$ 被称为输入–输出耦合矩阵。测量灵敏度 $h_{ij}(t)$ 和输入/输出耦合系数 $d_{ij}(t)$ 都是时间的已知函数，其中 $1 \leqslant i \leqslant \ell, 1 \leqslant j \leqslant r$。状态方程式(2.13)和输出方程式(2.17)一起构成了表 2.1 中所给系统的动态方程。

2.3.5 差分方程和状态转移矩阵(STM)

差分方程是微分方程的离散时间形式。它通常写为状态变量(因变量)的前向差分

$x(t_{k+1})-x(t_k)$ 形式，前向差分用所有自变量的函数 ψ 来表示，或者写为前向值 $x(t_{k+1})$ 形式，前向值则用所有自变量(包括前一时刻的值也作为一个自变量)的函数 ϕ 来表示，即

$$x(t_{k+1})-x(t_k)=\psi(t_k,x(t_k),u(t_k))$$

或者

$$x(t_{k+1})=\phi(t_k,x(t_k),u(t_k))$$

$$\phi(t_k,x(t_k),u(t_k))=x(t_k)+\psi(t_k,x(t_k),u(t_k)) \tag{2.18}$$

上面第二个方程[式(2.18)]具有与式(2.12)中所示递归关系相同的一般形式，它通常用于实现离散时间系统。

对于线性动态系统，$x(t_{k+1})$ 与 $x(t_k)$ 和 $u(t_k)$ 的函数关系可以用下列矩阵表示：

$$x(t_{k+1})-x(t_k)=\Psi(t_k)x(t_k)+C(t_k)u(t_k)$$

$$x_{k+1}=\Phi_k x_k+C_k u_k$$

$$\Phi_k=I+\Psi(t_k) \tag{2.19}$$

其中，用矩阵 Ψ 和 Φ 分别替换了函数 ψ 和 ϕ。矩阵 Φ 被称为状态转移矩阵(State-Transition Matrix，STM)。矩阵 C 被称为离散时间输入耦合矩阵，或者简称为输入耦合矩阵——如果从上下文来看已经确知是离散时间系统。

2.3.6 求解微分方程得到 STM

STM 是所谓的齐次[①]矩阵方程的解，该矩阵方程与某个线性动态系统相关。让我们首先定义什么是齐次方程，然后再说明它们的解是如何与某个线性动态系统的解相联系的。

齐次系统

方程 $\dot{x}(t)=F(t)x(t)$ 被称为线性微分方程 $\dot{x}(t)=F(t)x(t)+C(t)u(t)$ 的齐次部分。与整个方程相比，齐次部分的解更容易得到，并且将它的解用于定义一般(非齐次)线性方程的解。

齐次方程的基本解

一个 $n\times n$ 维矩阵值函数 $\Phi(t)$，如果满足 $\dot{x}(t)=F(t)x(t)$，并且 $\Phi(0)=I_n$(I_n为 $n\times n$ 维恒等矩阵)，它就被称为齐次方程 $\dot{\Phi}(t)=F(t)\Phi(t)$ 在区间 $t\in[0,T]$ 上的基本解。注意对于任意可能的初始向量 $x(0)$，向量 $x(t)=\Phi(t)x(0)$ 都满足下列方程：

$$\dot{x}(t)=\frac{\mathrm{d}}{\mathrm{d}t}[\Phi(t)x(0)] \tag{2.20}$$

$$=\left[\frac{\mathrm{d}}{\mathrm{d}t}\Phi(t)\right]x(0) \tag{2.21}$$

$$=[F(t)\Phi(t)]x(0) \tag{2.22}$$

$$=F(t)[\Phi(t)x(0)] \tag{2.23}$$

$$=F(t)x(t) \tag{2.24}$$

---

① 这个术语来源于一个概念，即所标记的表达式中的每一项都包含因变量。也就是说，表达式关于因变量是齐次的。

也就是说，$x(t)=\Phi(t)x(0)$是齐次方程 $\dot{x}=Fx$ 在初始值为 $x(0)$时的解。

例 2.5(Toeplitz 矩阵)　单位上三角 Toeplitz① 矩阵

$$\Phi(t)=\begin{bmatrix} 1 & t & \frac{1}{2}t^2 & \frac{1}{1\cdot2\cdot3}t^3 & \cdots & \frac{1}{(n-1)!}t^{n-1} \\ 0 & 1 & t & \frac{1}{2}t^2 & \cdots & \frac{1}{(n-2)!}t^{n-2} \\ 0 & 0 & 1 & t & \cdots & \frac{1}{(n-3)!}t^{n-3} \\ 0 & 0 & 0 & 1 & \cdots & \frac{1}{(n-4)!}t^{n-4} \\ \vdots & \vdots & \vdots & \vdots & \ddots & \vdots \\ 0 & 0 & 0 & 0 & \cdots & 1 \end{bmatrix}$$

是 n 阶导数 $\left(\frac{\mathrm{d}f}{\mathrm{d}t}\right)^n$ 的基本解，它的状态空间形式为 $\dot{x}=Fx$，其中严格上三角 Toeplitz 动态系数矩阵

$$F=\begin{bmatrix} 0 & 1 & 0 & \cdots & 0 \\ 0 & 0 & 1 & \cdots & 0 \\ \vdots & \vdots & \vdots & \ddots & \vdots \\ 0 & 0 & 0 & \cdots & 1 \\ 0 & 0 & 0 & \cdots & 0 \end{bmatrix}$$

可以通过证明 $\Phi(0)=I$ 以及 $\dot{\Phi}=F\Phi$ 来验证。反过来，这个动态系数矩阵又是 n 阶线性齐次微分方程 $(\mathrm{d}/\mathrm{d}t)^n y(t)=0$ 的伴随矩阵。

基本解的存在性和非奇异性

如果矩阵 F 的元素是某个区间 $0\leqslant t\leqslant T$ 上的连续函数，则可以保证基本解矩阵 $\Phi(t)$ 在区间 $0\leqslant t\leqslant\tau(\tau>0)$上是存在并且非奇异的。这些条件也保证了 $\Phi(t)$在某个长度非零的区间上是非奇异的，这是矩阵方程的解 $\Phi(t)$连续依赖于其(非奇异)初始条件($\Phi(t)=I$)[1]的结果。

状态转移矩阵

注意到基本解矩阵 $\Phi(t)$将动态系统的任意初始状态 $x(0)$转换为在 t 时刻的对应状态 $x(t)$。如果 $\Phi(t)$是非奇异的，则乘积 $\Phi^{-1}(t)x(t)=x(0)$，并且 $\Phi(\tau)\Phi^{-1}(t)x(t)=x(\tau)$。也就是说，矩阵乘积

$$\Phi(\tau,t)=\Phi(\tau)\Phi^{-1}(t) \tag{2.25}$$

将 t 时刻的解转化为τ时刻的对应解，如图 2.4 所示。这种矩阵被称为相应的线性齐次微分方程的状态转移矩阵②。STM $\Phi(\tau,t)$表示将 t 时刻的状态转换为τ时刻的状态。

STM 与基本解矩阵的性质

基本解矩阵和 STM 都采用同一个符号(Φ)，区别在于变量(参数)的个数不同。于是，按照惯例可知

① 这是以 Otto Toeplitz(1881－1940)的名字来命名的。

② 正式地讲，使 $\Phi(t,t_0,x(t_0))$ 的算子 $x(t)=\Phi(t,t_0,x(t_0))$ 被称为具有状态 x 的动态系统的进化算子(evolution operator)。STM 是一种线性进化算子。

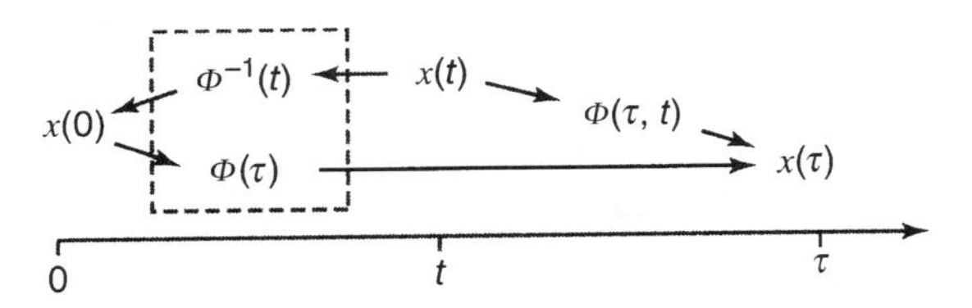

图 2.4　构成基本解矩阵的 STM 的示意图

$$\Phi(\tau, 0) = \Phi(\tau)$$

Φ 的其他有用性质还包括：

1. $\Phi(\tau, \tau) = \Phi(0) = I$
2. $\Phi^{-1}(\tau, t) = \Phi(t, \tau)$
3. $\Phi(\tau, \sigma)\Phi(\sigma, t) = \Phi(\tau, t)$
4. $(\partial/\partial\tau)\Phi(\tau, t) = F(\tau)\Phi(\tau, t)$
5. $(\partial/\partial t)\Phi(\tau, t) = -\Phi(\tau, t)F(t)$

例 2.6（欠阻尼谐振腔模型的状态转移矩阵）　在例 2.2 和例 2.3 中微分方程的一般解中，阻尼谐振腔的位移量 δ 可以用下列状态方程进行建模：

$$x = \begin{bmatrix} \delta \\ \dot{\delta} \end{bmatrix}$$

$$\dot{x} = Fx$$

$$F = \begin{bmatrix} 0 & 1 \\ -\dfrac{k_s}{m} & -\dfrac{k_d}{m} \end{bmatrix}$$

动态系数矩阵 F 的特征值是其下列特征多项式的根：

$$\det(\lambda I - F) = \lambda^2 + \frac{k_d}{m}\lambda + \frac{k_s}{m}$$

这是一个二次多项式，其根为

$$\lambda_1 = \frac{1}{2}\left(-\frac{k_d}{m} + \sqrt{\frac{k_d^2}{m^2} - \frac{4k_s}{m}}\right)$$

$$\lambda_2 = \frac{1}{2}\left(-\frac{k_d}{m} - \sqrt{\frac{k_d^2}{m^2} - \frac{4k_s}{m}}\right)$$

于是，位移 δ 的一般解可以写为下列形式：

$$\delta(t) = \alpha e^{\lambda_1 t} + \beta e^{\lambda_2 t}$$

其中，α 和 β 为（可能是复数值）自由变量。

欠阻尼解：如果判别式满足

$$\frac{k_d^2}{m^2} - \frac{4k_s}{m} < 0$$

则谐振器被视为欠阻尼的。在这种情况下，特征方程的根是复数的共轭对，一般解可以重新写为下列“实数形式”：

$$\delta(t) = a\mathrm{e}^{-t/\tau}\cos(\omega t) + b\mathrm{e}^{-t/\tau}\sin(\omega t)$$

$$\tau = \frac{2m}{k_d}$$

$$\omega = \sqrt{\frac{k_s}{m} - \frac{k_d^2}{4m^2}}$$

其中，a 和 b 现在都是实数变量，τ 为衰减时间常数，ω 为谐振器的谐振频率。这个解可以用实数变量 a 和 b 表示为下列状态空间形式：

$$\begin{bmatrix}\delta(t)\\ \dot{\delta}(t)\end{bmatrix} = \mathrm{e}^{-t/\tau}\begin{bmatrix}\cos(\omega t) & \sin(\omega t)\\ -\dfrac{\cos(\omega t)}{\tau} - \omega\sin(\omega t) & \omega\cos(\omega t) - \dfrac{\sin(\omega t)}{\tau}\end{bmatrix}\begin{bmatrix}a\\ b\end{bmatrix}$$

求解初始值

$$\delta(0) = a, \quad \dot{\delta}(0) = -\frac{a}{\tau} + \omega b$$

可以得到 a 和 b 为

$$\begin{bmatrix}a\\ b\end{bmatrix} = \begin{bmatrix}1 & 0\\ \dfrac{1}{\omega\tau} & \dfrac{1}{\omega}\end{bmatrix}\begin{bmatrix}\delta(0)\\ \dot{\delta}(0)\end{bmatrix}$$

于是，将上述结果与用 a 和 b 表示的 $x(t)$ 的解相结合，可以得到用阻尼时间常数和谐振频率表示的基本解为

$$x(t) = \Phi(t)x(0),$$

$$\Phi(t) = \frac{\mathrm{e}^{-t/\tau}}{\omega\tau^2}\begin{bmatrix}\tau[\omega\tau\cos(\omega t) + \sin(\omega t)] & \tau^2\sin(\omega t)\\ -(1+\omega^2\tau^2)\sin(\omega\tau) & [\omega\tau^2\cos(\omega t) - \tau\sin(\omega t)]\end{bmatrix}$$

2.3.7 非齐次方程的解

非齐次状态方程式(2.13)的解为

$$x(t) = \Phi(t,t_0)x(t_0) + \int_{t_0}^{t}\Phi(t,\tau)C(\tau)u(\tau)\,\mathrm{d}\tau \tag{2.26}$$

$$= \Phi(t)\Phi^{-1}(t_0)x(t_0) + \Phi(t)\int_{t_0}^{t}\Phi^{-1}(\tau)C(\tau)u(\tau)\,\mathrm{d}\tau \tag{2.27}$$

其中，$x(t_0)$ 为初始值，$\Phi(t,t_0)$ 为由 $F(t)$ 定义的动态系统的 STM(这可以通过取导数运算并利用上面给出的 STM 的性质来进行验证)。

2.3.8 时不变系统的闭式解

利用矩阵指数

在这种情况下，系数矩阵 F 是关于时间的常数函数。虽然解仍然是时间的函数，但是相应的 STM $\Phi(t,\tau)$ 将只取决于差值 $t-\tau$。实际上，可以证明

$$\Phi(t,\tau) = \mathrm{e}^{F(t-\tau)} \tag{2.28}$$

$$= \sum_{i=0}^{\infty} \frac{(t-\tau)^i}{i!} F^i \tag{2.29}$$

其中，根据定义可知 $F^0 = I$。式(2.28)利用了式(2.29)定义的矩阵指数函数。

此时非齐次方程的解为

$$x(t) = e^{F(t-\tau)} x(\tau) + \int_{\tau}^{t} e^{F(t-\sigma)} Cu(\sigma)\, d\sigma \tag{2.30}$$

$$= e^{F(t-\tau)} x(\tau) + e^{Ft} \int_{\tau}^{t} e^{-F\sigma} Cu(\sigma)\, d\sigma \tag{2.31}$$

利用 Laplace 变换

利用式(2.29)和 Laplace 逆变换，可以导出 STM $\Phi(t)$。$\Phi(t) = \exp(Ft)$的 Laplace 变换为

$$\begin{aligned}
\mathcal{L}\Phi(t) &= \mathcal{L}[\exp\,(Ft)] \\
&= \mathcal{L}\left[\sum_{k=0}^{\infty} \frac{1}{k!} F^k t^k\right] \\
&= \sum_{k=0}^{\infty} \frac{1}{k!} F^k\, [\mathcal{L} t^k] \\
&= \sum_{k=0}^{\infty} \frac{1}{k!} F^k \left[\frac{k!}{s^{k+1}}\right] \\
&= \frac{1}{s} \sum_{k=0}^{\infty} (s^{-1}F)^k \\
&= \frac{1}{s}[I - s^{-1}F]^{-1} \\
&= [sI - F]^{-1}
\end{aligned} \tag{2.32}$$

因此，利用 Laplace 逆变换$\mathcal{L}^{-1}$，可以用分析方法导出 $\Phi(t)$为

$$\Phi(t) = \mathcal{L}^{-1}\{[sI - F]^{-1}\} \tag{2.33}$$

利用式(2.29)(矩阵指数)和式(2.33)(Laplace 逆变换)，可以导出动态系统 STM 的“闭合形式”(即作为一个公式)，该动态系统的模型为线性时不变微分方程。

计算矩阵指数

可以采用下面的方法数值计算出矩阵指数：

1. 将“收缩乘方法”(scaling and squaring)与 Padé 近似方法结合使用是我们推荐的通用方法。本节将对其进行更详细的讨论。MATLAB 函数 expm 即采用这种方法对矩阵指数进行数值计算。
2. 对微分方程的齐次部分进行数值积分，即

$$\frac{d}{dt}\Phi(t) = F\Phi(t) \tag{2.34}$$

   初始值为 $\Phi(0) = I$。这种方法对时变系统也有效。
3. 利用截尾幂级数展开方法对 e^{Ft}进行近似表示并不是推荐的通用方法。除非 Ft 的特征值位于复平面上的单位圆内部，否则这种方法的收敛性很差。

还有很多其他方法可以用于计算矩阵指数①，但上述几种方法是最重要的。

例 2.7(Laplace 变换方法) 现在，我们将说明如何采用 Laplace 变换方法来导出非齐次微分方程的 STM 及其全解。

微分方程模型采用下面的非齐次方程：

$$\dot{x}_1(t) = -2x_2(t)$$

$$\dot{x}_2(t) = x_1(t) - 3\,x_2(t) + u(t)$$

输出方程如下：

$$z(t) = x_1(t)$$

这些方程可以如式(2.13)和式(2.17)那样重新写为状态变量形式。

$$x(0) = \begin{bmatrix} 1 \\ 0 \end{bmatrix}$$

$$\dot{x}(t) = \begin{bmatrix} 0 & -2 \\ 1 & -3 \end{bmatrix} + \begin{bmatrix} 0 \\ 1 \end{bmatrix} u(t)$$

$$z(t) = \begin{bmatrix} 1 & 0 \end{bmatrix} x(t) + [0]u(t)$$

其中

$$u(t) = \begin{cases} 0, & t < 0 \\ 1, & t \geqslant 0 \end{cases}$$

是 $t=0$ 时刻的单位阶跃函数，状态向量模型系数矩阵为

$$F = \begin{bmatrix} 0 & -2 \\ 1 & -3 \end{bmatrix}$$

$$C = \begin{bmatrix} 0 \\ 1 \end{bmatrix}$$

$$H = \begin{bmatrix} 1 & 0 \end{bmatrix}$$

$$D = [0]$$

状态转移矩阵：作为利用矩阵指数的另一种方法，可以将 Laplace 逆变换$\mathcal{L}^{-1}$应用于 Laplace 变换矩阵 $sI - F$ 来得到 STM

$$(sI - F) = \begin{bmatrix} s & 2 \\ -1 & s+3 \end{bmatrix}$$

$$(sI - F)^{-1} = \frac{1}{(s^2 + 3s + 2)} \begin{bmatrix} s+3 & -2 \\ 1 & s \end{bmatrix}$$

$$\begin{aligned} \Phi(t) &= \mathcal{L}^{-1}[sI - F]^{-1} \\ &= \mathcal{L}^{-1} \begin{bmatrix} \dfrac{s+3}{(s+1)(s+2)} & \dfrac{-2}{(s+1)(s+2)} \\ \dfrac{2}{(s+1)(s+2)} & \dfrac{s}{(s+1)(s+2)} \end{bmatrix} \\ &= \begin{bmatrix} 2\mathrm{e}^{-t} - \mathrm{e}^{-2t} & 2(\mathrm{e}^{-2t} - \mathrm{e}^{-t}) \\ \mathrm{e}^{-t} - \mathrm{e}^{-2t} & 2\mathrm{e}^{-2t} - \mathrm{e}^{-t} \end{bmatrix} \end{aligned}$$

---

① 比如，可以参考 Brockett[2]，DeRusso et al.[4]，Timothy 和 Bona[5]，Evangelisti[6]，或者 Kreindler 和 Sarachik[7]等文献中提出的方法。

一般解：$\tau=0$ 时，式(2.30)变成

$$
\begin{aligned}
x(t) &= \Phi(t)\begin{bmatrix}1\\0\end{bmatrix}+\int_0^t \Phi(t-\tau)\begin{bmatrix}0\\1\end{bmatrix}\mathrm{d}\tau \\
&= \begin{bmatrix}2\mathrm{e}^{-t}-\mathrm{e}^{-2t}\\ \mathrm{e}^{-t}-\mathrm{e}^{-2t}\end{bmatrix}+\int_0^t \begin{bmatrix}2\mathrm{e}^{-2(t-\tau)}-\mathrm{e}^{-(t-\tau)}\\ 2\mathrm{e}^{-2(t-\tau)}-\mathrm{e}^{-(t-\tau)}\end{bmatrix}\mathrm{d}\tau
\end{aligned}
$$

$$
\begin{aligned}
z(t) &= \begin{bmatrix}1 & 0\end{bmatrix}\left\{\begin{bmatrix}2\mathrm{e}^{-t}-\mathrm{e}^{-2t}\\ \mathrm{e}^{-t}-\mathrm{e}^{-2t}\end{bmatrix}+\int_0^t \begin{bmatrix}2\mathrm{e}^{-2(t-\tau)}-\mathrm{e}^{-(t-\tau)}\\ 2\mathrm{e}^{-2(t-\tau)}-\mathrm{e}^{-(t-\tau)}\end{bmatrix}\mathrm{d}\tau\right\} \\
&= (2\mathrm{e}^{-t}-\mathrm{e}^{-2t})+\int_0^t 2[\mathrm{e}^{-2(t-\tau)}-\mathrm{e}^{-(t-\tau)}]\mathrm{d}\tau \\
&= 2\mathrm{e}^{-t}-\mathrm{e}^{-2t}+2\mathrm{e}^{-t}-\mathrm{e}^{-2t}-1,\ t\geqslant 0 \\
&= 4\mathrm{e}^{-t}-2\mathrm{e}^{-2t}-1,\ t\geqslant 0
\end{aligned}
$$

2.3.9　时变系统

如果 $F(t)$ 不是常数函数，则动态系统被称为时变系统。如果 $F(t)$ 是关于 t 的分段平滑函数，则可以采用四阶 Runge-Kutta 方法[①]对 $n\times n$ 维齐次矩阵微分方程式(2.34)进行数值求解。用 MATLAB 编写的常微分方程求解程序即采用了 Runge-Kutta 积分方法。

2.4　离散线性系统及其解

2.4.1　离散线性系统

如果只对离散时间系统状态感兴趣，则可以采用下列公式：

$$x(t_k)=\Phi(t_k,t_{k-1})x(t_{k-1})+\int_{t_{k-1}}^{t_k}\Phi(t_k,\sigma)C(\sigma)u(\sigma)\,\mathrm{d}\sigma \tag{2.35}$$

来传播感兴趣的时间点之间的状态向量。

常数 u 的简化

如果 u 是在区间 $[t_{k-1},t_k]$ 上的常数，则上述积分可以简化为下列形式：

$$x(t_k)=\Phi(t_k,t_{k-1})x(t_{k-1})+\Gamma(t_{k-1})u(t_{k-1}) \tag{2.36}$$

$$\Gamma(t_{k-1})=\int_{t_{k-1}}^{t_k}\Phi(t_k,\sigma)C(\sigma)\,\mathrm{d}\sigma \tag{2.37}$$

离散时间符号的简写

对于离散时间系统，时间序列 $\{t_k\}$ 中的指标 k 表示感兴趣的时刻。为了方便，我们可以采用下列简写符号来表示离散时间系统

$$x_k\overset{\text{def}}{=}x(t_k),\quad z_k\overset{\text{def}}{=}z(t_k),\quad u_k\overset{\text{def}}{=}u(t_k),\quad H_k\overset{\text{def}}{=}H(t_k)$$

$$D_k\overset{\text{def}}{=}D(t_k),\quad \Phi_{k-1}\overset{\text{def}}{=}\Phi(t_k,t_{k-1}),\quad G_k\overset{\text{def}}{=}G(t_k)$$

---

① 这个方法是根据德国数学家 Karl David Tolme Runge(1856－1927)和 Wilhelm Martin Kutta(1867－1944)的名字来命名的。

这样完全消除了符号 t。采用这些符号，可以将离散时间状态方程表示为下列更简洁的形式：

$$x_k = \Phi_{k-1}x_{k-1} + \Gamma_{k-1}u_{k-1} \tag{2.38}$$

$$z_k = H_k x_k + D_k u_k \tag{2.39}$$

2.4.2 时不变系统的离散时间解

对于连续时间时不变系统，如果采用固定时间段进行离散化处理，则式(2.38)和式(2.39)中的矩阵 Φ, Γ, H, u 和 D 也将独立于离散时间指标 k。在这种情况下，解可以写为下列闭合形式：

$$x_k = \Phi^k x_0 + \sum_{i=0}^{k-1} \Phi^{k-i-1}\Gamma u_i \tag{2.40}$$

其中，Φ^k是 Φ 的 k 次幂。

z 逆变换解：式(2.40)中的矩阵幂 Φ^k可以通过 z 变换计算如下：

$$\Phi^k = \mathcal{Z}^{-1}[(zI-\Phi)^{-1}z] \tag{2.41}$$

其中，z 是 z 变换变量，$\mathcal{Z}^{-1}$是 z 逆变换。

也就是说，在一定程度上，这类似于2.3.8 节和例2.7 中采用 Laplace 逆变换方法计算连续时间线性时不变系统 STM($\Phi(t)$)的方法。逆变换的类似公式如下：

$$\Phi(t) = \mathcal{L}^{-1}(sI-\Phi)^{-1} \text{（Laplace 逆变换）}$$

$$\Phi^k = \mathcal{Z}^{-1}[(zI-\Phi)^{-1}z] \text{（}z\text{ 逆变换）}$$

$$= \sum \text{留数为 } [(zI-\Phi)^{-1}z^k] \text{（Cauchy 留数定理）}$$

例 2.8(利用 z 变换求解) 考虑式(2.38)，其中

$$x_0 = \begin{bmatrix}1\\0\end{bmatrix}, \Phi = \begin{bmatrix}0 & 1\\-6 & -5\end{bmatrix}, \Gamma u = \begin{bmatrix}0\\1\end{bmatrix}$$

矩阵为

$$[zI-\Phi]^{-1} = \begin{bmatrix}z & -1\\6 & z+5\end{bmatrix}^{-1}$$

$$= \begin{bmatrix}\dfrac{z+5}{(z+2)(z+3)} & \dfrac{1}{(z+2)(z+3)}\\ \dfrac{-6}{(z+2)(z+3)} & \dfrac{z}{(z+2)(z+3)}\end{bmatrix}$$

$$[zI-\Phi]^{-1}z^k = \begin{bmatrix}\dfrac{z^{k+1}+5z^k}{(z+2)(z+3)} & \dfrac{z^k}{(z+2)(z+3)}\\ \dfrac{-6z^k}{(z+2)(z+3)} & \dfrac{z^{k+1}}{(z+2)(z+3)}\end{bmatrix}$$

$$\mathcal{Z}^{-1}\{[zI-\Phi]^{-1}z\} = \begin{bmatrix}3(-2)^k - 2(-3)^k & (-2)^k - (-3)^k\\ -6[(-2)^k - (-3)^k] & -2(-2)^k + 3(-3)^k\end{bmatrix}$$

$$= \Phi^k$$

于是，给定 x_0, Φ 和 Γu 的值，可以得到式(2.38)的一般解为

$$x_k = \begin{bmatrix} 3\,(-2)^k - 2\,(-3)^k \\ -6\,[(-2)^k - (-3)^k] \end{bmatrix} + \sum_{i=0}^{k-1} \begin{bmatrix} (-2)^{k-i-1} - (-3)^{k-i-1} \\ -2\,(-2)^{k-i-1} + 3\,(-3)^{k-i-1} \end{bmatrix}$$

2.5　线性动态系统模型的可观测性

可观测性是指对于已知模型的动态系统，是否可以根据其输入和输出唯一确定动态系统状态的问题。它是给定系统模型的本质特性。对于一个给定线性输入/输出模型的线性动态系统模型，当且仅当其状态可以由模型定义、输入和输出唯一确定时，它被称为是可观测的。如果系统状态不能由系统输入和输出唯一确定，则该系统模型被称为是不可观测的。

2.5.1　如何确定动态系统模型是否可观测

如果测量灵敏度矩阵在任意(连续或者离散)时刻都是可逆的，则系统状态可以被唯一确定(通过对其求逆)为 $x = H^{-1}z$。在此情况下，这个系统模型被称为在该时刻是完全可观测的。然而，即使 H 不是在任意时刻都可逆，该系统仍然可以是在某个时间区间上可观测的。在后一种情况下，系统状态的唯一解可以用第 1 章中的最小二乘方法来确定，包括 1.3.2 节中介绍的方法。这些方法采用所谓的 Gram 矩阵来表征是否可以从给定线性模型确定出向量变量。当应用于确定线性动态系统状态的问题时，Gram 矩阵被称为给定系统模型的可观测矩阵。

对于基本解矩阵 $\Phi(t)$ 和测量灵敏度矩阵 $H(t)$ 都是定义在连续时间区间 $t_0 \leqslant t \leqslant t_f$ 上的线性动态系统而言，连续时间动态系统模型的可观测矩阵具有如下形式：

$$M(H, F, t_0, t_f) = \int_{t_0}^{t_f} \Phi^{\mathrm{T}}(t) H^{\mathrm{T}}(t) H(t) \Phi(t)\, \mathrm{d}t \tag{2.42}$$

注意这取决于输入和输出可观测的区间，而不是取决于输入和输出本身。实际上，动态系统模型的可观测矩阵并不取决于输入 u、输入耦合矩阵 C 或者输入 - 输出耦合矩阵 D——即使输出和状态向量都是取决于它们的。因为基本解矩阵 Φ 只取决于动态系数矩阵 F，所以可观测矩阵只取决于 H 和 F。

在离散时间区间 $t_0 \leqslant t \leqslant t_{k_f}$ 上的线性动态系统的可观测矩阵具有下列一般形式：

$$M(H_k, \Phi_k, 1 \leqslant k \leqslant k_f) = \left\{ \sum_{k=1}^{k_f} \left[\prod_{i=0}^{k-1} \Phi_{k-i} \right]^{\mathrm{T}} H_k^{\mathrm{T}} H_k \left[\prod_{i=0}^{k-1} \Phi_{k-i} \right] \right\} \tag{2.43}$$

其中，H_k是在 t_k时刻的可观测矩阵，Φ_k是从 t_k时刻到 t_{k+1}时刻的 STM，这里 $0 \leqslant k \leqslant k_f$。因此，离散时间系统模型的可观测性只取决于这个区间上 H_k和 Φ_k的值。与连续时间情形一样，可观测性并不取决于系统输入。

上述公式的推导作为习题，供读者练习。

2.5.2　时不变系统的可观测性

如果动态系统模型的动态系数矩阵或者 STM 是时不变的，则定义可观测性的公式会更加简单。在这种情况下，离散时间系统的可观测性可以用下列矩阵的秩来表征：

$$M = \begin{bmatrix} H^{\mathrm{T}} & \Phi^{\mathrm{T}}H^{\mathrm{T}} & (\Phi^{\mathrm{T}})^2H^{\mathrm{T}} & \cdots & (\Phi^{\mathrm{T}})^{n-1}H^{\mathrm{T}} \end{bmatrix} \tag{2.44}$$

连续时间系统的可观测性则可以用下列矩阵的秩来表征:

$$M = \begin{bmatrix} H^{\mathrm{T}} & F^{\mathrm{T}}H^{\mathrm{T}} & (F^{\mathrm{T}})^2H^{\mathrm{T}} & \cdots & (F^{\mathrm{T}})^{n-1}H^{\mathrm{T}} \end{bmatrix} \tag{2.45}$$

如果上述矩阵的秩为系统状态向量的维数 n，则系统是可观测的。第一个矩阵可以通过将线性动态系统的初始状态表示为系统输入和输出的函数来得到。于是，可以证明当且仅当秩条件满足时，初始状态是可以被唯一确定的。第二个矩阵的推导却不能直接得到。Ogata[8] 给出了一种利用 F 的特征多项式特性来推导的方法。

可观测性正式定义的实用性

可观测矩阵的奇异性是可观测性的一种简洁的数学特征。这对于实际应用来说是一个很好的区别方法，特别是在有限精度算法中，因为一个奇异矩阵元素的微小变化都会使它成为非奇异的。在应用可观测性的正式定义时，需要牢记下列几个实际方面:

- 重要的是记住模型仅仅是实际系统的近似，我们主要感兴趣的是实际系统的特性而不是模型。实际系统和模型之间的差异被称为模型截尾误差。系统建模的技巧在于知道在何处截尾，但几乎可以肯定的是，在任何模型中都会存在截尾误差。
- 可观测矩阵的计算会受到模型截尾误差和舍入误差的影响，这会导致结果的奇异性和非奇异性之间的差异。即使计算得到的可观测矩阵接近为奇异矩阵，这也会受到关注。如果可观测矩阵接近为奇异矩阵，则该系统被称为是弱可观测的。为此，可以利用可观测矩阵的奇异值分解或者条件数来作为不可观测性的更加定量的度量方法。条件数的导数能够度量一个系统不可观测的接近程度。
- 实际系统由于某些未知或者被忽略的外部输入的原因，其行为可能倾向于一定程度的不可预测性。尽管这些影响不能用模型来确定，它们总是不能忽略的。另外，在采用物理传感器测量输出的过程中，也会引入一定程度的传感器噪声，这也将在估计的状态中产生误差。更好的方法是建立可观测性的定量特征，以便将这些不确定性因素考虑在内。解决这个问题的一种方法(在第 5 章中讨论)，是基于测量到的系统输出和系统动态变化不确定性的统计模型，利用可观测性的统计特征。系统状态估计值的不确定性程度可以通过信息矩阵来表征，这种矩阵是可观测矩阵的统计推广形式。

例 2.9 考虑下面的连续时间系统

$$\dot{x}(t) = \begin{bmatrix} 0 & 1 \\ 0 & 0 \end{bmatrix} x(t) + \begin{bmatrix} 0 \\ 1 \end{bmatrix} u(t)$$

$$z(t) = \begin{bmatrix} 1 & 0 \end{bmatrix} x(t)$$

利用式(2.45)，得到可观测性矩阵为

$$M = \begin{bmatrix} 1 & 0 \\ 0 & 1 \end{bmatrix}, \quad \text{秩为 } M = 2$$

这里，M 的秩等于 $x(t)$ 的维数。因此，该系统是可观测的。

例 2.10 考虑下面的连续时间系统:

$$\dot{x}(t) = \begin{bmatrix} 0 & 1 \\ 0 & 0 \end{bmatrix} x(t) + \begin{bmatrix} 0 \\ 1 \end{bmatrix} u(t)$$

$$z(t) = \begin{bmatrix} 0 & 1 \end{bmatrix} x(t)$$

利用式(2.45)，得到可观测矩阵为

$$M=\begin{bmatrix}0&0\\1&0\end{bmatrix},\quad \text{秩为 } M=1$$

这里，M 的秩小于 $x(t)$ 的维数。因此，该系统是不可观测的。

例2.11 考虑下面的离散时间系统

$$x_k=\begin{bmatrix}0&0&0\\0&0&0\\1&1&0\end{bmatrix}x_{k-1}+\begin{bmatrix}1\\1\\0\end{bmatrix}u_{k-1}$$

$$z_k=\begin{bmatrix}0&0&1\end{bmatrix}x_k$$

利用式(2.44)，得到可观测矩阵为

$$M=\begin{bmatrix}0&1&0\\0&1&0\\1&0&0\end{bmatrix},\quad \text{秩为 } M=2$$

矩阵的秩小于 x_k 的维数。因此，该系统是不可观测的。

例2.12 考虑下面的离散时间系统

$$x_k=\begin{bmatrix}1&-1\\1&1\end{bmatrix}x_{k-1}+\begin{bmatrix}2\\1\end{bmatrix}u_{k-1}$$

$$z_k=\begin{bmatrix}1&0\\-1&1\end{bmatrix}x_k$$

利用式(2.44)，得到可观测矩阵为

$$M=\begin{bmatrix}1&-1\\0&1\end{bmatrix},\quad \text{秩为 } M=2$$

该系统是可观测的。

2.5.3 时不变线性系统的可控性

连续时间可控性

在估计理论中的可观测性概念与控制理论中的可控性概念具有代数关系。这些概念及其相关性是 Kalman 发现的，他将其称为线性动态系统估计和控制问题的对偶性和可分性。这里和下一节中讨论 Kalman① 提出的对偶概念，尽管这不是估计问题中的话题。

一个利用线性模型

$$\dot{x}(t)=Fx(t)+Cu(t),\quad z(t)=Hx(t)+Du(t) \tag{2.46}$$

定义的在有限区间 $t_0\leqslant t\leqslant t_f$ 上、初始状态向量为 $x(t_0)$ 的动态系统，如果对于任意期望的最终状态 $x(t_f)$，存在一个能够产生状态 $x(t_f)$ 的分段连续输入函数 $u(t)$，则这个动态系统被称为在 $t=t_0$ 时刻是可控的。如果一个系统的每个初始状态在有限时间区间上都是可控的，则该系统被称为是可控的。

① 这里给出的估计与控制之间的对偶关系是由 Kalman 最早定义的。这些概念被后来的研究人员进一步完善和推广，包括可达性和可重构性。建议感兴趣的读者阅读更近的关于“现代”控制理论的教科书，进一步了解其他“-ilities”。

对于式(2.46)中给出的系统，当且仅当矩阵 S

$$S = \begin{bmatrix} C & FC & F^2C & \cdots & F^{n-1}C \end{bmatrix} \tag{2.47}$$

具有 n 个线性独立的列时，该系统是可控的。

离散时间可控性

考虑由下式给出的时不变系统模型

$$x_k = \Phi x_{k-1} + \Gamma u_{k-1} \tag{2.48}$$

$$z_k = H x_k + D u_k \tag{2.49}$$

如果存在一组定义在离散区间 $0 \leqslant k \leqslant N$ 上的控制信号 u_k，它使系统从初始状态 x_0 到达第 N 个采样时刻的最终状态 x_N(其中 N 为有限正整数)，则这个系统模型被称为可控的①。可以证明，这个条件等价于矩阵

$$S = \begin{bmatrix} \Gamma & \Phi\Gamma & \Phi^2\Gamma & \cdots & \Phi^{N-1}\Gamma \end{bmatrix} \tag{2.50}$$

的秩为 n。

例 2.13　确定例 2.9 中系统的可控性。根据式(2.47)，得到可控矩阵为

$$S = \begin{bmatrix} 0 & 1 \\ 1 & 0 \end{bmatrix}, \qquad \text{秩为} \quad S = 2$$

这里，S 的秩等于 $x(t)$ 的维数。因此，该系统是可控的。

例 2.14　确定例 2.11 中系统的可控性。根据式(2.50)，得到可控矩阵为

$$S = \begin{bmatrix} 1 & 0 & 0 \\ 1 & 0 & 0 \\ 0 & 2 & 0 \end{bmatrix}, \qquad \text{秩为} \quad S = 2$$

因此，该系统不是可控的。

2.6　本章小结

1. 一个系统是相互联系的对象集合，为了对其行为特性进行建模，通常将所有对象视为一个整体。如果感兴趣的特性随时间而变化，则它被称为是动态的。一个过程是系统随时间的演变。
2. 尽管有时候将时间用连续量模型来表示很方便，将其视为离散值却往往更加实际(比如，大多数的时钟都是按照离散时间步进的)。
3. 动态系统在给定时刻的状态是通过其感兴趣特性的瞬时值来表征的。对于本书中感兴趣的问题而言，感兴趣的特性可以用实数来表征，例如电势、温度或者其组成部分的位置，需采用适当的单位。一个系统的状态变量是与状态相关的实数。一个系统的状态向量是其组成元素为状态变量的向量。如果系统在未来所有时间的状态都由其当前状态唯一决定，则这个系统被称为是封闭的(closed)。例如，如果忽略宇宙中其他天体的引力场影响，则太阳系可以被视为一个封闭系统。如果一个动态系统不是封闭

① 这个条件也被称为可达性，即限制为 $x_N = 0$ 的可控性。

的，则外部因素被称为该系统的输入。一个系统的状态向量必须是完备的，意味着该系统的未来状态由其当前状态和未来输入所唯一决定。为了得到系统的完备状态向量，可以将状态变量分量推广至包括其他状态变量的导数。例如，这就允许我们将速度（位置的导数）或者加速度（速度的导数）作为状态变量。

4. 为了使系统的未来状态可以通过其当前状态和未来输入确定出来，该系统的每个状态变量的动态行为必须是其他状态变量和系统输入瞬时值的已知函数。比如，在太阳系的典型例子中，每个天体的加速度都是其他天体相对位置的已知函数。动态系统的状态空间模型采用一阶微分方程（连续时间情形）或者一阶差分方程（离散时间情形）来表示这种函数依赖关系。表示动态系统行为特性的微分方程或者差分方程被称为其状态方程。如果这些方程可以用线性函数表示，则它们被称为线性动态系统。

5. 一个连续时间线性动态系统的模型可以通过下列一般形式的一阶向量微分方程来表示

$$\frac{\mathrm{d}}{\mathrm{d}t}x(t)=F(t)x(t)+C(t)u(t)$$

其中，$x(t)$ 为 t 时刻的 n 维系统状态向量，$F(t)$ 是其 $n\times n$ 维动态系数矩阵，$u(t)$ 为 r 维系统输入向量，$C(t)$ 为 $n\times r$ 维输入耦合矩阵。一个离散时间线性动态系统的对应模型可以采用下列一般形式表示：

$$x_k=\Phi_{k-1}x_{k-1}+\Gamma_{k-1}u_{k-1}$$

其中，x_{k-1} 为 t_{k-1} 时刻的 n 维系统状态向量，x_k 是其在 $t_k>t_{k-1}$ 时刻的值，Φ_{k-1} 是系统在 t_k 时刻的 $n\times n$ 维 STM，u_k 是系统在 t_k 时刻的输入向量，Γ_k 是对应的输入耦合矩阵。

6. 如果 F 和 C（或者 Φ 和 C）与 t（或者 k）无关，则连续（或者离散）模型被称为时不变的。否则，该模型是时变的。

7. 方程

$$\frac{\mathrm{d}}{\mathrm{d}t}x(t)=F(t)x(t)$$

被称为下列模型方程的齐次部分：

$$\frac{\mathrm{d}}{\mathrm{d}t}x(t)=F(t)x(t)+C(t)u(t)$$

对应的 $n\times n$ 维矩阵方程

$$\frac{\mathrm{d}}{\mathrm{d}t}\Phi(t)=F(t)\Phi(t)$$

在起始时刻为 $t=t_0$ 的区间上，并且初始条件为

$$\Phi(t_0)=I$$

时得到的解 $\Phi(t)$ 被称为这个区间上齐次方程的基本解矩阵。它的特性是，如果 $F(t)$ 的元素是有界的，则 $\Phi(t)$ 在有限区间上不可能是奇异的。进一步，对于任意初始值 $x(t_0)$

$$x(t)=\Phi(t)x(t_0)$$

为对应齐次方程的解。

8. 对于一个齐次系统，从 t_{k-1} 到 t_k 时刻的 STM Φ_{K-1} 可以用基本解 $\Phi(t)$ 表示为

$$\Phi_{k-1}=\Phi(t_k)\Phi^{-1}(t_{k-1})$$

其中，时间 $t_k > t_{k-1} > t_0$。

9. 连续时间动态系统的模型可以用上面的 STM 公式和下面的等效离散时间输入公式转化为离散时间模型

$$u_{k-1} = \Phi(t_k)\int_{t_{k-1}}^{t_k} \Phi^{-1}(\tau)C(\tau)u(\tau)\,\mathrm{d}\tau$$

10. 动态系统的输出是可以直接测量的，比如视线的方向(在视觉条件允许的情况下)或者热电偶的温度。如果能够根据动态系统输出确定系统的状态，则动态系统模型被称为是在给定输出条件下可观测的。如果输出 z 对系统状态 x 的依赖关系是线性的，它可以表示为下列形式：

$$z = Hx$$

其中，H 被称为测量灵敏度矩阵。它可以是连续时间的函数($H(t)$)或者是离散时间的函数(H_k)。可以利用某个给定系统模型的可观测矩阵的秩来表征可观测性。可观测矩阵定义为

$$M = \begin{cases} \int_{t_0}^{t} \Phi^{\mathrm{T}}(\tau)H^{\mathrm{T}}(\tau)H(\tau)\Phi(\tau)\,\mathrm{d}\tau, & \text{连续时间模型} \\ \sum\limits_{i=0}^{m}\left[\left(\prod\limits_{k=0}^{i-1}\Phi_k^{\mathrm{T}}\right)H_i^{\mathrm{T}}H_i\left(\prod\limits_{k=0}^{i-1}\Phi_k^{\mathrm{T}}\right)^{\mathrm{T}}\right], & \text{离散时间模型} \end{cases}$$

当且仅当可观测矩阵在整数 $m \geqslant 0$ 或者时间 $t > t_0$ 条件下是满秩(n)的时候，系统是可观测的(对于时不变系统，可观测性的检验可以进一步简化)。需要注意的是，判断可观测性还取决于可观测矩阵的定义(连续或者离散)区间。

11. 常系数一阶微分方程组的闭式解可以利用矩阵的指数函数象征性地表示出来，但矩阵指数函数的数值近似问题却是一个众所周知的病态问题。

习题

2.1　求出用 y 表示的线性动态系统 $\dfrac{\mathrm{d}y(t)}{\mathrm{d}t} = u(t)$ 的状态向量模型(假设动态系数矩阵的伴随形式已知)。

2.2　求出 n 阶微分方程 $(\mathrm{d}/\mathrm{d}t)^n y(t) = 0$ 的伴随矩阵，并给出其维数。

2.3　分别求出当 $n=1$ 和 $n=2$ 时上题中的伴随矩阵。

2.4　分别求出当 $n=1$ 和 $n=2$ 时，习题 2.2 中的基本解矩阵。

2.5　分别求出当 $n=1$ 和 $n=2$ 时上题中的状态转移矩阵(STM)。

2.6　求出下列系统的基本解矩阵 $\boldsymbol{\Phi}(t)$：

$$\frac{\mathrm{d}}{\mathrm{d}t}\begin{bmatrix} x_1(t) \\ x_2(t) \end{bmatrix} = \begin{bmatrix} 0 & 0 \\ -1 & -2 \end{bmatrix}\begin{bmatrix} x_1(t) \\ x_2(t) \end{bmatrix} + \begin{bmatrix} 1 \\ 1 \end{bmatrix}$$

如果初始条件如下：

$$x_1(0) = 1 \quad \text{和} \quad x_2(0) = 2$$

再求出其解 $x(t)$。

2.7　求出下列系统的全解和状态转移矩阵(STM):

$$\frac{\mathrm{d}}{\mathrm{d}t}\begin{bmatrix}x_1(t)\\x_2(t)\end{bmatrix}=\begin{bmatrix}-1&0\\0&-1\end{bmatrix}\begin{bmatrix}x_1(t)\\x_2(t)\end{bmatrix}+\begin{bmatrix}5\\1\end{bmatrix}$$

初始条件为 $x_1(0)=1, x_2(0)=2$。

2.8　反向问题:将离散时间模型转换为连续时间模型。

对于下列离散时间动态系统模型

$$x_k=\begin{bmatrix}0&1\\-1&2\end{bmatrix}x_{k-1}+\begin{bmatrix}0\\1\end{bmatrix}$$

求出连续时间的 STM,以及在下列初始条件下连续时间系统的解:

$$x(0)=\begin{bmatrix}1\\2\end{bmatrix}$$

2.9　采用例 2.7 中相同的一般方法(Laplace 变换方法),导出例 2.2、例 2.3 和例 2.6(阻尼谐振腔)中所给模型的状态转移矩阵。采用下列形式的线性微分方程模型:

$$\ddot{\delta}(t)+2\zeta w_n\dot{\delta}(t)+w_n^2\delta(t)=u(t)$$

假设 $u(t)=1$,即摄动力恒定不变,并且

$$\dot{\delta}(t)=\frac{\mathrm{d}\delta}{\mathrm{d}t},\qquad \ddot{\delta}(t)=\frac{\mathrm{d}^2\delta}{\mathrm{d}t^2},\qquad \zeta=\frac{k_d}{2\sqrt{mk_s}}=\frac{1}{2},\qquad \omega_n=\sqrt{\frac{k_s}{m}}=1$$

此时的转换参数 ζ 是一个无单位的阻尼系数,ω_n 为振荡器的"固有"(即无阻尼)频率。将该模型转换为连续时间状态空间形式,然后采用 Laplace 变换方法得到用状态转移矩阵表示的一般解。

2.10　求出 c_1, c_2, h_1 和 h_2 需要满足的条件,使下列系统为完全可观测的和可控的

$$\frac{\mathrm{d}}{\mathrm{d}t}\begin{bmatrix}x_1(t)\\x_2(t)\end{bmatrix}=\begin{bmatrix}1&1\\0&1\end{bmatrix}\begin{bmatrix}x_1(t)\\x_2(t)\end{bmatrix}+\begin{bmatrix}c_1\\c_2\end{bmatrix}u(t)$$

$$z(t)=\begin{bmatrix}h_1&h_2\end{bmatrix}\begin{bmatrix}x_1(t)\\x_2(t)\end{bmatrix}$$

2.11　确定下列动态系统模型的可控性和可观测性:

$$\frac{\mathrm{d}}{\mathrm{d}t}\begin{bmatrix}x_1(t)\\x_2(t)\end{bmatrix}=\begin{bmatrix}1&0\\1&0\end{bmatrix}\begin{bmatrix}x_1(t)\\x_2(t)\end{bmatrix}+\begin{bmatrix}1&0\\0&-1\end{bmatrix}\begin{bmatrix}u_1\\u_2\end{bmatrix}$$

$$z(t)=\begin{bmatrix}0&1\end{bmatrix}\begin{bmatrix}x_1(t)\\x_2(t)\end{bmatrix}$$

2.12　导出下列时变系统的 STM:

$$\dot{x}(t)=\begin{bmatrix}t&0\\0&t\end{bmatrix}x(t)$$

2.13　求出下列矩阵

$$F=\begin{bmatrix}0&1\\1&0\end{bmatrix}$$

的 STM。

2.14　对于下列三元一阶微分方程组

$$\dot{x}_1 = x_2, \quad \dot{x}_2 = x_3, \quad \dot{x}_3 = 0$$

(a)求出伴随矩阵 F。

(b)求出基本解矩阵 $\Phi(t)$，使得 $(\mathrm{d}/\mathrm{d}t)\Phi(t) = F\Phi(t)$ 和 $\Phi(0)=I$。

2.15 证明反对称矩阵的矩阵指数是一个正交矩阵。

2.16 导出连续时间线性动态系统模型的可观测矩阵的表达式(2.42)(提示：采用例 1.3 中的方法估计系统的初始状态，并且将系统状态式(2.27)作为其初始状态和输入的线性函数)。

2.17 导出离散时间动态系统的可观测矩阵的表达式(2.43)(提示：采用例 1.1 中的最小二乘方法估计系统的初始状态，并且将得到的 Gram 矩阵与式(2.43)中的可观测矩阵进行比较)。

参考文献

[1] E. A. Coddington and N. Levinson, *Theory of Ordinary Differential Equations*, McGraw-Hill, New York, 1955.

[2] R. W. Brockett, *Finite Dimensional Linear Systems*, John Wiley & Sons, Inc., New York, 1970.

[3] C. S. Kenney and R. B. Liepnik, “Numerical integration of the differential matrix Riccati equation,” *IEEE Transactions on Automatic Control*, Vol. AC-30, pp. 962–970 1985.

[4] P. M. DeRusso, R. J. Roy, and C. M. Close, *State Variables for Engineers*, John Wiley & Sons, Inc., New York, 1965.

[5] L. K. Timothy and B. E. Bona, *State Space Analysis: an Introduction*, McGraw-Hill, New York, 1968.

[6] E. Evangelisti, Ed., *Controllability and Observability: Lectures given at the Centro Internazionale Matematico Estivo (C. I. M. E.) held in Pontecchio (Bologna), July 1–9 1968*, Springer, Italy, 2010.

[7] E. Kreindler and P. E. Sarachik, “On the concepts of controllability and observability of linear systems,” *IEEE Transactions on Automatic Control*, Vol. AC-9, pp. 129–136, 1964.

[8] K. Ogata, *State Space Analysis of Control Systems*, Prentice-Hall, Englewood Cliffs, NJ, 1967.

第3章　概率与期望

看起来似乎是在松弛的缰绳下自由驰骋，它却依然受到某种规律的约束和控制。

——Anicius Manlius Severinus Boëthius①(约公元480－525)

3.1　本章重点

概率分布的某些统计参数具有的有用性质对于所有概率分布都是相同的。人们并不需要假设概率分布是高斯分布或者任何其他的特殊分布。

这些性质对于卡尔曼滤波是非常有用的，这也正是本章所讨论的重点。这里的目的在于给出有关概率分布的重要概念和理论，它们对于定义和理解卡尔曼滤波都是有必要的，其中用到了定义在 n 维实线性空间或者流形上的概率分布。所涉及的数学原理通常也适用于更抽象的情形，这将是主要感兴趣的地方。本章包括的主要内容如下所述。

数学基础：假设读者基本熟悉概率论的数学基础，比如 Billingsley[1]，Grinstead 和 Snell[2] 或者 Papoulis[3] 等文献中的内容。本章最后的一些习题可以检验有关背景知识的掌握情况。如果感觉有可能，或许应该查阅本章最后的参考文献或者有关资料。这些文献也涉及相关的测度论，如可测集的并集和交集的含义。本章在处理这些涉及的概念时采用启发式的方法，并且非常简要。

概率密度函数：如果采用概率密度函数来确定在实数 n 维空间上的概率分布，然后利用普通微积分论证所得期望算子的重要特性，就会使所有问题更加清晰易懂。

期望、矩和最优估计：得到很多基本公式所需的关键算子是所谓的期望算子，它被证明是一个线性泛函——这是我们所希望的非常强大的数学工具。它被用来定义概率分布的矩，并且通过卡尔曼滤波所用的基本变量，可以确定在 n 维实空间 $\mathfrak{R}^n$ 上概率分布的一阶矩和二阶矩。另外，只要涉及的所有变量变换都是线性的，它们对矩的影响就可以用简单公式来表示，除去概率分布的矩以外，这些公式不需要任何特殊要求。并且这些公式还以最新均方误差直接识别出估计子——与具体的概率分布无关。这样就使最小均方误差估计不依赖于任何特殊的误差概率分布。

作为在实际应用中的检验，本章还采用几个具有不同概率密度函数的概率分布来说明得到的重要结果与所用的具体概率密度函数无关——只要它具有可以定义的一阶矩和二阶矩。

非线性效应：为了对第8章(非线性推广)中的内容有所准备，这里还就非线性变换对概率分布的期望值(均值)以及偏离均值平方期望值(协方差)的影响进行了建模和讨论。

---

① Boëthius 是东歌德(Ostrogoth)国王狄奥多里克大帝(Theodoric the Great)统治时期的罗马官员(公元454－526)。这里的引用取自于公元574年他所写的著作《哲学的安慰》(De Consolatione Philosophiae)，当时 Boëthius 正在监狱中等待审判，最终他以叛国罪被判处死刑。

3.2　概率论基础

概率是一种量化不确定性的方法。概率论是利用数学模型对不确定性进行量化的理论和方法。

概率论的数学基础是从骰子或者扑克牌赌博的建模开始的，在这些游戏里，可能得到的点数通常利用心算来完成。赌博者主要关心出现不同结果的几率，并且希望通过采用不同的博彩策略来长期获胜。如果假定与游戏相适合的数学模型，都是可以通过铅笔和纸来确定的。

但是不确定性还包括射弹的脱靶量(miss distance)这类事物，此时可能的输出结果可用实数来建模。为了处理这类情形，数学家最终将求助于概率测度(probability measure)，它用非负数来表征所建模活动的输出结果。这里，我们将不会对测度论关注太多，只要能确保为概率论提供基本的数学基础，以及得到一些关于这个理论是什么、它做什么等一般概念就行了。希望了解更多内容的读者可以参阅参考文献[1～3]。

3.2.1　测度论

在20世纪早期，随着测度论的发展，概率论逐步变为积分学基础的一部分。有许多人对将概率重新建立在测度论基础上做出了贡献[4]，其中的主要贡献者是 Andrey N. Kolmogorov (1903－1987)[5]。测度论从性质上将并不特别直观，但它确实是积分和概率论的基础理论。这里对它的讨论是相当粗略的。

测度是定义在潜在可积函数领域中所谓“可测集”的西格马代数之上的非负函数。通常意义上讲，测度不是函数，因为它不是为每个点而是为每个“可测集”指派一个具体值。例如，普通积分(Riemann 积分或者 Riemann-Stieltjes 积分)的基本可测集是建立在有限区间上的，它利用区间长度作为其测度。术语西格马代数(Sigma-algebra)是指可测集服从关于可测集的并集和交集测度的某些定律①。

测度论并不一定对积分的方式进行改变。它主要是加强了其数学基础，并且在此过程中定义出了那些函数是可积的。

如果将积分写为

$$\int f(x)\,\mathrm{d}x$$

其中，符号 $\int$ 来自于艺术体的“S”，用于表示“求和”的简写，“dx”表示定义积分时所采用的测度。在实线上某处定义的每个实函数都有一个定义域(domain，函数被定义的实数值集合)和值域(range，函数对其定义域中的数所指派的实数值集合)。用于定义积分的测度本质上确定了所得可积函数的类别，但是所得到的积分反过来也几乎一样。

3.2.2　概率测度

概率测度的突出特性在于，所有可测集的并集的概率测度总是等于1(一个整体)。也就

① 集合论是在并集和交集运算基础上对集合的代数进行定义的。“西格马”是指并集和交集的测度所具有的加性(算术)特性。

是说，一个随机采样属于其定义域中的概率为 1。为了保险起见，概率论学者将这种产生的结果称为“几乎确定”，并且只是指出这种结果将“几乎必然”发生。

另一方面，一支射向靶子的箭准确射中靶心的概率将会为零(除非是虚构的故事)，因为其他还有太多的地方这支箭都可能会射到。

用概率测度指定给可测点集的值是服从概率分布的随机采样属于该点集的概率。

除了在整个定义域上的概率积分必须等于 1 以外，概率测度与普通测度的数学性质并没有很大区别。关于概率测度 p 的积分需要采用符号 dp 或者 d$p(x)$代替 Riemann 测度 dx，但是涉及概率测度的积分看起来和处理起来都和普通积分几乎一样。

3.2.3 概率分布

概率分布是用点集 $\mathcal{S}$ 的可测子集上的概率测度来定义的。一般而言，$\mathcal{S}$ 可以是任意抽象的可测集，但这里的关注点只是在 n 维实空间上，或者在多连通集合上，比如四维实空间(用来表示姿态)中三球面的圆或者表面。

例如，我们将在地球(一个包含在三维宇宙中的二维实流形)表面上定义概率测度，用来对某个从太空中接近地球的目标撞击地球的可能性进行建模。然而，在这种情况下，这种概率测度在整个表面上的积分将小于 1，剩余的概率分配给宇宙中的其他天体以表示该目标完全错过地球的情形。

定义

概率空间：概率空间是通过三元数组$\{\mathcal{S}, \mathcal{A}, \mathcal{P}\}$来定义的，其中

$\mathcal{S}$ 被称为一个随机事件的所有可能结果的集合。

$\mathcal{A}$ 是 $\mathcal{S}$ 的子集的西格马代数，意味着如果 $\mathcal{A}$ 包含集合 $A \subset \mathcal{S}$，并且 $B \subset \mathcal{S}$，则它包含其并集 $A \cup B$ 和交集 $A \cap B$。西格马代数 $\mathcal{A}$ 也必须包含 $\mathcal{S}$ 及其“$\mathcal{S}$ 的补集”$\mathcal{S} - \mathcal{S} = \varnothing$，这是一个空集。

$\mathcal{P}$ 是一个概率测度，它为所有集合 $A \in \mathcal{A}$ 和 $B \in \mathcal{A}$ 都分配一个非负数，使得

- $\mathcal{P}(\varnothing) = 0$
- $\mathcal{P}(\mathcal{S}) = 1$
- $\mathcal{P}(A \cup B) = \mathcal{P}(A) + \mathcal{P}(B) - \mathcal{P}(A \cap B)$

我们将不会用到这些定义和特性，但需要清楚的是，它们是概率论基础的一部分。

随机变量(RV)　其他术语如变量、随机变量[random variable(RV)或者 stochastic variable]都用来表示从概率分布中取出的可能结果，比如在彩票中抽取编号的球。这些术语并不表示一个具体的结果，而是用于表示可能结果的全体及其相应的概率。如果可能结果的个数是有限的，则每一个结果都有一个具体的概率。然而，如果可能结果的集合 $\mathcal{S}$ 构成的概率空间是一个实数 n 维向量空间或者流形，则抽取一个特殊点 $x \in \mathcal{S}$ 的概率更可能为零。这是一个违反直觉的概念，但确实是庞大实数的结果。

随机变量的实现　特殊点 $x \in \mathcal{S}$ 被称为一个变量、随机变量或者产生结果的实现。

符号　我们通常采用大写字母来表示一个随机变量 X，代表从随机分布抽取的全体值，并用对应的小写字母 x 表示该抽取得到的一个实现。于是，符号 $x \in X$ 意味着 x 是随机变量 X 的一个实现。

3.2.4　概率密度函数

或许我们对采用一个非负概率密度函数 $p(x) \geqslant 0$ 定义的概率分布更加熟悉，这是针对 n 维实空间 $\mathfrak{R}^n$ 中的 x 来定义的。在这种情况下，它是一个概率测度的事实意味着其积分为

$$\int_{\mathfrak{R}^n} p(x)\,\mathrm{d}x = 1 \tag{3.1}$$

于是，$\mathfrak{R}^n$ 的任意可测集 A 的等效概率测度都可以定义为概率密度函数 p 在 $\mathfrak{R}^n$ 的这个子集上的积分，它也是随机选取 x 值属于 A 的概率

$$P(x \in A) = \int_A p(x)\,\mathrm{d}x \tag{3.2}$$

在这种情况下，等效概率测度实际上为 $p(x)\,\mathrm{d}x$，其中 $\mathrm{d}x$ 表示 Riemann 测度或者 Riemann-Stieltjes 测度，或者有关的任意合适的测度。

例 3.1(高斯概率密度)　在 N 次连续投骰子中出现“1”(·)的平均次数的概率分布被称为“二项”分布。当 $N \to \infty$ 时，它趋向于一个特殊类型的分布，这种分布被称为“高斯”分布或者“正态”分布。高斯/正态分布[①]是许多其他分布的极限，对随机现象的许多模型来说这是很常见的。在随机系统模型中，它常被用做随机变量的分布。

对于由 n 个分量组成的列向量 x 而言，其多变量高斯概率密度函数具有下列形式：

$$\begin{aligned} p(x) &= \frac{1}{\sqrt{2\pi \det P_{xx}}} \exp\left(-\frac{1}{2}(x-\mu_x)^T P_{xx}^{-1}(x-\mu_x)\right) \\ x &\in \mathcal{N}(\mu_x, \mathcal{P}_{xx}) \end{aligned} \tag{3.3}$$

其中参数的含义如下：

μ_x 为分布的均值，也是包含 n 个分量的列向量。

P_{xx} 为分布的协方差，这是一个 $n \times n$ 维的对称正定矩阵。符号“$\mathcal{N}$”代表“正态”。然而，由于在数学中有很多概念被称为“正态”，因此这里将其称为“高斯”，以避免混淆。

一般概率积分　一个概率测度定义了哪一种函数在这种概率测度下是可积的。在这种情况下，一个可积函数 $f(x)$ 在可测集 A 上的积分可以记为

$$\int_A f(x)\mathrm{d}p(x)$$

其中，$\mathrm{d}p(x)$ 表示所用的概率测度。这个符号考虑到了可能会出现概率测度不能用概率密度函数来表示的情况。

例 3.2(Dirac Delta 分布)　并不是所有合理的概率分布都可以被定义为密度函数。例如，虽然 Dirac δ“函数”不是一个真正的函数，但它可以用于定义概率测度，将包含某个特殊点(所得概率分布的均值)的任意可测集的值指定为 1。这个 Dirac 概率测度具有方差为零的性质，意味着其变量的值没有不确定性(几乎确信它是分布的均值)。然而，在卡尔曼滤波

---

① 这种分布的概率密度函数具有一种性质，即其傅里叶变换也是高斯概率密度函数。人们认为，物理学家 Gabriel Lippman(1845 - 1921)首先提出了“数学家认为它(正态分布)是一个自然定律，而物理学家则深信它是一个数学定理”这一说法。

中，感兴趣的概率分布的方差不太可能为零，并且就卡尔曼滤波的有限精度算法实现而言，方差太接近于零会带来病态问题。

3.2.5　累积概率函数

对于定义在实线上的任意概率测度 $\mathrm{d}p(x)$，下面定义函数 $P(x)$：

$$P(x) \stackrel{\text{def}}{=} \int_{-\infty}^{x} \mathrm{d}(x) \tag{3.4}$$

被称为概率测度的累积概率函数(Cumulative probability function，或者就称为概率函数)。

与 Dirac 分布不同的是，如果所讨论的概率分布的密度函数为

$$p(x)\,\mathrm{d}x = \mathrm{d}p(x)$$

则其累积概率函数为

$$P(x) \stackrel{\text{def}}{=} \int_{-\infty}^{x} p(\chi)\,\mathrm{d}\chi \tag{3.5}$$

例 3.3(高斯累积概率函数)　对于均值为 μ、方差为 σ^2 的单变量高斯分布而言，其概率函数被定义为

$$P_{\mathcal{N}}(x,\ \mu,\ \sigma) \stackrel{\text{def}}{=} \frac{1}{\sqrt{2\pi\sigma^2}} \int_{-\infty}^{x} \exp\left(-\frac{(\chi-\mu)^2}{2\sigma^2}\right) \mathrm{d}\chi \tag{3.6}$$

$$= \frac{1}{2}\left[1 + \mathrm{erf}\left(\frac{x-\mu}{\sqrt{2\sigma^2}}\right)\right] \tag{3.7}$$

其中，erf 是一个解析函数，被称为“误差函数”(在 MATLAB 中表示为 `erf`)。

3.3　期望

3.3.1　线性泛函

在数学分析中，线性泛函是强大的工具，其中的期望算子在估计理论中尤其有用。

从实函数 $f(\cdot)$ 到实数的任意映射 $\mathcal{F}$ 被称为一个泛函。

对于任意两个函数 $f(\cdot)$ 和 $g(\cdot)$ 和任意两个实数 a 和 b，如果满足

$$\mathcal{F}[a\,f(\cdot) + b\,g(\cdot)] = a\,\mathcal{F}[f(\cdot)] + b\,\mathcal{F}[b\,g(\cdot)] \tag{3.8}$$

它就被称为线性泛函。

线性泛函在广义函数的定义中起着重要作用，比如 Dirac δ 函数和没有对应密度函数的概率测度。

3.3.2　期望算子

期望值和概率密度

在密度函数为 $p(\cdot)$ 的概率分布中，变量为 x 的任意函数 $f(x)$ 的期望值可以用下列算子定义：

$$\mathop{\mathrm{E}}_{x}\langle f(x)\rangle \stackrel{\text{def}}{=} \int f(x)p(x)\,\mathrm{d}x \tag{3.9}$$

条件是上述积分必须存在。于是，所得结果是一个实数，并且期望算子被定义为函数到其期望值上的映射。我们也可以将这个算子表示为

$$\mathop{\mathrm{E}}_{x\in X}\langle\cdot\rangle$$

在符号 E 下面没有太多的空间来标示出所考虑的随机变量(X)的概率分布。

期望算子也是一个线性泛函，因为对于任意实数 a 和 b，以及定义在概率密度函数 $p(\cdot)$ 定义域上的任意可积函数 $f(\cdot)$ 和 $g(\cdot)$ 而言，有

$$\mathop{\mathrm{E}}_{x}\langle af(x)+bg(x)\rangle = \int [af(x)+bg(x)]\,p(x)\,\mathrm{d}x \tag{3.10}$$

$$= \int a\,f(x)\,p(x)\,\mathrm{d}x + \int b\,g(x)\,p(x)\,\mathrm{d}x \tag{3.11}$$

$$= a\int f(x)\,p(x)\,\mathrm{d}x + b\int g(x)\,p(x)\,\mathrm{d}x \tag{3.12}$$

$$= a\mathop{\mathrm{E}}_{x}\langle f(x)\rangle + b\mathop{\mathrm{E}}_{x}\langle g(x)\rangle \tag{3.13}$$

上述结果对于 x 和函数 $f(\cdot)$ 及 $g(\cdot)$ 具有向量值的情形仍然成立。

期望值和概率测度

上述期望算子是利用概率密度函数 $p(x)$(其中 $x\in X$)来定义的。然而，它也可以利用 X 的概率测度来定义，不需要考虑概率密度函数。

概率测度 $\wp(\cdot)$ 为每个可测子集 $S\subseteq\mathcal{S}$ 指定一个非负实数值，这个可测子集是父集 $\mathcal{S}$ 的西格马代数子集。可测集 S 的特征函数为

$$f_S(x) \stackrel{\text{def}}{=} \begin{cases} 1, & x\in S \\ 0, & x\notin S \end{cases} \tag{3.14}$$

这个概率测度的期望算子指定的值为

$$\mathop{\mathrm{E}}_{x}\langle f_S(x)\rangle = \wp(S) \tag{3.15}$$

其中，$\wp(S)$ 是 S 的概率测度。

例 3.4(期望值和采样函数) 基本的 Dirac 测度为包含 0(零)值的所有实数可测集指定的值为 1。于是，相关的期望算子为每一个 Dirac 可测函数 f 指定的值为

$$\mathop{\mathrm{E}}_{x}\langle f(x)\rangle = f(0)$$

减去更希望的采样参数 x_0，这就变成取函数 f 在 x_0 点的值的采样"函数"(泛函)

$$\mathop{\mathrm{E}}_{x}\langle f(x-x_0)\rangle = f(x_0)$$

注意这仍然是一个线性泛函。

3.3.3 概率分布的矩

如果一个标量概率分布变量的幂的期望值

$$\underset{x}{\mathrm{E}}\langle x^N \rangle$$

存在，就被称为概率分布的“原点”矩(Raw moments)。然而，并不是所有分布都具有有限的原点矩。

例 3.5[柯西分布(Cauchy distribution)]　柯西分布①在风险分析中会用到。在量子力学中，它被称为洛伦兹分布(Lorentz distribution)，并被用于对不稳定状态的能量分布进行建模。

它具有下列形式的参数化概率密度函数：

$$p_{\text{Cauchy}}(x,\ m,\ \gamma) \stackrel{\text{def}}{=} \frac{\gamma/\pi}{\gamma^2 + (x-m)^2} \tag{3.16}$$

其中，$-\infty < x < +\infty$。在这种情况下，参数 m 既是分布的众数(Mode，最大概率密度)，也是分布的中值(Median，使累积概率等于 1/2 的值)。增加的正值参数 γ 被称为尺度参数(scaling parameter)。其行为与分布的标准差(Standard deviation)相似，当 γ 增加时，分布变得更加发散。

然而，柯西分布没有有限的均值(一阶矩)和方差(二阶中心矩)。

如果它们存在，这些矩是所讨论的分布恒定参数，它们的值可以为这个分布提供另一种定义。

如果所讨论的矩存在，将采用符号 ${}^{[N]}\mu_x$ 表示变量为 X 的分布的 N 阶原点矩。

零阶矩总是存在的，它是下列标量：

$${}^{[0]}\mu_x \stackrel{\text{def}}{=} \underset{x}{\mathrm{E}}\langle x^0 \rangle = \underset{x}{\mathrm{E}}\langle 1 \rangle = \int p_x(x)\,\mathrm{d}x = 1 \tag{3.17}$$

因为上述积分中的测度是一个概率测度。零阶矩总是一个标量，并且与变量 X 的维数无关。

均值

如果确实存在，则多变量概率分布的 n 维变量 X 的一阶矩将是一个具有相同维数的向量，即

$${}^{[1]}\mu_x \stackrel{\text{def}}{=} \underset{x}{\mathrm{E}}\langle x \rangle \stackrel{\text{def}}{=} \begin{bmatrix} \underset{x}{\mathrm{E}}\langle x_1 \rangle \\ \underset{x}{\mathrm{E}}\langle x_2 \rangle \\ \underset{x}{\mathrm{E}}\langle x_3 \rangle \\ \vdots \\ \underset{x}{\mathrm{E}}\langle x_n \rangle \end{bmatrix} \tag{3.18}$$

它被称为 X 的分布均值。

中心矩

在讨论完均值，即一阶矩($N=1$)以后，还有两种方法可以定义更高阶的矩，并且对于阶数 $N>1$ 时的矩，其数据结构的维数取决于 N 值和所涉及变量 X 的维数。

除了用于定义均值的原点矩以外，还用中心矩(Central moments)来定义“关于均值”的

① 这是以法国数学家 Baron Augustin-Louis Cauchy(1789－1857)的名字来命名的。

矩。对于一个标量变量 X，阶数 $N>1$ 的矩可以定义为

$$ {}^{[N]}\mu_x \stackrel{\text{def}}{=} E_x\langle x^N \rangle \quad \text{(原点矩)} \tag{3.19} $$

$$ {}^{[N]}\sigma_x \stackrel{\text{def}}{=} E_x\langle (x - {}^{[1]}\mu_x)^N \rangle \quad \text{(中心矩)} \tag{3.20} $$

这里，采用符号 ${}^{[N]}\sigma_x$ 来将 N 阶中心矩与原点矩 ${}^{[N]}\mu_x$ 进行区别。

协方差矩阵

在讨论完标量变量的中心矩以后，再讨论 n 维向量变量 X 的高阶中心矩($N=2$)，它是下列 $n\times n$ 维矩阵：

$$ P_{xx} \stackrel{\text{def}}{=} {}^{[2]}\sigma_x \tag{3.21} $$

$$ = \mathop{\mathrm{E}}_{x}\langle (x - {}^{[1]}\mu_x)(x - {}^{[1]}\mu_x)^{\mathrm{T}} \rangle \tag{3.22} $$

$$ = \begin{bmatrix} p_{11} & p_{12} & p_{13} & \cdots & p_{1n} \\ p_{21} & p_{22} & p_{23} & \cdots & p_{2n} \\ p_{31} & p_{32} & p_{33} & \cdots & p_{3n} \\ \vdots & \vdots & \vdots & \ddots & \vdots \\ p_{n1} & p_{n2} & p_{n3} & \cdots & p_{nn} \end{bmatrix} \tag{3.23} $$

$$ p_{ij} \stackrel{\text{def}}{=} E_x\langle (x_i - {}^{[1]}\mu_{x\ i})(x_j - {}^{[1]}\mu_{x\ j}) \rangle \tag{3.24} $$

等效的二阶原点矩也是一个 $n\times n$ 维矩阵，即

$$ {}^{[2]}\mu_x = \mathop{\mathrm{E}}_{x}\langle xx^{\mathrm{T}} \rangle \tag{3.25} $$

$$ = \begin{bmatrix} {}^{[2]}\mu_{x\ 11} & {}^{[2]}\mu_{x\ 12} & {}^{[2]}\mu_{x\ 13} & \cdots & {}^{[2]}\mu_{x\ 1n} \\ {}^{[2]}\mu_{x\ 21} & {}^{[2]}\mu_{x\ 22} & {}^{[2]}\mu_{x\ 23} & \cdots & {}^{[2]}\mu_{x\ 2n} \\ {}^{[2]}\mu_{x\ 31} & {}^{[2]}\mu_{x\ 32} & {}^{[2]}\mu_{x\ 33} & \cdots & {}^{[2]}\mu_{x\ 3n} \\ \vdots & \vdots & \vdots & \ddots & \vdots \\ {}^{[2]}\mu_{x\ n1} & {}^{[2]}\mu_{x\ n2} & {}^{[2]}\mu_{x\ n3} & \cdots & {}^{[2]}\mu_{x\ nn} \end{bmatrix} \tag{3.26} $$

$$ {}^{[2]}\mu_{x\ ij} \stackrel{\text{def}}{=} E_x\langle x_i x_j \rangle \tag{3.27} $$

阶数 $N>2$ 的矩

对于标量变量 X，根据定义式(3.19)(原点矩)和式(3.20)(中心矩)可知，它们也是标量。

如果变量 X 是 n 维向量，则会稍微复杂一些。一般 N 阶矩的数据结构的维数为

$$ \underbrace{n\times n\times n\times\cdots\times n}_{N\text{ 阶}} $$

任意 N 阶原点矩 ${}^{[n]}\mu_x$ 都是用 N 个下标 $i_1, i_2, i_3, \cdots, i_N$ 的数据结构，其中第 j 个下标为 $1\leqslant i_j\leqslant n$，并且相应的数据结构元素为

$$ {}^{[N]}\mu_{x i_1,\ i_2,\ i_3,\ \ldots,\ i_N} \stackrel{\text{def}}{=} \mathop{\mathrm{E}}_{x}\langle x_{i_1}\times x_{i_2}\times x_{i_3}\times\cdots\times x_{i_N} \rangle \tag{3.28} $$

对应的 N 阶中心矩 ${}^{[n]}\sigma_x$ 则将式(3.28)中的 $(x_{i_j} - {}^{[1]}\mu_{x\,i_j})$ 替换为 x_{i_j} 即可。

例 3.6(单变量高斯分布的矩)　如果所讨论的分布是均值为 μ、方差为 σ^2 的单变量高斯分布，则高阶中心矩可以由 μ 和 σ 完全确定为

$$\sigma_k = \begin{cases} 0, & k \text{ 为奇数} \\ \sigma^k\ (k-1)!!, & k \text{ 为偶数} \end{cases} \tag{3.29}$$

$$(k-1)!! \overset{\text{def}}{=} 1\cdot3\cdot5\cdot7\cdot\cdots\cdot(k-1) \tag{3.30}$$

这是所谓的奇数的“双阶乘”(Double factorial)。

高阶原点矩也可以由 μ 和 σ 来确定，但是其关系更复杂一些

$$\mu_k = \begin{cases} \pi^{-1/2}2^{(k+1)/2}\mu\sigma^{k-1}\Gamma\left(\dfrac{k+1}{2}\right)K\left(\dfrac{1-k}{2},\dfrac{1}{2},\dfrac{-\mu^2}{2\sigma^2}\right) & k\text{ 为奇数} \\ \pi^{-1/2}2^{k/2}\sigma^k\Gamma\left(\dfrac{k+3}{2}\right)K\left(\dfrac{-k}{2},\dfrac{3}{2},\dfrac{-\mu^2}{2\sigma^2}\right) & k\text{ 为偶数} \end{cases} \tag{3.31}$$

其中，伽马函数(Gamma function)是阶乘函数(Factorial function)的正实值展开

$$\Gamma(z) \overset{\text{def}}{=} \int_0^{+\infty} s^{z-1}\mathrm{e}^{-s}\,\mathrm{d}s \tag{3.32}$$

库默尔合流超线几何函数(Kummer's confluent hypergeometric function) ${}_1F_1$ 为

$$K(a,\ b,\ c) \overset{\text{def}}{=} \sum_{k=0}^{+\infty}\frac{(a)_k\, c^k}{(b)_k\, k!} \tag{3.33}$$

其中，Pochammer 符号定义为

$$(y)_k \overset{\text{def}}{=} \frac{\Gamma(y+k)}{\Gamma(y)} \tag{3.34}$$

计算式(3.31)和式(3.29)可以得到表3.1 中给出的值。与原点矩的情况不同，所有的奇数阶中心矩都为零，并且所有的偶数阶中心矩都只取决于二阶中心矩。

表 3.1　标量高斯矩

N 阶	中心距	原点矩
0	1	0
1	0	μ
2	σ^2	$\mu^2+\sigma^2$
3	0	$\mu^3+3\mu\sigma^2$
4	$3\sigma^4$	$\mu^4+6\mu^2\sigma^2+3\sigma^4$
5	0	$\mu^5+10\mu^3\sigma^2+15\mu\sigma^4$
6	$15\sigma^6$	$\mu^6+15\mu^4\sigma^2+45\mu^2\sigma^4+15\sigma^6$
7	0	$\mu^7+21\mu^5\sigma^2+105\mu^3\sigma^4+105\mu\sigma^6$
8	$105\sigma^8$	$\mu^8+28\mu^6\sigma^2+210\mu^4\sigma^4+420\mu^2\sigma^6+105\sigma^8$
9	0	$\mu^9+36\mu^7\sigma^2+378\mu^5\sigma^4+1260\mu^3\sigma^6+945\mu\sigma^8$
10	$945\sigma^{10}$	$\mu^{10}+45\mu^8\sigma^2+630\mu^6\sigma^4+3150\mu^4\sigma^6+4725\mu^2\sigma^8+945\sigma^{10}$

互协方差

令 p_{ij} 表示向量变量 X 的协方差矩阵 P_{xx} 的第 i 行和第 j 列元素，即

$$p_{ij} = \mathop{\mathrm{E}}_{x}\langle (x_i - \mu_i)(x_j - \mu_j)\rangle \tag{3.35}$$

则 p_{ij}被称为 X 的第 i 个分量与第 j 个分量之间的互协方差(Cross-covariance)①。

更一般地，如果 X_a和 X_b表示向量变量 X 的非重叠子向量，则 P_{xx}的子矩阵

$$P_{ab} = \mathop{\mathrm{E}}_{x}\langle x_a x_b^{\mathrm{T}}\rangle \tag{3.36}$$

表示 X_a和 X_b的互协方差。

例如，如果将 X 分割为下列子向量：

$$x = \begin{bmatrix} X_a \\ X_b \end{bmatrix} \tag{3.37}$$

则相应的协方差矩阵可以分割为

$$P_{xx} = \begin{bmatrix} P_{x_a x_a} & P_{x_a x_b} \\ P_{x_b x_a} & P_{x_b x_b} \end{bmatrix} \tag{3.38}$$

其中

$P_{x_a x_a}$ 为 X_a的协方差

$P_{x_b x_b}$ 为 X_b的协方差

$P_{x_a x_b}$ 为 X_a和 X_b的互协方差

$P_{x_b x_a}$ 为 X_b和 X_a的互协方差

然而，一般情况下有

$$P_{x_a x_b} = P_{x_b x_a}^{\mathrm{T}} \tag{3.39}$$

相关系数

对于协方差矩阵 P_{xx}中位于第 i 行第 j 列的任意项 p_{ij}，比值

$$\rho_{ij} \stackrel{\mathrm{def}}{=} \frac{p_{ij}}{\sqrt{p_{ii} p_{jj}}} \tag{3.40}$$

被称为 X 的第 i 个分量与第 j 个分量之间的相关系数(Correlation coefficient)。它具有下列性质：

1. 对于所有 i，都有 $\rho_{ii} = 1$。
2. $\rho_{ij} = \rho_{ji}$。
3. 对于所有 i 和 j，都有 $-1 \leqslant \rho_{ij} \leqslant 1$。

上述性质中的前面两个性质可以根据式(3.40)中 ρ_{ij}的定义得到。最后一个性质则可以根据 Holder's 不等式得到，这个不等式最初是针对向量定义的[6]，但被推广到了函数情形。

对于协方差矩阵 P_{xx}，如果给定 ρ_{ij}的值，则它可以被分解为下列矩阵乘积

$$P_{xx} = \mathrm{diag}(\sigma) C_{\rho}\ \mathrm{diag}\ (\sigma) \tag{3.41}$$

① 严格地讲，如果 $i = j$，它正好是 X 的第 i(或 j)个分量的方差。只有当 $i \neq j$ 时，它才被称为标量变量 X_i和 X_j的互协方差。

$$\operatorname{diag}(\sigma) \stackrel{\text{def}}{=} \begin{bmatrix} \sigma_1 & 0 & 0 & \cdots & 0 \\ 0 & \sigma_2 & 0 & \cdots & 0 \\ 0 & 0 & \sigma_1 & \cdots & 0 \\ \vdots & \vdots & \vdots & \ddots & \vdots \\ 0 & 0 & 0 & \cdots & \sigma_n \end{bmatrix} \tag{3.42}$$

$$\sigma_i \stackrel{\text{def}}{=} \sqrt{p_{ii}}, i = 1,\ 2,\ 3,\ \ldots\ ,\ n \tag{3.43}$$

$$C_\rho \stackrel{\text{def}}{=} \begin{bmatrix} 1 & \rho_{12} & \rho_{13} & \cdots & \rho_{1n} \\ \rho_{21} & 1 & \rho_{23} & \cdots & \rho_{2n} \\ \rho_{31} & \rho_{32} & 1 & \cdots & \rho_{3n} \\ \vdots & \vdots & \vdots & \ddots & \vdots \\ \rho_{n1} & \rho_{n2} & \rho_{n3} & \cdots & 1 \end{bmatrix} \tag{3.44}$$

统计独立与相关

如果两个变量 X 和 Y 的联合概率密度函数满足

$$p(x, y) = p(x)\, p(y) \tag{3.45}$$

则它们被称为是统计独立的(Statistically independent)，其中 $p(x)$ 和 $p(y)$ 分别表示 X 和 Y 的独立概率密度。

例如，如果向量变量 X 的第 i 个分量和第 j 个分量是统计独立的，则

$$p(x_i, x_j) = p(x_i)\, p(x_j) \tag{3.46}$$

并且它们的互协方差为

$$p_{ij} \stackrel{\text{def}}{=} E_x\langle (x_i - \mu_i)(x_j - \mu_j)\rangle \tag{3.47}$$

$$\stackrel{\text{def}}{=} \int_{x_i}\int_{x_j} (x_i - \mu_i)(x_j - \mu_j)\, p(x_i, x_j)\, \mathrm{d}x_i\, \mathrm{d}x_j \tag{3.48}$$

$$= \left[\int_{x_i} (x_i - \mu_i)\ p(x_i)\, \mathrm{d}x_i\right] \left[\int_{x_j} (x_j - \mu_j)\, p(x_j)\, \mathrm{d}x_j\right] \tag{3.49}$$

$$= [\mu_i - \mu_i]\, [\mu_j - \mu_j] \tag{3.50}$$

$$= 0 \tag{3.51}$$

也就是说，向量变量 X 的分量之间的统计独立性等效于它们的互相关为零——或者等效于相关系数为零。

上述结论对于向量变量 X 的非重叠子向量 X_a 和 X_b 之间的统计独立性仍然成立。在这种情况下，协方差矩阵 P_{xx} 中对应的子矩阵 $P_{x_a x_b}$ 将是一个零矩阵。

例如，如果将向量变量 X 分割为统计独立的子向量变量 X_a 和 X_b，使得样本向量为

$$x = \begin{bmatrix} x_a \\ x_b \end{bmatrix} \tag{3.52}$$

则对应的协方差矩阵可以被分割为

$$P_{xx}=\begin{bmatrix}P_{x_ax_a} & 0\\ 0 & P_{x_bx_b}\end{bmatrix} \tag{3.53}$$

其中，$P_{x_ax_a}$ 是 X_a的协方差，$P_{x_bx_b}$ 是 X_b的协方差。

3.4 最小均方估计(LMSE)

“估计”这个词来自于拉丁语中的动词“aestimare”，意思是“为(某个事物)赋予一个值”。在本书中，这个“值”将为实数或者实向量，而“某个事物”将是通过其均值和协方差定义在 n 维实空间上的概率分布。

在概率论中，更具深远意义的发现还包括下列事实：

1. 定义在$\mathfrak{R}^n$上的概率分布的均值也是能够达到最小均方估计误差的估计值。
2. 相关协方差矩阵的迹(对角线元素之和)等于该最小均方估计误差。

3.4.1 平方估计误差

估计也被称为有把握的猜测(an educated guess)。在弓箭手向靶子射箭以前，他或她对目标位置的最佳估计是靶心，或者尽可能地接近靶心①。这个例子中相应的“估计误差”是脱靶距离，它是箭与靶心之间的水平距离的平方和垂直距离的平方求和后的平方根。此时，脱靶距离的最小化等效于使脱靶向量分量的平方和达到最小化。实际上，使这个误差时刻为零的可能性是很小的，因此大多数弓箭手的长期目标是使期望的平方脱靶距离最小化。

采用期望算子，可以将上述目标用概率分布来表示，它定义从某个概率分布中抽取值的最优估计 $\hat{x}$ 的方法，是只利用概率分布的一阶矩而不是利用相应概率密度函数的形状。

3.4.2 最小化

最优估计是通过一些最优化准则来定义的。如果准则是期望的(如均值)平方估计误差，则最优估计是使均方估计误差最小化的值。在这种情况下，它被称为最小均方估计[Minimum-Mean-Squared Estimate(MMSE)，或者 Least-Mean-Squared Estimate(LMSE)]。

对于在 n 维实空间中具有一阶矩和二阶矩的概率分布而言，如果将其中 x 值的任意估计记为 $\hat{x}$，则均方估计误差可以定义为

$$\varepsilon^2(\hat{x})=\underset{x}{\mathrm{E}}\langle|\hat{x}-x|^2\rangle \tag{3.54}$$

$$=\underset{x}{\mathrm{E}}\langle(\hat{x}-x)^{\mathrm{T}}(\hat{x}-x)\rangle \tag{3.55}$$

$$=\underset{x}{\mathrm{E}}\langle\hat{x}^{\mathrm{T}}\hat{x}-2\hat{x}^{\mathrm{T}}x+x^{\mathrm{T}}x\rangle \tag{3.56}$$

$$=\underset{x}{\mathrm{E}}\langle\hat{x}^{\mathrm{T}}\hat{x}\rangle-2\underset{x}{\mathrm{E}}\langle\hat{x}^{\mathrm{T}}x\rangle+\underset{x}{\mathrm{E}}\langle x^{\mathrm{T}}x\rangle \tag{3.57}$$

$$=\underset{x}{\mathrm{E}}\left\langle\sum_j\hat{x}_j^2\right\rangle-2\underset{x}{\mathrm{E}}\left\langle\sum_j\hat{x}_jx_j\right\rangle+\underset{x}{\mathrm{E}}\left\langle\sum_j x_j^2\right\rangle \tag{3.58}$$

① 这种猜测过程的希腊语是“$\sigma\tau\acute{o}\chi o\zeta$”，我们在现代语言中则用“随机”来表述。

$$= |\hat{x}|^2 - 2\hat{x}^{\mathrm{T}} \underset{x}{\mathrm{E}}\langle x\rangle + \underset{x}{\mathrm{E}}\langle |x|^2\rangle \tag{3.59}$$

当任意分量 $\hat{x}_j \to \pm\infty$ 时，这个均方误差 $\varepsilon^2(\hat{x}) \to +\infty$，并且在

$$0 = \frac{\partial \varepsilon^2(\hat{x})}{\partial \hat{x}} \tag{3.60}$$

$$= 2\hat{x} - 2\underset{x}{\mathrm{E}}\langle x\rangle \tag{3.61}$$

位置达到其最小值 $\hat{x}_{\mathrm{LMSE}}$。

采用最小均方误差可以求解出估计 $\hat{x}_{\mathrm{LMSE}}$，即

$$\hat{x}_{\mathrm{LMSE}} = \underset{x}{\mathrm{E}}\langle x\rangle \tag{3.62}$$

也就是说，x 的 LMSE 是分布的均值，它与涉及的概率分布无关。

3.4.3　最小均方估计误差

最小均方估计误差的协方差是概率分布的二阶中心矩，它也被称为是概率分布的协方差

$$\underset{x}{\mathrm{E}}\langle(\hat{x}_{\mathrm{LMSE}} - x)(\hat{x}_{\mathrm{LMSE}} - x)^{\mathrm{T}}\rangle = P_{xx} \tag{3.63}$$

平方估计误差式(3.55)在 $\hat{x} = \mu$ 处的值为

$$\varepsilon^2(\mu) = \sum_j \underset{x}{\mathrm{E}}\langle(x - \mu)^2\rangle \tag{3.64}$$

$$= \sum_j p_{jj} \tag{3.65}$$

$$= \mathrm{tr}\,(P_{xx}) \tag{3.66}$$

它是矩阵 P_{xx} 的迹(对角线元素之和)。

也就是说，任意概率分布的均值 μ 和协方差 P_{xx} 描述了 LMSE 的值及其均方误差。

例 3.7(采用 5 个不同分布进行评估)　本例采用 5 个不同的概率密度函数，对作为估计值函数的均方估计误差进行计算并画图，如下这 5 个概率密度函数都定义在实轴上，并且具有相同的均值和方差，如图 3.1 所示。

1. 均匀分布，均值等于 2，方差等于 4。它在实轴上某个固定区间以外的概率为零。比如，它可以用于表示对信号数字化处理的量化误差。
2. 高斯(或者正态)分布，均值等于 2，方差等于 4。它在实轴上各点的概率为正。高斯分布的使用可能稍显频繁。
3. Laplace 分布，均值等于 2，方差等于 4。它在实轴上各点的概率也为正，但与高斯分布的概率不同。
4. 对数正态分布，均值等于 2，方差等于 4。它只对非负输入值才不等于零，并且有一个“高尾巴”，这意味着与指数分布(如高斯分布或者 Laplace 分布)相比，当变量 $x \to +\infty$ 时，它收敛到零的速度更慢。比如，对数正态分布通常用于表示人口收入或者财富的分布。
5. 具有两个自由度的卡方分布(Chi-squared distribution)χ^2，均值等于 2，方差等于 4。它

也具有一个“粗尾巴”(thick tail)但不是“高尾巴”(high tail)，这意味着当其参数趋于无穷时，它也缓慢地收敛到零，但并不比指数分布更慢。卡方分布常用于统计假设检验，以及监视卡尔曼滤波器的工作状态。

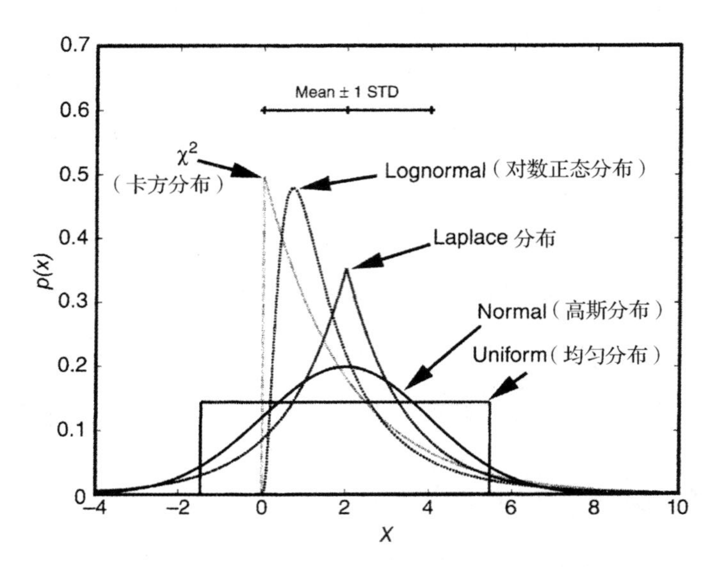

图 3.1 具有相同均值和方差的 5 个概率密度函数

在图 3.2 中，画出了作为估计值函数的均方估计误差的值，其中包含了 5 种分布情形。图中并没有显示出不同分布之间有很大区别，但是用 MATLAB 软件产生的程序 `meansqes-terr.m` 则画出了区别——仅仅为了显示它们之间并不完全相同。

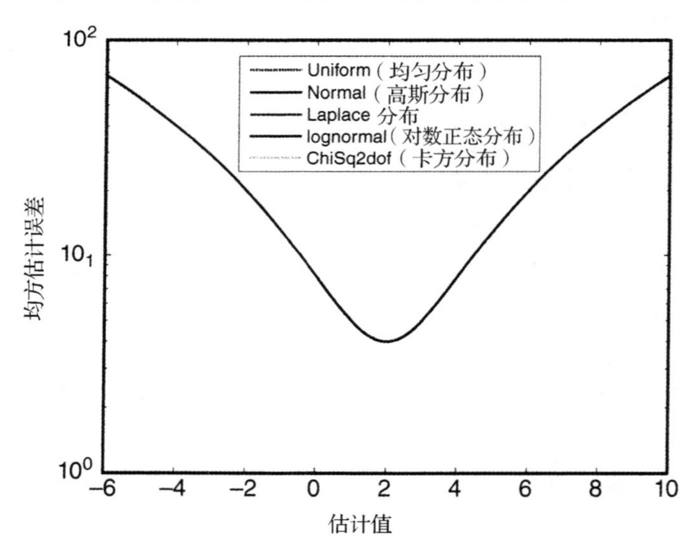

图 3.2 均方估计误差与估计值之间的函数关系

在图 3.2 中，全部均方误差曲线图的最小均方误差值都等于 4，即所有分布的二阶中心矩都在估计值 $\hat{x} = 2$，即所有分布的均值位置处出现。

关键是在所有情形中，变量的 LMSE 都等于分布的均值，并且均方估计误差都等于分布的方差，而与分布的形状无关。

3.4.4　均值和协方差：需要记住的矩

赌博者和统计员都理所当然地会关心概率分布，但分布对于最小均方估计来说却不是必需的。这是值得庆幸的，因为估计变量 x 的均值和协方差往往会更加容易，也更加有效。

均值和协方差的递归估计

对于给出的数据序列 $\{x[k] \mid k = 0,1,2,\cdots\}$，其均值和协方差可以用下列公式递归估计

$$\hat{\mu}[k+1] = \hat{\mu}[k] + \frac{1}{k+1}[x[k+1] - \hat{\mu}_k] \tag{3.67}$$

$$\hat{P}_{xx}[k+1] = \left(1 - \frac{1}{k}\right)\hat{P}_{xx}[k] + (1+k)(\hat{\mu}[k+1] - \hat{\mu}[k])(\hat{\mu}[k+1] - \hat{\mu}[k])^{\mathrm{T}}$$

$$k = 0,\ 1,\ 2,\ 3,\ \cdots \tag{3.68}$$

其中，$\hat{\mu}[k]$ 是均值的第 k 个递归估计，$\hat{P}_{xx}[k]$ 是协方差的第 k 个递归估计，两者都利用了到第 k 个元素的所有采样值。为了使算法开始运行，可以让 $\hat{\mu}[0]$ 的值初始化为 $x[0]$，并且 $\hat{P}_{xx}[0]$ 的值初始化为零矩阵。

最小二乘传感器校准的均值和方差

最小二乘估计方法被用于消除传感器数据中的已知趋势，但同样的解也能提供测量或者传感器误差方差的估计值。这也是通过观察输出同时控制输入来对传感器进行校准的方法所得到的额外结果。这个方差是利用增广上三角[①] Cholesky 分解方法求解相应的最小二乘问题所得到的直接结果。在这种方法中，线性系统 $Ax = b$ 是通过对下列增广矩阵对称乘积进行上三角 Cholesky 分解来求解的

$$[A \mid b]^{\mathrm{T}}[A \mid b] = \left[\frac{A^{\mathrm{T}}A \mid A^{\mathrm{T}}b}{(A^{\mathrm{T}}b)^{\mathrm{T}} \mid b^{\mathrm{T}}b}\right] \tag{3.69}$$

所得结果是一个增广上三角 Cholesky 因子（Cholesky factor）矩阵 $\mathcal{U}$，它可以分割为

$$\mathcal{U} = \left[\frac{U \mid y}{0 \mid \varepsilon}\right] \tag{3.70}$$

其中，U 是上三角矩阵，对称乘积为

$$\left[\frac{A^{\mathrm{T}}A \mid A^{\mathrm{T}}b}{(A^{\mathrm{T}}b)^{\mathrm{T}} \mid b^{\mathrm{T}}b}\right] = \mathcal{U}^{\mathrm{T}}\mathcal{U} \tag{3.71}$$

$$= \left[\frac{U^{\mathrm{T}} \mid 0}{0 \mid \varepsilon}\right]^{\mathrm{T}}\left[\frac{U \mid y}{0 \mid \varepsilon}\right] \tag{3.72}$$

---

① Cholesky 分解的大多数处理方法都假设一个下三角结果。然而，上三角等效形式也是同样有效、准确并且令人满意的。它仅仅意味着所得到的回代算法将从最后一行开始向前推进。

$$= \left[\frac{U^{\mathrm{T}}U \mid U^{\mathrm{T}}y}{\left(U^{\mathrm{T}}y\right)^{\mathrm{T}} \mid |y|^2 + \varepsilon^2} \right] \tag{3.73}$$

上述最后一行是矩阵等式，求解它得到的最小二乘解 $\hat{x}$ 可以作为最小二乘问题正则方程(Normal equation)的 Cholesky 形式的解

$$U\hat{x} = y \tag{3.74}$$

这样可以避免对 Gram 矩阵求逆的问题，但是却增加了 Cholesky 分解的计算代价。求解正则方程的 Cholesky 形式并不需要矩阵求逆运算，而是通过采用回代(Back substitution)方法，因为 U 是三角矩阵。

另外，得到的结果 $\varepsilon = |Ax - b|$ 还没有用到，它是和方根估计误差(Root-sum-squared estimation error)。在这种情况下，数据 b 产生误差的标准差的无偏估计是 $\sigma = \varepsilon/\sqrt{n-1}$，其中 n 是 b 的维数。数据中的平均误差被称为传感器偏差，它通常是估计向量 $\hat{x}$ 的一部分。

在把上述方法应用于消除趋势时，将输入-输出数据对与某个已知的参数化函数进行拟合，比如将 b 与已知输入量 $\mathcal{X}$ 的多项式进行拟合。在这种情况下，A 的元素是对应于输出变量 b 的输入变量 $\mathcal{X}$ 的幂，并且向量 x 的分量是多项式的未知系数。

3.4.5 脱靶距离的其他测量方法

度量(Metric)是用于测量拓扑空间中两个点之间距离的单位，这里的拓扑空间还包括 n 维实空间。

卡尔曼滤波器采用所谓的“欧几里得度量”(Euclidean metric，也称为欧氏距离)，它是对实际冲击点相对于指定目标的分量求平方和以后再取平方根得到的值。它基于欧几里得范数(Euclidean norm)，即向量平方和的平方根得到的。欧几里得范数也被称为 H_2 范数，它是所谓的“Hölder p - 范数”在 $p = 2$ 时的特殊情形。实际上，这种度量是两个点之间差值的范数。

然而，还有其他的度量方法可以用于 $\mathfrak{R}^n$。其中之一就是所谓的“出租车度量”(Taxicab metric)，它是基于“超范数”或者“H_∞ 范数”得到的，定义为一个向量分量的最大绝对值。H_∞ 范数得到最优估计和控制的另外一种方法，也被称为最小最大估计和控制。在参考文献[8]中，对最小最大方法和卡尔曼滤波方法同时进行了讨论和比较。

3.5 变量变换

关键的问题是：如果一个因变量 Y 是用一个已有变量 X 通过下列函数 f 来定义的：

$$Y = f(X) \tag{3.75}$$

那么 X 的矩在什么位置是已知的，Y 的均值和协方差是多少？

在卡尔曼滤波中这个问题很重要，因为感兴趣的变量是 Y 的一阶矩和二阶矩。如果卡尔曼滤波器依赖的函数 f 是线性的，此时答案是直截了当而且很简单的。在本节中，将对这种情况下的公式进行推导，同时还导出了 f 不是线性函数但是足够平滑情形下的公式。

3.5.1　线性变换

现在，我们将把 3.3.2 节中的内容放在变量的一般变换的背景下来讨论，除了它们的均值和协方差以外，不考虑具体的概率分布。

如果 $x \in \mathfrak{R}^n$ 是概率密度函数为 $p(x)$ 的 n 维实向量变量，A 是适合[①]乘上 x 的矩阵，因变量

$$y = Ax \tag{3.76}$$

的均值为

$$\mu_y = \mathop{\mathrm{E}}_x\langle y\rangle = \int Ax\, p(x)\, \mathrm{d}x = A\int x\, p(x)\, \mathrm{d}x = A\mu_x \tag{3.77}$$

其协方差为

$$P_{yy} = \mathop{\mathrm{E}}_x\langle (y-\mu_y)(y-\mu_y)^{\mathrm{T}}\rangle \tag{3.78}$$

$$= \mathop{\mathrm{E}}_x\langle (Ax - A\mu_x)(Ax - A\mu_x)^{\mathrm{T}}\rangle \tag{3.79}$$

$$= \mathop{\mathrm{E}}_x\langle A(x-\mu_x)(x-\mu_x)^{\mathrm{T}}A^{\mathrm{T}}\rangle \tag{3.80}$$

$$= A\mathop{\mathrm{E}}_x\langle (x-\mu_x)(x-\mu_x)^{\mathrm{T}}\rangle A^{\mathrm{T}} \tag{3.81}$$

$$= AP_{xx}A^{\mathrm{T}} \tag{3.82}$$

上述结果与概率分布的具体细节无关，只取决于它们的一阶矩和二阶中心矩。也就是说，变量经过任意线性变换以后，分布的均值和协方差矩阵完全保持不变，并且这与其概率分布无关。

向量变量的线性组合

在给出互相关和统计独立的定义及其性质以后，可以发现向量变量的线性组合的一些有用性质，这里的线性组合系数都是矩阵。

如果 X_a 和 X_b 是具有某种尚未指明的联合概率分布的向量变量，则合成样本向量

$$x \stackrel{\text{def}}{=} \begin{bmatrix} x_a & \in & X_a \\ x_b & \in & X_b \end{bmatrix} \tag{3.83}$$

的协方差矩阵将为

$$P_{xx} = \begin{bmatrix} P_{x_a x_a} & P_{x_a x_b} \\ P_{x_b x_a} & P_{x_b x_b} \end{bmatrix} \tag{3.84}$$

于是，其任意线性组合

$$y = A\,x_a + B\,x_b \tag{3.85}$$

$$= \begin{bmatrix} A & B \end{bmatrix} x \tag{3.86}$$

的均值为

① 附录 B 中对这个概念进行了定义，它是指所讨论的数据结构具有可供使用的合适的维数。

$$\mu_y = A\ \mu_{x_a} + B\ \mu_{x_b} \tag{3.87}$$

协方差为

$$P_{yy} = \begin{bmatrix} A & B \end{bmatrix} \begin{bmatrix} P_{x_a x_a} & P_{x_a x_b} \\ P_{x_b x_a} & P_{x_b x_b} \end{bmatrix} \begin{bmatrix} A & B \end{bmatrix}^{\mathrm{T}} \tag{3.88}$$

$$= AP_{x_a x_a}A^{\mathrm{T}} + AP_{x_a x_b}B^{\mathrm{T}} + BP_{x_b x_a}A^{\mathrm{T}} + BP_{x_b x_b}B^{\mathrm{T}} \tag{3.89}$$

在 X_a 和 X_b 统计独立的情况下，有

$$P_{yy} = AP_{x_a x_a}A^{\mathrm{T}} + BP_{x_b x_b}B^{\mathrm{T}} \tag{3.90}$$

仿射变换

一个仿射变换实际上是一个函数的级数展开式的前面两项(即零阶和一阶项)。它等效于一个线性变换加上偏移，比如

$$y = Ax + b \tag{3.91}$$

其中，b 是一个适合的常数向量。

对于均值为 μ_x 的任意变量 x，经过上述仿射变换以后所得 y 的均值为

$$\mu_y \stackrel{\mathrm{def}}{=} \mathop{\mathrm{E}}_{x}\langle y\rangle \tag{3.92}$$

$$= \mathop{\mathrm{E}}_{x}\langle Ax\rangle + \mathop{\mathrm{E}}_{x}\langle b\rangle \tag{3.93}$$

$$= A\mathop{\mathrm{E}}_{x}\langle x\rangle + b \tag{3.94}$$

$$= A\mu_x + b \tag{3.95}$$

类似地，其协方差为

$$P_{yy} \stackrel{\mathrm{def}}{=} \mathop{\mathrm{E}}_{x}\langle (y-\mu_y)(y-\mu_y)^{\mathrm{T}}\rangle \tag{3.96}$$

$$= \mathop{\mathrm{E}}_{x}\langle (Ax+b-A\mu_x-b)(Ax+b-A\mu_x-)^{\mathrm{T}}\rangle \tag{3.97}$$

$$= \mathop{\mathrm{E}}_{x}\langle A(x-\mu_x)(x-\mu_x)^{\mathrm{T}}A^{\mathrm{T}}\rangle \tag{3.98}$$

$$= AP_{xx}A^{\mathrm{T}} \tag{3.99}$$

于是归纳起来可知，仿射变换在均值上增加了一个常数偏差，但其他方面与线性变换相同。

独立随机偏移

线性关系还可以推广到独立随机向量变量的线性组合上。

令因变量为

$$y = Ax + Bw \tag{3.100}$$

其中，x 是均值为 μ_x 的向量变量，w 是均值为 μ_w 的统计独立变量。则 y 的均值为

$$\mu_y = \mathop{\mathrm{E}}_{x,w}\langle y\rangle \tag{3.101}$$

$$= \mathop{\mathrm{E}}_{x}\langle Ax\rangle + \mathrm{E}_{w}\langle Bw\rangle \tag{3.102}$$

$$= A\operatorname*{E}_{x}\langle x\rangle + B\operatorname{E}_{w}\langle w\rangle \tag{3.103}$$

$$= A\mu_x + B\mu_w \tag{3.104}$$

协方差为

$$P_{yy} = \operatorname*{E}_{x,w}\langle (Ax + Bw - A\mu_x - B\mu_w)(Ax + Bw - A\mu_x - B\mu_w)^{\mathrm{T}}\rangle \tag{3.105}$$

$$= \operatorname*{E}_{x}\langle A(x-\mu_x)(x-\mu_x)^{\mathrm{T}}A^{\mathrm{T}}\rangle + \operatorname{E}_{w}\langle B(w-\mu_w)(w-\mu_w)^{\mathrm{T}}B^{\mathrm{T}}\rangle \tag{3.106}$$

$$= AP_{xx}A^{\mathrm{T}} + BP_{ww}B^{\mathrm{T}} \tag{3.107}$$

上面即为在向量变量上增加独立随机噪声以后的结果。

3.5.2 利用解析函数的变换

对向量变量进行线性变换得到的公式是很简单直接的。如果变换是非线性的，则结果不会再这么简单。

这里考虑变换可以用变量的幂级数来表示的情况。如果级数中除一阶项以外的系数都为零，它就是仿射变换情形，除此以外还能揭示出其他一些结果。

标量情形

标量解析函数可以通过下列幂级数定义：

$$f(x) = \sum_{k=0}^{\infty} a_k x^k \tag{3.108}$$

均值的变换　期望值为

$$\operatorname*{E}_{x}\langle f(x)\rangle = \operatorname*{E}_{x}\left\langle \sum_{k=0}^{\infty} a_k x^k \right\rangle \tag{3.109}$$

$$= \sum_{k=0}^{\infty} a_k \operatorname*{E}_{x}\langle x^k\rangle \tag{3.110}$$

$$= \sum_{k=0}^{\infty} a_k\ {}^{[k]}\mu_x \tag{3.111}$$

$${}^{[k]}\mu_x \stackrel{\mathrm{def}}{=} \operatorname*{E}_{x}\langle x^k\rangle \tag{3.112}$$

这是相关概率分布的 k 阶原点矩。

于是，式(3.111)利用解析函数的幂级数展开系数和概率分布的矩，确定了解析函数值的 LMSE。

上述结果表明，经过解析变换以后，变量的均值取决于原来所有阶数的矩，并且由幂级数展开系数进行加权。

协方差的变换　另一个感兴趣的矩是均方估计误差的值，即

$$\operatorname*{E}_{x}\langle (f(x) - \operatorname*{E}_{x}\langle f(x)\rangle)^2\rangle = \sum_{k=0}^{\infty}\left[\sum_{j=0}^{k} a_j^{\star} a_{k-j}^{\star}\right]\ {}^{[k]}\mu_x \tag{3.113}$$

$$a_0^\star = a_0 - \sum_{k=0}^{\infty} a_k\ ^{[k]}\mu_x \tag{3.114}$$

$$a_j^\star = a_j,\ j > 0 \tag{3.115}$$

上述结果表明，对于解析函数情形，均方估计误差也与原来概率分布的所有阶数的矩相关。

例3.8[标量高斯变量的二次变换(Quadratic Transformation)] 令 $X = \mathcal{N}(\mu_x, P_{xx})$，其中 μ_x 和 P_{xx} 为标量，并且因变量 Y 由下式得到：

$$y = y_0 + y_1 x + y_2 x^2$$

其中，标量常数 y_0，y_1 和 y_2 都是已知的。

于是，Y 的均值为

$$\begin{aligned}\mu_y &= \mathop{\mathrm{E}}_x\langle y_0 + y_1 x + y_2 x^2\rangle \\ &= y_0 + y_1\mu_x + y_2 \mathop{\mathrm{E}}_x\langle[(x-\mu_x)+\mu_x]^2\rangle \\ &= y_0 + y_1\mu_x + y_2[\mathop{\mathrm{E}}_x\langle(x-\mu_x)^2\rangle + 2\mathop{\mathrm{E}}_x\langle(x-\mu_x)\mu_x\rangle + \mu_x^2] \\ &= y_0 + y_1\mu_x + y_2[P_{xx} + \mu_x^2]\end{aligned}$$

其中涉及了 X 的协方差。

更糟糕的是，y 的协方差

$$\begin{aligned}P_{yy} &= \mathop{\mathrm{E}}_x\langle(y_0 + y_1 x + y_2 x^2 - \mu_y)^2\rangle \\ &= \mathop{\mathrm{E}}_x\langle(y_0 + y_1 x + y_2 x^2 - y_0 - y_1\mu_x - y_2 P_{xx} - y_2\mu_x^2)^2\rangle \\ &= \mathop{\mathrm{E}}_x\langle[y_1(x-\mu_x) + y_2(x^2 - P_{xx} - \mu_x^2)]^2\rangle \\ &= y_1^2 \mathop{\mathrm{E}}_x\langle(x-\mu_x)^2\rangle \\ &\quad +2y_1y_2 \mathop{\mathrm{E}}_x\langle(x-\mu_x)(x^2 - P_{xx} - \mu_x^2)\rangle \\ &\quad +y_2^2 \mathop{\mathrm{E}}_x\langle(x^2 - P_{xx} - \mu_x^2)^2\rangle \\ &= y_1^2 P_{xx} + 2y_1y_2 \mathop{\mathrm{E}}_x\langle(x-\mu_x)[(x-\mu_x)(x+\mu_x) - P_{xx}]\rangle \\ &\quad +y_2^2 E_x\langle[(x-\mu_x)(x+\mu_x) - P_{xx}]^2\rangle\end{aligned}$$

还涉及了四阶矩。完成上述公式需要代入原来高斯分布的所有矩，它只取决于 μ_x 和 P_{xx}。

上面所需的高阶矩可以从表3.1得到，将其代入上式最后一个表达式中，以便用原来的高斯一阶矩 μ 和二阶中心矩 σ^2 来进行表示。然而，得到的分布将不再是高斯分布，并且利用高斯矩得到的公式，在后面应用非线性变换时也不再适用。

向量情形

仿射变换只包括向量值幂级数的前面两项，它的第一(零阶)项是一个常数偏移向量 $^{[0]}a$，第二(一阶)项则是一个由二维数组(矩阵) $^{[1]}A$ 表征的线性变换，即

$$f(x) = {}^{[0]}a + {}^{[1]}Ax + \cdots \tag{3.116}$$

$$= \begin{bmatrix} {}^{[0]}a_1 \\ {}^{[0]}a_2 \\ {}^{[0]}a_3 \\ \vdots \\ {}^{[0]}a_n \end{bmatrix} + F_1 x + \cdots \tag{3.117}$$

对 $f(x)$ 的第 i 个分量的贡献是

$$f_i(x) = {}^{[0]}a_i + \sum_{j=1}^{n} {}^{[1]}A_{i,j} x_j + \cdots \tag{3.118}$$

这个级数的下一(二阶)项利用了一个三维数组 ${}^{[2]}A$，它对 $f(x)$ 的第 i 列的贡献是

$$f_i(x) = F_{0,i} + \sum_{j=1}^{n} F_{1,i,j} x_j + \sum_j \sum_k F_{2,i,j,k} x_j x_k + \cdots \tag{3.119}$$

级数的下一(三阶)项具有下列形式：

$$f_i(x) = F_{0,i} + \sum_{j=1}^{n} F_{1,i,j} x + j + \sum_j \sum_k F_{2,i,j,k} x_j x_k + \sum_j \sum_k \sum_\ell F_{3,i,j,k,\ell} x_j x_k x_\ell + \cdots \tag{3.120}$$

按此规律可以表示出后面的所有高阶项。每个连续项用到的数组都比其前面的项增加一维，并且增加了一个求和。于是，第 k 项的多维系数阵需要的数据为 n^k，或者对于前面 N 项为

$$\sum_{k=1}^{N} n^k = \begin{cases} N, & n = 1 \\ \dfrac{n\left(n^N - 1\right)}{(n-1)}, & n > 1 \end{cases} \tag{3.121}$$

于是，计算第 k 项需要 $\mathcal{O}(k\ n^k)$ 次算术运算(变量的幂的乘法次数)，将幂展开到 N 阶所需要的算术运算次数大约为

$$\sum_{k=1}^{N} k\ n^k = \begin{cases} N(N+1)/2, & n = 1 \\ -\dfrac{Nn^{N+1}}{1-n} + \dfrac{n(1-n^N)}{(1-n)^2}, & n > 1 \end{cases} \tag{3.122}$$

对均值和协方差的影响：上述方法的缺点在于，变换中的高阶项需要模型中的更多数组，并且除了协方差以外还需要概率分布的更多中心矩，仅仅为了计算卡尔曼滤波中需用到的协方差。

例如，在展开式中仅仅增加一项(二阶项)，则 $f(x)$ 的协方差矩阵的第 i 行、第 j 列的项

$$P_{ff,i,j} = \mathop{\mathrm{E}}_{x}\langle f_i(x) f_j(x) \rangle \tag{3.123}$$

$$\begin{aligned} = \mathop{\mathrm{E}}_{x} \Bigg\langle & \left[F_{0,i} + \sum_{k=1}^{n} F_{1,i,k} x_k + \sum_k \sum_\ell F_{2,i,k,\ell} x_k x_\ell \right] \\ \times & \left[F_{0,j} + \sum_{k=1}^{n} F_{1,j,k} x + j + \sum_k \sum_\ell F_{2,j,k,\ell} x_k x_\ell \right] \Bigg\rangle \end{aligned} \tag{3.124}$$

就需要计算直到四阶的期望值。也就是说，计算一个变量的二阶变换的协方差矩阵需要已知其分布的四阶以下的全部中心矩。

一般而言，计算一个变量的 N 阶变换的协方差矩阵需要已知 $2N$ 阶以下的全部中心矩。

如果得到的分布是高斯分布，则所有中心矩都可以利用均值和协方差来得到。然而，高斯分布的非线性变换却不再是高斯分布。

如果我们所有希望的是均值和协方差矩阵，那么上述结论则是令人沮丧的。

3.5.3 概率密度函数的变换

卡尔曼滤波并不太关心概率密度函数，除非作为一个中间步骤以便理解期望算子$E_x\langle\cdot\rangle$的性质。然而，有时候理解变量的变换如何改变概率密度函数也是有用的。

线性变换

在实轴 $\Re$上变量的线性变换可以定义为 $Y=aX$，其中 $a\neq 0$。如果变量 X 的概率密度函数为 $p_X(\cdot)$，则 Y 的概率密度函数被定义为

$$p_y(y) = |a|^{-1} p_x(a^{-1}y) \tag{3.125}$$

非线性变换

如果标量变量 Y 定义为 $y=f(x)$，$x\in X$ 的概率密度为 $p_x(\cdot)$，则推导过程不会再像线性情形那么简单。然而，如果$f(\cdot)$及其逆函数$f^{-1}(\cdot)$是处处可微的，则 Y 的概率密度函数为

$$p_y(y) = \left|\frac{\partial f^{-1}(y)}{\partial y}\right| p_x(f^{-1}(y)) \tag{3.126}$$

$$= \frac{p_x(f^{-1}(y))}{\left|\frac{\partial f(x)}{\partial x}\Big|_{x=f^{-1}(y)}\right|} \tag{3.127}$$

其中，采用绝对值$|\cdot|$的目的是使概率密度函数 $p_y\geqslant 0$，并且上式只有在$f(\cdot)$的导数不等于零时才成立。

需要注意的是，在$f(x)=ax$ 的情况下，上式与式(3.125)是等效的。

例 3.9(单变量高斯分布的反正切变换) 令

$$y=f(x)$$

$$=\arctan(a\,x)$$

$$f^{-1}(y)=\frac{1}{a}\tan(y)$$

其中 $x\in X$，它是一个零均值单位正态分布，概率密度函数为

$$p_x(x)=\frac{\exp(-x^2/2)}{\sqrt{2\pi}}$$

注意到$f(\cdot)$和$f^{-1}(\cdot)$都是可微的，$f^{-1}(y)$的导数大于零，并且当 $-\frac{\pi}{2}<y<\frac{\pi}{2}$ 时它是有限的。应用式(3.126)可得

$$p_y(y)=\left|\frac{1}{a}\frac{\partial\tan(y)}{\partial y}\right| p_x\left(\frac{1}{a}\tan(y)\right)$$

$$=\frac{1}{a\sqrt{2\pi}}\{1+[\tan(y)]^2\}\exp\left(-\frac{1}{2}\left[\frac{\tan(y)}{a}\right]^2\right),\quad -\frac{\pi}{2}<y<\frac{\pi}{2}$$

当正参数 a 取不同值时，它的形状如图 3.3 所示。当 $a \ll 1$ 时，这些形状看起来像高斯分布，但毫无疑问它不是高斯分布，当 $a \gtrsim 1$ 时它是双峰形状的。

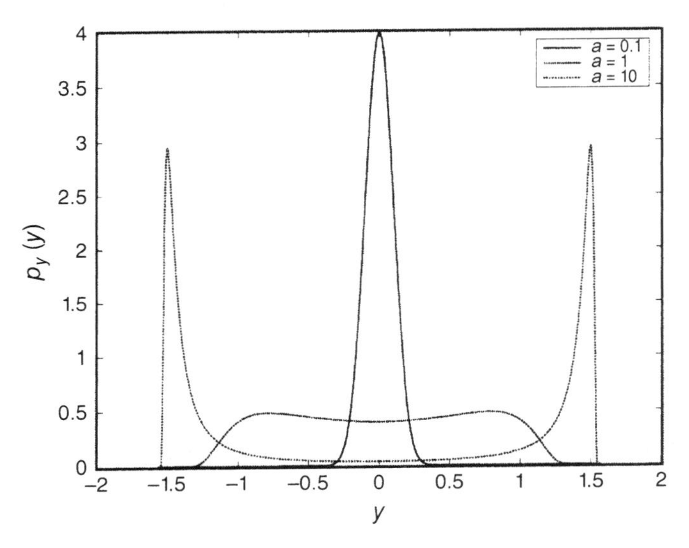

图 3.3　$y = \arctan(ax)$ 的概率密度，x 是零均值单位高斯分布

3.6　统计中的矩阵迹

方阵 A 的迹定义为其对角线元素之和，即

$$\operatorname{tr}[A] \stackrel{\text{def}}{=} \sum_{i=1}^{n} a_{ii} \tag{3.128}$$

它具有一些在统计学，以及卡尔曼滤波中非常有用的性质。

3.6.1　协方差和均方幅度之间的关系

如果 P 是 n 维向量变量 X 的协方差（二阶中心矩），则它的迹为

$$\operatorname{tr}[P] = \sum_{i=1}^{n} p_{ii} \tag{3.129}$$

$$= \sum_{i=1}^{n} \mathop{\mathrm{E}}_{x}\langle (x_i - \mu_{x_i})^2 \rangle \tag{3.130}$$

$$= \mathop{\mathrm{E}}_{x}\langle |x - \mu_x|^2 \rangle \tag{3.131}$$

这是 $x - \mu_x$ 的均方幅度。

3.6.2　线性泛函

如果将一个 $n \times n$ 维矩阵视为定义在整数对 $\{(i,j) \mid 1 \leqslant i \leqslant n, 1 \leqslant j \leqslant n\}$ 上的实函数，则矩阵的迹变成了一个线性泛函

$$\mathrm{tr}\,[A+B]=\sum_{i=1}^{n}(a_{ii}+b_{ii}) \tag{3.132}$$

$$=\sum_{i=1}^{n}a_{ii}+\sum_{i=1}^{n}b_{ii} \tag{3.133}$$

$$=\mathrm{tr}\,[A]+\mathrm{tr}\,[B] \tag{3.134}$$

$$\mathrm{tr}\,[cA]=\sum_{i=1}^{n}c\;a_{ii} \tag{3.135}$$

$$=c\sum_{i=1}^{n}a_{ii} \tag{3.136}$$

$$=c\;\mathrm{tr}\,[A] \tag{3.137}$$

3.6.3 迹中的矩阵乘积互换

如果 A 是 $n\times n$ 维矩阵，B 是 $m\times n$ 维矩阵，则它们的乘积 AB 和 BA 都是方阵(AB 是$n\times n$ 维矩阵，BA 是 $m\times m$ 维矩阵)。因此，它们的乘积都有矩阵迹。

更加重要的是，它们的迹是相等的，即

$$\mathrm{tr}\,[AB]=\sum_{i=1}^{n}\underbrace{\sum_{j=1}^{m}a_{ij}b_{ji}}_{\{AB\}_{ii}} \tag{3.138}$$

$$=\sum_{j=1}^{m}\underbrace{\sum_{i=1}^{n}b_{ji}a_{ij}}_{\{BA\}_{jj}} \tag{3.139}$$

$$=\mathrm{tr}\,[BA] \tag{3.140}$$

也就是说，矩阵 AB 的迹等于矩阵 BA 的迹。

换句话说，在迹算子中允许对矩阵因子进行循环移位，即

$$\mathrm{tr}\,[A_1\times A_2\times A_3\times\cdots\times A_N]=\mathrm{tr}\,[A_2\times A_3\times\cdots\times A_N\times A_1] \tag{3.141}$$

$$=\mathrm{tr}\,[A_N\times A_1\times A_2\times A_3\times\cdots\times A_{N-1}] \tag{3.142}$$

并且上述公式可以重复应用，从而得到矩阵因子的任意循环移位。

因此，如果 $\nu\in\mathcal{N}(0,P_{\nu\nu})$，则期望值

$$\mathrm{E}_\nu\langle\nu^{\mathrm{T}}P_{\nu\nu}^{-1}\nu\rangle=\mathrm{E}_\nu\langle\mathrm{tr}\,[\nu^{\mathrm{T}}P_{\nu\nu}^{-1}\nu]\rangle \tag{3.143}$$

$$=\mathrm{E}_\nu\langle\mathrm{tr}\,[P_{\nu\nu}^{-1}\nu\nu^{\mathrm{T}}]\rangle\ (\text{迹属性}) \tag{3.144}$$

$$=\mathrm{tr}\,[P_{\nu\nu}^{-1}\mathrm{E}_\nu\langle\nu\nu^{\mathrm{T}}\rangle] \tag{3.145}$$

$$=\mathrm{tr}\,[P_{\nu\nu}^{-1}P_{\nu\nu}] \tag{3.146}$$

$$=\mathrm{tr}\,[I_\ell] \tag{3.147}$$

$$=\ell \tag{3.148}$$

等于变量 ν 的维数。如果模型选择合适，并且噪声是高斯分布的，则序列值 $\{\nu_k^{\mathrm{T}}P_{\nu\nu\ k}^{-1}\nu_k\}$ 是具

有 ℓ 个自由度的单位卡方分布。这个分布的均值为 ℓ，正如上面所指出的，并且其方差为 2ℓ。

3.6.4　卡方检验

设计“卡方”(χ^2)检验[8]的目的，是用于检验一个零均值高斯白噪声序列 $\{\nu_k\}$ 是否取自于某个给定协方差 $P_{\nu\nu}$ 的高斯分布。如果这样的话，标量变量

$$\xi(\nu_k) \stackrel{\text{def}}{=} \nu_k^{\mathrm{T}} P_{\nu\nu}^{-1} \nu_k \tag{3.149}$$

应该是具有 ℓ 个自由度的单位卡方分布，其中 ℓ 是 ν_k 的维数。

一个具有 ℓ 个自由度的大于零的单位卡方(χ^2)变量 ν，其概率密度函数为

$$p_{\chi^2}(\nu,\ \ell) = \frac{\nu^{\ell/2-1} e^{-\nu/2}}{2^{\ell/2}\Gamma(\ell/2)} \tag{3.150}$$

可以用统计工具箱中的 MATLAB 函数 `chi2pdf` 来计算上述概率密度函数，或者采用相同名字的 GNU① 版本。这个 MATLAB 函数能够计算给定样本序列的概率密度序列。MATLAB 函数 `prod` 则将概率密度序列转变为整个序列的联合概率密度函数。

给定 N 个这种 χ^2 变量的样本值，上述方法能够产生每个样本值的相对概率密度函数。在这种情况下，统计决策是选取具有最高联合概率密度的数据序列。

3.6.5　Schweppe 似然比检测

当观测样本的分布具有两种以上可能时，卡方检验方法仍然可以应用。

Schweppe[9] 将这种方法应用于有两个竞争假设的情形：

1. 测量信号只来自于具有已知随机动态模型的噪声源。
2. 测量信号是上述噪声源之和，再加上一个具有不同随机结构但随机结构已知的信号。

在这种情况下，得到的解决方法被称为 Schweppe Gauss 似然比检测(Schweppe Gaussian likelihood ratio detection)。它回答了对于观测的样本值序列，两个不同的高斯线性随机系统模型(“只有噪声”的模型或者“信号 + 噪声”的模型)中哪一个模型更可能是最佳模型的问题。

它是一种采用卡尔曼滤波的线性随机模型的似然比检验形式。这种方法包含了卡尔曼滤波，但是检验本身只涉及对具有两个给定随机模型之一的白噪声过程进行的检验：一个是“只有噪声”的模型，另一个则是“信号 + 噪声”的模型。如果只存在噪声，则滤波器预测值和测量值之间的差构成的序列应该是一个零均值高斯白噪声序列

$$\{\nu_k^{[N]} \mid k = 1,\ 2,\ 3,\ \cdots\}$$

它的协方差 $P_{\nu\nu}^{[N]}$ 已知(利用卡尔曼滤波器计算得到)。

另一方面，如果检验结果是“信号 + 噪声”模型，则对应的序列

$$\{\nu_k^{[S]} \mid k = 1,\ 2,\ 3,\ \cdots\}$$

应该是协方差 $P_{\nu\nu}^{[S]}$ 已知(也利用其卡尔曼滤波器计算得到)的零均值高斯白噪声序列。

于是，信号检测是对来自于两个卡尔曼滤波器的预测值和观测值之差值序列的相对概率

---

① 这是由共享软件基金会(Free Software Foundation)发布的，它声称“GNU”代表“GNU's Not UNIX。”

进行比较判决的过程。在两种情况下，如果模型正确，则输出序列应该是一个协方差已知的零均值高斯白(不相关)噪声过程。判决过程将各自的高斯概率密度与假设的每个模型的协方差矩阵进行比较。两种情况下的高斯概率密度函数 $p(\nu)$ (其中 $\nu \in \mathcal{N}(0,P_{\nu\nu})$)由式(3.3)给出，并且概率密度之比为

$$\frac{p(\nu_k^{[N]})}{p(\nu_k^{[S]})}=\frac{\sqrt{\det P_{\nu\nu}^{[S]}}\exp\left(-\frac{1}{2}\nu_k^{[N]\mathrm{T}}\left(P^{[N]}\right)^{-1}\nu_k^{[N]}\right)}{\sqrt{\det P_{\nu\nu}^{[S]}}\exp\left(-\frac{1}{2}\psi_i^{\mathrm{T}}\left(P^{[S]}\right)^{-1}\psi_i\right)} \tag{3.151}$$

$$\begin{aligned}\log\left[\frac{p(\nu_i)}{p(\psi_i)}\right]&=-\frac{1}{2}\nu_k^{[N]\mathrm{T}}(P^{[N]})^{-1}\nu_k^{[N]}+\frac{1}{2}\nu_k^{[S]\mathrm{T}}(P^{[S]})^{-1}\nu_k^{[S]}\\&\quad+\frac{1}{2}[\log\det P_{\nu\nu}^{[S]}-\log\det P_{\nu\nu}^{[S]}]\end{aligned} \tag{3.152}$$

它被用于判断哪一个序列的协方差更可能是 P。

如果所讨论的序列确实是白色的，则输出的部分序列的联合概率密度是各个概率密度的乘积，该联合概率密度的对数则是各个概率密度的对数之和。

3.6.6 多假设检验

可以将上述方法进行推广，用于选择 $N>2$ 个统计序列中哪一个最有可能，有时候这种方法在扩展卡尔曼滤波中会用到，以克服检测和跟踪的初始(检测)阶段中的线性化误差(参见第 8 章)。

3.7 本章小结

1. 概率论最初是关于离散结果(尤其在赌博中)的几率问题，但是后来发展到用实数来表征输入和输出结果的问题。
2. 定义在实数域上的概率分布是采用概率测度来定义的，概率测度是一个完全不同的概念。
3. 卡尔曼滤波是基于定义在 n 维实向量空间上的概率分布而发展的。本章定义的这些概率的统计特征也能够适用于定义在闭合 n 维无边界拓扑流形上的应用，比如定义在圆上的角度，或者定义在四维四元数空间中单位球面的三维表面上的姿态。概率分布的统计性质对于定义在 $\mathfrak{R}^n$ 上或者非 $\mathfrak{R}^n$ 的 n 维流形上的应用而言，都不是问题。
4. 在卡尔曼滤波中的关键变量可以通过所涉及的概率分布的前面两个矩来确定。
5. 第一个矩(一阶矩)被称为分布的均值，它是一个 n 维向量。
6. 均值也是变量的估计，它具有最小均方估计误差。只要所用的概率分布具有所需的一阶矩和二阶矩，均值与概率分布无关。
7. 偏离均值的二阶矩被称为分布的协方差，也被称为分布的二阶中心矩。它是一个 $n\times n$ 维的对称半正定矩阵。
8. 当且仅当向量变量的子向量的互协方差为零时，它们被称为是统计独立的。
9. 协方差矩阵表征了最小均方估计误差的特性。

10. 均值为μ_x的 n 维向量变量 x 通过线性变换 $y = Ax$ 以后，得到 y 概率分布的均值为 $\mu_y = A\mu_x$，这个结果只取决于μ_x和变换矩阵 A，而与分布的任何其他特性无关。
11. 经过上述变换以后所得 y 分布的协方差矩阵为 $P_{yy} = AP_{xx}A^T$，其中 P_{xx}是 x 分布的协方差。
12. 向量变量 X_a和 X_b的任意线性组合 $y = Ax_a + Bx_b$ 的均值为$\mu_y = A\mu_{x_a} + B\mu_{x_b}$，协方差为

$$P_{yy} = AP_{x_a x_a}A^T + AP_{x_a x_b}B^T + BP_{x_b x_a}A^T + BP_{x_b x_b}B^T$$

13. 概率分布的非线性变换将高阶矩变为（幂级数展开式的）前面两个矩（即零阶矩和一阶矩）。
14. 计算一个变量的 N 阶多项式变换的协方差所需要的矩的个数是 $2 \times N$。
15. 计算一个 n 维向量的 N 阶幂级数展开式系数所需的数据结构的累积量大小为

$$\frac{n(n^N - 1)}{(n - 1)}$$

其中，n 为向量的维数，N 为向量的有限幂级数展开式的最高次幂。计算展开式所需的算术运算量为

$$\frac{Nn^{N+1}}{n - 1} + \frac{n(1 - n^N)}{(n - 1)^2}$$

习题

3.1　将一副 52 张扑克牌分为四组相等的“同花色牌”，每组 13 张牌，并且分别标记为红桃、方块、梅花或者黑桃。在每组同花色牌中，13 张牌分别标记上 A，2,3,4,5,6,7,8,9,10，J，Q 或者 K。在一副完整的牌中，每张扑克被抽中的机会相等。

(a) 如果只抽出一张牌，抽中黑桃的概率是多少？

(b) 抽中 A 的概率是多少？

(c) 抽中黑桃 A 的概率是多少？

3.2　将一副 52 张扑克牌分成四叠（分别标记为北、南、东、西）。每一叠恰好只包含一张 A 的概率是多少？

3.3　证明

$$\binom{n+1}{k+1} = \binom{n}{k+1} + \binom{n}{k}$$

其中，所有 $n > k$。

3.4　将一副 52 张扑克牌分为四叠，每叠 13 张，一共有多少种分法？

3.5　如果一手 13 张牌都抽自一副 52 张牌，恰好有 3 张是黑桃的概率是多少？

3.6　将一副 52 张牌分为四叠，每叠 13 张，如果已知“北”恰好有 3 张黑桃，那么“南”恰好有 3 张黑桃的概率是多少？

3.7　一手 13 张牌发自完全随机的一副牌。

(a) 这手牌恰好包含 7 张红桃的概率是多少？

(b) 在发牌过程中，如果一张牌的正面不小心暴露了，发现是一张红桃。那么这手牌恰好有 7 张红桃的概率是多少？

注：可以用阶乘来表示上述答案。

3.8 随机变量 $X_1, X_2, \cdots, X_n$ 是相互独立的零均值变量，且方差都为 σ_X^2。若利用下式定义新的随机变量 $Y_1, Y_2, \cdots, Y_n$

$$Y_n = \sum_{j=1}^{n} X_j$$

求出 Y_{n-1}和 Y_n之间的相关系数 $\rho_{n-1,n}$。

3.9 随机变量 X 和 Y 相互独立，并且是0 和1 之间的均匀分布(矩形分布)。求出 $Z = |X - Y|$ 的概率密度函数。

3.10 两个随机变量 x 和 y 的密度函数为

$$p_{xy}(x,y) = \begin{cases} C(y-x+1), & 0 \leqslant y \leqslant x \leqslant 1 \\ 0, & \text{其他} \end{cases}$$

其中，常数 $C<0$ 的目的是对分布进行归一化处理。

(a)在 x,y 平面上画出该密度函数。

(b)确定使分布归一化的 C 值。

(c)求出两个边缘密度函数。

(d)求出 $\mathrm{E}\langle Y|x\rangle$

(e)对关系式 $y = \mathrm{E}\langle Y|x\rangle$ 的特性和用途进行讨论。

3.11 随机变量 X 的概率密度函数为

$$f_X(x) = \begin{cases} 2x, & 0 \leqslant x \leqslant 1 \\ 0, & \text{其他} \end{cases}$$

求解下列问题：

(a)求出 $F_X(x)$的累积函数。

(b)求出分布的中值。

(c)求出分布的模式。

(d)求出均值 $\mathrm{E}\langle X\rangle$。

(e)求出均方值 $\mathrm{E}\langle X^2\rangle$。

(f)求出方差 $\sigma^2[X]$。

3.12 在定义域 $\mathcal{D}$ 上具有可积函数 $\mathcal{F}$ 的概率分布，是否可以采用线性泛函 $\mathcal{P}$ 进行定义，使得

(a)对所有具有非负值的$f \in \mathcal{F}$, $\mathcal{P}(f) \geqslant 0$，并且

(b)$\mathcal{P}(1) = 1$，其中函数“1”在 $\mathcal{D}$ 上处处取值为 1。

3.13 导出例 3.2 中定义的 Dirac δ 分布的累积概率函数，并画图。

3.14 对于均值为μ、方差为σ^2的单变量高斯概率密度：

(a)它的模式(概率密度函数在其最大概率密度处的值)是多少？

(b)它的中值(概率密度函数在其累积概率等于 1/2 处的值)是多少？

(c)求出 $\hat{x}_{\text{LMSE}}$ 的 LMSE 估计 $x \in \mathcal{N}(\mu, \sigma^2)$。

3.15 画出 erf 函数，并用箭头标出其值为零的位置。

3.16 采用 erf 函数写出均值为μ、方差为σ^2的单变量高斯概率密度的累积概率函数公式。

3.17　采用 m 文件 `pYArctanaX.m` 计算例 3.9 中给出的函数 p_y。运用MATLAB软件 `pYArctanaX(y,a)`写出代码来计算并画出所得概率分布的均值和方差，它是在 $-\pi/2 \leqslant y \leqslant +\pi/2$ 和 $0.1 \leqslant a \leqslant 10$ 范围内的参数 a 的函数。

3.18　采用 m 文件 `pYArctanaX.m`[$a=10$(双峰分布)]和 MATLAB 软件计算并画出均方估计误差，它是在 $-\pi/2 \leqslant \hat{x} \leqslant +\pi/2$ 范围内的估计值 $\hat{x}$ 的函数。它在什么位置能够达到其最小值?

参考文献

[1] P. Billingsley, *Probability and Measure, Anniversary Edition*, John Wiley & Sons, Inc., New York, 2012.

[2] C. M. Grinstead and J. L. Snell, *Introduction to Probability*, 2nd ed., American Mathematical Society, Providence, RI, 1997.

[3] A. Papoulis, *Probability, Random Variables, and Stochastic Processes*, McGraw-Hill, New York, 2002.

[4] D. Shafer and V. Vovk, "The Sources of Kolmogorov's *Grundbegriffe*," *Statistical Science*, Vol. 21, No. 1, pp. 70–98, 2006.

[5] A. N. Kolmogorov, *Bundbegriffe der Wahrscheinlichkeitsrechnung*, Springer, Berlin, 1933.

[6] O. Hölder, "Ueber einen Mittelwertsatz," *Nachrichten von der Königl, Gesellschaft der Wissenschaften und der Georg-Augusts-Universität zu Göttingen*, No. 2, pp. 38–47, Band (Vol.) 1889.

[7] D. Simon, *Optimal State Estimation: Kalman, H_∞, and Nonlinear Applications*, John Wiley & Sons, Inc., Hoboken, NJ, 2006.

[8] P. E. Greenwood and S. N. Nikulin, *A Guide to Chi-Squared Testing*, John Wiley & Sons, Inc., New York, 1996.

[9] F. C. Schweppe, "Evaluation of likelihood functions for Gaussian signals," *IEEE Transactions on Information Theory*, Vol. IT-11, pp. 61–70, 1965.

第4章 随机过程

对于随机序列，我们尚未发现完全令人满意的定义。

——G. Jame and R. C. James, Mathematics Dictionary, Van Nostrand, Princeton NJ, 1959

4.1 本章重点

第2章讨论的动态系统的模型是针对运动部分的数量可控的动态系统。这些模型是根据确定性机制(Deterministic mechanics)建立的，系统每个部分的状态都可以明确表示和传播。

第3章讨论了概率分布及其统计参数，这些参数经变量变换后怎么演变，以及不依赖于概率分布细节参数的性质等问题。

在本章中，将根据统计和确定性机制建立的一些基本概念和数学模型结合到随机系统模型中，它代表了系统中具有不确定动态变化的关键统计参数随时间的演进。

这些统计系统模型被用于定义连续时间随机过程(Random Processes, RP)以及离散时间随机过程[也被称为随机序列(Random sequenes)]。它们代表了有关动态系统的状态知识，包括具有不确定性的状态。它们还代表了我们对动态系统已知的信息，以及我们并不知道的定量模型。

在下一章中，将基于与动态系统状态相关的噪声测量值(即传感器输出)，导出对知识状态进行修正的方法。

4.1.1 涵盖要点

随机过程(RP)和随机系统理论描述了我们关于物理系统知识的不确定性随时间的演进变化。这种描述方法包括我们关于物理过程所做的任何测量(或者观测)产生的影响，以及所涉及的测量过程和动态过程的不确定性产生的影响。在测量和动态过程中的不确定性是通过RP和随机系统来建模的。

不确定性动态系统的性质由其统计参数，如均值、相关和协方差来表征。仅仅利用这些数值参数，就可以得到某些概率分布的有限表示方法，这对于在数字计算机上实现解决方案是很重要的。这种表示方法依赖于一些统计特性，比如所涉及的RP的正交性、平稳性、遍历性、马尔可夫性，以及概率分布的高斯性，等等。在后续章节中，将大量应用高斯过程、马尔可夫过程和不相关(白噪声)过程。这些过程的自相关函数和功率谱密度(PSD)也要用到。这些对于发展频域模型和时域模型都是很重要的。时域模型既可以是连续的，也可以是离散的。

在实际遇到的许多应用中，都发展了成型滤波器(连续和离散的)作为其模型。它们包括随机常数、随机游动和斜坡(ramp)、正弦相关过程和指数相关过程等。我们导出了连续系统和离散系统的线性协方差方程，以便在第5章中应用。本章还发展了正交原理，并通过标量举例进行了解释。这个原理将在第5章中用于推导卡尔曼滤波器方程。

4.1.2　未涉及的内容

本章没有对具有白噪声过程的动态系统的随机微积分进行定义，尽管用到了其部分结果。感兴趣的读者可以参阅有关随机微分方程的数学书籍(如 Allen[1]，Arnold[2]，Baras and Mirelli[3]，Itô and McKean[4]，Oksendal[5]，Sobczyk[6]或者 Stratonovich[7]等人撰写的著作)。

4.2　随机变量、随机过程和随机序列

4.2.1　历史背景

随机过程(RP)

在第 1 章中，我们曾提到赌博中对不可预测事件分析和建模的早期历史。金融市场——有些人宁愿称其为普通赌博——在 19 世纪出现了类似的分析，当时 Carl Friedrich Gauss (1777－1855)在管理他自己以及 Göttingen 大学教授遗孀的投资时，对这个问题进行了很好的研究。丹麦天文学家出身的精算师 Thorvald Nicolai Thiele(1838－1910)在对 RP 和随机序列建模方面做了一些开创性的工作，并且法国数学家 Louis Bachelier(1870－1946)也提出了巴黎证券交易所的定价模型。直到最近，在随机经济学领域中的这些发展才受到其他领域科学家和工程师的关注，但是在数学经济学和数学工程学之间这种未受重视的协作却仍然继续下去。在数学或工程领域中都没有授予诺贝尔奖，自从瑞典银行 1969 年在经济学领域设立诺贝尔奖以后，许多获奖人也是数学经济学家。

实际上，数学家和数学物理学家一直对 RP 的建模问题感兴趣。

早期推动随机系统的数学理论发展，是英国植物学家 Robert Brown 于 1828 年发表的报告“对植物花粉中包含的粒子以及有机体和无机体中活性分子的一般存在性所做的显微镜观察结果简要报告”。在这篇报告中，Brown 描述了他在研究悬浮在水中的 Clarkia pulchella(山字草天人菊)香草的花粉粒时所观察到的一种现象，以及更早研究者的类似发现。粒子似乎在无规律地游动，好像受到某种未知力量的驱动。这种现象最后被称为布朗运动(Brownian movement，或 Brownian motion)。在 20 世纪大多数时候，它被许多杰出的科学家(包括 Albert Einstein[8])进行了大量研究——包括理论研究和实验研究。实验研究表明其中并没有涉及任何生物力量，最终确立是周围流体分子之间的碰撞导致所观察到的运动。这个实验结果对随机运动的某些统计特性受到物理特性，如粒子的大小和质量以及周围流体的温度和黏稠度等的影响程度进行了量化。

RP 的数学模型是利用后面所谓的随机微分方程来导出的。法国科学家 Paul Langevin① (1872－1946)利用下列形式的微分方程[9]，对布朗运动中粒子的速度 v 进行了建模

$$\frac{\mathrm{d}v}{\mathrm{d}t} = -\beta v + a(t) \tag{4.1}$$

其中，v 是粒子的速度，β 是阻尼系数(由悬浮媒质的黏性产生)，$a(t)$ 被称为随机力。式(4.1)现在被称为 Langevin 方程。

布朗所看到的是一个由于速度变化的影响而曲折运动的粒子，这种速度变化是因水溶液

① Langevin 还作为第一次世界大战中发展声呐的创始人而闻名。

中的水分子碰撞传递的。其加速度可以归因于范德瓦耳斯力(van der Waals forces)的作用,这种力是足够平滑的,所以速度变化不会瞬间发生。

然而,Langevin 方程[参见式(4.1)]中的随机力函数 $a(t)$ 由于受到布朗运动例子的启发,从下列三个方面进行了理想化处理:

1. 假设在一次碰撞到另一次碰撞之间传递给粒子的速度变化是统计独立的。
2. 假设来自于独立碰撞的平均速度变化为零。
3. 允许两次碰撞之间的有效时间可以缩小到零,并且传递的速度变化的幅度也随之缩小。

$a(t)$ 的这种新的随机过程模型超越了普通(Riemann)微积分的范畴,因为在 Georg Friedrich Bernhard Riemann(1826 – 1866)的普通微积分中,所得到的"白噪声"过程 $a(t)$ 不是可积的。然而,大约在卡尔曼滤波器被提出的时间,Kiyosi Itô 针对这种模型发展了一种特殊的微积分(被称为 Itô 微积分或者随机微积分)。俄罗斯数学家 Ruslan L. Stratonovich(1930 – 1997)[7] 和其他学者也提出了同样的方法,现在常常将随机微积分用于 RP 的建模。

白噪声的另一种数学特征是 Norbert Weiner 应用其广义谐波分析方法得到的。Wiener 更注重于式(4.1)中 $v(t)$ 在 $\beta = 0$ 时的数学性质,现在将这种过程称为维纳过程(Wiener process)。

4.2.2 定义

在第 3 章中,利用概率测度对随机变量(RV)X 进行了定义。在本书中,RV 的值几乎总是 n 维实向量。

一个随机过程(Random Process,RP)为某个区间上的每个时刻 t 指定一个随机变量(RV)$X(t)$(然而,当变量出现在微分方程中时,一般用小写字母代替)。

一个随机序列(Random Sequence, RS)为某个整数范围内的每个整数 k 指定一个随机变量 X_k。也可以用花括号将随机序列记为 $\{x_k\}$,这种情况下需要采用小写字母。

在卡尔曼滤波中,对 RP 和随机序列感兴趣的统计特性包括各个时间其统计量与联合统计量之间的关系,以及向量分量之间的统计量与联合统计量之间的关系。

4.3 统计特性

4.3.1 独立同分布过程

对于同分布(identically distributed,i.d.)过程和序列,其 RV 分布对于所有时间值(t)或者指标值(k)都是相同的。图 4.1(a)给出了一维同分布过程的例子,图 4.1(b)给出了一个非同分布过程的例子,其中概率密度函数的形状随时间而变化。

如果对于任意选取的不同时刻 $t_1, t_2, \cdots, t_n$, RV $X(t_1), X(t_2), \cdots, X(t_n)$ 都是相互独立的 RV,则称过程 $X(t)$ 是时间独立的。也就是说,它们的联合概率密度等于其各自概率密度的乘积

$$p[x(t_1),\ x(t_2),\ \cdots,\ x(t_n)] = \prod_{i=1}^{n} p[x(t_i)] \tag{4.2}$$

独立同分布(independent identically distributed, i. i. d.)RS 的定义是类似的，只是用 k_i 代替 t_i 即可。

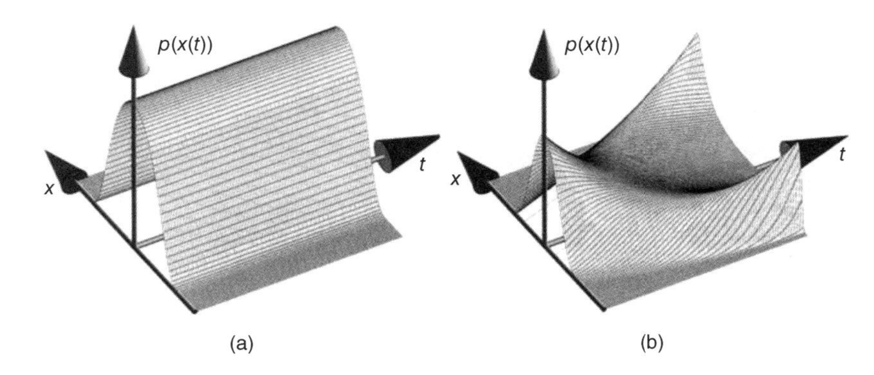

图 4.1 (a)同分布(i. d.)过程的概率密度；(b)非同分布(non-i. d.)过程的概率密度

一个独立同分布 RP 既是同分布的也是独立的。在卡尔曼滤波中，离散独立同分布过程和连续独立同分布过程扮演了非常重要的角色。

4.3.2 随机过程的均值

对于非同分布的随机过程和随机序列，RP $X(t)$ 或者 RS $\{X_k\}$ 的均值 μ_x 可能是时间的函数。对于 n 维向量值 RP 或者 RS，分别通过每个时刻(连续或者离散的)的各个期望值来定义其均值

$$\mu_x(t) \stackrel{\text{def}}{=} \underset{x(t)\in X(t)}{\mathrm{E}} \langle x(t) \rangle \tag{4.3}$$

$$\mu_x(k) \stackrel{\text{def}}{=} \underset{x(k)\in X(k)}{\mathrm{E}} \langle x(k) \rangle \tag{4.4}$$

如果相应的概率分布 $X(t)$ 或者 $\{X_k\}$ 可以用可积概率密度函数 $p(\cdot)$ 来定义，则可以用概率积分将均值定义为

$$\mu_x(t) \stackrel{\text{def}}{=} \int_{-\infty}^{\infty} x(t) p\,(x(t))\,\mathrm{d}x(t) \tag{4.5}$$

$$\mu_x(k) \stackrel{\text{def}}{=} \int_{-\infty}^{\infty} x(k) p\,(x(k))\,\mathrm{d}x(k) \tag{4.6}$$

它也可以采用逐个元素的方式定义为

$$\underset{x(t)\in X(t)}{\mathrm{E}} \langle x_i(t) \rangle = \int_{-\infty}^{\infty} x_i(t)\, p(x_i(t))\,\mathrm{d}x_i(t),\quad i = 1,\ 2,\ \cdots, n \tag{4.7}$$

$$\underset{x(k)\in X(k)}{\mathrm{E}} \langle x_i(k) \rangle = \int_{-\infty}^{\infty} x_i(k)\, p(x_i(k))\,\mathrm{d}x_i(k),\quad i = 1,\ 2,\ \cdots, n \tag{4.8}$$

卡尔曼滤波中的零均值过程

卡尔曼滤波的动态模型使零均值输入与其他输入分离开来，通常标记为(已知的)“控制输入”或者(未知的)“慢变量”。于是，任何非零均值 RP 都可以分离为其均值分量和(未知的)零均值分量。如果一个 RP 的均值的变化是不可预测的并且随时间变化缓慢，则其均值可以用一个分离的“慢变量”来建模，而不是短期 RP 的一部分。这种慢变量的模型是卡尔曼滤波的整数部分。

因此，在卡尔曼滤波中采用的基本 RP 模型将是零均值过程模型(Zero-mean process model)。所有其他慢变化参数或者变量的模型都可以利用零均值 RP 模型来建立，这种模型通常也是独立同分布随机过程。

4.3.3 时间相关和协方差

n 维向量值过程 $X(t)$ 在任意两个时刻 t_1 和 t_2 之间的时间相关(Time correlation)可以定义为下列 $n\times n$ 维矩阵：

$$\underset{\substack{x(t_1)\in X(t_1)\\x(t_2)\in X(t_2)}}{\mathrm{E}}\langle x(t_1)x^T(t_2)\rangle=\underset{\substack{x(t_1)\in X(t_1)\\x(t_2)\in X(t_2)}}{\mathrm{E}}\left\langle\begin{bmatrix}x_1(t_1)x_1(t_2)&\cdots&x_1(t_1)x_n(t_2)\\\vdots&\ddots&\vdots\\x_n(t_1)x_1(t_2)&\cdots&x_n(t_1)x_n(t_2)\end{bmatrix}\right\rangle \tag{4.9}$$

$$=\begin{bmatrix}\mathrm{E}\langle x_1(t_1)x_1(t_2)\rangle&\cdots&\mathrm{E}\langle x_1(t_1)x_n(t_2)\rangle\\\vdots&\ddots&\vdots\\\mathrm{E}\langle x_n(t_1)x_1(t_2)\rangle&\cdots&\mathrm{E}\langle x_n(t_1)x_n(t_2)\rangle\end{bmatrix} \tag{4.10}$$

其中，分布可以通过概率密度函数定义如下：

$$\mathrm{E}\langle x_i(t_1)x_j(t_2)\rangle=\int_{-\infty}^{\infty}\int_{-\infty}^{\infty}x_i(t_1)x_j(t_2)p[x_i(t_1),x_j(t_2)]\mathrm{d}x_i(t_1)\mathrm{d}x_j(t_2) \tag{4.11}$$

时间互协方差

如果 RP 是时间独立但不是零均值的，则时间相关仍然是非零的，即使对于独立同分布过程也如此。也就是说，如果

$$p[x(t_1),\ x(t_2)]=p[x(t_1)]\times p[x(t_2)] \tag{4.12}$$

则对于任意 $i,j(1\leqslant i\leqslant n,1\leqslant j\leqslant n)$ 和 $t_1\neq t_2$，时间互相关为

$$\mathrm{E}\langle x_i(t_1)x_j(t_2)\rangle=\int_{-\infty}^{+\infty}\int_{-\infty}^{+\infty}x_i(t_1)x_j(t_2)p\,[x_i(t_1),\ x_j(t_2)]\,\mathrm{d}x_i(t_1)\mathrm{d}x_j(t_2) \tag{4.13}$$

$$=\left\{\int_{-\infty}^{+\infty}x_i(t_1)p\left[x_i(t_1)\right]\mathrm{d}x_i(t_1)\right\}\times\left\{\int_{-\infty}^{+\infty}x_j(t_2)p\left[x_j(t_2)\right]\mathrm{d}x_j(t_2)\right\} \tag{4.14}$$

$$=\underset{x(t_1)\in X(t_1)}{\mathrm{E}}\langle x_i\rangle\times\underset{x(t_2)\in X(t_2)}{\mathrm{E}}\langle x_j\rangle \tag{4.15}$$

它是均值的乘积。

通过在取期望值操作以前减去均值来定义时间互协方差(Covariance across time)，则可以避免上述问题，即

$$\underset{\substack{x(t_1)\in X(t_1)\\x(t_2)\in X(t_2)}}{\mathrm{E}}\langle[x(t_1)-\mathrm{E}x(t_1)][x(t_2)-\mathrm{E}x(t_2)]^{\mathrm{T}}\rangle \tag{4.16}$$

当过程 $X(t)$ 具有零均值(即对所有 t 都有 $\mathrm{E}x(t)=0$)时，其相关和协方差是相等的。

RP 之间的时间互相关和互协方差

两个随机过程 $X(t)$(是一个 n 维向量)和 $Y(t)$(是一个 m 维向量)之间的时间互相关矩

阵(Time-cross-correlation matrix)为下列 $n\times m$ 维矩阵：

$$\mathrm{E}\langle x(t_1)y^{\mathrm{T}}(t_2)\rangle \tag{4.17}$$

其中

$$\mathrm{E}x_i(t_1)y_j(t_2)=\int_{-\infty}^{\infty}\int x_i(t_1)y_j(t_2)p[x_i(t_1),y_j(t_2)]\mathrm{d}x_i(t_1)\mathrm{d}y_j(t_2) \tag{4.18}$$

类似地，互协方差为下列 $n\times m$ 维矩阵：

$$\mathrm{E}\langle[x(t_1)-\mathrm{E}x(t_1)][y(t_2)-\mathrm{E}y(t_2)]^{\mathrm{T}}\rangle \tag{4.19}$$

4.3.4　不相关和正交随机过程

不相关随机过程

如果一个随机过程 $X(t)$ 的时间协方差(Time covariance)为

$$\mathrm{E}\langle[x(t_1)-\mathrm{E}\langle x(t_1)\rangle][x(t_2)-\mathrm{E}\langle x(t_2)\rangle]^{\mathrm{T}}\rangle=Q(t_1,t_2)\delta(t_1-t_2) \tag{4.20}$$

则它被称为是不相关的。

其中，$\delta(t)$ 是 Dirac δ“函数”，其定义为

$$\int_a^b \delta(t)\,\mathrm{d}t=\begin{cases}1, & a\leqslant 0\leqslant b\\ 0, & \text{其他}\end{cases} \tag{4.21}$$

类似地，如果

$$\mathrm{E}\langle[x_k-\mathrm{E}\langle x_k\rangle][x_j-\mathrm{E}\langle x_j\rangle]^{\mathrm{T}}\rangle=Q(k,j)\Delta(k-j) \tag{4.22}$$

则随机序列 x_k 被称为是不相关(Uncorrelated)的。

其中，$\Delta(\cdot)$ 是 Kronecker δ 函数①，其定义为

$$\Delta(k)=\begin{cases}1, & k=0\\ 0, & \text{其他}\end{cases} \tag{4.23}$$

两个 RP$X(t)$ 和 $Y(t)$，如果它们的互协方差矩阵对于所有 t_1 和 t_2 都等于零，即

$$\mathrm{E}\langle[x(t_1)-\mathrm{E}\langle x(t_1)\rangle][y(t_2)-\mathrm{E}\langle y(t_2)\rangle]^{\mathrm{T}}\rangle=0 \tag{4.24}$$

则它们被称为是不相关的。

白噪声　一个白噪声过程或者序列就是不相关随机过程或者不相关随机序列的例子。

正交随机过程

如果随机过程 $X(t)$ 和 $Y(t)$ 的相关矩阵都等于零，即

$$\mathrm{E}\langle x(t_1)y^{\mathrm{T}}(t_2)\rangle=0 \tag{4.25}$$

则它们被称为是正交的。如果随机过程 $X(t)$ 对于任意选取的不同时刻 $t_1,t_2,\cdots,t_n$，其随机变量 $x(t_1),x(t_2),\cdots,x(t_n)$ 都是独立的，则这个过程被称为是独立的。这意味着

$$p[x(t_1),\dots,x(t_n)]=\prod_{i=1}^{n}p[x(t_i)] \tag{4.26}$$

独立(所有阶的矩)意味着不相关(这仅局限于二阶矩)，但反过来却并不成立，除非对于高斯

① 这是以德国数学家 Leopold Kronecker(1823－1891)的名字命名的。

过程这种特殊情形。需要注意的是，白色意味着时间不相关而不是时间独立(Independent in time，即包括所有阶的矩)，尽管对于白色高斯过程(参见第5章)这一重要情形而言这种区别不存在。

4.3.5 严格平稳与广义平稳

随机过程 $X(t)$(或者随机序列 x_k)被称为是严格平稳的(Strict-sense stationarity)，如果它的所有统计量($p[x(t_1),x(t_2),\cdots]$)关于时间原点的偏移都是不变的，即

$$
\begin{aligned}
& p(x_1,x_2,\ldots,x_n,t_1,\ldots,t_n) \\
& = p(x_1,x_2,\ldots,x_n,t_1+\varepsilon,t_2+\varepsilon,\ldots,t_n+\varepsilon)
\end{aligned}
\tag{4.27}
$$

随机过程 $X(t)$(或者随机序列 x_k)被称为是广义平稳的(Wide-Sense Stationarity，WSS)(或者弱平稳的，Weak-Sense Stationary)，如果

$$
\mathrm{E}\langle x(t)\rangle = c \quad (\text{常数}) \tag{4.28}
$$

并且

$$
\mathrm{E}\langle x(t_1)x^{\mathrm{T}}(t_2)\rangle = Q(t_2-t_1) = Q(\tau) \tag{4.29}
$$

其中，矩阵 Q 的每个元素都只与时间差 $t_2-t_1=\tau$ 有关。因此，如果 $X(t)$ 是弱平稳的，则意味着其一阶和二阶统计量与时间原点无关，而根据定义可知，严格平稳意味着所有阶的统计量都与时间原点无关。

4.3.6 遍历随机过程

历史注解

术语“遍历”(Ergodic)最初来自于为热力学系统发展的统计力学，它取自于希腊词语，表达能量与路径的意思。美国物理学家 Josiah Willard Gibbs(1839 – 1903)将这个词用于描述具有恒定能量的热力学系统状态的时间历史(或者路径)。Gibbs 假设一个热力学系统最终将经过与其能量一致的所有可能的状态。在19世纪，从函数理论角度考虑这是不可能的。James Clerk Maxwell(1831 – 1879)的所谓遍历假设是指一个随机系统的时间平均等效于其集平均。这个概念由 George David Birkhoff 和 John von Neumann 大约在1930年给出了更加严格的数学基础，后来 Norbert Wiener 在20世纪40年代又进一步给出了严格证明。

根据 Maxwell 的假设，如果一个 RP 的所有统计参数(均值、方差等)都能够通过任意选取的元函数确定，则它被认为是遍历的。一个试验函数 $X(t)$ 如果其时间平均统计量等于其集平均，那么它就是遍历的。

4.3.7 马尔可夫过程和序列

如果一个随机过程 $X(t)$ 在已知其当前状态的条件下，其未来状态的分布并不因以前状态的知识而改善，即

$$
p[x(t_i)|x(\tau);\tau<t_{i-1}] = p[x(t_i)|x(t_{i-1})] \tag{4.30}
$$

则它被称为是一个马尔可夫过程①。其中，时间 $t_1<t_2<t_3<\cdots<t_i$。

---

① 这是根据俄罗斯数学家 Andrei Andreyevich Markov(1856 – 1922)的名字命名的，他首先提出了许多概念及相关理论。

类似地，一个随机序列 x_k 被称为是马尔可夫序列，如果

$$p[x_i|x_k; k \leqslant i-1] = p[x_i|x_{i-1}] \tag{4.31}$$

当一阶微分方程或者差分方程的强制函数是独立随机过程(不相关的正态随机过程)时，它的解是一个马尔可夫过程。也就是说，如果 n 维向量 $x(t)$ 和 x_k 满足

$$\dot{x}(t) = F(t)x(t) + G(t)w(t) \tag{4.32}$$

或者

$$x_k = \Phi_{k-1}x_{k-1} + G_{k-1}w_{k-1} \tag{4.33}$$

其中 $w(t)$ 和 w_{k-1} 是 r 维独立随机过程和随机序列的实现，则所得解 $X(t)$ 和 x_k 分别是向量马尔可夫过程和马尔可夫序列。

4.3.8　高斯随机过程

如果一个 n 维随机过程 $X(t)$ 的概率密度函数是由例3.1中公式给出的高斯函数，并且对于随机变量 $x \in X$，其协方差矩阵为

$$P = \mathrm{E}\langle|x(t) - \mathrm{E}\langle x(t)\rangle[x(t) - \mathrm{E}\langle x(t)\rangle]^{\mathrm{T}}\rangle \tag{4.34}$$

则它被称为高斯(或者正态)随机过程。

高斯 RP 具有下列有用性质：

1. 高斯随机过程 $X(t)$ 是广义平稳的(WSS)，也是严格平稳的。
2. 正交高斯随机过程是独立的。
3. 联合高斯随机过程的任意线性函数可以得到另一个高斯随机过程。
4. 高斯随机过程的所有统计量都完全由其一阶统计量和二阶统计量决定。

4.3.9　模拟多变量高斯过程

采用 Cholesky 分解算法，通过标量高斯伪随机数生成器，如 MATLAB 软件中的 `randn`，可以模拟具有特定均值和协方差的 n 维向量高斯随机过程。

在第7章和第8章以及附录B中，对 Cholesky 分解方法进行了讨论。这里，我们将说明如何运用这些方法产生一个零均值(或者任意特定均值)且具有特定协方差 Q 的不相关伪随机向量序列。

有许多方法可以产生零均值单位方差的不相关高斯变量 $\{s_i \mid i = 1,2,3,\cdots\}$ 组成的伪随机序列

$$s_i \in \mathcal{N}(0,1), \qquad \text{全部}i \tag{4.35}$$

$$\mathrm{E}\langle s_i s_j\rangle = \begin{cases} 0, & i \neq j \\ 1, & i = j \end{cases} \tag{4.36}$$

可以利用它们产生均值为零、协方差为 I_m 的高斯 n 维向量序列 x_k：

$$u_k = [s_{nk+1}, \ s_{nk+2}, \ s_{nk+3}, \ \ldots, \ s_{n(k+1)}]^{\mathrm{T}} \tag{4.37}$$

$$\mathrm{E}\langle u_k\rangle = 0 \tag{4.38}$$

$$\mathrm{E}\langle u_k u_k^{\mathrm{T}}\rangle = I_n \tag{4.39}$$

反过来，也可以利用上面的向量产生均值为零、协方差为 Q 的 n 维向量序列 w_k。为此，令

$$CC^{\mathrm{T}} = Q \tag{4.40}$$

为 Q 的 Cholesky 分解，并且 n 维向量序列 w_k 是按照下列规则产生的：

$$w_k = Cu_k \tag{4.41}$$

于是，向量序列 $\{w_0, w_1, w_2, \cdots\}$ 的均值为

$$\mathrm{E}\langle w_k\rangle = C\,\mathrm{E}\langle u_k\rangle \tag{4.42}$$

$$= 0 \tag{4.43}$$

（这是一个 n 维零向量），其协方差为

$$\mathrm{E}\langle w_k w_k^{\mathrm{T}}\rangle = \mathrm{E}\langle Cu_k(Cu_k)^{\mathrm{T}}\rangle \tag{4.44}$$

$$= CI_nC^{\mathrm{T}} \tag{4.45}$$

$$= Q \tag{4.46}$$

通过在每个 w_k 上加上 v，可以采用上述相同方法得到均值为 v 的伪随机高斯向量。这些方法在随机系统的仿真和 Monte Carlo 分析时会用到。

4.3.10 功率谱密度

令 $X(t)$ 为零均值标量平稳随机过程，其自相关函数为

$$\psi_x(\tau) = \mathop{\mathrm{E}}_{t}\langle x(t)x(t+\tau)\rangle \tag{4.47}$$

功率谱密度(Power Spectral Density，PSD)被定义为 $\psi_x(\tau)$ 的傅里叶变换 $\Psi_x(\omega)$，即

$$\Psi_x(\omega) = \int_{-\infty}^{\infty} \psi_x(\tau)\mathrm{e}^{-\mathrm{j}\omega\tau}\,\mathrm{d}\tau \tag{4.48}$$

其中，逆变换为

$$\psi_x(\tau) = \frac{1}{2\pi}\int_{-\infty}^{\infty} \Psi_x(\omega)\mathrm{e}^{\mathrm{j}\omega\tau}\,\mathrm{d}\omega \tag{4.49}$$

自相关函数具有下列有用性质：

1. 自相关函数是对称函数(“偶”函数)。
2. 自相关函数在原点达到其最大值。
3. 自相关函数的傅里叶变换是非负的(大于或者等于零)。

所有有效的自相关函数都具有上述性质。

在式(4.49)中，令 $\tau=0$ 得到

$$\mathop{\mathrm{E}}_{t}\langle x^2(t)\rangle = \psi_x(0) = \frac{1}{2\pi}\int_{-\infty}^{\infty} \Psi_x(\omega)\,\mathrm{d}\omega \tag{4.50}$$

根据自相关函数的性质 1 可知

$$\Psi_x(\omega) = \Psi_x(-\omega) \tag{4.51}$$

也就是说，PSD 是关于频率的对称函数。

例 4.1(指数相关过程的 PSD) 在图 4.2(a)中方框图所示的指数相关过程的自协方差函数具有下列一般形式：

$$\psi_x(t) = \sigma^2 \mathrm{e}^{-|t|/\tau}$$

其中，σ^2是随机过程幅度的均方值，τ是自相关时间常数。它的PSD是其自协方差函数的傅里叶变换，即

$$\begin{aligned}\Psi_x(\omega) &= \int_{-\infty}^{0} \sigma^2 \mathrm{e}^{t/\tau} \mathrm{e}^{-\mathrm{j}\omega t}\,\mathrm{d}t + \int_{0}^{\infty} \sigma^2 \mathrm{e}^{-t/\tau} \mathrm{e}^{-\mathrm{j}\omega t}\,\mathrm{d}t \\ &= \sigma^2 \left(\frac{1}{1/\tau - \mathrm{j}\omega} + \frac{1}{1/\tau + \mathrm{j}\omega} \right) = \frac{2\sigma^2 \tau}{1/\tau^2 + \omega^2}\end{aligned}$$

其形状在图4.2(b)中用双对数坐标图(log-log plot)画出来了。白噪声通过一个电阻为R(单位为欧姆)、电容为C(单位为法拉)的低通阻容(RC)滤波器，则滤波器输出的频谱具有这种形状，并且在$\omega = 1/\tau = 1/(R \times C)$位置处出现“膝”形转折点。

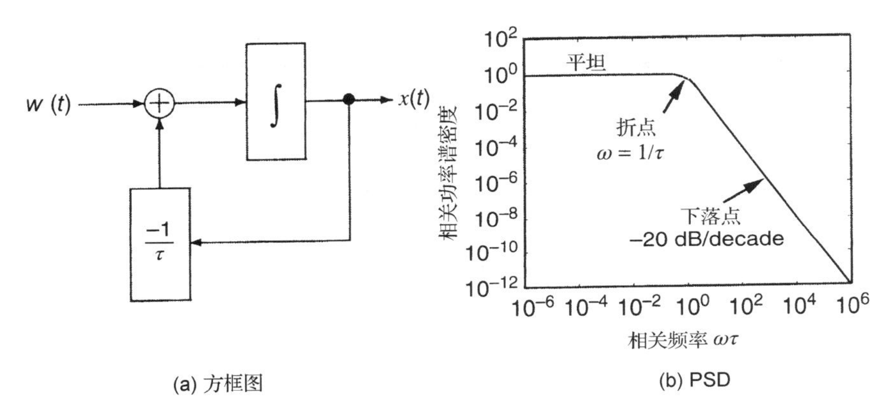

图4.2 指数相关随机过程

例4.2(欠阻尼谐振器作为成型滤波器) 这个例子将具有零均值和单位方差的WSS白噪声通过一个二阶“成型滤波器”，产生二阶马尔可夫过程，成型滤波器的动态模型是一个谐振器。在例2.2、例2.3、例2.6和例2.7中，对阻尼谐振器的动态模型进行了介绍，它们在第5章和第7章中还要用到。

动态系统的传递函数为

$$H(s) = \frac{as + b}{s^2 + 2\zeta w_n s + w_n^2}$$

其中，ζ，ω_n和s的定义与例2.7相同。$H(s)$的状态空间模型为

$$\begin{bmatrix} \dot{x}_1(t) \\ \dot{x}_2(t) \end{bmatrix} = \begin{bmatrix} 0 & 1 \\ -w_n^2 & -2\zeta w_n \end{bmatrix} \begin{bmatrix} x_1(t) \\ x_2(t) \end{bmatrix} + \begin{bmatrix} a \\ b - 2a\zeta w_n \end{bmatrix} w(t)$$

$$z(t) = x_1(t) = x(t)$$

自相关的一般形式为

$$\psi_x(\tau) = \frac{\sigma^2}{\cos\theta} \mathrm{e}^{-\zeta w_n |\tau|} \cos\left(\sqrt{1-\zeta^2} \quad w_n|\tau| - \theta \right)$$

在实际中，选取合适的σ^2，θ，ζ和ω_n值与实验数据相吻合(参见习题4.4)。对应于$\psi_x(\tau)$的PSD具有下列形式：

$$\Psi_x(\omega) = \frac{a^2\omega^2 + b^2}{\omega^4 + 2\,\omega_n^2(2\zeta^2 - 1)\,\omega^2 + \omega_n^4}$$

[该 PSD 的峰值将不会出现在固有(非阻尼)频率 ω_n 处，而是出现在例 2.6 中定义的“谐振”频率处]。

对应于状态空间模型的方框图如图 4.3 所示。

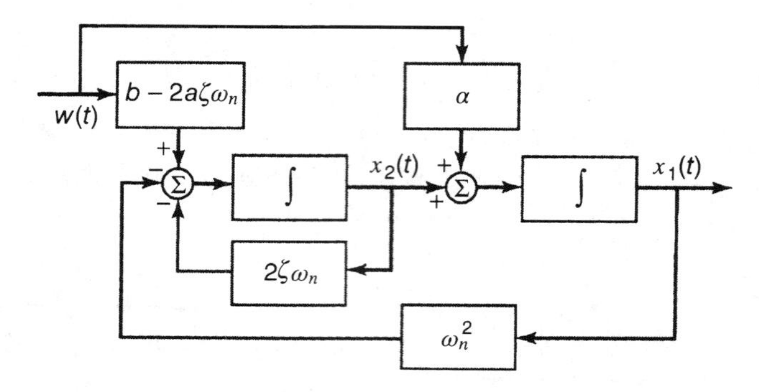

图 4.3 二阶马尔可夫过程的方框图

标量随机过程的平均功率(Mean power)由下式给出：

$$\mathop{\mathrm{E}}_{t}\langle x^2(t)\rangle = \lim_{T\to\infty}\int_{-T}^{\mathrm{T}} x^2(t)\,\mathrm{d}t \tag{4.52}$$

$$= \frac{1}{2\pi}\int_{-\infty}^{\infty}\Psi_x(\omega)\,\mathrm{d}\omega \tag{4.53}$$

$$= \sigma^2 \tag{4.54}$$

在随机过程 $X(t)$ 和 $Y(t)$ 之间的互功率谱密度(Cross power spectral density)则由下式给出：

$$\Psi_{xy}(\omega) = \int_{-\infty}^{\infty}\psi_{xy}(\tau)\mathrm{e}^{-\mathrm{j}\omega\tau}\,\mathrm{d}\tau \tag{4.55}$$

4.4 线性随机过程模型

图 4.4 中所示的线性系统模型可以由下式定义：

$$y(t) = \int_{-\infty}^{\infty} x(\tau)h(t,\tau)\,\mathrm{d}\tau \tag{4.56}$$

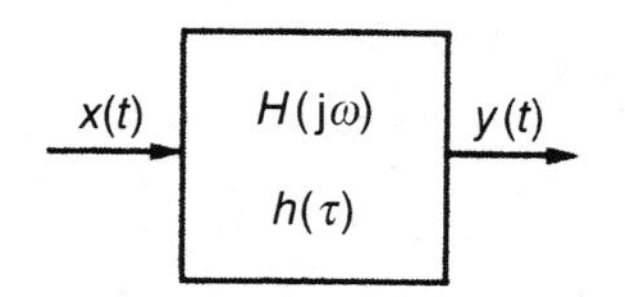

图 4.4 线性系统的框图表示

其中，$X(t)$ 为输入，$h(t,\tau)$ 是线性系统加权函数(Weighting function)(参见图 4.4)。如果系统是时不变的(即 h 与 t 无关)，则式(4.56)可以写为

$$y(t) = \int_0^{\infty} h(\tau)x(t-\tau)\,\mathrm{d}\tau \tag{4.57}$$

这类积分被称为卷积积分(Convolution integral)，$h(\tau)$ 被称为它的核函数(Kernel function)。通过对式(4.57)处理，可以得到 $X(t)$ 和 $Y(t)$ 的自相关函数之间的下列关系：

$$\psi_y(\tau) = \int_0^{\infty}\mathrm{d}\tau_1 h(\tau_1)\int_0^{\infty}\mathrm{d}\tau_2 h(\tau_2)\psi_x(\tau+\tau_1-\tau_2) \quad (\text{自相关}) \tag{4.58}$$

$$\psi_{xy}(\tau)=\int_0^{\infty} h(\tau_1)\psi_x(\tau-\tau_1)\,\mathrm{d}\tau_1 \quad (\text{互相关}) \tag{4.59}$$

以及其频谱关系

$$\Psi_{xy}(\omega)=H(\mathrm{j}\omega)\Psi_x(\omega) \quad (\text{互谱}) \tag{4.60}$$

$$\Psi_y(\omega)=|H(\mathrm{j}\omega)|^2\Psi_x(\omega) \quad (\text{PSD}) \tag{4.61}$$

其中，H 是系统传递函数(System transfer function)(也在图4.4中表示出来了)，它可以利用 $h(\tau)$ 的 Laplace 变换定义如下：

$$\int_0^{\infty} h(\tau)\mathrm{e}^{s\tau}\,\mathrm{d}\tau=H(s)=H(\mathrm{j}\omega) \tag{4.62}$$

其中，$s=\mathrm{j}\omega$，并且 $\mathrm{j}=\sqrt{-1}$。

4.4.1 RP 的随机微分方程

随机微分方程的积分

包含随机过程的微分方程被称为随机微分方程(Stochastic differential equations)。将 RP 作为常微分方程中的非齐次项的方法比我们这里采用的处理方法更加严格，读者有必要清楚这一点。问题在于，RP 在传统(Riemann)积分中不是可积函数。为了解决这个问题，需要对积分进行一些基本修改，以便得到所给的很多结果。常微分的 Riemann 积分必须改变为所谓的 Itô 积分。感兴趣的读者可以参阅 Bucy 和 Joseph[10] 以及 Itô[11] 的著作，其中更加严格地讨论了这些问题。

线性随机微分方程

线性随机微分方程作为具有初始条件的随机过程的模型，其一般形式如下：

$$\dot{x}(t)=F(t)x(t)+G(t)w(t)+C(t)u(t) \tag{4.63}$$

$$z(t)=H(t)x(t)+v(t)+D(t)u(t) \tag{4.64}$$

其中，将各个变量定义如下：

$x(t)$ 是一个 $n\times 1$ 维状态向量

$z(t)$ 是一个 $l\times 1$ 维测量向量

$u(t)$ 是一个 $r\times 1$ 维确定性输入向量

$F(t)$ 是一个 $n\times n$ 维时变动态系数矩阵

$C(t)$ 是一个 $n\times r$ 时变输入耦合矩阵

$H(t)$ 是一个 $l\times n$ 维时变测量灵敏度矩阵

$D(t)$ 是一个 $l\times r$ 维时变输出耦合矩阵

$G(t)$ 是一个 $n\times r$ 维时变过程噪声耦合矩阵

$w(t)$ 是一个 $r\times 1$ 维零均值不相关“设备噪声”过程

$v(t)$ 是一个 $l\times 1$ 维零均值不相关“测量噪声”过程

并且期望值为

$$\mathrm{E}\langle w(t)\rangle=0$$

$$\mathrm{E}\langle v(t)\rangle=0$$

$$E\langle w(t_1)w^{\mathrm{T}}(t_2)\rangle = Q(t_1)\delta(t_2 - t_1)$$
$$E\langle v(t_1)v^{\mathrm{T}}(t_2)\rangle = R(t_1)\delta(t_2 - t_1)$$
$$E\langle w(t_1)v^{\mathrm{T}}(t_2)\rangle = M(t_1)\delta(t_2 - t_1)$$
$$\delta(t) = \begin{cases} 1, & t = 0 \\ 0, & t \neq 0 \end{cases} \quad (\text{Dirac } \delta \text{ 函数})$$

其中，符号 Q、R 和 M 分别表示 $r\times r$，$l\times l$ 和 $r\times l$ 维矩阵，δ 表示 Dirac δ“函数”。微分方程模型中变量 $X(t)$ 随时间的变化值确定了一个向量值马尔可夫过程。这个模型可以非常准确地表示许多实际过程，包括平稳高斯过程和非平稳高斯过程，这取决于 RV 的统计特性和确定性变量的时间特性(函数 $u(t)$ 通常表示一个已知的控制输入。在本章后面的讨论中，我们将假设 $u(t)=0$)。

例 4.3(指数相关过程)　继续例 4.1，令实际过程 $X(t)$ 是一个零均值平稳正态 RP，其自相关为

$$\psi_x(\tau) = \sigma^2 e^{-\alpha|\tau|} \tag{4.65}$$

对应的 PSD 为

$$\Psi_x(\omega) = \frac{2\sigma^2\alpha}{\omega^2 + \alpha^2} \tag{4.66}$$

这类 RP 可以作为输入为 $w(t)$ 的线性系统的输出模型，该输入是 PSD 等于 1 的零均值高斯白噪声。利用式(4.61)，可以导出下列模型的传递函数 $H(j\omega)$：

$$H(j\omega)H(-j\omega) = \frac{\sqrt{2\alpha}\sigma}{\alpha + j\omega}\cdot\frac{\sqrt{2\alpha}\sigma}{\alpha - j\omega}$$

取系统传递函数的稳定部分为

$$H(s) = \frac{\sqrt{2\alpha}\sigma}{s + \alpha} \tag{4.67}$$

它可以表示为

$$\frac{x(s)}{w(s)} = \frac{\sqrt{2\alpha}\sigma}{s + \alpha} \tag{4.68}$$

对上述最后一个方程两边求 Laplace 逆变换，可以得到下列方程组：

$$\dot{x}(t) + \alpha x(t) = \sqrt{2\alpha}\sigma w(t)$$
$$\dot{x}(t) = -\alpha x(t) + \sqrt{2\alpha}\sigma w(t)$$
$$z(t) = x(t)$$

其中，$\sigma_x^2(0) = \sigma^2$。参数 $1/\alpha$ 被称为随机过程的相关时间(Correlation time)。

例 4.3 中随机过程的方框图表示如表 4.1 所示。这被称为成型滤波器(Shaping filter)。表 4.1 中还给出了其他微分方程模型的例子。

表 4.1　随机过程的系统模型

随机过程	自相关函数与功率谱密度	成型滤波器	状态空间模型
白噪声	$\psi_x(\tau) = \sigma^2\delta^2(\tau)$ $\Psi_x(\omega) = \sigma^2$	无	设备噪声 $w(t)$

（续表）

随机过程	自相关函数与功率谱密度	成型滤波器	状态空间模型
随机游走	$\psi_x(\tau) = \mathrm{E}\langle x(t_1)x(t_2)\rangle = \sigma^2 t_1 \text{ if } t_1 < t_2$ $\Psi_x(\omega) \propto \sigma^2/\omega^2$	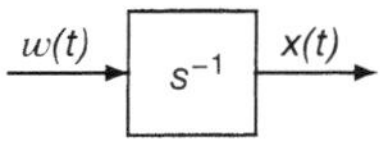 $w(t)$ → s^{-1} → $x(t)$	$\dot{x} = w(t)$ $\sigma_x^2(0) = 0$
随机常数	$\psi_x(\tau) = \sigma^2$ $\Psi_x(\omega) = 2\pi\sigma^2\delta(\omega)$	无	$\dot{x} = 0$ $\sigma_x^2(0) = \sigma^2$
正弦波	$\psi_x(\tau) = \sigma^2\cos(\omega_0\tau)$ $\Psi_x(\omega) = \pi\sigma^2\delta(\omega - \omega_0)$	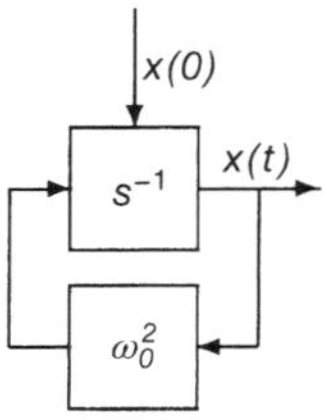 $x(0)$, s^{-1}, $x(t)$, ω_0^2	$\dot{x} = \begin{bmatrix} 0 & 1 \\ -\omega_0^2 & 0 \end{bmatrix} x$ $P(0) = \begin{bmatrix} \sigma^2 & 0 \\ 0 & 0 \end{bmatrix}$
指数相关	$\psi_x(\tau) = \sigma^2 \mathrm{e}^{-\alpha\|\tau\|}$ $\Psi_x(\omega) = \frac{2\sigma^\alpha\alpha}{\omega^2+\alpha^2}$ $1/\alpha$ = 相关时间	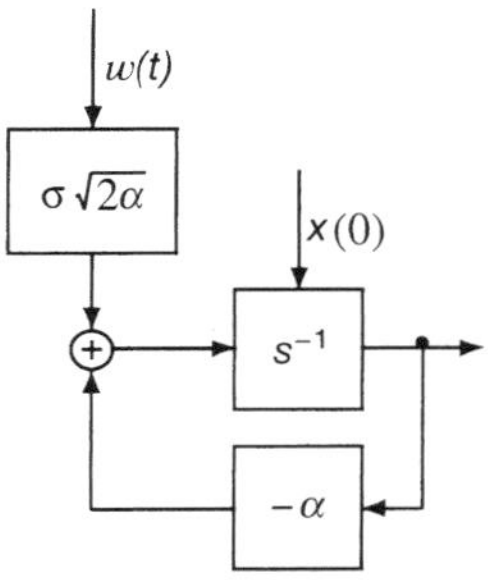 $w(t)$, $\sigma\sqrt{2\alpha}$, $x(0)$, s^{-1}, $-\alpha$	$\dot{x} = -\alpha x + \sigma\sqrt{2\alpha}w(t)$ $\sigma_x^2(0) = \sigma^2$

4.4.2　随机序列(RS)的离散时间模型

离散时间情况下的随机过程也被称为随机序列。采用向量值离散时间递归方程作为具有初始条件的随机序列的模型，其形式如下：

$$\begin{aligned} x_k &= \Phi_{k-1}x_{k-1} + G_{k-1}w_{k-1} + \Gamma_{k-1}u_{k-1} \\ z_k &= H_k x_k + v_k + D_k u_k \end{aligned} \tag{4.69}$$

这是一个完整模型，其确定性输入 u_k在第2章式(2.38)和式(2.39)已讨论，随机序列噪声 w_k和 v_k在第5章中描述。其中

x_k是一个 $n\times1$ 维状态向量

z_k是一个 $\ell\times1$ 维测量向量

u_k是一个 $r\times1$ 维确定性输入向量

Φ_{k-1}是一个 $n\times n$ 维时变矩阵

G_{k-1}是一个 $n\times r$ 维时变矩阵

H_k是一个 $\ell\times n$ 维时变矩阵

D_k是一个 $\ell\times r$ 维时变矩阵

Γ_{k-1}是一个 $n\times r$ 维时变矩阵

并且期望值为

$$\mathrm{E}\langle w_k\rangle = 0$$
$$\mathrm{E}\langle v_k\rangle = 0$$
$$\mathrm{E}\langle w_{k_1} w_{k_2}^{\mathrm{T}}\rangle = Q_{k_1}\Delta(k_2 - k_1)$$
$$\mathrm{E}\langle v_{k_1} v_{k_2}^{\mathrm{T}}\rangle = R_{k_1}\Delta(k_2 - k_1)$$
$$\mathrm{E}\langle w_{k_1} v_{k_2}^{\mathrm{T}}\rangle = M_{k_1}\Delta(k_2 - k_1)$$

例 4.4(指数相关序列) 令 $\{x_k\}$ 为零均值平稳高斯随机序列，其自相关为

$$\psi_x(k_2 - k_1) = \sigma^2 \mathrm{e}^{-\alpha|k_2-k_1|}$$

这类 RS 可以作为输入为 w_k 的线性系统的输出模型，该输入是 PSD 等于 1 的零均值高斯白噪声。

这类过程的差分方程模型可以定义为

$$x_k = \Phi x_{k-1} + G w_{k-1}, \quad z_k = x_k \tag{4.70}$$

为了使用这个模型，我们需要求解未知参数 Φ 和 G，它们是参数 α 的函数。为此，首先将式(4.19)两边乘以 x_{k-1}，然后取期望值得到下列方程：

$$\mathrm{E}\langle x_k x_{k-1}\rangle = \Phi\,\mathrm{E}\langle x_{k-1}x_{k-1}\rangle + G\,\mathrm{E}\langle w_{k-1}x_{k-1}\rangle$$
$$\sigma^2\mathrm{e}^{-\alpha} = \Phi\sigma^2$$

假设 w_k 是不相关的，并且 $\mathrm{E}\langle w_K\rangle = 0$，使得 $\mathrm{E}\langle w_{k-1}x_{k-1}\rangle = 0$。可以得到下列解

$$\Phi = \mathrm{e}^{-\alpha} \tag{4.71}$$

下一步，对式(4.70)中定义的状态变量取平方并求其均值，得到

$$\mathrm{E}\langle x_k^2\rangle = \Phi^2\mathrm{E}\langle x_{k-1}x_{k-1}\rangle + G^2\mathrm{E}\langle w_{k-1}w_{k-1}\rangle \tag{4.72}$$

$$\sigma^2 = \sigma^2\Phi^2 + G^2 \tag{4.73}$$

因为方差 $\mathrm{E}\langle w_{k-1}^2\rangle = 1$，所以参数 $G = \sigma\sqrt{1 - \mathrm{e}^{-2\alpha}}$。

于是，完整的模型为

$$x_k = \mathrm{e}^{-\alpha}x_{k-1} + \sigma\sqrt{1-\mathrm{e}^{-2\alpha}}\,w_{k-1}$$

其中，$\mathrm{E}\langle w_K\rangle = 0$，并且 $\mathrm{E}\langle w_{k_1} w_{k_2}\rangle = \Delta(k_2 - k_1)$。

例 4.4 中导出的动态过程模型被称为成型滤波器。表 4.2 给出了它和其他成型滤波器的框图以及它们的差分方程模型。

表 4.2 离散随机序列的随机系统模型

过程类型	自相关函数	框图	状态空间模型
随机常数	$\psi_x(k_1 - k_2) = \sigma^2$	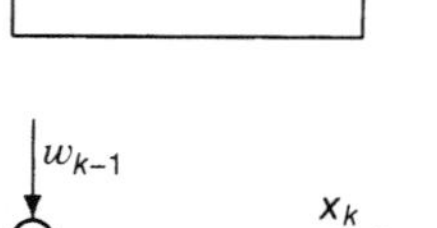 x_k → 延迟 → x_{k-1}（反馈）	$x_k = x_{k-1}$ $\sigma_x^2(0) = \sigma^2$
随机游走	$\to +\infty$	 w_{k-1} → (+) → x_k；延迟；x_{k-1} 反馈	$x_k = x_{k-1} + w_{k-1}$ $\sigma_x^2(0) = 0$

（续表）

过程类型	自相关函数	框图	状态空间模型
指数相关	$\psi_x(k_2-k_1)=\sigma^2 \mathrm{e}^{-\alpha\|k_2-k_1\|}$	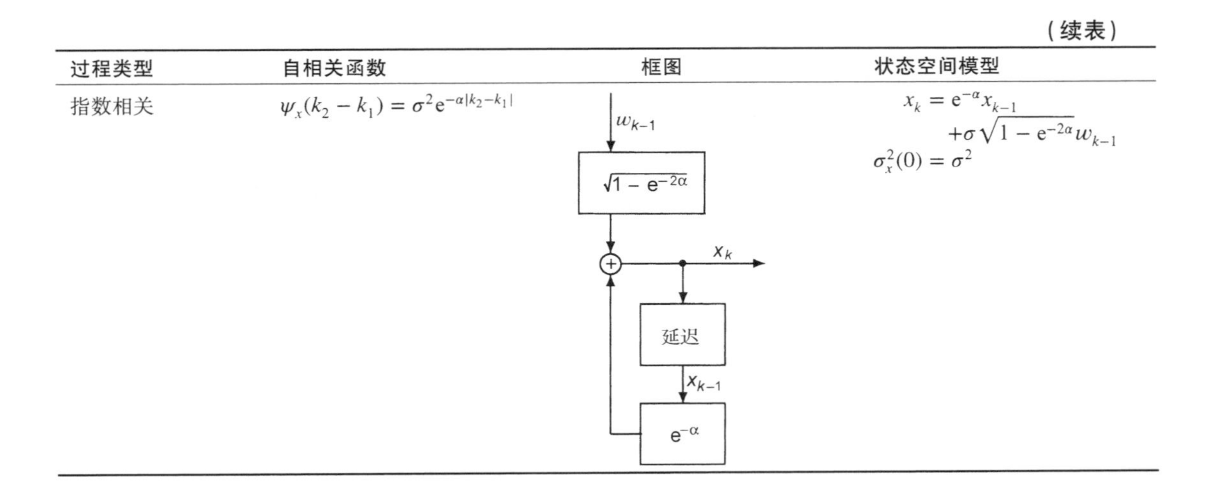	$x_k=\mathrm{e}^{-\alpha}x_{k-1}+\sigma\sqrt{1-\mathrm{e}^{-2\alpha}}\,w_{k-1}$ $\sigma_x^2(0)=\sigma^2$

4.4.3 自回归过程和线性预测模型

一个信号的线性预测模型(Linear predictive model)可以表示为下列形式：

$$\acute{x}_{k+1}=\sum_{i=1}^{n}a_i\acute{x}_{k-i+1}+\acute{u}_k \tag{4.74}$$

其中，x_k' 为预测误差(Prediction error)。这个信号的连续采样值可以用前面 n 个值的线性组合来预测。

自回归过程(Autoregressive process)具有与上面相同的公式，只是 $\acute{u}_k$ 为高斯白噪声序列。注意到自回归过程的这种公式可以重新写为下列状态转移矩阵(State-Transition Matrix,STM)形式：

$$\begin{bmatrix}\acute{x}_{k+1}\\ \acute{x}_k\\ \acute{x}_{k-1}\\ \vdots\\ \acute{x}_{k-n+2}\end{bmatrix}=\begin{bmatrix}a_1 & a_2 & \cdots & a_{n-1} & a_n\\ 1 & 0 & \cdots & 0 & 0\\ 0 & 1 & \cdots & 0 & 0\\ \vdots & \vdots & \ddots & \vdots & \vdots\\ 0 & 0 & \cdots & 1 & 0\end{bmatrix}\begin{bmatrix}\acute{x}_k\\ \acute{x}_{k-1}\\ \acute{x}_{k-2}\\ \vdots\\ \acute{x}_{k-n+1}\end{bmatrix}+\begin{bmatrix}\acute{u}_k\\ 0\\ 0\\ \vdots\\ 0\end{bmatrix} \tag{4.75}$$

$$x_{k+1}=\Phi x_k+u_k \tag{4.76}$$

其中，“状态”是信号最后 n 个采样组成的 n 维向量，相应的过程噪声 $\acute{u}_k$的协方差矩阵 Q_k除了 $Q_{11}=\mathrm{E}\langle \acute{u}_K^2\rangle$ 以外，其他位置都填充零值。

4.5 成型滤波器(SF)和状态增广

成型滤波器具有悠久而有趣的历史。在“无线电报”(无线电)传输的早期，火花提供的白噪声源输入到一个 LC“储能电路”(一个成型滤波器)，输出感兴趣的射频传输频带。

本节的重点是关于利用成型滤波器作为平稳随机过程的非白噪声模型，其输入采用白噪声过程。对于实际中遇到的许多物理系统，假设所有噪声都是白色高斯噪声过程可能并不一定合理。有用的方法是利用真实数据产生一个自相关函数或者 PSD，然后再采用微分方程或者差分方程建立一个合适的噪声模型。这些模型被称为成型滤波器，这个概念是 Hendrik

Wade Bode(1905 - 1982)和 Claude Elwood Shannon(1916 - 2001)[12]，以及 Lotfi Asker Zadeh 和 John Ralph Ragazzini(1912 - 1988)[13]在其著作中提出的。这种滤波器由具有平坦频谱的噪声(白噪声过程)驱动，并改变其频谱形状以表示实际系统的频谱。在前一节中已经指出，由 WSS 高斯白噪声驱动的线性时不变系统(成型滤波器)可以产生这种模型。可以在状态向量上添加成型滤波器的状态向量分量使其“增广”，这样得到的模型具有白噪声驱动的线性动态系统形式。

4.5.1 相关过程噪声模型

动态扰动噪声的成型滤波器

令系统模型为

$$\dot{x}(t) = F(t)x(t) + G(t)w_1(t), \quad z(t) = H(t)x(t) + v(t) \tag{4.77}$$

其中，$w_1(t)$是非白色的，如相关的高斯噪声。和前一节中相同，$v(t)$是一个零均值高斯白噪声。假设 $w_1(t)$可以用下列线性成型滤波器①建模：

$$\dot{x}_{\mathrm{SF}}(t) = F_{\mathrm{SF}}(t)x_{\mathrm{SF}}(t) + G_{\mathrm{SF}}(t)w_2(t) \tag{4.78}$$

$$w_1(t) = H_{\mathrm{SF}}(t)x_{\mathrm{SF}}(t) \tag{4.79}$$

其中，SF 表示成型滤波器，$w_2(t)$是零均值高斯白噪声。

现在，定义一个新的增广状态向量

$$X(t) = [x(t)x_{\mathrm{SF}}(t)]^{\mathrm{T}} \tag{4.80}$$

于是，式(4.77)和式(4.79)可以组合为下列矩阵形式：

$$\begin{bmatrix} \dot{x}(t) \\ \dot{x}_{\mathrm{SF}}(t) \end{bmatrix} = \begin{bmatrix} F(t) & G(t)H_{\mathrm{SF}}(t) \\ 0 & F_{\mathrm{SF}}(t) \end{bmatrix} \begin{bmatrix} x(t) \\ x_{\mathrm{SF}}(t) \end{bmatrix} + \begin{bmatrix} 0 \\ G_{\mathrm{SF}}(t) \end{bmatrix} w_2(t) \tag{4.81}$$

$$\dot{X}(t) = F_T(t)X(t) + G_T(t)w_2(t) \tag{4.82}$$

并且输出方程可以表示为下列相容形式：

$$z(t) = [H(t)\ 0] \begin{bmatrix} x(t) \\ x_{\mathrm{SF}}(t) \end{bmatrix} + v(t) \tag{4.83}$$

$$= H_T(t)X(t) + v(t) \tag{4.84}$$

由式(4.82)和式(4.84)表示的全系统是高斯白噪声驱动的线性微分方程模型(非白噪声模型如图 4.5 所示)。

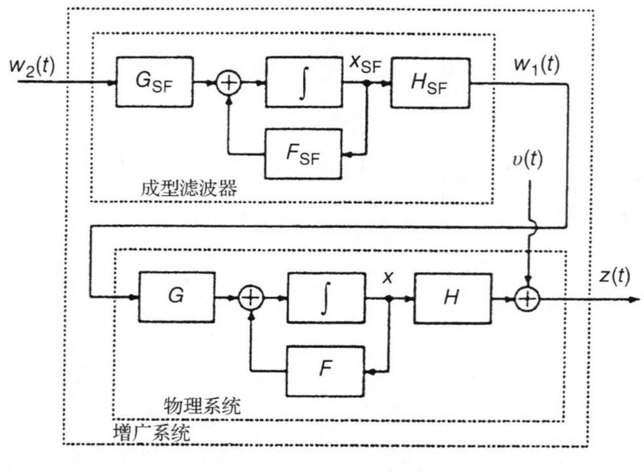

图 4.5 非白噪声情形的成型滤波器模型

4.5.2 相关测量噪声模型

测量噪声的成型滤波器

也可以采用与上面类似的方法来讨论时间相关的测量噪声 $v_1(t)$ 情形

① 对于 WSS 过程，可以参见例 4.2。

$$\dot{x}(t) = F(t)x(t) + G(t)w(t)$$
$$z(t) = H(t)x(t) + v_1(t) \tag{4.85}$$

在这种情况下，令 $v_2(t)$ 为零均值高斯白噪声，并且测量噪声 $v_1(t)$ 的模型为

$$\dot{x}_{\mathrm{SF}}(t) = F_{\mathrm{SF}}(t)x_{\mathrm{SF}}(t) + G_{\mathrm{SF}}(t)v_2(t)$$
$$v_1(t) = H_{\mathrm{SF}}(t)x_{\mathrm{SF}}(t) \tag{4.86}$$

总的增广系统为

$$\begin{bmatrix} \dot{x}(t) \\ \dot{x}_{\mathrm{SF}}(t) \end{bmatrix} = \begin{bmatrix} F(t) & 0 \\ 0 & F_{\mathrm{SF}}(t) \end{bmatrix} \begin{bmatrix} x(t) \\ x_{\mathrm{SF}}(t) \end{bmatrix} + \begin{bmatrix} G(t) & 0 \\ 0 & G_{\mathrm{SF}}(t) \end{bmatrix} \begin{bmatrix} w(t) \\ v_2(t) \end{bmatrix}$$
$$z(t) = [H(t)\ H_{\mathrm{SF}}(t)] \begin{bmatrix} x(t) \\ x_{\mathrm{SF}}(t) \end{bmatrix} \tag{4.87}$$

这种形式表示高斯白噪声驱动的线性系统模型，以及没有输入噪声的输出方程。

这些系统可以如表4.1和表4.2中所给的成型滤波器那样，专门用于连续和离散情形的WSS过程。

例4.5(加速计误差模型)　一个加速度传感器(加速计)的"中点加速度"定义为在采样期间中点的有效加速度误差。用传感器未知参数表示的加速计误差模型如下：

$$\Delta_{\beta_m} = \beta_m \otimes \zeta + b_A + h_A \beta_m + \beta_m^2(FI1 - FX1) + \delta\beta$$

$$h_A = \begin{bmatrix} S_1 & \delta_{12} & \delta_{13} \\ 0 & S_2 & \delta_{23} \\ 0 & 0 & S_3 \end{bmatrix}$$

$$\beta_m^2 = \begin{bmatrix} \beta_m^2 & 0 & 0 \\ 0 & \beta_2^2 & 0 \\ 0 & 0 & \beta_3^2 \end{bmatrix}$$

其中

Δ_{β_m}是中点加速度误差

$\otimes$是3维向量的叉积

ζ是3×1维向量，表示"平台"坐标轴与计算坐标轴之间的姿态校正误差

b_A是3×1维向量，表示未知的加速计偏差，它被归一化为重力的幅度

S_i是未知的加速计尺度因子误差($i=1,2,3$)

δ_{ij}是未知的加速计坐标轴非正交性

$\delta\beta$是其他误差项，其中有些是能观测到的；出于本例中的实际考虑，它们不是估计得到的，只有通过工厂校准值来补偿

$FI1$是3×1维向量，表示沿着加速计输入轴的未知加速度平方非线性

$FX1$是3×1维向量，表示与加速计输入轴正交的未知加速度平方非线性

β_m是在平台坐标中加速度中点分量的3×1维向量$(\beta_1,\beta_2,\beta_3)^{\mathrm{T}}$

12×1维的加速计状态向量x^A由子向量和标量组成如下：

$$(x^A)=\left[\underbrace{b_A^{\mathrm{T}}}_{1\times3}\quad S_1\quad \delta_{12}\quad S_2\quad \delta_{13}\quad \delta_{23}\quad S_3\quad \underbrace{(FX1-FI1)^{\mathrm{T}}}_{1\times3}\right]^{\mathrm{T}}$$

这12个未知参数可以用第10章中将要讨论的参数辨识问题的随机游动模型(参见表4.1)来建模。

下面的例子将描述一个更大的传感器模型。

例4.6(陀螺仪误差模型)　一个有48个状态的陀螺仪漂移误差模型如下：

$$\varepsilon=b_g+h_g\omega+U_g\beta+K_g\beta^1+\mathrm{diag}|\omega|T_g+b_{gt}t+U_{gt}t\beta$$

$$h_g=\begin{bmatrix}S_{g1}&\Delta_{12}&\Delta_{13}\\\Delta_{21}&S_{g2}&\Delta_{23}\\\Delta_{31}&\Delta_{32}&S_{g3}\end{bmatrix}$$

$$U_g=\begin{bmatrix}d_{I1}&d_{01}&d_{S1}\\d_{S2}&d_{I2}&d_{02}\\d_{03}&d_{S3}&d_{I3}\end{bmatrix}$$

$$K_g=\begin{bmatrix}k_{II1}&k_{001}&k_{SS1}&I_{I01}&k_{IS1}&k_{S01}\\k_{SS2}&k_{II2}&k_{002}&k_{IS2}&k_{S02}&k_{I02}\\k_{003}&k_{SS3}&k_{II3}&k_{S03}&k_{I03}&k_{IS3}\end{bmatrix}$$

$$\beta^1=\begin{bmatrix}\beta_1^2&\beta_2^2&\beta_3^2&\beta_1\beta_2&\beta_1\beta_3&\beta_2\beta_3\end{bmatrix}^{\mathrm{T}}$$

$$x^g(t)=\begin{bmatrix}1\times3&1\times9&1\times9&1\times15&1\times3&1\times3&1\times3\\b_g^{\mathrm{T}}&h_g^{1T}&U_g^{1\mathrm{T}}&K_g^{1\mathrm{T}}&T_g^{\mathrm{T}}&b_{gt}^{\mathrm{T}}&U_{gt}^{1\mathrm{T}}\end{bmatrix}^{\mathrm{T}}$$

其中

x^g是包含48个状态的陀螺仪子系统状态向量，它表示漂移误差参数

b_g是3×1维向量，表示未知陀螺仪固定漂移参数

h_g是3×1维矩阵，其分量包含未知尺度因子(S_{gi})和线性轴校正误差(Δ_{ij})($i,j=1,2,3$)

T_g是3×1维向量，表示未知的非线性陀螺仪扭矩尺度因子误差，其元素为δS_{gi}

diag|ω|是3×3维对角矩阵，其相应对角线元素是ω(平台惯性角速度)的分量的绝对值

U_g是3×3维矩阵，表示未知的陀螺仪质量不平衡参数($d_{k,j}$)，指标I, O和S分别表示每个陀螺仪(1,2,3)的输入轴、输出轴和旋转轴

K_g是3×6维矩阵，表示未知的陀螺仪符合(g-平方)误差k_{kji}

b_{gt}是3×1维向量，表示未知的陀螺仪固定漂移趋势参数

U_{gt}是3×6维矩阵，表示未知的陀螺仪质量不平衡趋势参数

β是3×1维向量，表示垂直方向余弦(归一化重力)$(\beta_1,\beta_2,\beta_3)^{\mathrm{T}}$

β^1是6×1维向量

这48个未知参数可以用第10章(GNSS/INS集成)中将要讨论的参数辨识问题的随机游动模型和随机斜坡模型(参见表4.1)来建模。

4.6　均值和协方差传播

线性随机系统的均值和协方差的时间传播问题对于卡尔曼滤波是很重要的。

在本节中，将第 2 章中非齐次线性微分方程解的基本方程和第 3 章中导出的均值和协方差的线性变换方程结合起来，得到下列类型的一般线性随机微分方程的解：

$$\frac{\mathrm{d}}{\mathrm{d}t}x(t) = F(t)\ x(t) + G(t)\ w(t)$$

其中，$w(t)$是零均值白噪声过程。

下面将讨论连续时间和离散时间线性随机系统的上述相关问题。

4.6.1　均值传播

一般解

如果 n 维状态向量 x 的动态变化可以用扰动为 $u(t)$的非齐次线性微分方程模型表示为

$$\frac{\mathrm{d}}{\mathrm{d}t}x(t) = F(t)x(t) + G(t)w(t) \tag{4.88}$$

则根据式(2.26)，利用它在 $t = t_0$时刻的初始值将一般解表示为

$$x(t) = \Phi(t, t_0)\ x(t_0) + \int_{t+0}^{t} \Phi(t, s)\ G(s)\ w(s)\ \mathrm{d}s \tag{4.89}$$

$$\Phi(t, s) \stackrel{\text{def}}{=} \exp\left[\int_{s}^{t} F(\tau)\ \mathrm{d}\tau\right] \tag{4.90}$$

于是，对于 $x \in X$ 的随机变量，均值可以按照下式传播：

$$\mu_x(t) \stackrel{\text{def}}{=} \mathop{\mathrm{E}}_{x\in X}\langle x(t)\rangle \tag{4.91}$$

$$= \mathop{\mathrm{E}}_{x}\left\langle \Phi\left(t, t_0\right)\ x(t) + \int_{t+0}^{t} \Phi(t, s)\ G(s)\ w(s)\ \mathrm{d}s\right\rangle \tag{4.92}$$

$$= \Phi(t, t_0)\ \mathop{\mathrm{E}}_{x}\langle x(t_0)\rangle + \int_{t+0}^{t} \Phi(t, s)\ G(s)\ w(s)\ \mathrm{d}s \tag{4.93}$$

$$= \Phi(t, t_0)\ \mu_x(t_0) + \int_{t+0}^{t} \Phi(t, s)\ G(s)\ w(s)\ \mathrm{d}s \tag{4.94}$$

一般线性随机微分方程解　如果扰动函数 $u(t) = w(t)$，它是一个均值为 $\mathrm{E}_w\langle w(t)\rangle = 0$ 的白噪声过程，则一般线性微分方程变成了一般线性随机微分方程。在这种情况下，x 的均值为

$$\mu_x(t) = \Phi(t, t_0)\ \mathop{\mathrm{E}}_{x}\langle x(t_0)\rangle + \int_{t+0}^{t} \Phi(t, s)\ G(s)\ \mathop{\mathrm{E}}_{w}\langle w(s)\rangle\ \mathrm{d}s \tag{4.95}$$

$$= \Phi(t, t_0)\ \mu_x(t_0) + \int_{t+0}^{t} \Phi(t, s)\ G(s)\ (0)\ \mathrm{d}s \tag{4.96}$$

$$= \Phi(t, t_0)\ \mu_x(t_0) \tag{4.97}$$

$$= \exp\left[\int_{t_0}^{t} F(\tau)\ \mathrm{d}\tau\right] \mu_x(t_0) \tag{4.98}$$

它是一般线性随机微分方程模型的均值的一般解。

均值的微分方程模型

将式(4.98)关于 t 求微分，得到下列微分方程：

$$\frac{\mathrm{d}}{\mathrm{d}t}\mu_x(t) = \frac{\mathrm{d}}{\mathrm{d}t}\exp\left[\int_{t_0}^{t} F(\tau)\ \mathrm{d}\tau\right] \mu_x(t_0) \tag{4.99}$$

$$= F(t)\ \exp\left[\int_{t_0}^{t} F(\tau)\ \mathrm{d}\tau\right] \mu_x(t_0) \tag{4.100}$$

$$= F(t)\ \mu_x(t) \tag{4.101}$$

上式为均值的连续时间传播模型。

均值的离散时间模型

如果令 $t_0 = t_{k-1}$，$t = t_k$，则式(4.97)也是离散时间解，在这种情况下

$$\mu_{x,k} \stackrel{\text{def}}{=} \mathop{\mathrm{E}}_{x}\langle x_k\rangle \tag{4.102}$$

$$= \Phi_{k-1}\mu_{x,k-1} \tag{4.103}$$

$$\Phi_{k-1} \stackrel{\text{def}}{=} \Phi(t_k, t_{k-1}) \tag{4.104}$$

$$= \exp\left[\int_{t_{k-1}}^{t_k} F(s)\ \mathrm{d}s\right] \tag{4.105}$$

4.6.2 协方差传播

随机系统的一般解

协方差矩阵

$$P_{xx}(t) \stackrel{\text{def}}{=} \mathop{\mathrm{E}}_{x}\langle [x(t)-\mu_x(t)][x(t)-\mu_x(t)]^{\mathrm{T}}\rangle \tag{4.106}$$

其中，$x(t)$ 由式(4.89)给出(式中 $u(t)=w(t)$)，$\mu_x(t)$ 由式(4.97)给出，它们之间的差值为

$$x(t)-\mu_x(t) = \Phi(t,t_0)\ [x(t_0)-\mu_x(t_0)] + \int_{t_0}^{t} \Phi(t,s)\ G(s)\ w(s)\ \mathrm{d}s \tag{4.107}$$

$$\Phi(t,s) \stackrel{\text{def}}{=} \exp\left[\int_{s}^{t} F(\tau)\ \mathrm{d}\tau\right] \tag{4.108}$$

于是，协方差矩阵为

$$\begin{aligned} P_{xx}(t) = \mathrm{E}_{x,w}\Bigg\langle &\left[\Phi(t,t_0)\ [x(t_0)-\mu_x(t_0)] + \int_{t_0}^{t} \Phi(t,s)\ G(s)\ w(s)\ \mathrm{d}s\right] \\ &\times\left[\Phi(t,t_0)\ [x(t_0)-\mu_x(t_0)] + \int_{t_0}^{t} \Phi(t,s)\ G(s)\ w(s)\ \mathrm{d}s\right]^{\mathrm{T}}\Bigg\rangle \end{aligned} \tag{4.109}$$

$$= \mathop{\mathrm{E}}_{x} \langle [\Phi(t,t_0)\,[x(t_0)-\mu_x(t_0)]][\Phi(t,t_0)\,[x(t_0)-\mu_x(t_0)]]^{\mathrm{T}}\rangle$$

$$+\mathop{\mathrm{E}}_{w}\left\langle\left[\int_{t_0}^{t}\Phi\left(t,s_1\right)\ G(s_1)\ w(s_1)\ \mathrm{d}s_1\right]\times\left[\int_{t_0}^{t}\Phi\left(t,s_2\right)\ G(s_2)\ w(s_2)\ \mathrm{d}s_2\right]^{\mathrm{T}}\right\rangle \tag{4.110}$$

$$= \Phi(t,t_0)P_{xx}(t_0)\Phi^{\mathrm{T}}(t,t_0) + \int_{t_0}^{t}\Phi(t,s)\ G(s)\mathop{\mathrm{E}}_{w}\langle w(s)\ w^{\mathrm{T}}(s)\rangle G^{\mathrm{T}}(s)\ \Phi^{\mathrm{T}}(t,s)\ \mathrm{d}s \tag{4.111}$$

$$= \Phi(t,t_0)P_{xx}(t_0)\Phi^{\mathrm{T}}(t,t_0) + \int_{t_0}^{t}\Phi(t,s)\ G(s)\ Q_t(s)\ G^{\mathrm{T}}(s)\ \Phi^{\mathrm{T}}(t,s)\ \mathrm{d}s \tag{4.112}$$

其中，我们用符号 Q_t 表示连续时间动态扰动噪声的协方差，它的单位是平方偏差/时间单位。这是为了将它与离散时间动态扰动噪声的协方差相区别，后者的单位是平方偏差。

在从式(4.109)到式(4.112)的系列方程中：

(a)从式(4.109)转变为式(4.110)用到了下列事实：

$$\mathop{\mathrm{E}}_{w}\langle w(s)\rangle = 0$$

(b)从式(4.110)转变为式(4.111)用到了下列事实：

$$\mathop{\mathrm{E}}_{w}\langle w(s_1)w^{\mathrm{T}}(s_2)\rangle = 0$$

除非 $s_1=s_2$，此时双重积分变为单积分。

(c)从式(4.111)转变为式(4.112)用到了下列事实：

$$\mathop{\mathrm{E}}_{w}\langle w(s)w^{\mathrm{T}}(s)\rangle = Q_t(s)$$

微分方程模型

如果将式(4.112)写为下列另外一种形式：

$$P_{xx}(t) = \exp\left[\int_{t_0}^{t}F(\tau)\ \mathrm{d}\tau\right]P_{xx}(t_0)\ \exp\left[\int_{t_0}^{t}F(\tau)\ \mathrm{d}\tau\right]$$
$$+\int_{t_0}^{t}\exp\left[\int_{s}^{t}F(\tau)\ \mathrm{d}\tau\right]G(s)\ Q_t(s)\ G^{\mathrm{T}}(s)\ \exp\left[\int_{s}^{t}F^{\mathrm{T}}(\tau)\ \mathrm{d}\tau\right]\mathrm{d}s \tag{4.113}$$

则可以求其两边关于 t 的微分，得到

$$\frac{\mathrm{d}}{\mathrm{d}t}P_{xx}(t) = \frac{\mathrm{d}}{\mathrm{d}t}\left\{\exp\left[\int_{t_0}^{t}F(s)\ \mathrm{d}s\right]P_{xx}(t_0)\ \exp\left[\int_{t_0}^{t}F(s)\ \mathrm{d}s\right]\right\}$$
$$+\frac{\mathrm{d}}{\mathrm{d}t}\left\{\int_{t_0}^{t}\exp\left[\int_{s}^{t}F(\tau)\ \mathrm{d}\tau\right]G(s)\ Q_t(s)\ G^{\mathrm{T}}(s)\right.$$
$$\left.\times\exp\left[\int_{s}^{t}F^{\mathrm{T}}(\tau)\ \mathrm{d}\tau\right]\mathrm{d}s\right\} \tag{4.114}$$
$$= F(t)\exp\left[\int_{t_0}^{t}F(s)\ \mathrm{d}s\right]P(t_0)\ \exp\left[\int_{t_0}^{t}F^{\mathrm{T}}(s)\ \mathrm{d}s\right]$$
$$+\exp\left[\int_{t_0}^{t}F(s)\ \mathrm{d}s\right]P(t_0)\ \exp\left[\int_{t_0}^{t}F^{\mathrm{T}}(s)\ \mathrm{d}s\right]F^{\mathrm{T}}(t)$$

$$+F(t)\left\{\int_{t_0}^{t}\exp\left[\int_{s}^{t}F(\tau)\,\mathrm{d}\tau\right]G(s)Q(s)G^{\mathrm{T}}(s)\right.$$
$$\left.\times\exp\left[\int_{s}^{t}F^{\mathrm{T}}(\tau)\,\mathrm{d}\tau\right]\mathrm{d}s\right\}$$
$$+\left\{\exp\left[\int_{s}^{t}F(\tau)\,\mathrm{d}\tau\right]G(s)Q(s)G^{\mathrm{T}}(s)\exp\left[\int_{s}^{t}F^{\mathrm{T}}(\tau)\,\mathrm{d}\tau\right]\mathrm{d}s\right\}F^{\mathrm{T}}(t)$$
$$+G(t)Q(t)G^{\mathrm{T}}(t) \tag{4.115}$$
$$=F(t)P_{xx}(t)+P_{xx}(t)F^{\mathrm{T}}(t)+G(t)Q_t(t)G^{\mathrm{T}}(t) \tag{4.116}$$

离散时间模型

对于一般离散时间过程模型

$$x_k=\Phi_{k-1}x_{k-1}+G_{k-1}w_{k-1} \tag{4.117}$$

$$\mathop{\mathrm{E}}_{w}\langle w_i w_j^{\mathrm{T}}\rangle=\begin{cases}0, & i\neq j\\ Q_i, & i=j\end{cases} \tag{4.118}$$

均值μ_k的传播可以用式(4.103)的模型表示，于是中心差分及其外积分别为

$$x_k-\mu_k=\Phi_{k-1}[x_{k-1}-\mu_{k-1}]+G_{k-1}w_{k-1} \tag{4.119}$$

$$\begin{aligned}[x_k-\mu_k][x_k-\mu_k]^{\mathrm{T}}=&\Phi_{k-1}[x_{k-1}-\mu_{k-1}][x_{k-1}-\mu_{k-1}]^{\mathrm{T}}\Phi_{k-1}^{\mathrm{T}}\\&+G_{k-1}w_{k-1}w_{k-1}^{\mathrm{T}}G_{k-1}^{\mathrm{T}}\\&+\Phi_{k-1}[x_{k-1}-\mu_{k-1}]w_{k-1}^{\mathrm{T}}G_{k-1}^{\mathrm{T}}\\&+G_{k-1}w_{k-1}[x_{k-1}-\mu_{k-1}]^{\mathrm{T}}\Phi_{k-1}^{\mathrm{T}}\end{aligned} \tag{4.120}$$

并且期望值为

$$P_k\stackrel{\mathrm{def}}{=}\mathop{\mathrm{E}}_{x,w}\langle[x_k-\mu_k][x_k-\mu_k]^{\mathrm{T}}\rangle \tag{4.121}$$

$$\begin{aligned}=&\mathop{\mathrm{E}}_{x}\langle\Phi_{k-1}[x_{k-1}-\mu_{k-1}][x_{k-1}-\mu_{k-1}]^{\mathrm{T}}\Phi_{k-1}^{\mathrm{T}}\rangle\\&+\mathop{\mathrm{E}}_{w}\langle G_{k-1}w_{k-1}w_{k-1}^{\mathrm{T}}G_{k-1}^{\mathrm{T}}\rangle\\&+\mathop{\mathrm{E}}_{x}\langle\Phi_{k-1}[x_{k-1}-\mu_{k-1}]\rangle\underbrace{\mathop{\mathrm{E}}_{w}\langle w_{k-1}^{\mathrm{T}}G_{k-1}^{\mathrm{T}}\rangle}_{=0}\\&+\underbrace{\mathop{\mathrm{E}}_{w}\langle G_{k-1}w_{k-1}\rangle}_{=0}\mathop{\mathrm{E}}_{x}\langle[x_{k-1}-\mu_{k-1}]^{\mathrm{T}}\Phi_{k-1}^{\mathrm{T}}\rangle\end{aligned} \tag{4.122}$$

$$=\Phi_{k-1}P_{k-1}\Phi_{k-1}^{\mathrm{T}}+G_{k-1}Q_{k-1}G_{k-1}^{\mathrm{T}} \tag{4.123}$$

4.6.3 稳态解

卡尔曼滤波器的一个突出特点是，即使没有采样的协方差方程是不稳定的，利用测量的估计不确定性的协方差仍然具有有限的稳态值。

这里考虑的问题是，没有测量的协方差方程是否稳定，即当 t 趋于正无穷(连续时间模型)或者 k 趋于正无穷(离散时间模型)时，它们的解是否趋于一个有限常数值。

连续时间情形

协方差的稳态解是一个常数值，当 $t \to +\infty$ 时协方差趋向这个常数值，而与协方差的初始值无关。有些时变系统和时不变系统具有稳态解，但并不是所有的时变或者时不变系统都有稳态解。

具有零均值白噪声的时不变连续时间模型

$$\dot{x}(t) = Fx(t) + w(t) \tag{4.124}$$

$$\underset{w}{\mathrm{E}}\langle w(t)w^{\mathrm{T}}(t)\rangle = Q_t \tag{4.125}$$

只有当下列稳态方程：

$$0 = \lim_{t\to+\infty} \frac{\mathrm{d}}{\mathrm{d}t}P(t) \tag{4.126}$$

$$= FP(\infty) + P(\infty)F^{\mathrm{T}} + Q_t \tag{4.127}$$

具有非负确定解 $P(\infty)$时，它才具有稳态协方差解。一般而言，只有当 F 的特征值的实部为负时，它才具有这种解。

离散时间情形

等效的离散时间稳态协方差方程为

$$P_\infty = \Phi P_\infty \Phi^{\mathrm{T}} + Q \tag{4.128}$$

上述方程可能有解或者没有解，这取决于 Φ 的特征值。一般而言，只有当 Φ 的所有特征值都位于复平面上单位圆的内部时，它将有解。

4.6.4　结果

在表 4.3 中，对本节的主要结果进行了总结。

表 4.3　白噪声输入情况下基本矩的传播

连续时间方程	$\dot{x}(t) = F(t)x(t) + G(t)w(t)$
均值方程	$\frac{\mathrm{d}}{\mathrm{d}t}\mathrm{E}\langle x(t)\rangle = F(t)\mathrm{E}\langle x(t)\rangle$
初始值	$\mathrm{E}\langle x(t_o)\rangle$
协方差方程	$\dot{P}(t) = F(t)P(t) + P(t)F^{\mathrm{T}}(t) + G(t)Q_t(t)G^{\mathrm{T}}(t)$
初始值	$P(t_0)$
稳态方程	$0 = FP(\infty) + P(\infty)F^{\mathrm{T}} + GQ_tG^{\mathrm{T}}$
代数方程	只针对时不变模型
离散时间方程	$x_k = \Phi_{k-1}x_{k-1} + G_{k-1}w_{k-1}$
均值方程	$\mathrm{E}\langle x_k\rangle = \Phi_{k-1}\mathrm{E}\langle x_{k-1}\rangle$
协方差方程	$P_k = \Phi_{k-1}P_{k-1}\Phi_{k-1}^{\mathrm{T}} + G_{k-1}Q_{k-1}G_{k-1}^{\mathrm{T}}$
初始值	P_0
稳态方程	$P_\infty = \Phi P_\infty \Phi^{\mathrm{T}} + GQG^{\mathrm{T}}$
代数方程	只针对时不变模型

例 4.7(连续时间标量系统) 一个动态模型由下列标量微分方程给出：

$$\dot{x}(t) = -x(t) + w(t)$$
$$\mathrm{E}x(0) = 0$$
$$P(0) = 0$$
$$F = -1$$
$$G = 1$$
$$\mathrm{E}w(t) \equiv 1$$
$$Q(t) = 1$$

根据表 4.3 可知

$$\mathrm{E}\dot{x}(t) = -Ex(t) + 1$$
$$\mathrm{E}x(0) = 0$$
$$\mathrm{E}x(t) = 1 - \mathrm{e}^{-t},\ t \geqslant 0$$

于是，协方差方程为

$$\begin{aligned} \dot{P}(t) &= -2P(t) + 1 \\ P(0) &= 0 \\ P(t) &= \mathrm{e}^{-2t}P(0) + \int_0^t \mathrm{e}^{-2(t-\tau)} 1\, \mathrm{d}\tau \\ &= \frac{1}{2}(1 - \mathrm{e}^{-2t}) \end{aligned}$$

于是，稳态协方差为

$$\begin{aligned} P(\infty) &= \lim_{t \to +\infty} \frac{1}{2}(1 - \mathrm{e}^{-2t}) \\ &= \frac{1}{2} \end{aligned}$$

例 4.8(离散时间标量系统) 对于下列离散时间模型

$$\left.\begin{array}{rcll} x_k^1 & = & -x_{k-1}^1 + w_{k-1}^1 & \\ \mathrm{E}w_{k-1}^1 & = & 0 & (\text{非白}) \\ \Psi_w^1 & = & \mathrm{e}^{-(k_1-k_2)} & (\text{自相关}) \end{array}\right\} \tag{a}$$

非白噪声的模型演变为标量差分方程(由表 4.1 给出)，它被称为成型滤波器：

$$x_k^2 = \mathrm{e}^{-1}x_{k-1}^2 + \sqrt{1-\mathrm{e}^{-2}}\ w_{k-1} \tag{b}$$

其中，w_{k-1}是均值为零、协方差等于 1 的白噪声。

将上面的式(a)和式(b)结合起来，如式(4.81)那样可得

$$x_k = \begin{bmatrix} -1 & 1 \\ 0 & \mathrm{e}^{-1} \end{bmatrix} x_{k-1} + \begin{bmatrix} 0 \\ \sqrt{1-\mathrm{e}^{-2}} \end{bmatrix} w_{k-1}$$

$$P_k = \begin{bmatrix} -1 & 1 \\ 0 & \mathrm{e}^{-1} \end{bmatrix} \quad P_{k-1} \begin{bmatrix} -1 & 0 \\ 1 & \mathrm{e}^{-1} \end{bmatrix} + \begin{bmatrix} 0 \\ \sqrt{1-\mathrm{e}^{-2}} \end{bmatrix} 1 \begin{bmatrix} 0 & \sqrt{1-\mathrm{e}^{-2}} \end{bmatrix}$$

$$P_k^{11} = +P_{k-1}^{11} - 2P_{k-1}^{12} + P_{k-1}^{22}$$

$$P_k^{12} = -\mathrm{e}^{-1}P_{k-1}^{12} + \mathrm{e}^{-1}P_{k-1}^{22}$$
$$P_k^{22} = \mathrm{e}^{-2}P_{k-1}^{22} + (1 - \mathrm{e}^{-2})$$
$$P_0 = \begin{bmatrix} 0 & 0 \\ 0 & 0 \end{bmatrix}$$

于是，稳态解为

$$P_\infty^{22} = \frac{(1 - \mathrm{e}^{-2})}{1 - \mathrm{e}^{-2}} = 1$$
$$P_\infty^{12} = \frac{\left[\mathrm{e}^{-1}\frac{(1-\mathrm{e}^{-2})}{1-\mathrm{e}^{-2}}\right]}{1 + \mathrm{e}^{-1}} = \frac{\mathrm{e}^{-1}}{1 + \mathrm{e}^{-1}}$$
$$P_\infty^{11} = \text{欠定的}$$

例 4.9(谐振器的稳态协方差) 零均值白色加速度噪声 $w(t)$ 驱动的欠阻尼谐振器的随机系统模型为

$$\dot{x}(t) = Fx(t) + w(t)$$
$$\mathrm{E}\langle w(t_1)w^{\mathrm{T}}(t_2)\rangle = \delta(t_1 - t_2)Q$$
$$Q = \begin{bmatrix} 0 & 0 \\ 0 & q \end{bmatrix}$$

我们感兴趣的是，过程 $x(t)$ 的协方差是否能够达到有限的稳态值 $P(\infty)$。并不是每一个 RP 都具有有限的稳态值，但在本例中将发现它是可以达到有限值的。

回顾例 2.2、例 2.3 和例 2.7 中可知，质量弹簧谐振器的状态空间模型的动态系数矩阵为下列 2×2 维常数矩阵：

$$F = \begin{bmatrix} 0 & 1 \\ \frac{k_s}{m} & -\frac{k_d}{m} \end{bmatrix} = \begin{bmatrix} 0 & 1 \\ -\omega_r^2 - \omega_d^2 & -2\omega_d \end{bmatrix}$$

其中，m 是支撑质量，k_s是弹簧的弹性常数，k_d是阻尼器的阻尼系数。其他的模型参数为

$$\omega_r = \sqrt{\frac{k_s}{m} - \frac{k_d^2}{4m^2}} \quad \text{（欠阻尼谐振频率）}$$
$$\tau_d = \frac{2m}{k_d} \quad \text{（阻尼时间常数）}$$
$$\omega_d = \frac{1}{\tau} \quad \text{（阻尼频率）}$$

如果当 t 趋于正无穷时，协方差矩阵 $P(t)$ 到达某个稳态值 $P(\infty)$，则渐进协方差动态方程变为

$$0 = \lim_{t\to\infty} \frac{\mathrm{d}}{\mathrm{d}t}P(t) = FP(\infty) + P(\infty)F^{\mathrm{T}} + Q$$

这是一个代数方程(algebraic equation)。也就是说，在计算时只包含代数运算(乘法和加法)

而不包含导数和积分运算。并且，它是关于 2×2 维对称矩阵 $P(\infty)$ 的未知元素 $p_{11}, p_{12}=p_{21}$ 和 p_{22} 的线性方程。式(4.129)等效于下面三个标量线性方程：

$$0=\sum_{k=1}^{2} f_{1k}p_{k1}+\sum_{k=1}^{2} p_{1k}f_{k1}+q_{11}$$

$$0=\sum_{k=1}^{2} f_{1k}p_{k2}+\sum_{k=1}^{2} p_{1k}f_{k2}+q_{12}$$

$$0=\sum_{k=1}^{2} f_{2k}p_{k2}+\sum_{k=1}^{2} p_{2k}f_{k2}+q_{22}$$

其中已知参数为

$$\begin{array}{llll} q_{11}=0, & q_{12}=0, & q_{22}=q & \\ f_{11}=0, & f_{12}=1, & f_{21}=-\omega_r^2-\omega_d^2, & f_{22}=-2\omega_d \end{array}$$

上述线性方程组可以重新整理为下列非奇异的 3×3 维方程组：

$$\begin{bmatrix}0\\0\\q\end{bmatrix}=-\begin{bmatrix}0 & 2 & 0\\ -(\omega_r^2+\tau_d^{-2}) & -\frac{2}{\tau_d} & 1\\ 0 & -2(\omega_r^2+\tau_d^{-2}) & -\frac{4}{\tau_d}\end{bmatrix}\begin{bmatrix}p_{11}\\p_{12}\\p_{22}\end{bmatrix}$$

它的解为

$$\begin{bmatrix}p_{11}\\p_{12}\\p_{22}\end{bmatrix}=q\begin{bmatrix}\frac{\tau_d}{4(\omega_r^2+\tau_d^{-2})}\\0\\\frac{\tau_d}{4}\end{bmatrix}$$

$$\begin{aligned}P(\infty)&=\begin{bmatrix}p_{11} & p_{12}\\ p_{12} & p_{22}\end{bmatrix}\\ &=\frac{q\tau_d}{4(\omega_r^2+\tau_d^{-2})}\begin{bmatrix}1 & 0\\ 0 & (\omega_r^2+\tau_d^{-2})\end{bmatrix}\end{aligned}$$

注意到稳态状态协方差与过程噪声协方差 q 线性相关。速度的稳态协方差也与阻尼时间常数 τ 线性相关。无量纲的量 $2\pi\omega_r\tau_d$ 被称为质量因数(quality factor)、Q 因数(Q-factor)或者简称为谐振器的"Q"值。它等于自然谐振器(unforced resonator)在幅度衰减为其初始幅度的 $1/\mathrm{e}\approx 37\%$ 以前经过的周期数。

4.7　模型参数之间的关系

4.7.1　连续模型和离散模型的参数

在表 4.4 中，总结了卡尔曼滤波(离散时间)和卡尔曼-布西滤波(Kalman-Bucy filtering，连续时间)中应用模型的数学形式。所有这些模型都写为通用数学形式，其模型参数 F,Q,H,R 和 Φ 的维数与值都取决于具体应用。在第 2 章中导出了 Φ 和 F 之间的关系(也在表中给出来了)，并且还利用第 2 章中导出的非齐次微分方程的解(涉及少量随机微积分运算)推导出了式(4.131)中参数 $Q(t)$ 与 Q_{k-1} 之间的关系。

传感器模型

表 4.4 中最后一列包括一种新的模型，在表格最上面标记为"输出模型"。这类模型在

2.3.4 节中做了介绍。传感器的输出模型用于估计卡尔曼滤波器的状态向量 x，它包含了参数 H 和 R。表中还给出了 $H(t)$ 与 H_k 之间的关系。

$R(t)$ 与 R_k 之间的关系取决于在离散时刻 t_k 对测量值 z_k 进行采样以前所用的滤波器类型。这类关系取决于用于导出 $Q(t)$ 和 Q_{k-1} 之间关系的随机微积分。在 4.7.3 节中，将针对一些常用的抗混叠滤波器导出 $R(t)\to R_k$ 的关系。

表 4.4 随机系统模型的参数

滤波器类型	动态模型	输出模型
卡尔曼–布西 参数	$\dot{x}(t)=F(t)\,x(t)+w(t)$ $F(t)=\frac{\partial \dot{x}}{\partial x}$ $Q(t)=\mathrm{E}\langle w(t)w^{\mathrm{T}}(t)\rangle$	$z(t)=H(t)\,x(t)+v(t)$ $H(t)=\frac{\partial z}{\partial x}$ $R(t)=\mathrm{E}\langle v(t)v^{\mathrm{T}}(t)\rangle$
卡尔曼 参数	$x_k=\Phi_{k-1}\,x_{k-1}+w_{k-1}$ $\Phi_{k-1}=\exp\left(\int_{t_{k-1}}^{t_k}F(s)\,\mathrm{d}s\right)$ $Q_{k-1}=\mathrm{E}\langle w_{k-1}w_{k-1}^{\mathrm{T}}\rangle$	$z_k=H_k\,x_k+v_k$ $H_k=H(t_k)$ $R_k=\mathrm{E}\langle v_kv_k^{\mathrm{T}}\rangle$

连续时间模型的应用

上述关系对于卡尔曼滤波中的许多应用而言是很重要的，这类应用中信源模型是连续时间的，但是卡尔曼滤波器必须在计算机上以离散时间方式执行。工程师和科学家经常发现，首先采用连续时间模型，然后在对该模型有充分把握以后将其转化为离散时间模型，这种方法更加自然并且可靠。如果按照下列准则：

采用连续思维，进行离散处理。

在导出滤波器过程中出现重大错误的风险通常就能大大降低。

4.7.2 $Q(t)$ 与 Q_{k-1} 之间的关系

如果令 $t=t_k$，并且 $t_0=t_{k-1}$，则式(4.112)变为

$$P_k=\Phi_{k-1}P_{k-1}\Phi_{k-1}+G_{k-1}Q_{k-1}G_{k-1}^{\mathrm{T}} \tag{4.129}$$

$$G_{k-1}Q_{k-1}G_{k-1}^{\mathrm{T}}=\int_{t_{k-1}}^{t_k}\exp\left[\int_s^{t_k}F(\tau)\,\mathrm{d}\tau\right]G(s)\,Q_t(s)\,G^{\mathrm{T}}(s)\times\exp\left[\int_s^{t_k}F(\tau)\,\mathrm{d}\tau\right]^{\mathrm{T}}\mathrm{d}s \tag{4.130}$$

上面最后一个等式定义了连续时间(Q_t)和离散时间(Q_k)等效白噪声过程协方差之间的关系。在 $G_{k-1}=I=G(s)$ 的情况下，上式变为

$$Q_{k-1}=\int_{t_{k-1}}^{t_k}\exp\left[\int_s^{t_k}F(\tau)\,\mathrm{d}\tau\right]Q_t(s)\exp\left[\int_s^{t_k}F(\tau)\,\mathrm{d}\tau\right]^{\mathrm{T}}\mathrm{d}s \tag{4.131}$$

在表 4.5 中，给出了一些时不变系统模型的解。

协方差的单位

过程噪声协方差矩阵 $Q(s)$ 和 Q_{k-1} 具有不同的物理单位。$w(t)\propto\dot{x}$ 的单位是状态向量 x 除以时间后的单位，而 $w_{k-1}\propto x$ 的单位却与状态向量 x 的单位相同。于是，可预料 $Q(s)=\mathrm{E}\langle w(s)w^{\mathrm{T}}(s)\rangle$ 的单位应该是 xx^{T} 除以时间平方后的单位。然而，期望算子与随机积分(Itô 或者 Stratonovich 随机积分)相结合后，使得 $Q(s)$ 的单位变成 xx^{T} 除以时间后的单位——这就是可能产生混淆的原因。于是，取 $Q(s)$ 关于时间的积分可使 Q_k 的单位与 xx^{T} 的相同。

表 4.5　连续时间和离散时间模型的等效恒定参数

连续时间		离散时间	
F	Q_t	Φ_k	Q_k
$[0]$	$[q]$	$[1]$	$[q\ \Delta t]$
$[-1/\tau]$	$[q]$	$[\exp\ (-\Delta t/\tau)]$	$\left[\dfrac{q\tau\ [1-\exp\ (-2\ \Delta t/\tau)]}{2}\right]$
$\begin{bmatrix}0 & 1\\0 & 0\end{bmatrix}$	$\begin{bmatrix}0 & 0\\0 & q\end{bmatrix}$	$\begin{bmatrix}1 & \Delta t\\0 & 1\end{bmatrix}$	$q\begin{bmatrix}\frac{(\Delta t)^3}{3} & \frac{(\Delta t)^2}{2}\\\frac{(\Delta t)^2}{2} & \Delta t\end{bmatrix}$
$\begin{bmatrix}0 & 1 & 0\\0 & 0 & 1\\0 & 0 & 0\end{bmatrix}$	$\begin{bmatrix}0 & 0 & 0\\0 & 0 & 0\\0 & 0 & q\end{bmatrix}$	$\begin{bmatrix}1 & \Delta t & \frac{(\Delta t)^2}{2}\\0 & 1 & \Delta t\\0 & 0 & 1\end{bmatrix}$	$q\begin{bmatrix}\frac{(\Delta t)^5}{20} & \frac{(\Delta t)^4}{8} & \frac{(\Delta t)^3}{6}\\\frac{(\Delta t)^4}{8} & \frac{(\Delta t)^3}{3} & \frac{(\Delta t)^2}{2}\\\frac{(\Delta t)^3}{6} & \frac{(\Delta t)^2}{2} & \Delta t\end{bmatrix}$

例 4.10(谐振器模型的 Q_{k-1})　考虑确定下列等效离散时间模型的协方差矩阵 Q_{k-1}：

$$x_k = \Phi_{k-1}x_{k-1} + w_{k-1}$$

$$\mathrm{E}\langle w_{k-1}w_{k-1}^{\mathrm{T}}\rangle = Q_{k-1}$$

这是由白色加速度噪声驱动的谐振器的模型，已知其连续时间模型中过程噪声的方差 q

$$\frac{\mathrm{d}}{\mathrm{d}t}x(t) = Fx(t) + w(t)$$

$$\mathrm{E}\langle w(t_1)\ w^{\mathrm{T}}(t_2)\rangle = \delta(t_1 - t_2)Q$$

$$Q = \begin{bmatrix}0 & 0\\0 & q\end{bmatrix}$$

其中，ω 是谐振频率，τ 是阻尼时间常数，ξ 是对应的阻尼"频率"(即它有频率的单位)，q 是连续时间过程噪声的协方差(在例 4.2 和例 4.9 中，已经导出了白色加速度噪声 $w(t)$ 驱动的谐振器的随机系统模型)。

按照例 2.6 中的推导方法，可以采用谐振频率 ω 和阻尼时间常数 τ，将固有(unforced)动态系统模型的基本解矩阵表示为下列形式：

$$\begin{aligned}\Phi(t) &= \mathrm{e}^{Ft}\\ &= \mathrm{e}^{-t/\tau}\begin{bmatrix}\dfrac{S(t)+C(t)\omega\tau}{\omega\tau} & \dfrac{S(t)}{\omega}\\ -\dfrac{S(t)(1+\omega^2\tau^2)}{\omega\tau^2} & \dfrac{-S(t)+C(t)\omega\tau}{\omega\tau}\end{bmatrix}\\ S(t) &= \sin(\omega t)\\ C(t) &= \cos(\omega t)\end{aligned}$$

在时刻 $t = s$ 的逆矩阵为

$$\Phi^{-1}(s) = \frac{\mathrm{e}^{s/\tau}}{\omega\tau^2}\begin{bmatrix}\tau[\omega\tau C(s) - S(s)] & -\tau^2 S(s)\\(1+\omega^2\tau^2)S(s) & \tau[\omega\tau C(s) + S(s)]\end{bmatrix}$$

于是，不定积分矩阵为

$$\Psi(t) = \int_0^t \Phi^{-1}(s)\begin{bmatrix}0 & 0\\0 & q\end{bmatrix}\Phi^{\mathrm{T}-1}(s)\,\mathrm{d}s$$

$$= \frac{q}{\omega^2\tau^2}\int_0^t \begin{bmatrix} \tau^2 S(s)^2 & -\tau S(s)[\omega\tau C(s)+S(s)] \\ -\tau S(s)[\omega\tau C(s)+S(s)] & [\omega\tau C(s)+S(s)]^2 \end{bmatrix} e^{2s/\tau}\,ds$$

$$= \begin{bmatrix} \dfrac{q\tau\{-\omega^2\tau^2+[2S(t)^2-2C(t)\omega S(t)\tau+\omega^2\tau^2]\zeta^2\}}{4\omega^2(1+\omega^2\tau^2)} & \dfrac{-qS(t)^2\zeta^2}{2\omega^2} \\ \dfrac{-qS(t)^2\zeta^2}{2\omega^2} & \dfrac{q\{-\omega^2\tau^2+[2S(t)^2+2C(t)\omega S(t)\tau+\omega^2\tau^2]\zeta^2\}}{4\omega^2\tau} \end{bmatrix}$$

$$\zeta = e^{t/\tau}$$

于是，离散时间协方差矩阵 Q_{k-1} 可以计算为(参见 4.7 节)

$$Q_{k-1} = \Phi(\Delta t)\Psi(\Delta t)\Phi^{\mathrm{T}}(\Delta t) = \begin{bmatrix} q_{11} & q_{12} \\ q_{21} & q_{22} \end{bmatrix}$$

$$q_{11} = \frac{q\tau\{\omega^2\tau^2(1-e^{-2\Delta t/\tau})-2S(\Delta t)e^{-2\Delta t/\tau}[S(\Delta t)+\omega\tau C(\Delta t)]\}}{4\omega^2(1+\omega^2\tau^2)}$$

$$q_{12} = \frac{qe^{-2\Delta t/\tau}S(\Delta t)^2}{2\omega^2}$$

$$q_{21} = q_{12}$$

$$q_{22} = \frac{q\{\omega^2\tau^2(1-e^{-2\Delta t/\tau})-2S(\Delta t)e^{-2\Delta t/\tau}[S(\Delta t)-\omega\tau C(\Delta t)]\}}{4\omega^2\tau}$$

注意到本例中离散时间过程噪声协方差 Q_{k-1} 的结构(structure)与连续时间过程噪声 Q 的结构区别很大。特别地，Q_{k-1} 是完全矩阵(full matrix)，而 Q 却是一个稀疏矩阵(sparse matrix)。

常数 F 和 G 情形下 Q_k 的一阶近似

当 F 和 G 是恒定值时，对 Q_k 进行截尾幂级数展开的理由如下：

$$Q_k = \sum_{i=1}^{\infty} \frac{Q^i \Delta t^i}{i!} \tag{4.132}$$

考虑 Q_k 关于 t_{k-1} 的 Taylor 级数展开，其中

$$Q^i = \left.\frac{d^i Q}{dt^i}\right|_{t=t_{k-1}}$$

$$\dot{Q} = FQ_k + Q_k F^{\mathrm{T}} + GQ(t)G^{\mathrm{T}}$$

$$Q^{(1)} = \dot{Q}(t_{k-1}) = GQ(t)G^{\mathrm{T}} \text{ since } Q(t_{k-1}) = 0$$

$$Q^{(2)} = \ddot{Q}(t_{k-1}) = F\dot{Q}(t_{k-1}) + \dot{Q}(t_{k-1})F^{\mathrm{T}} = FQ^{(1)} + Q^{(1)}F^{\mathrm{T}}$$

$$\vdots$$

$$Q^{(i)} = FQ^{(i-1)} + Q^{(i-1)}F^{\mathrm{T}}, \quad i = 1,2,3,\cdots$$

只取上面级数中的一阶项，得到

$$Q_k \approx GQ(t)G^{\mathrm{T}}\Delta t \tag{4.133}$$

上式并不总是很好的近似，下面的例子将说明这一点。

例 4.11(谐振器的 Q_k的一阶近似) 如果将下列一阶近似：

$$Q_k \approx Q\Delta t$$

应用于前面的具有加速度噪声的谐振器例子，让我们看看会出现什么情况。

下列稳态“状态协方差”方程(即关于状态向量自身的协方差的方程，而不是关于估计误差的协方差方程)

$$P_\infty = \Phi P_\infty \Phi^{\mathrm{T}} + Q\Delta t$$

的解(取 $\theta = 2\pi f_{\text{resonance}}/f_{\text{sampling}}$)的左上角元素为

$$\{P_\infty\}_{11} = q\Delta t \mathrm{e}^{-2\Delta t/\tau}\sin(\theta)^2(\mathrm{e}^{-2\Delta t/\tau}+1)/D$$

$$D = \omega^2(\mathrm{e}^{-2\Delta t/\tau}-1)$$

$$\times(\mathrm{e}^{-2\Delta t/\tau}-2\mathrm{e}^{-2\Delta t/\tau}\cos(\theta)+1)(\mathrm{e}^{-2\Delta t/\tau}+2\mathrm{e}^{-2\Delta t/\tau}\cos(\theta)+1)$$

这是稳态 MS 谐振器位移(Steady-State MS resonator displacement)。然而，注意到

$$\{P_\infty\}_{11} = 0, \qquad \sin(\theta) = 0$$

这意味着如果采样频率是谐振频率的两倍，则没有位移发生。显然这是不合理的。这就通过反证法证明了在一般情况下，有

$$Q_k \neq Q\Delta t$$

即使在某些例子中它可能是一个合理的近似。

例 4.12(指数相关噪声模型的 Q_k与 Q_t比较) 指数相关噪声模型是线性时不变的，并且离散时间 Q_k与连续时间的类似 Q_t之间的对应关系可以用闭合形式导出。首先从连续时间模型开始，具体如下：

$$\dot{x} = \frac{-1}{\tau}x(t) + w(t),\ w(t) \in \mathcal{N}(0, Q_t)$$

$$F = \frac{-1}{\tau}$$

$$\Phi_k = \Phi(\Delta t) = \exp\left(\int_0^{\Delta t} F\,\mathrm{d}s\right) = \exp(-\Delta t/\tau)$$

$$Q_k = \Phi_k^2\int_0^{\Delta t}\Phi^{-1}(s)Q_t\Phi^{-\mathrm{T}}(s)\,\mathrm{d}s = \frac{\tau}{2}[1-\exp(-2\,\Delta t/\tau)]Q_t$$

$$Q_t = \frac{2}{\tau[1-\exp(-2\,\Delta t/\tau)]}Q_k$$

根据连续 Q 计算 Q_k的 Van Loan 方法

对于具有 n 个状态变量的一般连续时间线性时不变模型

$$\dot{x}(t) = Fx(t) + Gw(t) \text{ with } w(t) \in \mathcal{N}(0, Q_t)$$

构造下列 $2n \times 2n$ 维矩阵

$$M = \Delta t\begin{bmatrix} -F & GQ_tG^{\mathrm{T}} \\ 0 & F^{\mathrm{T}} \end{bmatrix} \tag{4.134}$$

这是由 $n \times n$ 维子矩阵块组成的一个 2×2 维分块矩阵。

Van Loan 于 1978 年发表的论文[14]指出，$2n\times 2n$ 维矩阵指数 $\exp(M)$ 可以利用 MATLAB 函数 expm 进行数字计算，它也可以被分割为下列由 $n\times n$ 维子矩阵块组成的 2×2 维分块矩阵：

$$\exp(M)=\begin{bmatrix}\Psi & \Phi_k^{-1}Q_k\\ 0 & \Phi^{\mathrm{T}}\end{bmatrix} \tag{4.135}$$

其中，Ψ 没有被用到，但是其等效离散时间模型参数

$$\mathtt{Phik}\overset{\text{def}}{=}\Phi_k$$

$$\mathtt{Qk}\overset{\text{def}}{=}Q_k$$

可以采用下列程序通过 MATLAB 软件计算出来：

```
M    = DeltaT*[-F,G*Qc*G';zeros(n),F'];
N    = expm(M);
Phik = N(n+1:2*n,n+1:2*n)';
Qk   = Phik*N(1:n,n+1:2*n);
```

其中，MATLAB 变量为 $\mathtt{QC}\overset{\text{def}}{=}Q_t$

Van Loan 方法的程序代码参见 MATLAB 函数 VanLoan。

例 4.13（Van Loan 方法运用） 假设一个线性时不变随机系统的连续时间模型的参数值为

$$F=\begin{bmatrix}0 & 1\\ 0 & 0\end{bmatrix},GQ_tG^{\mathrm{T}}=\begin{bmatrix}0 & 0\\ 0 & 1\end{bmatrix}$$

并且其离散时间等效实现要求时间间隔为 $\Delta t=1$。于是

$$M=\Delta t\begin{bmatrix}-F & GQ_tG^{\mathrm{T}}\\ 0 & F^{\mathrm{T}}\end{bmatrix}=\begin{bmatrix}0 & -1 & 0 & 0\\ 0 & 0 & 0 & 1\\ 0 & 0 & 0 & 0\\ 0 & 0 & 1 & 0\end{bmatrix}$$

$$\begin{aligned}\exp(M)&=I+M+\frac{1}{2!}M^2+\frac{1}{3!}M^3+\frac{1}{4!}M^4+\cdots\\ &=\begin{bmatrix}1 & 0 & 0 & 0\\ 0 & 1 & 0 & 0\\ 0 & 0 & 1 & 0\\ 0 & 0 & 0 & 1\end{bmatrix}+\begin{bmatrix}0 & -1 & 0 & 0\\ 0 & 0 & 0 & 1\\ 0 & 0 & 0 & 0\\ 0 & 0 & 1 & 0\end{bmatrix}+\frac{1}{2}\begin{bmatrix}0 & 0 & 0 & -1\\ 0 & 0 & 1 & 0\\ 0 & 0 & 0 & 0\\ 0 & 0 & 0 & 0\end{bmatrix}\\ &\quad+\frac{1}{6}\begin{bmatrix}0 & 0 & -1 & 0\\ 0 & 0 & 0 & 0\\ 0 & 0 & 0 & 0\\ 0 & 0 & 0 & 0\end{bmatrix}+\frac{1}{24}\begin{bmatrix}0 & 0 & 0 & 0\\ 0 & 0 & 0 & 0\\ 0 & 0 & 0 & 0\\ 0 & 0 & 0 & 0\end{bmatrix}+\text{更多的零项}\\ &=\begin{bmatrix}1 & -1 & -\frac{1}{6} & -\frac{1}{2}\\ 0 & 1 & \frac{1}{2} & 1\\ 0 & 0 & 1 & 0\\ 0 & 0 & 1 & 1\end{bmatrix}=\begin{bmatrix}\Psi & \Phi_k^{-1}Q_k\\ 0 & \Phi^{\mathrm{T}}\end{bmatrix}\end{aligned}$$

根据上式可得

$$\Phi_k=\begin{bmatrix}1 & 1\\ 0 & 1\end{bmatrix}$$

$$Q_k=\Phi_k\{\Phi_k^{-1}Q_k\}=\begin{bmatrix}1 & 1\\ 0 & 1\end{bmatrix}\left\{\begin{bmatrix}-\frac{1}{6} & -\frac{1}{2}\\ \frac{1}{2} & 1\end{bmatrix}\right\}=\begin{bmatrix}\frac{1}{3} & \frac{1}{2}\\ \frac{1}{2} & 1\end{bmatrix}$$

由于 $F^2=0$，因此上面得到的 Φ_k 值可以很容易地通过下式计算出来：

$$\begin{aligned}\Phi_k &= \exp\ (\Delta t\ F)\\ &= I + \Delta t\ F + \frac{1}{2!}\underbrace{(\Delta t\ F)^2}_{=0} + \cdots\\ &= \begin{bmatrix}1 & 0\\0 & 1\end{bmatrix} + \begin{bmatrix}0 & 1\\0 & 0\end{bmatrix} = \begin{bmatrix}1 & 1\\0 & 1\end{bmatrix}\end{aligned}$$

这也可以采用下面的程序通过 MATLAB 进行验证：

```
>> F = [0,1;0,0],
F =
     0     1
     0     0
>> Qc = [0,0;0,1],
Qc =
     0     0
     0     1
>> DeltaT = 1;
>> M = DeltaT*[-F,Qc;zeros(2),F'],
M =
     0    -1     0     0
     0     0     0     1
     0     0     0     0
     0     0     1     0
```

```
>> N = expm(M),
N =
    1.0000   -1.0000   -0.1667   -0.5000
         0    1.0000    0.5000    1.0000
         0         0    1.0000         0
         0         0    1.0000    1.0000
>> Phi = N(3:4,3:4)',
Phi =
     1     1
     0     1
>> Qk = Phi*N(1:2,3:4),
Qk =
    0.3333    0.5000
    0.5000    1.0000
```

4.7.3 $R(t)$ 和 R_k 之间的关系

传感器噪声校准　实际上，$R(t)$ 和/或者 R_k 应该通过测量恒定输入时传感器的实际输出来确定——并且作为传感器特征和/或者校准的一部分。在两种情况下(连续时间或者离散时间)，噪声测量值还用于确定合适的噪声模型是否为零均值白噪声。如果不是，则这些(相同的)噪声数据(或者其 PSD)可以用于设计一个适当的成型滤波器(即作为输入为白噪声的随机系统的辅助噪声模型)。于是，$R(t)$ 或者 R_k 的值就是那些(成型滤波器输出)近似于传感器噪声测量值的统计特性的值。

传感器输出偏差　这类噪声校准也需要用于对噪声的任意非零均值进行检查和纠正，它通常被称为“传感器输出偏差”。传感器输出偏差也可以采用一个卡尔曼滤波估计出来，然后使其成为系统状态变量来进行补偿。这种方法对于那些不是恒定值的偏差也有效。

积分传感器

即使 $R(t)$ 和 R_k 已经是零均值白噪声，它们之间的关系也取决于离散时间传感器对于内部连续时间噪声的处理方法。如果它是一个积分传感器或者在采样以前采用了积分-保持电路，则

$$v_k = \int_{t_{k-1}}^{t_k} v(t)\ \mathrm{d}t \tag{4.136}$$

$$R_k = \overline{R} \tag{4.137}$$

$$= \frac{1}{t_k - t_{k-1}} \int_{t_{k-1}}^{t_k} R(t)\ \mathrm{d}t \tag{4.138}$$

其中，$\overline{R}$ 是 $R(t)$ 在 $t_{k-1} < t \leqslant t_k$ 区间上的时间平均值。如果模拟噪声 $v(t)$ 是零均值白噪声，则积分-保持电路是理想的低通抗混叠滤波器。它只在采样之间的间隔区间上积分，这样可以使输出噪声是白色的(即不会引入时间相关)。

其他抗混叠滤波器

抽头延迟线 采用抽头延迟线实现的滤波器也可以通过使总时延小于或者等于输出采样间隔，从而使总时延保持为一个采样间隔。内部采样速率仍然可以高于输出采样速率。

IIR 滤波器 另一方面，模拟 RC 滤波器具有无限冲激响应(Infinite Impulse Response, IIR)。它将在采样间隔以外引入一定程度的延迟，从而即使输入噪声是白色的，它也会在输出噪声中产生时间相关。

计算 R_k 一般而言，滤波后的输出噪声协方差 R_k 可以利用输入噪声模型和抗混叠滤波器的传递函数计算出来。

4.8 正交原理

4.8.1 最小期望二次损失函数估计子

图4.6所示为式(4.64)中表示系统状态的估计子的方框图实现。$X(t)$的估计值 $\hat{x}(t)$ 将为卡尔曼滤波器的输出。

估计误差定义为随机变量 $X(t)$“真实值”与其“估计值” $\hat{x}(t)$ 之间的差值。

估计误差的二次“损失”函数(Quadratic loss function)的形式为

$$[x(t)-\hat{x}(t)]^{\mathrm{T}}M[x(t)-\hat{x}(t)] \tag{4.139}$$

其中，M 是一个 $n\times n$ 维的对称、正定“加权矩阵”。

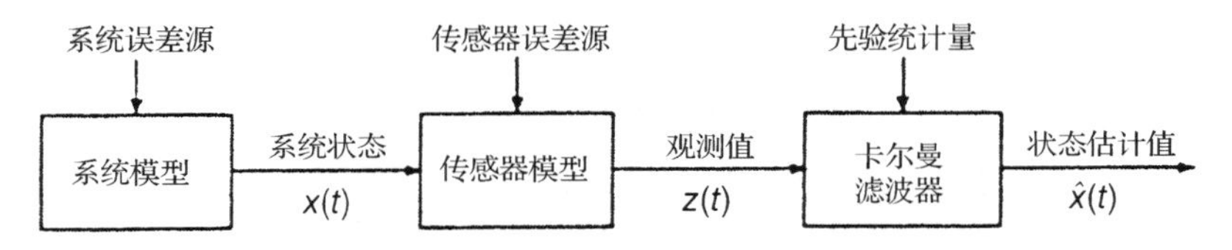

图4.6 估计子模型的方框图

对于某个具体的二次损失函数，其“最优”估计子定义为在观测值 $z(t)$ 的条件概率下，使损失的期望值最小化的估计值 $\hat{x}(t)$。后面将会证明 $X(t)$ 的最优估计(使二次代价函数的平均值最小化)是给定观测值 $z(t)$ 情况下 $X(t)$ 的条件期望

$$\hat{x}=\mathrm{E}\langle x(t)|z(t)\rangle \quad \text{最小化}$$

$$\mathrm{E}\langle [x(t)-\hat{x}(t)]^{\mathrm{T}}M[x(t)-\hat{x}(t)]|z(t)\rangle \tag{4.140}$$

令 $z(t)(0\leqslant t\leqslant t_1)$ 为观测值，希望估计出 $t=t_2$ 时刻 $X(t)$ 的值。于是，式(4.140)变为下列形式：

$$\hat{x}(t_2)=\mathrm{E}\langle x(t_2)|z(t),0\leqslant t\leqslant t_1\rangle \tag{4.141}$$

并且类似的离散模型的对应方程为

$$\hat{x}_{k_2}=\mathrm{E}\langle \hat{x}_{k_2}|z_1,z_2,\cdots,z_{k_1}\rangle,\quad 1\leqslant k_2\leqslant k_1 \tag{4.142}$$

令

$$J=\mathrm{E}\langle [x(t)-\hat{x}(t)]^{\mathrm{T}}M[x(t)-\hat{x}(t)]|z(t)\rangle \tag{4.143}$$

回顾 $\hat{x}(t)$ 是观测值的非随机函数，于是

$$0=\frac{\mathrm{d}J}{\mathrm{d}\hat{x}} \tag{4.144}$$

$$= -2M\,\mathrm{E}\langle[x(t)-\hat{x}(t)]|z(t)\rangle \tag{4.145}$$

$$\mathrm{E}\langle\hat{x}(t)|z(t)\rangle = \hat{x}(t) = \mathrm{E}\langle x(t)|z(t)\rangle \tag{4.146}$$

这就证明了式(4.140)中给出的结果。如果 $X(t)$ 和 $z(t)$ 是联合正态(高斯)分布的，则非线性最小方差估计子和线性最小方差估计子是一致的

$$\mathrm{E}\langle x_{k_2}|z_1, z_2, \cdots, z_{k_1}\rangle = \sum_{i=1}^{k_1}\alpha_i z_i \tag{4.147}$$

以及

$$\mathrm{E}\langle x(t_2)|z(t), 0\leqslant t\leqslant t_1\rangle = \int_0^{t_1}\alpha(t,\tau)z(\tau)\,\mathrm{d}\tau \tag{4.148}$$

离散情况下的证明

令概率密度

$$p[x_{k_2}|z_{k_1}] \tag{4.149}$$

为高斯分布，并且 $\alpha_1, \alpha_2, \cdots, \alpha_{k_1}$ 满足

$$\mathrm{E}\left\langle\left[x_{k_2}-\sum_{i=1}^{k_1}\alpha_i z_i\right]z_j^{\mathrm{T}}\right\rangle = 0, \quad j = 1, \cdots, k_1 \tag{4.150}$$

以及

$$k_1 < k_2, \quad k_1 = k_2, \quad k_1 > k_2 \tag{4.151}$$

因为协方差$[z_i, z_j]$是非奇异的，所以可以确保满足上述方程的向量 α_i 存在。

向量

$$\left[x_{k_2}-\sum\alpha_i z_i\right] \tag{4.152}$$

和 z_i 是独立的。于是，根据序列 x_k 的零均值特性可知

$$\mathrm{E}\left\langle\left[x_{k_2}-\sum_{i=1}^{k_1}\alpha_i z_i\right]\middle| z_1, \ldots, z_{k_1}\right\rangle = \mathrm{E}\left\langle x_{k_2}-\sum_{i+1}^{k_1}\alpha_i z_i\right\rangle$$

$$= 0$$

$$\mathrm{E}\langle x_{k_2}|z_1, z_2, \ldots, z_{k_1}\rangle = \sum_{i=1}^{k_1}\alpha_i z_i$$

连续情况下的证明与上述过程类似。

线性最小方差估计子是无偏的，即

$$\mathrm{E}\langle x(t)-\hat{x}(t)\rangle = 0 \tag{4.153}$$

其中

$$\hat{x}(t) = \mathrm{E}\langle x(t)|z(t)\rangle \tag{4.154}$$

换句话说，无偏估计子的期望值与待估计量的期望值是相同的。

4.8.2　正交原理

估计问题的非线性解 $\mathrm{E}\langle x\mid z\rangle$ 是比较难以计算的。如果 x 和 z 是联合正态分布，则 $\mathrm{E}\langle x\mid z\rangle = \alpha_1 z + \alpha_0$。

令 x 和 z 是标量，且 M 是一个 1×1 维加权矩阵。则使下列均方误差：

$$e = \mathrm{E}\langle[x-(\alpha_0+\alpha_1 z)]^2\rangle = \int_{\infty}^{\infty}\int_{\infty}^{\infty}[x-(\alpha_0+\alpha_1 z)]^2 p(x,z)\,\mathrm{d}x\,\mathrm{d}z \tag{4.155}$$

最小的常量 α_0 和 α_1 分别为

$$\alpha_1 = \frac{r\sigma_x}{\sigma_z}$$

$$\alpha_0 = \mathrm{E}\langle x\rangle - \alpha_1\mathrm{E}\langle z\rangle$$

并且得到的最小 MS 误差 $e_{\min}$ 为

$$e_{\min} = \sigma_x^2(1-r^2) \tag{4.156}$$

其中的比值

$$r = \frac{\mathrm{E}\langle(x-\mathrm{E}\langle x\rangle)(z-\mathrm{E}\langle z\rangle)\rangle}{\sigma_x\sigma_z} \tag{4.157}$$

称为 x 和 z 的相关系数（Correlation coefficient），并且 σ_x 和 σ_z 分别是 x 和 z 的标准差（Standard deviation）。

假设给定 α_1，则

$$\frac{\mathrm{d}}{\mathrm{d}\alpha_0}\mathrm{E}\langle[x-\alpha_0-\alpha_1 z]^2\rangle = 0 \tag{4.158}$$

以及

$$\alpha_0 = \mathrm{E}\langle x\rangle - \alpha_1\mathrm{E}\langle z\rangle \tag{4.159}$$

将 α_0 的值代入 $\mathrm{E}\langle[x-\alpha_0-\alpha_1 z]^2\rangle$，得到

$$\begin{aligned}\mathrm{E}\langle[x-\alpha_0-\alpha_1 z]^2\rangle &= \mathrm{E}\langle[x-\mathrm{E}\langle x\rangle-\alpha_1(z-\mathrm{E}\langle z\rangle)]^2\rangle\\ &= \mathrm{E}\langle[(x-\mathrm{E}\langle x\rangle)-\alpha_1(z-\mathrm{E}\langle z\rangle)]^2\rangle\\ &= \mathrm{E}\langle[x-\mathrm{E}\langle x\rangle]^2\rangle+\alpha_1^2\mathrm{E}\langle[z-\mathrm{E}\langle z\rangle]^2\rangle\\ &\quad -2\alpha_1\mathrm{E}\langle(x-\mathrm{E}\langle x\rangle)(z-\mathrm{E}\langle z\rangle)\rangle\end{aligned}$$

将上式关于 α_1 求微分，得到

$$\begin{aligned}0 &= \frac{\mathrm{d}}{\mathrm{d}\alpha_1}\mathrm{E}\langle[x-\alpha_0-\alpha_1 z]^2\rangle\\ &= 2\alpha_1\mathrm{E}\langle(z-\mathrm{E}\langle z\rangle)^2\rangle-2\mathrm{E}\langle(x-\mathrm{E}\langle x\rangle)(z-\mathrm{E}\langle z\rangle)\rangle\end{aligned} \tag{4.160}$$

$$\begin{aligned}\alpha_1 &= \frac{\mathrm{E}\langle(x-\mathrm{E}\langle x\rangle)(z-\mathrm{E}\langle z\rangle)\rangle}{\mathrm{E}\langle(z-\mathrm{E}\langle z\rangle)^2\rangle}\\ &= \frac{r\sigma_x\sigma_z}{\sigma_z^2}\\ &= \frac{r\sigma_x}{\sigma_z}\\ e_{\min} &= \sigma_x^2-2r^2\sigma_x^2+r^2\sigma_x^2\\ &= \sigma_x^2(1-r^2)\end{aligned} \tag{4.161}$$

注意到如果假设 x 和 z 的均值为零，即

$$\mathrm{E}\langle x\rangle = \mathrm{E}\langle z\rangle = 0 \tag{4.162}$$

则可以得到解为

$$\alpha_0 = 0 \tag{4.163}$$

正交原理　使 MS 误差

$$e = \mathrm{E}\langle[x - \alpha_1 z]^2\rangle \tag{4.164}$$

最小化的常数 α_1 就是使 $x - \alpha_1 z$ 与 z 正交的 α_1 值。也就是说

$$\mathrm{E}\langle[x - \alpha_1 z]z\rangle = 0 \tag{4.165}$$

并且最小 MS 误差的值可由下式得到:

$$e_m = \mathrm{E}\langle(x - \alpha_1 z)x\rangle \tag{4.166}$$

4.8.3 正交的几何解释

考虑所有随机变量(RV)都是抽象向量空间中的向量。x 和 z 的内积取值为二阶矩 $\mathrm{E}\langle xz\rangle$。于是

$$\mathrm{E}\langle x^2\rangle = \mathrm{E}\langle x^{\mathrm{T}}x\rangle \tag{4.167}$$

是 x 的长度的平方。向量 x, z, $\alpha_1 z$ 和 $x - \alpha_1 z$ 如图 4.7 所示。

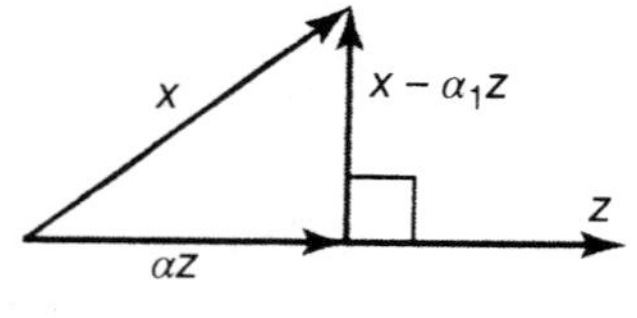

图 4.7　正交原理示意图

MS 误差 $\mathrm{E}\langle(x - \alpha_1 z)^2\rangle$ 是 $x - \alpha_1 z$ 的长度的平方。如果 $x - \alpha_1 z$ 与 z 正交(垂直),即

$$\mathrm{E}\langle(x - \alpha_1 z)z\rangle = 0 \tag{4.168}$$

则其长度达到最小值。

我们将在第 5 章中,运用正交原理导出卡尔曼估计子。

4.9 本章小结

4.9.1 需要记忆的要点

事件(Event)构成了一个试验产生结果的西格马代数(Sigma algebra)。一个统计试验(Statistical experiment)是一次具有不确定结果的任务。一个试验的所有可能的结果组成的集合被称为样本空间(Sample space)。如果一个试验的结果是事件的一个元素,则这个事件被称为一次发生(Occur)。

独立事件(Independent events)。一个事件的集合被称为是相互独立的,如果其中任意有限个数事件的发生与不发生对于其他事件可能发生或者不发生都没有任何影响。

随机变量是函数(Random variables are function)。一个标量(Scalar)随机变量(RV)是定义在概率空间的样本空间上的一个实值函数,使得对于每个开区间(a,b), $-\infty < a \leqslant b < +\infty$,集合

$$f^{-1}((a,b)) = \{s \in S | a < f(s) < b\}$$

是一个事件(即它是事件的西格马代数)。一个向量值 RV 的每个元素都是标量 RV。一个 RV 也被称为一个变量(Variate)。

随机过程(Random processes, RP)是时间的函数,它的值是 RV。一个过程(Process)是一个系统随时间的演进变化。如果系统的未来状态可以由其初始状态和输入值进行预测,则这个过程被视为确定性的(Deterministic)。否则,它被称为非确定性的(Nondeterministic)。如果

非确定性系统在任意时刻的可能状态都可以用一个 RV 表示，则该系统状态的演进就是一个 RP，或者称为一个随机过程(Stochastic process)。正式而言，一个 RP 或者随机过程是定义在时间区间上的函数 f，它的值 $f(t)$ 是 RV。

对于一个 RP，如果它在任意时刻的值的概率分布都与其他任意时刻的值无关，则它被称为伯努利过程(Bernoulli process)，或者独立同分布(Independent identically distributed，i. i. d.)过程。
对于一个 RP，给定它在任意时刻 t 的状态，如果它在任意 $\tau > t$ 时刻的状态的概率分布都与给定所有 $s \leqslant t$ 时刻的状态情况下的概率分布相同，则它被称为马尔可夫过程(Markov process)。
对于一个 RP，如果在任意时刻它的可能值的概率分布都是一个高斯分布，则它被称为高斯过程(Gaussian process)。
对于一个 RP，如果它的概率分布的某个统计量不随时间原点的平移而变化，则它被称为是平稳的(Stationary)。如果只有它的一阶矩和二阶矩是不变的，则它被称为是广义平稳的(Wide-sense stationary，WSS)或者弱平稳的(Weak-sense stationary)。如果它的所有统计量都是不变的，则它被称为是严格平稳的(Strict-sense stationary)。
对于一个 RP，如果其任意时刻的值在样本函数集上的概率分布，等于在随机选取的成员函数值的所有时间上的概率分布，则它被称为是遍历的(Ergodic)。
对于一个 RP，如果它与另外一个 RP 之间逐点乘积的期望值等于零，则这两个 RP 被称为是正交的(Orthogonal)。

4.9.2　需要记忆的重要公式

一个 n 维向量值(或者多变量)高斯概率分布 $\mathcal{N}(\bar{x}, P)$ 的密度函数具有下列函数形式：

$$p(x) = \frac{1}{\sqrt{(2\pi)^n \det P}} \mathrm{e}^{-(1/2)(x-\bar{x})^{\mathrm{T}} P^{-1}(x-\bar{x})}$$

其中，$\bar{x}$ 是分布的均值，P 是偏离均值的协方差矩阵。

一个状态为 x、状态协方差为 P 的连续时间线性随机过程的模型方程为

$$\dot{x}(t) = F(t)x(t) + G(t)w(t)$$

$$z(t) = H(t)x(t) + v(t)$$

$$\dot{P}(t) = F(t)P(t) + P(t)F^{\mathrm{T}}(t) + G(t)Q(t)G^{\mathrm{T}}(t)$$

其中，$Q(t)$ 是零均值设备噪声(Plant noise)$w(t)$ 的协方差。一个离散时间线性随机过程的模型方程为

$$x_k = \Phi_{k-1}x_{k-1} + G_{k-1}w_{k-1}$$

$$z_k = H_k x_k + v_k$$

$$P_k = \Phi_{k-1}P_{k-1}\Phi_{k-1}^{\mathrm{T}} + G_{k-1}Q_{k-1}G_{k-1}^{\mathrm{T}}$$

其中，x 为系统状态，z 为系统输出，w 为零均值不相关设备噪声，Q_{k-1} 是 w_{k-1} 的协方差，v 为零均值不相关测量噪声(Measurement noise)。设备噪声也被称为过程噪声(Process noise)。这些模型也可能具有已知的输入。成型滤波器是用于表示具有某种频谱特性或者时间相关性的随机过程的模型。

习题

4.1 对于下列离散时间模型

$$x_k = m^2 x_{k-1} + w_{k-1},\ Ew_{k-1} = 0,\ Q_{k-1} = \Delta(k_1 - k_2),\ P_0 = 1,\ \underset{x}{\mathrm{E}}\langle x_0\rangle = 1$$

求出 $E\langle x_3\rangle$,P_k和 P_∞的值。

4.2 一个幅度调制信号可以由下式产生

$$y(t) = [1 + mx(t)]\cos(\Omega t + \lambda)$$

其中，$X(t)$是与 λ 独立的 WSS RP，$x(t)$是在$[0,2\pi]$上均匀分布的 RV。已知

$$\psi_x(\tau) = \frac{1}{\tau^2 + 1}$$

(a)验证 $\psi_x(\tau)$是一个自相关函数。

(b)假设 $x(t)$具有上述自相关函数，采用直接方法计算频谱密度，计算 Ψ_y。

4.3 设 $R(T)$是一个均方连续随机过程 $X(t)$的任意自相关函数，并且 $\Psi(\omega)$是随机过程 $X(t)$的 PSD。下列等式成立吗？

$$\lim_{|\omega|\to\infty} \Psi(\omega) = 0$$

请证明你的结论。

4.4 于下列"Dryden"涡流模型的 PSD，分别求出纵向涡流、垂直涡流和横向涡流的状态空间模型：

$$\Psi(\omega) = \sigma^2\left(\frac{2L}{\pi V}\right)\left(\frac{1}{1 + (L\omega/V)^2}\right)$$

其中

ω = 频率，单位为幅度每秒

σ = 均方根(Root-mean-square，RMS)涡流强度

L = 刻度长度，单位为英尺

V = 飞机速度，单位为英尺每秒(290 ft/s)

(a)对于纵向涡流情形

$L = 600$ ft

$\sigma_u = 0.15$ 平均顶风或者顺风(节，海里/小时)

(b)对于垂直涡流情形

$L = 300$ ft

$\sigma_w = 1.5$ 节

(c)对于横向涡流情形

$L = 600$ ft

$\sigma_v = 0.15$ 平均侧风(节，海里/小时)

4.5 考虑下列 RP

$$x(t) = \cos(\omega_0 t + \theta_1)\cos(\omega_0 t + \theta_2)$$

其中，θ_1和 θ_2是在 0 ~ 2π之间均匀分布的独立 RV。

(a)证明 $X(t)$是 WSS。

(b)计算 $\psi_x(\tau)$和 $\Psi_x(\omega)$。

(c)讨论 $X(t)$的遍历性。

4.6 令 $\psi_x(\tau)$是 WSS RP 的自相关。试问 $\psi_x(\tau)$的实部也必然是一个自相关吗？如果是，请给予证明，否则给出一个反例。

4.7 假设 $X(t)$是 WSS，并且

$$y(t) = x(t)\cos(\omega t + \theta)$$

其中，ω 是一个常数，θ 是在$[0,2\pi]$范围均匀分布的随机相位。求出 $\psi_{xy}(\tau)$。

4.8 随机过程 $X(t)$具有零均值，并且其自相关函数为

$$\psi_x(\tau) = \mathrm{e}^{-|\tau|}$$

求出

$$y(t) = \int_0^t x(u)\,\mathrm{d}u, \quad t > 0$$

的自相关函数。

4.9 假设 $X(t)$是 WSS 的，并且其 PSD 为

$$\Psi_x(\omega) = \begin{cases} 1, & -a \leqslant \omega \leqslant a \\ 0, & \text{其他} \end{cases}$$

画出随机过程

$$y(t) = x(t)\cos(\Omega t + \theta)$$

的谱密度。其中，θ 是一个均匀分布的随机相位，$\Omega > a$。

4.10 假设 $X(t)$是一个平稳 RP，其自相关函数为

$$\psi_x(\tau) = \begin{cases} 1 - |\tau|, & -1 \leqslant \tau \leqslant 1 \\ 0 & \text{其他} \end{cases}$$

求出

$$y(t) = x(t)\cos(\omega_0 t + \lambda)$$

的谱密度。其中，ω_0是一个常数，λ 是在$[0,2\pi]$范围内均匀分布的 RV。

4.11 一个 RP $X(t)$定义如下

$$x(t) = \cos(t + \theta)$$

其中，θ 是在$[0,2\pi]$范围内均匀分布的 RV。计算

$$y(t) = \int_0^t x(u)\,\mathrm{d}u$$

的自相关函数 $\psi_y(t,s)$。

4.12 令 ψ_1和 ψ_2为任意两个连续且绝对可积的自相关函数。试问下列几个表达式也必然为自相关函数吗？请简要进行解释。

(a)$\psi_1 \cdot \psi_2$。

(b)$\psi_1 + \psi_2$。

(c)$\psi_1 - \psi_2$。

(d)$\psi_1 * \psi_2$(ψ_1和ψ_2的卷积)

4.13 回答下列问题并给出简单原因:

(a)如果$f(t)$和$g(t)$都是自相关函数,试问$f^2(t)+g(t)$(必然、或许、不会)是一个自相关函数吗?

(b)已知条件与(a)相同,试问$f^2(t)-g(t)$(必然、或许、不会)是一个自相关函数吗?

(c)如果$X(t)$是一个严格平稳过程,试问$x^2(t)+2x(t-1)$(必然、或许、不会)是严格平稳的吗?

(d)下列函数

$$\omega(\tau)=\begin{cases}\cos\tau, & -\frac{9}{2}\pi\leqslant\tau\leqslant\frac{9}{2}\pi\\ 0 & 其他\end{cases}$$

是(或者不是)一个自相关函数吗?

(e)令$X(t)$是严格平稳的遍历过程,α是均值为零、方差为1的高斯RV,并且α与$X(t)$相互独立。则$y(t)=\alpha x(t)$(必然、或许、不会)是遍历的吗?

4.14 下面哪些函数是一个WSS过程的自相关函数?请简要进行解释。

(a) $e^{-|\tau|}$

(b) $e^{-|\tau|}\cos\tau$

(c) $\Gamma(t)=\begin{cases}1, & |t|<a\\ 0, & |t|\geqslant a\end{cases}$

(d) $e^{-|\tau|}\sin\tau$

(e) $\frac{3}{2}e^{-|\tau|}-e^{-2|\tau|}$

(f) $2e^{-2|\tau|}-e^{-|\tau|}$

4.15 下列函数是一个WSS过程的自相关函数吗?

$$\psi_x(\tau)=1.5e^{-|\tau|}+(11/3)e^{-3|\tau|}$$

4.16 对下面两个问题进行讨论。

(a)平稳和广义平稳之间的区别。

(b)两个周期分别为mT和nT的周期过程之间互相关函数的周期特性。

4.17 系统传递函数有时可以采用实验手段来确定,其方法是输入白噪声$w(t)$并测量系统输出与白噪声之间的互相关。这里我们考虑下列系统:

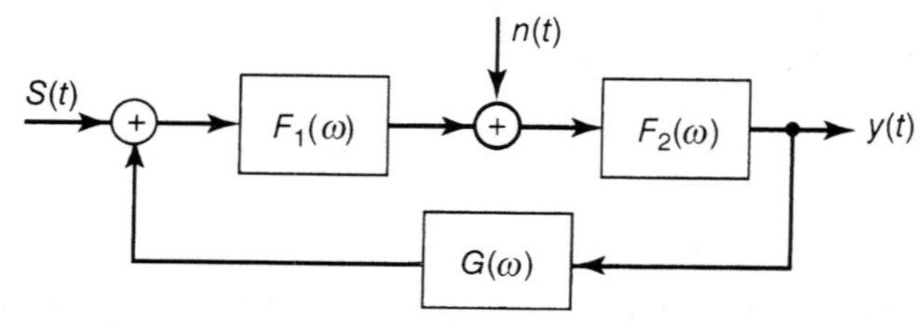

假设$\Psi_s(\omega)$是已知的,$S(t)$和$n(t)$相互独立,并且$\Psi_n(\omega)=1$。试求出$\Psi_{yn}(\omega)$。

提示:写出$y(t)=y_S(t)+y_n(t)$,其中y_S和y_n分别是输出中对应于S和n产生的部分。

4.18 令$S(t)$和$w(t)$为实数平稳不相关RP,两者都具有零均值。

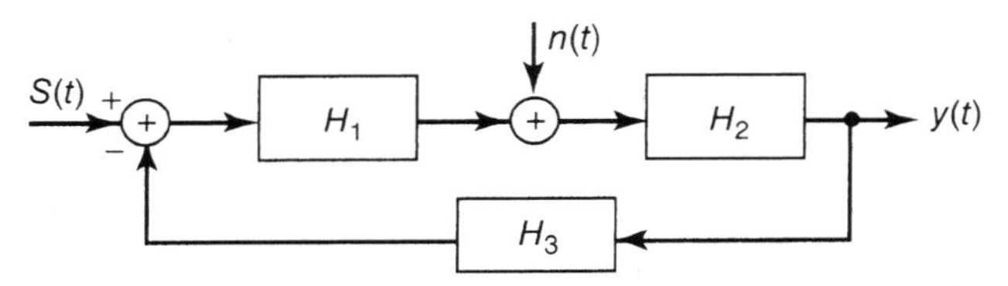

其中，$H_1(j2\pi\omega)$，$H_2(j2\pi\omega)$和$H_3(j2\pi\omega)$是时不变线性系统的传递函数，$S_0(t)$是$w(t)$为零时的输出，并且$n_0(t)$是$S(t)$为零时的输出。试求出输出信噪比，其定义为$\mathrm{E}\langle S_0^2(t)\rangle/\mathrm{E}\langle n_0^2(t)\rangle$。

4.19 单一随机数据源通过两个不同的转换器来测量，将它们的输出合理地结合为最终测量值$y(t)$。系统示意图如下：

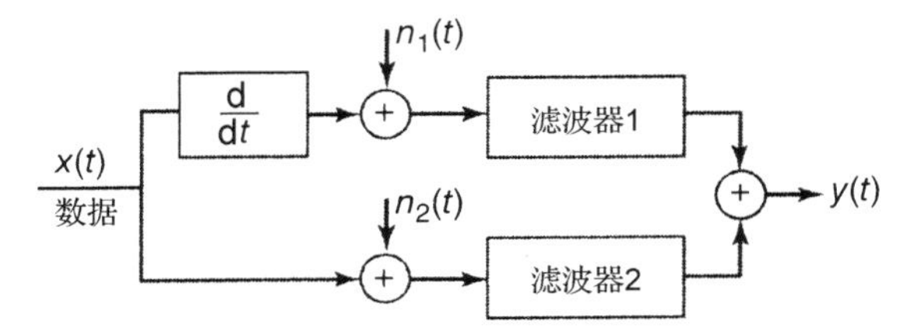

假设$n_1(t)$和$n_2(t)$是不相关的RP，数据和噪声也是不相关的，滤波器1的传递函数为$Y(s)/s$，滤波器2的传递函数为$1-Y(s)$。假设希望确定出测量的MS误差，其中误差定义为$e(t)=x(t)-y(t)$。试利用$Y(s)$和谱密度Ψ_x，Ψ_{n_1}和Ψ_{n_2}计算出误差的均方值。

4.20 令$X(t)$为下列系统的解

$$\dot{x}+x=w(t)$$

其中，$w(t)$是白噪声，其谱密度为2π。

(a)假设上述系统从$t=-\infty$起就一直工作，求出$\psi_x(t_1t_2)$。试问$X(t)$是否为WSS的？如果是，求出ψ_x的表达式。

(b)这里与(a)中的系统不一样，考虑下列系统：

$$\dot{x}+x=\begin{cases}w(t), & t\geqslant 0\\ 0, & t<0\end{cases}$$

其中，$x(0)=0$。再计算$\psi_x(t_1,t_2)$。

(c)令$y(t)=\int_0^t x(\tau)\mathrm{d}\tau$。求出(a)和(b)中描述的两个系统的$\psi_{xy}(t_1,t_2)$。

(d)希望根据$x(t)$对$x(t+\alpha)$进行预测，也就是根据随机过程的现在值得到其未来值。一种可能的预测器$\hat{x}(t+a)$采用下列形式：

$$\hat{x}(t+\alpha)=ax(t)$$

试求出能够得到最小均方预测误差的a值，即使下式最小化：

$$\mathrm{E}\langle|\hat{x}(t+\alpha)-x(t+\alpha)|^2\rangle$$

其中，$x(t)$与(a)部分相同。

4.21 令$x(t)$为下列系统的解：

$$\dot{x}+x=w(t)$$

其初始条件为$x(0)=x_0$。假设$w(t)$是谱密度为2π的白噪声，并且在$t=0$时刻加上。初始条件x_0是与$w(t)$独立的、均值为零的RV。

(a)如果 x_0的方差为 σ^2，$\psi_x(t_1,t_2)$是多少？推导出该结果。

(b)求出使 $\psi_x(t_1,t_2)$在所有 $t\geqslant 0$ 时刻的值都相同的 σ 值(将其称为 σ_0)。确定出当 $\sigma=\sigma_0$时，$\psi_x(t_1,t_2)$是否只是 t_1-t_2的函数。

(c)如果白噪声在 $t=-\infty$ 时就加上，并且初始条件也是均值为零且方差为 σ_0^2 的 RV，试问 $x(t)$是 WSS 的吗？通过合理的推导和/或者计算对答案进行解释。

4.22　令

$$\dot{x}(t)=F(t)x(t)+w(t)$$
$$x(a)=x_a, t\geqslant a$$

其中，x_a是一个零均值 RV，其协方差矩阵为 P_a，并且

$$\mathrm{E}\langle w(t)\rangle=0\quad \forall t,$$
$$\mathrm{E}\langle w(t)w^{\mathrm{T}}(s)\rangle=Q(t)\delta(t-s)\quad \forall t,s$$
$$\mathrm{E}\langle x(a)w^{\mathrm{T}}(t)\rangle=0\quad \forall t$$

(a)确定出过程 $x(t)$的均值 $m(t)$和协方差 $P(t,t)$。

(b)导出 $P(t,t)$的微分方程。

4.23　求出下列连续系统的协方差矩阵 $P(t)$及其稳态值 $P(\infty)$：

(a) $\dot{x}=\begin{bmatrix}-1 & 0\\ -1 & 0\end{bmatrix}x+\begin{bmatrix}1\\ 1,\end{bmatrix}w(t),\quad P(0)=\begin{bmatrix}1 & 0\\ 0 & 1,\end{bmatrix}$

(b) $\dot{x}=\begin{bmatrix}-1 & 0\\ 0 & -1\end{bmatrix}x+\begin{bmatrix}5\\ 1\end{bmatrix}w(t),\quad P(0)=\begin{bmatrix}1 & 0\\ 0 & 1\end{bmatrix}$，其中 $w\in\mathcal{N}(0,1)$，并且是白色的。

4.24　对于下列连续时间系统：

$$\dot{x}(t)=-x(t)+w(t)$$
$$\mathrm{E}x(0)=1$$
$$P(0)=1$$
$$\mathrm{E}w(t)=2$$
$$Q(t)=\mathrm{e}^{-2}\delta(t-\tau)$$

求出 $\mathrm{E}\langle x(t)\rangle$，$P_x(t)$和 P_∞。

4.25　求出下列离散系统的协方差矩阵 P_k及其稳态值 P_∞：

$$x_{k+1}=\begin{bmatrix}0 & \frac{1}{2}\\ -\frac{1}{2} & 2\end{bmatrix}x_k+\begin{bmatrix}1\\ 1\end{bmatrix}w_k,\quad P_0=\begin{bmatrix}1 & 0\\ 0 & 1\end{bmatrix}$$

其中 $w_k\in\mathcal{N}(0,1)$，并且是白色的。

4.26　求出例 4.2 中给出的状态空间模型的稳态协方差。

4.27　证明下列连续时间稳态代数方程

$$0=FP(\infty)+P(\infty)F^{\mathrm{T}}+GQG^{\mathrm{T}}$$

在标量情况下，并且 $F=Q=G=1$ 时没有非负解。

4.28　证明下列离散时间稳态代数方程

$$P_\infty=\Phi P_\infty\Phi^{\mathrm{T}}+Q$$

在标量情况下，并且 $\Phi = Q = 1$ 时没有解。

4.29　求出下列系统：

$$x_k = -2x_{k-1} + w_{k-1}$$

中 x_k 的协方差（是 k 的函数形式）以及其稳态值。

其中，$Ew_{k-1} = 0$ 并且 $E(w_k w_j) = e^{-|k-j|}$。假设协方差的初始值（P_0）为1。

4.30　求出下列系统

$$\dot{x}(t) = -2x(t) + w(t)$$

中 $x(t)$ 的协方差（是 t 的函数形式）以及其稳态值。

其中，$Ew(t)=0$，并且 $E(w(t_1)\ w(t_2)) = e^{-|t_1-t_2|}$。假设协方差的初始值（$P_0$）为1。

4.31　假设 $x(t)$ 的自相关函数为 $\psi_x(\tau) = e^{-c|\tau|}$。我们希望根据 $x(t)$ 的过去和现在值预测出 $x(t+\alpha)$ 的值，即预测器可能会用到 $s \leq t$ 时刻的所有 $x(s)$ 值。

(a) 证明最小均方误差线性预测器为

$$\hat{x}(t+\alpha) = e^{-c\alpha}x(t)$$

(b) 求出上面结果中的MS误差值。提示：利用正交原理。

参考文献

[1] E. Allen, *Modeling with Itô Stochastic Differential Equations*, Springer, Berlin, 2007.

[2] L. Arnold, *Stochastic Differential Equations: Theory and Applications*, Kreiger, Malabar, FL, 1992.

[3] J. Baras and V. Mirelli, *Recent Advances in Stochastic Calculus*, Springer-Verlag, New York, 1990.

[4] K. Itô and H. P. McKean Jr., *Diffusion Processes and Their Sample Paths*, Academic Press, New York, 1965.

[5] B. Oksendal, *Stochastic Differential Equations: An Introduction with Applications*, Springer, Berlin, 2007.

[6] K. Sobczyk, *Stochastic Differential Equations with Applications to Physics and Engineering*, Kluwer Academic Press, Dordrecht, The Netherlands, 1991.

[7] R. L. Stratonovich, *Topics in the Theory of Random Noise* (R. A. Silverman, Ed.), Gordon & Breach, New York, 1963.

[8] A. Einstein, "Über die von molekularkinetischen Theorie der Wärme geforderte Bewegung von in ruhenden Flüssigkeiten suspendierten Teilchen," *Annelen der Physik*, Vol. 17, pp. 549–560, 1905.

[9] P. Langevin, "Sur la théory du muovement brownien," *Comptes Rendus de l'Academie des Sciences*, Vol. 146, pp. 530–533, Paris, 1908.

[10] R. S. Bucy and P. D. Joseph, *Filtering for Stochastic Processes with Applications to Guidance*, American Mathematical Society, Chelsea Publishing, Providence, RI, 2005.

[11] K. Itô, *Lectures on Stochastic Processes*, Tata Institute of Fundamental Research, Bombay (Mumbai), 1961.

[12] H. W. Bode and C. E. Shannon, "A simplified derivation of linear least-squares smoothing and prediction," *IRE Proceedings*, Vol. 48, pp. 417–425, 1950.

[13] L. A. Zadeh and J. R. Ragazzini, "An extension of Wiener's theory of prediction," *Journal of Applied Physics*, Vol. 21, pp. 645–655, 1950.

[14] C. F. Van Loan, "Computing integrals involving the matrix exponential," *IEEE Transactions on Automatic Control*, Vol. AC-23, No. 3, pp. 395–404, 1978.

第 5 章　线性最优滤波器和预测器

预测是困难的——尤其是对未来的预测。

——Niels Henrik David Bohr(1885 - 1962)

5.1　本章重点

5.1.1　估计问题

这是指利用线性随机系统的测量值对其状态进行估计的问题，所用测量值是该状态的线性函数。

假设随机系统可以采用表 5.1 中式(5.1)至式(5.6)所示的(连续时间和离散时间)设备和测量模型来表示，其中向量和矩阵的维数如表 5.2 所示。符号 $\Delta(k-\ell)$ 和 $\delta(t-s)$ 分别代表 Kronecker δ 函数和 Dirac δ 函数(实际上是一个广义函数)。

假设测量值和设备噪声 v_k 和 w_k 都是零均值随机过程，并且初始值 x_0 是均值 x_0 和协方差矩阵 P_0 都已知的随机变量。尽管假设噪声序列 w_k 和 v_k 是不相关的，在 5.5 节中的推导过程将消除这一限制，并随之对估计方程进行修正。

我们的目标是寻找一个用 $\hat{x}_k$ 表示的 n 个状态向量 x_k 的估计值，它是测量值 $z_i,\cdots,z_k$ 的线性函数，并且使下列加权均方误差最小化：

$$\mathrm{E}\langle[x_k-\hat{x}_k]^{\mathrm{T}}M[x_k-\hat{x}_k]\rangle$$

其中，M 是任意对称非负定加权矩阵。

表 5.1　线性设备和测量模型

模型	连续时间	离散时间	公式编号
设备	$\dot{x}(t)=F(t)x(t)+w(t)$	$x_k=\Phi_{k-1}x_{k-1}+w_{k-1}$	(5.1)
测量值	$z(t)=H(t)x(t)+v(t)$	$z_k=H_kx_k+v_k$	(5.2)
设备噪声	$\mathrm{E}\langle w(t)\rangle=0$	$E\langle w_k\rangle=0$	(5.3)
	$\mathrm{E}\langle w(t)w^{\mathrm{T}}(s)\rangle=\delta(t-s)Q(t)$	$\mathrm{E}\langle w_kw_i^{\mathrm{T}}\rangle=\Delta(k-i)Q_k$	(5.5)
观测噪声	$\mathrm{E}\langle v(t)\rangle=0$	$\mathrm{E}\langle v_k\rangle=0$	(5.5)
	$\mathrm{E}\langle v(t)v^{\mathrm{T}}(s)\rangle=\delta(t-s)R(t)$	$\mathrm{E}\langle v_kv_i^{\mathrm{T}}\rangle=\Delta(k-i)R_k$	(5.6)

表 5.2　线性模型中数组的维数

符号	维数	符号	维数
x,w	$n\times1$	Φ,Q	$n\times n$
z,v	$\ell\times1$	H	$\ell\times n$
R	$\ell\times\ell$	Δ,δ	标量

5.1.2　涵盖要点

线性最小均方估计问题

现在，我们将推导前面各章中定义的线性随机系统状态的最优线性估计器的数学形式。

这被称为线性二次(Linear Quadratic, LQ)估计问题，因为动态系统是线性的，并且性能代价函数是二次的(最小均方估计误差)。我们在第 3 章中已经看到，得到的解与随机过程是否为高斯过程无关。

滤波、预测和平滑

对于 LQ 问题，一般有三种估计器类型：

- 预测器　利用严格在待估计动态系统状态的时刻以前的观测值

$$t_{obs} < t_{est}$$

- 滤波器　利用在待估计动态系统状态的时刻以前并包括该时刻的观测值

$$t_{obs} \leqslant t_{est}$$

- 平滑器　利用超过待估计动态系统状态时刻的观测值

$$t_{obs} > t_{est}$$

卡尔曼增益

利用正交原理的简单直接的方法是用于推导①估计器。这些估计器具有最小方差(Minimum variance)，并且是无偏的一致估计(Unbiased and consistent)。

我们给出了两种推导卡尔曼增益公式的更加简单的方法，一种从高斯最大似然(Maximum-likelihood, ML)估计子开始，另外一种从线性最小均方(Linear least-mean-square, LMS)估计子开始。

无偏估计子

对于具有不相关随机过程和测量噪声的线性随机系统，卡尔曼滤波器可以作为一种计算其状态的概率分布的条件均值和协方差的算法。条件均值是唯一的无偏估计(unbiased estimate)。它可以通过线性微分方程组或者对应的离散时间方程组以反馈形式进行传播的。条件协方差则是通过一个非线性微分方程或者其等效的离散时间方程进行传播。这种实现方法自动地使与估计误差的任意二次损失函数相关的预期风险达到最小。

最优估计子的性能特性

通过求解在计算估计子的最优反馈增益时所用的非线性微分(或者)差分方程，可以提前(即在它实际被使用之前)预测出估计子的统计性能。这些方程被称为 Riccati 方程②(Riccati equation)，在最平常情况下也可以对其解的行为特性进行分析。这些方程也提供了对实际运行的估计子的适当性能的一种验证手段。

---

① 如果要了解更加数学化的推导过程，可以参阅后面提到的任何一个参考文献，比如 Anderson 和 Moore[1]，Bozic[2]，Brammer 和 Siffling[3]，Brown[4]，Bryson 和 Ho[5]，Bucy 和 Joseph[6]，Catlin[7]，Chui 和 Chen[8]，Gelb et al.[9]，Jazwinski[10]，Kailath[11]，Maybeck[12, 13]，Mendal[14, 15]，Nahi[16]，Ruymgaart 和 Soong[17]，以及 Sorenson[18]等。

② 这是 Jean le Rond D'Alembert(1717 - 1783)于 1763 年为纪念 Jacopo Francesco Riccati(1676 - 1754)而命名的，Riccati 曾经研究过二阶标量微分方程[19]，尽管与我们这里用到的形式不同[20, 21]。卡尔曼则归功于 Richard S. Bucy，以表明 Riccati 微分方程是类似于定义最优增益的谱分解的。在分离常微分方程变量的问题中，以及将两点有界值问题转变为初始值问题[22]的过程中，也会自然出现 Riccati 方程。

5.2 卡尔曼滤波器

5.2.1 系统状态估计子的观测更新问题

假设在 t_k时刻得到一个测量值，并且将它提供的信息用于对随机系统在 t_k时刻的状态 x 的估计值进行更新。假设测量值与状态通过一个方程线性相关，其方程形式为 $z_k = Hx_k + v_k$，其中 H 为测量灵敏度矩阵(Measurement sensitivity matrix)，v_k为测量噪声(Measurement noise)。

5.2.2 线性估计子

如果随机变量 x 和 z 是联合高斯分布的(参见 4.8.1 节)，则最优线性估计与一般的(非线性)最优估计子是等效的。因此，基于观测值 z_k得到 $\hat{x}_{k(+)}$ 的更新估计就足够了，它是先验估计和测量值 z 的线性函数：

$$\hat{x}_{k(+)} = K_k^1 \hat{x}_{k(-)} + \overline{K}_k z_k \tag{5.7}$$

其中，$\hat{x}_{k(-)}$ 是 x_k的先验估计，$\hat{x}_{k(+)}$ 是该估计的后验值。

5.2.3 求解卡尔曼增益

现在，矩阵 K_k^1 和 $\overline{K}_k$ 仍然是未知的。我们选择的 K_k^1 和 $\overline{K}_k$ 的值，需要使新的估计值 $\hat{x}_{k(+)}$ 满足 4.8.2 节中的正交原理。该正交条件可以写为下列形式：

$$\mathrm{E}\langle [x_k - \hat{x}_{k(+)}] z_i^{\mathrm{T}} \rangle = 0, \quad i = 1, 2, \cdots, k-1 \tag{5.8}$$

$$\mathrm{E}\langle [x_k - \hat{x}_{k(+)}] z_k^{\mathrm{T}} \rangle = 0 \tag{5.9}$$

如果将式(5.1)(参见表 5.1)中的 x_k和式(5.7)中的 $\hat{x}_{k(+)}$ 的表达式代入到式(5.8)中，则可以从式(5.1)和式(5.2)发现，数据 z_1，…，z_k没有包含噪声项 w_k。因此，由于随机序列 w_k和 v_k是不相关的，可以得到当 $1 \leqslant i \leqslant k$ 时，$\mathrm{E}\langle w_k z_i^{\mathrm{T}} \rangle = 0$(参见习题 5.6)。

利用上述结果，可以得到下列关系：

$$\mathrm{E}\langle [\Phi_{k-1} x_{k-1} + w_{k-1} - K_k^1 \hat{x}_{k(-)} - \overline{K}_k z_k] z_i^{\mathrm{T}} \rangle = 0, \quad i = 1, \cdots, k-1 \tag{5.10}$$

但是由于 $z_k = H_k x_k + v_k$，因此式(5.10)可以重新写为

$$\mathrm{E}\langle [\Phi_{k-1} x_{k-1} - K_k^1 \hat{x}_{k(-)} - \overline{K}_k H_k x_k - \overline{K}_k v_k] z_i^{\mathrm{T}} \rangle = 0, \quad i = 1, \cdots, k-1 \tag{5.11}$$

我们也知道式(5.8)和式(5.9)在上一步也成立，即

$$\mathrm{E}\langle [x_{k-1} - \hat{x}_{(k-1)(+)}] z_i^{\mathrm{T}} \rangle = 0, \quad i = 1, \cdots, k-1$$

并且

$$\mathrm{E}\langle v_k z_i^{\mathrm{T}} \rangle, = 0, \quad i = 1, \cdots, k-1$$

于是，式(5.11)可以简化为下列形式：

$$\begin{aligned}
\Phi_{k-1} \mathrm{E}\langle x_{k-1} z_i^{\mathrm{T}} \rangle - K_k^1 \mathrm{E}\langle \hat{x}_{k(-)} z_i^{\mathrm{T}} \rangle - \overline{K}_k H_k \Phi_{k-1} \mathrm{E}\langle x_{k-1} z_i^{\mathrm{T}} \rangle - \overline{K}_k \mathrm{E}\langle v_k z_i^{\mathrm{T}} \rangle &= 0 \\
\Phi_{k-1} \mathrm{E}\langle x_{k-1} z_i^{\mathrm{T}} \rangle - K_k^1 \mathrm{E}\langle \hat{x}_{k(-)} z_i^{\mathrm{T}} \rangle - \overline{K}_k H_k \Phi_{k-1} \mathrm{E}\langle x_{k-1} z_i^{\mathrm{T}} \rangle &= 0 \\
\mathrm{E}\langle [x_k - \overline{K}_k H_k x_k - K_k^1 x_k] - K_k^1 (\hat{x}_{k(-)} - x_k) z_i^{\mathrm{T}} \rangle &= 0 \\
[I - K_k^1 - \overline{K}_k H_k] \mathrm{E}\langle x_k z_i^{\mathrm{T}} \rangle &= 0
\end{aligned} \tag{5.12}$$

如果

$$K_k^1 = I - \overline{K}_k H_k \tag{5.13}$$

则式(5.12)对于任意给定的 x_k 都成立。

显然，这样选取的 K_k^1 使式(5.7)满足式(5.8)给出的部分条件，这将在 5.8 节中导出。选取的 $\overline{K}_k$ 需要使式(5.9)成立。

令误差

$$\tilde{x}_{k(+)} \stackrel{\Delta}{=} \hat{x}_{k(+)} - x_k \tag{5.14}$$

$$\tilde{x}_{k(-)} \stackrel{\Delta}{=} \hat{x}_{k(-)} - x_k \tag{5.15}$$

$$\begin{aligned}\tilde{z}_k &\stackrel{\Delta}{=} \hat{z}_{k(-)} - z_k \\ &= H_k \hat{x}_{k(-)} - z_k\end{aligned} \tag{5.16}$$

向量 $\tilde{x}_{k(+)}$ 和 $\tilde{x}_{k(-)}$ 分别是更新以后及更新以前的估计误差①。

参数 $\hat{x}_k$ 线性依赖于 x_k，而 x_k 又线性依赖于 z_k。因此，根据式(5.9)可知

$$\mathrm{E}\langle [x_k - \hat{x}_{k(+)}] \hat{z}_{k(-)}^{\mathrm{T}} \rangle = 0 \tag{5.17}$$

并且[通过从式(5.17)中减去式(5.9)]

$$\mathrm{E}\langle [x_k - \hat{x}_{k(+)}] \tilde{z}_k^{\mathrm{T}} \rangle = 0 \tag{5.18}$$

分别替换式(5.1)、式(5.7)和式(5.16)中的 x_k、$\hat{x}_{k(+)}$ 和 $\tilde{z}_k$，于是可得

$$\mathrm{E}\langle [\Phi_{k-1} x_{k-1} + w_{k-1} - K_{k(-)}^1 - \overline{K}_k z_k][H_k \hat{x}_{k(-)} - z_k]^{\mathrm{T}} \rangle = 0$$

然而，根据系统结构可知

$$\mathrm{E}\langle w_k z_k^{\mathrm{T}} \rangle = \mathrm{E}\langle w_k \hat{x}_{k(+)}^{\mathrm{T}} \rangle = 0$$

$$\mathrm{E}\langle [\Phi_{k-1} x_{k-1} - K_k^1 \hat{x}_{k(-)} - \overline{K}_k z_k][H_k \hat{x}_{k(-)} - z_k]^{\mathrm{T}} \rangle = 0$$

替换 K_k^1、z_k 和 $\tilde{x}_{k(-)}$，并且利用 $\mathrm{E}\tilde{x}_{k(-)} v_k^{\mathrm{T}} = 0$ 这一事实，则上面最后一个结果可以改变为

$$\begin{aligned}0 &= \mathrm{E}\langle [\Phi_{k-1} x_{k-1} - \hat{x}_{k(-)} + \overline{K}_k H_k \hat{x}_{k(-)} - \overline{K}_k H_k x_k - \overline{K}_k v_k][H_k \hat{x}_{k(-)} \\ &\quad - H_k x_k - v_k]^{\mathrm{T}} \rangle \\ &= \mathrm{E}\langle [(x_k - \hat{x}_{k(-)}) - \overline{K}_k H_k (x_k - \hat{x}_{k(-)}) - \overline{K}_k v_k][H_k \tilde{x}_{k(-)} - v_k]^{\mathrm{T}} \rangle \\ &= \mathrm{E}\langle [(-\tilde{x}_{k(-)} + \overline{K}_k H_k \tilde{x}_{k(-)} - \overline{K}_k v_k][H_k \tilde{x}_{k(-)} - v_k]^{\mathrm{T}} \rangle\end{aligned}$$

根据定义可知，先验协方差(即更新以前的误差协方差矩阵)为

$$P_{k(-)} = \mathrm{E}\langle \tilde{x}_{k(-)} \tilde{x}_{k(-)}^{\mathrm{T}} \rangle$$

它满足下列方程

$$[I - \overline{K}_k H_k] P_{k(-)} H_k^{\mathrm{T}} - \overline{K}_k R_k = 0$$

因此，卡尔曼增益可以表示为

$$\overline{K}_k = P_{k(-)} H_k^{\mathrm{T}} [H_k P_{k(-)} H_k^{\mathrm{T}} + R_k]^{-1} \tag{5.19}$$

① 虽然符号“~”的正式名称是“否定符号”，但通常它被称为“波浪符号”。

这个解即是我们寻找的作为先验协方差函数的增益。

我们也可以导出后验协方差(即更新以后的误差协方差矩阵)的类似公式，其定义为

$$P_{k(+)} = \mathrm{E}\langle[\tilde{x}_{k(+)}\tilde{x}_{k(+)}^{\mathrm{T}}]\rangle \tag{5.20}$$

将式(5.13)代入到式(5.7)中，可以得到下列方程：

$$\hat{x}_{k(+)} = (I - \overline{K}_k H_k)\hat{x}_{k(-)} + \overline{K}_k z_k$$

$$\hat{x}_{k(+)} = \hat{x}_{k(-)} + \overline{K}_k[z_k - H_k\hat{x}_{k(-)}] \tag{5.21}$$

将上式两边同时减去 x_k，可以得到下列方程：

$$\hat{x}_{k(+)} - x_k = \hat{x}_{k(-)} + \overline{K}_k H_k x_k + \overline{K}_k v_k - \overline{K}_k H_k \hat{x}_{k(-)} - x_k$$

$$\tilde{x}_{k(+)} = \tilde{x}_{k(-)} - \overline{K}_k H_k \tilde{x}_{k(-)} + \overline{K}_k v_k$$

$$\tilde{x}_{k(+)} = (I - \overline{K}_k H_k)\tilde{x}_{k(-)} + \overline{K}_k v_k \tag{5.22}$$

将式(5.22)代入到式(5.20)，并且注意到 $\mathrm{E}\langle \tilde{x}_{k(-)} \nu_k^{\mathrm{T}} \rangle = 0$，可以得到

$$P_{k(+)} = \mathrm{E}\langle[I - \overline{K}_k H_k]\tilde{x}_{k(-)}\tilde{x}_{k(-)}^{\mathrm{T}}[I - \overline{K}_k H_k]^{\mathrm{T}} + \overline{K}_k v_k v_k^{\mathrm{T}} \overline{K}_k^{\mathrm{T}}\rangle$$

$$= (I - \overline{K}_k H_k)P_{k(-)}(I - \overline{K}_k H_k)^{\mathrm{T}} + \overline{K}_k R_k \overline{K}_k^{\mathrm{T}} \tag{5.23}$$

上述最后一个公式即为所谓的协方差更新方程的“Joseph 型”，它是由 Bucy 和 Joseph 导出的[6]。利用式(5.19)替换 $\overline{K}_k$，上式可以变为下列形式：

$$\begin{aligned} P_{k(+)} &= P_{k(-)} - \overline{K}_k H_k P_{k(-)} \\ &\quad - P_{k(-)} H_k^{\mathrm{T}} \overline{K}_k^{\mathrm{T}} + \overline{K}_k H_k P_{k(-)} H_k^{\mathrm{T}} \overline{K}_k^{\mathrm{T}} + \overline{K}_k R_k \overline{K}_k^{\mathrm{T}} \\ &= (I - \overline{K}_k H_k)P_{k(-)} - P_{k(-)} H_k^{\mathrm{T}} \overline{K}_k^{\mathrm{T}} \\ &\quad + \underbrace{\overline{K}_k (H_k P_{k(-)} H_k^{\mathrm{T}} + R_k)}_{P_{k(-)}H_k^{\mathrm{T}}} \overline{K}_k^{\mathrm{T}} \\ &= (I - \overline{K}_k H_k)P_{k(-)} \end{aligned} \tag{5.24}$$

上面最后一个式子是在计算中最常用到的公式之一。这种实现方法反映出了“以测量值作为条件”对估计不确定性的协方差矩阵产生的影响。

误差协方差外推方法(Error covariance extrapolation)则模拟了时间对估计不确定性产生的影响，它是分别在协方差和状态估计的先验值中反映出来的，即

$$P_{k(-)} = \mathrm{E}\langle \tilde{x}_{k(-)} \tilde{x}_{k(-)}^{\mathrm{T}} \rangle$$

$$\hat{x}_{k(-)} = \Phi_{k-1}\hat{x}_{k-1(+)} \tag{5.25}$$

将上式两边同时减去 x_k，可得

$$\hat{x}_{k(-)} - x_k = \Phi_{k-1}\hat{x}_{k-1(+)} - x_k$$

$$\tilde{x}_{k(-)} = \Phi_{k-1}[\hat{x}_{k-1(+)} - x_{k-1}] - w_{k-1}$$

$$= \Phi_{k-1}\tilde{x}_{k-1(+)} - w_{k-1}$$

它是传播估计误差 $\tilde{x}$ 的方程。将其两边同时右乘 $\tilde{x}_k^{\mathrm{T}}(-)$ 并取期望值，利用到 $\mathrm{E}\tilde{x}_{k-1} w_{k-1}^{\mathrm{T}} = 0$ 的事实，可以得到下列结果：

$$
\begin{aligned}
P_{k(-)} &\stackrel{\text{def}}{=} \mathrm{E}\langle \tilde{x}_{k(-)}\tilde{x}_{k(-)}^{\mathrm{T}}\rangle \\
&= \Phi_{k-1}\mathrm{E}\langle \tilde{x}_{k-1(+)}\tilde{x}_{k-1(+)}^{\mathrm{T}}\rangle \Phi_{k-1}^{\mathrm{T}} + \mathrm{E}\langle w_{k-1}\ w_{k-1}^{\mathrm{T}}\rangle \\
&= \Phi_{k-1}P_{k-1(+)}\Phi_{k-1}^{\mathrm{T}} + Q_{k-1}
\end{aligned}
\tag{5.26}
$$

上式给出了估计不确定性的协方差矩阵的先验值，它是前面的后验值的函数。

5.2.4　利用高斯最大似然方法得到卡尔曼增益

卡尔曼增益的最初推导方法做出了最可能少的假设，但是它需要最严格的数学推导才能得到最通用的结果。其主要证据已在前面的小节和第 4 章中所讨论。

另外一种推导方法采用了线性高斯最大似然估计子(Linear Gaussian maximum-likelihood estimator，LGMLE 或者 GMLE)，它对状态向量和测量值的分布做出了限制性更强的假设，但是得到的卡尔曼增益高斯是相同的。在有些教师发现学生在努力理解更加严格的推导过程时，出现了类似于受到创伤后的应激障碍的征兆以后，这种推导方法开始被引入。

本质上讲，这种方法利用了均值μ_x和信息矩阵 $Y_{xx} = P_{xx}^{-1}$ 作为高斯分布的参数，然后消除了高斯归一化因子，以便允许 Y_{xx}代表可能使它成为奇异的测量值。

这种方法得到的函数将不再是概率函数，因为它们的积分不再为 1，也不一定是有限的。它们被称为高斯似然函数(Gaussian likelihood functions)，其性质与联合和独立似然的高斯概率分布的性质相似。然而，因为似然函数的积分未必有定义，因此不能再像以前表征概率测度那样采用期望来表示似然的特性。最小均方估计误差对于似然函数也没有定义，因此将其换为最大似然(Maximum likelihood)作为最优估计的准则。

高斯似然函数的均值和信息矩阵是推导卡尔曼增益过程中用到的参数。

例 5.1(独立高斯似然的组合)　考虑二维高斯似然函数，它具有下列奇异信息矩阵

$$
Y_a = \begin{bmatrix} 1 & 0 \\ 0 & 0 \end{bmatrix}
$$

在这种情况下，二维高斯似然函数的形状如图 5.1(a)所示，其中用双箭头表示的“无信息”方向指出的是 Y_{xx}的零特征向量的方向。

这种情形不能由高斯概率密度函数来进行表示，因为其积分不是有限的。另一方面，似然函数却能够表示在一个方向没有信息这一事实。实际上，信息矩阵的特征值代表了在对应特征向量方向上可用信息的多少。

这还说明了一种似然函数最大值的位置不唯一的情形。它沿着整个无限轴都可以达到最大值。

图 5.1(b)中所示的二维高斯似然函数代表情形的信息矩阵为

$$
Y_b = \begin{bmatrix} 0 & 0 \\ 0 & 1 \end{bmatrix}
$$

在这种情况下，零特征向量的方向与图 5.1(a)中所示的方向正交。

如果这两个似然函数是独立的，意思是它们的联合似然是各自似然的逐点乘积，则它们的联合似然如图 5.1(c)所示。这看起来像一个二维高斯似然函数——实际上它确实是。通过求解图 5.1(c)中所示似然函数的均值μ_c 和信息矩阵 Y_c，它们是图 5.1(a)和(b)中似然函数的均值和信息矩阵的函数，则可以导出卡尔曼增益公式。

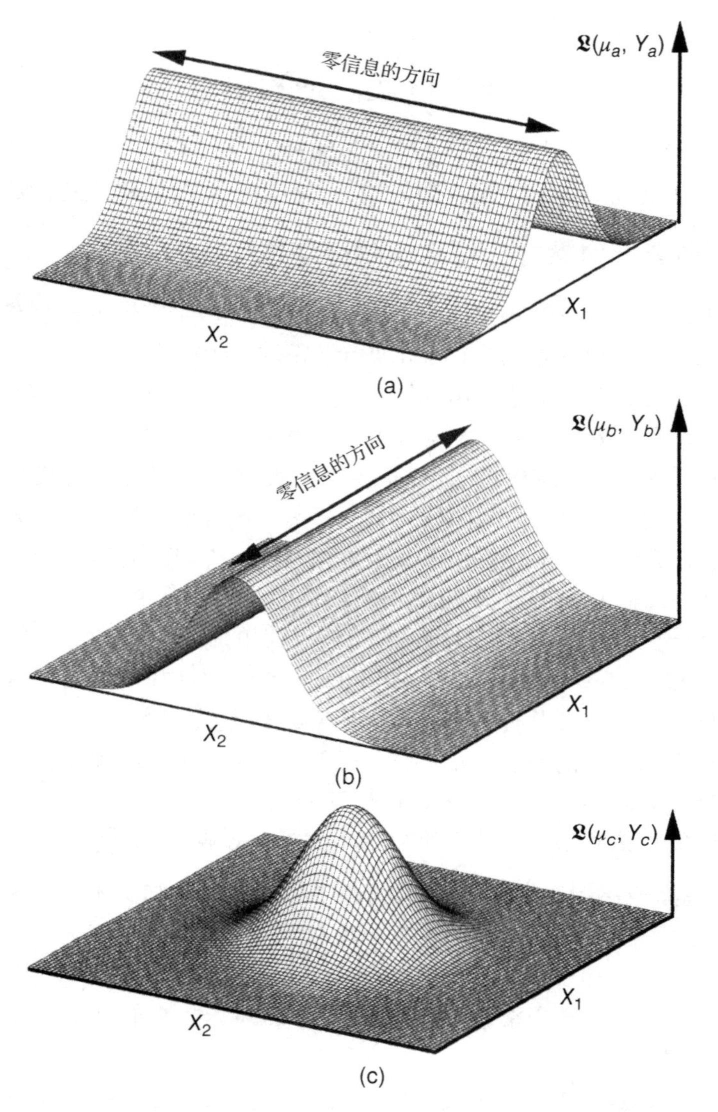

图 5.1　高斯似然函数的乘积

卡尔曼增益矩阵 $\overline{K}_k$ 的这种另外的推导方法利用了图 5.2 中给出的关于卡尔曼滤波 $(\hat{x},P_{xx})$、高斯概率密度(μ_x, P_{xx})和高斯似然函数(μ_x, Y_{xx})的变量参数之间的类比关系。

高斯最大似然估计

ML 估计的理论基础是由 Ronald A. Fisher(1890 - 1962)在 1912 - 1930 年期间给出其现在形式的[23]，其工作应该追溯到一个世纪以前所建立的理论框架了[24~27]。

其早期应用是根据给定的样本值寻找分布的参数[26]。对于高斯分布而言，这等效于寻找分布的均值和协方差。如果将高斯 ML 用递归估计子来描述，并且用均值表示估计值、用协方差表示均方估计误差、再用样本值表示测量值，则它与卡尔曼滤波问题完全类似。采用这种类比关系可以简单直接地导出卡尔曼增益，并且得到与卡尔曼导出的相同公式[28]。

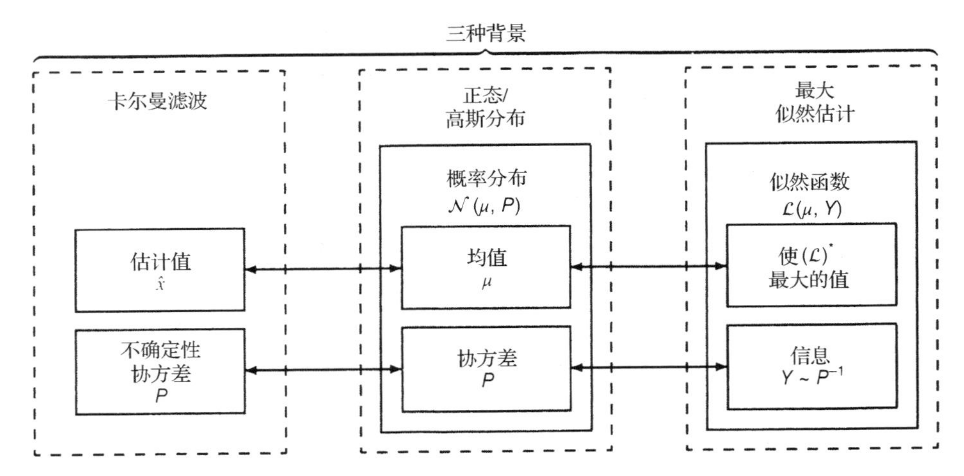

* argmax(f)返回能使函数 $f(x)$ 取最大值的一个或多个参数 x。

例如，argmax(sin) = $\pi/2 \pm N \times 2\pi$，argmax(cos) = $0 \pm N \times 2\pi$，$N = 1, 2, 3\cdots$

图 5.2 三种不同背景下的概念类比关系

高斯似然和对数似然：

对于 $x \in \mathcal{N}(\mu_x, P_{xx})$，其高斯概率密度函数为

$$p(x,\ \mu_x,\ P_{xx}) = \frac{1}{\sqrt{2\pi \det P_{xx}}} \exp\ \left(-\frac{1}{2}(x-\mu_x)^{\mathrm{T}} P_{xx}^{-1}(x-\mu_x)\right), \tag{5.27}$$

其中，μ_x 为 X 的均值，P_{xx} 为协方差（二阶中心矩）。

与式(5.27)等效的高斯似然函数具有下列相同形式：

$$\mathcal{L}(x,\ \mu_x,\ Y_{xx}) = c\ \exp\ \left(-\frac{1}{2}(x-\mu_x)^{\mathrm{T}} Y_{xx}(x-\mu_x)\right), \tag{5.28}$$

不同点在于采用了信息矩阵 $Y_{xx} = P_{xx}^{-1}$ 作为其参数。尺度常数 $c > 0$ 在估计中不起作用，但绝不是允许这个常数可以被忽略。另一方面，信息矩阵 Y_{xx} 增加了一些在概率模型中不具备的建模能力。

高斯似然大多数用途都是通过其对数来实现的，或者称为对数似然

$$\log\ [\mathcal{L}(x,\ \mu_x,\ Y_{xx})] = \log(c) - \frac{1}{2}(x-\mu_x)^{\mathrm{T}} Y_{xx}(x-\mu_x). \tag{5.29}$$

因为高斯似然总是取正值，并且其对数是正数的单调递增函数，因此对数似然的最大化与似然的最大化是等效的。

信息矩阵

在卡尔曼滤波中，所有协方差矩阵都是对称正定矩阵，因为估计量的方差从不绝对为零。甚至基本的物理常量都具有相应的误差方差，并且在有限精度算法中表示 π 的值也存在舍入误差。

因此，在卡尔曼滤波中所有协方差矩阵 P_{xx} 都有逆矩阵 $Y_{xx} = P_{xx}^{-1}$，即对应的信息矩阵。在卡尔曼滤波中，因为 P_{xx} 总是对称正定的，所以对应的信息矩阵 Y_{xx} 也将是对称正定矩阵。实际上，它们具有相同的特征向量，并且 Y_{xx} 的对应特征值也将是 P_{xx} 的特征值的倒数。

然而，在 ML 估计中，信息矩阵 Y_{xx} 仅仅是对称非负定的（即特征值可能为零），因此它不一定是可逆的。

利用信息矩阵代替高斯似然函数中的协方差矩阵，允许我们对估计理论家所谓的“扁平先验”(Flat priors)进行建模，这个条件能保证先验假设对于最终估计不产生影响。这不能用

协方差矩阵来完成，因为它要求某些特征值是无限的。而采用信息矩阵则可以通过允许它具有零特征值来完成，对应的特征向量表示没有信息的状态空间的线性组合。例如，可以采用信息矩阵来表示测量中包含的信息，并且其维数可以小于状态向量的维数。

例 5.2(GNSS 伪距测量)　全球导航卫星导航系统(Global navigation satellite navigation systems，GNSS)采用精确的星上时钟以及对发射信号精确地印时间戳，使得具有精确同步时钟的接收机可以确定出传播时延，并据此估计出信号从发射天线到接收天线之间经过的距离。估计值 ρ 被称为伪距(Pseudorange)，因为它还包含了由于接收机时钟和大气传播时延引起的误差。

因此，每个伪距都是接收机天线相对于卫星天线位置的一维测量值，卫星天线的位置是已知的。如果 u 是从发射天线到接收天线方向上的单位向量，则伪距测量值关于接收机天线位置 x(是一个三维向量)的偏导将为下列 1×3 维向量

$$\frac{\partial\rho}{\partial x}=u^{\mathrm{T}}$$

这个测量值在导航解(三维位置)上增加的信息由下列 3×3 维信息矩阵表示：

$$Y_{xx}=uR^{-1}u^{\mathrm{T}}$$

其中，R 是均方"传感器噪声"，它是由于信号处理噪声等引起的 ρ 的误差。这个信息矩阵的秩为 1，它有一个非零特征向量 u 和两个与之正交的零特征向量。

信息矩阵的奇异值分解　奇异值分解(Singular Value Decomposition，SVD)是一种用于表征矩阵某些特性的分析工具，借助它能够深入了解信息矩阵表现出的特点。

任意一个 $m\times n$ 维实矩阵 M 的 SVD 是将其分解为 $M=LDR$ 形式，其中 L 是 $m\times m$ 维酉矩阵，R 是 $n\times n$ 维酉矩阵，而 D 是 $m\times n$ 维矩阵，其主对角线上是降序排列的非负值元素——其他位置的元素则为零。L 的列被称为 M 的左特征向量(Left eigenvectors)，R 的行被称为右特征向量(Right eigenvector)，D 的主对角线元素被称为 M 的奇异值(Singular value)。

因为信息矩阵 Y_{xx} 是对称非负定的，所以其 SVD 的左特征向量和右特征向量相同，并且都是实向量。在这种情况下，$L=R^{\mathrm{T}}=V$，其 SVD 可以用特征值 λ_i(全部非负)和对应的实特征向量 e_i 表示如下：

$$Y_{xx}=\sum_i\lambda_i e_i e_i^{\mathrm{T}}\tag{5.30}$$

$$=V\,\mathrm{diag}(\lambda)V^{\mathrm{T}}\tag{5.31}$$

$$V=\begin{bmatrix}e_1 & e_2 & e_3 & \cdots & e_n\end{bmatrix}\tag{5.32}$$

$$\mathrm{diag}(\lambda)=\begin{bmatrix}\lambda_1 & 0 & 0 & \cdots & 0\\ 0 & \lambda_2 & 0 & \cdots & 0\\ 0 & 0 & \lambda_3 & \cdots & 0\\ \vdots & \vdots & \vdots & \ddots & \vdots\\ 0 & 0 & 0 & \cdots & \lambda_n\end{bmatrix}\tag{5.33}$$

在 SVD 中，特征值 λ_i 从最大特征值开始，依次按照特征值大小降序排列为

$$\lambda_1\geqslant\lambda_2\geqslant\lambda_2\geqslant\cdots\geqslant\lambda_n$$

因此，如果 Y_{xx} 的秩为 $n-r$，则最后的 r 个特征值将为零。

例5.3(2×2维信息矩阵的奇异值分解)　在例5.1中用到的2×2维信息矩阵以及其相应的SVD和特征值-特征向量分解可以归纳如下：

	Y	=	$L \times D \times R$	λ_1	e_1	λ_2	e_2
(a)	$\begin{bmatrix}1&0\\0&0\end{bmatrix}$	=	$\begin{bmatrix}1&0\\0&1\end{bmatrix}\begin{bmatrix}1&0\\0&0\end{bmatrix}\begin{bmatrix}1&0\\0&1\end{bmatrix}$	1	$\begin{bmatrix}1\\0\end{bmatrix}$	0	$\begin{bmatrix}0\\1\end{bmatrix}$
(b)	$\begin{bmatrix}0&0\\0&1\end{bmatrix}$	=	$\begin{bmatrix}0&1\\1&0\end{bmatrix}\begin{bmatrix}1&0\\0&0\end{bmatrix}\begin{bmatrix}0&1\\1&0\end{bmatrix}$	1	$\begin{bmatrix}0\\1\end{bmatrix}$	0	$\begin{bmatrix}1\\0\end{bmatrix}$
(c)	$\begin{bmatrix}1&0\\0&1\end{bmatrix}$	=	$\begin{bmatrix}1&0\\0&1\end{bmatrix}\begin{bmatrix}1&0\\0&1\end{bmatrix}\begin{bmatrix}1&0\\0&1\end{bmatrix}$	1	$\begin{bmatrix}1\\0\end{bmatrix}$	1	$\begin{bmatrix}0\\1\end{bmatrix}$

Moore-Penrose广义逆矩阵(Generalized matrix inverse)：Y_{xx} 的Moore-Penrose广义逆矩阵可以用其SVD定义

$$Y_{xx}^{\dagger} = \sum_{\lambda_i \neq 0} \lambda_i^{-1} e_i e_i^{\mathrm{T}} \tag{5.34}$$

它总是对称非负定的，并且与 Y_{xx} 的秩相同。

联合独立似然公式

当且仅当两个概率分布的联合分布等于它们各自概率的乘积时，这两个概率分布被称为是统计独立的。这个结论对于似然也是成立的。

按照图5.1中的符号标记法，将两个独立高斯似然 $\mathcal{L}_c(x, \mu_c, Y_c)$ 和 $\mathcal{L}_a(x, \mu_a, Y_a)$ 的联合似然函数 $\mathcal{L}_b(x, \mu_b, Y_b)$ 表示为两个似然函数的乘积，即

$$c_c \exp\left(-\frac{1}{2}(x-\mu_c)^{\mathrm{T}} Y_c (x-\mu_c)\right)$$

$$= \mathcal{L}_c(x, \mu_c, Y_c) \tag{5.35}$$

$$= \mathcal{L}_a(x, \mu_a, Y_a) \times \mathcal{L}_b(x, \mu_b, Y_b) \tag{5.36}$$

$$= c_a \exp\left(-\frac{1}{2}(x-\mu_a)^{\mathrm{T}} Y_a (x-\mu_a)\right) \times c_b \exp\left(-\frac{1}{2}(x-\mu_b)^{\mathrm{T}} Y_b (x-\mu_b)\right) \tag{5.37}$$

$$= c_a c_b \exp\left(-\frac{1}{2}(x-\mu_a)^{\mathrm{T}} Y_a (x-\mu_a) - \frac{1}{2}(x-\mu_b)^{\mathrm{T}} Y_b (x-\mu_b)\right) \tag{5.38}$$

对公式两边取对数，并分别求关于 x 的一次微分和二次微分，可以得到下列方程：

$$\log(c_c) - \frac{1}{2}(x-\mu_c)^{\mathrm{T}} Y_c (x-\mu_c)$$

$$= \log(c_a) + \log(c_b) - \frac{1}{2}(x-\mu_a)^{\mathrm{T}} Y_a (x-\mu_a)$$

$$-\frac{1}{2}(x-\mu_b)^{\mathrm{T}} Y_b (x-\mu_b) \tag{5.39}$$

$$Y_c(x-\mu_c) = Y_a(x-\mu_a) + Y_b(x-\mu_b) \tag{5.40}$$

$$Y_c = Y_a + Y_b \tag{5.41}$$

上面最后一行说明“信息是加性的”(Information is additive)。在上面倒数第二行中令 $x=0$，得到下列方程：

$$Y_c\mu_c = Y_a\mu_a + Y_b\mu_b \tag{5.42}$$

式(5.41)和式(5.42)，以及用卡尔曼滤波变量做适当替换后的方程都是求解卡尔曼增益所需要的。

求解卡尔曼增益

替换 在式(5.41)和式(5.42)中做如下变量替换：

$$\left.\begin{array}{rcll}\mu_a &=& \hat{x}_{k(-)} & \text{先验估计}\\ Y_a &=& P_{k(-)}^{-1} & \text{先验信息}\\ \mu_b &=& H_k^{\dagger} z_k & \text{测量均值}\\ Y_b &=& H_k^{\mathrm{T}} R_k^{-1} H_k & \text{测量信息}\\ \mu_c &=& \hat{x}_{k(+)} & \text{后验估计}\\ Y_c &=& P_{k(+)}^{-1} & \text{后验信息}\end{array}\right\} \tag{5.43}$$

其中，$z_k = H_k\hat{x}_{k(-)} + v_k$ 为测量值，H_k 为测量灵敏度矩阵，v_k 为测量值中的噪声，R_k 为 v_k 的协方差。

求解协方差更新 利用式(5.43)中的替换，式(5.41)变为

$$P_{k(+)}^{-1} = P_{k(-)}^{-1} + H_k^{\mathrm{T}} R_k^{-1} H_k \tag{5.44}$$

其中，$P_{k(-)}^{-1}$ 为先验状态信息，$H_k^{\mathrm{T}} R_k^{-1} H_k = Y_b$ 为第 k 个测量值 z_k 中的信息。

逆矩阵修正公式 我们可以采用 Duncan[29](他是提出者之一)提出的矩阵和求逆的下列通用公式：

$$(A^{-1} + BC^{-1}D)^{-1} = A - AB(C + DAB)^{-1}DA \tag{5.45}$$

更多替换 利用下列变量替换：

$$\left.\begin{array}{rcll}A^{-1} &=& Y_a, & \hat{x}\text{ 的先验信息矩阵}\\ A &=& P_{k(-)}, & \hat{x}\text{ 的先验协方差矩阵}\\ B &=& H_k^{\mathrm{T}}, & \text{测量灵敏度矩阵的转置}\\ C &=& R_k, & \text{测量噪声 } v_k \text{ 的协方差}\\ D &=& H_k, & \text{测量灵敏度矩阵}\end{array}\right\} \tag{5.46}$$

则式(5.45)变为

$$\left.\begin{array}{rcll}P_{k(+)} &=& Y_c^{-1} & \\ &=& \left(Y_a + H_k^{\mathrm{T}} R_k^{-1} H_k\right)^{-1} & (5.44)\\ &=& Y_a^{-1} - Y_a^{-1} H_k^{\mathrm{T}} (H_k Y_a^{-1} H_k^{\mathrm{T}} + R_k)^{-1} H_k Y_A^{-1} & (5.45)\\ &=& P_{k(-)} - \underbrace{P_{k(-)} H_k{}^{\mathrm{T}} (H_k P_{k(-)} H_k{}^{\mathrm{T}} + R_k)^{-1}}_{\overline{K}_k} H_k P_{k(-)} & (5.43)\end{array}\right\} \tag{5.47}$$

上面标记为“$\overline{K}_k$”的表达式在后续估计更新公式的推导过程中也将用到。

求解估计更新 利用式(5.43)中的变量替换，式(5.42)具有下列形式：

$$
\left.\begin{aligned}
\hat{x}_{k(+)} &= \mu_c && (5.43)\\
&= Y_c^{-1}(Y_a\mu_a + Y_b\mu_b) && (5.42)\\
&= P_{k(+)}\left[P_{k(-)}^{-1}\hat{x}_{k(-)} + H_k^{\mathrm{T}}R_k^{-1}H_kH_k^{\dagger}z_k\right] && (5.43)\\
&= [P_{k(-)} - P_{k(-)}H_k^{\mathrm{T}}(H_kP_{k(-)}H_k^{\mathrm{T}} + R_k)^{-1}H_kP_{k(-)}] && (5.47)\\
&\quad \times [P_{k(-)}^{-1}\hat{x}_{k(-)} + H_k^{\mathrm{T}}R_k^{-1}H_kH_k^{\dagger}z]\\
&= [I - P_{k(-)}H_k^{\mathrm{T}}(H_kP_{k(-)}H_k^{\mathrm{T}} + R_k)^{-1}H_k]\\
&\quad \times [\hat{x}_{k(-)} + P_{k(-)}H_k^{\mathrm{T}}R_k^{-1}H_kH_k^{\dagger}z]\\
&= \hat{x}_{k(-)} + P_{k(-)}H_k^{\mathrm{T}}(H_kP_{k(-)}H_k^{\mathrm{T}} + R_k)^{-1}\\
&\quad \times \{[(H_kP_{k(-)}H_k^{\mathrm{T}} + R_k)R_k^{-1} - H_kP_{k(-)}\,H_k^{\mathrm{T}}R_k^{-1}]z_k - H_k\hat{x}_{k(-)}\}\\
&= \hat{x}_{k(-)} + P_{k(-)}H_k^{\mathrm{T}}(H_kP_{k(-)}H_k^{\mathrm{T}} + R_k)^{-1}\\
&\quad \times \{[H_kP_{k(-)}H_k^{\mathrm{T}}R_k{}^{-1} + I - H_kP_{k(-)}H_k^{\mathrm{T}}R_k{}^{-1}]z_k - H_k\hat{x}_{k(-)}\}\\
&= \hat{x}_{k(-)} + \underbrace{\{P_{k(-)}H_k^{\mathrm{T}}(H_kP_{k(-)}H_k^{\mathrm{T}} + R_k)^{-1}\}}_{\overline{K}_k}[z_k - H_k\hat{x}_{k(-)}]
\end{aligned}\right\}
$$

卡尔曼增益　现在，可以将上面最后一个公式重新写为下面两个公式：

$$\hat{x}_{k(+)} = \hat{x}_{k(-)} + \overline{K}_k[z_k - H_k\hat{x}_{k(-)}] \tag{5.48}$$

$$\overline{K}_k = P_{k(-)}H_k{}^{\mathrm{T}}(H_kP_{k(-)}H_k^{\mathrm{T}} + R_k)^{-1} \tag{5.49}$$

其中第一个公式是以反馈形式给出的估计更新模型，而第二个公式给出的则是卡尔曼增益。

其他 Argmax 估计子

上面利用线性高斯 ML 估计子作为另外一种推导方法得出了卡尔曼增益公式。在这种情况下，得到的估计（似然函数的变量最大化）为相关高斯分布的众数（mode）、均值和中值。

还有另外一类估计子，即所谓的最大后验概率（Maximum a posteriori probability，MAP）估计子，它利用贝叶斯准则（Bayes rule）计算后验概率密度函数的变量最大化，选取的待估计变量值使其概率密度达到最大（最大模式）。这些估计子与卡尔曼滤波器相比，可以应用到更一般的问题中（包括非高斯和非线性问题），但是由于它们的计算复杂度通常很高，因此从实时性角度考虑实现时，很少将它们用做滤波器。然而，在一些非线性和非实时应用中，它们常常被采用（参见 Bain 和 Crisan[30] 或者 Crassidis 和 Jenkins[31]）。

5.2.5　根据递归线性 LMS 估计子得到卡尔曼增益

这里给出另外一种比较简单的卡尔曼增益推导方法，它利用了递归形式的线性 LMS 估计子。与采用高斯 ML 估计的推导方法相比，它利用的假设更少，并且只利用了一些矩阵计算。

线性最小均方估计子

在最小二乘问题中，如果误差向量 v 具有已知的协方差 R，即

$$z = Hx + v \tag{5.50}$$

$$R \stackrel{\text{def}}{=} \mathop{\mathrm{E}}_{v}\langle vv^{\mathrm{T}}\rangle \tag{5.51}$$

其 svd 为

$$R = U_R D_R U_R^{\mathrm{T}} \tag{5.52}$$

它是正交矩阵(U)和对角矩阵(D)的乘积，因此其逆矩阵

$$R^{-1} = U_R D_R^{-1} U_R^{\mathrm{T}} \tag{5.53}$$

具有对称的矩阵平方根，即

$$S_R \stackrel{\text{def}}{=} U_R D_R^{-1/2} U_R^{\mathrm{T}} \tag{5.54}$$

$$S_R^2 = U_R D_R^{-1/2} \underbrace{U_R^{\mathrm{T}} U_R}_{I} D_R^{-1/2} U_R^{\mathrm{T}} \tag{5.55}$$

$$= U_R D_R^{-1/2} D_R^{-1/2} U_R^{\mathrm{T}} \tag{5.56}$$

$$= U_R D_R^{-1} U_R^{\mathrm{T}} \tag{5.57}$$

$$= R^{-1} \tag{5.58}$$

于是，重新调整后的最小二乘问题

$$\underbrace{S_R z}_{z^\star} = \underbrace{S_R H}_{H^\star} x + \underbrace{S_R v}_{v^\star} \tag{5.59}$$

的误差协方差为

$$R^\star \stackrel{\text{def}}{=} \mathop{\mathrm{E}}_{v}\langle v^\star v^{\star\mathrm{T}}\rangle \tag{5.60}$$

$$= \mathop{\mathrm{E}}_{v}\langle S_R v v^{\mathrm{T}} S_R^{\mathrm{T}}\rangle \tag{5.61}$$

$$= S_R \mathop{\mathrm{E}}_{v}\langle v v^{\mathrm{T}}\rangle S_R^{\mathrm{T}} \tag{5.62}$$

$$= (U_R D_R^{-1/2} U_R^{\mathrm{T}}) R (U_R D_R^{-1/2} U_R^{\mathrm{T}}) \tag{5.63}$$

$$= (U_R D_R^{-1/2} U_R^{\mathrm{T}})(U_R D_R U_R^{\mathrm{T}})(U_R D_R^{-1/2} U_R^{\mathrm{T}}) \tag{5.64}$$

$$= U_R D_R^{-1/2} \underbrace{U_R^{\mathrm{T}} U_R}_{I} D_R \underbrace{U_R^{\mathrm{T}} U_R}_{I} D_R^{-1/2} U_R^{\mathrm{T}} \tag{5.65}$$

$$= U_R \underbrace{D_R^{-1/2} D_R D_R^{-1/2}}_{I} U_R^{\mathrm{T}} \tag{5.66}$$

$$= U_R U_R^{\mathrm{T}} \tag{5.67}$$

$$= I \tag{5.68}$$

也就是说，重新调整后的误差协方差是一个恒等矩阵，这意味着各个标量误差是不相关的，并且全部具有相同的方差(1)。

在这种情况下，重新调整后的最小二乘问题[参见式(5.59)]

$$S_R z = S_R H x + v^{\star} \tag{5.69}$$

的解为

$$\hat{x} = [H^{\star T} H^{\star}]^{-1} H^{\star T} z^{\star} \tag{5.70}$$

$$= [(S_R H)^{\mathrm{T}} (S_R H)]^{-1} (S_R H)^{\mathrm{T}} S_R z \tag{5.71}$$

$$= [(S_R H)^{\mathrm{T}} (S_R H)]^{-1} (S_R H)^{\mathrm{T}} S_R z \tag{5.72}$$

$$= [H^{\mathrm{T}} S_R^{\mathrm{T}} S_R H]^{-1} H^{\mathrm{T}} S_R^{\mathrm{T}} S_R z \tag{5.73}$$

$$= [H^{\mathrm{T}} R^{-1} H]^{-1} H^{\mathrm{T}} R^{-1} z \tag{5.74}$$

其条件是 R 和信息矩阵(类似于最小二乘估计中的 Gram 矩阵)

$$Y \stackrel{\text{def}}{=} H^{\mathrm{T}} R^{-1} H \tag{5.75}$$

都是非奇异的，在这种情况下

$$Y^{-1} = P \tag{5.76}$$

估计不确定性的协方差中所有误差都是独立的，并且具有相等的方差。这个 $\hat{x}$ 就是 LMS 估计值。

递归 LMS

如果观测向量 z 可以分割为下列子向量形式：

$$\mathcal{Z}_k = \begin{bmatrix} z_1 \\ z_2 \\ z_3 \\ \vdots \\ z_k \end{bmatrix} \tag{5.77}$$

使得相应的加性噪声子向量是不相关的，即

$$\underset{v}{\mathrm{E}}\langle v_i v_j^{\mathrm{T}} \rangle = \begin{cases} 0, & i \neq j \\ R_i, & i = j \end{cases} \tag{5.78}$$

于是，矩阵 H 和 R 可以类似地分割为

$$\mathcal{H}_k = \begin{bmatrix} H_1 \\ H_2 \\ H_3 \\ \vdots \\ H_k \end{bmatrix} \text{ 和 } \mathcal{R}_k = \begin{bmatrix} R_1 & 0 & 0 & \cdots & 0 \\ 0 & R_2 & 0 & \cdots & 0 \\ 0 & 0 & R_3 & \cdots & 0 \\ \vdots & \vdots & \vdots & \ddots & \vdots \\ 0 & 0 & 0 & \cdots & R_k \end{bmatrix}$$

并且相应的信息矩阵和协方差矩阵为

$$Y_k = \sum_{\ell=1}^{k} H_\ell^{\mathrm{T}} R_\ell^{-1} H_\ell \tag{5.79}$$

$$= Y_{k-1} + H_k^{\mathrm{T}} R_k^{-1} H_k \tag{5.80}$$

$$P_k = Y_k^{-1} \tag{5.81}$$

$$= \{P_{k-1}^{-1} + H_k^{\mathrm{T}} R_k^{-1} H_k\}^{-1} \tag{5.82}$$

因此，可以应用一般的“修正矩阵”求逆公式(5.45)，其中

$$A = P_{k-1}^{-1} \tag{5.83}$$

$$B = H_k^{\mathrm{T}} \tag{5.84}$$

$$C = -R_k \tag{5.85}$$

$$D = H_k \tag{5.86}$$

从而得到

$$P_k = P_{k-1} - \underbrace{P_{k-1} H_k^{\mathrm{T}} [R_k + H_k P_{k-1} H_k^{\mathrm{T}}]^{-1}}_{\overline{K}_k} H_k P_{k-1} \tag{5.87}$$

式(5.87)是卡尔曼滤波器的协方差矩阵测量更新方程，从中可以发现下面大括号中的表达式即是所需要的

$$\overline{K}_k = P_{k-1} H_k^{\mathrm{T}} [R_k + H_k P_{k-1} H_k^{\mathrm{T}}]^{-1}$$

然而，仍然需要证明这个值就是递归LMS估计的最优线性增益。

递归LMS估计　对应的估计值的递归更新方程将为

$$\hat{x}_k = P_k \left\{ \sum_{\ell=1}^{k} H_\ell^{\mathrm{T}} R_\ell^{-1} z_\ell \right\} \tag{5.88}$$

$$= \{P_{k-1} - \overline{K}_k H_k P_{k-1}\} \left\{ \sum_{\ell=1}^{k-1} H_\ell^{\mathrm{T}} R_\ell^{-1} z_\ell + H_k^{\mathrm{T}} R_k^{-1} z_k \right\} \tag{5.89}$$

$$= \{I - \overline{K}_k H_k\} \left\{ P_{k-1} \sum_{\ell=1}^{k-1} H_\ell^{\mathrm{T}} R_\ell^{-1} z_\ell + P_{k-1} H_k^{\mathrm{T}} R_k^{-1} z_k \right\} \tag{5.90}$$

$$= \{I - \overline{K}_k H_k\} \{\hat{x}_{k-1} + P_{k-1} H_k^{\mathrm{T}} R_k^{-1} z_k\} \tag{5.91}$$

$$= x_{k-1} - \overline{K}_k H_k x_{k-1} + \{I - \overline{K}_k H_k\} P_{k-1} H_k^{\mathrm{T}} R_k^{-1} z_k \tag{5.92}$$

$$= x_{k-1} - \overline{K}_k H_k x_{k-1} + \{P_{k-1} H_k^{\mathrm{T}} R_k^{-1} - \overline{K}_k H_k P_{k-1} H_k^{\mathrm{T}} R_k^{-1}\} z_k \tag{5.93}$$

$$= x_{k-1} - \overline{K}_k H_k x_{k-1} + \mathcal{X}_k z_k \tag{5.94}$$

其中

$$\mathcal{X}_k \stackrel{\text{def}}{=} P_{k-1} H_k^{\mathrm{T}} \underbrace{\{I - [R_k + H_k P_{k-1} H_k^{\mathrm{T}}]^{-1} H_k P_{k-1} H_k^{\mathrm{T}}\} R_k^{-1}}_{\mathcal{Y}_k} \tag{5.95}$$

$$\mathcal{Y}_k \stackrel{\text{def}}{=} \{I - [R_k + H_k P_{k-1} H_k^{\mathrm{T}}]^{-1} H_k P_{k-1} H_k^{\mathrm{T}}\} R_k^{-1} \tag{5.96}$$

$$[R_k + H_k P_{k-1} H_k^{\mathrm{T}}]\mathcal{Y}_k = \{R_k + H_k P_{k-1} H_k^{\mathrm{T}} - H_k P_{k-1} H_k^{\mathrm{T}}\} R_k^{-1} \tag{5.97}$$

$$= \{R_k\} R_k^{-1} \tag{5.98}$$

$$= I \tag{5.99}$$

$$\mathcal{Y}_k = [R_k + H_k P_{k-1} H_k^{\mathrm{T}}]^{-1} \tag{5.100}$$

$$\mathcal{X}_k = P_{k-1} H_k^{\mathrm{T}} \mathcal{Y}_k \tag{5.101}$$

$$= P_{k-1} H_k^{\mathrm{T}} [R_k + H_k P_{k-1} H_k^{\mathrm{T}}]^{-1} \tag{5.102}$$

$$\stackrel{\mathrm{def}}{=} \overline{K}_k \tag{5.103}$$

于是，式(5.94)成为

$$\hat{x}_k = \hat{x}_{k-1} - \overline{K}_k H_k \hat{x}_{k-1} + \overline{K}_k z_k \tag{5.104}$$

$$= \hat{x}_{k-1} + \overline{K}_k (z_k - H_k \hat{x}_{k-1}) \tag{5.105}$$

也就是说，式(5.105)中的递归 LMS 估计公式与卡尔曼测量更新公式完全相同，并且卡尔曼增益也相同。

这就完成了根据递归 LMS 估计子得到卡尔曼增益的推导过程。

5.2.6 离散时间卡尔曼估计子的公式汇总

在表 5.3 中总结了前面一节所导出的公式。在推导滤波器公式时，通过乘上 G_{k-1} 和 G_{k-1}^{T}，将 G 与设备协方差结合起来。例如

$$Q_{k-1} = G_{k-1} \mathrm{E}\langle w_{k-1} w_{K-1}^{\mathrm{T}} \rangle G_{k-1}^{\mathrm{T}}$$
$$= G_{k-1} \overline{Q}_{k-1} G_{k-1}^{\mathrm{T}}$$

滤波器与系统之间的关系如图 5.3 中框图所示。

表 5.3　离散时间卡尔曼滤波器公式

系统动态模型	$x_k = \Phi_{k-1} x_{k-1} + w_{k-1}$ $w_k \sim \mathcal{N}(0, Q_k)$
测量模型	$z_k = H_k x_k + v_k$ $v_k \sim \mathcal{N}(0, R_k)$
初始条件	$\mathrm{E}\langle x_0 \rangle = \hat{x}_0$ $\mathrm{E}\langle \tilde{x}_0 \tilde{x}_0^{\mathrm{T}} \rangle = P_0$
独立性假设	$\mathrm{E}\langle w_k v_j^{\mathrm{T}} \rangle = 0$，全部 k 和 j
状态估计外推 [参见式（5.25）]	$\hat{x}_{k(-)} = \Phi_{k-1} \hat{x}_{(k-1)(+)}$
误差协方差外推 [参见式（5.26）]	$P_{k(-)} = \Phi_{k-1} P_{(k-1)(+)} \Phi_{k-1}^{\mathrm{T}} + Q_{k-1}$
状态估计观测更新 [参见式（5.21）]	$\hat{x}_{k(+)} = \hat{x}_{k(-)} + \overline{K}_k [z_k - H_k \hat{x}_{k(-)}]$
误差协方差更新 [参见式（5.24）]	$P_{k(+)} = [I - \overline{K}_k H_k] P_{k(-)}$
卡尔曼增益矩阵 [参见式（5.19）]	$\overline{K}_k = P_{k(-)} H_k^{\mathrm{T}} [H_k P_{k(-)} H_k^{\mathrm{T}} + R_k]^{-1}$

计算离散时间卡尔曼估计子的基本步骤如下：

1. 利用 $P_{(k-1)(+)}$，Φ_{k-1}和 Q_{k-1}计算出 $P_{k(-)}$。
2. 利用 $P_{k(-)}$(在第一步中已计算出来)，H_k和 R_k计算出 $\overline{K}_k$ 。
3. 利用 $\overline{K}_k$ (在第二步中已计算出来)和 $P_{k(-)}$(从第一步得到)计算出 $P_{k(+)}$。
4. 利用计算出的 $\overline{K}_k$ 值(从第三步得到)，给定的初始条件 $\hat{x}_0$ 和输入数据 z_k，递归计算出 $\hat{x}_{k(+)}$ 的连续值。

卡尔曼滤波器实现的第四步(计算 $\hat{x}_{k(+)}$)只是为状态向量传播而执行的，其中可以得到仿真数据或实际数据。在 5.11 节中给出了这方面的例子。

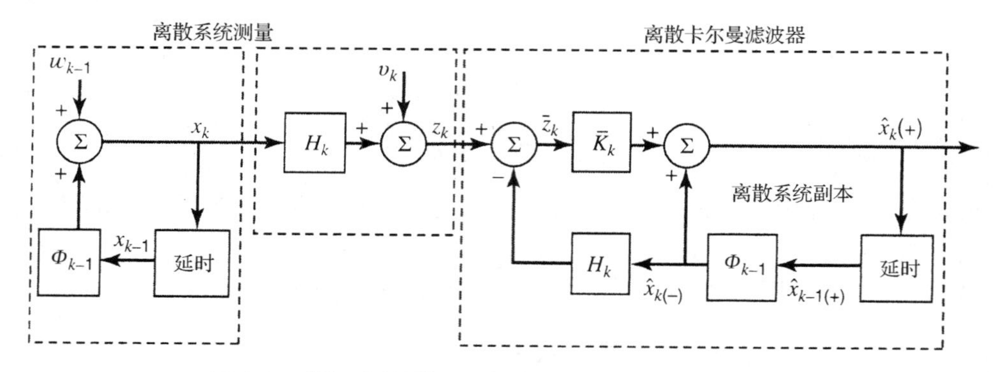

图 5.3　系统、测量模型和离散时间卡尔曼滤波器的框图

在设计过程中进行权衡考虑时，应该检查协方差矩阵更新(第一步和第三步)中是否满足对称性和正定性条件。不满足这两个条件之一就表明发生了错误——或者是程序出现了“bug”，或者是一个病态问题。为了克服病态问题，提出了 $P_{k(+)}$ 的另一种被称为“Joseph 型①”的等效表达式，如式(5.23)所示

$$P_{k(+)} = [I - \overline{K}_k H_k] P_{k(-)} [I - \overline{K}_k H_k]^{\mathrm{T}} + \overline{K}_k R_k \overline{K}_k^{\mathrm{T}}$$

注意到上式右边是两个对称矩阵之和。其中第一个是正定矩阵，而第二个是非负定矩阵，因此使得 $P_{k(+)}$ 成为正定矩阵。

对于 $\overline{K}_k$ 和 $P_{k(+)}$，还有许多其他形式②，它们在考虑到鲁棒计算因素时不太有用。可以发现，状态向量更新、卡尔曼增益、误差协方差公式代表了一个渐进稳定系统，因此随着 k 的增加，状态估计值 $\hat{x}_k$ 独立于初始估计值 $\hat{x}_0$ 和 P_0。

图 5.4 给出了典型的时间序列，包括估计状态向量的第 i 个分量值(用实心圆画出)及其估计不确定性的对应方差(用空心圆画出)。箭头表示变量的连续值，在箭头上的注释(在括号里面)指出了定义该转换的输入变量。注意到每个变量在每个离散时间都有两个不同值：其对应于测量值信息被利用以前的先验值，以及对应于信息被利用以后的后验值。

---

①　这是根据 Bucy 和 Joseph[6] 的名字命名的。

②　计算 $\overline{K}_k$ 和 $P_{k(+)}$ 的其他形式可以参阅 Jazwinski[10]，Kailath[11] 和 Sorenson[32]。

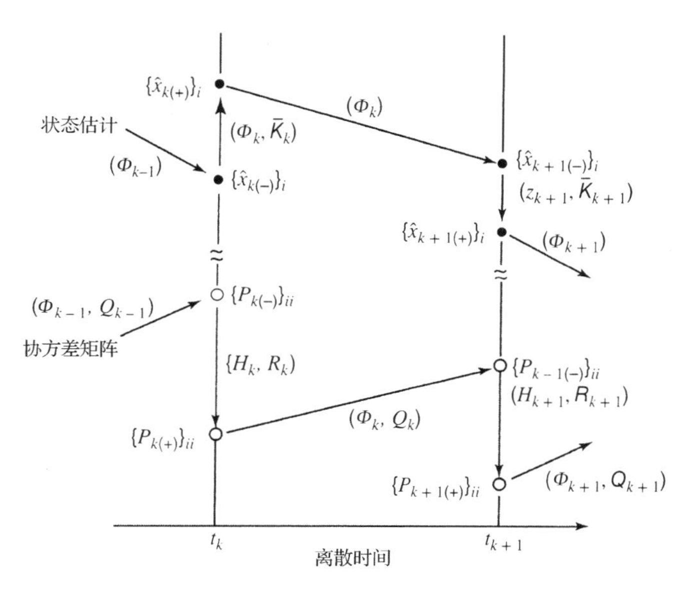

图 5.4　代表性的滤波器变量值序列(离散时间情形)

P_k的对角线元素的连续值和估计不确定性的协方差矩阵的典型行为如图 5.5 所示，从中可以看出在 P_k的先验值($P_{k(-)}$)和后验值($P_{k(+)}$)之间呈现出了“锯齿”模式。一般而言，对于相同的 k 值，$P_{k(+)}$的对角线元素值倾向于小于或者等于 $P_{k(-)}$的对角线元素值。

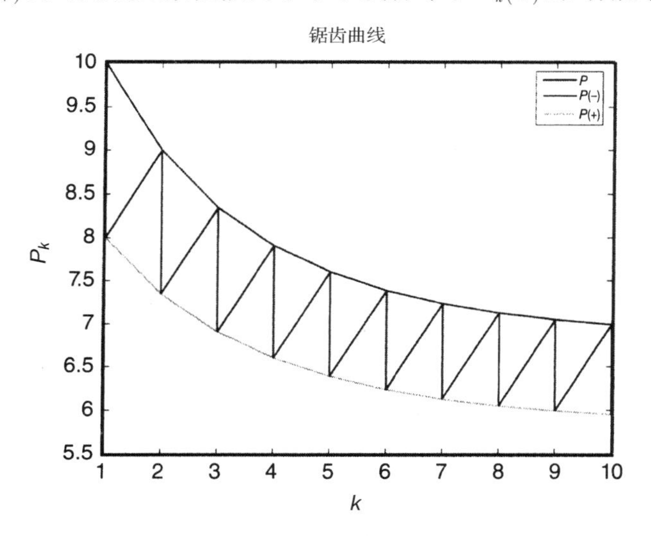

图 5.5　P_k的对角线元素值的锯齿模式

如果当 k 趋于无穷时，P 趋于零，则称滤波器是收敛的，但除非 $Q=0$ 或者 $\Phi=0$ 这种情况才会出现。图 5.6 给出了 $Q=0$ 时收敛的例子，此时真实的状态变量是一个常数($\Phi=1$)，并且收敛是指数型的。在这个例子中，状态变量是一个标量，并且 $\pm 1\sigma$ 值是根据 P 的平方根计算得到的。分离的 $\pm 1\sigma$ 值是(缓慢地)收敛到零的，这表明滤波器确实是收敛的。

在更一般的情况下，P 可能仍然会收敛到某些非零稳态值。

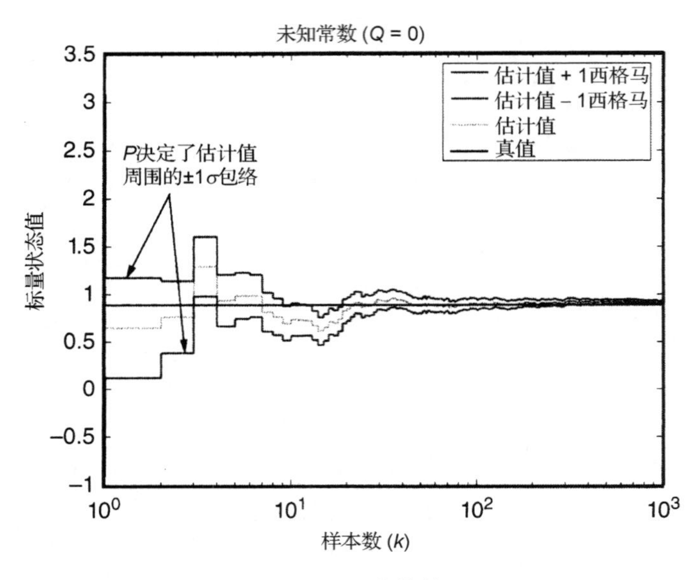

图5.6 P_k的收敛

例5.4(离散时间数值实现) 假设一个标量动态系统及观测值由下列方程给出:

$$x_k = x_{k-1} + w_{k-1}, \quad z_k = x_k + v_k$$

$$\mathrm{E}\langle v_k \rangle = \mathrm{E}\langle w_k \rangle = 0$$

$$\mathrm{E}\langle v_{k_1} v_{k_2} \rangle = 2\Delta(k_2 - k_1), \mathrm{E}\langle w_{k_1} w_{k_2} \rangle = \Delta(k_2 - k_1)$$

$$z_1 = 2, z_2 = 3$$

$$\mathrm{E}\langle x(0) \rangle = \hat{x}_0 = 1$$

$$\mathrm{E}\langle [x(0) - \hat{x}_0]^2 \rangle = P_0 = 10$$

这里的目标是求出 $\hat{x}_3$ 和稳态协方差矩阵 P_∞。我们可以利用表5.3中的方程式,其中

$$\Phi = 1 = H, Q = 1, R = 2$$

于是有

$$\boxed{P_{k(-)} = P_{(k-1)(+)} + 1}$$

$$\bar{K}_k = \frac{P_{k(-)}}{P_{k(-)} + 2} = \frac{P_{(k-1)(+)} + 1}{P_{(k-1)(+)} + 3}$$

$$P_{k(+)} = \left[1 - \frac{P_{(k-1)(+)} + 1}{P_{(k-1)(+)} + 3}\right](P_{(k-1)(+)} + 1)$$

$$\boxed{P_{k(+)} = \frac{2(P_{(k-1)(+)} + 1)}{P_{(k-1)(+)} + 3}}$$

$$\boxed{\hat{x}_{k(+)} = \hat{x}_{(k-1)(+)} + \bar{K}_k (z_k - \hat{x}_{(k-1)(+)})}$$

令

$$P_{k(+)} = P_{(k-1)(+)} = P\text{（稳态协方差）}$$

$$P = \frac{2(P+1)}{P+3}$$

$$P^2 + P - 2 = 0$$

$$P = 1\text{（正定解）}$$

当 $k=1$ 时

$$\hat{x}_1(+) = \hat{x}_0 + \frac{P_0+1}{P_0+3}(2-\hat{x}_0) = 1 + \frac{11}{13}(2-1) = \frac{24}{13}$$

下表给出的是卡尔曼滤波器的不同值：

k	$P_{k(-)}$	$P_{k(+)}$	$\overline{K}_k$	$\hat{x}_{k(+)}$
1	11	$\frac{22}{13}$	$\frac{11}{13}$	$\frac{24}{13}$
2	$\frac{35}{13}$	$\frac{70}{61}$	$\frac{35}{61}$	$\frac{153}{61}$

5.2.7　将误差不相关的向量测量值视为标量

在许多（如果不是大多数的话）测量 z 为向量值的应用中，测量噪声协方差的对应矩阵 R 是一个对角矩阵，意味着 v_k 的各个分量是不相关的。对于这些应用，将 z 的分量视为独立的标量测量值而不是向量测量值会更有优势。主要的好处在于：

1. 减少计算时间。将 ℓ 维向量 z 作为 ℓ 个连续的标量测量值来处理所需的算术运算数量，会大大少于将其作为向量测量值来处理所需的对应运算数量。在第 7 章中会说明，向量实现所需的运算数量会随 ℓ^3 增加，而标量实现的运算数量只随 ℓ 线性增加。
2. 提高数值精度。在实现协方差方程过程中避免矩阵求逆运算（通过使表达式 $HPH^{\mathrm{T}}+R$ 变为一个标量），提高了协方差计算对舍入误差的鲁棒性。

在这些情况下，实现滤波器时需要对观测更新方程进行 ℓ 次迭代，利用 H 的行作为测量"矩阵"（行的维数等于 1），以及 R 的对角元素作为对应的（标量）测量噪声协方差。更新过程可以通过下列方程迭代实现：

$$\overline{K}_k^{[i]} = \frac{1}{H_k^{[i]}P_k^{[i-1]}H_k^{[i]\mathrm{T}} + R_k^{[i]}}P_k^{[i-1]}H_k^{[i]\mathrm{T}}$$

$$P_k^{[i]} = P_k^{[i-1]} - \overline{K}_k^{[i]}H_k^{[i]}P_k^{[i-1]}$$

$$\hat{x}_k^{[i]} = \hat{x}_k^{[i-1]} + \overline{K}_k^{[i]}[\{z_k\}_i - H_k^{[i]}\hat{x}_k^{[i-1]}]$$

其中，$i=1, 2, 3, \cdots \ell$，所用的初始值为

$$P_k^{[0]} = P_{k(-)}, \quad \hat{x}_k^{[0]} = \hat{x}_{k(-)}$$

中间变量为

$$R_{[k]}^{[i]} = \ell \times \ell \text{ 维对角矩阵 } R_k \text{ 的第 } i \text{ 个对角元素}$$

$$H_{[k]}^{[i]} = \ell \times n \text{ 维矩阵 } H_k \text{ 的第 } i \text{ 行}$$

得到最终值为

$$P_k^{[\ell]} = P_{k(+)}, \quad \hat{x}_k^{[\ell]} = \hat{x}_{k(+)}$$

例 5.5(向量测量值的串行处理) 考虑下列测量更新问题:

$$\hat{x}_{k-} = \begin{bmatrix}1\\2\end{bmatrix}, \quad P_{k-} = \begin{bmatrix}4 & 1\\1 & 9\end{bmatrix}, \quad H_k = \begin{bmatrix}0 & 2\\3 & 0\end{bmatrix}, \quad R_k = \begin{bmatrix}1 & 0\\0 & 4\end{bmatrix}, \quad z_k = \begin{bmatrix}3\\4\end{bmatrix}$$

因为 R 是对角矩阵,所以测量的两个分量具有独立的误差,它们可以采用串行方式进行处理,每次处理一个,就像它们是均方测量不确定性为下式的两个标量测量值一样:

$$R_1 = 1, \quad R_2 = 4$$

并且其测量灵敏度矩阵为

$$H_1 = \begin{bmatrix}0 & 2\end{bmatrix}, \quad H_2 = \begin{bmatrix}3 & 0\end{bmatrix}$$

表 5.4 给出了同时将测量值作为一个向量或者两个独立标量来进行处理时所涉及的数值运算。实现方程(左列中给出)包括了方括号([·])中的部分结果,它们被重复使用以便降低所需的计算量。

表 5.4 例 5.5 中的数值运算

实现方程	向量测量值	标量测量值	
		第一次测量	第二次测量
$\hat{z} = H\hat{x}_{k(-)}$	$\begin{bmatrix}4\\3\end{bmatrix}$	4	105/37*
$\tilde{z} = z - \hat{z}$	$\begin{bmatrix}-1\\1\end{bmatrix}$	−1	43/37
$[HP]$	$\begin{bmatrix}2 & 18\\12 & 3\end{bmatrix}$	$[2 \quad 18]$	$\begin{bmatrix}\frac{432}{37} & \frac{3}{37}\end{bmatrix}^*$
$[[HP]H^{\mathrm{T}} + R]$	$\begin{bmatrix}37 & 6\\6 & 40\end{bmatrix}$	37	1444/37
$[[HP]H^{\mathrm{T}} + R]^{-1}$	$\begin{bmatrix}\frac{10}{361} & -\frac{3}{722}\\-\frac{3}{722} & \frac{37}{1444}\end{bmatrix}$	1/37	37/1444
$\overline{K} = (HP)^{\mathrm{T}}[HPH^{\mathrm{T}} + R]^{-1}$	$\begin{bmatrix}\frac{2}{361} & \frac{108}{361}\\\frac{351}{722} & \frac{3}{1444}\end{bmatrix}$	$\begin{bmatrix}\frac{2}{37}\\\frac{18}{37}\end{bmatrix}$	$\begin{bmatrix}\frac{108}{361}\\\frac{3}{1444}\end{bmatrix}$
$\hat{x}_{k(+)} = \hat{x}_{k(-)} + \overline{K}\tilde{z}$	$\begin{bmatrix}\frac{467}{361}\\\frac{2189}{1444}\end{bmatrix}$	†	$\begin{bmatrix}\frac{467}{361}\\\frac{2189}{1444}\end{bmatrix}$
$\hat{x}_{k(+)/2}$†		$\begin{bmatrix}\frac{35}{37}\\\frac{56}{37}\end{bmatrix}$	

（续表）

实现方程	向量测量值	标量测量值	
		第一次测量	第二次测量
$P_{k(+)} = P_{k(-)} - \overline{K}[HP]$	$\begin{bmatrix} \frac{144}{361} & \frac{1}{361} \\ \frac{1}{361} & \frac{351}{1444} \end{bmatrix}$	†	$\begin{bmatrix} \frac{144}{361} & \frac{1}{361} \\ \frac{1}{361} & \frac{351}{1444} \end{bmatrix}$
$P_{k(+)/2}$†		$\begin{bmatrix} \frac{144}{37} & 1/37 \\ 1/37 & \frac{9}{37} \end{bmatrix}$	

* 注意到在第二通道中的 $\hat{z}$ 是基于第一通道中的 $\hat{x}_{k(+)/2}$ 而不是 $\hat{x}_{k(-)}$ 得到的，并且第二通道中的 P 是第一通道中得到的 $P_{k(+)/2}$。

† 在第一通道中产生的值是中间结果。

两种方法的最终结果完全相同，尽管双通道串行处理方法(Two-pass serial processing route)的中间结果确实有所不同。特别地，需要注意下列几点区别：

1. 为了利用第一个测量向量分量，存在着估计状态向量（$\hat{x}_{k+/2}$）和协方差矩阵（$P_{k+/2}$）这两个中间值。
2. 在第二通道中基于中间估计 $\hat{x}_{k+/2}$（这是利用第一个标量测量值得到的）得到的期望值 $\hat{z}_2 = H_2\hat{x}_{k+/2}$，与将测量值作为一个向量处理时得到的 $\hat{z}$ 的第二个分量是不相同的。
3. 在第二通道中计算卡尔曼增益 $\overline{K}$ 所用的协方差矩阵 P 的值 $P_{k+/2}$ 是由第一通道得到的。
4. 两个串行卡尔曼增益向量与向量值测量情况下卡尔曼增益矩阵的两列相比是不太相同的。
5. 每次利用一个测量向量分量作为独立的标量测量值可以避免矩阵求逆，这样大大降低了所需的计算总量。
6. 尽管采用上述方式写出结果使两步方法看起来需要更多的计算量，实际上正好相反。其实，对测量向量分量进行多通道处理的优点会随着向量长度的增加而更大。

5.2.8　利用协方差方程进行设计分析

卡尔曼增益和误差协方差方程是独立于真实观测值的，记住这一点很重要。只有协方差方程才是在真正构建传感器系统以前，表征其性能所需要的。在开始进入测量和估计系统的设计阶段时，既没有真实数据也没有仿真数据可用，只有计算出的协方差可以用于获得估计子性能的初步指标。通过反复求解前一小节中第一步至第三步中的估计子方程，可以计算出协方差。这些协方差计算将涉及设备噪声协方差矩阵 Q、测量噪声协方差矩阵 R、状态转移矩阵 Φ、测量灵敏度矩阵 H 和初始协方差矩阵 P_0——对于所考虑的设计这些矩阵都是必须已知的。

5.3　卡尔曼-布西滤波器

在卡尔曼滤波器首次出现[28]不久，卡尔曼和布西很快就发表了与卡尔曼滤波器等效的连续时间滤波器[33]。它为那些宁愿“连续地思考，却离散地实现”的工程师提供了很好的启发式模型。这些工程师更愿意利用导数概念思考连续时间动态系统。卡尔曼-布西滤波器

(Kalman-Bucy filter)使他们能够发展一种连续时间模型，直到他们有信心对其进行处理后，再转换到等效的离散时间卡尔曼滤波器模型。

与离散时间情形类似，连续时间随机过程 $x(t)$ 和观测值 $z(t)$ 由下式给出：

$$\dot{x}(t) = F(t)x(t) + G(t)w(t) \tag{5.106}$$

$$\begin{gathered} z(t) = H(t)x(t) + v(t) \\ \mathrm{E}w(t) = \mathrm{E}v(t) = 0 \end{gathered} \tag{5.107}$$

$$\mathrm{E}w(t_1)w^{\mathrm{T}}(t_2) = Q(t)\delta(t_2 - t_1) \tag{5.108}$$

$$\mathrm{E}v(t_1)v^{\mathrm{T}}(t_2) = R(t)\delta(t_2 - t_1) \tag{5.109}$$

$$\mathrm{E}w(t)v^{\mathrm{T}}(\eta) = 0 \tag{5.110}$$

其中，矩阵 $F(t)$，$G(t)$，$H(t)$，$Q(t)$ 和 $R(t)$ 的维数分别为 $n\times n$，$n\times n$，$\ell\times n$，$n\times n$，以及 $\ell\times\ell$。$\delta(t_2-t_1)$ 是 Dirac δ 函数。协方差矩阵 Q 和 R 都是正定的。

我们希望寻找用 $\hat{x}(t)$ 表示的 n 个状态向量 $x(t)$ 的估计值，它是测量值 $z(t)$ $(0\leqslant t\leqslant T)$ 的线性函数，且使下列标量方程最小化：

$$\mathrm{E}[x(t) - \hat{x}(t)]^{\mathrm{T}} M [x(t) - \hat{x}(t)] \tag{5.111}$$

其中，M 是一个对称正定矩阵。

初始估计和协方差矩阵分别为 $\hat{x}_0$ 和 P_0。

本节给出了连续时间卡尔曼估计子的正式推导过程。正如离散时间情形一样，严格推导也可以通过利用正交原理的实现。鉴于主要目标在于得到有效且实用的估计子，因此很少强调连续时间估计子。

令 Δt 为时间区间 $[t_k - t_{k-1}]$。正如第 2 章和第 4 章中所指出的，可以得到下列关系：

$$\Phi(t_k, t_{k-1}) = \Phi_k = I + F(t_{k-1})\Delta t + 0(\Delta t^2)$$

其中，$0(\Delta t^2)$ 是由 Δt 的幂大于或者等于 2 的项所组成的。对于测量噪声

$$R_k = \frac{R(t_k)}{\Delta t}$$

并且对于过程噪声(Process noise)

$$Q_k = G(t_k)Q(t_k)G^{\mathrm{T}}(t_k)\Delta t$$

式(5.24)和式(5.26)可以结合起来。通过替代上述关系，可以得到下列结果：

$$\begin{aligned} P_{k(-)} = {} & [I + F(t)\Delta t][I - \overline{K}_{k-1}H_{k-1}]P_{k-1(-)} \\ & \times [I + F(t)\Delta t]^{\mathrm{T}} + G(t)Q(t)G^{\mathrm{T}}(t)\Delta t \end{aligned} \tag{5.112}$$

$$\begin{aligned} \frac{P_{k(-)} - P_{k-1(-)}}{\Delta t} = {} & F(t)P_{k-1(-)} + P_{k-1(-)}F^{\mathrm{T}}(t) \\ & + G(t)Q(t)G^{\mathrm{T}}(t) - \frac{\overline{K}_{k-1}H_{k-1}P_{k-1(-)}}{\Delta t} \\ & - F(t)\overline{K}_{k-1}H_{k-1}P_{k-1(-)}F^{\mathrm{T}}(t)\Delta t \\ & + \text{高阶项} \end{aligned} \tag{5.113}$$

求极限运算以后，式(5.19)中的卡尔曼增益变为

$$\lim_{\Delta t\to 0}\left[\frac{\overline{K}_{k-1}}{\Delta t}\right]=\lim_{\Delta t\to 0}\{P_{k-1(-)}H_{k-1}^{\mathrm{T}}[H_{k-1}P_{k-1(-)}H_{k-1}^{\mathrm{T}}\Delta t+R(t)]^{-1}\}$$

$$=PH^{\mathrm{T}}R^{-1}=\overline{K}(t) \tag{5.114}$$

将式(5.114)代入式(5.113)，并且取极限 $\Delta t\to 0$，可以得到期望的下列结果：

$$\begin{aligned}\dot{P}(t)=&F(t)P(t)+P(t)F^{\mathrm{T}}(t)+G(t)Q(t)G^{\mathrm{T}}(t)\\&-P(t)H^{\mathrm{T}}(t)R^{-1}(t)H(t)P(t)\end{aligned} \tag{5.115}$$

其中，$P(t_0)$为初始条件。上式被称为矩阵 Riccati 微分方程(Matrix Riccati differential equation)。在 5.8 节中将对其求解方法进行讨论。通过利用恒等式

$$P(t)H^{\mathrm{T}}(t)R^{-1}(t)R(t)R^{-1}(t)H(t)P(t)=\overline{K}(t)R(t)\overline{K}^{\mathrm{T}}(t)$$

上述微分方程可以重新写为下列形式：

$$\dot{P}(t)=F(t)P(t)+P(t)F^{\mathrm{T}}(t)+G(t)Q(t)G^{\mathrm{T}}(t)-\overline{K}(t)R(t)\overline{K}^{\mathrm{T}}(t) \tag{5.116}$$

采用类似方法，通过取极限 $\Delta t\to 0$，可以根据式(5.21)和式(5.25)推导出状态向量的更新方程，得到估计的微分方程为

$$\hat{x}_{k(+)}=\Phi_{k-1}\hat{x}_{k-1(+)}+\overline{K}[z_k-H_k\Phi_{k-1}x_{k-1(+)}] \tag{5.117}$$

$$\approx[I+F\ \Delta t]\ \hat{x}_{k-1(+)}+\overline{K}_k[z_k-H_k(I+F\ \Delta t)\hat{x}_{k-1(+)}] \tag{5.118}$$

$$\dot{\hat{x}}(t_k)=\lim_{\Delta t\to 0}\frac{x_{k(+)}-x_{k-1(+)}}{\Delta t} \tag{5.119}$$

$$=\lim_{\Delta t\to 0}\left[F\hat{x}_{k-1(+)}\frac{\overline{K}_k}{\Delta t}\left(z_k-H_k\hat{x}_{k-1(+)}-H_kF_k\ \Delta t\ \hat{x}_{k-1(+)}\right)\right] \tag{5.120}$$

$$\dot{\hat{x}}(t_k)=\lim_{\Delta t\to 0}\frac{x_{k(+)}-x_{k-1(+)}}{\Delta t} \tag{5.121}$$

$$=\lim_{\Delta t\to 0}\left[F\hat{x}_{k-1(+)}\frac{\overline{K}_k}{\Delta t}\left(z_k-H_k\hat{x}_{k-1(+)}-H_kF_k\ \Delta t\ \hat{x}_{k-1(+)}\right)\right] \tag{5.122}$$

$$=F(t)\hat{x}(t)+\overline{K}(t)[z(t)-H(t)\hat{x}(t)] \tag{5.123}$$

其初始条件为 $\hat{x}(0)$。式(5.114)、式(5.116)和式(5.123)定义了连续时间卡尔曼估计子，它也被称为卡尔曼-布西滤波器(Kalman-Bucy filter)[28,33~35]。

5.4　最优线性预测器

5.4.1　预测作为滤波

当测量数据不能得到或者不可靠时，预测与滤波是等效的。在这种情况下，卡尔曼增益矩阵 $\overline{K}_k$ 被强制为零。因此，式(5.21)、式(5.25)和式(5.123)变为

$$\hat{x}_{k(+)}=\Phi_{k-1}\hat{x}_{(k-1)(+)} \tag{5.124}$$

以及

$$\dot{\hat{x}}(t) = F(t)\hat{x}(t) \tag{5.125}$$

以前估计所得值将成为上述方程的初始条件。

5.4.2 考虑丢失数据的影响

在实际中，有时候会出现计划在某个时间区间($t_{k_1} < t \leqslant t_{k_2}$)进行的测量其实不能实施或者不可靠。于是，估计精度将受到丢失信息的影响，但是滤波器可以继续工作而不需要调整。我们可以根据最后可用的估计值 $\hat{x}_{k_1}$ ，采用5.4 节中给出的预测算法继续估计 $k > k_1$时的 x_k值，直到测量值再次有效(即在 $k = k_2$以后)。

没有必要进行观测更新，因为没有信息可以用于训练调整。在实际中，滤波器经常在测量灵敏度矩阵 $H = 0$ 的情况下运行，因此事实上唯一执行的更新是时间更新。

5.5 相关噪声源

5.5.1 设备噪声与测量噪声之间的相关

现在，我们希望将5.2 节和5.3 节中给出的结果进行推广，以便允许两个噪声过程之间存在相关性。假设相关性可以表示为

$$\mathrm{E}\langle w_{k_1} v_{k_2}^{\mathrm{T}}\rangle = C_k \Delta(k_2 - k_1), \quad \text{对于离散时间情形}$$

$$\mathrm{E}\langle w(t_1) v^{\mathrm{T}}(t_2)\rangle = C(t)\delta(t_2 - t_1), \quad \text{对于连续时间情形}$$

在这里的推广结果中，离散时间估计子具有相同的初始条件、状态估计外推方程和误差协方差外推方程。然而，表5.3 中的测量更新方程被修改为

$$\overline{K}_k = [P_{k(-)}H_k^{\mathrm{T}} + C_k][H_k P_{k(-)} H_k^{\mathrm{T}} + R_k + H_k C_k + C_k^{\mathrm{T}} H^{\mathrm{T}}]^{-1}$$

$$P_{k(+)} = P_{k(-)} - \overline{K}_k [H_k P_{k(-)} + C_k^{\mathrm{T}}]$$

$$\hat{x}_{k(+)} = \hat{x}_{k(-)} + \overline{K}_k [z_k - H_k \hat{x}_{k(-)}]$$

类似地，连续时间估计子算法也被推广到包括相关性的情况。式(5.114)变为[36,37]

$$\overline{K}(t) = [P(t)H^{\mathrm{T}}(t) + C(t)]R^{-1}(t)$$

5.5.2 时间相关测量值

相关的测量噪声 v_k可以用一个受白噪声驱动的成型滤波器来建模(参见5.5 节)。假设测量模型由下式给出:

$$z_k = H_k x_k + v_k$$

其中

$$v_k = A_{k-1} v_{k-1} + \eta_{k-1} \tag{5.126}$$

并且 η_k为零均值白噪声。

式(5.1)被式(5.126)扩展后，新的状态向量 $X_k = [x_k \quad v_k]^{\mathrm{T}}$ 满足下列差分方程:

$$X_k = \begin{bmatrix} x_k \\ -- \\ v_k \end{bmatrix} = \begin{bmatrix} \Phi_{k-1} & 0 \\ --- & --- \\ 0 & A_{k-1} \end{bmatrix} \begin{bmatrix} x_{k-1} \\ -- \\ v_{k-1} \end{bmatrix} + \begin{bmatrix} w_{k-1} \\ --- \\ \eta_{k-1} \end{bmatrix}$$

$$z_k = [H_k \ \vdots \ I] X_k$$

测量噪声为零，$R_k=0$。只要 $H_kP_{k(-)}H_k^{\mathrm{T}}+R_k$ 是可逆的，则估计子算法就可以有效。在第 7 章中，对这个问题的数值困难性（当 R_k 为奇异矩阵时）进行了详细讨论。

对于连续时间估计子，因为要求 $\overline{K}(t)=P(t)H^{\mathrm{T}}R^{-1}(t)$，则 $R^{-1}(t)$ 必须存在，所以不能像上面那样进行扩展。此时需要采用其他技术，详细信息可参阅 Gelb et al.[9]。

5.6　卡尔曼滤波器和维纳滤波器之间的关系

维纳滤波器是针对连续时间平稳系统来定义的，而卡尔曼滤波器则是针对平稳系统或者非平稳系统、连续时间系统或者离散时间系统都可以的，但卡尔曼滤波器只针对有限状态维的系统。为了对满足两种约束条件的问题之间的联系进行说明，选取 5.3 节中的连续时间卡尔曼-布西估计子方程，并令 F、G 和 H 为常量，噪声是平稳的（Q 和 R 为常量），而且滤波器达到稳定状态（P 为常量）。也就是说，当 $t\to\infty$ 时，$\dot{P}(t)\to 0$。于是，对于连续时间系统，5.3 节中的 Riccati 微分方程变为下列代数 Riccati 方程：

$$0=FP(\infty)+P(\infty)F^{\mathrm{T}}+GQG^{\mathrm{T}}-P(\infty)H^{\mathrm{T}}R^{-1}HP(\infty)$$

这个代数方程的正定解是协方差矩阵的稳态值$[P(\infty)]$。于是，稳态时的卡尔曼-布西滤波器方程为

$$\dot{\hat{x}}(t)=F\hat{x}+\overline{K}(\infty)[z(t)-H\hat{x}(t)]$$

对上式两边取 Laplace 变换，并且假设初始条件等于零，可以得到下列传递函数：

$$[sI-F+\overline{K}H]\hat{x}(s)=\overline{K}z(s)$$

其中，Laplace 变换 $\mathcal{L}\hat{x}(t)=\hat{x}(s)$ 和 $\mathcal{L}z(t)=z(s)$。其解为

$$\hat{x}(s)=[sI-F+\overline{K}H]^{-1}\overline{K}z(s)$$

其中，稳态增益为

$$\overline{K}=P(\infty)H^{\mathrm{T}}R^{-1}$$

上面的传递函数表示稳态卡尔曼－布西滤波器，它与维纳滤波器[12]是相同的。

5.7　二次损失函数

卡尔曼滤波器使估计误差的任意二次损失函数（Quadratic loss function）达到最小化。仅仅利用卡尔曼滤波器是无偏估计这一事实就足以证明这个性质，说某个估计是无偏估计等效于 $\hat{x}=\mathrm{E}\langle x\rangle$。也就是说，估计值是状态的概率分布的均值。

5.7.1　估计误差的二次损失函数

一个损失函数或者罚函数①（Penalty function）是某个随机事件产生结果的实值函数。损失函数反映了产生结果的价值（Value）。价值概念在某种程度上是一个主观概念。例如，在

① 这些概念来自于决策论，它包含了估计理论。这个理论也许曾经建立在更加乐观的概念基础上，比如“增益函数”（Gain function）、“利益函数”（Benefit function）或者“报酬函数”（Reward function），但是这些术语看起来是由悲观主义者命名的。它把注意力放在问题的不成功的负面因素上，我们不能让它影响自己的振奋精神。

赌博游戏中，你对某次打赌结果感觉到的损失函数既取决于个性和当前赢的状态，也取决于在打赌中有多少赌注。

估计的损失函数

在估计理论中，感知到的损失通常是估计误差(结果的估计函数值与其真实值之间的差值)的函数，并且它通常是估计误差绝对值的单调递增函数。换句话说，与更小的误差相比，误差越大其价值越低。

二次损失函数

如果 x 是与某个事件的结果相联系的 n 维实向量(变量)，$\hat{x}$ 是 x 的估计，则估计误差 $\hat{x}-x$ 的二次损失函数的形式如下：

$$L(\hat{x}-x)=(\hat{x}-x)^{\mathrm{T}}M(\hat{x}-x) \tag{5.127}$$

其中，M 是一个对称正定矩阵。我们也可以假设 M 是对称的，因为 M 的反对称部分并不影响二次损失函数。假设正定性的原因在于，可以确保只有当误差为零时损失才为零，并且损失是绝对估计误差的单调递增函数。

5.7.2 二次损失函数的期望值

损失与风险

损失的期望值有时候也被称为风险(risk)。下面将会指出，估计误差 $\hat{x}-x$ 的二次损失函数的期望值是 $\hat{x}-\mathrm{E}\langle x\rangle$ 的二次函数，其中 $\mathrm{E}\langle\hat{x}\rangle=\mathrm{E}\langle x\rangle$。证明过程将利用下列等式：

$$\hat{x}-x=(\hat{x}-\mathrm{E}\langle x\rangle)-(x-\mathrm{E}\langle x\rangle) \tag{5.128}$$

$$\mathop{\mathrm{E}}_{x}\langle x-\mathrm{E}\langle x\rangle\rangle=0 \tag{5.129}$$

$$\begin{aligned}&\mathop{\mathrm{E}}_{x}\langle(x-\mathrm{E}\langle x\rangle)^{\mathrm{T}}M(x-\mathrm{E}\langle x\rangle)\rangle\\&\quad=\mathop{\mathrm{E}}_{x}\langle\mathrm{trace}[(x-\mathrm{E}\langle x\rangle)^{\mathrm{T}}M(x-\mathrm{E}\langle x\rangle)]\rangle\end{aligned} \tag{5.130}$$

$$=\mathop{\mathrm{E}}_{x}\langle\mathrm{trace}[M(x-\mathrm{E}\langle x\rangle)(x-\mathrm{E}\langle x\rangle)^{\mathrm{T}}]\rangle \tag{5.131}$$

$$=\mathrm{trace}[M\mathop{\mathrm{E}}_{x}\langle(x-\mathrm{E}\langle x\rangle)(x-\mathrm{E}\langle x\rangle)^{\mathrm{T}}] \tag{5.132}$$

$$=\mathrm{trace}[MP] \tag{5.133}$$

$$P\stackrel{\mathrm{def}}{=}\mathop{\mathrm{E}}_{x}\langle(x-\mathrm{E}\langle x\rangle)(x-\mathrm{E}\langle x\rangle)^{\mathrm{T}}\rangle \tag{5.134}$$

二次损失函数的风险

对于上面定义的二次损失函数情形，其期望损失(风险)将为

$$\mathcal{R}(\hat{x})=\mathop{\mathrm{E}}_{x}\langle L(\hat{x}-x)\rangle \tag{5.135}$$

$$=\mathop{\mathrm{E}}_{x}\langle(\hat{x}-x)^{\mathrm{T}}M(\hat{x}-x)\rangle \tag{5.136}$$

$$=\mathop{\mathrm{E}}_{x}\langle[(\hat{x}-\mathrm{E}\langle x\rangle)-(x-\mathrm{E}\langle x\rangle)]^{\mathrm{T}}M[(\hat{x}-\mathrm{E}\langle x\rangle)-(x-\mathrm{E}\langle x\rangle)]\rangle \tag{5.137}$$

$$= \underset{x}{\mathrm{E}}\langle(\hat{x}-\mathrm{E}\langle x\rangle)^{\mathrm{T}}M(\hat{x}-\mathrm{E}\langle x\rangle)+(x-\mathrm{E}\langle x\rangle)^{\mathrm{T}}M(x-\mathrm{E}\langle x\rangle)\rangle$$

$$-\underset{x}{\mathrm{E}}\langle(\hat{x}-\mathrm{E}\langle x\rangle)^{\mathrm{T}}M(x-\mathrm{E}\langle x\rangle)+(x-\mathrm{E}\langle x\rangle)^{\mathrm{T}}M(\hat{x}-\mathrm{E}\langle x\rangle)\rangle \tag{5.138}$$

$$= (\hat{x}-\mathrm{E}\langle x\rangle)^{\mathrm{T}}M(\hat{x}-\mathrm{E}\langle x\rangle)+\underset{x}{\mathrm{E}}\langle(x-\mathrm{E}\langle x\rangle)^{\mathrm{T}}M(x-\mathrm{E}\langle x\rangle)\rangle$$

$$-(\hat{x}-\mathrm{E}\langle x\rangle)^{\mathrm{T}}M_x\langle(x-\mathrm{E}\langle x\rangle)\rangle-\underset{x}{\mathrm{E}}\langle(x-\mathrm{E}\langle x\rangle)\rangle^{\mathrm{T}}M(\hat{x}-\mathrm{E}\langle x\rangle) \tag{5.139}$$

$$= (\hat{x}-\mathrm{E}\langle x\rangle)^{\mathrm{T}}M(\hat{x}-\mathrm{E}\langle x\rangle)+\mathrm{trace}[MP] \tag{5.140}$$

它是 $\hat{x}-\mathrm{E}\langle x\rangle$ 的二次函数再加上一个非负①的常数 trace[MP]。

5.7.3　无偏估计与二次损失

估计值 $\hat{x}=\mathrm{E}\langle x\rangle$ 能够使任意正定二次损失函数的期望值最小化。根据上面的推导可知

$$\mathcal{R}(\hat{x}) \geqslant \mathrm{trace}[MP] \tag{5.141}$$

以及

$$\mathcal{R}(\hat{x}) = \mathrm{trace}[MP] \tag{5.142}$$

只有当满足

$$\hat{x} = \mathrm{E}\langle x\rangle \tag{5.143}$$

时才成立。这里只假设了均值 $\mathrm{E}\langle x\rangle$ 和协方差 $\underset{x}{\mathrm{E}}\langle(x-\mathrm{E}\langle x\rangle)(x-\mathrm{E}\langle x\rangle)^{\mathrm{T}}\rangle$ 是针对 x 的概率分布来定义的。这也说明了二次损失函数在估计理论中的作用。它们总是能够使均值成为具有最小期望损失(风险)的估计值。

无偏估计

一个估计值 $\hat{x}$ 被称为是无偏的，如果估计误差的期望值 $\underset{x}{\mathrm{E}}\langle\hat{x}-x\rangle=0$。刚才已经指出，一个无偏估计能够使估计误差的任意二次损失函数的期望值最小化。

5.8　矩阵 Riccati 微分方程

需要求解 Riccati 方程或许是那些实现卡尔曼滤波器的人们必须面对的最为焦虑和苦恼的事情。本节对卡尔曼-布西滤波器的 Riccati 微分方程求解方法进行简要讨论。在下一节中，将对卡尔曼滤波器的离散时间问题进行类似处理。对 Riccati 方程更加深入系统的讨论可以参考 Bittanti 等人的著作[20]。

5.8.1　转化为线性方程

Riccati 微分方程最早是在 18 世纪作为非线性标量微分方程来研究的，并且提出了一种将其转化为线性矩阵微分方程的方法。如果原始 Riccati 微分方程的因变量是矩阵，则该方法是有效的。这里针对卡尔曼-布西滤波器的矩阵 Riccati 微分方程导出了这种解决方法。在下一节中针对卡尔曼滤波器的离散时间矩阵 Riccati 方程导出了类似的解决方法。

---

① 回顾 M 和 P 是对称的非负定矩阵，并且对称非负定矩阵的任意乘积的矩阵也是非负的。

矩阵分数

类似AB^{-1}这种形式的矩阵乘积被称为矩阵分数(Matrix fraction)，将矩阵M表示为下列形式:

$$M = AB^{-1}$$

被称为M的分式分解(Fraction decomposition)。矩阵A是分数的分子，矩阵B则是其分母。矩阵分母必须是非奇异的。

通过分式分解线性化

Riccati 微分方程是非线性的。然而，通过协方差矩阵的分式分解可以得到分子矩阵和分母矩阵的线性微分方程。分子和分母矩阵将为时间的函数，使得乘积$A(t)B^{-1}(t)$满足矩阵Riccati微分方程及其边界条件。

推导过程

将矩阵分数$A(t)B^{-1}(t)$关于t求导数，并且利用下列事实①:

$$\frac{\mathrm{d}}{\mathrm{d}t}B^{-1}(t) = -B^{-1}(t)\dot{B}(t)B^{-1}(t)$$

则可以得到矩阵Riccati微分方程的下列分解形式，其中GQG^{T}已经简化为等效的Q矩阵

$$\dot{A}(t)B^{-1}(t) - A(t)B^{-1}(t)\dot{B}(t)B^{-1}(t)$$

$$= \frac{\mathrm{d}}{\mathrm{d}t}\{A(t)B^{-1}(t)\} \tag{5.144}$$

$$= \frac{\mathrm{d}}{\mathrm{d}t}P(t) \tag{5.145}$$

$$\begin{aligned} = & F(t)P(t) + P(t)F^{\mathrm{T}}(t) \\ & - P(t)H^{\mathrm{T}}(t)R^{-1}(t)H(t)P(t) + Q(t) \end{aligned} \tag{5.146}$$

$$\begin{aligned} = & F(t)A(t)B^{-1}(t) + A(t)B^{-1}(t)F^{\mathrm{T}}(t) \\ & - A(t)B^{-1}(t)H^{\mathrm{T}}(t)R^{-1}(t)H(t)A(t)B^{-1}(t) + Q(t) \end{aligned} \tag{5.147}$$

$$\begin{aligned} \dot{A}(t) - A(t)B^{-1}(t)\dot{B}(t) = & F(t)A(t) + A(t)B^{-1}(t)F^{\mathrm{T}}(t)B(t) \\ & - A(t)B^{-1}(t)H^{\mathrm{T}}(t)R^{-1}(t)H(t)A(t) + Q(t)B(t) \end{aligned} \tag{5.148}$$

$$\begin{aligned} \dot{A}(t) - A(t)B^{-1}(t)\{\dot{B}(t)\} = & F(t)A(t) + Q(t)B(t) - A(t)B^{-1}(t) \\ & \times \{H^{\mathrm{T}}(t)R^{-1}(t)H(t)A(t) - F^{\mathrm{T}}(t)B(t)\} \end{aligned} \tag{5.149}$$

$$\dot{A}(t) = F(t)A(t) + Q(t)B(t) \tag{5.150}$$

$$\dot{B}(t) = H^{\mathrm{T}}(t)R^{-1}(t)H(t)A(t) - F^{\mathrm{T}}(t)B(t) \tag{5.151}$$

$$\frac{\mathrm{d}}{\mathrm{d}t}\begin{bmatrix} A(t) \\ B(t) \end{bmatrix} = \begin{bmatrix} F(t) & Q(t) \\ H^{\mathrm{T}}(t)R^{-1}(t)H(t) & -F^{\mathrm{T}}(t) \end{bmatrix}\begin{bmatrix} A(t) \\ B(t) \end{bmatrix} \tag{5.152}$$

① 这个公式在附录B中给予推导。

最后一个方程是线性一阶矩阵微分方程。因变量是一个 $2n \times n$ 维矩阵，其中 n 是相关状态变量的维数。

哈密顿矩阵

矩阵 Riccati 微分方程的矩阵

$$\Psi(t) = \begin{bmatrix} F(t) & Q(t) \\ H^{\mathrm{T}}(t)R^{-1}(t)H(t) & -F^{\mathrm{T}}(t) \end{bmatrix} \tag{5.153}$$

被称为哈密顿矩阵①(Hamilton Matrix)。

边界约束

$A(t)$和 $B(t)$的初始值也必须受 $P(t)$的初始值约束。这很容易满足，可以取 $A(t_0) = P(t_0)$以及 $B(t_0) = I$(恒等矩阵)。

5.8.2　时不变问题

在时不变情况下，哈密顿矩阵 Ψ 也是时不变的。因此，矩阵分数的分子 A 和分母 B 的解可以用矩阵形式表示为下列乘积：

$$\begin{bmatrix} A(t) \\ B(t) \end{bmatrix} = \mathrm{e}^{\Psi t} \begin{bmatrix} P(0) \\ I \end{bmatrix}$$

其中，$\mathrm{e}^{\Psi t}$是一个 $2n \times 2n$ 维矩阵。

5.8.3　标量时不变问题

在这种情况下，矩阵分数 AB^{-1}的分子 A 和分母 B 将为标量，但是 Ψ 将为 2×2 维矩阵。这里我们将说明如何以闭合形式得到其指数。它对线性化方法的应用进行了举例说明，其结果可阐明解的特性——比如它对初始条件以及标量参数 F、H、R 和 Q 的依赖关系。

微分方程的线性化

标量时不变 Riccati 微分方程及其线性化等效方程分别为

$$\dot{P}(t) = FP(t) + P(t)F^{\mathrm{T}} - P(t)HR^{-1}HP(t) + Q$$

$$\begin{bmatrix} \dot{A}(t) \\ \dot{B}(t) \end{bmatrix} = \begin{bmatrix} F & Q \\ H^{\mathrm{T}}R^{-1}H & -F^{\mathrm{T}} \end{bmatrix} \begin{bmatrix} A(t) \\ B(t) \end{bmatrix}$$

其中，符号 F、H、R 和 Q 表示应用的标量参数(常数)，t 为自由(独立)变量，因变量 P 通过微分方程约束为 t 的函数。我们可以求解这个方程，得到 P 作为自由变量 t 的函数，以及作为参数 F、H、R 和 Q 的函数。

线性时不变微分方程的基本解

线性时不变微分方程的通解为

$$\begin{bmatrix} A(t) \\ B(t) \end{bmatrix} = \mathrm{e}^{\Psi t} \begin{bmatrix} P(0) \\ 1 \end{bmatrix} \tag{5.154}$$

---

① 这是根据爱尔兰数学家和物理学家 William Rowan Hamilton(1805 - 1865)的名字命名的。

$$\Psi = \begin{bmatrix} F & Q \\ \dfrac{H^2}{R} & -F \end{bmatrix}$$

现在，可以利用 Ψ 的特征向量计算上述矩阵指数，将特征向量排列为矩阵的列向量形式

$$M = \begin{bmatrix} \dfrac{-Q}{F+\phi} & \dfrac{-Q}{F-\phi} \\ 1 & 1 \end{bmatrix}, \quad \phi = \sqrt{F^2 + \frac{H^2 Q}{R}}$$

其逆矩阵为

$$M^{-1} = \begin{bmatrix} \dfrac{-H^2}{2\phi R} & \dfrac{H^2 Q}{2H^2Q + 2F^2R - 2F\phi R} \\ \dfrac{H^2}{2\phi R} & \dfrac{H^2 Q}{2H^2Q + 2F^2R + 2F\phi R} \end{bmatrix}$$

它可以对角化为

$$M^{-1}\Psi M = \begin{bmatrix} \lambda^2 & 0 \\ 0 & \lambda_1 \end{bmatrix}$$

$$\lambda_2 = -\frac{H^2Q + F^2R}{\phi R}, \quad \lambda_1 = \frac{H^2Q + F^2R}{\phi R}$$

其对角线上元素为 Ψ 的特征值。对角化矩阵乘以 t 以后的指数为

$$e^{M^{-1}\Psi M t} = \begin{bmatrix} e^{\lambda_2 t} & 0 \\ 0 & e^{\lambda_1 t} \end{bmatrix}$$

利用上述关系，可以写出线性齐次时不变方程的基本解为

$$\begin{aligned} e^{\Psi t} &= \sum_{k=0}^{\infty} \frac{1}{k!} t^k \Psi^k \\ &= M\left(\sum_{k=0}^{\infty} \frac{1}{k!} [M^{-1}\Psi M]^k\right) M^{-1} \\ &= M e^{M^{-1}\Psi M t} M^{-1} \\ &= M \begin{bmatrix} e^{\lambda_2 t} & 0 \\ 0 & e^{\lambda_1 t} \end{bmatrix} M^{-1} \\ &= \frac{1}{2e^{\phi t}\phi} \begin{bmatrix} \phi(\psi(t)+1) + F(\psi(t)-1) & Q(1-\psi(t)) \\ \dfrac{H^2(\psi(t)-1)}{R} & F(1-\psi(t)) + \phi(1+\psi(t)) \end{bmatrix} \end{aligned}$$

$$\psi(t) = e^{2\phi t}$$

并且线性化处理后所得系统的解为

$$\begin{aligned} \begin{bmatrix} A(t) \\ B(t) \end{bmatrix} &= e^{\Psi t} \begin{bmatrix} P(0) \\ 1 \end{bmatrix} \\ &= \frac{1}{2e^{\phi t}\phi} \begin{bmatrix} P(0)[\phi(\psi(t)+1) + F(\psi(t)-1)] - \dfrac{Q(\psi(t)-1)}{R^2} \\ \dfrac{P(0)H^2(\psi(t)-1)}{R} - \phi(\psi(t)+1) - F(\psi(t)-1) \end{bmatrix} \end{aligned}$$

标量时不变 Riccati 方程的通解

利用上述结果，可以得到通解公式为

$$\begin{aligned} P(t) &= A(t)/B(t) \\ &= \frac{\mathcal{N}_P(t)}{\mathcal{D}_P(t)} \end{aligned} \tag{5.155}$$

$$\begin{aligned} \mathcal{N}_P(t) &= R[P(0)(\phi+F)+Q]+R[P(0)(\phi-F)-Q]\mathrm{e}^{-2\phi t} \\ &= R\left[P(0)\left(\sqrt{F^2+\frac{H^2Q}{R}}+F\right)+Q\right] \\ &\quad +R\left[P(0)\left(\sqrt{F^2+\frac{H^2Q}{R}}-F\right)-Q\right]\mathrm{e}^{-2\phi t} \end{aligned} \tag{5.156}$$

$$\begin{aligned} \mathcal{D}_P(t) &= [H^2P(0)+R(\phi-F)]-[H^2P(0)-R(F+\phi)]\mathrm{e}^{-2\phi t} \\ &= \left[H^2P(0)+R\left(\sqrt{F^2+\frac{H^2Q}{R}}-F\right)\right] \\ &\quad -\left[H^2P(0)-R\left(\sqrt{F^2+\frac{H^2Q}{R}}+F\right)\right]\mathrm{e}^{-2\phi t} \end{aligned} \tag{5.157}$$

分母的奇异值

很容易证明分母 $\mathcal{D}_P(t)$ 在 t_0时有一个零点，使得

$$\mathrm{e}^{-2\phi t_0}=1+2\frac{R}{H^2}\times\frac{H^2[P(0)\phi+Q]+FR(\phi-F)}{H^2P^2(0)-2FRP(0)-QR}$$

然而，也可以证明，如果

$$P(0)>-\frac{R}{H^2}(\phi-F)$$

则 $t_0<0$，它是初始值的负值下界(lower bound)。然而，这并没有带来特殊的困难，因为无论如何 $P(0)\geqslant 0$(将在下一节中看到，如果这个条件不满足会产生什么后果)。

边界值

给定上述 $P(t)$ 的公式，以及其分子 $N(t)$ 和分母 $D(t)$，可以很容易证明它们具有下列极限值：

$$\begin{aligned} &\lim_{t\to 0}N_P(t)=2P(0)R\sqrt{F^2+\frac{H^2Q}{R}} \\ &\lim_{t\to 0}D_P(t)=2R\sqrt{F^2+\frac{H^2Q}{R}} \\ &\lim_{t\to 0}P(t)=P(0) \\ &\lim_{t\to\infty}P(t)=\frac{R}{H^2}\left(F+\sqrt{F^2+\frac{H^2Q}{R}}\right) \end{aligned} \tag{5.158}$$

5.8.4 标量时不变解的参数依赖性

现在，将利用前面得到的标量时不变问题的解来说明其对参数 F，H，R，Q 和 $P(0)$ 的依赖关系。这些参数有两个基本的代数函数，它们对表征解的行为是有用的：当 t 趋于无穷时的渐进解以及衰减到这个稳态解的时间常数。

衰减时间常数

在 $P(t)$ 的表达式中与时间相关的唯一项为 $e^{-2\phi t}$。于是，解的基本衰减时间常数为所讨论问题中参数的下列代数函数：

$$\tau(F,H,R,Q)=2\sqrt{F^2+\frac{H^2Q}{R}} \tag{5.159}$$

注意这个函数与 P 的初始值无关。

渐进解和稳态解

当 t 趋于零时，标量时不变 Riccati 微分方程的渐进解由式(5.158)给出。需要证明的是，它也是对应的下列稳态微分方程的解：

$$\dot{P}=0$$

$$P^2(\infty)H^2R^{-1}-2FP(\infty)-Q=0$$

它也被称为代数[①] Riccati 方程。这个关于 $P(\infty)$ 的二次方程有两个解，可以表示为所讨论问题中参数的下列代数函数：

$$P(\infty)=\frac{FR\pm\sqrt{H^2QR+F^2R^2}}{H^2}$$

两个解分别对应于正负号(±)的两个值。然而，对此也没有必要感到奇怪。满足式(5.158)的解是非负解，另一个解则是负的。我们只对非负解感兴趣，因为根据定义可知，不确定性的方差 P 是非负的。

对初始条件的依赖关系

对于标量问题，初始条件的参数由 $P(0)$ 表示。然而，解对初始值的依赖性并不是处处连续的，其原因在于稳态方程存在两个解。对于非负解而言，如果初始条件充分接近它，则会渐进收敛到这个非负解，从这个意义上讲它是稳定的。而对于负值解而言，初始条件的无限小扰动都会使解偏离负值稳态解，并且收敛到非负稳态解，从这个意义上讲它是不稳定的。

收敛解和发散解

解可能会经过无穷大才会最终收敛到非负稳态值。也就是说，解最初可能是发散的，这取决于初始值的情况。这种行为如图 5.7 所示，它是针对参数为下列值的 Riccati 方程所得的解而做出的

$$F=0,\quad H=1,\quad R=1,\quad Q=1$$

---

① 之所以这样称呼，是因为它是一个代数方程而不是微分方程。也就是说，它是由代数运算而不是微积分运算构成的。然而，这种用法中该术语本身是容易引起歧义的，因为代数 Riccati 方程具有两个完全不同的形式。一个是从 Riccati 微分方程得到的，而另一个则是从离散时间 Riccati 方程得到的。所得结果都是代数方程，但是它们在结构上有很大区别。

与其对应的连续时间代数(二次)Riccati 方程为

$$\dot{P}(\infty) = 0$$

$$2FP(\infty) - \frac{[P(\infty)H]^2}{R} + Q = 0$$

$$1 - [P(\infty)]^2 = 0$$

它有两个解 $P(\infty) = \pm 1$。Riccati 微分方程的闭式解可以用初始值 $P(0)$ 表示为

$$P(t) = \frac{e^{2t}[1 + P(0)] - [1 - P(0)]}{e^{2t}[1 + P(0)] + [1 - P(0)]}$$

在时间区间 $0 \leqslant t \leqslant 2$ 范围内画出了具有不同初始值的初始值问题的解。除了 $P(0) = -1$ 以外，所有解看起来都会最终收敛到 $P(\infty) = 1$，但是那些从图下方消失的解首先发散到 $-\infty$，然后再从图上方收敛到 $P(\infty) = +1$。图中的垂直线表示解从 $P(0) < -1$ 开始，经过 $P(t) = \pm\infty$ 到达 $P(\infty) = 1$的时刻。这个现象在 $P(t)$的表达式中分母的零点位置会发生，当 $P(0) < -1$ 时，它发生的时刻为

$$t^* = \ln\sqrt{\frac{P(0) - 1}{P(0) + 1}}$$

$P(0) > -1$ 时解会收敛，不会存在这种非连续行为。

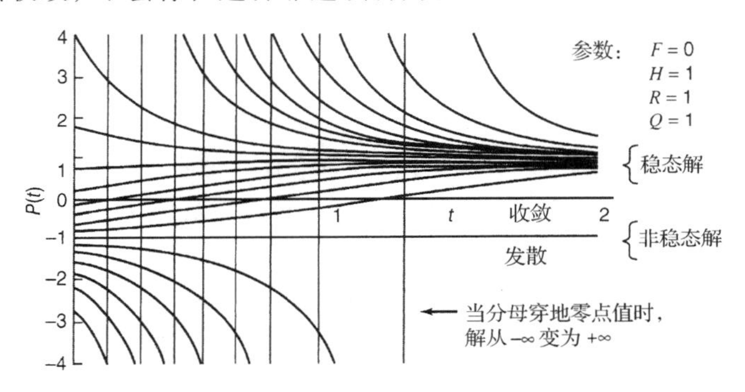

图 5.7 标量时不变 Riccati 方程的解

收敛区域和发散区域

在图 5.7 中，$P = -1$ 的直线将初始值分为两个区域，它们表示初始值问题解的稳定性特征。初始值位于这条线上方的解收敛到正的稳态解，而初始值从这条线下方开始的解会发散。

5.8.5 收敛问题

利用低阶系统的特性来推断高阶系统的特性通常是具有风险的。但是，标量时不变 Riccati 微分方程的闭式解的行为具有下列明显趋势：

1. 解会以指数形式最终收敛到非负稳态解。衰减时间常数随 $(F^2 + H^2Q/R)^{1/2}$ 而变化，它随 $|F|$，$|H|$ 和 Q 的增大而增大，随 R 的增大而减小(当 $R > 0$ 且 $Q > 0$ 时)。
2. 然而，解不是均匀指数收敛的。初始值不会对渐进衰减速率产生影响，但是会影响初始响应。特别地，对于更靠近非稳定的稳态解的初始值，其收敛性最初是受到阻碍的。
3. 稳定的渐进解为

$$P(\infty) = \frac{R}{H^2}\left(F + \sqrt{F^2 + \frac{H^2 Q}{R}}\right)$$

它会受到 F 的符号和大小的影响，但只受 H，R 和 Q 的大小影响。

Potter[38]对一般(高阶)系统的稳定特性进行了证明。

不稳定动态系统也具有收敛的 Riccati 方程

注意到对于标量情形，状态变化的对应方程

$$\frac{\mathrm{d}}{\mathrm{d}t}P(t) = FP + PF^{\mathrm{T}} + Q$$

的一般解为

$$P(t) = \frac{(\mathrm{e}^{2Ft} - 1)Q}{2F} + \mathrm{e}^{2Ft}P(0)$$

如果 $F>0$，则这个动态系统是不稳定的，因为当 $t\to\infty$ 时，它的解 $P(t)\to+\infty$。然而，对应的 Riccati 方程(包含条件项)能够接近有限的极限值。

5.8.6 代数 Riccati 方程的闭式解

在前面小节中，我们看到即使对于最简单(标量)的问题，要得到一般 Riccati 微分方程的闭式解(即解可以作为模型参数的公式)是很困难的。下面的例子通过一个简单的模型，说明得到代数 Riccati 方程的闭式解也同样困难。

例 5.6(谐振腔问题的连续时间代数 Riccati 方程的求解) 这里的问题是对阻尼谐振腔状态(位置和速度)估计的渐进不确定性的特征进行表示，谐振腔由白噪声驱动，位置的噪声测量值已知。这个问题的系统模型已在例 2.2、例 2.3、例 2.6、例 2.7、例 3.9、例 3.10 和例.11 中导出。所得的连续时间代数 Riccati 方程具有下列形式：

$$0 = FP + PF^{\mathrm{T}} - PH^{\mathrm{T}}R^{-1}HP + Q$$

$$F = \begin{bmatrix} 0 & 1 \\ -\dfrac{1+\omega^2\tau^2}{\tau^2} & \dfrac{-2}{\tau} \end{bmatrix}$$

$$H = \begin{bmatrix} 1 & 0 \end{bmatrix}$$

$$Q = \begin{bmatrix} 0 & 0 \\ 0 & q \end{bmatrix}$$

它等效于下列三个标量方程：

$$0 = -p_{11}^2 + 2Rp_{12}$$

$$0 = -R(1+\omega^2\tau^2)p_{11} - 2R\tau p_{12} - \tau^2 p_{11}p_{12} + R\tau^2 p_{22}$$

$$0 = -\tau^2 p_{12}^2 - 2R(1+\omega^2\tau^2)p_{12} - 4R\tau p_{22} + Rq\tau^2$$

上面第一个方程和第三个方程可以作为变量 p_{12} 和 p_{22} 的线性方程求解，得到用 p_{11} 表示的解为

$$p_{12} = \frac{p_{11}^2}{2R}$$

$$p_{22} = \frac{Rq\tau^2 - \tau^2 p_{12}^2 - 2R(1+\omega^2\tau^2)p_{12}}{4R\tau}$$

将这两个表达式代入中间的标量方程，得到关于p_{11}的四次方程如下：

$$0=\tau^3p_{11}^4+8R\tau^2p_{11}^3+20R^2\tau(5+\omega^2\tau^2)p_{11}^2+16R^3(1+\omega^2\tau^2)p_{11}-4R^3q\tau^3$$

这看起来是一个相当简单的四次方程，但其求解却是非常费力繁琐的过程。它有四个解，其中只有一个解能够得到非负协方差矩阵 P

$$p_{11}=\frac{R(1-b)}{\tau}$$

$$p_{12}=\frac{R(1-b)^2}{2\tau^2}$$

$$p_{22}=\frac{R}{\tau^3}(-6+2\quad\omega^2\tau^2-4a+(4+a)b)$$

$$a=\sqrt{(1+\omega^2\tau^2)^2+\frac{q\tau^4}{R}},\quad b=\sqrt{2(1-\omega^2\tau^2+a)}$$

由于没有通用的公式可以求解高阶多项式方程(即高于四阶的方程)，因此这个相对简单的例子是通过纯粹的代数方法得到代数 Riccati 方程闭式解的极限情况了。超过这个相对低复杂度的情况，则需要采用数值解决方法。虽然数值不能像公式那样，为我们把握解的特征提供更加深刻的理解，但对于实际中的许多重要问题而言，这也是我们能够采用的唯一方法。

5.8.7　代数 Riccati 微分方程的 Newton-Raphson 解

具有 n 个未知量 $x_1,x_2,x_3,\cdots,x_n$ 的 n 个微分函数方程

$$0=f_1(x_1,x_2,x_3,\cdots,x_n)$$
$$0=f_2(x_1,x_2,x_3,\cdots,x_n)$$
$$0=f_3(x_1,x_2,x_3,\cdots,x_n)$$
$$\vdots$$
$$0=f_n(x_1,x_2,x_3,\ldots,x_n)$$

的牛顿-拉弗森解(Newton-Raphson solution)是下列迭代向量过程：

$$x\leftarrow x-\mathcal{F}^{-1}f(x) \tag{5.160}$$

它用到的向量和矩阵变量为

$$x=\begin{bmatrix}x_1 & x_2 & x_3 & \cdots & x_n\end{bmatrix}^{\mathrm{T}}$$

$$f(x)=\begin{bmatrix}f_1(x) & f_2(x) & f_3(x) & \cdots & f_n(x)\end{bmatrix}^{\mathrm{T}}$$

$$\mathcal{F}=\begin{bmatrix}\frac{\partial f_1}{\partial x_1} & \frac{\partial f_1}{\partial x_2} & \frac{\partial f_1}{\partial x_3} & \cdots & \frac{\partial f_1}{\partial x_n}\\ \frac{\partial f_2}{\partial x_1} & \frac{\partial f_2}{\partial x_2} & \frac{\partial f_2}{\partial d_3} & \cdots & \frac{\partial f_2}{\partial x_n}\\ \frac{\partial f_3}{\partial x_1} & \frac{\partial f_3}{\partial x_2} & \frac{\partial f_3}{\partial x_3} & \cdots & \frac{\partial f_3}{\partial x_n}\\ \vdots & \vdots & \vdots & \ddots & \vdots\\ \frac{\partial f_n}{\partial x_1} & \frac{\partial f_n}{\partial x_2} & \frac{\partial f_n}{\partial x_3} & \cdots & \frac{\partial f_n}{\partial x_n}\end{bmatrix}$$

将上述面向向量的迭代程序应用到矩阵方程时，一般是使未知量的矩阵“向量化”，并且利用 Kronceker 乘积使 F“矩阵化”，否则它应该为四维数据结构。然而，这种一般方法没有利用矩阵 Riccati 微分方程的对称约束。有两个对称约束：一个是关于 Riccati 方程自身的对称性，另一个是关于解 P 的对称性。因此，在求解稳态 $n \times n$ 维矩阵 Riccati 微分方程时，实际上只有关于 $n(n+1)/2$ 个标量未知量的 $n(n+1)/2$ 个独立的标量方程。$n(n+1)/2$ 个标量未知量可以作为 P 的上三角元素，并且 $n(n+1)/2$ 个标量方程可以作为等于矩阵方程的上三角项的方程。我们将首先对那些矩阵方程和矩阵未知量可以被向量化的方程进行描述，然后说明针对这种向量化处理，牛顿-拉弗森解的变量需要采用的形式。

公式向量化

如果用指标 i 和 j 分别代表矩阵 Riccati 方程中各项的行和列，则矩阵方程的上三角部分的各个元素可以用单个指标 p 进行向量化处理，其中

$$1 \leqslant j \leqslant n$$

$$1 \leqslant i \leqslant j$$

$$p = \frac{1}{2}j(j-1) + i$$

$$1 \leqslant p \leqslant \frac{1}{2}n(n+1)$$

类似地，也可以按照下列规则，将 P 的上三角部分用指标 q 映射为一个只有单下标的数组 x

$$1 \leqslant \ell \leqslant n$$

$$1 \leqslant k \leqslant \ell$$

$$q = \frac{1}{2}\ell(\ell-1) + k$$

$$1 \leqslant q \leqslant \frac{1}{2}n(n+1)$$

由此将 $P_{k\ell}$ 映射为 x_q。

稳态矩阵 Riccati 微分方程的牛顿-拉弗森解的变量值

执行递归式(5.74)即可得到方程的解，其中

$$f_p = Z_{ij} \tag{5.161}$$

$$Z = FP + PF^{\mathrm{T}} - PH^{\mathrm{T}}R^{-1}HP + Q \tag{5.162}$$

$$x_q = P_{k\ell} \tag{5.163}$$

$$p = \frac{1}{2}j(j-1) + i \tag{5.164}$$

$$q = \frac{1}{2}\ell(\ell-1) + k \tag{5.165}$$

$$\begin{aligned} \mathcal{F}_{pq} &= \frac{\partial f_p}{\partial x_q} \\ &= \frac{\partial Z_{ij}}{\partial P_{k\ell}} \end{aligned}$$

$$= \Delta_{j\ell}\mathcal{S}_{ik} + \Delta_{ik}\mathcal{S}_{j\ell} \tag{5.166}$$

$$\mathcal{S} = F - PH^{\mathrm{T}}R^{-1}H \tag{5.167}$$

$$\Delta_{ab} \stackrel{\text{def}}{=} \begin{cases} 1, & a = b \\ 0, & a \neq b \end{cases} \tag{5.168}$$

上述公式中最不明显的是式(5.166)，下面将对其进行推导。

行和列子矩阵的"圆点"符号

对于任意矩阵 M，用符号 $M_{\cdot j}$[在行指标的位置用一个圆点(·)表示]代表 M 的第 j 列。如果将这个符号用于恒等矩阵 I，则 $I_{\cdot j}$将等于在第 j 行为 1 而在其他位置为零的列向量。作为一个向量，它对于任意适当的矩阵 M，具有下列性质：

$$MI_{\cdot j} = M_{\cdot j}$$

矩阵偏导数

利用上述符号，可以将矩阵偏导数写为

$$\frac{\partial P}{\partial P_{k\ell}} = I_{\cdot k}I_{\cdot \ell}^{\mathrm{T}} \tag{5.169}$$

$$\frac{\partial Z}{\partial P_{k\ell}} = F\frac{\partial P}{\partial P_{k\ell}} + \frac{\partial P}{\partial P_{k\ell}}F^{\mathrm{T}} - \frac{\partial P}{\partial P_{k\ell}}H^{\mathrm{T}}R^{-1}HP - PH^{\mathrm{T}}R^{-1}H\frac{\partial P}{\partial P_{k\ell}} \tag{5.170}$$

$$= FI_{\cdot k}I_{\cdot \ell}^{\mathrm{T}} + I_{\cdot k}I_{\cdot \ell}^{\mathrm{T}}F^{\mathrm{T}} - I \cdot kI_{\cdot \ell}^{\mathrm{T}}H^{\mathrm{T}}R^{-1}HP - PH^{\mathrm{T}}R^{-1}H\frac{\partial\partial}{\partial P_{k\ell}} \tag{5.171}$$

$$= F_{\cdot k}I_{\cdot \ell}^{\mathrm{T}} + I_{\cdot k}F_{\cdot \ell}^{\mathrm{T}} - I_{\cdot k}M_{\cdot \ell}^{\mathrm{T}} - M_{\cdot k}I_{\cdot \ell}^{\mathrm{T}} \tag{5.172}$$

$$= (F - M)_{\cdot k}I_{\cdot \ell}^{\mathrm{T}} + I_{\cdot k}(F - M)_{\cdot \ell}^{\mathrm{T}} \tag{5.173}$$

$$= \mathcal{S}_{\cdot k}I_{\cdot \ell}^{\mathrm{T}} + I_{\cdot k}\mathcal{S}_{\cdot \ell}^{\mathrm{T}} \tag{5.174}$$

$$\mathcal{S} = F - M \tag{5.175}$$

$$M = PH^{\mathrm{T}}R^{-1}H \tag{5.176}$$

注意到在式(5.174)的右边，第一项($\mathcal{S}_{\cdot k}I_{\cdot \ell}^{\mathrm{T}}$)只有一个非零列——第 ℓ 列。类似地，其他项($I_{\cdot k}\mathcal{S}_{\cdot \ell}^{\mathrm{T}}$)只有一个非零行——它的第 k 行。因此，这个矩阵的第 i 行和第 j 列的元素的表达式由式(5.166)给出。推导过程结束。

计算复杂度

这个解每次迭代所需的浮点运算次数主要受 $n(n+1)/2 \times n(n+1)/2$ 维矩阵 $\mathcal{F}$ 所决定，它需要大约比 $n^6/8$ flops(每秒浮点运算次数)更多的计算量。

5.8.8 MacFarlane-Potter-Fath 特征结构方法

时不变矩阵 Riccati 微分方程的稳态解

MacFarlane[39]，Potter[40]和 Fath[41]独立发现，稳态矩阵 Riccati 微分方程的连续时间形式的解 $P(\infty)$可以表示为下列形式：

$$P(\infty) = AB^{-1}$$

$$\begin{bmatrix} A \\ B \end{bmatrix} = \begin{bmatrix} e_{i_1} & e_{i_2} & e_{i_3} & \cdots & e_{i_n} \end{bmatrix}$$

其中，矩阵 A 和 B 是 $n\times n$ 维矩阵，并且 $2n$ 维向量 e_{i_k} 是下列连续时间系统哈密顿矩阵的特征向量

$$\Psi_c = \begin{bmatrix} F & Q \\ H^{\mathrm{T}}R^{-1}H & -F^{\mathrm{T}} \end{bmatrix}$$

可以将上述结果推广作为更一般的引理。

引理 5.1　如果 A 和 B 是 $n\times n$ 维矩阵，B 是非奇异矩阵，并且

$$\Psi_c \begin{bmatrix} A \\ B \end{bmatrix} = \begin{bmatrix} A \\ B \end{bmatrix} D \tag{5.177}$$

对于 $n\times n$ 维矩阵 D 成立，则 $P=AB^{-1}$满足稳态矩阵 Riccati 微分方程

$$0 = FP + PF^{\mathrm{T}} - PH^{\mathrm{T}}R^{-1}HP + Q$$

证明：式(5.177)可以写为下列两个方程：

$$AD = FA + QB, \quad BD = H^{\mathrm{T}}R^{-1}HA - F^{\mathrm{T}}B$$

如果将两个方程都右乘 B^{-1}，然后再对第二个方程左乘 AB^{-1}，则可以得到下列等效方程

$$ADB^{-1} = FAB^{-1} + Q$$

$$ADB^{-1} = AB^{-1}H^{\mathrm{T}}R^{-1}HAB^{-1} - AB^{-1}F^{\mathrm{T}}$$

或者取两式等号左边的差值，并将 AB^{-1}替换为 P，得到

$$0 = FP + PF^{\mathrm{T}} - PH^{\mathrm{T}}R^{-1}HP + Q$$

结论得证。

如果 A 和 B 是由 Ψ_c的 n 个特征向量以上述方法构造出来的，则矩阵 D 将为对应特征值组成的对角矩阵(读者不妨自己对其进行验证)。因此，为了采用这种方法得到矩阵 Riccati 微分方程的稳态解，只需寻找 Ψ_c的 n 个特征向量，使得对应的 B 矩阵为非奇异矩阵就可以了(在下一节中将会发现，对于离散时间矩阵 Riccati 方程也具有同样的结论)。

5.9　离散时间矩阵 Riccati 方程

5.9.1　矩阵分数传播的线性方程

用矩阵分数表示协方差矩阵，对于将估计不确定性的非线性离散时间 Riccati 方程转化为线性形式也是足够的。离散时间问题与连续时间问题相比，其不同点有两个重要方面：

1. 分子矩阵和分母矩阵将由一个 $2n\times 2n$ 维转移矩阵而不是微分方程进行传播。采用的方法与连续时间 Riccati 方程类似，但是与连续时间矩阵 Riccati 方程的线性形式的系数矩阵相比，这里得到的用于对分子矩阵和分母矩阵进行递归更新的 $2n\times 2n$ 维状态转移矩阵会更加复杂。
2. 在任意离散时间步骤中，离散时间协方差矩阵有两个不同值——先验值和后验值。在计算卡尔曼增益时对先验值更感兴趣，而在分析估计不确定性时则对后验值更感兴趣。

下面，对先验协方差矩阵的矩阵分数传播的线性方程进行推导。然后再将该方法用于得到离散时间标量时不变 Riccati 方程的闭式解，并且用于使其以指数方式加速收敛到渐进解。

5.9.2　先验协方差的矩阵分数传播

引理 5.2　如果状态转移矩阵 Φ_k是非奇异的，并且

$$P_{k(-)} = A_k B_k^{-1} \tag{5.178}$$

是离散时间 Riccati 方程在 t_k时刻的非奇异矩阵解，则

$$P_{k+1}(-) = A_{k+1} B_{k+1}^{-1} \tag{5.179}$$

是在 t_{k+1}时刻的解，其中

$$\begin{bmatrix} A_{k+1} \\ B_{k+1} \end{bmatrix} = \begin{bmatrix} Q_k & I \\ I & 0 \end{bmatrix} \begin{bmatrix} \Phi_k^{-\mathrm{T}} & 0 \\ 0 & \Phi_k \end{bmatrix} \begin{bmatrix} H_k^{\mathrm{T}} R_k^{-1} H_k & I \\ I & 0 \end{bmatrix} \begin{bmatrix} A_k \\ B_k \end{bmatrix} \tag{5.180}$$

$$= \begin{bmatrix} \Phi_k + Q_k \Phi_k^{-\mathrm{T}} H_k^{\mathrm{T}} R_k^{-1} H_k & Q_k \Phi_k^{-\mathrm{T}} \\ \Phi_k^{-\mathrm{T}} H_k^{\mathrm{T}} R_k^{-1} H_k & \Phi_k^{-\mathrm{T}} \end{bmatrix} \begin{bmatrix} A_k \\ B_k \end{bmatrix} \tag{5.181}$$

证明：下列带有注释的等式从乘积 $A_{k+1}B_{k+1}^{-1}$ 的定义开始，通过一系列推导过程，最后证明它等于 P_{k+1}

$$\begin{aligned}
A_{k+1}B_{k+1}^{-1} &= \{[\Phi_k + Q_k \Phi_k^{-\mathrm{T}} H_k^{-\mathrm{T}} R_k^{-1} H_k] A_k + Q_k \Phi_k^{-\mathrm{T}} B_k\} \\
&\quad \times \{\Phi_k^{-\mathrm{T}} [H_k^{\mathrm{T}} R_k^{-1} H_k A_k B_k^{-1} + I] B_k\}^{-1} \quad (\text{定义式}) \\
&= \{[\Phi_k + Q_k \Phi_k^{-\mathrm{T}} H_k^{\mathrm{T}} R_k^{-1} H_k] A_k + Q_k \Phi_k^{-\mathrm{T}} B_k\} \\
&\quad \times B_k^{-1} \{H_k^{\mathrm{T}} R_k^{-1} H_k A_k B_k^{-1} + I\}^{-1} \Phi_k^{\mathrm{T}} \quad (\text{因子} B_k) \\
&= \{[\Phi_k + Q_k \Phi_k^{-\mathrm{T}} H_k^{\mathrm{T}} R_k^{-\mathrm{T}} H_k] A_k B_k^{-1} + Q_k \Phi_k^{-\mathrm{T}}\} \\
&\quad \times \{H_k^{\mathrm{T}} R_k^{-1} H_k A_k B_k^{-1} + I\}^{-1} \Phi_k^{\mathrm{T}} \quad (\text{分配} B_k) \\
&= \{[\Phi_k + Q_k \Phi_k^{-\mathrm{T}} H_k^{\mathrm{T}} R_k^{-1} H_k] P_{k(-)} + Q_k \Phi_k^{-\mathrm{T}}\} \\
&\quad \times \{H_k^{\mathrm{T}} R_k^{-1} H_k P_{k(-)} + I\}^{-1} \Phi_k^{\mathrm{T}} \quad (\text{定义式}) \\
&= \{\Phi_k P_{k(-)} + Q_k \Phi_k^{-\mathrm{T}} [H_k^{\mathrm{T}} R_k^{-1} H_k P_{k(-)} + I]\} \\
&\quad \times \{H_k^{\mathrm{T}} R_k^{-\mathrm{T}} H_k P_{k(-)} + I\}^{-1} \Phi_k^{\mathrm{T}} \quad (\text{重新组合}) \\
&= \Phi_k P_{k(-)} \{H_k^{\mathrm{T}} R_k^{-\mathrm{T}} H_k P_{k(-)} + I\}^{-1} \Phi_k^{\mathrm{T}} + Q_k \Phi_k^{-\mathrm{T}} \Phi_k^{\mathrm{T}} \quad (\text{分配律}) \\
&= \Phi_k \{H_k^{\mathrm{T}} R_k^{-1} H_k + P_k^{-1}\}^{-1} \Phi_k^{\mathrm{T}} + Q_k \\
&= \Phi_k \{P_{k(-)} - P_{k(-)} H_k^{\mathrm{T}} [H_k P(-) H_k^{\mathrm{T}} + R_k]^{-1} \\
&\quad \times H_k P_{k(-)}\} \Phi_k^{\mathrm{T}} + Q_k \quad (\text{Hemes 求逆公式})
\end{aligned}$$

$$= P_{k+1(-)} \qquad (\text{Riccati 方程})$$

其中,“Hemes 求逆公式”由附录 B 给出。

证明结束。

下面,将这个引理用于推导在标量时不变情形下稳态 Riccati 方程的闭式解,在第 8 章中,还将其用于推导矩阵时不变情形下的快速迭代求解方法。

5.9.3 标量时不变情形的闭式解

由于这种情形可以采用闭合形式求解,因此可以将它作为上面导出的线性化方法的应用例证。

特征值与特征向量

分子矩阵和分母矩阵将协方差矩阵表示为一个矩阵分数,利用线性化方法可以得到它们的下列 2×2 维转移矩阵:

$$\begin{aligned}\Psi &= \begin{bmatrix} Q_k & I \\ I & 0 \end{bmatrix} \begin{bmatrix} \Phi_k^{-\mathrm{T}} & 0 \\ 0 & \Phi_k \end{bmatrix} \begin{bmatrix} H_k^{\mathrm{T}} R_k^{-1} H_k & I \\ I & 0 \end{bmatrix} \\ &= \begin{bmatrix} \Phi + \dfrac{H^2 Q}{\Phi R} & \dfrac{Q}{\Phi} \\ \dfrac{H^2}{\Phi R} & \dfrac{1}{\Phi} \end{bmatrix}\end{aligned}$$

这个矩阵的特征值为

$$\lambda_1 = \frac{H^2 Q + R(\Phi^2+1) + \sigma}{2\Phi R}, \quad \lambda_2 = \frac{H^2 Q + R(\Phi^2+1) - \sigma}{2\Phi R}$$

$$\sigma = \sigma_1 \sigma_2$$

$$\sigma_1 = \sqrt{H^2 Q + R(\Phi+1)^2}, \quad \sigma_2 = \sqrt{H^2 Q + R(\Phi-1)^2}$$

特征值之比为

$$\begin{aligned}\rho &= \frac{\lambda_2}{\lambda_1} \\ &= \frac{\psi - [H^2 Q + R(\Phi^2+1)]\sigma}{2\Phi^2 R^2} \\ &\leqslant 1 \\ \psi &= [H^2 Q + R(\Phi^2+1)]^2 - 2R^2\Phi^2 \\ &= H^4 Q^2 + 2H^2 QR + 2H^2 \Phi^2 QR + R^2 + \Phi^4 R^2\end{aligned}$$

对应的特征向量是下列矩阵的列向量

$$M = \begin{bmatrix} \dfrac{-2QR}{H^2 QR(\Phi^2-1)+\sigma} & \dfrac{-2QR}{H^2 QR(\Phi^2-1)-\sigma} \\ 1 & 1 \end{bmatrix}$$

其逆矩阵为

$$M^{-1} = \begin{bmatrix} -\dfrac{H^2}{\sigma_2\sigma_1} & \dfrac{H^2 Q - R + \Phi^2 R + \sigma_2\sigma_1}{2\sigma_2\sigma_1} \\ \dfrac{H^2}{\sigma_2\sigma_1} & \dfrac{-(H^2 Q) + R - \Phi^2 R + \sigma_2\sigma_1}{2\sigma_2\sigma_1} \end{bmatrix}$$

$$= \frac{1}{4QR\sigma_1\sigma_2}\begin{bmatrix}\tau_1\tau_2 & 2QR\tau_1 \\ -\tau_1\tau_2 & -2QR\tau_2\end{bmatrix}$$

$$\tau_1 = H^2Q + R(\Phi^2 - 1) + \sigma, \quad \tau_2 = H^2Q + R(\Phi^2 - 1) - \sigma$$

闭式解

闭式解具有下列形式：

$$P_k = A_k B_K^{-\mathrm{T}}$$

其中

$$\begin{bmatrix}A_k \\ B_k\end{bmatrix} = \Psi^k \begin{bmatrix}P_0 \\ 1\end{bmatrix} = M\begin{bmatrix}\lambda_1^k & 0 \\ 0 & \lambda_2^k\end{bmatrix}M^{-1}\begin{bmatrix}P_0 \\ 1\end{bmatrix}$$

它可以表示为下列形式：

$$P_k = \frac{(P_0\tau_2 + 2QR) - (P_0\tau_1 + 2QR)\rho^k}{(2H^2P_0 - \tau_1) - (2H^2P_0 - \tau_2)\rho^k}$$

它在结构上类似于标量时不变 Riccati 微分方程的闭式解。对于这两种情况，解都是一个指数时间函数的线性函数之比。在离散时间情况下，离散时间幂 ρ^k 本质上与微分方程的闭式解中的指数函数 $e^{-2\phi t}$ 具有相同的功能。然而，与连续时间解不同的是，离散时间解可以“跳过”分母的零点。

5.9.4　MacFarlane-Potter-Fath 特征结构方法

时不变离散时间矩阵 Riccati 方程的稳态解

在 5.8.8 节中给出的时不变矩阵 Riccati 微分方程(即连续时间情形)的稳态解的求解方法也可以应用于离散时间 Riccati 方程。和前面一样，也以引理的形式正式给出来。

引理 5.3　如果 A 和 B 是 $n\times n$ 维矩阵，B 是非奇异矩阵，并且

$$\Psi_d\begin{bmatrix}A \\ B\end{bmatrix} = \begin{bmatrix}A \\ B\end{bmatrix}D \tag{5.182}$$

对于 $n\times n$ 维非奇异矩阵 D 成立，则 $P_\infty = AB^{-1}$ 满足下列稳态离散时间矩阵 Riccati 方程

$$P_\infty = \Phi\{P_\infty - P_\infty H^{\mathrm{T}}[HP_\infty H^{\mathrm{T}} + R]^{-1}HP_\infty\}\Phi^{\mathrm{T}} + Q$$

证明：如果 $P_k = AB^{-1}$，则在引理 5.2 中已经证明 $P_{k+1} = \acute{A}\acute{B}^{-1}$，其中

$$\begin{bmatrix}\acute{A} \\ \acute{B}\end{bmatrix} = \begin{bmatrix}(\Phi_k + Q_k\Phi_k^{-\mathrm{T}}H_k^{\mathrm{T}}R_k^{-1}H_k) & Q_k\Phi_k^{-\mathrm{T}} \\ \Phi_k^{-\mathrm{T}}H_k^{\mathrm{T}}R_k^{-1}H_k & \Phi_k^{-\mathrm{T}}\end{bmatrix}\begin{bmatrix}A \\ B\end{bmatrix}$$

$$= \Psi_d\begin{bmatrix}A \\ B\end{bmatrix} = \begin{bmatrix}A \\ B\end{bmatrix}D = \begin{bmatrix}AD \\ BD\end{bmatrix}$$

因此

$$
\begin{aligned}
P_{k+1} &= \acute{A}\acute{B}^{-1} \\
&= (AD)(BD)^{-1} \\
&= ADD^{-1}B^{-1} \\
&= AB^{-1} \\
&= P_k
\end{aligned}
$$

这说明 AB^{-1}是一个稳态解，结论得证。

实际上，A 和 B 是根据 Ψ_d的 n 个特征向量构造出来的。矩阵 D 将为对应非零特征值构成的对角矩阵。

5.10　变换状态变量的模型方程

这里要讨论的问题是：当状态变量和测量变量经过线性变换重新定义以后，卡尔曼滤波器的模型方程会发生什么变化？该问题的答案可以通过一组公式得到，只要用“旧”的模型方程的参数给出新的模型方程，并且已知将两组变量联系起来的线性变换。在第 8 章中，这些公式将被用于简化模型方程。

5.10.1　状态变量的线性变换

它们将变量进行变换，得到的“新”状态变量和测量变量是各个“旧”状态变量和测量变量的线性组合。这种变换可以表示为下列形式：

$$\acute{x}_k = A_k x_k \tag{5.183}$$

$$\acute{z}_k = B_k H_k \tag{5.184}$$

其中，x 和 z 是“旧”变量，而 $\acute{x}$ 和 $\acute{z}$ 分别是“新”的状态向量和测量值。

矩阵约束

我们还必须进一步假设对于每个离散时间指标 k，A_k是一个非奇异 $n\times n$ 维矩阵。对 B_k的要求则没有这么严格。只需要假设它对乘积 B_kH_k是适当的，即 B_k是一个具有 ℓ 列的矩阵。$\acute{z}_k$的维数 ℓ 是任意的，可以由 k 来确定。

5.10.2　新的模型方程

根据上述假设，卡尔曼滤波器模型中对应的状态、测量值和状态不确定性协方差方程转换为下列形式：

$$\acute{x}_{k+1} = \acute{\Phi}_k \acute{x}_k + \acute{w}_k \tag{5.185}$$

$$\acute{z} = \acute{H}_k \acute{x}_k + \acute{v}_k \tag{5.186}$$

$$\acute{P}_{k(+)} = \acute{P}_{k(-)} - \acute{P}_{k(-)}\acute{H}_k[\acute{H}_k\acute{P}_{k(-)}\acute{H}_k^{\mathrm{T}} + \acute{R}_k]\acute{H}_k\acute{P}_{k(-)} \tag{5.187}$$

$$\acute{P}_{k+1(-)} = \acute{\Phi}_k\acute{P}_{k(+)}\acute{\Phi}_k^{\mathrm{T}} + \acute{Q}_k \tag{5.188}$$

其中，新的模型参数为

$$\acute{\Phi}_k = A_k \Phi_k A_k^{-1} \tag{5.189}$$

$$\acute{H}_k = B_k H_k A_k^{-1} \tag{5.190}$$

$$\acute{Q}_k = \mathrm{E}\langle \acute{w}_k \acute{w}_k^{\mathrm{T}} \rangle \tag{5.191}$$

$$= A_k Q_k A_k^{\mathrm{T}} \tag{5.192}$$

$$\acute{R} = \mathrm{E}\langle \acute{v}_k \acute{v}_k^{\mathrm{T}} \rangle \tag{5.193}$$

$$= B_k R_k B_k^{\mathrm{T}} \tag{5.194}$$

并且新的状态估计不确定性协方差矩阵为

$$\acute{P}_{k(\pm)} = A_k P_{k(\pm)} A_k^{\mathrm{T}} \tag{5.195}$$

5.11 应用实例

卡尔曼滤波器已经被广泛应用于惯性导航[6,42,43]、传感器校准[44]、雷达跟踪[8]、制造业[18]、经济[12]、信号处理[18]以及高速公路流量建模[45]——这里只列举一些例子。在这一节中，给出一些网站提供的应用程序。通过一个简单的二阶欠阻尼振荡器例子，说明表5.3中方程的应用。这个谐振器是飞机(航空器)短期内纵向动态变化的近似[46]。

例5.7(谐振器跟踪) 考虑一个线性欠阻尼二阶系统，其位移为 $x_1(t)$、速率为 $x_2(t)$、阻尼比率为 ζ，(无阻尼)固有频率为5 rad/s，具有值为12.0的恒定驱动项以及正态分布的加性白噪声 $w(t)$。可以采用第2章中的状态空间技术将下列二阶连续时间动态方程：

$$\ddot{x}_1(t) + 2\zeta w \dot{x}_1(t) + \omega^2 x_1(t) = 12 + w(t)$$

写为下列状态空间形式：

$$\begin{bmatrix} \dot{x}_1(t) \\ \dot{x}_2(t) \end{bmatrix} = \begin{bmatrix} 0 & 1 \\ -\omega^2 & -2\zeta\omega \end{bmatrix} \begin{bmatrix} x_1(t) \\ x_2(t) \end{bmatrix} + \begin{bmatrix} 0 \\ 1 \end{bmatrix} w(t) + \begin{bmatrix} 0 \\ 12 \end{bmatrix}$$

观测方程为

$$z(t) = x_1(t) + v(t)$$

可以利用下列初始条件和参数值，产生设备噪声和测量噪声等于零的100个仿真数据点构成的轨迹：

$$\begin{bmatrix} x_1(0) \\ x_2(0) \end{bmatrix} = \begin{bmatrix} 0 & \mathrm{ft} \\ 0 & \mathrm{ft/s} \end{bmatrix}$$

$$P(0) = \begin{bmatrix} 2 & 0 \\ 0 & 2 \end{bmatrix}$$

$$Q = 4.47(\mathrm{ft}^2/\mathrm{s}^3), \quad R = 0.01(\mathrm{ft})^2$$

$$\zeta = 0.2, \quad \omega = 5 \quad \mathrm{rad/s}$$

利用MATLAB软件在PC上对式(5.21)、式(5.24)、式(5.25)和式(5.26)进行编程(参见附录 A)，以估计 $\hat{x}_1(t)$ 和 $\hat{x}_2(t)$ 。通过对上述二阶方程仿真产生的无噪声数据对位置和速度进行估计，其估计结果如图 5.8 所示。在本例中估计值和真实值是完全吻合的。图 5.9 所示为对应的位置和速度的 RMS 不确定性[参见图 5.9(a)]，以及位置和速度之间的相关系数[参见图 5.9(b)]和卡尔曼增益[参见图 5.9(c)]。这些结果是利用附录 A 中描述的 MATLAB 程序 exam57.m 产生得到的，其中采样间隔等于 1 s。

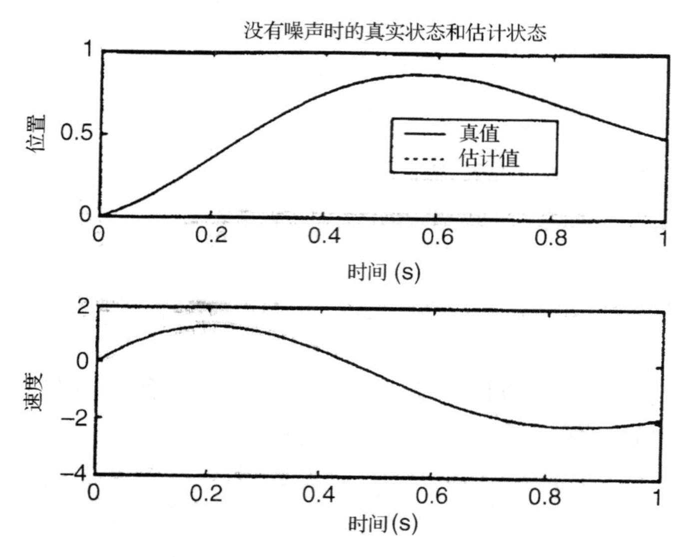

图 5.8 估计位置(ft)、速度(ft/s)与时间(s)的关系曲线

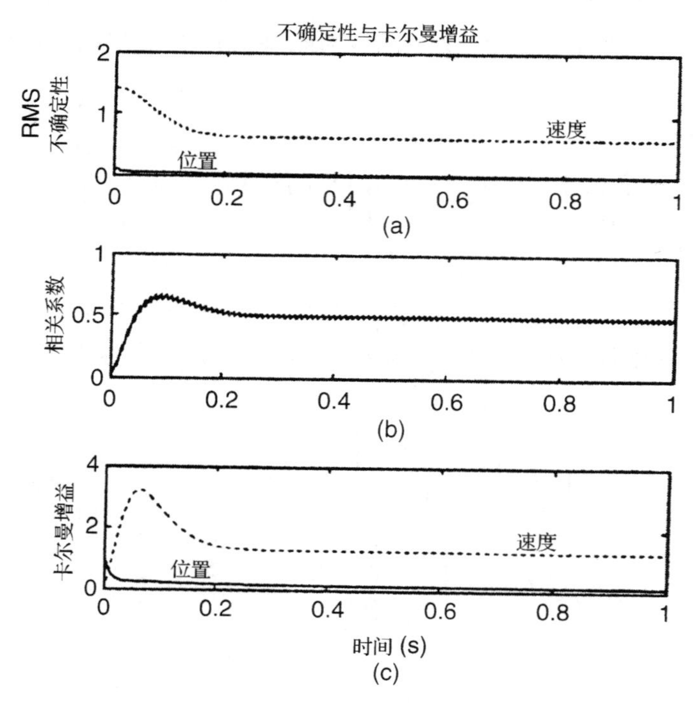

图 5.9 RMS 不确定性、位置和速度、相关系数和卡尔曼增益

例 5.8(雷达跟踪)　本例是关于脉冲雷达跟踪系统的。在这个系统中，雷达脉冲发出以后，返回信号由卡尔曼滤波器进行处理，以便确定机动航空目标的位置[47]。本例中的方程取自于 IEEE 论文[48,49]。

将动态方程用状态空间形式表示为下列差分方程：

$$x_k = \begin{bmatrix} 1 & T & 0 & 0 & 0 & 0 \\ 0 & 1 & 1 & 0 & 0 & 0 \\ 0 & 0 & \rho & 0 & 0 & 0 \\ 0 & 0 & 0 & 1 & T & 0 \\ 0 & 0 & 0 & 0 & 1 & 1 \\ 0 & 0 & 0 & 0 & 0 & \rho \end{bmatrix} x_{k-1} + \begin{bmatrix} 0 \\ 0 \\ w_{k-1}^1 \\ 0 \\ 0 \\ w_{k-1}^2 \end{bmatrix}$$

离散时间观测方程为

$$z_k = \begin{bmatrix} 1 & 0 & 0 & 0 & 0 & 0 \\ 0 & 0 & 0 & 1 & 0 & 0 \end{bmatrix} x_k + \begin{bmatrix} v_k^1 \\ v_k^2 \end{bmatrix}$$

其中：

$x_k^{\mathrm{T}} = [r_k \quad \dot{r}_k \quad U_k^1 \quad \theta_k \quad \dot{\theta}_k \quad U_k^2]$

r_k是 k 时刻飞行器的距离

$\dot{r}_k$ 是 k 时刻飞行器的距离变化率

U_k^1 是与机动相关的状态噪声

θ_k是 k 时刻飞行器的方位

$\dot{\theta}_k$ 是 k 时刻飞行器的方位变化率

U_k^2 是与机动相关的状态噪声

T 是采样周期，单位为秒

$w_k^{\mathrm{T}} = [w_k^1 w_k^2]$ 是零均值白噪声序列，方差分别为 σ_1^2 和 σ_2^2。

$v_k^{\mathrm{T}} = [v_k^1 v_k^2]$ 是传感器零均值白噪声序列，方差分别为 σ_r^2 和 σ_θ^2，并且 w_k和 v_k是不相关的，即

$$\rho = 相关系数 = \frac{\mathrm{E}[U_k U_{k-1}]}{\sigma_m^2} = \begin{cases} 1 - \lambda T, & T \leqslant \dfrac{1}{\lambda} \\ 0, & T > \dfrac{1}{\lambda} \end{cases}$$

其中，σ_m^2 是机动方差，λ 是平均机动持续时间的倒数。

使机动噪声白化的成型滤波器为

$$U_k^1 = \rho U_{k-1}^1 + w_{k-1}^1$$

它驱动飞行器的距离变化率($\dot{r}_k$)状态，并且

$$U_k^2 = \rho U_{k-1}^2 + w_{k-1}^2$$

它驱动飞行器的方位变化率(θ_k)状态。在 5.5 节中以举例方式导出了离散时间成型滤波器。距离、距离变化率、方位和方位变化率方程被增添上了成型滤波器方程。状态向量的维数从 4×1 增加到了 6×1。

这个系统的协方差和增益图可以利用附录 A 中的卡尔曼滤波器程序产生。在生成协方

差结果时，利用了下列初始协方差(P_0)、设备噪声(Q)和测量噪声(R)：

$$P_0=\begin{bmatrix}\sigma_r^2 & \dfrac{\sigma_r^2}{T} & 0 & 0 & 0 & 0\\ \dfrac{\sigma_r^2}{T} & \dfrac{2\sigma_r^2}{T^2}+\sigma_1^2 & 0 & 0 & 0 & 0\\ 0 & 0 & \sigma_1^2 & 0 & 0 & 0\\ 0 & 0 & 0 & \sigma_\theta^2 & \dfrac{\sigma_\theta^2}{T} & 0\\ 0 & 0 & 0 & \dfrac{\sigma_\theta^2}{T} & \dfrac{2\sigma_\theta^2}{T^2}+\sigma_2^2 & 0\\ 0 & 0 & 0 & 0 & 0 & \sigma_2^2\end{bmatrix}$$

$$Q=\begin{bmatrix}0&0&0&0&0&0\\0&0&0&0&0&0\\0&0&\sigma_1^2&0&0&0\\0&0&0&0&0&0\\0&0&0&0&0&0\\0&0&0&0&0&\sigma_2^2\end{bmatrix}\quad R=\begin{bmatrix}\sigma_r^2 & 0\\ 0 & \sigma_\theta^2\end{bmatrix}$$

这里，$\rho=0.5$，T 分别取 5 s，10 s，15 s。另外

$$\sigma_r^2=(1000\ \text{m})^2,\quad \sigma_\theta^2=(0.017\text{rad})^2$$

$$\sigma_1^2=(103/3)^2,\quad \sigma_2^2=1.3\times10^{-8}$$

本例的部分内容在参考文献[50]中进行了讨论。协方差和卡尔曼增益仿真结果如图 5.10 至图 5.12 所示。其中给出了采样间隔分别为 5 s，10 s，15 s 时协方差矩阵的对角元素的收敛情况。在后面的仿真图中针对不同采样时间值，给出了部分卡尔曼增益值。这些结果是采用附录 A 中描述的 MATLAB 程序 `exam58.m` 产生的。

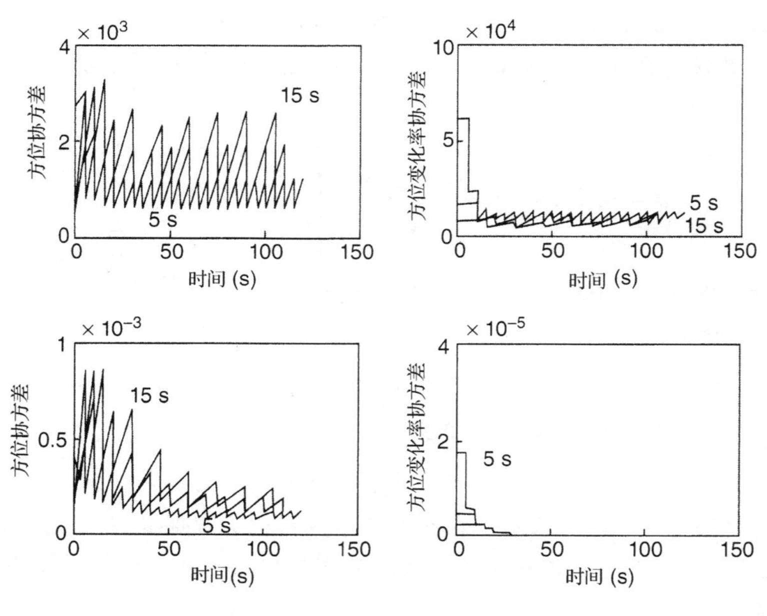

图 5.10 协方差

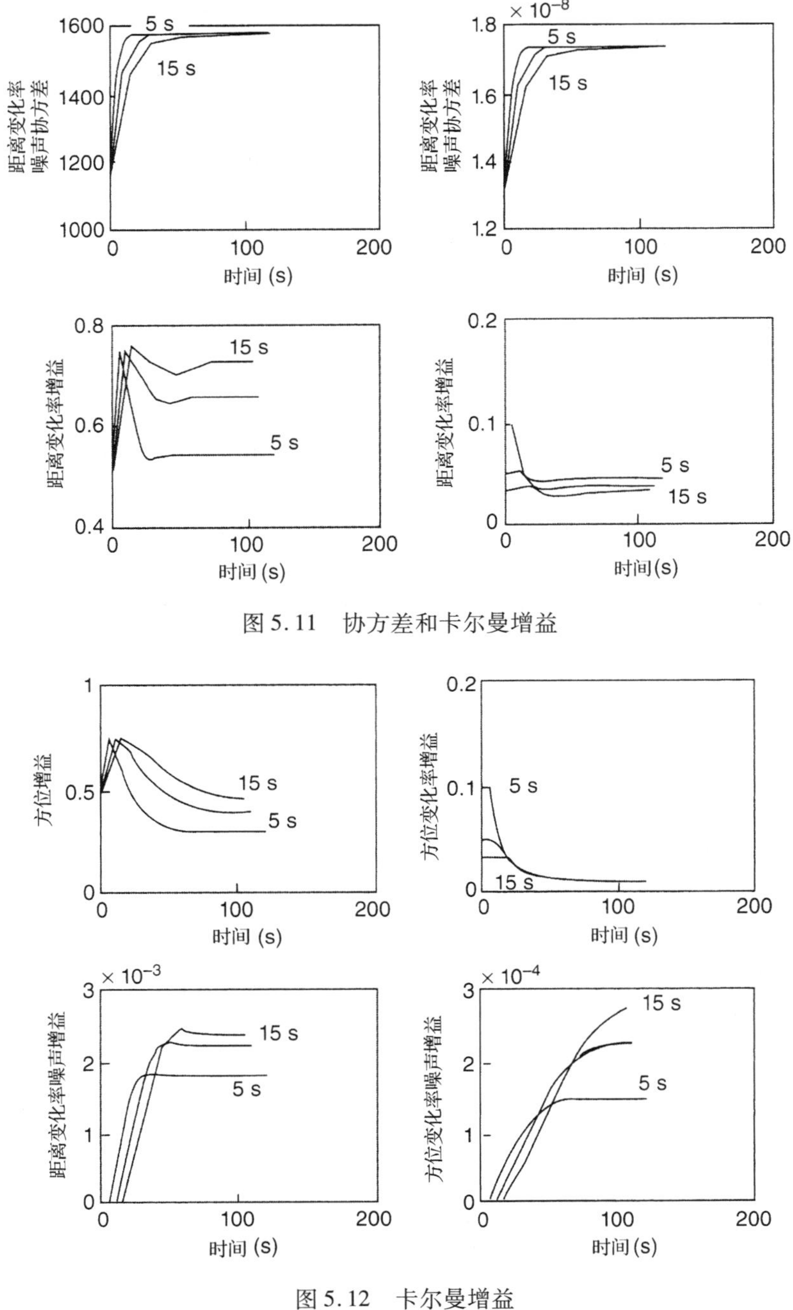

图 5.11　协方差和卡尔曼增益

图 5.12　卡尔曼增益

5.12　本章小结

5.12.1　需要记忆的要点

如果随机过程 x 和 z 是联合正态分布的，则最优线性估计子等效于普通的(非线性)最优估计子。因此，可以利用第 4 章的正交原理推导出离散时间和连续时间线性最优估计子的公式。对离散时间估计子(卡尔曼滤波器)进行了推导和描述，包括其实现方程和方框图描述。同时也描述了连续时间估计子(卡尔曼-布西滤波器)。

本章给出了三种不同的卡尔曼增益推导方法。Humpherys 等人[51]还给出了第四种推导方法——利用牛顿方法。

当不能得到测量值(系统输出)时，预测等效于滤波。本章给出了连续时间和离散时间预测器的实现方程，并且详细讨论了丢失数据的问题。另外，还讨论了设备噪声源和测量噪声源之间存在相关，以及存在相关测量误差情况下的估计子方程。对平稳连续时间滤波器和卡尔曼滤波器及维纳滤波器之间的相互关系也进行了讨论。

本章内容涵盖了矩阵 Riccati 微分方程的求解方法。讨论的例子包括：(i)应用卡尔曼滤波器估计谐振器的状态(相位和幅度)，(ii)五维雷达跟踪问题的离散时间卡尔曼滤波器实现。

离散时间卡尔曼滤波器是可以递归实现的，利用新的值对旧的值进行更新。其本质是估计值和协方差之间的反复循环。

如果估计子利用 t 时刻以后的测量值对 t 时刻的动态系统状态进行估计，则它被称为是平滑器(下一章将进行介绍)。

在卡尔曼滤波器的推导过程中，所有环节都与概率分布是否为高斯分布无关的。卡尔曼认为，如果仅假设具有线性性，则均值依然是最小均方误差估计子，而二阶中心矩将为估计误差的协方差矩阵。只要每个量都是线性的，则在推导过程中没有什么会与分布的高阶矩有关。

5.12.2　需要记忆的重要公式

卡尔曼滤波器

线性随机系统的离散时间模型具有下列形式：

$$x_k = \Phi_{k-1}x_{k-1} + G_{k-1}w_{k-1}$$
$$z_k = H_k x_k + v_k$$

其中，零均值不相关随机过程$\{w_k\}$和$\{v_k\}$在 t_k时刻的协方差分别为 Q_k和 R_k。对应的卡尔曼滤波器方程具有下列形式：

$$\hat{x}_{k(-)} = \Phi_{k-1}\hat{x}_{(k-1)(+)}$$
$$P_{k(-)} = \Phi_{k-1}P_{(k-1)(+)}\Phi_{k-1}^{\mathrm{T}} + G_{k-1}Q_{k-1}G_{k-1}^{\mathrm{T}}$$
$$\hat{x}_{k(+)} = \hat{x}_{k(-)} + \overline{K}_k(z_k - H_k\hat{x}_{k(-)})$$
$$\overline{K}_k = P_{k(-)}H_k^{\mathrm{T}}(H_kP_{k(-)}H_k^{\mathrm{T}} + R_k)^{-1}$$
$$P_{k(+)} = P_{k(-)} - \overline{K}_kH_kP_{k(-)}$$

其中，符号(－)表示变量的先验值(测量值中的信息被利用以前的值)，符号(＋)表示变量的后验值(测量值中的信息被利用以后的值)。变量 $\overline{K}$ 为卡尔曼增益。

卡尔曼-布西滤波器

线性随机系统的连续时间模型具有下列形式：

$$\frac{\mathrm{d}}{\mathrm{d}t}x(t) = F(t)x(t) + G(t)w(t)$$
$$z(t) = H(t)x(t) + v(t)$$

其中，零均值不相关随机过程 $\{w(t)\}$ 和 $\{v(t)\}$ 在 t 时刻的协方差分别为 $Q(t)$ 和 $R(t)$。给定输出信号 z，关于状态变量 x 的估计值 $\hat{x}$ 的对应的卡尔曼-布西滤波器方程具有下列形式：

$$\frac{\mathrm{d}}{\mathrm{d}t}\hat{x}(t) = F(t)\hat{x}(t) + \overline{K}(t)[z(t) - H(t)\hat{x}(t)]$$

$$\overline{K}(t) = P(t)H^{\mathrm{T}}(t)R^{-1}(t)$$

$$\frac{\mathrm{d}}{\mathrm{d}t}P(t) = F(t)P(t) + P(t)F^{\mathrm{T}}(t) - \overline{K}(t)R(t)\overline{K}^{\mathrm{T}}(t) + G(t)Q(t)G^{\mathrm{T}}(t)$$

习题

5.1　一个标量离散时间随机序列 x_k 由下式给出：

$$x_{k+1} = 0.5x_k + w_k$$

$$\mathrm{E}x_0 = 0, \mathrm{E}x_0^2 = 1, \mathrm{E}w_k^2 = 1, \mathrm{E}w_k = 0$$

其中，w_k 为白噪声。观测方程由下式给出：

$$z_k = x_k + v_k$$

其中，$\mathrm{E}v_k = 0, \mathrm{E}v_k^2 = 1$，并且 v_k 也是白噪声。公式项 x_0，w_k 和 v_k 都是随机的。推导出

$$\mathrm{E}[x_2|z_0, z_1, z_2]$$

的(非递归)表达式。

5.2　针对习题 5.1 中给出的系统：

(a)写出离散时间卡尔曼滤波器方程。

(b)如果 z_2 没有被接收到，请进行必要的修正。

(c)推导出由于丢失 z_2 导致估计值 $\hat{x}_3$ 产生的损失。

(d)推导出 $k \to \infty$ (稳态)时的滤波器。

(e)在所有其他观测值都丢失的情况下，重做(d)。

5.3　证明任意高斯似然函数 $\mathcal{L}(x, \mu_x, Y_{xx})$ 都在下列点集取得最大值：

$$\underset{x}{\operatorname{argmax}} \mathcal{L}(x, \mu_x, Y_{xx}) = \left\{ \mu_x + \sum_{\lambda_i = 0} a_i e_i \;\middle|\; a_i \in \mathfrak{R} \right\}$$

其中，求和项加上的是 Y_{xx} 的零特征向量。也就是说，如果 Y_{xx} 没有特征值等于零，则最大值只在 μ_x 点出现。然而，如果 Y_{xx} 有零特征值，则在 μ_x 加上 Y_{xx} 的对应零特征向量的任意线性组合构成的点集处，都能够得到相同的最大值。

5.4　在雷达采用跟踪扫描方式对一个目标进行跟踪的单维例子中，在某些离散时刻点对连续时间的目标轨迹进行了测量。这个过程和测量模型由下式给出：

$$\dot{x}(t) = -0.5x(t) + w(t), \quad z_{kT} = x_{kT} + v_{kT}$$

其中，T 为采样间隔(为简单起见，假设为 1 s)，并且

$$\mathrm{E}v_k = \mathrm{E}w(t) = 0$$

$$\mathrm{E}w(t_1)w(t_2) = 1\delta(t_2 - t_1)$$

$$\mathrm{E}v_{k_1\mathrm{T}}v_{k_2\mathrm{T}} = 1\Delta(k_2 - k_1)$$

$$\mathrm{E}\langle v_k w^{\mathrm{T}} \rangle = 0$$

推导出对于所有 t 时刻 $x(t)$ 的最小均方滤波器。

5.5 在习题5.3中，测量值在离散时刻被接收到，并且每个测量值都占有某个非零时间间隔(雷达波束宽度为非零)。习题5.4中的测量方程可以修改为

$$z_{kT+\eta} = x_{kT+\eta} + v_{kT+\eta}$$

其中

$$k = 0, 1, 2, \cdots, 0 \leqslant \eta \leqslant \eta_0$$

令 $T=1$ s，$\eta_0=0.1$(雷达波束宽度)，并且 $v(t)$ 是协方差等于1的零均值白色高斯过程。推导出对于所有 t 时刻 $x(t)$ 的最小均方滤波器。

5.6 证明式(5.9)后面讨论中给出的条件，即当 w_k 和 v_k 互不相关且是白色时，$\mathrm{E}w_k z_i^{\mathrm{T}}=0$ 成立，其中 $i=1$，…，k。

5.7 在例5.8中，采用白噪声代替有色噪声作为距离变化率($\dot{r}_k$)和方位变化率($\dot{\theta}_k$)方程的驱动输入，这样可以将状态向量的维数从 6×1 简化为 4×1。用公式表示出新的观测方程。对 $P_0, Q, R, \sigma_r^2, \sigma_\theta^2, \sigma_1^2$ 和 σ_2^2 取相同的值，画出协方差和卡尔曼增益图。

5.8 对于习题5.7中同样的问题，得到四状态模型中设备协方差 Q 的值，使得与六状态模型相比，对应的距离、距离变化率、方位和方位变化率的均方估计不确定性都在其5%~10%以内(提示：这是可能的，因为设备噪声用于对线性化误差、离散化误差的影响以及其他非建模效应或者近似进行建模。在第9章中将会进一步讨论这种类型的次优滤波问题)。

5.9 对于用下列方程表示的估计问题：

$$x_k = x_{k-1} + w_{k-1}$$

$$w_k \sim \mathcal{N}(0, 30)\text{，并且是白色的}$$

$$z_k = x_k + v_k$$

$$v_k \sim \mathcal{N}(0, 20)\text{，并且是白色的}$$

$$P_0 = 150$$

计算出 $P_{k(+)}$，$P_{k(-)}$ 的值和 $k=1, 2, 3, 4$ 时的 $\overline{K}_k$ 值，以及 $P_{\infty(+)}$(即稳态值)。

5.10 参数估计问题。设 x 是协方差为 P_0 的零均值高斯随机变量，并且 $z_k=x+v_k$ 是 x 的观测方程，其中噪声 $v_k\sim\mathcal{N}(0,R)$。

(a)写出 $P_{k(+)}, P_{k(-)}, \overline{K}_k$ 和 $\hat{x}_k$ 的递归公式。

(b)如果 $R=0$，x_1 的值是多少？

(c)如果 $R=+\infty$，x_1 的值是多少？

(d)用测量不确定性来解释(b)和(c)的结果。

5.11 假设一个连续时间随机系统的模型由下列方程表示：

$$\dot{x}(t) = -x(t) + w(t)$$

$$w(t) \sim \mathcal{N}(0, 30)$$

$$z(t) = x(t) + v(t)$$

$$v(t) \sim \mathcal{N}(0, 20)$$

(a)推导出 $t=1, 2, 3, 4$ 时，均方估计误差 $P(t)$ 和卡尔曼增益 $\overline{K}(t)$ 的值。

(b)求解 P 的稳态值。

5.12　证明式(5.23)和式(5.116)中的矩阵 P_k 和 $P(t)$ 是对称的，也就是说 $P_k^{\mathrm{T}} = P_k$，以及 $P^{\mathrm{T}}(t) = P(t)$。

5.13　推导出例 5.7 和例 5.8 中的可观测矩阵，并确定这些系统是否为可观测的。

5.14　一个向量离散时间随机序列 x_k 为

$$x_k = \begin{bmatrix} 1 & 1 \\ 0 & 1 \end{bmatrix} x_{k-1} + \begin{bmatrix} 0 \\ 1 \end{bmatrix} w_{k-1}$$

$$w_k \sim \mathcal{N}(0,1)，\text{并且是白色的}$$

观测方程为

$$z_k = [1 \quad 0] x_k + v_k$$

$$v_k \sim \mathcal{N}[0, 2 + (-1)^k]，\text{并且是白色的}$$

计算出 $P_{k(+)}$，$P_{k(-)}$ 的值和 $k=1$，…，10 时的 $\bar{K}_k$ 值，以及

$$P_0 = \begin{bmatrix} 10 & 0 \\ 0 & 10 \end{bmatrix}$$

时的 $P_{\infty(+)}$(即稳态值)。

5.15　通过对下列向量测量值进行串行处理：

$$\hat{x}_{k(-)} = \begin{bmatrix} 1 \\ 2 \end{bmatrix},\ P_{k(-)} = \begin{bmatrix} 4 & 1 \\ 1 & 9 \end{bmatrix},\ H_k = \begin{bmatrix} 1 & 2 \\ 3 & 4 \end{bmatrix},\ R_k = \begin{bmatrix} 3 & 0 \\ 0 & 4 \end{bmatrix},\ z_k = \begin{bmatrix} 3 \\ 4 \end{bmatrix}$$

计算出 $P_{k(+)}$，$\bar{K}_k$ 和 $\hat{x}_{k(+)}$ 的值。

参考文献

[1] B. D. O. Anderson and J. B. Moore, *Optimal Filtering*, Prentice-Hall, Englewood Cliffs, NJ, 1979.

[2] S. M. Bozic, *Digital and Kalman Filtering: An Introduction to Discrete-Time Filtering and Optimal Linear Estimation*, John Wiley & Sons, Inc., New York, 1979.

[3] K. Brammer and G. Siffling, *Kalman–Bucy Filters*, Artech House, Norwood, MA, 1989.

[4] R. G. Brown, *Introduction to Random Signal Analysis and Kalman Filtering*, John Wiley & Sons, Inc., New York, 1983.

[5] A. E. Bryson Jr. and Y.-C. Ho, *Applied Optimal Control*, Blaisdell, Waltham, MA, 1969.

[6] R. S. Bucy and P. D. Joseph, *Filtering for Stochastic Processes with Applications to Guidance*, American Mathematical Society, Chelsea Publishing, Providence, RI, 2005.

[7] D. E. Catlin, *Estimation, Control, and the Discrete Kalman Filter*, Springer-Verlag, New York, 1989.

[8] C. K. Chui and G. Chen, *Kalman Filtering with Real-Time Applications*, Springer-Verlag, New York, 1987.

[9] A. Gelb, J. F. Kasper Jr., R. A. Nash Jr., C. F. Price, and A. A. Sutherland Jr., *Applied Optimal Estimation*, MIT Press, Cambridge, MA, 1974.

[10] A. H. Jazwinski, *Stochastic Processes and Filtering Theory*, Dover Publishers, Mineola, NY, 2009 (reprint of 1970 edition by Academic Press).

[11] T. Kailath, *Lectures on Weiner and Kalman Filtering*, Springer-Verlag, New York, 1981.

[12] P. S. Maybeck, *Stochastic Models, Estimation, and Control*, Vol. 1, Academic Press, New York, 1979.

[13] P. S. Maybeck, *Stochastic Models, Estimation, and Control*, Vol. 2, Academic Press, New York, 1982.

[14] J. M. Mendel, *Lessons in Digital Estimation Techniques*, Prentice-Hall, Englewood Cliffs, NJ, 1987.

[15] J. M. Mendel, "Kalman filtering and other digital estimation techniques," *IEEE Individual Learning Package*, IEEE, New York, 1987.

[16] N. E. Nahi, *Estimation Theory and Applications*, John Wiley & Sons, Inc., New York, 1969; reprinted by Krieger, Melbourne, FL, 1975.

[17] P. A. Ruymgaart and T. T. Soong, *Mathematics of Kalman–Bucy Filtering*, Springer-Verlag, New York, 1988.

[18] H. W. Sorenson, Ed., *Kalman Filtering: Theory and Application*, IEEE Press, New York, 1985.

[19] J. F. Riccati, "Animadversationnes in aequationes differentiales secundi gradus," *Acta Eruditorum Quae Lipside Publicantur Supplementa*, Vol. 8, pp. 66–73, 1724.

[20] S. Bittanti, A. J. Laub, and J. C. Willems, Eds., *The Riccati Equation*, Springer-Verlag, Berlin, 1991.

[21] M.-A. Poubelle, I. R. Petersen, M. R. Gevers, and R. R. Bitmead, "A miscellany of results on an equation of Count J. F. Riccati," *IEEE Transactions on Automatic Control*, Vol. AC-31, pp. 651–654, 1986.

[22] L. Dieci, "Numerical integration of the differential Riccati equation and some related issues," *SIAM Journal of Numerical Analysis*, Vol. 29, pp. 781–815, 1992.

[23] J. Aldrich, "R. A. Fisher and the making of maximum likelihood 1912–1922," *Statistical Science*, Vol. 12. No. 3, pp. 162–176, 2004.

[24] A. Hald, *A History of Mathematical Statistics from 1750 to 1930*, John Wiley & Sons, Inc., New York, 1998.

[25] A. Hald, "On the history of maximum likelihood in relation to inverse probability and least squares," *Statistical Science*, Vol. 14, No. 2, pp. 214–222, 1999.

[26] J. W. Pratt, "F. Y. Edgeworth and R. A. Fisher on the efficiency of maximum likelihood estimation," *Annals of Statistics*, Vol. 4, No. 3, pp. 501–514, 1976.

[27] S. M. Stigler, "The epic story of maximum likelihood," *Statistical Science*, Vol. 22, No. 4, pp. 598–620, 2007.

[28] R. E. Kalman, "A new approach to linear filtering and prediction problems," *ASME Journal of Basic Engineering*, Vol. 82, pp. 34–45, 1960.

[29] W. J. Duncan, "Some devices for the solution of large sets of simultaneous linear equations (with an appendix on the reciprocation of partitioned matrices)," *The London, Edinburgh, and Dublin Philosophical Magazine and Journal of Science, Series 7*, Vol. 35, pp. 660–670, 1944.

[30] A. Bain and D. Crisan, *Fundamentals of Stochastic Filtering*, Springer, New York, 2009.

[31] J. L. Crassidis and J. L. Junkins, *Optimal Estimation of Dynamic Systems*, Chapman and Hall (CRC Press), Boca Raton, FL, 2004.

[32] H. W. Sorenson, "Kalman filtering techniques," in *Advances in Control Systems* Vol. 3 (C. T. Leondes, Ed.), Academic Press, Baltimore, MD, pp. 219–292, 1966.

[33] R. E. Kalman and Richard S. Bucy, "New results in linear filtering and prediction theory," *ASME Journal of Basic Engineering, Series D*, Vol. 83, pp. 95–108, 1961.

[34] H. Kwaknernaak and R. Sivan, *Linear Optimal Control Systems*, John Wiley & Sons, Inc., New York, 1972.

[35] R. E. Kalman, "New methods in Wiener filtering," in *Proceeding of the First Symposium on Engineering Applications of Random Function Theory and Probability*, J. L. Bogdanoff and F. Kozin, Eds., John Wiley & Sons, Inc., New York, pp. 270–388, 1963.

[36] A. E. Bryson Jr. and D. E. Johansen, "Linear filtering for time-varying systems using measurements containing colored noise," *IEEE Transactions on Automatic Control*, Vol. AC - 10, pp. 4–10, 1965.

[37] D. Slepian, "Estimation of signal parameters in the presence of noise," *IRE Transactions on Information Theory*, Vol. IT - 3, pp. 68–69, 1954.

[38] J. E. Potter, A Matrix Equation Arising in Statistical Estimation Theory, Report No. CR - 270, National Aeronautics and Space Administration, New York, 1965.

[39] A. G. J. MacFarlane, "An eigenvector solution of the optimal linear regulator," *Journal of Electronic Control*, Vol. 14, pp. 643–654, 1963.

[40] J. E. Potter, "Matrix quadratic solutions," *SIAM Journal of Applied Mathematics*, Vol. 14, pp. 496–501, 1966.

[41] A. F. Fath, "Computational aspects of the linear optimal regulator problem," *IEEE Transactions on Automatic Control*, Vol. AC - 14, pp. 547–550, 1969.

[42] S. F. Schmidt, "Applications of state-space methods to navigation problems," in *Advances in Control Systems* (C. T. Leondes, Ed.), Vol. 3, Academic Press, New York, pp. 293–340, 1966.

[43] M. S. Grewal, "Application of Kalman filtering to the calibration and alignment of inertial navigation systems," in *Proceedings of PLANS '86—Position, Location and Navigation Symposium*, Las Vegas, NV, Nov. 4–7, 1986, IEEE, New York, 1986.

[44] M. S. Grewal and R. S. Miyasako, "Gyro compliance estimation in the calibration and alignment of inertial measurement units," in *Proceedings of Eighteenth Joint Services Conference on Data Exchange for Inertial Systems*, San Diego, CA, Oct. 28–30, 1986, IEEE Joint Services Data Exchange, San Diego, CA, 1986.

[45] M. S. Grewal and H. J. Payne, "Identification of parameters in a freeway traffic model," *IEEE Transactions on Systems, Man, and Cybernetics*, Vol. SMC - 6, pp. 176–185, 1976.

[46] J. H. Blakelock, *Automatic Control of Aircraft and Missiles*, John Wiley & Sons, Inc., New York, 1965.

[47] T. R. Benedict and G. W. Bordner, "Synthesis of an optimal set of radar track-while-scan smoothing equations," *IEEE Transactions on Automatic Control*, Vol. AC - 7, pp. 27–32, 1962.

[48] R. A. Singer, "Estimating optimal tracking filter performance for manned maneuvering targets," *IEEE Transactions on Aerospace and Electronic Systems*, Vol. AES - 6, pp. 473–483, 1970.

[49] P. S. Maybeck, J. G. Reid, and R. N. Lutter, "Application of an extended Kalman filter to an advanced fire control system," in *Proceedings of the IEEE Conference on Decision and Control*, New Orleans, 1977, pp. 1192–1195.

[50] M. Schwartz and L. Shaw, *Signal Processing, Discrete Spectral Analysis, Detection, and Estimation*, McGraw-Hill, New York, 1975.

[51] J. Humpherys, P. Redd, and J. West, "A fresh look at the Kalman filter," *SIAM Review*, Vol. 54, No, 4, pp. 801–823, 2012.

第6章　最优平滑器

大自然在我们前进道路上设置的障碍都是可以通过智力的训练来消除的。

——Livy [Titus Livius](公元前59－公元17)

6.1　本章重点

6.1.1　平滑和平滑器

最优平滑的含义是什么

从古代开始,“平滑”这个词语在不同背景下就有许多含义。“最优平滑”这个词语大约是在1795年Gauss发现最小二乘方法以后开始使用的,从此以后它就成为了Wiener-Kolmogorov滤波理论的一部分。自从20世纪60年代以后,最优平滑采用的大多数方法都来自于卡尔曼和卡尔曼-布西滤波理论。

现代最优平滑方法产生于和卡尔曼滤波器相同的模型,并且也求解相同类型的估计问题——但不一定是实时的。卡尔曼滤波器对被估计状态变量生效那一时刻及以前的所有测量值进行最优化利用。平滑比卡尔曼滤波器做得更好,它还利用了被估计状态变量那一时刻以后补充的测量值。

我们用“线性平滑”这个词表示将所讨论过程的线性动态模型作为平滑器的一部分,但这个词也被解释为采用某种直线拟合。实际上,有许多平滑方法利用局部平滑函数(如多项式样条)对数据进行最小二乘拟合——但这里没有包括这些方法。本章强调的重点是将卡尔曼滤波进行推广,对所讨论的动态过程采用相同的线性随机系统模型,但对估计和测量值的相对时间约束条件放宽了。

“平滑器”是指平滑方法的算法实现或者模拟实现。在实际应用中,如果输入信号频率太高而难以采样,或者计算速率太高而难以进行数字处理,则可以利用类似的连续时间卡尔曼-布西理论来设计实现电路——在很大程度上与采用维纳滤波理论的方法相同。

6.1.2　卡尔曼滤波、预测、插值和平滑

在第2章到第5章中,对卡尔曼滤波理论进行了讨论。在研究最优平滑方法时也采用了同样的理论模型。

在第5章中还讨论了预测问题。它是构成卡尔曼滤波所必需的一部分,因为总是提前一步对估计值及其相应的误差协方差进行预测,以便作为先验变量。实际上,只要期望的测量值不能得到或者被认为不可靠,就通常需要继续完成这类预测。

插值通常是在不能得到测量值的情况下,利用相邻时间段的测量值对这段时间内的状态变量进行估计,以便填补“数据缺口”。最优平滑器也被用于插值,尽管它们通常定义为对那些可以得到测量值情况下的状态变量进行估计。

例如,在一些全球导航卫星系统(GNSS)接收机中,只要卫星信号难以获得,卡尔曼滤波器就继续对位置和速度估计值进行预测。这是纯粹的预测,目的在于当下一步可以收到卫星

信号时，用于辅助信号快速重新捕获。然而，一旦信号再次可以得到时，最优平滑器也用于提高信号中断期间预测的导航估计值。这就是插值处理。

平滑是本章的主题。它与最优预测器和最优滤波器之间的关系如图 6.1 所示，区别取决于状态向量的估计值 $\hat{x}$ 何时有效，以及估计时刻与用于估计的测量值的采样时刻之间的关系如何。

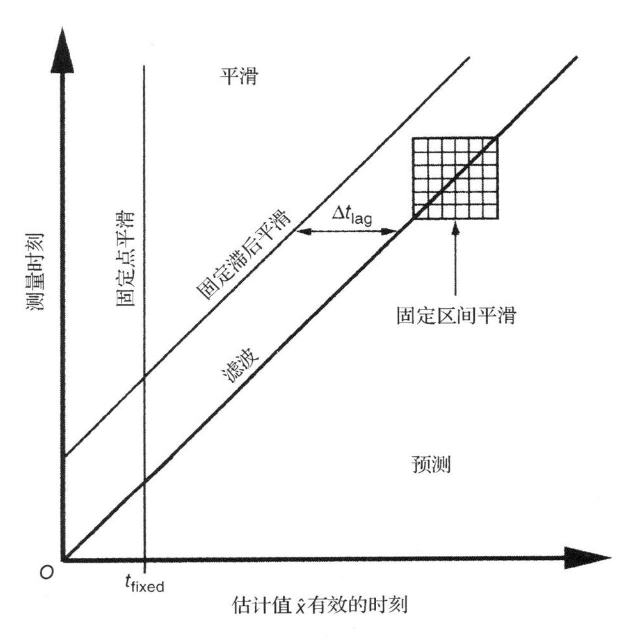

图 6.1　估计值/测量值之间的时间约束关系

- 滤波：占据图中的对角线位置，其中每个状态向量估计都是基于估计有效时刻以前及包含该时刻的所有测量数据得到的。
- 预测：占据对角线下面的区域，其中每个预测的估计值都是基于严格在估计有效时刻以前获得的测量数据得到的。
- 平滑：占据对角线上面的区域，其中每个平滑的估计值都是基于估计有效时刻以前及以后的所有测量数据得到的。在下一小节中，对图 6.1 中标出的三种不同类型的平滑器进行了简单介绍。

6.1.3　平滑器的类型

大多数平滑器的应用都逐渐发展成三种不同的类型，这是根据被估计状态向量与测量数据的依赖关系来划分的，如图 6.1 所示。下面的描述指出了测量时刻相对于状态向量值被估计时刻之间的约束关系，并且给出了不同平滑器在实际中的应用举例。

固定区间平滑器

固定区间平滑器利用在固定时间区间 $t_{start} \leqslant t_{meas} \leqslant t_{end}$ 内的 t_{meas} 时刻得到的所有测量值，产生在相同固定区间内的 $t_{start} \leqslant t_{est} \leqslant t_{end}$ 时刻的状态向量估计值 $\hat{x}(t_{est})$ ——如图 6.1 中沿着对角线所示的方格区域。

固定区间平滑器运行的时刻可以是所有测量值得到以后的任何时刻。固定区间平滑器最常见的应用，是对一个测试过程中的所有测量值进行后处理。因为一般是在测量结束以后才开始进行信息处理的，所以固定区间平滑器通常不是实时处理的。

在 6.2 节中，给出了固定区间平滑器的技术说明、推导过程以及性能分析。

固定滞后平滑器

固定滞后平滑器利用在时间区间 $t_{\text{start}} \leqslant t_{\text{meas}} \leqslant t_{\text{est}} + \Delta t_{\text{lag}}$ 内得到的所有测量值，产生在 t_{est} 时刻的估计值 $\hat{\boldsymbol{x}}(t_{\text{est}})$。也就是说，在 t 时刻产生的估计值是 x 在 $t - \Delta t_{\text{lag}}$ 时刻的值，其中 Δt_{lag} 是一个固定的滞后时间，如图 6.1 中在“滤波”线上方的斜线。

固定滞后平滑器用于通信中以提高信号估计的质量，为了降低误比特率，它们牺牲了一些延迟。固定滞后平滑器以实时方式运行，利用直到当前时刻以前的所有测量值，但是产生的是“滞后时间”的估计值。

在 6.3 节中，给出了固定滞后平滑器的技术说明、推导过程以及性能分析。

固定点平滑器

固定点平滑器利用在当前时刻 t 以前(即 $t_{\text{start}} \leqslant t_{\text{meas}} \leqslant t$)得到的所有测量值 $z(t_{\text{meas}})$，产生在固定时刻 t_{fixed} 的 $\boldsymbol{x}$ 的估计值 $\hat{\boldsymbol{x}}(t_{\text{fixed}})$。它们如图 6.1 中垂直线所示。如果当前时刻 $t < t_{\text{fixed}}$，则固定点平滑器的作用是预测器，如果 $t = t_{\text{fixed}}$，则它是滤波器，如果 $t > t_{\text{fixed}}$，则它是平滑器。

如果在估计问题中，只对某些有重大意义事件的时间 t_{fixed} 的系统状态(它通常是初始状态)感兴趣，则固定点平滑器是很有用的。它们被用于惯性导航系统(INS)[1]的初始校准，以及在采用 GNSS 接收机作为辅助导航传感器的飞行器上，用于估计初始 INS 姿态。在初始 INS 校准阶段，GNSS 接收机不能提供姿态信息，但是它们可以检测出后续的位置误差模式，并据此利用固定点平滑器估计出初始姿态误差。

在 6.4 节中，给出了固定点平滑器的技术说明、推导过程以及性能分析。

6.1.4　实现算法

在本章中,将介绍不同类型的最优平滑器、它们的实现算法、应用举例以及它们比最优滤波器具有相对优势的一些地方。

人们提出并发表了许多不同的平滑算法，但并不是所有算法都合乎实际。平滑算法的重要准则包括:

1. 数值稳定性，一些早期的算法实际上是数值不稳定的。
2. 计算复杂度，这对算法运行的数据率具有限制。
3. 存储需求。

有些平滑器是以连续时间形式实线的。

6.1.5　平滑器的应用

在实际中，作为一种比单独使用滤波器进行估计的性能更好的实际方法，平滑器常常被忽略。根据具体应用的性质，平滑器相对于滤波器而言，其均方估计不确定性性能的提高可能达到许多数量级。

确定是否采用以及如何利用平滑

在决定是否采用平滑——以及采用哪种类型平滑的时候，应该考虑的因素包括下列几点:

1. 对于何时进行测量、系统状态向量的估计结果何时有效，以及何时需要结果等相对时间关系，具体应用提出的约束条件是什么？
   (a) 如果要求在整个时间段的状态向量估计值，则应该考虑采用固定区间平滑——特别是不需要近实时地得到结果的情况。
   (b) 如果只在某个时刻点要求状态向量估计值有效，则固定点平滑是合适的估计方法。
   (c) 如果要求近实时(即在有限的时延内)得到结果，则固定滞后平滑是合适的。
2. 对于预期的应用而言，其状态变量的估计性能需要提高多少？预期提高多少？或者希望提高多少(与滤波相比)？
3. 估计结果的可靠性受估计算法的数值稳定性的影响如何？或者受性能对假设模型参数值的过度敏感性的影响如何？
4. 计算复杂度与成本及可实现性之间应该如何折中考虑？这个问题对于固定滞后平滑和固定点平滑等“实时”应用而言更显重要。平滑需要更多数据来得到估计值，这通常需要比滤波更多的计算量。因此必须总是对所需的计算资源，这些资源是否可以获得以及它们的成本等进行考虑。
5. 是否还存在更严重的存储限制因素？对于具有非常大的数据集并采用固定区间平滑方法的一些应用而言，这可能会是一个问题。

6.1.6 与滤波相比的改善之处

1969 年，Anderson[2] 针对动态系统为渐进指数稳定的情形，发表了平滑比滤波性能渐进改进的理论极限。在这种情况下，均方估计不确定性提高的极限是两倍，但对于非稳定系统而言，其性能还可以提高更多。

相对改善

对于标量模型(即 $n=1$)情形，平滑器比滤波器的相对改善可以用其估计结果中不确定性方差的比值来表征。

对于多维问题(即 $n>1$)情形，如果用 $P_{[s]}$ 表示平滑不确定性的协方差矩阵，用 $P_{[f]}$ 表示滤波不确定性的协方差矩阵，如果

$$P_{[s]} < P_{[f]}\text{，或者}[P_{[f]} - P_{[s]}\text{是正定矩阵}]$$

则可以说平滑比滤波更有改善。

这通常可以通过实现平滑器和滤波器，并且对其估计不确定性的协方差矩阵进行比较来确定。

与模型参数的依赖关系

为了深入理解平滑的相对优势，以及它们如何取决于应用的特点，我们从 6.2 节至 6.4 节提出了性能分析模型，用于评价平滑比滤波的改善如何依赖于模型的参数。所有这些模型都是针对线性时不变问题提出的，并且我们能够画出性能与所讨论问题的参数之间的依赖关系图的模型都是针对标量①状态变量(即 $n=1$)得到的。即使对于这些标量模型，与模型参数的依赖关系以及平滑比滤波的相对改善都可以从几乎没有到均方误差降低多个数量级的程度。

① 除了便于性能分析以外，令 $n=1$ 还表示独立参数(画图用)的维数。

Anderson-Chirarattananon 界

这个结果是由 Brian D. O. Anderson 和 Surapong Chirarattananon[3] 发现的，它是在频域得到的，并且采用信噪比(SNR)作为参数。它假设代表信号的动态过程模型是稳定的，使得信号具有有限的稳态功率。

在卡尔曼滤波器模型中，均方噪声由参数 R(即测量噪声的协方差)表示，而信号由测量值$z(t)$的无噪声部分表示(即 Hx)。它要求代表在 H 的秩空间中状态向量 x 的分量的动态过程是稳定的，这意味着对应的动态系数矩阵 F 的特征值为负。传感器噪声被假设为白色的，它在所有频率点都有恒定的功率谱密度。因此，峰值 SNR 出现在信号功率谱密度为峰值的频率点处。

上述结果是由平滑误差协方差与滤波误差协方差之比来定义的，它是平滑比滤波改善性能的界，并在图 6.2 中采用两种形式画出。图 6.2(a)中的曲线是改善比值的下界，图 6.2(b)中的曲线表示采用平滑而不是滤波以后，用均方信号估计误差表示的等效改善百分比的上界。

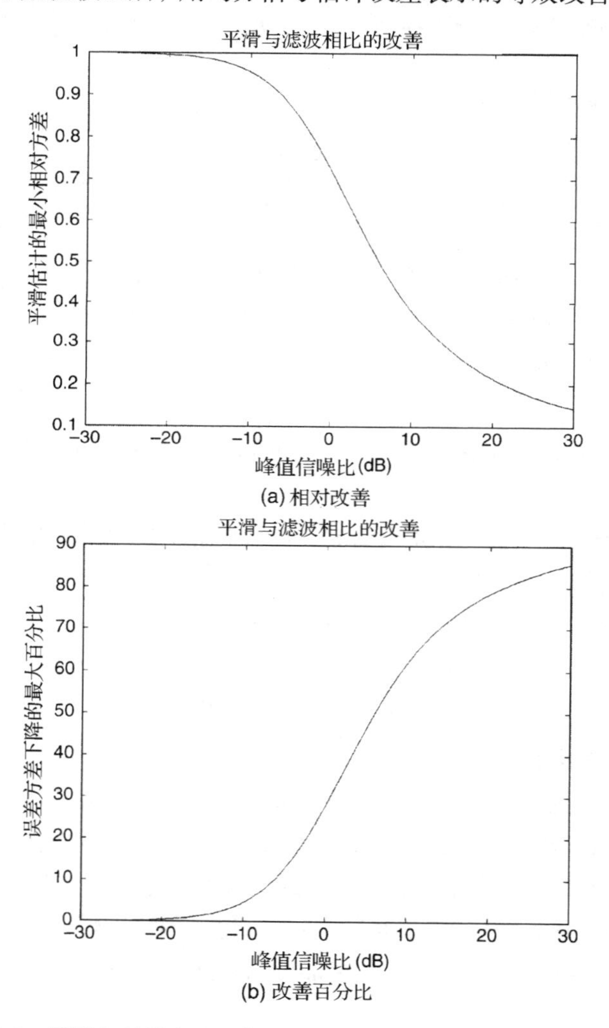

图 6.2 平滑与滤波相比，方差改善的 Anderson-Chirarattananon 界

在本章中，还导出了每一种平滑方法与滤波相比，其性能相对改善情况的其他界，它表示改善程度与线性随机系统参数值之间的依赖关系。

6.2　固定区间平滑

6.2.1　连续时间性能分析

标量参数模型

连续时间线性时不变模型　平滑器的性能模型以连续时间形式来推导是由于教学方面的考虑：因为得到的模型方程更容易以闭合形式求解。平滑器性能也可以用离散时间模型或者高维状态向量来确定——尽管需要采用数值方法来求解。

性能公式　我们给出一些通用方法，以便确定平滑与滤波的相对性能是如何取决于线性模型的时不变参数 F，Q，H 和 R。然后，针对标量状态变量进行举例说明，尽管通用方法对于任意状态向量和测量向量维数都是有效的。

随机系统模型　参数化的随机系统模型为

$$\begin{aligned}\dot{x} &= Fx + w\text{（动态系统模型）}\\ z &= Hx + v\text{（测量模型）}\\ \dot{P} &= FP + PF - PHR^{-1}H^{\mathrm{T}}P + Q\text{（Riccati 微分方程）}\end{aligned} \tag{6.1}$$

$n=1$ 时的参数单位　当状态向量的维数 $n=1$ 时，标量 Riccati 方程变量及参数的单位如下：

$$\begin{aligned}&P\text{ 与 }x^2\text{的单位相同}\\ &F\text{ 单位为 1/时间（如 s}^{-1}\text{）}\\ &H\text{ 单位为 }z\text{（测量）的单位除以 }x\text{（状态变量）的单位}\\ &R\text{ 单位为时间}\times z^2\text{（测量单位）}^2\\ &Q\text{ 单位为 }x^2\text{/时间}\end{aligned} \tag{6.2}$$

上面 R 和 Q 的单位看起来比较奇怪，这是由于采用随机微分方程模型进行随机积分的结果。

双滤波器模型　对于固定区间平滑，性能模型是基于两个卡尔曼-布西滤波器得到的：

- 一个前向滤波器，按照时间顺序向前运行。在每个时刻，前向滤波器的估计值是基于到该时刻为止的所有测量值得到的，并且相应的估计不确定性协方差表征了基于所有这些测量值的估计不确定性。
- 一个后向滤波器，按照时间顺序反向运行。在每个时刻，后向滤波器的估计值是基于该时刻以后的所有测量值得到的，并且相应的估计不确定性协方差表征了基于所有这些测量值的估计不确定性。如果时间反转，则式(6.1)中动态系数矩阵 F 的符号会改变，这样使后向滤波器模型的性能与前向滤波器模型不同。后向滤波器误差的协方差 $P_{[b]}$ 与前向滤波器误差的协方差 $P_{[f]}$ 不同。

为什么采用双滤波器模型　在每个时刻 t，前向滤波器产生的协方差矩阵 $P_{[f]}(t)$ 表示利用所有 $s\leqslant t$ 的测量值 $z(s)$ 估计 $\hat{x}_{[f]}(t)$ 时的均方不确定性。类似地，后向滤波器产生的协方差矩阵 $P_{[b]}(t)$ 表示利用所有 $s\geqslant t$ 的测量值 $z(s)$ 估计 $\hat{x}_{[b]}(t)$ 时的均方不确定性。最优平滑器在卡尔曼滤波器中利用$P_{[f]}(t)$和$P_{[b]}(t)$组合$\hat{x}_{[f]}(t)$和$\hat{x}_{[b]}(t)$，从而使产生的平滑器误差的协方差矩阵$P_{[s]}(t)$最小化。$P_{[s]}(t)$可以告诉我们平滑器的性能如何。

平滑器估计与误差　在每个时刻，平滑器估计值是通过两个滤波器模型(前向滤波器和后向滤波器)的最后组合得到的。这样产生的估计值将利用整个固定区间内在估计时刻以前和以后得到的所有测量值。令

$\hat{x}_{[f]}(t)$ 为在 t 时刻得到的前向滤波器估计值
$P_{[f]}(t)$为相应的估计不确定性的协方差
$\hat{x}_{[b]}(t)$ 为在 t 时刻得到的后向滤波器估计值
$P_{[b]}(t)$为相应的估计不确定性的协方差

如果将$\hat{x}_{[f]}(t)$视为先验平滑器估计，将$\hat{x}_{[b]}(t)$视为独立的测量值，则在 t 时刻得到的 x 的最优平滑估计值为

$$\hat{x}_{[s]}(t)=\hat{x}_{[f]}(t)+\underbrace{P_{[f]}(t)[P_{[f]}(t)+P_{[b]}(t)]^{-1}}_{\overline{K}}[\hat{x}_{[b]}(t)-\hat{x}_{[f]}(t)]$$

它本质上是卡尔曼滤波器观测更新公式，其中

$\hat{x}_{[f]}(t)$ 为平滑器的先验估计
H 为 I(恒等矩阵)
$z(t)=\hat{x}_{[b]}(t)$(后向滤波器估计)
$R=P_{[b]}(t)$
$\overline{K}=P_{[f]}(t)[P_{[f]}(t)+P_{[b]}(t)]^{-1}$(卡尔曼增益)
$\hat{x}_{[s]}(t)$ 为平滑器的后验估计
$P_{[s]}(t)$(平滑器估计不确定性的后验协方差)

$$\begin{aligned}
&=P_{[f]}(t)-P_{[f]}(t)[P_{[f]}(t)+P_{[b]}(t)]^{-1}P_{[f]}(t)\\
&=P_{[f]}(t)\{I-[P_{[f]}(t)+P_{[b]}(t)]^{-1}P_{[f]}(t)\}\\
&=P_{[f]}(t)[P_{[f]}(t)+P_{[b]}(t)]^{-1}\{[P_{[f]}(t)+P_{[b]}(t)]-P_{[f]}(t)\}\\
&=P_{[f]}(t)[P_{[f]}(t)+P_{[b]}(t)]^{-1}P_{[b]}(t)
\end{aligned}\tag{6.3}$$

上面最后一个公式表示平滑器的协方差是前向滤波器协方差和后向滤波器协方差的函数，它是适当的 Riccati 方程的解。

无穷区间情形

这是求解平滑器性能的最简单模型。它一般需要求解两个代数 Riccati 方程，但是对于具有标量状态向量的连续时间模型，它可以用闭合形式求解。

一般线性时不变模型　对于在区间 $-\infty<t<+\infty$ 内的线性时不变情形，前向和后向卡尔曼-布西滤波器的 Riccati 方程将处于稳态，即

$$\begin{aligned}
0&=\frac{\mathrm{d}}{\mathrm{d}t}P_{[f]}(t)\\
&=FP_{[f]}+P_{[f]}F^{\mathrm{T}}+Q-P_{[f]}H^{\mathrm{T}}R^{-1}HP_{[f]}
\end{aligned}$$

$$
\begin{aligned}
0 &= \frac{\mathrm{d}}{\mathrm{d}t}P_{[b]}(t) \\
&= -FP_{[b]} - P_{[b]}F^{\mathrm{T}} + Q - P_{[b]}H^{\mathrm{T}}R^{-1}HP_{[b]}
\end{aligned}
$$

其中，后向滤波器模型的动态系数矩阵 F 的符号是相反的。一般而言，这些代数 Riccati 方程可以通过数值方法进行求解，然后再代入式(6.3)即可确定平滑器的性能。

标量状态向量情形　这种情况可以简化为两个二次方程，然后采用闭合形式对两个方程求解，得到下列单个正的标量解：

$$
P_{[f]} = \sqrt{\left(\frac{FR}{H^2}\right)^2 + \left(\frac{QR}{H^2}\right)} + \left(\frac{FR}{H^2}\right) \tag{6.4}
$$

$$
P_{[b]} = \sqrt{\left(\frac{FR}{H^2}\right)^2 + \left(\frac{QR}{H^2}\right)} - \left(\frac{FR}{H^2}\right) \tag{6.5}
$$

$$
P_{[s]} = \frac{\left(\frac{QR}{H^2}\right)}{2\sqrt{\left(\frac{FR}{H^2}\right)^2 + \left(\frac{QR}{H^2}\right)}} \tag{6.6}
$$

上述所有公式都只取决于下列两个参数表达式：

$$
\left(\frac{FR}{H^2}\right) \text{ 和 } \left(\frac{QR}{H^2}\right)
$$

这意味着可以画出滤波器和平滑器的均方性能与这两个参数的函数关系。

结果　在图 6.3 和图 6.4 中，采用上面得到的公式，将无穷区间平滑器性能与滤波器性能作为参数 FR/H^2 和 QR/H^2 的函数，画出了两种性能的相对关系。

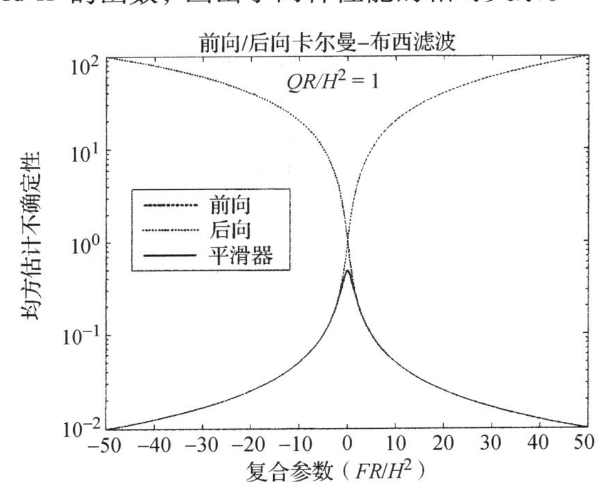

图 6.3　卡尔曼–布西滤波器和平滑器的性能与 FR/H^2 的依赖关系

F 的符号对相对性能的影响　F 的符号会在平滑器相对滤波器的优势方面产生较大影响。参数 R，Q 和 H^2 都是正值，但 F 的符号则可能发生变化。在图 6.3 中，画出了 F 的符号和大小对滤波器与平滑器性能产生的影响，可以看出前向滤波器和后向滤波器与平滑器的稳态方差与 FR/H^2 的函数关系，图中其他参数为 $QR/H^2 = 1$。当 $F < 0$ 时，前向滤波器是稳定的，当 $F > 0$ 时，后向滤波器是稳定的。对于这两个滤波器，在稳定方向上的性能与平滑器的性能(实线)非常接近，但是在非稳定方向上的滤波器性能则比平滑器性能差很多。实质上，当后向滤波器性能比前向滤波器性能好很多时，平滑器的性能会比滤波器改善很大。对于图中所示的 FR/H^2 的取值范围(±50)，平滑不确定性的方差会比滤波的方差小 10 000 倍。

FR/H^2 和 QR/H^2 对大动态范围的影响　这种影响更详细地如图 6.4(a)和(b)所示，它们是将"平滑器性能改善比率"$P_{[s]}/P_{[f]}$ 作为两个复合参数(FR/H^2)和(QR/H^2)的函数，并且在 ±4 个数量级范围内采用三维三对数坐标图形式显示出来。

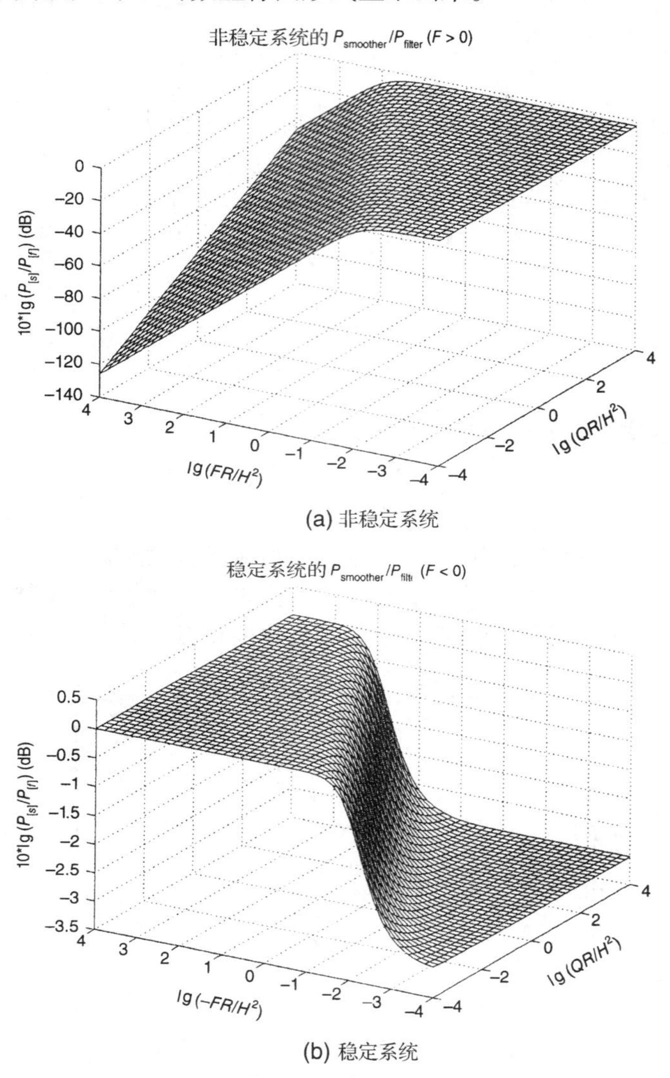

图 6.4　平滑器性能改善比率与 FR/H^2 和 QR/H^2 的关系图

非稳定系统　如果 $F>0$[如图 6.4(a)所示]，则当(FR/H^2)趋于无穷时，平滑器性能改善比率 $P_{[s]}/P_{[f]}$ 趋于零(任何情况下平滑器都比滤波器更好)，这主要是由于降低了滤波器的性能而不是提高了平滑器的性能。当(QR/H^2)趋于零时，平滑器的性能也比滤波器改善很大。在该图的左下角，平滑器的方差比滤波器的方差小 10^{120} 倍更多。这些结果与 Moore 和 Teo[4] 的结果不同，假设动态系统的信号功率是有界的。

随机游走条件　当$(FR/H^2)\to 0$时，平滑器性能改善比率$P_{[s]}/P_{[f]}\to 1/2(-3\ \text{dB})$，这是随机游走模型。也就是说，对于随机游走模型，平滑器的均方估计误差性能比滤波器的均方估计误差性能下降2倍——或者其均方根(Root-mean-square，RMS)误差下降$\sqrt{2}$倍。

稳定系统　如果$F<0$[如图6.4(b)所示]，则当$(FR/H^2)\to 0$时，平滑器性能改善比率$P_{[s]}/P_{[f]}\to 1/2$，这是随机游走模型。如果$F<0$，则当$(QR/H^2)\to +\infty$时，也有$P_{[s]}/P_{[f]}\to 1/2$。也就是说，当$F<0$时，能达到的最好情况是平滑器的均方误差性能比滤波器的误差性能提高2倍。这与Moore和Teo[4]的结果是一致的。

图6.4的图示能够有助于深入理解平滑器与滤波器的性能如何依赖于动态系统的参数。在更复杂的模型中，参数F，Q，H和R是矩阵值，并且矩阵F的特征值既有正值也有负值。在这种情况下，动态系统模型可能在状态空间的某些子空间中是稳定的，而在其他子空间中则是非稳定的，并且滤波器协方差$P_{[f]}$对F的依赖关系会更加复杂。

有限区间情形

在这种情况下，测量值$z(t)$被局限于一个有限的区间$t_{\text{start}}\leqslant t\leqslant t_{\text{end}}$内。这将对滤波器和平滑器性能都会引入某种额外的“端效应”(end effects)。我们在这里针对标量情形($n=1$)推导一些公式，尽管这种方法也可以应用于一般情形。

这里需要Riccati微分方程的瞬态解(与稳态解对应)。对于前向滤波器，解为

$$P_{[f]}(t)=A_{[f]}(t)B_{[f]}^{-1}(t) \tag{6.7}$$

$$\begin{bmatrix}A_{[f]}(t)\\B_{[f]}(t)\end{bmatrix}=\exp\left((t-t_{\text{start}})\begin{bmatrix}F & Q\\H^2/R & -F\end{bmatrix}\right)\begin{bmatrix}A_{[f]}(t_{\text{start}})\\B_{[f]}(t_{\text{start}})\end{bmatrix} \tag{6.8}$$

在有限区间开端部分的初始条件为$P_{[f]}(t_{\text{start}})=A_{[f]}(t_{\text{start}})B_{[f]}^{-1}(t_{\text{start}})$。令$B_{[f]}(t_{\text{start}})=0$，并且$A_{[f]}(t_{\text{start}})=1$等效于假设没有估计的初始信息。在这种情况下，解为

$$\tau=\frac{R}{\sqrt{R(F^2R+H^2Q)}} \tag{6.9}$$

$$P_{[f]}(t)=\frac{\sqrt{R(F^2R+H^2Q)}}{H^2}\frac{(\mathrm{e}^{(t-t_{\text{start}})/\tau}+\mathrm{e}^{-(t-t_{\text{start}})/\tau})}{(\mathrm{e}^{(t-t_{\text{start}})/\tau}-\mathrm{e}^{-(t-t_{\text{start}})/\tau})}+\frac{FR}{H^2} \tag{6.10}$$

对于后向滤波器，其Riccati方程的解为

$$P_{[b]}(t)=A_{[b]}(t)B_{[b]}^{-1}(t) \tag{6.11}$$

$$\begin{bmatrix}A_{[b]}(t)\\B_{[b]}(t)\end{bmatrix}=\exp\left((t-t_{\text{end}})\begin{bmatrix}-F & Q\\H^2/R & F\end{bmatrix}\right)\begin{bmatrix}A_{[b]}(t_{\text{end}})\\B_{[b]}(t_{\text{end}})\end{bmatrix} \tag{6.12}$$

其中F的符号相反。与前向滤波器一样，令$B_{[b]}(t_{\text{end}})=0$，并且$A_{[b]}(t_{\text{end}})=1$等效于假设在有限区间末端没有估计的初始信息。在这种情况下，解为

$$P_{[b]}(t)=\frac{\sqrt{R(F^2R+H^2Q)}}{H^2}\frac{(\mathrm{e}^{(t_{\text{end}}-t)/\tau}+\mathrm{e}^{-(t_{\text{end}}-t)/\tau})}{(\mathrm{e}^{(t_{\text{end}}-t)/\tau}-\mathrm{e}^{-(t_{\text{end}}-t)/\tau})}-\frac{FR}{H^2} \tag{6.13}$$

图6.5是由MATLAB m文件`FiniteFIS.m`利用上述公式产生的。在其中间部分的性能是平坦的，这是因为采用的模型是时不变的。从图中可以看出，在区间的两端存在“端效应”，此时因其中一个滤波器没有信息导致平滑方差增加。

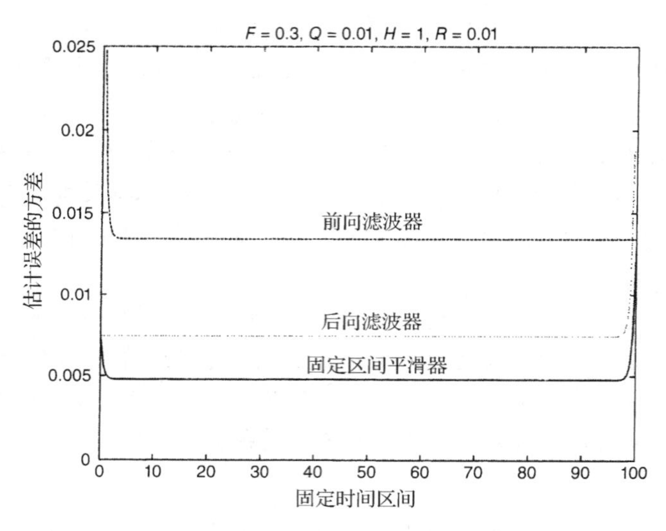

图6.5 有限区间情况下的固定区间平滑性能

在 m 文件 `FiniteFIS.m` 中，可以对模型参数进行修改，以便观察其变化对平滑器和滤波器性能的影响。

6.2.2 三通道固定区间平滑

这或许是基于卡尔曼滤波器的最早的平滑方法。它和6.2.1节中讨论的平滑器的策略是相同的，只是以离散时间方式工作，并且产生滤波和平滑后的估计值以及其各自估计不确定性的协方差。

这种平滑器的一般思想如图6.6所示，其中Z字形路径代表估计状态向量 $\hat{x}$ 的滤波器输出，以及计算出在 t_1 到 t_N 之间的离散时间区间的协方差矩阵 P。图中画出了两个这种滤波器的输出，一个按照时间向前运行，从左边的 t_1 开始向右移动，另一个则按照时间向后运行，从右边的 t_N 开始向左移动。在每一个滤波时刻(向前或者向后运行)，每个滤波器的输出估计值都代表了基于该时刻为止所有测量值处理得到的最佳估计。当前向滤波器和后向滤波器相遇时，所有测量值都用完并产生了两个估计值。一个是基于左侧所有测量值得到的，另一个则是基于右侧所有测量值得到的。如果将这两个独立的估计值最优组合，则得到的平滑估计值是基于整个固定区间内获得的所有测量值产生的。

这种平滑器的实现问题是在整个固定区间内的每个离散时刻 t_k 完成上述工作。它需要三个通道处理测量值及由此产生的数据：

1. 在前向方向(即测量时间递增的方向)完整的滤波器通道上，它保存后验估计值 $\hat{x}_{[f],k(+)}$ 以及相应的估计不确定性的协方差 $P_{[f],k(+)}$ (下标"$[f]$"代表"前向")。在这条通道上还保存状态转移矩阵 Φ_k 的值。
2. 在后向方向(即测量时间递减的方向)完整的滤波器通道上，它保存先验估计值以及相应的估计不确定性的协方差：

$$\hat{x}_{[b],k-1(-)} = \Phi_{[f],k-1}^{-1}\hat{x}_{[b],k(+)} \text{(预测器)} \tag{6.14}$$

$$P_{[b],k-1(-)} = \Phi_{[f],k-1}^{-1}P_{[b],k(+)}\Phi_{[f],k-1}^{-\mathrm{T}} + Q_k \tag{6.15}$$

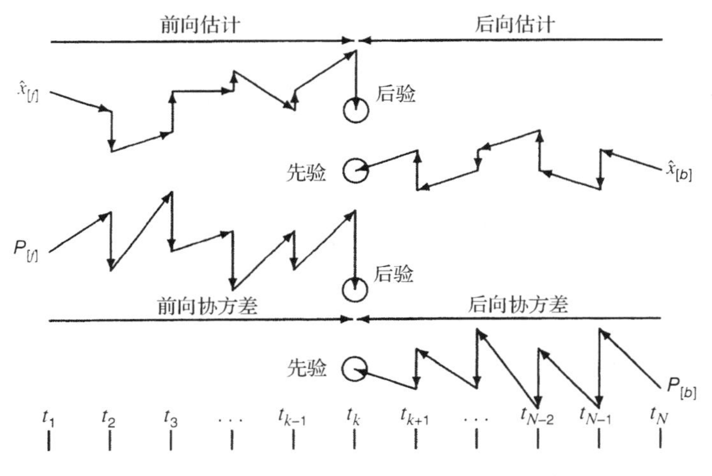

图6.6 前向滤波器和后向滤波器输出示意图

（下标“$[b]$”代表“后向”），利用来自于前向通道的状态转移矩阵的逆矩阵 $\Phi_{[f],k-1}^{-1}$（类似于连续时间情况下改变 F 的符号）。卡尔曼滤波器校正器这一步也必须实现，尽管其得到的后验估计和协方差在第三个（平滑器）通道中没有用到。

3. 第三个是平滑器通道（它实际上可以被包含在第二个通道），它将前向数据与后向数据结合起来，得到下列平滑估计值：

$$\hat{x}_{[s],k(+)} = \hat{x}_{[f],k(+)} + \underbrace{P_{[f],k(+)}[P_{[f],k(+)} + P_{[b],k(-)}]^{-1}}_{\overline{K}}[\hat{x}_{[b],k(-)} - \hat{x}_{[f],k(+)}] \tag{6.16}$$

其中，$\hat{x}_{s,k}(+)$ 为平滑估计值。

也可以计算出平滑器不确定性的协方差，即

$$P_{[s],k} = \overline{K}P_{[b],k(-)} \tag{6.17}$$

它在平滑器工作中并不需要，但是对于理解平滑估计值的良好程度是有益的。

平滑器通道不是递归的

更确切地说，在每个时刻 t_k 计算出的变量值只取决于两个滤波器通道保存的结果，而不是在相邻时刻 t_{k-1} 或者 t_{k+1} 平滑器得到的值。平滑估计值的协方差矩阵 $P_{s,k(+)}$ 也可以计算出来（不采用递归形式）作为期望的平滑器性能的指标，尽管它在产生平滑估计值时并没有用到。

将一个方向得到的先验数据与另一个方向得到的后验数据结合起来使用是非常重要的，如图6.6所示。这样可以确保在平滑器工作的每个离散时刻得到的前向估计值和后向估计值是真正独立的，因此它们不依赖于任何共有的测量值。

两个滤波器输出的最优组合

式(6.16)具有卡尔曼滤波器观测更新（校正器）的形式，它利用相应的估计不确定性的协方差将两个统计独立的估计值结合起来，其中

$\hat{x}_{[f],k(+)}$ 是有效的先验估计

$P_{[f],k(+)}$ 是其不确定性的协方差

$\hat{x}_{[b],k(-)}$ 是有效的“测量值”(与 $\hat{x}_{[f],k(+)}$ 独立)，并且其有效的测量灵敏度矩阵 $H=I$(恒等矩阵)

$P_{[b],k(-)}$ 是其类似的“测量噪声”协方差(即其不确定性的协方差)

$\bar{K}=P_{[f],k(+)}[P_{[f],k(+)}+P_{[b],k(-)}]^{-1}$ 是有效的卡尔曼增益，并且 $\hat{x}_{[s],k(+)}$ 是得到的最优平滑器估计值。

计算问题　式(6.16)要求对前向通道得到的协方差矩阵 P 求逆，式(6.14)和式(6.15)要求对前向通道得到的状态转移矩阵 Φ 求逆。对于时不变问题而言，后者(即计算 Φ^{-1})不是一个严重的问题，因为只需对 Φ 进行一次计算和求逆。协方差矩阵的求逆问题已经由另外一种“信息平滑”方法解决了，这种方法是基于信息矩阵(P 的逆)而不是协方差矩阵 P 发展出来的。

MATLAB m 文件 `sim3pass.m` 产生了标量线性时不变模型的轨迹，该模型由仿真的测量噪声和动态扰动噪声驱动，对得到的测量序列应用三通道固定区间平滑器，并且画出所得估计值以及真实(仿真得到的)值和计算出的估计不确定性的方差。一个输出实例如图 6.7 所示。作为一种度量平滑器性能相对于两个滤波器性能的经验值，每次运行程序时都计算出前向滤波器、后向滤波器和平滑器的 RMS 估计误差，它是根据与“真实”的仿真轨迹的偏离程度计算出来的。然而，这里介绍这种平滑器，主要目的是解释最优平滑的理论基础，说明存在一种相对直接的实现方法，并且在后面针对非常简单的模型得到有关平滑性能的例子。

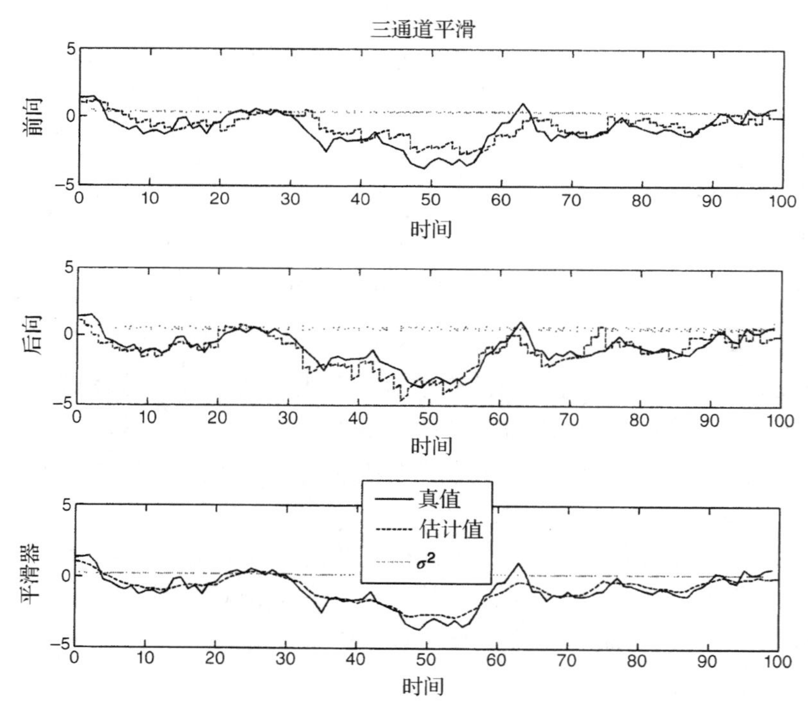

图 6.7　三通道固定区间平滑器仿真

6.2.3　Rauch-Tung-Striebel(RIS)两通道平滑器

这种固定区间两通道实现方法是最快的固定区间平滑器[5]，并且已经十分成功地使用了数十年。这种算法是由 Herbert E. Rauch，F. Tung 和 Charlotte T. Striebel 于 1965 年发表的[6]，自从提出来以后其实现方法就一直存在纠结。第一个(前向)通道采用了卡尔曼滤波器，但在每个测量时刻 t_k对中间结果 $\hat{x}_{k(-)}$，$\hat{x}_{k(+)}$，$P_{k(-)}$ 和 $P_{k(+)}$予以保存。第二个通道从最后一个测量时刻 t 开始按照时间顺序后向运行，根据前向通道保存的中间结果计算出被平滑后的状态估计值。平滑估计值(用下标[s]标识)的初始值为

$$\hat{x}_{[s]N} = \hat{x}_{N(+)} \tag{6.18}$$

然后利用下列公式进行递归计算

$$\hat{x}_{[s]k} = \hat{x}_{k(+)} + A_k(\hat{x}_{[s]k+1} - \hat{x}_{k+1(-)}) \tag{6.19}$$

$$A_k = P_{k(+)}\Phi_k^{\mathrm{T}}P_{k+1(-)}^{-1} \tag{6.20}$$

计算复杂度问题

对滤波器协方差矩阵 P_k求逆是增加的主要计算负担。当 P_k求逆的条件存在问题时，它也可能损害数值稳定性。

性能

平滑估计的不确定性的协方差也可以在第二个通道进行计算

$$P_{[s]k} = P_{k(+)} + A_k(P_{[s]k+1} - P_{k+1(-)})A_k^{\mathrm{T}} \tag{6.21}$$

尽管这不是平滑器实现的必要部分，如果对平滑器估计性能感兴趣，也可以把它计算出来。

附录 A 中描述的 MATLAB m 文件 `RTSvsKF.m` 展示了这种平滑器相对于卡尔曼滤波器的性能优势(采用仿真数据)。

6.3 固定滞后平滑

6.3.1 早期方法的稳定性问题

Rauch[7]于 1963 年基于卡尔曼滤波器模型发表了最早的固定滞后平滑方法。后来，Kailath 和 Frost[8]发现卡尔曼滤波器和 Rauch 固定滞后平滑器是一对“伴随对”，并且 Kelly 和 Anderson[9]指出这意味着 Rauch 固定滞后平滑器不是渐进稳定的。许多早期的固定滞后平滑方法都受到类似的非稳定问题的困扰。

Biswas 和 Mahalanabis[10]首先提出增广状态向量的思想，将平滑问题重新作为滤波问题来研究。Biswas 和 Mahalanabis 还证明了他们提出的固定滞后平滑器实现方法[11]的稳定性，并且确定出了其计算需求[12]。

6.3.3 节给出了 Biswas 和 Mahalanabis[10]、Premier 和 Vacroux[13]以及 Moore[14]等人提出的增广状态向量的实现方法，这种方法已经成为了标准方法。Prasad 和 Mahalanabis[15]及 Tam 和 Moore[16]还在通信信号处理领域发展提出了可以模拟实现的稳定连续时间固定滞后平滑器。

首先介绍一种相对简单(但是稳定性更差)的例子，以便分析“一般”固定滞后平滑器相对于滤波器的性能比较，以及这种相对性能如何依赖于滞后时间和具体应用的其他参数。

6.3.2　性能分析

连续时间分析模型

可以采用与6.2.1节中式(6.1)和式(6.2)相同的标量卡尔曼-布西滤波器模型，以将固定滞后平滑相对于滤波的性能改善表示为滞后时间和滤波器模型参数的函数关系。

固定滞后平滑器如何使用这种模型如图6.8所示。在任意t时刻，给定到$t+\Delta t_{lag}$时刻的测量值，滞后时间Δt_{lag}对t时刻估计的影响可以用一个增加的从$t+\Delta t_{lag}$时刻到t时刻后向操作的滤波器来建模，该滤波器从没有任何信息的$t+\Delta t_{lag}$时刻(即$P(t+\Delta t_{lag})=+\infty$)开始。于是，固定滞后平滑器相对于滤波器的性能改善可以用6.2.1节中的方法来评估，除了在本例中增加了滞后时间Δt_{lag}这个参数。

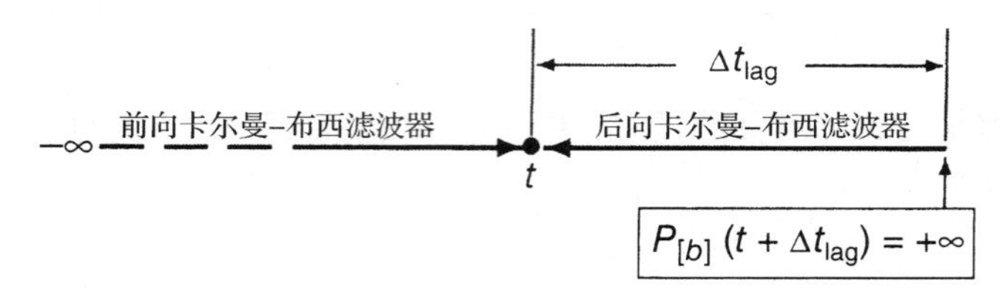

图6.8　卡尔曼-布西固定滞后平滑器模型

前向卡尔曼-布西滤波器性能

在6.2.1节中，指出了卡尔曼-布西前向滤波器的性能[在稳态时为($\dot{P}_{[f]}=0$)]为

$$P_{[f]}(t)=\sqrt{\left(\frac{FR}{H^2}\right)^2+\left(\frac{QR}{H^2}\right)}+\left(\frac{FR}{H^2}\right) \tag{6.22}$$

上述滤波性能公式是两个复合参数(FR/H^2)和(QR/H^2)的函数。

后向卡尔曼-布西滤波器性能

对于后向滤波器的非稳态问题，可以采用5.8.3节中得到的线性化Riccati方程解(最早由Jacopo Riccati于1724年发表[17])。如果从$t+\Delta t_{lag}$时刻开始，初始值为$P_{[b]}(t+\Delta t_{lag})=+\infty$(即在没有初始信息情况下，可以通过令$P(0)=1$并且在式(5.70)中位于其下面的向量分量等于零来建模)，则在t时刻的后向滤波器协方差$P_{[b]}(t)$的解为

$$P_{[b]}(t)=\sqrt{\left(\frac{FR}{H^2}\right)^2+\left(\frac{QR}{H^2}\right)}\frac{e^{\rho}+e^{-\rho}}{e^{\rho}-e^{-\rho}}-\left(\frac{FR}{H^2}\right) \tag{6.23}$$

$$\rho=\left(\frac{H^2\Delta t_{lag}}{R}\right)\sqrt{\left(\frac{FR}{H^2}\right)^2+\left(\frac{QR}{H^2}\right)} \tag{6.24}$$

上式引入了第三个复合参数($H^2\Delta t_{lag}/R$)。

卡尔曼-布西固定滞后平滑器性能

双滤波器平滑(参见6.2.1节)的公式为

$$P_{[s]}(t)=\frac{P_{[b]}(t)P_{[f]}(t)}{P_{[f]}(t)+P_{[b]}(t)}$$

上式中$P_{[f]}(t)$和$P_{[b]}(t)$的值是三个复合参数(FR/H^2)、(QR/H^2)及($H^2\Delta t_{lag}/R$)的函数。

固定滞后平滑相对于滤波的性能改善

固定滞后平滑相对于滤波的性能改善比率为

$$\frac{P_{[s]}(t)}{P_{[f]}(t)}=\frac{P_{[b]}(t)}{P_{[f]}(t)+P_{[b]}(t)}$$

它也取决于三个复合参数(FR/H^2)、(QR/H^2)及($H^2\Delta t_{\text{lag}}/R$)的函数。在 6.2.1 节中将无穷区间平滑器的性能作为两个参数的函数画出来了，虽然不能在一张纸上画出三个参数的函数关系图，但如果将时间作为第三维，则仍然可以“画”出来。MATLAB m 文件 `FLSmovies.m` 产生了两小段视频片段，从中可以看出当滞后时间参数 $\Delta t_{\text{lag}}H^2/R$ 从一帧的 10^{-6} 变化到另一帧大约 0.06 时，平滑器性能改善比率 $P_{[s]}/P_{[f]}$ 作为参数 QR/H^2 和 FR/H^2 的函数变化关系。产生的文件 `FixedLagU.avi` 是在 $F>0$ 情形下得到的，文件 `FixedLagS.avi` 则是在 $F<0$ 情形下得到的。这些视频片段说明了固定滞后平滑器对于滤波的性能改善作为三个复合参数(FR/H^2)、(QR/H^2)及($H^2\Delta t_{\text{lag}}/R$)的函数是如何变化的。这些文件采用 Windows 系统的音视频交换格式，每个文件需要大于 1 MB 的储存空间。

固定滞后平滑器性能的渐进值为

当 $\Delta t_{\text{lag}}\to 0$ 时，$\dfrac{P_{[s]}(t)}{P_{[f]}(t)}\to 1$（没有改善）

当 $\Delta t_{\text{lag}}\to +\infty$ 时，

$$\begin{aligned}\rho &\to +\infty\\ e^{-\rho} &\to 0\\ e^{\rho} &\to +\infty\\ \frac{e^{\rho}+e^{-\rho}}{e^{\rho}-e^{-\rho}} &\to 1\\ \frac{P_{[s]}(t)}{P_{[f]}(t)} &\to \frac{\left(\frac{QR}{H^2}\right)}{2\left(\frac{FR}{H^2}\right)^2+2\left(\frac{QR}{H^2}\right)+2\left(\frac{FR}{H^2}\right)\sqrt{\left(\frac{FR}{H^2}\right)^2+\left(\frac{QR}{H^2}\right)}}\end{aligned}$$

这是 6.2.1 节中固定无穷区间卡尔曼-布西平滑器的性能改善比率。

6.3.3　Biswas-Mahalanabis 固定滞后平滑器(BMFLS)

最早在实现固定滞后平滑器时在数学上是正确的，但是却发现其数值实现条件比较差。我们在这里举例说明 Moore[14] 发表的一种实现方法的相对数值稳定性，这种方法是基于 Premier 和 Vacroux[13] 提出的方法得到的，它属于由 Biswas 和 Mahalanabis[10] 更早发表的“状态增广”滤波方法。该方法本质上是一种卡尔曼滤波器，它利用了在固定宽度的离散时间窗口内原始系统状态向量的连续值组成的增广状态向量，如图 6.9 所示。如果

$$\Delta t_{\text{lag}}=\ell\Delta t$$

为滞后时间，它等于 ℓ 个离散时间步幅，则在 t_k 时刻的增广状态向量的长度为 $n(\ell+1)$，它具有(ℓ_1) n 维子向量 $x_k,x_{k-1},x_{k-2},\cdots,x_{k-l}$，如图 6.9 所示。

状态向量

为了对卡尔曼滤波器状态向量和 BMFLS 固定滞后平滑器状态向量进行区别，我们采用下列符号：

$\boldsymbol{x}_{k,\mathrm{KF}}$表示离散时间卡尔曼滤波器状态向量在第 k 次迭代的真实值。

$\hat{\boldsymbol{x}}_{k,\mathrm{KF}}$ 表示离散时间卡尔曼滤波器状态向量在第 k 次迭代的估计值。

$\boldsymbol{x}_{k,\mathrm{BMFLS}}$表示离散时间 Biswas-Mahalanabis 固定滞后平滑器(BMFLS)状态向量在第 k 次迭代的真实值。

$\hat{\boldsymbol{x}}_{k,\mathrm{BMFLS}}$ 表示离散时间 BMFLS 状态向量在第 k 次迭代的估计值。

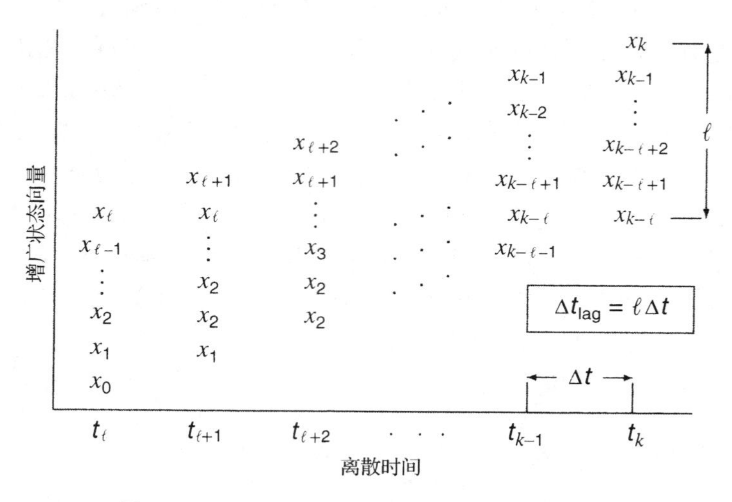

图 6.9 Biswas-Mahalanabis 增广状态向量示意图

BMFLS 利用卡尔曼滤波器状态向量 $\boldsymbol{x}_{\mathrm{KF}}$的 $\ell+1$ 个滞后值 $\boldsymbol{x}_{k,\mathrm{KF}}, \boldsymbol{x}_{k-1,\mathrm{KF}}, \boldsymbol{x}_{k-2,\mathrm{KF}}, \cdots, \boldsymbol{x}_{k-\ell,\mathrm{KF}}$，将其排列成一个维数为 $n(\ell+1)\times 1$ 的单个向量，其中 n 为卡尔曼滤波器模型中状态变量的个数，ℓ 为固定滞后平滑器中固定的滞后步数。也就是说，BMFLS 状态向量为

$$\boldsymbol{x}_{k,\mathrm{BMFLS}} \overset{\mathrm{def}}{=} \begin{bmatrix} \boldsymbol{x}_{k,\mathrm{KF}} \\ \boldsymbol{x}_{k-1,\mathrm{KF}} \\ \boldsymbol{x}_{k-2,\mathrm{KF}} \\ \vdots \\ \boldsymbol{x}_{k-\ell,\mathrm{KF}} \end{bmatrix} \tag{6.25}$$

BMFLS 即为采用上述增广状态向量的卡尔曼滤波器。如果利用与传统卡尔曼滤波器相同的测量值序列$\{z_k\}$来估计这个状态向量，则所得估计值$\hat{\boldsymbol{x}}_{k,\mathrm{BMFLS}}$ 中每个对应于 $\boldsymbol{x}_{k-\ell,\mathrm{KF}}$的增广子向量表示利用测量值 $z_j(j\leqslant k)$得到的 $\boldsymbol{x}_{k-\ell}$的平滑估计值。也就是说，所得到的 BMFLS 根据测量值

$$\boldsymbol{x}_{k-\ell,\mathrm{KF}},\ \boldsymbol{x}_{k-\ell+1,\mathrm{KF}},\ \boldsymbol{x}_{k-\ell+2,\mathrm{KF}},\ \cdots,\ \boldsymbol{x}_{k-1,\mathrm{KF}}$$

对

$$\cdots,\ \boldsymbol{z}_{k-\ell},\ \boldsymbol{z}_{k-\ell+1},\ \boldsymbol{z}_{k-\ell+2},\ \cdots,\ \boldsymbol{z}_k$$

的平滑值和 $x_{k,\mathrm{KF}}$的滤波值进行估计。

换句话说，BMFLS 估计出的状态向量将等效于

$$\hat{\boldsymbol{x}}_{k,\mathrm{BMFLS}} \equiv \begin{bmatrix} \hat{\boldsymbol{x}}_{k|k} \\ \hat{\boldsymbol{x}}_{k-1|k} \\ \hat{\boldsymbol{x}}_{k-2|k} \\ \vdots \\ \hat{\boldsymbol{x}}_{k-\ell|k} \end{bmatrix} \tag{6.26}$$

其中，$\hat{\boldsymbol{x}}_{k-\ell|k}$ 表示根据到 z_k 为止的所有测量值得到的 $\boldsymbol{x}_{k-\ell}$ 的平滑估计值。

状态转移矩阵

如果卡尔曼滤波器模型的状态转移矩阵为 $\boldsymbol{\Phi}_{k,\mathrm{KF}}$，则 BMFLS 状态向量具有下列性质

$$\boldsymbol{x}_{k+1,\mathrm{BMFLS}} = \begin{bmatrix} \boldsymbol{x}_{k+1,\mathrm{KF}} \\ \boldsymbol{x}_{k,\mathrm{KF}} \\ \boldsymbol{x}_{k-1,\mathrm{KF}} \\ \vdots \\ \boldsymbol{x}_{k-\ell+2,\mathrm{KF}} \\ \boldsymbol{x}_{k-\ell+1,\mathrm{KF}} \end{bmatrix} \tag{6.27}$$

$$= \begin{bmatrix} \boldsymbol{\Phi}_{k,\mathrm{KF}} & 0 & 0 & \cdots & 0 & 0 \\ \boldsymbol{I} & 0 & 0 & \cdots & 0 & 0 \\ 0 & \boldsymbol{I} & 0 & \cdots & 0 & 0 \\ 0 & 0 & \boldsymbol{I} & \cdots & 0 & 0 \\ \vdots & \vdots & \vdots & \ddots & \vdots & \vdots \\ 0 & 0 & 0 & \cdots & \boldsymbol{I} & 0 \end{bmatrix} \begin{bmatrix} \boldsymbol{x}_{k,\mathrm{KF}} \\ \boldsymbol{x}_{k-1,\mathrm{KF}} \\ \boldsymbol{x}_{k-2,\mathrm{KF}} \\ \vdots \\ \boldsymbol{x}_{k-\ell+1,\mathrm{KF}} \\ \boldsymbol{x}_{k-\ell,\mathrm{KF}} \end{bmatrix} \tag{6.28}$$

也就是说，BMFLS 的等效状态转移矩阵为

$$\boldsymbol{\Phi}_{k,\mathrm{BMFLS}} = \begin{bmatrix} \boldsymbol{\Phi}_{k,\mathrm{KF}} & 0 & 0 & \cdots & 0 & 0 \\ \boldsymbol{I} & 0 & 0 & \cdots & 0 & 0 \\ 0 & \boldsymbol{I} & 0 & \cdots & 0 & 0 \\ 0 & 0 & \boldsymbol{I} & \cdots & 0 & 0 \\ \vdots & \vdots & \vdots & \ddots & \vdots & \vdots \\ 0 & 0 & 0 & \cdots & \boldsymbol{I} & 0 \end{bmatrix} \tag{6.29}$$

过程噪声协方差

如果 $\boldsymbol{Q}_{k,\mathrm{KF}}$ 为卡尔曼滤波器模型的过程噪声协方差，则

$$\boldsymbol{Q}_{k,\mathrm{BMFLS}} = \begin{bmatrix} \boldsymbol{Q}_{k,\mathrm{KF}} & 0 & 0 & \cdots & 0 \\ 0 & 0 & 0 & \cdots & 0 \\ 0 & 0 & 0 & \cdots & 0 \\ \vdots & \vdots & \vdots & \ddots & \vdots \\ 0 & 0 & 0 & \cdots & 0 \end{bmatrix} \tag{6.30}$$

测量灵敏度矩阵

由于测量值 z_k 只对子向量 $\boldsymbol{x}_{k,\mathrm{KF}}$ 敏感，因此 BMFLS 的适当的测量灵敏度矩阵为

$$\boldsymbol{H}_{k,\mathrm{BMFLS}} = \begin{bmatrix} \boldsymbol{H}_{k,\mathrm{KF}} & 0 & 0 & \cdots & 0 \end{bmatrix} \tag{6.31}$$

其中，$\boldsymbol{H}_{k,\mathrm{KF}}$ 为卡尔曼滤波器模型的测量灵敏度矩阵。

测量噪声协方差

由于 BMFLS 的测量值与卡尔曼滤波器的相同，因此等效的测量噪声协方差为

$$\boldsymbol{R}_{k,\mathrm{BMFLS}} = \boldsymbol{R}_{k,\mathrm{KF}} \tag{6.32}$$

它也与卡尔曼滤波器相同。

实现方程

启动转换　BMFLS 实际上是一个滤波器，只是增广了状态以便进行滞后估计。在启动

时，它必须从没有增广的滤波器开始转换，经过逐步增加滞后估计个数的增广过程，直到达到规定的固定滞后个数为止。

在初始时刻 t_0，固定滞后平滑器首先从系统状态向量的单个初始估计值 $\hat{x}_0$ 及其不确定性协方差的初始值 P_0 开始。

令 n 表示 $\hat{x}_0$ 的长度，于是 P_0 的维数是 $n \times n$，令 ℓ 表示固定滞后平滑器需要的最终的时间滞后个数(离散时间延迟步数)。

状态向量增广 当第一组 $\ell+1$ 个测量值 $z_1, z_2, z_3, \cdots, z_{\ell+1}$ 到来时，平滑器在每个时间步都逐渐增广其状态向量，使其状态向量最终达到 $\ell+1$ 个时间滞后状态向量值。

在整个平滑过程中，这个增广状态向量的最上面具有 n 个分量的子向量将总是等于滤波估计值，并且后面的 n 维子向量是时间滞后个数逐步增加的平滑估计值。平滑器状态向量的最后 n 个分量将为当前具有最长滞后数的平滑估计值。

对于第一组 $\ell+1$ 个测量时刻 $t_k(1 \leqslant k \leqslant \ell+1)$，平滑估计状态向量的长度增加了 n 个分量。在 $t_{\ell+1}$ 时刻，达到了规定的固定滞后时间，状态向量的逐步增广过程就会结束，以后平滑器状态向量长度将保持为稳定的 $n(\ell+1)$。

状态向量增广过程的启动顺序如图 6.10 所示，其中平滑器状态向量中的每个长度为 n 的子向量都用不同的符号表示。注意最上面的子向量总是当前状态的滤波器估计值。

如果平滑器在离散时刻 t_1 开始接收测量值，则平滑器状态向量的长度将为

$$\text{长度 } [\hat{x}_{[s]}(t_k)] = \begin{cases} nk, & 1 \leqslant k \leqslant \ell+1 \\ n(\ell+1), & k \geqslant \ell+1 \end{cases} \tag{6.33}$$

并且直到 $k=\ell+1$ 时，相应的平滑器状态向量不确定性的协方差矩阵将增加为 $(n_k \times n_k)$。

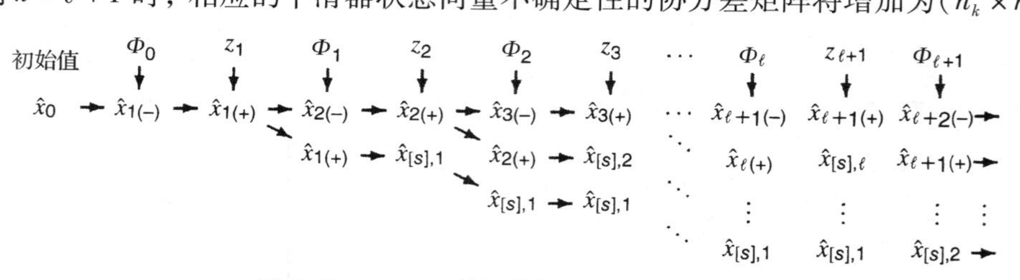

图 6.10 BMFLS 的初始状态向量转换过程

协方差矩阵增广 平滑器协方差矩阵的相应建立过程如表 6.1 所示——直到矩阵大小在 $t_{\ell+1}$ 时刻稳定为止。

和状态向量一样，在每个时间步 t_k 协方差矩阵都有两个值：先验值 $P_{[s](-)}(t_k)$ 和后验值 $P_{[s](+)}(t_k)$。在得到每个先验值时首先对协方差矩阵的子块进行调整，前一个后验值的左上角子块变为后续先验值的右下角子块。

这种类型的矩阵操作——沿着矩阵对角线进行替换——被称为置换(displacement)，这个概念是由斯坦福大学的 Thomas Kailath 教授提出的，他发现原始矩阵和置换矩阵差值的秩(被称为置换秩，displacement rank)表征了对矩阵操作的某个算法能够被并行执行的程度。

稳态 给定上述定义的模型参数，BMFLS 的实现方程与传统卡尔曼滤波器的实现方程相同，即

$$\boldsymbol{K}_{k,\mathrm{BMFLS}} = \boldsymbol{P}_{k,\mathrm{BMFLS}}\boldsymbol{H}^{\mathrm{T}}_{k,\mathrm{BMFLS}}(\boldsymbol{H}_{k,\mathrm{BMFLS}}\boldsymbol{P}_{k,\mathrm{BMFLS}}\boldsymbol{H}^{\mathrm{T}}_{k,\mathrm{BMFLS}} + \boldsymbol{R}_k)^{-1}，\text{增益矩阵}$$

$$\hat{\boldsymbol{x}}_{k,\mathrm{BMFLS}} \leftarrow \hat{\boldsymbol{x}}_{k,\mathrm{BMFLS}} + \boldsymbol{K}_{k,\mathrm{BMFLS}}(\boldsymbol{z}_k - \boldsymbol{H}_{k,\mathrm{BMFLS}}\hat{\boldsymbol{x}}_{k,\mathrm{BMFLS}})，\text{观测状态更新}$$

$$\boldsymbol{P}_{k,\mathrm{BMFLS}} \leftarrow \boldsymbol{P}_{k,\mathrm{BMFLS}} - \boldsymbol{K}_{k,\mathrm{BMFLS}}\boldsymbol{H}_{k,\mathrm{BMFLS}}\boldsymbol{P}_{k,\mathrm{BMFLS}}，\text{观测协方差更新}$$

$$\hat{\boldsymbol{x}}_{k+1,\mathrm{BMFLS}} \leftarrow \boldsymbol{\Phi}_{k,\mathrm{BMFLS}}\hat{\boldsymbol{x}}_{k,\mathrm{BMFLS}}，\text{瞬时状态更新}$$

$$\hat{\boldsymbol{P}}_{k+1,\mathrm{BMFLS}} \leftarrow \boldsymbol{\Phi}_{k,\mathrm{BMFLS}}\hat{\boldsymbol{P}}_{k,\mathrm{BMFLS}}\boldsymbol{\Phi}^{\mathrm{T}}_{k,\mathrm{BMFLS}} + \boldsymbol{Q}_{k,\mathrm{BMFLS}}，\text{瞬时协方差更新}$$

其中，$\boldsymbol{P}_{k,\mathrm{BMFLS}}$为平滑器估计不确定性的协方差矩阵。在后面应用于指数相关噪声情形时，$\boldsymbol{P}_{k,\mathrm{BMFLS}}$的初始值是根据没有测量值的 Riccati 方程的稳态值确定出来的。

表 6.1　BMFLS 固定滞后平滑器协方差转换过程

$P_{[s],k}$	A 先验值	A 后验值 ⟨dim.⟩
$P_{[s],1}$	$P_{[f],1(-)} = \Phi_0 P_0 \Phi_0^{\mathrm{T}} + Q_0$	$P_{[f],1(+)}\ \langle n \times n\rangle$
$P_{[s],2}$	$\begin{bmatrix} \Phi_1 P_{[f],1(+)}\Phi_1^{\mathrm{T}} + Q_1 & \Phi_1 P_{[f],1(+)} \\ P_{[f],1(+)}\Phi_1^{\mathrm{T}} & P_{[f],1(+)} \end{bmatrix}$	$\begin{bmatrix} P_{[f],2(+)} & P_{[s],1,2(+)} \\ P^{\mathrm{T}}_{[s],1,2(+)} & P_{[s],2,2(+)} \end{bmatrix}$
$P_{[s],3}$	$\begin{bmatrix} \Phi_2 P_{[f],2(+)}\Phi_2^{\mathrm{T}} + Q_2 & \Phi_2 P_{[f],2(+)} & \Phi_2 P_{[s],1,2(+)} \\ P_{[f],2(+)}\Phi_2^{\mathrm{T}} & P_{[f],2(+)} & P_{[s],1,2(+)} \\ P^{\mathrm{T}}_{[s],1,2(+)}\Phi_2^{\mathrm{T}} & P^{\mathrm{T}}_{[s],1,2(+)} & P_{[s],2,2(+)} \end{bmatrix}$	$\vdots$
$\vdots$	$\vdots$	$\vdots$
$P_{[s],\ell}$	$\vdots$	$P_{[s](+)}(t_\ell)\ \langle n\ell \times n\ell\rangle$
$P_{[s],\ell+1}$	$\left[\begin{array}{c\|c} \Phi_{\ell-1}\ P_{[f],\ell-1(+)}\Phi_{\ell-1}^{\mathrm{T}} & \cdots \\ \hline \vdots & P_{[s](+)}(t_\ell) \end{array}\right]$	$P_{[s](+)}(t_{\ell+1})$ $\langle n(\ell+1) \times n(\ell+1)\rangle$
$P_{[s],\ell+2}$	$\left[\begin{array}{c\|c} \Phi_\ell P_{[f],\ell(+)}\Phi_\ell^{\mathrm{T}} & \cdots \\ \hline \vdots & \text{左上角}\langle n\ell \times n\ell\rangle\ \text{子矩阵}\ P_{[s](+)}(t_{\ell+1}) \end{array}\right]$	$P_{[s](+)}(t_{\ell+2})$ $\langle n(\ell+1) \times n(\ell+1)\rangle$

MATLAB 实现　在 MATLAB 函数 `BMFLS.m` 实现了完整的 BMFLS，从第一个测量值开始，经过转换到稳态的状态增广过程以及其后面的所有操作。

例 6.1（利用 BMFLS.m 的 MATLAB 举例）　图 6.11 是采用仿真数据由 `BMFLS.m` 得到的典型应用的仿真图。本例中采用的模型是一个正弦信号，该信号被以相位滑移速率（phase slip rate）ω 进行同相正交解调和采样。这个问题是时不变的，其状态向量和测量向量都有两个分量，并且信号模型为

$$\Phi = \exp(-\Delta t/\tau)\begin{bmatrix} \cos(\omega\ \Delta t) & \sin(\omega\ \Delta t) \\ -\sin(\omega\ \Delta t) & \cos(\omega\ \Delta t) \end{bmatrix} \tag{6.34}$$

$$x_k = \Phi x_{k-1} + w_{k-1} \tag{6.35}$$

$$z_k = \begin{bmatrix} 1 & 0 \\ 0 & 1 \end{bmatrix} x_k + v_k \tag{6.36}$$

其他参数和习题 6.8 中指定的相同。图中包括了两个相位分量及其估计值和相应的 RMS 不确定性。

注意在本例中（这是稳定情形），RMS 平滑不确定性大约比滤波不确定性低 20%。

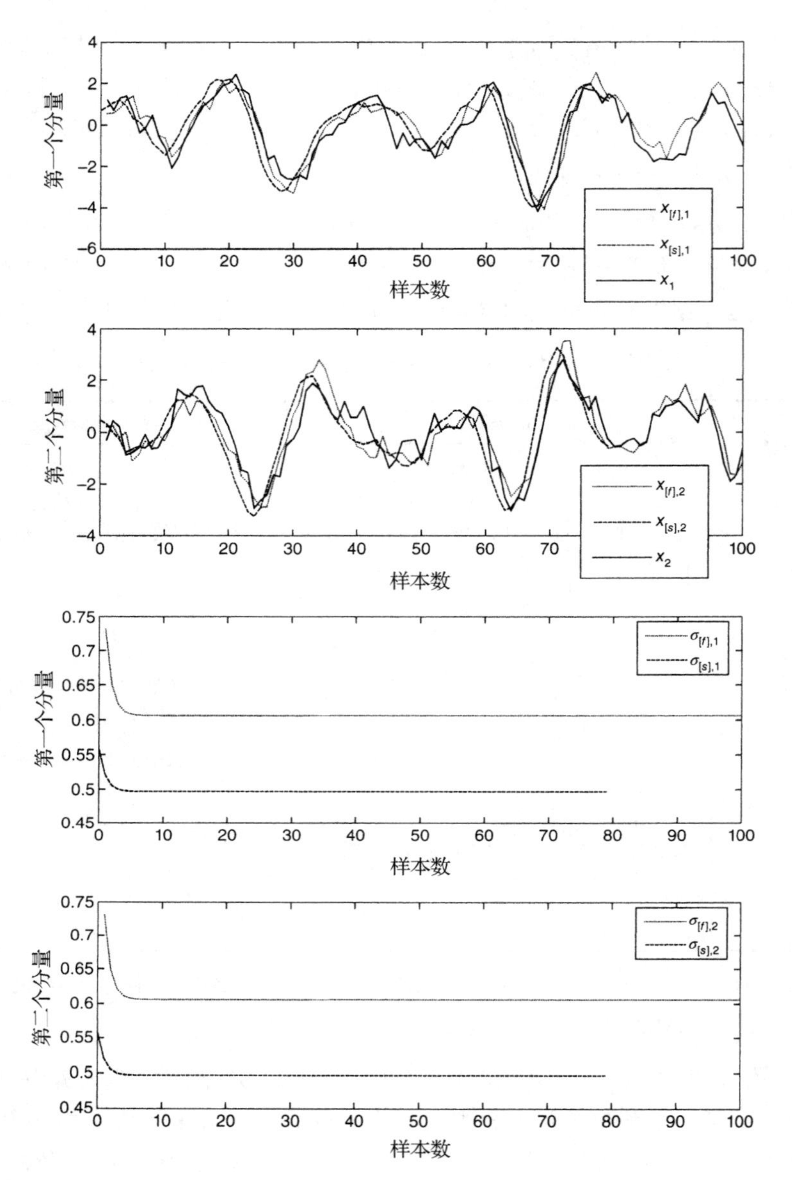

图6.11 BMFLS.m的应用举例

例6.2(代数Riccati方程解) 具有标量状态向量的BMFLS的代数Riccati方程具有相对规范的结构，利用这种结构可能得到闭合解。

在这种情况下，平滑器的状态转移矩阵具有下列形式：

$$\Phi_{[s]}=\begin{bmatrix}\phi & 0 & 0 & \cdots & 0 & 0\\ 1 & 0 & 0 & \cdots & 0 & 0\\ 0 & 1 & 0 & \cdots & 0 & 0\\ 0 & 0 & 1 & \cdots & 0 & 0\\ \vdots & \vdots & \vdots & \ddots & \vdots & \vdots\\ 0 & 0 & 0 & \cdots & 1 & 0\end{bmatrix} \tag{6.37}$$

$$\phi=\exp\ (\Delta t/\tau) \tag{6.38}$$

其中，ϕ 是一个标量。

令后验平滑器协方差矩阵为

$$P_{[s],\ k-1(+)} = \begin{bmatrix} p_{1,1} & p_{1,2} & p_{1,3} & \cdots & p_{1,\ell} & p_{1,\ell+1} \\ p_{1,2} & p_{2,2} & p_{2,3} & \cdots & p_{2,\ell} & p_{2,\ell+1} \\ p_{1,3} & p_{2,3} & p_{3,3} & \cdots & p_{3,\ell} & p_{3,\ell+1} \\ p_{1,4} & p_{2,4} & p_{3,4} & \cdots & p_{3,\ell} & p_{3,\ell+1} \\ \vdots & \vdots & \vdots & \ddots & \vdots & \vdots \\ p_{1,\ell} & p_{2,\ell} & p_{3,\ell} & \cdots & p_{\ell,\ell} & p_{\ell,\ell+1} \\ p_{1,\ell+1} & p_{2,\ell+1} & p_{3,\ell+1} & \cdots & p_{\ell,\ell+1} & p_{\ell+1,\ell+1} \end{bmatrix} \tag{6.39}$$

因此，矩阵乘积为

$$\Phi_{[s]}P_{[s],\ k-1(+)} = \begin{bmatrix} \phi p_{1,1} & \phi p_{1,2} & \phi p_{1,3} & \cdots & \phi p_{1,\ell} & \phi p_{1,\ell+1} \\ p_{1,1} & p_{1,2} & p_{1,3} & \cdots & p_{1,\ell} & p_{1,\ell+1} \\ p_{1,2} & p_{2,2} & p_{2,3} & \cdots & p_{2,\ell} & p_{2,\ell+1} \\ p_{1,3} & p_{2,3} & p_{3,3} & \cdots & p_{3,\ell} & p_{3,\ell+1} \\ \vdots & \vdots & \vdots & \ddots & \vdots & \vdots \\ p_{1,\ell-1} & p_{2,\ell-1} & p_{3,\ell-1} & \cdots & p_{\ell-1,\ell} & p_{\ell-1,\ell+1} \\ p_{1,\ell} & p_{2,\ell} & p_{3,\ell} & \cdots & p_{\ell,\ell} & p_{\ell,\ell+1} \end{bmatrix} \tag{6.40}$$

并且先验平滑器协方差矩阵为

$$P_{[s],\ k(-)} = \Phi_{[s]}P_{[s],\ k-1(+)}\Phi_{[s]}^{\mathrm{T}} + Q_{[s]} \tag{6.41}$$

$$= \begin{bmatrix} \phi^2 p_{1,1} + q & \phi p_{1,1} & \phi p_{1,2} & \cdots & \phi p_{1,\ell-1} & \phi p_{1,\ell} \\ \phi p_{1,1} & p_{1,1} & p_{1,2} & \cdots & p_{1,\ell-1} & p_{1,\ell} \\ \phi p_{1,2} & p_{1,2} & p_{2,2} & \cdots & p_{2,\ell-1} & p_{2,\ell} \\ \vdots & \vdots & \vdots & \ddots & \vdots & \vdots \\ \phi p_{1,\ell-1} & p_{1,\ell-1} & p_{2,\ell-1} & \cdots & p_{\ell-1,\ell-1} & p_{\ell-1,\ell} \\ \phi p_{1,\ell} & p_{1,\ell} & p_{2,\ell} & \cdots & p_{\ell-1,\ell} & p_{\ell,\ell} \end{bmatrix} \tag{6.42}$$

测量灵敏度矩阵为

$$H_{[s]} = [1 \quad 0 \quad 0 \quad \cdots \quad 0] \tag{6.43}$$

矩阵乘积为

$$P_{[s],\ k}(-)H_{[s]}^{\mathrm{T}} \tag{6.44}$$

$$= \begin{bmatrix} \phi^2 p_{1,1} + q \\ \phi p_{1,1} \\ \phi p_{1,2} \\ \vdots \\ \phi p_{1,\ell-1} \\ \phi p_{1,\ell} \end{bmatrix} \tag{6.45}$$

以及新息方差(Innovations variance)(是一个标量)为

$$H_{[s]}P_{[s],\ k}(-)H_{[s]}^{\mathrm{T}} + R_{[s]} \tag{6.46}$$

$$= \phi^2 p_{1,1} + q + r \tag{6.47}$$

于是，矩阵乘积为

$$P_{[s],\ k(-)}H_{[s]}^{\mathrm{T}}[H_{[s]}P_{[s],\ k(-)}H_{[s]}^{\mathrm{T}} + R]^{-1}H_{[s]}P_{[s],\ k(-)} = \frac{1}{p_{1,1}\phi^2+q+r} \tag{6.48}$$

$$\begin{bmatrix} (p_{1,1}\phi^2+q)^2 & (p_{1,1}\phi^2+q)p_{1,1}\phi & (p_{1,1}\phi^2+q)p_{1,2}\phi & \cdots & (p_{1,1}\phi^2+q)p_{1,\ell}\phi \\ (p_{1,1}\phi^2+q)p_{1,1}\phi & {p_{1,1}}^2\phi^2 & p_{1,1}\phi^2 p_{1,2} & \cdots & p_{1,1}\phi^2 p_{1,\ell} \\ (p_{1,1}\phi^2+q)p_{1,2}\phi & p_{1,1}\phi^2 p_{1,2} & {p_{1,2}}^2\phi^2 & \cdots & p_{1,2}\phi^2 p_{1,\ell} \\ \vdots & \vdots & \vdots & \ddots & \vdots \\ (p_{1,1}\phi^2+q)p_{1,\ell}\phi & p_{1,1}\phi^2 p_{1,\ell} & p_{1,2}\phi^2 p_{1,\ell} & \cdots & {p_{1,\ell}}^2\phi^2 \end{bmatrix}$$

后验平滑器协方差为

$$P_{[s],\ k(+)} = P_{[s],\ k(-)} - P_{[s],\ k(-)}H_{[s]}^{\mathrm{T}}[H_{[s]}P_{[s],\ k(-)}H_{[s]}^{\mathrm{T}} + R]^{-1}H_{[s]}P_{[s],\ k(-)}$$

$$= \begin{bmatrix} \phi^2 p_{1,1}+q & \phi p_{1,1} & \phi p_{1,2} & \cdots & \phi p_{1,\ell} \\ \phi p_{1,1} & p_{1,1} & p_{1,2} & \cdots & p_{1,\ell} \\ \phi p_{1,2} & p_{1,2} & p_{2,2} & \cdots & p_{2,\ell} \\ \vdots & \vdots & \vdots & \ddots & \vdots \\ \phi p_{1,\ell} & p_{1,\ell} & p_{2,\ell} & \cdots & p_{\ell,\ell} \end{bmatrix} - \frac{1}{p_{1,1}\phi^2+q+r} \tag{6.49}$$

$$\cdot\begin{bmatrix} (p_{1,1}\phi^2+q)^2 & (p_{1,1}\phi^2+q)p_{1,1}\phi & (p_{1,1}\phi^2+q)p_{1,2}\phi & \cdots & (p_{1,1}\phi^2+q)p_{1,\ell}\phi \\ (p_{1,1}\phi^2+q)p_{1,1}\phi & {p_{1,1}}^2\phi^2 & p_{1,1}\phi^2 p_{1,2} & \cdots & p_{1,1}\phi^2 p_{1,\ell} \\ (p_{1,1}\phi^2+q)p_{1,2}\phi & p_{1,1}\phi^2 p_{1,2} & {p_{1,2}}^2\phi^2 & \cdots & p_{1,2}\phi^2 p_{1,\ell} \\ \vdots & \vdots & \vdots & \ddots & \vdots \\ (p_{1,1}\phi^2+q)p_{1,\ell}\phi & p_{1,1}\phi^2 p_{1,\ell} & p_{1,2}\phi^2 p_{1,\ell} & \cdots & {p_{1,\ell}}^2\phi^2 \end{bmatrix} \tag{6.50}$$

在稳态时，式(6.50)中的后验平滑器协方差矩阵将等于式(6.39)中的后验平滑器协方差矩阵。通过使矩阵元素逐项相等，可以得到 $\ell(\ell+1)/2$ 个方程

$$p_{1,1} = p_{1,1}\phi^2 + q - \frac{(p_{1,1}\phi^2+q)^2}{p_{1,1}\phi^2+q+r} \tag{6.51}$$

$$p_{1,i+1} = p_{1,i}\phi - \frac{(p_{1,1}\phi^2+q)p_{1,i}\phi}{p_{1,1}\phi^2+q+r} \tag{6.52}$$

$$p_{i+1,i+1} = p_{i,i} - \frac{{p_{1,i}}^2\phi^2}{p_{1,1}\phi^2+q+r} \tag{6.53}$$

$$p_{j+1,j+k+1} = p_{j,j+k} - \frac{p_{1,j}\phi^2 p_{1,j+k}}{p_{1,1}\phi^2+q+r} \tag{6.54}$$

其中，$1\leqslant i\leqslant \ell$，$1\leqslant j\leqslant \ell-1$，并且 $1\leqslant k\leqslant \ell-j$。

这些方程都可以递归方式求解，首先是稳态滤波不确定性的方差

$$p_{1,1} = \frac{\phi^2 r - q - r + \sqrt{r^2(1-\phi^2)^2 + 2\,rq(\phi^2+1) + q^2}}{\phi^2} \tag{6.55}$$

然后是滤波器误差与平滑器估计之间的互协方差

$$p_{1,i+1} = \frac{p_{1,i}\phi\ r}{p_{1,1}\phi^2+q+r} \tag{6.56}$$

其中，$1\leqslant i\leqslant \ell$。

然后，得到平滑器阶段估计值的方差

$$p_{i+1,i+1} = \frac{(p_{i,i}p_{1,1} - p_{1,i}^2)\phi^2 + p_{i,i}(q+r)}{p_{1,1}\phi^2+q+r} \tag{6.57}$$

最后得到平滑器阶段不同误差之间的协方差

$$p_{j+1,j+k+1}=\frac{(p_{j,j+k}p_{1,1}-p_{1,j}p_{1,j+k})\phi^2+p_{j,j+k}(q+r)}{p_{1,1}\phi^2+q+r} \tag{6.58}$$

其中，$1\leqslant j\leqslant \ell-1$，$1\leqslant k\leqslant \ell-j$。

于是，在 ℓ 阶段平滑器方差与滤波器方差的比值为

$$\frac{\sigma_{[s]}^2}{\sigma_{[f]}^2}=\frac{p_{\ell+1,\ell+1}}{p_{1,1}} \tag{6.59}$$

如果标量 $|\phi|<1$，则动态系统模型是稳定的，并且模拟具有有限稳定状态均方信号的指数相关随机过程。于是，Riccati 方程的解可以作为 SNR 和离散时间步与相关时间比值的函数被计算出来。其例图如图 6.12 所示，该图画出了固定滞后平滑比滤波的性能改善作为 SNR 和 $\Delta t/\tau$ 的函数关系，其中 τ 是过程相关时间。注意最大改善值为两倍（−3 dB），这与稳定系统的改善值相同。

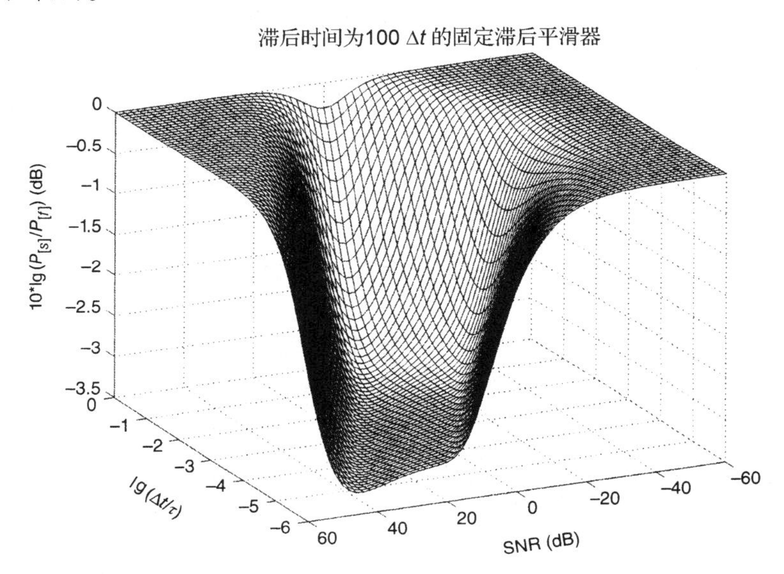

图 6.12　平滑器比滤波器的性能改善与 SNR 和 $\Delta t/\tau$ 之间的关系

6.4　固定点平滑

6.4.1　性能分析

性能模型　性能模型是对估计子性能进行建模的，它们基于估计子模型，但不包括估计子本身。它们只包括那些能对估计不确定性协方差的传播起支配作用的方程。

标量连续线性时不变模型　下面的分析性能模型是针对连续时间的标量线性时不变情形的。采用连续时间随机系统模型是因为这种方法更容易处理和进行数学求解。得到的公式将固定点平滑方法的性能明确表示为时间 t、标量参数 F、Q、H 和 R 以及需要进行平滑估计的时刻 t_{fixed} 的函数。性能被定义为固定点平滑器的估计不确定性的方差。

平滑与滤波的比较　因为没有可供比较的能够在固定时间对系统状态进行估计的滤波方法，所以不能将固定点平滑器性能与滤波器性能进行比较。另外，由于我们增加了另一个模型参数(t_{fixed})，因此不能再减少独立参数的个数，并且像固定区间平滑和固定滞后平滑那样(采取视频方式)画出平滑器性能作为模型参数的函数图。

MATLAB 实现　这里采用了相同的模型产生 RMS 固定点平滑器估计不确定性与时间的关系曲线图。附上的 MATLAB m 文件 `FPSperformance.m` 实现了用于产生这些图的公式。可以对该文件进行修改，使模型参数变化以便观察它如何影响平滑器的性能。

固定点平滑的端到端模型

整个端到端固定点平滑器模型是由三个不同模型组成的，如图 6.13 所示。该图显示了在指定的固定点时刻 t_{fixed} 以前的前向卡尔曼-布西滤波器和卡尔曼-布西预测器，以及在 $t > t_{\text{fixed}}$ 以后的后向卡尔曼-布西滤波器。在不同时间区间内采用了不同的子模型：

1. 对于 $t_{\text{start}} \leqslant t \leqslant t_{\text{fixed}}$，从 t 时刻的前向滤波器得到的估计不确定性的方差表示为 $P_{[f]}(t)$。它是由前向卡尔曼-布西滤波器模型确定的。这个结果必须由预测器模型推进到固定时刻 t_{fixed}，因为 $P_{[s]}(t_{\text{fixed}}) = P_{[p]}(t_{\text{fixed}})$，这是在这段时间内固定点平滑不确定性的方差。预测不确定性方差 $P_{[p]}(t_{\text{fixed}})$ 是滤波器不确定性方差 $P_{[f]}(t)$ 的函数，它是由预测器模型确定的。采用 5.8.3 节中 $H=0$ 时(即没有测量值)的线性化 Riccati 方程模型，可以将 t 时刻的滤波器不确定性方差 $P_{[f]}(t)$ 转化为 t_{fixed} 时刻的预测不确定性方差 $P_{[p]}(t_{\text{fixed}})$。
2. 当 $t = t_{\text{fixed}}$ 时，固定点平滑不确定性的方差将为 $P_{[s]}(t_{\text{fixed}}) = P_{[f]}(t_{\text{fixed}})$，这是前向滤波器估计不确定性的方差。
3. 当 $t > t_{\text{fixed}}$ 时，固定点平滑不确定性的方差将为

$$P_{[s]}(t_{\text{fixed}}) = \frac{P_{[f]}(t_{\text{fixed}})P_{[b]}(t_{\text{fixed}})}{P_{[f]}(t_{\text{fixed}}) + P_{[b]}(t_{\text{fixed}})}$$

   这是前向滤波器方差($P_{[f]}$)和后向滤波器方差($P_{[b]}$)的组合。

下面将进一步对这些子模型进行了阐述和推导。

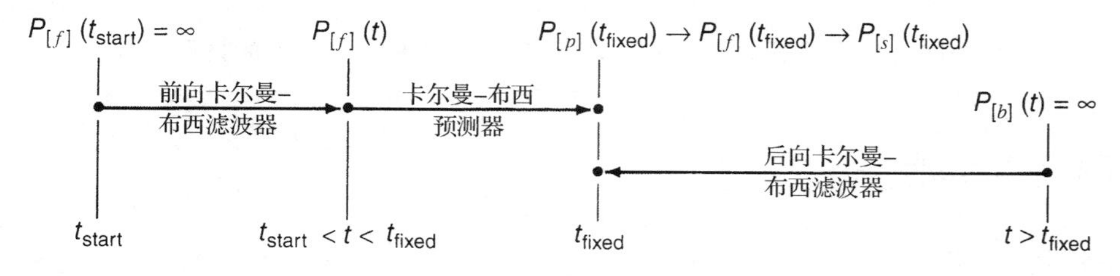

图 6.13　卡尔曼-布西固定点平滑器模型

针对特殊情形的简化模型　并不是所有固定点平滑问题都需要上述模型的全体部分。

1. 如果 $t_{\text{fixed}} = t_{\text{start}}$(初始时刻)，则不需要前向滤波器和预测器。例如，利用后面的测量值估计初始条件就是这种情形——正如前面提到的确定初始惯性导航校准误差问题一样。
2. 如果在整个任务期间 $t_{\text{fixed}} \geqslant t$，则不需要后向滤波器。例如，导弹拦截就是这种情形，其中在 t_{fixed} = 预测的碰撞时间(Time of impact)这一时刻对拦截器和目标的预测位置是拦截器制导感兴趣的主要状态变量。

前向滤波器子模型

这里采用下标$[f]$用于表示前向卡尔曼-布西滤波器模型的参数和变量。如果在开始时刻没有关于状态变量的信息，则卡尔曼-布西滤波器的线性化 Riccati 方程具有下列形式：

$$P_{[f]}(t)=A_{[f]}(t)/B_{[f]}(t)$$

$$\begin{bmatrix}A_{[f]}(t)\\B_{[f]}(t)\end{bmatrix}=\exp\left(\begin{bmatrix}F & Q\\H^2/R & -F\end{bmatrix}(t-t_{\text{start}})\right)\begin{bmatrix}1\\0\end{bmatrix}$$

$$P_{[f]}(t)=\frac{E_{[f]}^{(+)}\rho_{[f]}-RFE_{[f]}^{(-)}+RFE_{[f]}^{(+)}+E_{[f]}^{(-)}\rho_{[f]}}{H^2(-E_{[f]}^{(-)}+E_{[f]}^{(+)})}$$

$$\rho_{[f]}=\sqrt{R(F^2R+QH^2)}$$

$$E_{[f]}^{(-)}=\mathrm{e}^{-\rho_{[f]}(t-t_{\text{start}})/R}$$

$$E_{[f]}^{(+)}=\mathrm{e}^{\rho_{[f]}(t-t_{\text{start}})/R}$$

作为模型设计假设中的一部分，当$t\to t_{\text{start}}$时，$P_{[f]}(t)\to+\infty$。因此，针对这种模型，前向滤波器的 RMS 估计不确定性只有在估计时间$t_{\text{start}}\leqslant t\leqslant t_{\text{fixed}}$才是有效的。

预测子模型

这里采用下标$[p]$用于表示前向卡尔曼-布西预测器模型的参数和变量。预测器假设在没有测量值情况下将滤波方差$P_{[f]}(t)$继承到$t_{\text{fixed}}>t$时刻。在这种情况下，模型变为

$$P_{[p]}(t_{\text{fixed}})=\frac{A_{[p]}(t_{\text{fixed}})}{B_{[p]}(t_{\text{fixed}})}$$

$$\begin{bmatrix}A_{[p]}(t_{\text{fixed}})\\B_{[p]}(t_{\text{fixed}})\end{bmatrix}=\exp\left(\begin{bmatrix}F & Q\\0 & -F\end{bmatrix}(t_{\text{fixed}}-t)\right)\begin{bmatrix}P_{[f]}(t)\\1\end{bmatrix}$$

$$\begin{aligned}P_{[p]}(t_{\text{fixed}})&=\mathrm{e}^{2(t_{\text{fixed}}-t)F}P_{[f]}(t)+\frac{Q(\mathrm{e}^{2(t_{\text{fixed}}-t)F}-1)}{2F}\\&=P_{[f]}(t)+Q(t_{\text{fixed}}-t),\quad F=0\\&=P_{[f]}(t_{\text{fixed}}),\quad t=t_{\text{fixed}}\end{aligned}$$

后向滤波器子模型

固定点平滑不是采用后向卡尔曼滤波器实现的，但是固定点平滑器的性能可以用这种模型来表征。

这里采用下标$[b]$用于表示后向卡尔曼-布西滤波器模型的参数和变量。它从没有状态变量信息（在t时刻$P_{[b]}(t)=\infty$）开始，以后向方式从$t>t_{\text{fixed}}$到t_{fixed}时刻工作。时间方向相反也通过F的符号反向而改变了 Riccati 微分方程，因此线性化 Riccati 方程模型变为

$$P_{[b]}(t_{\text{fixed}})=\frac{A_{[b]}(t_{\text{fixed}})}{B_{[b]}(t_{\text{fixed}})}$$

$$\begin{bmatrix}A_{[b]}(t_{\text{fixed}})\\B_{[b]}(t_{\text{fixed}})\end{bmatrix}=\exp\left(\begin{bmatrix}-F & Q\\H^2/R & F\end{bmatrix}(t-t_{\text{fixed}})\right)\begin{bmatrix}1\\0\end{bmatrix}$$

$$P_{[b]}(t_{\text{fixed}}) = \frac{E_{[b]}^{(+)}\ \rho_{[b]} + RFE_{[b]}^{(-)} - RFE_{[b]}^{(+)} + E_{[b]}^{(-)}\ \rho_{[b]}}{H^2(-E_{[b]}^{(-)} + E_{[b]}^{(+)})}$$

$$\rho_{[b]} = \sqrt{R(F^2R + QH^2)}$$

$$E_{[b]}^{(-)} = \mathrm{e}^{-\rho_{[b]}\ (t-t_{\text{fixed}})/R}$$

$$E_{[b]}^{(+)} = \mathrm{e}^{\rho_{[b]}\ (t-t_{\text{fixed}})/R}$$

固定点平滑器子模型

得到的固定点平滑器模型根据 t 相对于 t_{fixed} 的位置而采用前向滤波器、预测器和后向滤波器模型

$$P_{[s]}(t_{\text{fixed}}) = \begin{cases} P_{[p]}\left(t_{\text{fixed}}\right), & t < t_{\text{fixed}} \\ P_{[f]}(t_{\text{fixed}}), & t = t_{\text{fixed}} \\ \frac{P_{[f]}(t_{\text{fixed}})P_{[b]}(t_{\text{fixed}})}{P_{[f]}(t_{\text{fixed}})+P_{[b]}(t_{\text{fixed}})}, & t > t_{\text{fixed}} \end{cases}$$

其中，$P_{[s]}$ 中的下标[s]表示固定点平滑器估计不确定性的方差。

固定点平滑性能

在图6.14中，画出了针对下列随机过程模型的RMS固定点平滑器不确定性的性能图，这个随机过程模型的参数为

$F = 0.01$(动态系数)

$Q = 0.01$(动态过程噪声的方差)

$H = 1$(测量灵敏度)

$R = 0.01$(测量噪声的方差)

$t_{\text{start}} = 0$(开始时刻)

$t_{\text{fixed}} = 100$(系统状态被估计的固定时刻)

$t_{\text{end}} = 300$(结束时刻)

这个图中还显示了前向滤波器估计和后向滤波器估计的RMS不确定性性能。从图中可以看出，平滑估计的RMS不确定性刚开始下降缓慢，然后随着当前时间接近固定时刻，其下降则快得多。对于这组特定参数，正是预测器对平滑器的RMS不确定性施加了限制，当时间经过了 t_{fixed} 并且后向滤波器开始起作用以后，它又再次下降了 $1/\sqrt{2}$ 倍。该图还显示——对于这些特定的参数值——在经过 t_{fixed} 以后数秒内，后向滤波器就不再使平滑器的不确定性继续下降。

这个图是由MATLABA m文件 `FPSperformance.m` 产生的，可以对参数值进行修改以观察它们对性能的影响。

改变模型参数的影响效果分别如图6.15(改变 Q)、图6.16(改变 R)和图6.17(改变 F)所示，这几个图是利用不同参数值得到的结果。

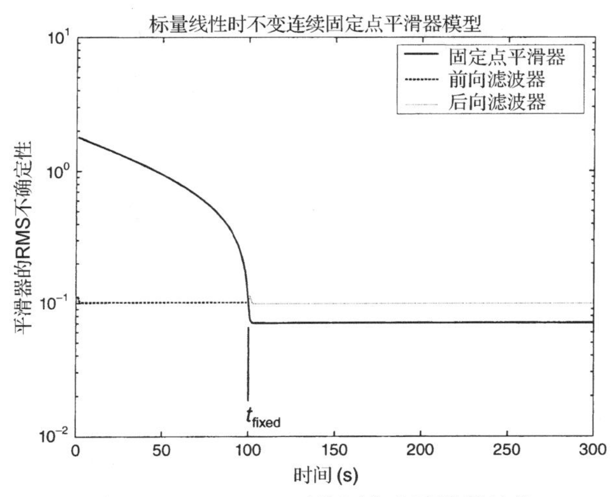

图 6.14　$t_{\text{fixed}} = 100$ 时的固定点平滑器性能

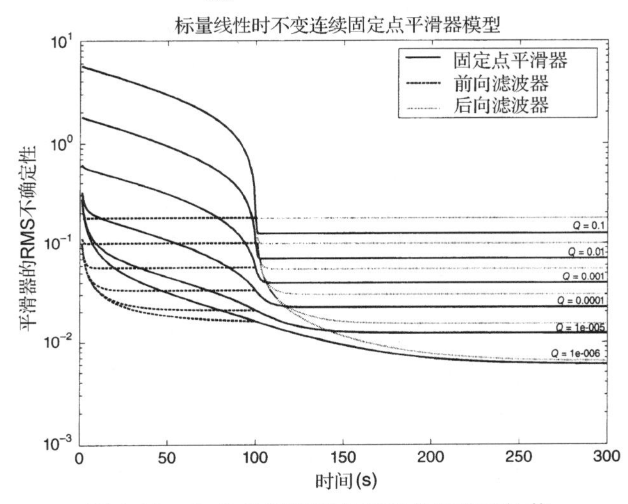

图 6.15　改变 Q 值得到的固定点平滑器性能

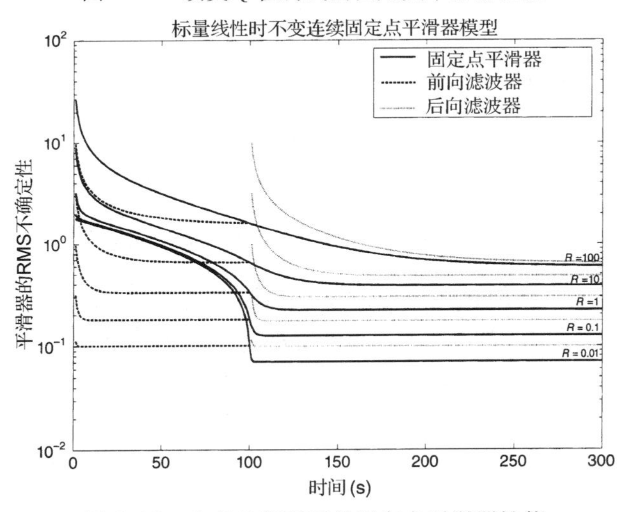

图 6.16　改变 R 值得到的固定点平滑器性能

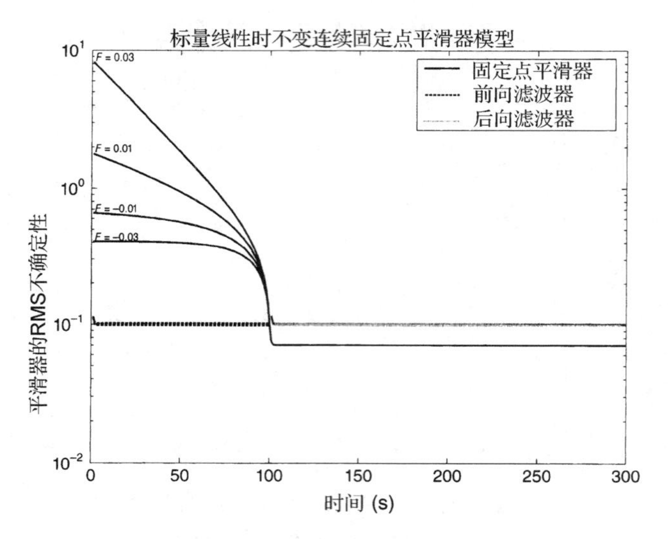

图6.17　改变 F 值得到的固定点平滑器性能

6.4.2　离散时间固定点平滑器

这类平滑器包括首先采用卡尔曼滤波器根据直到 t_k 时刻为止的测量值，对当前时刻 t_k 的状态进行估计，然后再增加下列方程得到在固定时刻 $t_i < t_k$ 的状态的平滑估计：

$$\hat{x}_{[s]i|k} = \hat{x}_{[s]i|k-1} + B_k \overline{K}_k (z_k - H\hat{x}_{k(-)}) \tag{6.60}$$

$$B_k = B_{k-1} P_{k-1(+)} \Phi_{k-1}^{\mathrm{T}} P_{k(-)}^{-1} \tag{6.61}$$

其中，下标符号 $[s]i|k$ 表示根据直到 t_k 时刻为止的测量值得到的在 t_i 时刻的状态的平滑估计(在参考文献[1]中，可以找到这种技术的推导过程以及将其用于分析 INS 测试数据)。$\hat{x}_{k(-)}$，$\overline{K}_k, z_k, H_k P$ 和 P 的值由卡尔曼滤波器计算出来，初始值为 $B_i = I$(恒等矩阵)。平滑估计不确定性的协方差也可以通过下列公式进行计算：

$$P_{[s]i|k} = P_{[s]i|k-1} + B_k (P_{k(+)} - P_{k(-)}) B_k^{\mathrm{T}} \tag{6.62}$$

尽管它不是平滑器实现中的必要部分。

6.5　本章小结

6.5.1　平滑

本章根据卡尔曼滤波所用的相同类型的模型导出了现代最优平滑方法。一般说来，平滑估计比对应的滤波器估计具有更小的均方不确定性，但是它要求在估计生效时刻以后的测量值。平滑方法的实现被称为平滑器。本章还导出了几种实现算法，有些算法比其他算法具有更低的计算需求或者更好的数值稳定性。在 MATLAB m 文件中给出了一些更稳定方法的实现。

平滑器的类型

本章针对不同类型的应用发展了不同类型的平滑器。最常见的类型包括：

固定区间平滑器　它利用在整个区间内采样得到的所有测量值，得到每次测量值采样时的最优估计。这种方法在后处理中最常采用。

固定滞后平滑器　它通常是以实时方式运行的，但需在一段延迟时间内得到估计值。也就是说，如果测量值是在 t 时刻被采样的，则它被用于产生在 $t-\Delta t_{\mathrm{lag}}$时刻系统状态向量的估计值。有些早期提出的固定滞后平滑器实现方法是数值不稳定的，这个问题已经利用最近提出的实现方法解决了。

固定点平滑器　它利用在 t_{fixed}时刻以前和以后得到的测量值，产生在固定时刻 t_{fixed}的系统状态向量的估计值。

实现

平滑器可以采用离散时间(如算法)或者连续时间(如模拟电路)方式实现。如果输入信号带宽对采样而言太高了，或者计算需求妨碍了数字实现，则可以采用连续时间卡尔曼-布西模型来设计实现电路。

在两种情况下，都有不同的实现方法可以实现相同的平滑功能，这些方法具有不同的稳定性特征和不同的复杂度等级。人们宁愿采用那些对模型参数值和舍入误差——或者对模拟器件变化和噪声更加不敏感的实现方法。

6.5.2　平滑对滤波性能的改善

通常采用均方估计不确定性的比值来度量平滑对滤波的性能改善程度。

- 平滑对滤波的相对改善程度取决于随机系统模型的参数值(Q 和 F 或者 Φ)以及传感器模型的参数值(H 和 R)。
- 对于稳定的动态系统模型，平滑对滤波的性能改善最多达到两倍。
- 对于不稳定的可观测动态系统模型，平滑对滤波的性能改善可以达到多个数量级。非稳定系统具有这种“改善中的改善”的部分原因在于，平滑器以时间反转方式(事实上)采用了滤波器，这样实际的动态系统模型是稳定的。

6.5.3　其他信息资源

如果需要关于最优平滑的基础性历史资料和技术资料，可以参考 Meditch[18]、kailath[19]及 Park 和 Kailath[5]等人的著作。Meditch 的概述包含了许多著名的固定滞后平滑器实现方法。

如果需要有关其他平滑方法的总结和平滑算法及其历史发展方面的简要技术综述，可以参考 McReynolds[20]的综述文献。

习题

6.1　对于 $\Phi=1$，$H=1$，$R=2$ 以及 $Q=1$ 的标量系统，求解固定点平滑器估计的协方差 P 的稳态值。

6.2　采用在 $0\leqslant k\leqslant 10$ 区间内的固定区间平滑器，求解当 $P_0=1$ 时习题 5.1 中 P_{10}的解。

6.3　采用滞后等于两个时间步的固定滞后平滑器求解习题 5.1。

6.4　当 $R=15$ 时，重新完成习题5.1。

6.5　令卡尔曼滤波器的模型参数为

$$\Phi_{[f]}=\begin{bmatrix}0.9 & 0.3\\ -0.3 & 0.9\end{bmatrix} \tag{6.63}$$

$$H_{[f]}=\begin{bmatrix}1 & 0\end{bmatrix} \tag{6.64}$$

$$Q_{[f]}=\begin{bmatrix}0.25 & 0\\ 0 & 0.25\end{bmatrix} \tag{6.65}$$

$$R_{[f]}=1 \tag{6.66}$$

采用滞后为 $\ell=3$ 时间步的可兼容的 BMFLS 实现方法：

(a)平滑器状态向量 $\hat{x}_{[s]}$ 的维数是多少？

(b)写出相应的平滑器状态转移矩阵 $\Phi_{[s]}$。

(c)写出相应的平滑器测量灵敏度矩阵 $H_{[s]}$。

(d)写出相应的平滑器扰动噪声协方差矩阵 $Q_{[s]}$。

6.6　对于式(6.63)中的 2×2 维矩阵 $\Phi_{[f]}$，

(a)利用 MATLAB 函数 `eigs` 求解其特征值。

(b)利用 MATLAB 函数 `abs` 求解其幅度，它们 <1，$=1$ 还是 >1？

(c)对于类似的连续时间模型，系数矩阵 $F_{[f]}$ 的特征值具有什么特点？其实部是正值(即在右边平面)还是负值(在左半平面)？

(d)模型为 $x_k=\Phi_{[f]}x_{k-1}$ 的动态系统是稳定的还是非稳定的？为什么？

(e)令

$$x_0=\begin{bmatrix}1\\0\end{bmatrix}$$

利用 MATLAB，产生

$$x_k=\Phi[f]^k x_0,\quad k=1,\ 2,\ 3,\ \cdots,\ 100$$

的分量并画出来。它们是螺旋向内到原点还是螺旋向外到 ∞？如何解释这种现象？

(f)基于相同卡尔曼滤波器模型的任意固定滞后平滑器的均方估计不确定性都能够获得2倍以上的改善吗？为什么？

6.7　令

$$\Phi_{[f]}=\begin{bmatrix}0.9 & 0.9\\ -0.9 & 0.9\end{bmatrix} \tag{6.67}$$

重新完成上面的习题。

6.8　利用习题6.5中的参数值以及在 MATLAB 函数 `BMFLS` 来对基于仿真测量值的固定滞后平滑器进行图示说明。记住采用下列 MATLAB 代码：

```
x         = Phi*x+[sqrt(Q(1,1))*randn,sqrt(Q(2,2))*randn];
z         = H*x + [sqrt(R(1,1))*randn,sqrt(R(2,2))*randn];
```

来仿真动态噪声和测量噪声。用图表画出：

1. 仿真的状态向量。
2. 滤波器估计值。
3. 平滑器估计值。
4. RMS 滤波器不确定性。
5. RMS 平滑器不确定性。

将所得结果与例 6.1 中的图 6.11 进行比较。

6.9 利用习题 6.7 中的参数值以及在 MATLAB 函数 `BMFLS` 来对基于仿真测量值的固定滞后平滑器进行图示说明。完成与习题 6.8 相同的全部任务。

参考文献

[1] M. S. Grewal, R. S. Miyasako, and J. M. Smith, "Application of fixed point smoothing to the calibration, alignment, and navigation data of inertial navigation systems," in *Proceedings of IEEE PLANS '88—Position Location and Navigation Symposium*, Orlando, FL, Nov. 29–Dec. 2, 1988, IEEE, New York, pp. 476–479, 1988.

[2] B. D. O. Anderson, "Properties of optimal linear smoothing," *IEEE Transactions on Automatic Control*, Vol. AC-14, pp. 114–115, 1969.

[3] B. D. O. Anderson and S. Chirarattananon, "Smoothing as an improvement on filtering: a universal bound," *Electronics Letters*, Vol. 7, No. 18, pp. 524–525, 1971.

[4] J. B. Moore and K. L. Teo, "Smoothing as an improvement on filtering in high noise," *System & Control Letters*, Vol. 8, pp. 51–54, 1986.

[5] P. G. Park and T. Kailath, "New square-root smoothing algorithms," *IEEE Transactions on Automatic Control*, Vol. 41, pp. 727–732, 1996.

[6] A. Gelb, J. F. Kasper Jr., R. A. Nash Jr., C. F. Price, and A. A. Sutherland Jr., *Applied Optimal Estimation*, MIT Press, Cambridge, MA, 1974.

[7] H. E. Rauch, "Solutions to the linear smoothing problem," *IEEE Transactions on Automatic Control*, Vol. AC-8, pp. 371–372, 1963.

[8] T. Kailath and P. A. Frost, "An innovations approach to least squares estimation, Part II: Linear smoothing in additive white noise," *IEEE Transactions on Automatic Control*, Vol. AC - 13, pp. 646–655, 1968.

[9] C. N. Kelly and B. D. O. Anderson, "On the stability of fixed-lag smoothing algorithms," *Journal of the Franklin Institute*, Vol. 291, No. 4, pp. 271–281, 1971.

[10] K. K. Biswas and A. K. Mahalanabis, "Optimal fixed-lag smoothing for time-delayed systems with colored noise," *IEEE Transactions on Automatic Control*, Vol. AC-17, pp. 387–388, 1972.

[11] K. K. Biswas and A. K. Mahalanabis, "On the stability of a fixed-lag smoother," *IEEE Transactions on Automatic Control*, Vol. AC-18, pp. 63–64, 1973.

[12] K. K. Biswas and A. K. Mahalanabis, "On computational aspects of two recent smoothing algorithms," *IEEE Transactions on Automatic Control*, Vol. AC-18, pp. 395–396, 1973.

[13] R. Premier and A. G. Vacroux, "On smoothing in linear discrete systems with time delays," *International Journal on Control*, Vol. 13, pp. 299–303, 1971.

[14] J. B. Moore, "Discrete-time fixed-lag smoothing algorithms," *Automatica*, Vol. 9, No. 2, pp. 163–174, 1973.

[15] S. Prasad and A. K. Mahalanabis, "Finite lag receivers for analog communication," *IEEE Transactions on Communications*, Vol. 23, pp. 204–213, 1975.

[16] P. Tam and J. B. Moore, "Stable realization of fixed-lag smoothing equations for continuous-time signals," *IEEE Transactions on Automatic Control*, Vol. AC-19, No. 1, pp. 84–87, 1974.

[17] J. F. Riccati, "Animadversationnes in aequationes differentiales secundi gradus," *Acta Eruditorum Quae Lipside Publicantur Supplementa*, Vol. 8, pp. 66–73, 1724.

[18] J. S. Meditch, "A survey of data smoothing for linear and nonlinear dynamic systems," *Automatica*, Vol. 9, pp. 151–162, 1973.

[19] T. Kailath, "Correspondence item," *Automatica*, Vol. 11, pp. 109–111, 1975.

[20] S. R. McReynolds, "Fixed interval smoothing: revisited," *AIAA Journal of Guidance, Control, and Dynamics*, Vol. 13, pp. 913–921, 1990.

第7章 实现方法

在理论与实践之间存在着巨大差异。

——Giacomo Antonelli(1806 – 1876)①

7.1 本章重点

到目前为止，我们已经讨论了什么是卡尔曼滤波器以及它们是如何工作的。指出了卡尔曼滤波器的理论性能可以通过估计不确定性的协方差矩阵来表征，该矩阵是 Riccati 微分方程或者差分方程的解。

然而，在利用计算机首次实现卡尔曼滤波器以后不久，人们发现观察到的均方估计误差通常比用协方差矩阵预测的值大得多，即使采用仿真数据也是如此。观察到的滤波器估计误差的方差背离其理论值，并且得到的 Riccati 方程的解也具有负值方差，这是一个令人难堪的在理论上不可能的例子。人们最终确定这个问题是由计算机舍入导致的，并且提出了解决这个问题的其他实现方法。

本章主要关注下列问题：

1. 计算机舍入操作如何降低卡尔曼滤波器的性能。
2. 对舍入误差更加鲁棒的其他实现方法。
3. 这些其他实现方法的相关计算代价。

7.1.1 涵盖要点

在本章中，将包括下列主要观点：

1. 计算机舍入误差能够并且确实严重地降低了卡尔曼滤波器的性能。
2. 从计算负担和计算误差的角度来看，求解矩阵 Riccati 方程是传统卡尔曼滤波器实现方法中引起数值困难的主要原因。
3. 对 Riccati 方程解的误差传播未予遏制是导致滤波器性能下降的主要原因。
4. 状态估计不确定性的协方差矩阵的非对称性是数值下降的征兆和引起数值不稳定的原因，使结果对称化的方法是有益的。
5. 如果将协方差矩阵的所谓“平方根”作为因变量，则 Riccati 方程的数值解会趋向于对舍入误差更具鲁棒性。
6. 采用矩阵的“平方根”求解 Riccati 方程的数值方法被称为因子分解法(Factorization method)，得到的卡尔曼滤波器实现方法统称为“平方根”滤波(“Square-root” filtering)。

---

① 这句话来自于 Cardinal Antonelli 给奥地利大使的一封信，它被 Lytton Strachey 在《杰出的维多利亚人》[1] 中引用，Cardinal Antonelli 在这封信中讨论教皇绝无错误的问题，但是这句话也可用于指出数字处理系统的一贯正确性。

7. 信息滤波(Information filtering)是另一种能够提高数值稳定性的状态向量实现方法。它对于初始估计不确定性非常大的问题尤其有用。

7.1.2 未涉及的内容

1. 参数敏感性分析。本章的焦点在于卡尔曼滤波器的数值稳定的实现方法。对影响卡尔曼滤波器性能的所有误差的数值分析包括所有模型参数假定值的误差影响，比如 Q，R，H 和 Φ。这些误差还包括由于有限精度引起的截断效应。滤波器性能对这类模型误差的敏感性可以进行数学建模，但这里没有进行讨论。
2. 平滑器实现。平滑器实现方法还有比第 5 章中给出的结果更大的改善。感兴趣的读者可以参考 Meditch[2](直到 1973 年为止的方法)和 McReynolds[3](直到 1990 年为止的方法)的综述，以及 Bierman[4] 与 Watanabe 和 Tzafestas[5] 更早的结果。
3. 卡尔曼滤波的并行计算机结构。如果有必要，可以通过并行完成某些操作来加速卡尔曼滤波器的运行。本章中列出的算法指明了那些可以并行执行的循环，但是并没有做更多努力来阐明这种具有并行处理能力的特殊算法。Jover 和 Kailath[6] 给出了针对该问题理论方法的综述。

7.2 计算机舍入操作

舍入误差是采用具有固定比特数的定点或者浮点数据字的计算机运算存在的副作用。计算机舍入是大多数计算环境下存在的事实。

例 7.1(舍入误差) 在二进制表示法中，有理数被转化为 2 的幂的求和，列举如下：

$$
\begin{aligned}
1 &= 2^0 \\
3 &= 2^0 + 2^1 \\
\frac{1}{3} &= \frac{1}{4} + \frac{1}{16} + \frac{1}{64} + \frac{1}{256} + \cdots \\
&= 0_b010101010101010101010101010\cdots
\end{aligned}
$$

其中，下标“b”表示在二进制表示法中的“二进制小数点”(这样不会与十进制表示法中的“小数点”混淆)。在 IEEE/ANSI 标准[7]的单精度浮点运算中，如果用 1 除以 3，则 1 和 3 都可以精确表示出来，但其比值却不能。二进制表示法被局限于 24 比特尾数①。因此，如果给定近似误差幅度大约为 10^{-8}，并且相对近似误差大约为 3×10^{-8}，则上述结果被截尾到 24 比特近似(从首位“1”开始)：

$$
\begin{aligned}
\frac{1}{3} &\approx 0_b0101010101010101010101011 \\
&= \frac{11184811}{33554432} \\
&= \frac{1}{3} - \frac{1}{100663296}
\end{aligned}
$$

所得结果真实值与处理器得到的近似值之间的差被称为舍入误差(Roundoff error)。

① 尾数是二进制表示中从首位非零比特开始的部分。因为首位有效位总是为“1”，因此可以省略并用符号位代替。即使包含符号位，实际上也有 24 比特用于表示尾数的大小。

7.2.1 单位舍入误差

浮点运算的计算机舍入通常由单个参数 $\varepsilon_{\text{roundoff}}$表征，它被称为单位舍入误差(Unit roundoff error)，在不同来源中被定义为使

$$1+\varepsilon_{\text{roundoff}} \equiv 1(\text{机器精度}) \tag{7.1}$$

或者

$$1+\varepsilon_{\text{roundoff}}/2 \equiv 1(\text{机器精度}) \tag{7.2}$$

成立的最大数。

在 MATLAB 中，“eps”是指满足上述第二个等式的参数。它的值可以通过在 MATLAB 命令窗口中键入“eps⟨↩⟩”(即键入“eps”且后面没有分号，然后按 Return 键或者 Enter 键)来得到。输入“ -log2(eps)”将返回标准数据字的尾数中的比特数。

7.2.2 舍入对卡尔曼滤波器性能的影响

早期发现

大约在 1960 年提出卡尔曼滤波器的时候，国际商用机器公司(IBM)正在推行其具有 36 比特浮点运算单元的 7000 系列晶体管计算机。这在当时被认为非常具有革命性的，但是，即使采用全部精度，在首次实现卡尔曼滤波器时计算机舍入也是一个严重的问题。Schmidt[8,9]和 Battin[10]所做的早期报告中强调了计算机舍入遇到的这种困难，并且强调了在阿波罗登月任务中空中飞行时必须承担的严重失败风险。这个问题最后被找到的新的实现方法圆满解决了，并且在 20 世纪 70 年代早期完成最后一次阿波罗任务以后，甚至发现了更好的解决方法。

许多舍入问题的发生，是因为计算机的字长比现代 MATLAB 实现可用的字长更短，或者是因为计算机的比特级运算实现精度比按照当前 ANSI 标准[7]的微处理器的实现精度更低。

然而，下面的例子(修改自 Dyer 和 McReynolds[11]的例子，该例由 R. J. Hanson 提出)将会说明，即使在 MATLAB 环境下实现卡尔曼滤波器仍然存在舍入问题，并且即使一个良态问题也为经滤波器实现后变为病态问题。

例 7.2　令 I_n表示 $n\times n$ 恒等矩阵，考虑下列滤波问题，其测量灵敏度矩阵为

$$H=\begin{bmatrix}1 & 1 & 1\\ 1 & 1 & 1+\delta\end{bmatrix}$$

协方差矩阵为

$$P_0=I_3 \quad \text{和} \quad R=\delta^2 I_2$$

其中，$\delta^2<\varepsilon_{\text{roundoff}}$ 但是 $\delta>\varepsilon_{\text{roundoff}}$。在这种情况下，尽管在机器精度中 H 的秩很明显等于 2，经舍入处理后乘积 HP_0H^{T}将等于

$$\begin{bmatrix}3 & 3+\delta\\ 3+\delta & 3+2\delta\end{bmatrix}$$

它是奇异的。即使在 HP_0H^{T} 中加上 R 以后，这个结果也不会改变。于是，在这种情况下，因为矩阵 $HP_0H^{\text{T}}+R$ 不是可逆的，所以滤波器观测更新会失败。

预先观察其他实现方法的效果：在图 7.1 中，说明了当状态参数(Conditioning parameter)

$\delta\to0$ 时，标准卡尔曼滤波器及其他一些实现方法对于例 6.2 中的变化的病态问题(用 MATLAB m文件 shootout.m 实现)是如何运行的。所有解决方法都采用 MATLAB 中的相同精度(64 位浮点数)来实现。图中曲线上的标记对应于相应的 m 文件名称，它们也是提出相应方法的作者名字，有关细节将在后面给出。

在这个具体例子中，当 $\delta\to\varepsilon$，即机器精度极限时，标记为"Carlson"和"Bierman"的方法的精度看起来下降得更加优美。在 $\delta\approx\sqrt{\varepsilon}$ 位置 Carlson 和 Bierman 解仍然能够维持大约 9 位数($\approx$30 bit)的精度，此时其他方法的计算机解中基本上已经没有准确度了。

这个例子本身并不能证明 Carlson 和 Bierman 解对于 Riccati 方程的观测更新具有普遍优势。完全实现还需要一种可以兼容的方法来完成时间更新。然而，在传统实现时观测更新一直是主要的难点。

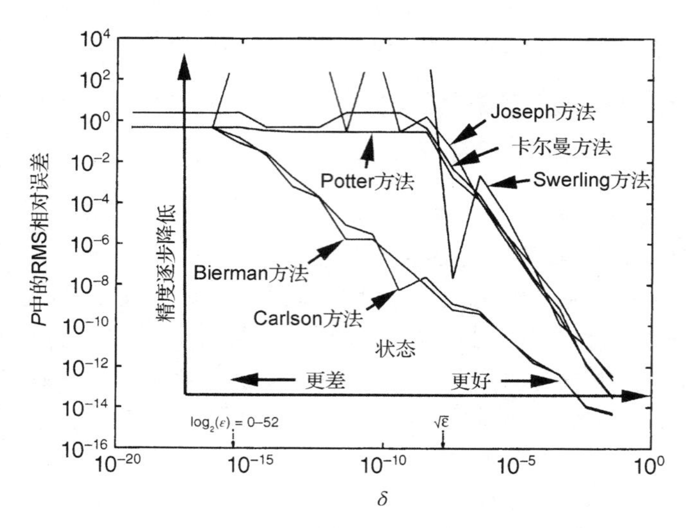

图 7.1 Riccati 方程的观测更新随问题状态的下降程度

7.2.3 数值误差分析中的术语

我们首先需要定义一些通用术语，它们在讨论舍入误差对某个计算问题的数值解精度产生影响时要用到。

鲁棒性和数值稳定性

这两个术语用于描述解决问题的运算方法的定性特征。鲁棒性(Robustness)是指解对某种误差的相对不敏感特性。数值稳定性(Numerical stability)是指对舍入误差的鲁棒性。

精度与数值稳定性的关系

通过采用更高的精度(即在数据格式中尾数采用更多位数)可以降低相对舍入误差，但是结果的精度也会受到所用初始参数的精度和实现方法的程序细节的影响。数学上等效的实现方法在相同精度时的数值稳定性可能存在非常大的差异。

数值稳定性比较

数值稳定性的比较可能是不可靠的。解决方法的鲁棒性和稳定性是程度问题，但不能总是根据这些特性来对实现方法进行总体排序。有些方法被认为比其他方法的鲁棒性更强，但是它们的相对鲁棒性还可能取决于被求解问题的内在特性。

病态与良态问题

在分析解决问题的数值方法时，定性术语"状态"(Conditioning)被用于描述输出(解)中的误差对输入数据(问题)中的变化的敏感性。这种敏感性通常取决于输入数据和解决方法。

如果解对输入数据不是"非常"敏感，则这个问题被称为是良态的(Well conditioned)，如果敏感性"很强"，则这个问题被称为是病态的(Ill-conditioned)。定义什么是病态通常取决于输入数据的不确定性和实现时采用的数值精度。比如，如果一个矩阵 A"接近"为奇异矩阵，则可以将矩阵 A 描述为"关于求逆是病态的"。这个例子中定义的"接近"可能意味着在 A 的元素值的不确定性范围以内或者在机器精度范围以内。

例 7.3(矩阵的条件数)　线性问题 $Ax=b$ 的解 x 对输入数据(A 和 b)不确定性和舍入误差的敏感性可以由 A 的条件数来表征，如果 A 是非奇异的，可以将条件数定义为下列比值：

$$\text{cond}(A)=\frac{\max_x\|Ax\|/\|x\|}{\min_x\|Ax\|/\|x\|} \tag{7.3}$$

如果 A 是奇异的，则条件数被定义为∞。它也等于 A 的最大特征值与最小特征值之比。注意由于 max$\geqslant$min，因此条件数将总是$\geqslant 1$。一般说来，在矩阵求逆中，条件数接近于 1 是一个好征兆，条件数的值越大，则需越关注结果的有效性。

在方程 $Ax=b$ 计算出的解 $\hat{x}$ 中，相对误差被定义为误差的大小与 x 的大小的比值 $\|\hat{x}-x\|/\|x\|$。

作为一个经验法则，在计算所得解中最大相对误差的上界为 $c_A\varepsilon_{\text{roundoff}}\text{cond}(A)$，其中 $\varepsilon_{\text{roundoff}}$为计算机运算中的单位舍入误差(在 7.2.1 节中已定义)，并且正值常数 c_A取决于 A 的维数。对于给定 A 和 b，求解 x 的问题，如果在计算机运算时在 A 的条件数上增加 1 不会产生影响，则这个问题被认为是病态的。也就是说，逻辑表达式 $1+\text{cond}(A)=\text{cond}(A)$的数值结果为"真"。

考虑一个例子，其系数矩阵为

$$A=\begin{bmatrix}1 & L & 0\\0 & 1 & L\\0 & 0 & 1\end{bmatrix}$$

其中

$$\begin{aligned}L&=2^{64}\\&=18\ 446\ 744\ 073\ 709\ 551\ 616\end{aligned}$$

它将导致按照 ANSI 标准单精度运算规则计算 L_2 时会产生溢出。

于是，A 的条件数将为

$$\text{cond}(A)\approx 3.40282\times 10^{38}$$

这超过了根据经验法则确定的在这种精度下判定病态的条件数值($\approx 2\times 10^7$)大约 31 个数量级。因此，即使 A 的行列式等于 1，也可以考虑 A 对求逆(本来它是可逆的)是极端病态的。

编程的注意事项　对于一般的线性方程问题 $Ax=b$，在求解 x 的过程中没有必要明确地

对 A 求逆，并且如果能够避免矩阵求逆运算，则数值稳定性通常会提高。MATLAB 矩阵除法(利用 $x = A\backslash b$ 完成)能够做到这一点。

7.2.4 病态卡尔曼滤波问题

对于卡尔曼滤波问题，相应 Riccati 方程的解应该等于实际估计不确定性的协方差矩阵，它对于所有二次损失函数都是最优的。卡尔曼(最优)增益的计算也由它决定。如果不能求解，则该问题被认为是病态的。导致这种病态的因素包括下列几个方面：

1. 矩阵参数 Φ, Q, H 或者 R 的值存在很大不确定性。在推导卡尔曼滤波器过程中没有考虑这种模型误差。
2. 矩阵参数、测量值或者状态变量的真实值存在很大范围——所有这些都来自于比例或者量刚单位选择不当引起的。
3. 在卡尔曼增益公式中，中间结果 $R^* = HPH^{\mathrm{T}} + R$ 在求逆时是病态的。
4. 矩阵 Riccati 方程的病态理论解——没有考虑数值解存在的误差。考虑数值误差以后，解可能变为不确定的，这可能使滤波器估计误差变为不稳定。
5. 矩阵维数很大。运算次数会随着矩阵维数的平方或者立方而增加，并且每一次运算都会引入舍入误差。
6. 机器精度不好，它会使相对舍入误差更大。

在许多应用中，上面有些因素是不可避免的。需要记住的是，这些因素并不一定使卡尔曼滤波问题变得毫无希望。然而，它们是需要关注——以及需要考虑其他实现方法的原因。

7.3 舍入误差对卡尔曼滤波器的影响

7.3.1 量化舍入误差对卡尔曼滤波的影响

尽管早期通过实验获得了由于舍入误差导致发散的证据，也很难得到一般原理来描述它与实现特性之间的联系。已经发现了一些能够将舍入误差与实现滤波器的计算机特性之间以及与滤波器参数特性之间联系起来的一般(但有点不充分)原理。其中包括 Verhaegen 和 Van Dooren[12] 关于卡尔曼滤波不同实现方法的数值分析结果。这些结果为舍入误差的传播提供了上界，它是关键矩阵变量的范数和奇异值的函数。他们发现有些实现方法比其他方法有更好的界。特别地，他们指出某些“对称化”程序能够得到可证实的好处，并且所谓的“平方根”滤波器实现方法比传统卡尔曼滤波器方程的误差传播界通常会更好。

我们将研究在计算卡尔曼滤波器变量时舍入误差的传播方式，以及它们如何影响卡尔曼滤波器结果的精度。最后，我们还将给出一些例子来说明常见的失效模式。

7.3.2 卡尔曼滤波器的舍入误差传播

启发式分析

首先从卡尔曼滤波器中数据流的角度来启发式地考察舍入误差的传播，以便发现 Riccati 方程解中的舍入误差如何不像估计中的舍入误差那样，可以通过反馈来进行控制。考虑图 7.2所示的卡尔曼滤波器的矩阵级数据流框图。该图显示了在向量级和矩阵级的数据流，包含相加(⊕)、相乘(⊗)和求逆($I\div$)等运算。在这种情况下，矩阵转置不需要考虑为一种数据操作，因为它可以在后续操作中通过改变标记来实现。这种数据流框图是卡尔曼滤波器算法非常简单明了的表示方法，这种方式最初是由卡尔曼提出的，并且可以被相当细心的程序员在MATLAB中进行实现。更确切地说，该图说明了部分结果(包括卡尔曼增益$\bar{K}$)是如何被保存和重复使用的。注意到内部数据流可以被分为两个在虚线框内的半独立环。沿着一个环传播的变量是状态估计值，沿着另一个环传播的变量则是估计不确定性的协方差矩阵(这个图还说明有些环路的“捷径”来自于重复使用部分结果，但是基本的数据流仍然形成环路)。

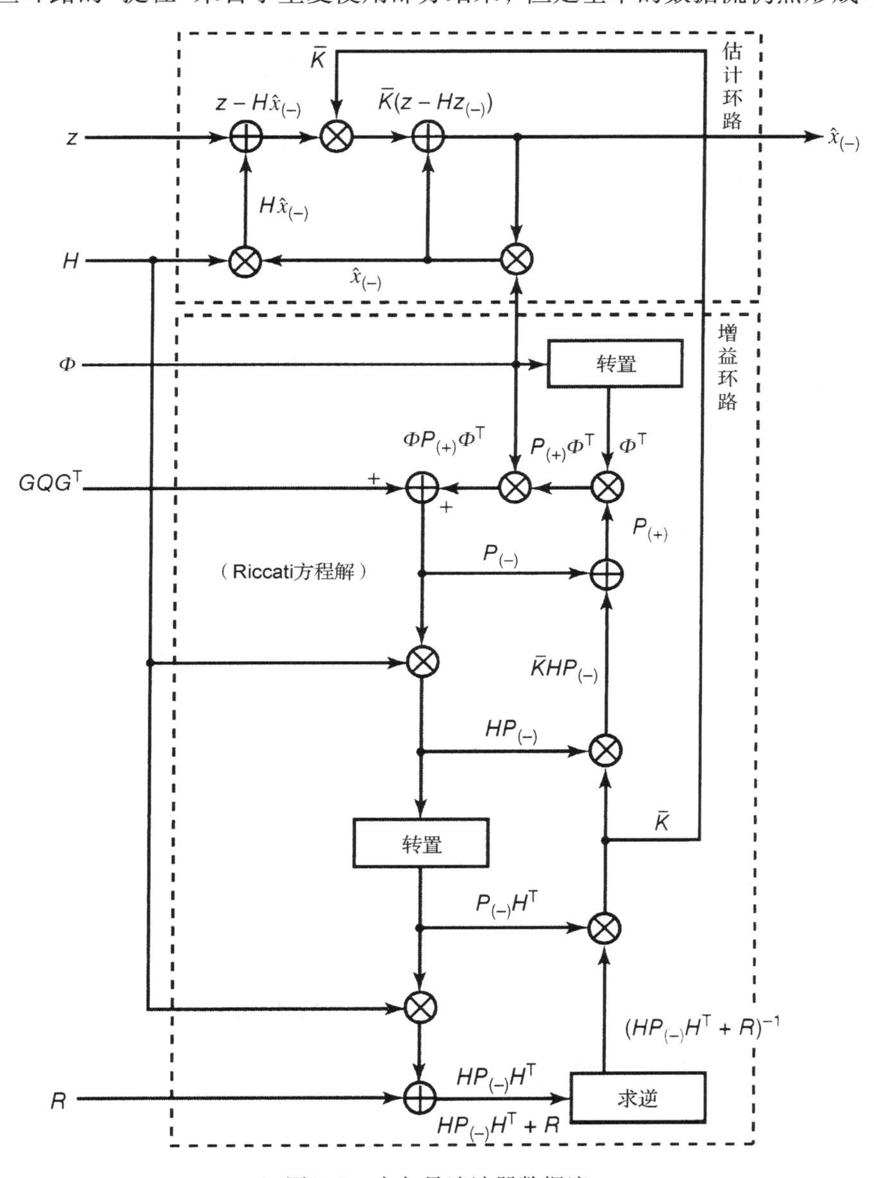

图7.2　卡尔曼滤波器数据流

估计环路中的反馈

环路中最上部分标记为“估计环路”(EST. LOOP)的实际上是在其他环路[标记为“增益环路”(GAIN LOOP)]计算出的增益($\bar{K}$)的反馈误差纠正环路。观测值 z 的期望值 $H\hat{x}$(基于状态向量的当前估计值 $\hat{x}$)以及观测值之间的差值被用于纠正估计值 $\hat{x}$。只要增益是正确的，就可以用这个环路纠正 $\hat{x}$ 中的误差。这也可以应用于舍入引入的 $\hat{x}$ 中的误差以及由于噪声和先验估计误差引起的误差。因此，只要环路增益是正确的，在估计环路中的舍入误差就可以利用反馈机制得到补偿。增益是在其他环路中计算出来的。

在增益环路中没有反馈

在这个环路中，通过求解 Riccati 方程得到估计不确定性的协方差矩阵(P)，并且计算出卡尔曼增益作为中间结果。它不能通过使估计环路稳定的反馈机制得以稳定下来。没有外部参考来纠正 P 的“估计值”。因此，没有方法能够对舍入误差效应进行检测和纠正，它们不受抑制地进行传播和累积。这个环路也包括比估计环路更多的舍入操作，这可以通过该环路中更多数量的矩阵乘积(⊗)表现出来。因此，在这种卡尔曼滤波器的“传统”实现方法中，得到滤波器增益所需的计算更可能是舍入误差传播的来源。Potter[13] 已经指出，增益环路自身是不稳定的。然而，即使在计算出的 P 值的有界误差也可能立即破坏估计环路的稳定性。

例 7.4　下面将说明计算出的协方差矩阵 P 的负的特征值对估计误差的影响。

舍入误差会使计算出的 P 值具有负的特征值。Riccati 方程是稳定的，问题最终将使自己发生改变。然而，对真实估计误差的影响会成为更严重的问题。

由于 P 是卡尔曼增益 $\bar{K}$ 中的一个因子，因此 P 的负的特征值将会导致预测误差反馈环路中增益的符号发生错误。然而，在这种瞬态条件下，估计环路的稳定性立即就被破坏了。在这个例子中，估计值 $\hat{x}$ 直到增益改变符号时才向真实值 x 收敛，然后误差立即就发散了。增益计算最终将随着符号的纠正而得以恢复，但是在增益计算中没有考虑由于发散引起的累积误差。增益并没有它应该的取值那么大，并且收敛也比它应该的速度更慢。

数值分析

由于 P 的先验值是在计算卡尔曼增益时所用到的，因此考虑该值的误差传播就足够了。并且为了方便，可以考虑 $x_{(-)}$ 的舍入误差传播问题。

一阶舍入误差传播模型具有下列形式：

$$\delta x_{k+1(-)} = f_1(\delta x_{k(-)}, \delta P_{k(-)}) + \Delta x_{k+1} \tag{7.4}$$

$$\delta P_{k+1(-)} = f_2(\delta P_{k(-)}) + \Delta P_{k+1(-)} \tag{7.5}$$

其中，δ 项指的是累积误差，并且 Δ 项是指在每一步递归步骤中增加的舍入误差。这个模型忽略了误差变量中的高阶项。在表 7.1 中，给出了近似误差传播函数的形式。尽管在 $\bar{K}_k$ 中的误差只取决于 x 和 P 中的误差——它们不是独立传播的，还是给出了卡尔曼增益的误差方程。这些误差传播函数值来自于 Verhaegen 和 Van Dooren[12] 的论文(许多这些结果也在更早的刊物中出现了)。这些表达式采用第 k 次迭代中的一阶误差以及在更新过程中增加的误差，表示出了在第($k+1$)次迭代中更新先验变量的一阶误差。

表 7.1　一阶误差传播模型

滤波器变量中的舍入误差	误差模型（根据滤波器类型）	
	传统实现	平方根协方差
$\delta x_{k+1(-)}$	$A_1[\delta x_{k(-)}+\delta P_{k(-)}A_2(z-Hx_{k(-)})]+\Delta x_{k+1}$	
$\delta\overline{K}_k$	$A_1\delta P_{k(-)}$	
$\delta P_{k+1(-)}$	$A_1\delta P_{k(-)}A_1^{\mathrm{T}}+\Delta P_{k+1}$ $+\Phi(\delta P_{k(-)}-\delta P_{k(-)}^{\mathrm{T}})\Phi^{\mathrm{T}}$ $-\Phi(\delta P_{k(-)}-\delta P_{k(-)}^{\mathrm{T}})A_1^{\mathrm{T}}$	$A_1\delta P_{k(-)}A_1^{\mathrm{T}}$ $+\Delta P_{k+1}$

备注：$A_1=\Phi-\overline{K}_kH$;　$A_2=H^{\mathrm{T}}[HP_kH^{\mathrm{T}}+R]^{-1}$

舍入误差传播　在表 7.1 中，利用一阶误差传播特征对两种滤波器实现方法进行了比较。一种实现类型被称为传统实现，它对应于直接实现前面章节中最初导出的方程，除了在第 5 章中提到的“Joseph 稳定化”实现方法。另一种实现类型被称为平方根实现，这是本章中给出的实现方法。在后续章节中将对这些实现类型做进一步分析。

反对称误差的传播　注意到在表 7.1 中，有两项涉及协方差矩阵 P 中的反对称误差 $\delta P_{k(-)}-\delta_{K(-)}^{\mathrm{T}}$，这在理论上证实了实际中的发现。早期的计算机的储存能力非常小，于是程序员学会了通过只计算对称矩阵表达式如 $\Phi P\Phi^{\mathrm{T}}$, HPH^{T}, $HPH^{\mathrm{T}}+R$ 或者 $(HPH^{\mathrm{T}}+R)^{-1}$ 这种唯一部分来节省时间和存储量。令人惊奇和欣喜的是，他们发现这种方法还提高了误差传播效果。并且还发现在 MATLAB 实现时，通过在 Riccati 方程的每个循环中计算 MATLAB 表达式 `P = .5 * (P + P')` 来维持 P 的对称性是有益的。

增加的舍入误差　在表 7.2 中，考虑了卡尔曼滤波器每个循环中增加的舍入误差(Δ)。列入该表中的公式是这些随机误差的上界。

表 7.2　增加的舍入误差的上界

舍入误差的范数	上界（根据滤波器类型） 传统实现	平方根协方差
$\lvert\Delta x_{k+1(-)}\rvert$	$\varepsilon_1(\lvert A_1\rvert\lvert x_{k(-)}\rvert+\lvert\overline{K}_k\rvert\lvert z_k\rvert)$ $+\lvert\Delta\overline{K}_k\rvert(\lvert H\rvert\lvert x_{k(-)}\rvert+\lvert z_k\rvert)$	$\varepsilon_4(\lvert A_1\rvert\lvert x_{k(-)}\rvert+\lvert\overline{K}_k\rvert\lvert z_k\rvert)$ $+\lvert\Delta\overline{K}_k\rvert(\lvert H\rvert\lvert x_{k(-)}\rvert+\lvert z_k\rvert)$
$\lvert\Delta\overline{K}_k\rvert$	$\varepsilon_2\kappa^2(R^*)\lvert\overline{K}_k\rvert$	$\varepsilon_5\kappa(R^*)[\lambda_m^{-1}(R^*)\lvert C_{p(k+1)}\rvert$ $+\lvert\overline{K}_kC_{R^*}\rvert+\lvert A_3\rvert/\lambda_1(R^*)]$
$\lvert\Delta P_{k+1(-)}\rvert$	$\varepsilon_3\kappa^2(R^*)\lvert P_{k+1(-)}\rvert$	$\dfrac{\varepsilon_6[1+\kappa(R^*)]\lvert P_{k+1}\rvert\lvert A_3\rvert}{\lvert C_{p(k+1)}\rvert}$

备注：$\varepsilon_1,\cdots,\varepsilon_6$ 是单位舍入误差 ε 的常数倍；并且 $A_1=\Phi-\overline{K}_kH$；$A_3=[(\overline{K}_kC_{R*})C_{p(k+1)}]$；$R^*=HP_{k(-)}H^{\mathrm{T}}+R$；$R^*=C_{R*}C_{R*}^{\mathrm{T}}$（三角形 Cholesky 分解）；$P_{k+1(-)}=C_{p(k+1)}C_{p(k+1)}^{\mathrm{T}}$（三角形 Cholesky 分解）；$\lambda_1(R^*)\geqslant\lambda_2(R^*)\geqslant\cdots\geqslant\lambda_l(R^*)\geqslant 0$ 为 R^* 的特征值；$\kappa(R^*)=\lambda_1(R^*)/\lambda_l(R^*)$ 为 R^* 的条件数。

上述表格说明的要点如下：

1. 这些表达式给出了两种滤波器类型(协方差形式和平方根形式)的状态更新误差中相同的一阶误差传播公式。它们包含了那些将协方差矩阵的误差嵌入到状态估计值和增益中的项。
2. 传统卡尔曼滤波器的误差传播表达式包含了前面提到的与 P 的反对称部分成比例的项。必须考虑在计算 x、$\overline{K}$ 和 P 时增加的舍入误差的影响，以及前面迭代中传播的舍入误差的影响。在这种情况下，Verhaegen 和 Van Dooren 得到了增加的误差 Δx, $\Delta \overline{K}$ 和 ΔP 的范数的上界，如表 7.2 所示。这些上界给出了舍入误差传播对单位舍入误差(ε)和卡尔曼滤波器模型参数的依赖关系的粗略近似。这里对于两种滤波器类型而言，增加的状态估计误差的界是类似的，但是平方根滤波器的增加的协方差误差 ΔP 的界会更好一些(这个因子在某种程度上类似于矩阵 E 的条件数)。在这种情况下，不能将性能差异与 P 的非对称性这种因素联系起来。

人们还针对某些应用，通过实验方法研究了不同实现方法在降低舍入误差影响方面的有效性。Verhaegen 和 Van Dooren 的论文[12]包含了这类结果以及对其他实现方法(信息滤波器和 Chandrasekhar 滤波器)的数值分析。Thornton 和 Bierman[14]也针对平方根滤波器和传统卡尔曼滤波器(以及 Joseph 稳定滤波器)进行了类似的比较。

7.3.3　滤波器发散举例

下面的简单例子将会说明舍入误差如何导致卡尔曼滤波器的结果偏离其期望值。

例 7.5(由大的先验不确定性引起的舍入误差)　如果用户对卡尔曼滤波器的先验估计值只有很小把握，他们倾向于选取估计不确定性很大的初始协方差值。然而，这也存在其局限性。

考虑一个标量参数估计问题($\Phi = I$, $Q = 0$, $\ell = n = 1$)，其中估计不确定性的初始方差远大于测量不确定性的方差，即 $P_0 \gg R$。假设测量灵敏度矩阵 $H = 1$ 并且 P_0 比 R 大得多，以至于在浮点机器精度中，在 P_0 上增加 R——以及舍入误差以后的结果仍然是 P_0。换句话说，$R < \varepsilon P_0$。在这种情况下，卡尔曼滤波器计算所得值将如下表所示：

观测个数	表达式	值	
		准确值	舍入值
1	$P_0 H^{\mathrm{T}}$	P_0	P_0
1	$HP_0 H^{\mathrm{T}}$	P_0	P_0
1	$HP_0 H^{\mathrm{T}} + R$	$P_0 + R$	P_0
1	$\overline{K}_1 = P_0 H^{\mathrm{T}}(HP_0 H^{\mathrm{T}} + R)^{-1}$	$\dfrac{P_0}{P_0 + R}$	1
1	$P_1 = P_0 - \overline{K}_1 H P_0$	$\dfrac{P_0 R}{P_0 + R}$	0
⋮	⋮	⋮	⋮
k	$\overline{K}_k = P_{k-1} H^{\mathrm{T}}(HP_{k-1} H^{\mathrm{T}} + R)^{-1}$	$\dfrac{P_0}{kP_0 + R}$	0
	$P_k = P_{k-1} - \overline{K}_k H P_{k-1}$	$\dfrac{P_0 R}{kP_0 + R}$	0

在第一次测量值更新以后，计算得到的估计不确定性的方差的舍入值为零，并且在此以后仍然保持为零。因此，在第一次更新以后计算得到的卡尔曼增益值也为零。卡尔曼增益的准确(没有舍入)值为 $\approx 1/k$，其中 k 是观测个数。在经过 10 次观测以后

1. 计算得到的估计不确定性的方差为零。
2. 估计不确定性的真实方差为 $P_0 R/(P_0 + R) \approx R$ (第一次观测以后的值，并且在此以后计算出的卡尔曼增益被归零)。

3. 在准确情形下(没有舍入)的理论方差为 $P_0R/(10P_0+R) \approx \frac{1}{10}R$。

在本例中，病态是由于先验状态估计不确定性与测量不确定性之间的标度不一致引起的。

7.4　“平方根”滤波的因式分解法

7.4.1　背景

“平方根”滤波的历史背景和标记模糊性已经在第 1 章中讨论过了。

7.4.2　Cholesky 因子的类型

对于对称正定矩阵，我们需要对三种不同类型的 Cholesky 分解加以区别。

1. Cholesky 因子是对角线元素为正值的三角形矩阵(因此是方阵)。它们具有下列两种形式：
   (a)下三角形(即对角线以上的元素为零)
   (b)上三角形(即对角线以下的元素为零)
2. 广义 Cholesky 因子，矩阵 P 的广义 Cholesky 因子 C 不需要是三角形的)——或者甚至是方阵——但是其对称乘积必须满足方程 $CC^{\mathrm{T}}=P$。所有 Cholesky 因子也都是广义 Cholesky 因子，但并不是所有广义 Cholesky 因子都是 Cholesky 因子。在“平方根”滤波中采用的有些方法是将广义 Cholesky 因子转化为真正的 Cholesky 因子。
3. 修正 Cholesky 分解，它具有下列形式：

$$P=UDU^{\mathrm{T}}$$

   其中，U 为单位三角形矩阵(即其对角线元素等于 1)，D 为对角线元素为正值的对角矩阵。修正 Cholesky 因子既不是普通 Cholesky 因子也不是广义 Cholesky 因子。

平方根滤波(square-root filtering)对 Riccati 方程进行重新表示，将协方差矩阵用其“平方根”(实际上是 Cholesky 因子——直接形式、广义形式或者修正形式都可以)来代替。每一种方式都使解的数值稳定性产生了很大不同，即使有必要对结果进行“平方”运算(实际上进行对称乘积运算)以便重新获得协方差矩阵来进行分析。

然而，有很多方法可以实现卡尔曼滤波器的“平方根”公式，这取决于所用的分解类型。在卡尔曼滤波器的不同部分中也有很多方法可以采用矩阵分解。

7.4.3　矩阵因式分解方法概述

在第 1 章中，讨论了矩阵分解(Decomposition)、因式分解(Factorization)和三角化(Triangularization)之间的区别。Dongarra 等人[15]对分解和因式分解之间的区别进行了进一步讨论，他们采用因式分解这个词表示将一个矩阵进行乘积分解的运算过程，其中不是所有的因子都得到保留。这些方法中包括用于表示 QR 分解(按照 Dongarra 等人的观点)的三角化方法，其中有被保留的三角因子和为被保留的正交因子。

在卡尔曼滤波中的应用

卡尔曼滤波器的更具有数值稳定性的实现方法采用了下面一个或者多个技术来求解相应的 Riccati 方程：

1. 将状态估计不确定性的协方差矩阵 P(Riccati 方程的因变量)分解为 Cholesky 因子(具有正的对角元素值的三角形)、广义 Cholesky 因子或者修正 Cholesky 因子(单位三角形和对角因子)等形式。
2. 对测量噪声的协方差矩阵 R 进行分解，以便降低观测更新实现中的计算复杂度。这些方法有效地使变换后的测量噪声向量的分量“去相关”。
3. 取初等矩阵的对称矩阵平方根。一个对称初等矩阵的形式为 $I-\sigma \boldsymbol{v}\boldsymbol{v}^{\mathrm{T}}$，其中 I 是 $n\times n$ 维恒等矩阵，σ 是一个标量，$\boldsymbol{v}$ 是一个 n 维向量。一个初等矩阵的对称平方根也是一个初等矩阵，它具有相同的 $\boldsymbol{v}$ 但 σ 的值不同。
4. 将普通矩阵(General matrix)分解为三角矩阵和正交矩阵的乘积。
   在卡尔曼滤波中，采用了下面两种普通方法。
   (a) 三角化(QR 分解)方法，这种方法最初是针对线性方程组的更有数值稳定性的解提出来的。将一个矩阵分解为正交矩阵 Q 和三角矩阵 R 的乘积。在卡尔曼滤波应用中，只需要三角因子。我们将 QR 分解称为三角化方法，因为 Q 和 R 在卡尔曼滤波中都具有特殊的含义。在卡尔曼滤波中采用下面两种三角化方法：
      (i) Givens 旋转方法[164]，通过一次对一个元素进行操作来使矩阵三角化(Gentleman[163]提出的修正 Givens 方法产生对角因子和单位三角因子)。
      (ii) Householder 变换方法[21]，通过一次对一行或者一列进行操作来使矩阵三角化。
   (b) Gram-Schmidt 规范正交化方法，这是另一种将普通矩阵分解为正交矩阵和三角矩阵乘积的通用方法。通常是不会保存三角因子的，但在卡尔曼滤波应用中却只保存三角因子。
5. 秩 1 修正算法(Rank 1 modification algorithms)。一个对称正定 $n\times n$ 维矩阵 M 的“秩 1 修正”的形式为 $M\pm \boldsymbol{v}\boldsymbol{v}^{\mathrm{T}}$，其中 $\boldsymbol{v}$ 是一个 n 维向量(因此其矩阵秩等于 1)。这种算法根据 $\boldsymbol{v}$ 和 M 的 Cholesky 因子计算出修正 $M\pm \boldsymbol{v}\boldsymbol{v}^{\mathrm{T}}$的 Cholesky 因子。
6. 在 Riccati 方程中矩阵表达式的分块矩阵分解(Block matrix factorizations)方法。这种方法一般采用两个不同的分解来表示方程的两边，比如
$$
\begin{aligned}
CC^{\mathrm{T}} &= AA^{\mathrm{T}}+BB^{\mathrm{T}} \\
&= \begin{bmatrix} A & B \end{bmatrix}\begin{bmatrix} A^{\mathrm{T}} \\ B^{\mathrm{T}} \end{bmatrix}
\end{aligned}
$$
   于是，另一个广义 Cholesky 因子 C 与$[A\ B]$之间必须通过正交变换(三角化)来建立联系。$[A\ B]$的 QR 分解可以得到用协方差矩阵的 Cholesky 因子表示的 Riccati 方程的相应解。

在上面的例子中，$[A\ B]$可以被称为是一个“1×2”块分割矩阵(block-partitioned matrix)，因为在分割中存在着行数为 1 列数为 2 的子块(矩阵)。在求解不同问题时采用不同的分块维数：

1. 离散时间更新方程(Discrete-time temporal undate equation)是以“平方根”形式，采用另一种 1×2 维的块分割广义 Cholesky 因子来求解的。
2. 观测更新方程(Observational update equation)是以“平方根”形式，采用另一种 2×2

维的块分割广义 Cholesky 因子，以及代表观测更新方程的修正 Cholesky 因子来求解的。

3. 组合时间/观测更新方程(Combined temporal/observational update equations)是以“平方根”形式，采用时间更新方程和观测更新方程相组合后的另一种 2×3 维的块分割广义 Cholesky 因子来求解的。

在7.5.2 节至7.7.2 节和7.7 节中，给出了基于上述方法的卡尔曼滤波器的不同实现方法。它们利用了7.4.4 节至7.4.7 节中给出的通用数值方法。

7.4.4 Cholesky 分解方法及其应用

对称乘积与广义 Cholesky 因子

矩阵 C 与其自身转置的乘积形式 $CC^{\mathrm{T}}=M$ 被称为 C 的对称乘积(Symmetric product)，C 被称为 M 的广义 Cholesky 因子(Generalized Cholesky factor)(参见附录 B 中的 B.6 节)。严格而言，一个广义 Cholesky 因子不是矩阵平方根，尽管在文献中这两个词语经常被互用(M 的矩阵平方根 S 是 $M=SS=S^2$ 的解，这里没有转置)。

所有的对称非负定矩阵(如协方差矩阵)都有广义 Cholesky 因子，但是给定对称非负定矩阵的广义 Cholesky 因子不是唯一的。对于任意正交矩阵 $\mathcal{J}$(即 $\mathcal{J}\mathcal{J}^{\mathrm{T}}=I$)，乘积 $\Gamma=C\mathcal{J}$ 使下式成立：

$$\Gamma\Gamma^{\mathrm{T}}=C\mathcal{J}\mathcal{J}^{\mathrm{T}}C^{\mathrm{T}}=CC^{\mathrm{T}}=M$$

也就是说，$\Gamma=C\mathcal{J}$ 也是 M 的广义 Cholesky 因子。将一个广义 Cholesky 因子变为另一个广义 Cholesky 因子对于卡尔曼滤波器的不同实现方法是很重要的。

在卡尔曼滤波中的应用 Cholesky 分解方法产生了三角形矩阵因子(Cholesky 因子)，在实现卡尔曼滤波器方程时可以利用这些因子的稀疏性。这些方法用于下列目的：

1. 实现平方根滤波器时用于协方差矩阵(P，R 和 Q)的分解。
2. 在使向量值测量的各分量之间的测量误差“去相关”时应用，使得这些分量可以作为独立标量值测量那样被串行处理(参见7.4.4 节)。
3. 在卡尔曼滤波器的传统形式中，当计算包含因子 $(HPH^{\mathrm{T}}+R)^{-1}$ 的矩阵表达式时，作为数值稳定方法的一部分(然而，这种矩阵求逆可以采用去相关方法加以避免)。
4. 在通过仿真对卡尔曼滤波器进行蒙特卡罗(Monte Carlo)分析时应用，此时将广义 Cholesky 因子用于产生具有指定均值和协方差矩阵的独立随机向量序列(参见4.3.9 节)。

分解算法

对称平方根 一个对称正定矩阵 P 的奇异值分解具有下列形式：

$$\begin{aligned}&P=\mathcal{E}\Lambda\mathcal{E}^{\mathrm{T}}\\&\mathcal{E}=\text{正交矩阵}\\&\Lambda=\text{对角矩阵，其对角线元素值为正 }\lambda_j>0\end{aligned}\tag{7.6}$$

P 的“特征结构”是由 $\mathcal{E}$ 的列 e_j 和 Λ 的对角元素 λ_j 表征的。e_j 是与高斯分布的等概率超椭圆的主轴相并行的单位向量，该高斯分布的协方差为 P，λ_j 为沿着这些轴的概率分布的对应方差。

另外，e_j和λ_j将 P 的特征向量-特征值分解定义为

$$P = \sum_{j=1}^{n} \lambda_j \, e_j e_j^{\mathrm{T}} \tag{7.7}$$

它们还将 P 的对称广义 Cholesky 因子定义为

$$C \stackrel{\mathrm{def}}{=} \sum_{j=1}^{n} \sqrt{\lambda_j} \, e_j e_j^{\mathrm{T}} \tag{7.8}$$

使得 $C^{\mathrm{T}}C = CC^{\mathrm{T}} = P$ 。第一个等式可根据 C 的对称特性(即 $C^{\mathrm{T}} = C$)得到，而第二个等式则来自于

$$CC^{\mathrm{T}} = \left[\sum_{j=1}^{n} \sqrt{\lambda_j} \, e_j e_j^{\mathrm{T}}\right] \left[\sum_{k=1}^{n} \sqrt{\lambda_k} \, e_k e_k^{\mathrm{T}}\right]^{\mathrm{T}} \tag{7.9}$$

$$= \sum_{j=1}^{n} \sum_{k=1}^{n} \sqrt{\lambda_j} \, \sqrt{\lambda_k} \, e_j \{e_j^{\mathrm{T}} \, e_k\} e_k^{\mathrm{T}} \tag{7.10}$$

$$\{e_j^{\mathrm{T}} \, e_k\} = \begin{cases} 0, & j \neq k \\ 1, & j = k \end{cases} \tag{7.11}$$

$$CC^{\mathrm{T}} = \sum_{j=1}^{n} \left[\sqrt{\lambda_j}\right]^2 \, e_j e_j^{\mathrm{T}} \tag{7.12}$$

$$CC^{\mathrm{T}} = \sum_{j=1}^{n} \lambda_j \, e_j e_j^{\mathrm{T}} \tag{7.13}$$

$$= P \tag{7.14}$$

MATLAB 函数 svd 可完成一般矩阵的奇异值分解。如果 P 为对称正定矩阵，则 MATLAB 命令“[E, Lambda, X] = svd(P)”可得到 P 的特征向量 e_j，它是 E 的列，还可得到 P 的特征值 λ_j，它是 Lambda 的对角元素。于是，可以利用下列 MATLAB 命令得到对称正定矩阵 P 的对称正定广义 Cholesky 因子 C：

```
[E,Lambda,X]  = svd(P);
sqrtD         = sqrt(Lambda);
C             = E*sqrtD*E';
```

在卡尔曼滤波中，对称矩阵平方根则并不如上那样受欢迎，因为有更简单的算法可以计算三角形 Cholesky 因子，但是在非线性滤波的基于采样的方法中，对称广义 Cholesky 因子则是有用的。

三角形 Cholesky 因子　回顾一个 $n \times m$ 维矩阵 C 的主对角线(Main diagonal)是元素集 $\{C_{ii} \mid 1 \leqslant i \leqslant \min(m,n)\}$ ，并且如果其主对角线一侧的元素值为零，则 C 被称为是三角形的。如果非零元素位于主对角线和主对角线上面部分，则这个矩阵被称为是上三角形(Upper triangular)的，如果非零元素位于主对角线或者主对角线下面部分，则这个矩阵被称为是下三角形(Lower triangular)的。

Cholesky 分解算法是计算对称非负定矩阵的三角形 Cholesky 因子的元素的方法。它根据给出的矩阵 P，通过求解 Cholesky 分解方程 $P = CC^{\mathrm{T}}$得到三角形矩阵 C，如下例所示。

例 7.6(3 × 3 维的例子)　考虑下例 3 × 3 维的例子，寻找对称矩阵 P 的下三角 Cholesky 因子 $P = CC^{\mathrm{T}}$：

$$\begin{bmatrix} p_{11} & p_{21} & p_{31} \\ p_{21} & p_{22} & p_{32} \\ p_{31} & p_{32} & p_{33} \end{bmatrix} = \begin{bmatrix} c_{11} & 0 & 0 \\ c_{21} & c_{22} & 0 \\ c_{31} & c_{32} & c_{33} \end{bmatrix} \begin{bmatrix} c_{11} & 0 & 0 \\ c_{21} & c_{22} & 0 \\ c_{31} & c_{32} & c_{33} \end{bmatrix}^{\mathrm{T}}$$

$$= \begin{bmatrix} c_{11}^2 & c_{11}c_{21} & c_{11}c_{31} \\ c_{11}c_{21} & c_{21}^2 + c_{22}^2 & c_{21}c_{31} + c_{22}c_{32} \\ c_{11}c_{31} & c_{21}c_{31} + c_{22}c_{32} & c_{31}^2 + c_{32}^2 + c_{33}^2 \end{bmatrix}$$

上面最后一个矩阵方程中左边和右边的对应矩阵元素相当于9个标量方程。然而，由于具有对称性，只有6个方程是独立的。这6个方程可以通过利用前面结果的形式按顺序进行求解，其求解顺序如下：

6个独立标量方程	利用前面计算结果得到的解
$p_{11} = c_{11}^2$	$c_{11} = \sqrt{p_{11}}$
$p_{21} = c_{11}c_{21}$	$c_{21} = p_{21}/c_{11}$
$p_{22} = c_{21}^2 + c_{22}^2$	$c_{22} = \sqrt{p_{22} - c_{21}^2}$
$p_{31} = c_{11}c_{31}$	$c_{31} = p_{31}/c_{11}$
$p_{32} = c_{21}c_{31} + c_{22}c_{32}$	$c_{32} = (p_{32} - c_{21}c_{31})/c_{22}$
$p_{33} = c_{31}^2 + c_{32}^2 + c_{33}^2$	$c_{33} = \sqrt{p_{33} - c_{31}^2 - c_{32}^2}$

也可以按照 $c_{11}, c_{21}, c_{31}, c_{22}, c_{32}, c_{33}$ 的顺序进行求解。

在上述算法表格中，可以按照 C 的行和列进行循环并利用前面的计算结果来求解。上面例子中有两个计算解决方案，一个是按照行-列的顺序进行循环，另一个则是按照列-行的顺序进行循环。还可以选择解 C 是下三角形式还是上三角形式。

在表7.3中给出了算法的解。左列部分可以采用嵌入的MATLAB函数 `chol` 通过 `C = chol(M)` 来实现，右列部分则可以用m文件 `utchol.m` 来实现。

表7.3 Cholesky分解算法

给定一个 $m \times m$ 维对称正定矩阵 M，计算三角矩阵 C，使得 $M = CC^{\mathrm{T}}$。

下三角结果

```
for j = 1: m,
 for i = 1 : j,
  sigma = M (i, j);
  for k = 1 : j - 1,
   sigma = sigma - C (i, k)*C (j, k);
  end;
  if i == j
   C (i, j) = sqrt (sigma);
  else
   C (i, j) = sigma/C (j, j)
  end;
 end;
end;
```

上三角结果

```
for j = m: -1:1,
  for i = j : -1:1,
   sigma = M (i, j);
   for k = j + 1 : m,
    sigma = sigma - C (i, k)*C (j, k);
   end;
   if i == j
    C (i, j) = sqrt (sigma);
   else
    C (i, j) = sigma/C (j, j)
   end;
  end;
end;
```

计算复杂度：$\frac{1}{6}m(m-1)(m+4)\text{flops} + m\sqrt{}$。

编程中的注意事项 MATLAB自动地将所有未分配的矩阵位置指定为零值。如果在后续过程中将所得Cholesky因子矩阵 C 视为三角形，并且不用加上或者乘上零元素，则这一点是不必要的。

修正 Cholesky(*UD*)分解算法

单位三角矩阵　如果一个上三角矩阵 U 的对角元素全部为 1，则它被称为是单位上三角矩阵(Unit upper triangular)。类似地，如果一个下三角矩阵 L 的对角元素全部为 1，则它被称为是单位下三角矩阵(Unit lower triangular)。

UD 分解算法　一个对称正定矩阵 M 的修正 Cholesky 分解(Modified Cholesky decomposition)是指将其分解为乘积 $M = UDU^{\mathrm{T}}$，使得 U 为单位上三角矩阵，并且 D 为对角矩阵。它也被称为 *UD* 分解。

在表 7.4 中，给出了 *UD* 分解的实现方法。该算法可以用 m 文件 `modchol.m` 实现。其输入为 M，返回 U 和 D 作为输出。这种分解也可以通过替代方式来实现，利用 D(在包含 M 的数组的对角线上)和 U(包含 M 的数组的严格上三角部分)来覆盖包含 M 的输入数组。这种算法与表 7.3 中给出的上三角 Cholesky 分解算法只有很小区别。最大的区别在于修正 Cholesky 分解算法不需要取标量平方根。

表 7.4　*UD* 分解算法

给定一个对称正定的 $m \times m$ 维矩阵 M，计算 M 的修正 Cholesky 因子 U 和 D，使得 U 为单位上三角矩阵，D 为对角矩阵，并且 $M = UDU^{\mathrm{T}}$。

```
for j = m : -1:1,
  for i = j : -1:1,
    sigma = M (i, j);
    for k = j + 1 : m,
      sigma = sigma - U (i, k) *D (k, k) *U (j, k);
    end;
    if i == j
      D (j, j) = sigma;
      U (j, j) = 1;
    else
      U (i, j) = sigma/D (j, j);
    end;
  end;
end;
```

计算复杂度：$\frac{1}{6}m(m-1)(m+4)$ flops $+ m$。

测量噪声的去相关

针对估计不确定性的协方差矩阵发展的分解方法也可以用于测量不确定性的协方差矩阵 R 的分解。这种操作对测量向量进行重新定义(通过对其分量的线性变换)，使得分量与分量之间的测量误差是不相关的。也就是说，测量不确定性的新的协方差矩阵是一个对角矩阵。在这种情况下，可以像不相关标量测量值那样对重新定义的测量向量的分量进行串行处理。采用这种方法以后，降低卡尔曼滤波器的计算复杂度①问题将在 7.7.1 节中进行讨论。

例如，假设

$$z = Hx + \xi \tag{7.15}$$

是一个测量灵敏度矩阵为 H 并且噪声为 ξ 的观测，并且 ξ 的分量与分量之间是相关的。也就是说，协方差矩阵

① 在 7.4.4 节中，将给出确定本章算法的计算复杂度所采用的方法。

$$\mathrm{E}\langle \xi\xi^{\mathrm{T}}\rangle = R \tag{7.16}$$

不是一个对角矩阵。于是，不能像具有统计独立测量误差的标量观测值那样对 z 的标量分量进行串行处理。

然而，R 总是可以分解为下列形式：

$$R = UDU^{\mathrm{T}} \tag{7.17}$$

其中，D 为对角矩阵，U 为上三角矩阵。单位三角矩阵具有下列有用的性质：

- 单位三角矩阵的行列式等于1。因此，单位三角矩阵总是非奇异的。特别地，它们总是具有逆矩阵。
- 单位三角矩阵的逆也是一个单位三角矩阵。单位上三角矩阵的逆是单位上三角矩阵，并且单位下三角矩阵的逆也是单位下三角矩阵。

没有必要通过计算 U^{-1}来完成测量去相关，但是从教学角度讲，利用 U^{-1}将测量值重新定义如下是有益的

$$\acute{z} = U^{-1}z \tag{7.18}$$

$$= U^{-1}(Hx + \xi) \tag{7.19}$$

$$= (U^{-1}H)x + (U^{-1}\xi) \tag{7.20}$$

$$= \acute{H}x + \acute{\xi} \tag{7.21}$$

也就是说，“新的”测量值 $\acute{z}$ 的测量灵敏度矩阵为 $\acute{H} = U^{-1}H$，并且观测误差为 $\acute{\xi} = U^{-1}\xi$。观测误差 $\acute{\xi}$ 的协方差矩阵 R'将为下列期望值：

$$R' = \mathrm{E}\langle \acute{\xi}\acute{\xi}^{\mathrm{T}}\rangle \tag{7.22}$$

$$= \mathrm{E}\langle (U^{-1}\xi)(U^{-1}\xi)^{\mathrm{T}}\rangle \tag{7.23}$$

$$= \mathrm{E}\langle U^{-1}\xi\xi^{\mathrm{T}}U^{\mathrm{T}-1}\rangle \tag{7.24}$$

$$= U^{-1}\mathrm{E}\langle \xi\xi^{\mathrm{T}}\rangle U^{\mathrm{T}-1} \tag{7.25}$$

$$= U^{-1}RU^{\mathrm{T}-1} \tag{7.26}$$

$$= U^{-1}(UDU^{\mathrm{T}})U^{\mathrm{T}-1} \tag{7.27}$$

$$= D \tag{7.28}$$

这说明重新定义测量值以后，测量误差的分量是不相关的，这正是对新的向量值测量的分量进行串行化处理所需要的。

为了使测量误差不相关，必须在给定 z，H 和 U 情况下，通过求解下列单位上三角方程组

$$U\acute{z} = z \tag{7.29}$$

$$U\acute{H} = H \tag{7.30}$$

得到 $\acute{z}$ 和 $\acute{H}$。正如前面所指出的，在求解 $\acute{z}$ 和 $\acute{H}$ 时，没有必要对 U 进行求逆运算。

求解单位三角方程组 上面提到，在测量误差去相关过程中，没有必要求 U 的逆矩阵。实际上，只需要求解形如 $UX = Y$ 的方程组，其中 U 为单位三角矩阵，X 和 Y 具有适当的维数。其目标是给定 Y，求解出 X。可以采用回代(Back substitution)方法来完成。表7.5中列

出的算法即采用了回代方法进行求解。在右面部分中利用 $U^{-1}Y$ 来覆盖 Y。在将几个方法组合为一个专用方法，比如对向量值测量去相关时，这种特性是有用的。

表 7.5 单位上三角方程组求解

输入：$m\times m$ 维单位上三角矩阵 U；$m\times p$ 矩阵 Y 输出：$X:=U^{-1}Y$	输入：$m\times m$ 维单位上三角矩阵 U；$m\times p$ 矩阵 Y 输出：$Y:=U^{-1}Y$(替代)

```
for j = 1 : p,
 for i = m: -1:1,
  X (i,j) = Y (i,j);
  for k = i + 1 : m,
  X (i,j) = X(i,j) - U(i,k)*X(k,j);
  end;
 end;
end;
```

```
for j = 1 : p,
 for i = m: -1:1,
  for k = i + 1 : m,
   Y (i,j) = Y (i,j) - U (i,k)*Y (k,j);
  end;
 end;
end;
```

计算复杂度：$pm(m-1)/2$ flops。

测量去相关的具体过程　在表 7.6 中，列出了测量去相关的完整过程。首先用替代方法将 R 分解为 $R=UDU^{\mathrm{T}}$(利用 $\acute{R}=D$ 覆盖 R 的对角线元素，并且利用 U^{-1} 的严格上三角部分覆盖 R 的严格上三角部分)，然后再完成 UD 分解以及采用替代方法求解上三角系统(利用 $U^{-1}H$ 覆盖 H，并且用 $U^{-1}z$ 覆盖 z)。

表 7.6 测量去相关过程

向量值测量为 $z=Hx+v$，其测量误差的分量是相关的，即 $E\langle vv\rangle^{\mathrm{T}}=R$，它被变换为测量误差的分量是不相关的测量 $\acute{z}=\acute{H}x+\acute{v}$，即 $\acute{v}:E<\acute{v}\acute{v}^{\mathrm{T}}>$ 是一个对角矩阵。变换方法是先将 R 分解为 UDU^{T}，并且利用 D 覆盖 R 的对角线，然后再利用 $\acute{H}=U^{-1}H$ 覆盖 H，并且利用 $\acute{z}=U^{-1}z$ 覆盖 z。

符号	定义
R	输入：测量不确定性的 $\ell\times\ell$ 维协方差矩阵
	输出：D(对角线部分)，U(对角线以上部分)
H	输入：$\ell\times n$ 维测量灵敏度矩阵
	输出：用 $\acute{H}=U^{-1}H$ 覆盖
z	输入：ℓ 维测量向量
	输出：用 $\acute{z}=U^{-1}z$ 覆盖

过程：

1. 采用替代方法完成 UD 分解。
2. 采用替代方法求解 $U\acute{z}=z$ 和 $U\acute{H}=H$。

计算复杂度：$\frac{1}{6}\ell(\ell-1)(\ell+4)+\frac{1}{2}\ell(\ell-1)(n+1)$ flops

对称正定方程组的解

Cholesky 分解为求解形如 $AX=Y$ 的方程组提供了一种有效且数值稳定的方法，这里 A 是一个对称正定矩阵。修正 Cholesky 分解方法甚至会更好，因为它避免了求标量平方根的过程。在没有明显求逆矩阵的传统卡尔曼滤波器中，这是构造 $\acute{R}=D$ 的推荐方法。也就是说，如果将 $HPH^{\mathrm{T}}+R$ 分解为 UDU^{T}，则

$$[UDU^{\mathrm{T}}][HPH^{\mathrm{T}}+R]^{-1}H=H \tag{7.31}$$

于是，只需求解

$$UDU^{\mathrm{T}}X=H \tag{7.32}$$

就可以得到 X。这可以通过求解下列三个问题来实现

$$\text{求解 } UX_{[1]} = H \text{ 得到 } X_{[1]} \tag{7.33}$$

$$\text{求解 } DX_{[2]} = X_{[1]} \text{ 得到 } X_{[2]} \tag{7.34}$$

$$\text{求解 } U^{\mathrm{T}}X = X_{[2]} \text{ 得到 } X \tag{7.35}$$

上面第一个是单位上三角方程组，这已经在前一小节中得以求解。第二个是独立标量方程组，其解很简单。最后一个是单位下三角方程组，这可以采用“前向替换”方法求解——这种方法是回代方法的简单修改。这种方法的计算复杂度是 m^2p，其中 m 是 A 的行和列的维数，p 是 X 和 Y 的列的维数。

将协方差矩阵变换为信息矩阵

信息矩阵是协方差矩阵的逆矩阵——反之亦然。尽管矩阵求逆通常是要尽可能避免的，但也并不是在任何情况下都可以避免。这里给出的就是一个需要矩阵求逆的问题。

除非有一个矩阵（P 或者 Y）为正定矩阵，否则求逆是不可能的，在这种情况下两个矩阵都将是正定的，并且它们将有相同的条件数。如果它们的条件足够良好，则可以通过 UD 分解采用替代方法求逆，然后再用替代方法求逆并重新组成。这种替代式 UD 分解方法在表7.4中已经给出。在表7.7中，给出了采用替代方法对结果求逆的程序。在表7.8中，简要给出了采用这两种方法求逆矩阵的程序。但是在应用这种方法时需要慎重。

表7.7 单位上三角矩阵求逆

输入/输出：$m \times m$ 维单位上三角矩阵 U（U 被 U^{-1} 覆盖）

```
for i = m : -1:1,
  for j = m : -1 : i + 1,
    U (i, j) = -U (i, j);
    for k = i + 1 : j - 1,
       U (i, j) = U (i, j) - U (i, k)*U (k, j);
    end;
  end;
end;
```

计算复杂度：$m(m-1)(m-2)/6$ flops。

表7.8 对称正定矩阵求逆过程

采用替代方法对一个对称正定矩阵求逆

符号	描述
M	输入：$m \times m$ 维对称正定矩阵 输出：利用 M^{-1} 覆盖 M
步骤：	1. 采用替代方法对 M 进行 UD 分解 2. 采用替代方法对 U 求逆（在 M – 数组中） 3. 采用替代方法对 D 求逆：for $i=1:m$，$M(i,i)=1/M(i,i)$；结束 4. 采用替代方法重新组成 $M^{-1}=(U^{\mathrm{T}}D^{-1})U^{-1}$

```
for j=m:-1:1,
  for i=j:-1:1,
    if i==j
      s = M(i,i);
    else
      s = M(i,i)*M(i,j);
    end;
    for k=1:i-1,
      s = s + M(k,i)*M(k,k)*M(k,j);
    end;
```

(续表)

符号	描述

	`M(i,j) = s;`
	`M(j,i) = s;`
	`end;`
	`end;`

计算复杂度：$(m-1)(2m+5)/6$ flops。	

计算复杂度

采用参考文献[16]和[17]中给出的一般方法，可以推导出利用广义 Cholesky 因子的方法的计算复杂度公式，如表 7.9 所示。

表 7.9 计算复杂度公式

$m \times m$ 维矩阵的 Cholesky 分解

$$C_{\text{Cholesky}} = \sum_{j=1}^{m}\left[m-j+\sum_{i=j}^{m}(m-j)\right] = \frac{1}{3}m^3+\frac{1}{2}m^2-\frac{5}{6}m$$

$m \times m$ 维矩阵的 UD 分解

$$C_{UD} = \sum_{j=1}^{m}\left[m-j+\sum_{i=j}^{m}2(m-j)\right] = \frac{2}{3}m^3+\frac{1}{2}m^2-\frac{7}{6}m$$

$m \times m$ 维单位三角矩阵求逆

$$C_{\text{UTINV}} = \sum_{i=1}^{m-1}\sum_{j=i+1}^{m}(j-i-1) = \frac{1}{6}m^3-\frac{1}{2}m^2+\frac{1}{3}m$$

测量去相关($\ell \times n$ H 矩阵)

$$C_{\text{DeCorr}} = C_{UD}+\sum_{i=1}^{\ell-1}\sum_{k=i+1}^{\ell}(n+1) = \frac{2}{3}\ell^3+\ell^2-\frac{5}{3}\ell+\frac{1}{2}\ell^2 n-\frac{1}{2}\ell n$$

$m \times m$ 维协方差矩阵求逆

$$C_{\text{COVINV}} = C_{UD}+C_{\text{UTINV}}+m+\sum_{i=1}^{m}[i(i-1)(m-i+1)] = m^3+\frac{1}{2}m^2+\frac{1}{2}m$$

7.4.5 利用去相关实现卡尔曼滤波器

Kaminski[18]已经指出，如有必要可以采用表 7.6 中给出的误差去相关算法，通过对向量值观测的分量进行序贯处理来提高传统卡尔曼滤波器观测更新实现的计算效率。采用表 7.10中给出的序贯方法的运算量公式，通过比较两种方法的粗略运算量，可以对采用测量去相关方法节省的运算量进行评估。必须乘以实现标量观测更新方程时所需的运算次数 ℓ，并且加上完成去相关所需的运算次数。

去相关方法的计算优势在于只需要

$$\frac{1}{3}\ell^3-\frac{1}{2}\ell^2+\frac{7}{6}\ell-\ell n+2\ell^2 n+\ell n^2 \text{ flops}$$

也就是说，它在完成向量值测量的去相关以及对分量进行串行处理的过程中，需要的 flops 要少得多。

表 7.10　对测量值序贯处理的运算量

运算	Flops
$H \times P_{(-)}$	n^2
$H \times [HP_{(-)}]^{\mathrm{T}} + R$	n
$\{H[HP_{(-)}]^{\mathrm{T}} + R\}^{-1}$	1
$\{H[HP_{(-)}]^{\mathrm{T}} + R\}^{-1} \times [HP_{(-)}]$	n
$P_{(-)} - [HP_{(-)}] \times \{H[HP_{(-)}]^{\mathrm{T}} + R\}^{-1}[HP_{(-)}]$	$\frac{1}{2}n^2 + \frac{1}{2}n$
总数（每个分量）$\times\ell$ 分量	$(\frac{1}{2}n^2 + \frac{5}{2}n + 1) \times \ell$
+去相关复杂度	$\frac{2}{3}\ell^3 + \ell^2 - \frac{5}{3}\ell + \frac{1}{2}\ell^2 n - \frac{1}{2}\ell n$
总运算量	$\frac{2}{3}\ell^3 + \ell^2 - \frac{2}{3}\ell + \frac{1}{2}\ell^2 n + 2\ell + n\frac{1}{2}\ell n^2$

7.4.6　初等矩阵的对称平方根

初等矩阵

初等矩阵的是指形如 $I - svw^{\mathrm{T}}$ 的矩阵，其中 I 为单位矩阵，s 是一个标量，v 和 w 是维数与 I 的行维数相同的列向量。初等矩阵有一个性质，即它们的乘积也是初等矩阵。并且它们的平方也是具有相同向量值($\boldsymbol{v}$, $\boldsymbol{w}$)和不同标量值(s)的初等矩阵。

对称初等矩阵

如果一个初等矩阵的 $v = w$，则它是对称的。这种矩阵的平方具有相同的形式，即

$$(I - \sigma \boldsymbol{v}\boldsymbol{v}^{\mathrm{T}})^2 = (I - \sigma \boldsymbol{v}\boldsymbol{v}^{\mathrm{T}})(I - \sigma \boldsymbol{v}\boldsymbol{v}^{\mathrm{T}}) \tag{7.36}$$

$$= I - 2\sigma \boldsymbol{v}\boldsymbol{v}^{\mathrm{T}} + \sigma^2 |\boldsymbol{v}|^2 \boldsymbol{v}\boldsymbol{v}^{\mathrm{T}} \tag{7.37}$$

$$= I - (2\sigma - \sigma^2 |\boldsymbol{v}|^2)\boldsymbol{v}\boldsymbol{v}^{\mathrm{T}} \tag{7.38}$$

$$= I - s\boldsymbol{v}\boldsymbol{v}^{\mathrm{T}} \tag{7.39}$$

$$s = (2\sigma - \sigma^2 |\boldsymbol{v}|^2) \tag{7.40}$$

对称初等矩阵的对称平方根

我们还可以对上面最后一个等式进行求逆，得到对称初等矩阵($I - s\boldsymbol{v}\boldsymbol{v}^{\mathrm{T}}$)的平方根。这可以通过求解下列标量二次方程来实现

$$s = 2\sigma - \sigma^2 |\boldsymbol{v}|^2 \tag{7.41}$$

$$\sigma^2 |\boldsymbol{v}|^2 - 2\sigma + s = 0 \tag{7.42}$$

得到的解为

$$(I - s\boldsymbol{v}\boldsymbol{v}^{\mathrm{T}})^{1/2} = I - \sigma \boldsymbol{v}\boldsymbol{v}^{\mathrm{T}} \tag{7.43}$$

$$\sigma = \frac{1 + \sqrt{1 - s|\boldsymbol{v}|^2}}{|\boldsymbol{v}|^2} \tag{7.44}$$

为了使平方根为实数矩阵，被开方数必须满足

$$1 - s|\boldsymbol{v}|^2 \geqslant 0 \tag{7.45}$$

7.4.7　三角化方法

最小二乘问题的三角化方法

这些方法最初是针对求解最小二乘问题提出来的。超定系统

$$Ax = b$$

可以通过寻找正交矩阵 T，使得乘积 $B = TA$ 成为三角矩阵的方法来有效地并且相对精确地求解。在这种情况下，可以通过回代方法求解下列三角方程组：

$$Bx = Tb$$

A 的三角化(QR 分解)

线性代数定理指出，任意一个普通的矩阵 A 都可以表示为下列乘积形式①：

$$A = C_{k+1(-)}T \tag{7.46}$$

其中，$C_{k+1(-)}$ 为三角矩阵，T 为正交矩阵。这种类型的分解被称为 QR 分解(QR decomposition)或者三角化(Triangularization)。利用这种三角化方法，下列对称矩阵乘积分解：

$$P_{k+1(-)} = AA^{\mathrm{T}} \tag{7.47}$$

$$= [C_{k+1(-)}T][C_{k+1(-)}T]^{\mathrm{T}} \tag{7.48}$$

$$= C_{k+1(-)}TT^{\mathrm{T}}C_{k+1(-)}^{\mathrm{T}} \tag{7.49}$$

$$= C_{k+1(-)}(TT^{\mathrm{T}})C_{k+1(-)}^{\mathrm{T}} \tag{7.50}$$

$$= C_{k+1(-)}C_{k+1(-)}^{\mathrm{T}} \tag{7.51}$$

也定义了 $P_{k+1(-)}$ 采用 $C_{k+1(-)}$ 表示的三角化 Cholesky 分解。这是对 P 的 Cholesky 因子进行时间更新的基础。

三角化在卡尔曼滤波中的应用

矩阵三角化方法最初是针对求解最小二乘问题而发展起来的。在卡尔曼滤波中，它们主要用于：

- 对估计不确定性的协方差矩阵的广义 Cholesky 因子进行时间更新，下面将对此进行阐述。
- 对估计信息矩阵的广义 Cholesky 因子进行观测更新，在 7.7.3 节中将对此进行阐述。
- 对估计不确定性的协方差矩阵的广义 Cholesky 因子进行组合更新(观测更新和时间更新)，在 7.7.2 节中将对此进行阐述。

Gentleman[19] 提出的修正 Givens 旋转方法也被用于对协方差矩阵的修正 Cholesky 因子进行时间更新。

在这些应用中，和在大多数最小二乘应用中一样，正交矩阵因子并不是重要的。产生的三角因子是所期望的结果，并且也提出了计算三角因子的数值稳定方法。

三角化算法

在接下来的小节中，将给出两种更加稳定的矩阵三角化方法。这些方法是基于正交变换(矩阵)得到的，将正交变换应用于(乘以)一般矩阵以后，可以将它们简化为三角

① 这是伪装的“QR”分解。它在习惯上通常表示为 $A = QR$(这正是其名称的来源)，其中 Q 为正交矩阵，R 为三角矩阵。然而，正如前面所指出的，在本书中我们已经用符号 Q 和 R 表示其他含义了。在这里的 QR 分解例子中，它采用了转置形式 $A^{\mathrm{T}} = T^{\mathrm{T}}C_{k+1(-)}^{\mathrm{T}}$，其中 T^{T} 为原来 Q(正交因子)的代替，$C_{k+1(-)}^{\mathrm{T}}$ 为原来 R(三角因子)的代替。

形式。两种方法都发表于同一年(1958 年),并且也都将需要的变换定义为“初等”正交变换的乘积

$$T = T_1 T_2 T_3 \cdots T_m \tag{7.52}$$

这些初等变换都是 Givens 旋转(Givens rotations)或者 Householder 反射(Householder reflections)。在每种情况下,都是通过使主对角线一侧的非零元素为零来实现对角化的。Givens 旋转是逐个使这些元素成为零的。Householder 反射则是在每一次应用中使元素的整个子行都成为零。必须要对应用的这种变换的顺序进行约束,使它们不会使前面已经变为零的元素又“不为零”了。

基于 Givens 旋转的三角化

Givens[20] 提出的这种三角化方法利用了具有下列形式的平面旋转矩阵(plane rotation matrix)$T_{ij}(\theta)$:

$$T_{ij}(\theta) = \begin{array}{c} \\ \\ \\ j \\ \\ \\ \\ i \\ \\ \\ \\ \end{array} \begin{bmatrix} 1 & \cdots & 0 & 0 & 0 & \cdots & 0 & 0 & 0 & \cdots & 0 \\ \vdots & \ddots & \vdots & \vdots & \vdots & & \vdots & \vdots & \vdots & & \vdots \\ 0 & \cdots & 1 & 0 & 0 & \cdots & 0 & 0 & 0 & \cdots & 0 \\ 0 & \cdots & 0 & \cos(\theta) & 0 & \cdots & 0 & \sin(\theta) & 0 & \cdots & 0 \\ 0 & \cdots & 0 & 0 & 1 & \cdots & 0 & 0 & 0 & \cdots & 0 \\ \vdots & & \vdots & \vdots & \vdots & \ddots & \vdots & \vdots & \vdots & & \vdots \\ 0 & \cdots & 0 & 0 & 0 & \cdots & 1 & 0 & 0 & \cdots & 0 \\ 0 & \cdots & 0 & -\sin(\theta) & 0 & \cdots & 0 & \cos(\theta) & 0 & \cdots & 0 \\ 0 & \cdots & 0 & 0 & 0 & \cdots & 0 & 0 & 1 & \cdots & 0 \\ \vdots & & \vdots & \vdots & \vdots & & \vdots & \vdots & \vdots & \ddots & \vdots \\ 0 & \cdots & 0 & 0 & 0 & \cdots & 0 & 0 & 0 & \cdots & 1 \end{bmatrix} \tag{7.53}$$

(矩阵上方列标:j 位于 $\cos(\theta)$ 所在列,i 位于 $\sin(\theta)$ 所在列。)

它也被称为 Givens 旋转矩阵(Givens rotation matrix)或者 Givens 变换矩阵(Givens transformation matrix)。除了在第 i 行/列与第 j 行/列的四个位置以外,平面旋转矩阵外观上看起来与单位矩阵相同。如果在另一个矩阵的右侧乘上它,则只会对矩阵乘积的第 i 和第 j 列产生影响。它使一个行向量或者列向量的第 i 个元素与第 j 个元素旋转,如图 7.3 所示。它可以用于使将变为零的元素之一发生旋转,这正是它在三角化中的应用方法。

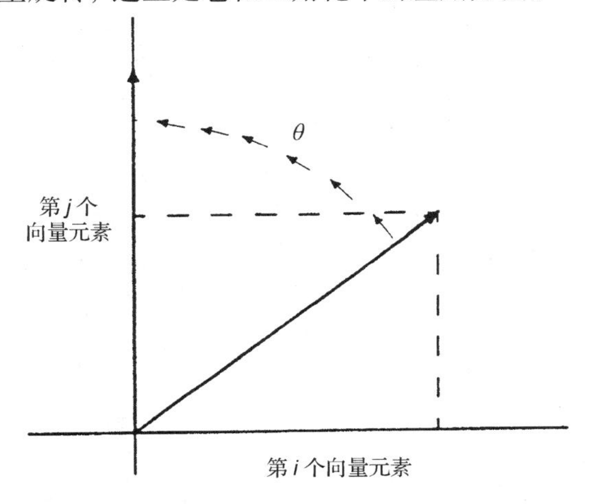

图 7.3　通过平面旋转进行元素变换

利用 Givens 旋转使矩阵 A 对角化，是通过在它的一边用 Givens 旋转矩阵连续相乘来实现的，具体见下面的例子。

例 7.7(2×2 维矩阵举例) 考虑通过在右边乘上 Givens 旋转矩阵的方法，使下面的 2×3维符号矩阵上三角化：

$$A = \begin{bmatrix} a_{11} & a_{12} & a_{13} \\ a_{21} & a_{22} & a_{23} \end{bmatrix} \tag{7.54}$$

第一个乘积为

$$\begin{aligned} \acute{A}(\theta) &= AT_{23}(\theta) \\ &= \begin{bmatrix} a_{11} & a_{12} & a_{13} \\ a_{21} & a_{22} & a_{23} \end{bmatrix} \begin{bmatrix} 1 & 0 & 0 \\ 0 & \cos(\theta) & \sin(\theta) \\ 0 & -\sin(\theta) & \cos(\theta) \end{bmatrix} \\ &= \begin{bmatrix} a_{11} & a_{12}\cos(\theta) - a_{13}\sin(\theta) & a_{12}\sin(\theta) + a_{13}\cos(\theta) \\ a_{21} & \boxed{a_{22}\cos(\theta) - a_{23}\sin(\theta)} & a_{22}\sin(\theta) + a_{23}\cos(\theta) \end{bmatrix} \end{aligned}$$

如果 $a_{22}^2 + a_{23}^2 = 0$，则乘积中框内的元素将为零，并且如果 $a_{22}^2 + a_{23}^2 > 0$，则下列值：

$$\cos(\theta) = \frac{a_{23}}{\sqrt{a_{22}^2 + a_{23}^2}}, \quad \sin(\theta) = \frac{a_{22}}{\sqrt{a_{22}^2 + a_{23}^2}}$$

将使之为零。所得到的矩阵 $\acute{A}$ 又可以在右边被乘上 Givens 旋转矩阵 $T_{13}(\acute{\theta})$，得到第二个中间矩阵形式如下：

$$\begin{aligned} \breve{A}(\grave{\theta}) &= AT_{23}(\theta)T_{13}(\grave{\theta}) \\ &= \begin{bmatrix} a_{11} & \acute{a}_{12} & \acute{a}_{13} \\ a_{21} & 0 & \acute{a}_{23} \end{bmatrix} \begin{bmatrix} \cos(\grave{\theta}) & & \sin(\grave{\theta}) \\ 0 & 1 & 0 \\ -\sin(\grave{\theta}) & 0 & \cos(\grave{\theta}) \end{bmatrix} \\ &= \begin{bmatrix} \grave{a}_{11} & \acute{a}_{12} & \grave{a}_{13} \\ 0 & 0 & \grave{a}_{23} \end{bmatrix} \end{aligned}$$

其中，$\grave{\theta}$ 使下式成立

$$\cos(\grave{\theta}) = \frac{\acute{a}_{23}}{\sqrt{\acute{a}_{21}^2 + \acute{a}_{23}^2}}, \quad \sin(\grave{\theta}) = \frac{\acute{a}_{21}}{\sqrt{\acute{a}_{21}^2 + \acute{a}_{23}^2}}$$

经过第三次 Givens 旋转以后，得到最后的矩阵形式如下：

$$\begin{aligned} \breve{A}(\grave{\theta}) &= AT_{23}(\theta)T_{13}(\grave{\theta})T_{12}(\grave{\theta}) \\ &= \begin{bmatrix} \grave{a}_{11} & \acute{a}_{12} & \grave{a}_{13} \\ 0 & 0 & \grave{a}_{23} \end{bmatrix} \begin{bmatrix} \cos(\grave{\theta}) & \sin(\grave{\theta}) & 0 \\ -\sin(\grave{\theta}) & \cos(\grave{\theta}) & 0 \\ 0 & 0 & 1 \end{bmatrix} \\ &= \begin{bmatrix} 0 & \grave{a}_{12} & \grave{a}_{13} \\ 0 & 0 & \grave{a}_{23} \end{bmatrix} \end{aligned}$$

其中，$\grave{\theta}$ 使下式成立：

$$\cos(\grave{\theta}) = \frac{\acute{a}_{12}}{\sqrt{\grave{a}_{11}^2 + \acute{a}_{12}^2}}, \quad \sin(\grave{\theta}) = \frac{\grave{a}_{11}}{\sqrt{\grave{a}_{11}^2 + \acute{a}_{12}^2}}$$

最后结果中剩下的非零部分就是上三角子矩阵，它正好是在原始矩阵维数的范围内调整得到的。

在连续应用 Givens 旋转矩阵时，必须要对其顺序进行约束，以避免使经过前面 Givens 旋转变为零的矩阵元素又“不为零”。图 7.4 中对能够确保不会产生这种自扰的约束进行了说明。如果假设要消除的元素(在图中用 x 表示)位于第 i 列和第 k 行，并且将要被三角化的矩阵的相应对角元素位于第 j 列，则只需通过 Givens 旋转消除这两列中位于第 k 行以下的元素就可以了。其原因很简单：Givens 旋转只能构造出这两列中行元素的线性组合。如果这些行元素已经为零了，则它们的任意线性组合也将为零。这样做就不会产生影响。

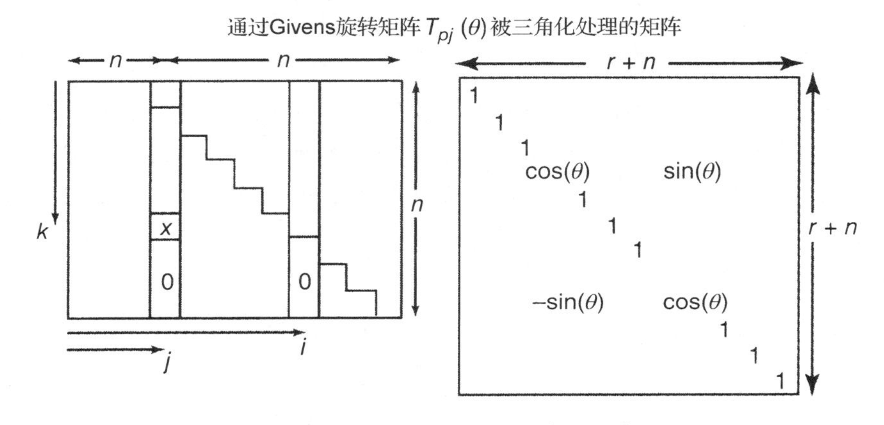

图 7.4 对 Givens 三角化顺序的约束

一种 Givens 三角化算法 可以将前面例子中采用的方法推广为一种算法，用于对 $n \times (n+r)$ 维矩阵进行上三角化处理。该算法具体如下：

输入： n × (n + r)维矩阵 A.

输出： A 被改写为上三角矩阵 C，只是在数组内部调整，使得CC′的输出值等于 AA′ 的输入值。

```
for i = n : -1:1,
    for j = 1 : r + i,
      rho = sqrt (A (i, r + i)^2+A (i, j)^2);
      s = A (i, j)/ rho;
      c = A (i, r + i)/ rho;
      for k = 1 : i,
                   x = c*A (k, j) - s*A (k, r + i);
        A (k, r + i) = s*A (k, j) + c*A (k, r + i);
           A (k, j) = x;
     end;
  end;
end;
```

在这个算法的具体形式中，最外面的循环(在列表中指标为 i 的循环)一次使矩阵 A 的一行的元素为零。也可以设计出类似的算法，其最外面的循环一次使一列的元素为零。

基于 Householder 反射的三角化

这种三角化方法是由 Householder[21] 发现的。它采用下列形式的初等矩阵：

$$T(\xi) = I - \frac{2}{\xi^{\mathrm{T}}\xi}\xi\xi^{\mathrm{T}} \tag{7.55}$$

其中，ξ 为列向量，I 为具有相同维数的单位矩阵。这种特殊形式的初等矩阵被称为 Householder 反射(Householder reflection)、Householder 变换(Householder transformation)或者 Householder 矩阵(Householder matrix)。

注意 Householder 变换矩阵总是对称的，并且它们还是正交的，因为

$$T(\xi)T^{\mathrm{T}}(\xi) = \left(I - \frac{2}{\xi^{\mathrm{T}}\xi}\xi\xi^{\mathrm{T}}\right)\left(I - \frac{2}{\xi^{\mathrm{T}}\xi}\xi\xi^{\mathrm{T}}\right) \tag{7.56}$$

$$= I - \frac{4}{\xi^{\mathrm{T}}\xi}\xi\xi^{\mathrm{T}} + \frac{4}{(\xi^{\mathrm{T}}\xi)^2}\xi(\xi^{\mathrm{T}}\xi)\xi^{\mathrm{T}} \tag{7.57}$$

$$= I \tag{7.58}$$

它们之所以被称为反射(reflections)是因为它们能够将任意矩阵变换为其在向量 ξ 的法平面(或超平面[①])上的“镜反射”(Mirror reflection)，如图 7.5 所示(以三维 ξ 和 x 为例)。通过选择适当的镜像平面，可以沿着任意方向来放置反射向量 $T(\xi)x$，包括与任意坐标轴平行的方向。

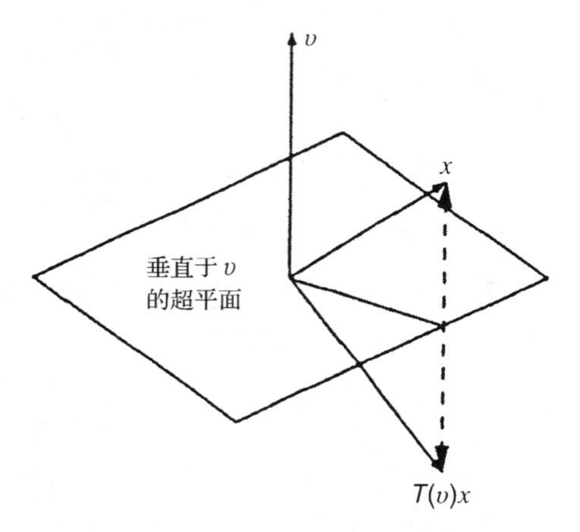

图 7.5　向量 x 的 Householder 反射

例 7.8(沿着一个坐标轴的 Householder 反射)　令 x 为任意的 n 维行向量，并且令

$$e_k \stackrel{\text{def}}{=} [0 \quad 0 \quad 0 \quad \ldots \quad 0 \quad \overset{k}{1} \quad 0 \quad \ldots \quad 0]$$

为 $n \times n$ 维单位矩阵的第 k 行。如果将 Householder 反射 $T(\xi)$ 的向量 ξ 定义为

$$\xi = x^{\mathrm{T}} + \alpha e_k^{\mathrm{T}}$$

其中，α 是一个标量，则内积

$$\xi^{\mathrm{T}}\xi = |x|^2 + 2\alpha x_k + \alpha^2$$

$$x\xi = |x|^2 + \alpha x_k$$

① 向量 ξ 的法向超平面的维数将比包含 ξ 的空间的维数更小。如图中所示，ξ 为一个三维向量(即包含 ξ 的空间是三维的)，而 ξ 的法向超平面则是一个二维平面。

其中，x_k是 x 的第 k 个元素。则 x 的 Householder 反射 $xT(\xi)$ 将为

$$\begin{aligned} xT(\xi) &= x\left(I - \frac{2}{\xi^T\xi}\xi\xi^T\right) \\ &= x\left(I - \frac{2}{x^T x + 2\alpha x_k + \alpha^2}\xi\xi^T\right) \\ &= x - \frac{2x\xi}{|x|^2 + 2\alpha x_k + \alpha^2}\xi^T \\ &= x - \frac{2(|x|^2 + \alpha x_k)}{|x|^2 + 2\alpha x_k + \alpha^2}(x + \alpha e_k) \\ &= \left[1 - \frac{2(|x|^2 + \alpha x_k)}{|x|^2 + 2\alpha x_k + \alpha^2}\right]x - \left[\frac{2\alpha(|x|^2 + \alpha x_k)}{|x|^2 + 2\alpha x_k + \alpha^2}\right]e_k \\ &= \left[\frac{\alpha^2 - |x|^2}{|x|^2 + 2\alpha x_k + \alpha^2}\right]x - \left[\frac{2\alpha(|x|^2 + \alpha x_k)}{|x|^2 + 2\alpha x_k + \alpha^2}\right]e_k \end{aligned}$$

因此，如果令

$$\alpha = \mp|x| \tag{7.59}$$

则有

$$xT(\xi) = \pm|x|e_k \tag{7.60}$$

也就是说，$xT(\xi)$是与第 k 个坐标轴平行的。

在上述例子中，如果 x 为 $n\times(n+r)$ 维矩阵的最后一行向量，即

$$M = \begin{bmatrix} Z \\ x \end{bmatrix}$$

并且令 $k=1$，则

$$MT(\xi) = \begin{bmatrix} ZT(\xi) \\ xT(\xi) \end{bmatrix} \tag{7.61}$$

$$= \begin{bmatrix} & & & ZT(\xi) & & \\ 0 & 0 & 0 & \dots & 0 & |x| \end{bmatrix} \tag{7.62}$$

这是采用 Householder 反射方法使矩阵上三角化的第一步。

基于连续 Householder 反射的上三角化　单个 Householder 反射可以用于使矩阵整个一行中位于对角线左边的全部元素变为零，如图 7.6 所示。在这种情况下，由 Householder 反射处理的向量 x 是由这个矩阵中某行前面的 k 个元素组成的行向量。因此，Householder 反射矩阵 $T(\xi)$的维数只需要为 k，这会严格小于矩阵中将被三角化的列的数量。这个“不够大的”矩阵位于变换矩阵的左上角，而剩余的对角块则用(具有适当维数的)单位矩阵 I 来填满，使得所得变换矩阵的行的维数(Row dimension)等于将被三角化的矩阵的列的维数(Column dimension)。只要 $T(\xi)$是正交矩阵，得到的复合矩阵就总是对角矩阵。

这种构造具有两个重要特点。一是单位矩阵的存在将使第 k 列右侧的列不会受到变换的干扰。二是变换不会使前面变为零的行又“不为零”。这两个特点结合起来，就可以通过一系列变换使矩阵三角化，如图 7.7 所示。注意每完成一步，Householder 变换就变得更小一些。

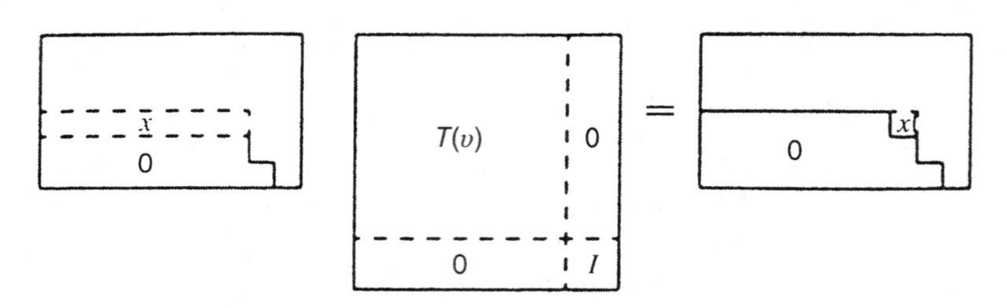

图7.6　利用 Householder 反射使一个子行变为零

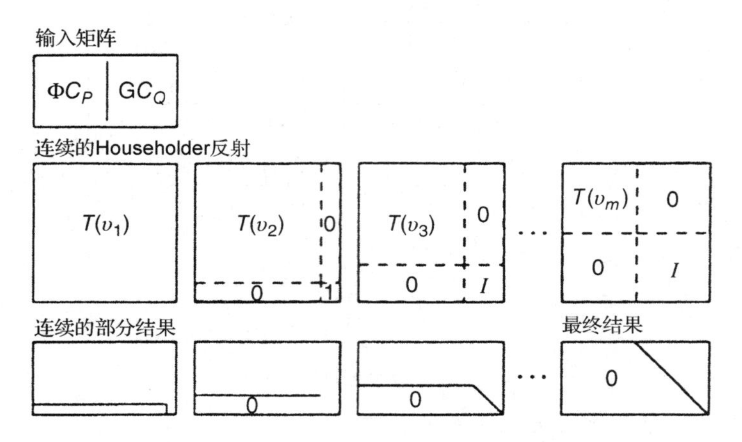

图7.7　利用 Householder 反射实现上三角化

Householder 三角化算法　下面给出的算法利用一个暂存的$(n+r)$维向量ξ，以替代方法完成了对$n\times(n+r)A$维矩形阵的上三角化。得到的是一个$n\times n$维上三角矩阵，正好是矩阵A调整后所得结果。

在这个算法中，为了使之更具数值稳定性，包含了比例改变的计算过程(涉及绝对值函数 abs)。在 Golub 和 Van Loan[17] 提出的 Householder 三角化方法以后，又进行了修改。对于从右侧而不是左侧进行 Householder 变换的应用，以及在卡尔曼滤波器实现中所用的特殊形式的输入矩阵而言，这种修改是必要的。在后面的表7.14中，进一步给出了卡尔曼滤波中的这种具体算法。

```
for k = n: -1:1,
    sigma = 0;
    for j = 1 : r + k,
       sigma = sigma + A (k, j)^ 2;
    end;
a = sqrt (sigma);
sigma = 0;
for j = 1 : r + k,
   if j == r + k
     v (j) = A (k, j) - a;
   else
     v (j) = A (k, j);
   end;
   sigma = sigma + v (j)^ 2;
end;
a = 2/sigma;
for i = 1 : k,
sigma = 0;
```

```
    for j = 1 : r + k,
       sigma = sigma + A (i, j)*v (j);
    end;
    b = a* sigma;
    for j = 1 : r + k,
       A (i, j) = A (i, j) - b* v (j);
    end;
    end;
  end;
```

7.5 “平方根”滤波器和 *UD* 滤波器

所谓的“平方根”滤波器对 Riccati 方程进行重新表述，使得因变量是状态估计不确定性矩阵 P 的广义 Cholesky 因子(或修正 Cholesky 因子)。这里，我们只给出很多种平方根卡尔曼滤波器中的两种，其他形式则在后面的章节中给出。选择的这两种平方根滤波形式是:

1. Carlson-Schmidt 平方根滤波，它利用了 P 的 Cholesky 因子。
2. Bierman-Thornton *UD* 滤波，它利用了 P 的修正 Cholesky 因子。

这两种也许是(在传统卡尔曼滤波器以后)最受欢迎的实现形式，因为它们在许多采用传统卡尔曼滤波器实现时状态很差的问题中已经获得了大量成功的应用。特别是 *UD* 滤波器，它已经在具有数千个状态变量的问题中获得成功应用。

然而，这并不意味着上述两种方法就一定比其他所有方法更受欢迎。例如，Morf-Kailath“平方根”滤波器(7.7.2 节)就可能完成得同样好或者更好，但是我们目前并不知道采用这种方法的任何类似经验。

7.5.1 Carlson-Schmidt“平方根”滤波

这是一种基于 Cholesky 因子的对协方差矩阵 P 进行观测更新和时间更新的配对算法。如果协方差矩阵 R(测量噪声)和 Q(动态过程噪声)不是对角矩阵，那么在实现时还需要对这些矩阵进行 *UD* 分解或者 Cholesky 分解。

Carlson“快速三角形”更新

这种算法可以采用 MATLAB m 文件 `carlson.m` 来实现，它是由 Carlson[22] 提出来的。它为 Potter 分解产生一个上三角 Cholesky 因子 W，并且通常比 Potter 算法的计算复杂度更低。它是 Agee 和 Turner[23] 采用的卡尔曼滤波算法的更具体、更简单的形式。它和 Potter 算法一样，也是一种秩 1 修正算法，但是会产生一个三角 Cholesky 因子。这种算法可以由习题 7.14 推导出来。

在 $m=j$ 的情况下，式(7.266)中左边的求和只有一项

$$W_{ij}W_{ij} = \Delta_{ij} - \frac{\boldsymbol{v}_i\boldsymbol{v}_j}{R+\sum_{k=1}^{j}\boldsymbol{v}_k^2} \tag{7.63}$$

它可以采用上三角 Cholesky 因子 W 的元素来求解

$$W_{ij} = \begin{cases} 0, & i>j \\ \sqrt{\dfrac{R+\sum_{k=1}^{j-1}\boldsymbol{v}_k^2}{R+\sum_{k=1}^{j}\boldsymbol{v}_k^2}}, & i=j \\ \dfrac{-\boldsymbol{v}_i\boldsymbol{v}_j}{\left(R+\sum_{k=1}^{j-1}\boldsymbol{v}_k^2\right)\left(R+\sum_{k=1}^{j}\boldsymbol{v}_k^2\right)}, & i<j \end{cases} \tag{7.64}$$

给定上面关于 W 的元素的公式，则可以在已知先验协方差矩阵 $P_{(-)}$ 的上三角 Cholesky 因子 $C_{(-)}$ 的情况下，推导出估计不确定性的后验协方差矩阵 $P_{(+)}$ 的上三角 Cholesky 因子 $C_{(+)}=C_{(-)}W$ 的元素的公式。

因为 C 和 W 都是上三角矩阵，所以当 $k<i$ 时，元素 $C_{ik}=0$，并且当 $k>j$ 时，元素 $W_{kj}=0$。因此，当 $1\leqslant i\leqslant j\leqslant n$ 时，在矩阵乘积 $C_{(-)}W=C_{(+)}$ 中的第 i 行第 j 列元素将为

$$C_{ij(+)}=\sum_{k=i}^{j}C_{ik(-)}W_{kj}+\text{具有零因子的项} \tag{7.65}$$

$$=C_{ij(-)}W_{jj}+\sum_{k=i}^{j-1}C_{ik(-)}W_{kj} \tag{7.66}$$

$$=C_{ij(-)}\sqrt{\frac{R+\sum_{k=1}^{j-1}\boldsymbol{v}_k^2}{R+\sum_{k=1}^{j}\boldsymbol{v}_k^2}}-\sum_{k=i}^{j-1}\frac{C_{ik(-)}\boldsymbol{v}_k\boldsymbol{v}_j}{\left(R+\sum_{k=1}^{j-1}\boldsymbol{v}_k^2\right)\left(R+\sum_{k=1}^{j}\boldsymbol{v}_k^2\right)} \tag{7.67}$$

$$=\left(R+\sum_{k=1}^{j}\boldsymbol{v}_k^2\right)^{-1/2}\times\left[C_{ij(-)}\sqrt{R+\sum_{k=1}^{j-1}\boldsymbol{v}_k^2}-\frac{\boldsymbol{v}_j\sum_{k=i}^{j-1}C_{ik(-)}\boldsymbol{v}_k}{\left(R+\sum_{k=1}^{j-1}\boldsymbol{v}_k^2\right)^{1/2}}\right] \tag{7.68}$$

这是估计不确定性协方差矩阵的上三角后验 Cholesky 因子的通用公式，它是用上三角先验 Cholesky 因子 $C_{(-)}$ 和向量 $v=C^{\mathrm{T}}H^{\mathrm{T}}$ 来表示的，其中 H 为测量灵敏度矩阵(它是一个行向量)。在表7.11 中，给出了实现这个公式的算法。该算法采用替代方式完成了全部观测更新，包括对状态估计的更新(注意这个算法在内部构造出乘积 $\boldsymbol{v}=C_{(-1)}^{\mathrm{T}}H^{\mathrm{T}}$，在需要时可以计算并使用分量 $\sigma=\boldsymbol{v}_j$，而没有存储向量 v。然而，它确实保存并利用了卡尔曼增益向量 $\boldsymbol{w}=C_{(-)}\boldsymbol{v}$)。在单个下标数组中，通过存储三角矩阵来节约数组空间是可能的——并且往往也是可取的。在 Carlson 的原始论文[22]中，给出了这种算法的实现方法(用 FORTRAN 语言给出)。

Schmidt 时间更新

$P_{k(-)}$ 的非方阵、非三角形 Cholesky 因子　如果 C_p 是 $P_{k-1(+)}$ 的广义 Cholesky 因子，C_Q 是 Q_k 的广义 Cholesky 因子，则 $n\times(n+q)$ 维分割矩阵

$$A=[G_kC_Q\quad|\quad\Phi_kC_P] \tag{7.69}$$

具有下列 $n\times n$ 维的对称的矩阵乘积值：

$$AA^{\mathrm{T}}=[G_{k-1}C_Q|\Phi_{k-1}C_P][G_{k-1}C_Q|\Phi_{k-1}C_P]^{\mathrm{T}} \tag{7.70}$$

$$=\Phi_{k-1}C_PC_P^{\mathrm{T}}\Phi_{k-1}^{\mathrm{T}}+G_{k-1}C_QC_Q^{\mathrm{T}}G_{k-1}^{\mathrm{T}} \tag{7.71}$$

$$=\Phi_{k-1}P_{k-1(+)}\Phi_{k-1}^{\mathrm{T}}+G_{k-1}Q_{k-1}G_{k-1}^{\mathrm{T}} \tag{7.72}$$

$$=P_{k(-)} \tag{7.73}$$

也就是说，A 是 $P_{k(-)}$ 的非方阵、非三角形广义 Cholesky 因子。如果它正好是方阵和三角阵，则它就是我们寻找的 Cholesky 因子类型。如果不是，却幸好有将 A 改变为这种形式的算法程序。

表7.11 Carlson 快速三角形观测更新

符号	定义
z	标量测量值
R	标量测量不确定性方差
H	标量测量灵敏度向量($1\times n$ 维矩阵)
C	$P_{(-)}$(输入)和 $P_{(+)}$(输出)的 Cholesky 因子
x	状态估计 $x_{(-)}$(输入)和 $x_{(+)}$(输出)
w	卡尔曼增益(内部变量)

```
alpha = R;
delta = z;
for j = 1 : n,
 delta = delta - H (j)*x (j);
 sigma = 0;
 for i = 1 : j,
  sigma = sigma + C (i, j)*H (i);
 end;
 beta = alpha;
 alpha = alpha + sigma^2;
 gamma = sqrt (alpha*beta);
 eta = beta/gamma;
 zeta = sigma/gamma;
 w (j) = 0;
 for i = 1 : j,
  tau = C (i, j);
  C (i, j) = eta*C (i, j) - zeta*w (i);
  w (i) = w (i) + tau*sigma;
 end;
end;
epsilon = delta/alpha;
for i = 1 : n,
 x (i) = x (i) + w (i)*epsilon;
end;
```

计算复杂度:$(2n^2+7n+1)$flops $+ n\sqrt{\quad}$。

编程中的注意事项 采用替代方式计算 GC_Q和 ΦC_P。只有当存储限制要求时才需要尝试这种方法。可以通过用乘积 ΦC_P改写 Φ 的方法来计算出乘积 ΦC_P。然而,如果 Φ 是恒定的,则不希望这样做(用乘积 ΦC_P来改写 C_P是可能的,但这需要再存储一个额外的 n 维向量。这种方法留做习题)。类似地,如果 $r\leqslant n$,则也可以通过用乘积 GC_Q改写 G 的方法来计算出乘积 GC_Q。在表7.12中,给出了当 Cholesky 因子 C_Q和 C_p是上三角矩阵时,完成替代操作的更简单算法。注意其计算复杂度大概只有一般矩阵乘积的一半。

利用 Givens 选择完成三角化 在7.4.7节中,给出了 Givens 三角化算法。在表7.13中,给出了这个算法采用 GC_Q和 ΦC_P进行替代的特例,不需要把它们放入一个公共的数组中。

Givens 三角化算法的计算复杂度比 Householder 三角化算法的更高,下面将对此进行讨论。然而,在某些应用中,可以建议 Givens 方法利用下列两个特性:

1. Givens 三角化方法可以利用被三角化矩阵的稀疏特性。因为它一次使一个元素为零,因此可以跳过那些已经为零的元素(然而,这种方法可能会使那些在三角化过程中已经为零的元素“不为零”)。这样可能会降低应用的计算复杂度。
2. 如有可能,Givens 方法可以“并行化”处理,以便利用其并行处理能力。在并行处理过程中，这种并行化 Givens 方法不存在数据争用的问题——在三角化过程中矩阵不同部分的数据被一起使用。

表 7.12　用替代方式完成矩阵乘积的算法

用 ΦC_P 改写 Φ	用 GC_Q 改写 G

<pre>for j = n : -1:1,
 for i = 1 : n,
  sigma = 0;
  for k = 1 : j,
   sigma = sigma + Phi (i, k)*CP (k,j);
  end;
  Phi (i, j) = sigma;
 end;
end;</pre>
	<pre>for j = r : -1:1,
	 for i = 1 : n,
	  sigma = 0;
	  for k = 1 : j,
	   sigma = sigma + G (i, k)*CQ (kj);
	  end;
	  G (i, j) = sigma;
	 end;
	end;</pre>

计算复杂度	
$n^2(n+1)/2$	$nr(r+1)/2$

表 7.13　利用 Givens 旋转的时间更新

符号	描述
A	输入：$n \times r$ 维矩阵 $G_k C_{Q_k}$
	输出：A 被中间结果所代替
B	输入：$n \times n$ 维矩阵 $\Phi_k C_{P_{k(+)}}$
	输出：B 被上三角矩阵 $C_{P_{k+1(-)}}$ 所代替

```
for i = n : -1:1,
  for j = 1 : r,
    rho = sqrt (B (i, i)^2 + A (i, j)^2);
    s = A (i, j)/rho;
    C = B (i, i)/rho;
    for k = 1 : i,
      tau = c*A (k, j) - s*B (k, i);
      B (k, i) = s*A (k, j) + c*B(k, i);
      A (k, j) = tau;
    end;
  end;
  for j = 1 : i - 1,
    rho = sqrt (B (i, i)^2 + B (i, j)^2);
    s = B (i, j)/rho;
    c = B (i, i)/rho;
    for k = 1 : i,
      tau = c*B (k, j) - s*B (k, i);
      B (k, i) = s*B (k, j) + c*B (k, i);
      B (k, j) = tau;
    end;
  end;
end;
```

计算复杂度：$\frac{2}{3}n^2(2n+3r+6)+6nr+\frac{8}{3}n\text{flops}+\frac{1}{2}n(n+2r+1)\sqrt{\ }$。

利用 Householder 反射完成 Schmidt 时间更新　基本的 Householder 三角化算法(参见7.4.7节)是针对单个 $n\times(n+r)$ 维矩阵来进行的。对于 Dyer 和 McReynolds 提出的方法，这个矩阵是由包含矩阵 GC_Q($n\times r$ 维)和 ΦP($n\times n$ 维)的两个分块矩阵来组成的。在表7.14中，描述了一种具体的 Householder 算法，它直接利用矩阵 GC_Q 和 ΦP，而不需要先将它们放入一个公共数组中。在前面的小节中，已经给出了采用替代方法计算 GC_Q 和 ΦP 的算法。

表7.14　Schmidt-Householder 时间更新算法

这种修改后的 Householder 算法采用(实际的)分块矩阵的 Householder 变换，通过替代方式更改 $[\Phi C_{P(+)}, GC_Q]$ 和 GC_Q，从而完成分块矩阵 $\Phi C_{P(+)}$ 的上对角化。

输入变量

符号	描述
A	$n\times n$ 维矩阵 $\Phi C_{P(+)}$
B	$n\times r$ 维矩阵 GC_Q

输出变量

A	矩阵被得到的上三角矩阵 $C_{P(-)}$ 改写，使得 $C_{P(-)}C_{P(-)}^{\mathrm{T}} = \Phi C_{P(+)}C_{P(+)}^{\mathrm{T}}\Phi^{\mathrm{T}} + GC_QC_Q^{\mathrm{T}}G^{\mathrm{T}}$
B	矩阵在处理过程中变为零
	中间结果
α, β, σ	标量
v	暂存的 n 维向量
w	暂存的 $(n+r)$ 维向量

```
for k = n : -1:1,
    sigma = 0;
    for j = 1 : r,
         sigma = sigma + B (k,j)^2;
    end;
    for j = 1 : k,
        sigma = sigma + A (k,j)^2;
    end;
    alpha = sqrt (sigma);
    sigma = 0;
    for j = 1 : r,
        w (j) = B (k,j);
        sigma = sigma + w (j)^2;
    end;
    for j = 1 : k,
        if j == k
             v (j) = A (k,j) - alpha;
        else
             v (j) = A (k,j);
        end;
        sigma = sigma + v (j)^2;
    end;
    alpha = 2/sigma;
    for i = 1 : k,
        sigma = 0;
        for j = 1 : r,
            sigma = sigma + B (i,j)*w (j);
        end;
        for j = 1 : k,
            sigma = sigma + A (i,j)*v (j);
        end;
        beta = alpha*sigma;
        for j = 1 : r,
            B (i,j) = B (i,j) - beta*w (j);
        end;
        for j = 1 : k,
             A (i,j) = A (i,j) - beta*v(j);
        end;
    end;
end;
```

计算复杂度：$n^3r + \frac{1}{2}(n+1)^2r + 5 + \frac{1}{3}(2n+1)$ flops。

7.5.2 Bierman-Thornton *UD* 滤波器

这是一组算法，它包括对协方差矩阵 $P = UDU^{\mathrm{T}}$ 的修正 Cholesky 因子 U 和 D 进行观测更新的 Bierman 算法，以及相应的对 U 和 D 进行时间更新的 Thornton 算法。

Bierman *UD* 观测更新

Bierman 算法是实现卡尔曼滤波器观测更新的更稳定的方法之一。它在形式上和计算复杂度方面都与 Carlson 算法类似，但避免了求标量平方根[它曾经被称为“没有平方根的平方根滤波方法”(square-root filtering without square roots)]。这种算法是由 Gerald J. Bierman (1941 - 1987)提出来的，他在最优估计理论中做出了许多有益的贡献，特别是在实现方法方面。

协方差方程的部分 UD 分解 与标量值测量的 Cholesky 因子情况类似，协方差矩阵的观测更新的传统形式

$$P_{(+)} = P_{(-)} - \frac{P_{(-)}H^{\mathrm{T}}HP_{(-)}}{R + HP_{(-)}H^{\mathrm{T}}}$$

可以采用下列 UD 因子进行部分分解：

$$P_{(-)} \stackrel{\text{def}}{=} U_{(-)}D_{(-)}U_{(-)}^{\mathrm{T}} \tag{7.74}$$

$$P_{(+)} \stackrel{\text{def}}{=} U_{(+)}D_{(+)}U_{(+)}^{\mathrm{T}} \tag{7.75}$$

$$\begin{aligned} U_{(+)}D_{(+)}U_{(+)}^{\mathrm{T}} &= U_{(-)}D_{(-)}U_{(-)}^{\mathrm{T}} \\ &\quad - \frac{U_{(-)}D_{(-)}U_{(-)}^{\mathrm{T}}H^{\mathrm{T}}HU_{(-)}D_{(-)}}{R + HU_{(-)}D_{(-)}U_{(-)}^{\mathrm{T}}H^{\mathrm{T}}}U_{(-)}^{\mathrm{T}} \end{aligned} \tag{7.76}$$

$$= U_{(-)}D_{(-)}U_{(-)}^{\mathrm{T}} - \frac{U_{(-)}D_{(-)}\boldsymbol{v}\boldsymbol{v}^{\mathrm{T}}D_{(-)}U_{(-)}^{\mathrm{T}}}{R + \boldsymbol{v}^{\mathrm{T}}D_{(-)}\boldsymbol{v}} \tag{7.77}$$

$$= U_{(-)}\left[D_{(-)} - \frac{D_{(-)}\boldsymbol{v}\boldsymbol{v}^{\mathrm{T}}D_{(-)}}{R + \boldsymbol{v}^{\mathrm{T}}D_{(-)}\boldsymbol{v}}\right]U_{(-)}^{\mathrm{T}} \tag{7.78}$$

其中

$$\boldsymbol{v} = U_{(-)}^{\mathrm{T}}H^{\mathrm{T}} \tag{7.79}$$

是一个 n 维向量，并且 n 是状态向量的维数。

式(7.78)包含下列未分解的表达式：

$$D_{(-)} - D_{(-)}\boldsymbol{v}[\boldsymbol{v}^{\mathrm{T}}D_{(-)}\boldsymbol{v} + R]^{-1}\boldsymbol{v}^{\mathrm{T}}D_{(-)}$$

如果能够利用一个单位三角因子 B 将其分解为下列形式：

$$D_{(-)} - D_{(-)}\boldsymbol{v}[\boldsymbol{v}^{\mathrm{T}}D_{(-)}\boldsymbol{v} + R]^{-1}\boldsymbol{v}^{\mathrm{T}}D_{(-)} = BD_{(+)}B^{\mathrm{T}} \tag{7.80}$$

则 $D_{(+)}$ 将为 P 的后验 D 因子，因为通过求解所得方程

$$U_{(+)}D_{(+)}U_{(+)}^{\mathrm{T}} = U_{(-)}\{BD_{(+)}B^{\mathrm{T}}\}U_{(-)}^{\mathrm{T}} \tag{7.81}$$

$$= \{U_{(-)}B\}D_{(+)}\{U_{(-)}B\}^{\mathrm{T}} \tag{7.82}$$

可以得到后验 U 因子为

$$U_{(+)} = U_{(-)}B \tag{7.83}$$

于是，对于协方差矩阵 P 的 UD 因子的观测更新而言，寻找一个数值稳定且有效的方法来对形如 $D - D\boldsymbol{v}[\boldsymbol{v}^{\mathrm{T}}D\boldsymbol{v} + R]^{-1}\boldsymbol{v}^{\mathrm{T}}D$ 的矩阵表达式进行 UD 分解就足够了，其中 $\boldsymbol{v} = U^{\mathrm{T}}H^{\mathrm{T}}$ 是一个列向量。Bierman[24]采用针对修正 Cholesky 因子的秩 1 修正算法解决了这个问题。

Bierman UD 分解　Bierman UD 观测更新的推导过程可以在参考文献[24]中找到，它可以通过配套的 MATLAB m 文件 `bierman.m` 来实现。

在表 7.15 中，给出了采用替代方式实现 Bierman UD 观测更新的另一种算法。也可以在 $\boldsymbol{v}$ 上存储 $\boldsymbol{w}$，以便节约存储需求。甚至还可以在 U 的对角线上存储 D 来进一步降低存储需求，或者只保存单个下标矩阵中 U 的严格上三角部分以得到更好效果。然而，这些编程技巧对于提高算法的可读性没有什么作用。除非真正对存储有迫切要求，最好避免采用这些方法。

表 7.15　Bierman 观测更新

符号	定义
z	标量测量值
R	标量测量不确定性的方差
H	标量测量灵敏度向量($1 \times n$ 维矩阵)
U, D	$P_{(-)}$(输入)和 $P_{(+)}$(输出)的 UD 因子
x	状态估计 $x_{(-)}$(输入)和 $x_{(+)}$(输出)
v	暂存的 n 维向量
w	暂存的 n-维向量

```
delta = z;
for j = 1 : n,
  delta = delta - H (j)*x (j);
  v (j) = H (j);
  for i = 1 : j - 1,
    v (j) = v (j) + U (i, j)*H (i);
  end;
end;
sigma = R;
for j = 1 : n,
  nu = v (j);
  v (j) = v (j)*D (j, j);
  w (j) = nu;
  for i = 1 : j - 1,
    tau = U (i, j)*nu;
    U (i, j) = U (i, j) - nu*w (i)/sigma;
    w (i) = w (i) + tau;
  end;
  D (j, j) = D (j, j)*sigma;
  sigma = sigma + nu*v (j);
  D (j, j) = D (j, j)*sigma;
end;
epsilon = delta/sigma;
for i = 1 : n,
  x (i) = x (i) + v (i)*epsilon;
end;
```

计算复杂度：$(2n^2 + 7n + 1)$ flops。

Thornton *UD* 时间更新

离散时间 Riccati 方程时间更新的 *UD* 分解是由 Thornton 提出来的[25]，它也被称为修正加权 Gram-Schmidt(MWGS)正交化①(Modified weighted Gram-Schmidt orthogonalization)。它采用了 Björck[26]提出的分解算法，这种算法与传统的 Gram-Schmidt 正交化算法有很大区别，并且对于舍入误差更具有鲁棒性。然而，在推导这种分解方法时 Gram-Schmidt 正交化的代数性质是很有用的。

Gram-Schmidt 正交化是寻找 n 个相互正交的 m 维向量 $b_1,b_2,b_3,\cdots,b_m$ 的算法，这些向量是 n 个线性独立的 m 维向量 $a_1,a_2,a_3,\cdots,a_m$ 的线性组合。也就是说，它的内积为

$$b_i^{\mathrm{T}}b_j=\begin{cases}|b_i|^2, & i=j\\ 0, & i\neq j\end{cases} \tag{7.84}$$

Gram-Schmidt 算法定义了一个单位下三角② $n\times n$ 维矩阵 L，使得 $A=BL$，其中

$$A=[a_1\quad a_2\quad a_3\quad \dots\quad a_n] \tag{7.85}$$

$$=BL \tag{7.86}$$

$$=[b_1\quad b_2\quad b_3\quad \dots\quad b_n]\begin{bmatrix}1 & 0 & 0 & \dots & 0\\ \ell_{21} & 1 & 0 & \dots & 0\\ \ell_{31} & l_{32} & 1 & \dots & 0\\ \vdots & \vdots & \vdots & \ddots & \vdots\\ \ell_{n1} & \ell_{n2} & \ell_{n3} & \dots & 1\end{bmatrix} \tag{7.87}$$

其中，b_i为 B 的列向量，并且矩阵乘积

$$B^{\mathrm{T}}B=\begin{bmatrix}|b_1|^2 & 0 & 0 & \dots & 0\\ 0 & |b_2|^2 & 0 & \dots & 0\\ 0 & 0 & |b_3|^2 & \dots & 0\\ \vdots & \vdots & \vdots & \ddots & \vdots\\ 0 & 0 & 0 & \dots & |b_n|^2\end{bmatrix} \tag{7.88}$$

$$=\mathrm{diag}_{1\leqslant i\leqslant n}\{|b_i|^2\} \tag{7.89}$$

$$=D_\beta \tag{7.90}$$

是一个对角线元素值 $\beta_i=|b_i|^2$ 为正的对角矩阵。

加权 Gram-Schmidt 正交化　m 维向量 x 和 y 被称为关于权值 $w_1,w_2,w_3,\cdots,w_m$ 正交的，如果加权内积为

$$\sum_{i=1}^{m}x_iw_iy_i=x^{\mathrm{T}}D_wy \tag{7.91}$$

$$=0 \tag{7.92}$$

---

① Gram-Schmidt 标准正交化(Gram-Schmidt orthonormalization)是产生一组"单位范数"向量的过程，这些"单位范数"向量是一组线性独立向量的线性组合。也就是说，得到的向量是相互正交的，并且具有单位长度。没有单位长度性质的正交化过程称为 Gram-Schmidt 正交化(Gram-Schmidt orthogonalization)。这些算法是由 Jorgen Pedersen Gram (1850－1916)和 Erhard Schmidt(1876－1959)导出来的。

② 在其最初的形式中，这个算法是通过按照 $i=1,2,3,\cdots,n$ 的顺序处理 a_i来产生一个单位上三角矩阵 U 的。然而，如果将这个顺序反过来，则得到的系数矩阵将为下三角形，并且所得向量 b_i将仍然是相互正交的。

其中，对角加权矩阵为

$$D_w = \mathrm{diag}_{1 \leqslant i \leqslant n}\{w_i\} \tag{7.93}$$

Gram-Schmidt 正交化方法可以推广到包括列向量 b_i 和 b_j 关于加权矩阵 D_w 正交的情形

$$b_i^{\mathrm{T}} D_w b_j = \begin{cases} \beta_i > 0, & i = j \\ 0, & i \neq j \end{cases} \tag{7.94}$$

得到的 n 个线性独立 m 维向量 $a_1, a_2, a_3, \cdots, a_m$ 关于加权矩阵 D_w 的加权 Gram-Schmidt 正交化定义了一个单位下三角 $n \times n$ 维矩阵 L_w，使得乘积 $AL_w = B_w$，并且

$$B_w^{\mathrm{T}} D_w B_w = \mathrm{diag}_{1 \leqslant i \leqslant n}\{\beta_i\} \tag{7.95}$$

其中，$D_w = I$ 时就是传统的正交化方法。

修正加权 Gram-Schmidt 正交化(MWGS)　当列向量 A 接近于线性相关，或者加权矩阵的条件数很大时，标准 Gram-Schmidt 正交化算法并不是可靠的数值稳定算法。Björck 提出的另一种算法具有更好的整体数值稳定性。尽管 L 不是正交问题的重要结果(B 是重要结果)，它的逆对于 UD 滤波问题而言却是更有用的。

UD 因子的 Thornton 时间更新利用了 Q 矩阵(如果它还不是对角矩阵)的三角化形式 $Q = GD_Q G^{\mathrm{T}}$，其中 D_Q 是一个对角矩阵。如果令矩阵为

$$A = \begin{bmatrix} U_{k-1(+)}^{\mathrm{T}} \Phi_k^{\mathrm{T}} \\ G_k^{\mathrm{T}} \end{bmatrix} \tag{7.96}$$

$$D_w = \begin{bmatrix} D_{k-1(+)} & 0 \\ 0 & D_{Q_k} \end{bmatrix} \tag{7.97}$$

则 MWGS 正交化方法将产生一个单位下三角 $n \times n$ 维矩阵 L^{-1} 和一个对角矩阵 D_β，使得

$$A = BL \tag{7.98}$$

$$L^{\mathrm{T}} D_\beta L = L^{\mathrm{T}} B^{\mathrm{T}} D_w BL \tag{7.99}$$

$$= (BL)^{\mathrm{T}} D_w BL \tag{7.100}$$

$$= A^{\mathrm{T}} D_w A \tag{7.101}$$

$$= \begin{bmatrix} \Phi_{k-1} U_{k-1(+)} & G_{k-1} \end{bmatrix} \begin{bmatrix} D_{k-1(+)} & 0 \\ 0 & D_{Q_{k-1}} \end{bmatrix} \begin{bmatrix} U_{k-1(+)}^{\mathrm{T}} \Phi_{k-1}^{\mathrm{T}} \\ G_{k-1}^{\mathrm{T}} \end{bmatrix} \tag{7.102}$$

$$= \Phi_{k-1} U_{k-1(+)} D_{k-1(+)} U_{k-1(+)}^{\mathrm{T}} \Phi_{k-1}^{\mathrm{T}} + G_{k-1} D_{Q_{k-1}} G_{k-1}^{\mathrm{T}} \tag{7.103}$$

$$= \Phi_{k-1} P_{k-1(+)} \Phi_{k-1}^{\mathrm{T}} + Q_{k-1} \tag{7.104}$$

$$= P_{k(-)} \tag{7.105}$$

因此，下列因子

$$U_{k(-)} = L^{\mathrm{T}} \tag{7.106}$$

$$D_{k(-)} = D_\beta \tag{7.107}$$

就是 UD 滤波器的时间更新问题的解。

Q 的对角化 一般而言，使 Q 对角化(如果它还不是对角矩阵的话)是值得的，因为这样可以降低最后的计算复杂度。在表 7.16 中给出的 Thornton 算法的总的计算复杂度公式包括将 Q 进行 UD 分解为 $U_Q\dot{Q}U_Q^{\mathrm{T}}$，从而得到对角矩阵 $\dot{Q}$ 的计算复杂度 $\left[\frac{1}{6}p(p-1)(p+4)\right]$，再加上将 G 乘以所得 $p\times p$ 维单位上三角因子 U_Q，从而得到 $\dot{G}$ 的计算复杂度 $U_Q\left[\frac{1}{2}np(p-1)\text{flops}\right]$。

在表 7.16 中给出的算法利用分块矩阵 ΦU，$\dot{G}$，D 和 $\dot{Q}$，而不是某些更大矩阵的子矩阵。没有必要重新将这些矩阵组合为更大的矩阵来应用 Björck 正交化方法。这里给出的算法是用其原始矩阵写出来的(这样使得列出的算法显得有点太长，但是其计算复杂度是相同的)。

表 7.16 Thornton UD 时间更新算法*

符号	描述
输入：	
D	$n\times n$ 维对角矩阵。可以作为一个 n 维向量来存储
ΦU	$n\times n$ 维状态转移矩阵 Φ 与 $n\times n$ 维单位上三角矩阵 U 的矩阵乘积，使得 $UDU^{\mathrm{T}}=P_{(+)}$ 为后验状态估计不确定性的协方差矩阵
$\dot{G}$	$=GU_Q$，为修正 $n\times p$ 维过程噪声耦合矩阵，其中 $Q=U_QD_QU_Q^{\mathrm{T}}$
D_Q	过程噪声的对角化 $p\times p$ 维协方差矩阵。可以作为一个 p 维向量来存储
输出：	
ΦU 被中间结果所代替	
$\dot{G}$ 被中间结果所代替	
$\dot{D}$	$n\times n$ 维对角矩阵，可以作为一个 n 维向量来存储
$\dot{U}$	$n\times n$ 维单位上三角矩阵，使得 $\dot{U}\dot{D}\dot{U}^{\mathrm{T}}=\Phi^{\mathrm{T}}UDU^{\mathrm{T}}\Phi^{\mathrm{T}}+GQG^{\mathrm{T}}$

```
for i = n : -1:1,
  sigma = 0;
  for j = 1 : n,
    sigma = sigma + Phi U (i, j)^ 2*D (j, j);
  end;
  for j = 1 : p,
    sigma = sigma + G (i, j)^ 2*DQ (j, j);
  end;
  D (i, i) = sigma;
  U (i, i) = 1;
  for j = 1 : i - 1,
    sigma = 0;
    for k = 1 : n,
      sigma = sigma + Phi U (i, k)*D (k, k)*Phi U (j, k);
    end;
    for k = 1 : p,
      sigma = sigma + G (i, k)*DQ (k, k)*G (j, k);
    end;
    U (j, i) = sigma/D (i, i);
    for k = 1 : n,
      Phi U (j, k) = Phi U (j, k) - U (j, i)*Phi U (i, k);
    end;
    for k = 1 : p,
      G (j, k) = G (j, k) - U (j, i)*G (i, k);
    end;
  end;
end;
end;
```

（续表）

计算复杂度分解（用 flops 来表示）	
运算	flops
矩阵乘积 ΦU	$n^2(n-1)/2$
求解 $U_Q D_Q U_Q^{\mathrm{T}} = Q$，$\dot{G} = GU_Q$	$p(p-1)(3n+p+4)/6$
Thornton 算法	$3n(n-1)(n+p)/2$
总量	$n(n-1)(4n+3p-1)/2+p(p-1)(3n+p+4)/6$

* 这个算法是完成卡尔曼滤波器中状态估计不确定性的协方差矩阵的修正 Cholesky 因子（*UD* 因子）的时间更新。

用替代方式计算乘积 ΦU　在表 7.16 中的复杂度公式还包括了构造乘积 ΦU 所需的计算量，其中 Φ 为 $n\times n$ 维状态转移矩阵，U 为 $n\times n$ 维单位上三角矩阵。这个矩阵乘积可以采用替代方式通过下列算法来实现——用乘积 ΦU 替代 Φ：

```
for i = 1 : n,
  for j = n : -1:1,
    sigma = Phi (i, j);
    for k = 1 : j - i,
      sigma = sigma + Phi (i, k)*U (k, j);
    end; Phi (i, j) = sigma;
  end;
end;
```

上述具体矩阵乘积算法的计算复杂度为 $n^2(n-1)/2$，它比一般的 $n\times n$ 维矩阵乘积（n^3）的计算复杂度的一半还少。采用替代方式实现这种乘积的计算也释放了包含 $U_{k(+)}$ 的矩阵来接受更新值 $U_{k+1(-)}$。在某些应用中，Φ 具有稀疏结构，可以利用这种结构来进一步降低所需的计算量。

7.6　sigmaRho 滤波

采用协方差矩阵 P 的因子实现 Riccati 方程不仅可以提高变换后 Riccati 方程的数值稳定性，而且还可以确保所得协方差矩阵的对称性和非负定性。

但是这些分解方法也有其自身缺点，其中最主要的是利用分解因子很难理解估计不确定性的本质特性。因此，为了以熟悉的方式对估计不确定性进行监控和评估，有必要根据协方差矩阵的分解因子重新计算出协方差矩阵 P。即使计算出了 P 以后，通常还需要做进一步处理，计算出状态估计不确定性的标准差 σ_i 和相关系数 ρ_{ij}，以便更好地理解发生了什么以及为什么发生。这些统计参数在嵌入卡尔曼滤波器的系统研究、开发、测试和评估阶段都是非常重要的。它们不仅对于滤波器性能分析有用，而且对于利用滤波器参数的自适应也是有用的。

第二个问题（从快速定点算法实现的观点来看）是分解后协方差矩阵变量的动态范围可能会不受约束。即使“Bierman 法则”①建议降低字长要求，分解后 Riccati 方程中变量的可能的动态范围也超过了直接定点实现所需的动态范围。

Grewal 和 Kain[27] 提出的“sigmaRho”实现方法避免了这些问题，它直接传播 σ_i 和 ρ_{ij}（这种方法的名字即来源于此），从而通过直接提供分析变量的基本性能来使自适应实现更加容易。

① Gerald J. Bierman（1941－1987）指出，“平方根”卡尔曼滤波方法可以“利用一半的比特数得到相同的精度”。

sigmaRho 滤波器的最有希望的特性或许是它便于采用专用高速数字信号处理器来进行快速定点算法实现。随着诸如“软件无线电”这种基于片上系统(system-on-chip, SoC)的嵌入式解决方案越来越成为算法的主流解决方案，人们更希望高速卡尔曼滤波器实现能够承担起更重要的角色。

sigmaRho 实现方程包括三级缩放过程，这里将分步骤对其进行阐述：

1. 定义基本的滤波器协方差变量，这在第 3 章中已经讨论。
2. 将状态变量重新定义为标准卡尔曼滤波器状态变量及其各自的标准差之间的比值。
3. 推导出这些基本状态变量、标准差和相关系数的连续时间动态模型。
4. 为定点表示对标准差进行按比例缩放，并且推导出所得变量的连续动态模型。
5. 推导出离散时间等效动态模型。
6. 为定点算法实现对状态变量进行按比例缩放，并且推导出缩放以后所得变量的适当动态模型。
7. 推导出缩放后状态模型的离散时间测量更新方程。

上面最后两个步骤利用步骤 1 至步骤 5 导出的结果，提供了最终的实现方程。

7.6.1　Sigma 和 Rho

在 3.3.3 节中，对标准差(σ_i)和相关系数(ρ_{ij})进行了定义，其中表明一个协方差矩阵 P 可以分解为

$$P = D_\sigma C_\rho D_\sigma \tag{7.108}$$

$$= \begin{bmatrix} \sigma_1^2 & \rho_{12}\sigma_1\sigma_2 & \rho_{13}\sigma_1\sigma_3 & \cdots & \rho_{1n}\sigma_1\sigma_n \\ \rho_{21}\sigma_2\sigma_1 & \sigma_2^2 & \rho_{23}\sigma_2\sigma_3 & \cdots & \rho_{2n}\sigma_2\sigma_n \\ \rho_{31}\sigma_3\sigma_1 & \rho_{32}\sigma_3\sigma_2 & \sigma_3^2 & \cdots & \rho_{3n}\sigma_3\sigma_n \\ \vdots & \vdots & \vdots & \ddots & \vdots \\ \rho_{n1}\sigma_n\sigma_1 & \rho_{n2}\sigma_n\sigma_2 & \rho_{n3}\sigma_n\sigma_3 & \cdots & \sigma_n^2 \end{bmatrix} \tag{7.109}$$

$$D_\sigma = \mathrm{diag}[\sigma_1,\ \sigma_2,\ \sigma_3,\ \ldots,\ \sigma_n] \tag{7.110}$$

$$= \begin{bmatrix} \sigma_1 & 0 & 0 & \cdots & 0 \\ 0 & \sigma_2 & 0 & \cdots & 0 \\ 0 & 0 & \sigma_3 & \cdots & 0 \\ \vdots & \vdots & \vdots & \ddots & \vdots \\ 0 & 0 & 0 & \cdots & \sigma_n \end{bmatrix} (\text{对角矩阵}) \tag{7.111}$$

$$C_\rho = \begin{bmatrix} 1 & \rho_{12} & \rho_{13} & \cdots & \rho_{1n} \\ \rho_{21} & 1 & \rho_{23} & \cdots & \rho_{2n} \\ \rho_{31} & \rho_{32} & 1 & \cdots & \rho_{3n} \\ \vdots & \vdots & \vdots & \ddots & \vdots \\ \rho_{n1} & \rho_{n2} & \rho_{n3} & \cdots & 1 \end{bmatrix} (\text{相关矩阵}) \tag{7.112}$$

$$\rho_{ij} = \rho_{ji} \tag{7.113}$$

其中，σ_i 为标准差并且 ρ_{ij} 为相关系数。也就是说

$$\sigma_i \stackrel{\text{def}}{=} \sqrt{p_{ii}} \tag{7.114}$$

是第 i 个状态变量的不确定性的标准差，ρ_{ij}为第 i 个状态变量和第 j 个状态变量之间的相关系数，并且

$$-1 \leqslant \rho_{ij} \leqslant +1 \tag{7.115}$$

σ_i的值与对应状态向量分量 $\hat{x}_i$ 具有相同单位，它们提供了衡量状态变量估计好坏程度的标示。相关系数ρ_{ij}的值如果接近于 +1 或者 -1，则表示在第 i 个状态变量和第 j 个状态变量中的不确定性统计紧密相关，这种状态必须通过改变所用测量值来改善。例如，只测量 $x_i + x_j$的传感器倾向于使$\rho_{ij} \to -1$，这可以通过增加一个测量 $x_i - x_j$的传感器来克服。

在除了 sigmaRho 以外的所有实现方法中，计算 σ_i和 ρ_{ij}都要求比计算 P 或者其分解因子所需的更多的计算量。

7.6.2 基本连续时间动态模型

基本状态变量

基本 sigmaRho 状态变量 x_i' 可以通过将卡尔曼滤波器模型的标准状态变量 x_i除以其估计不确定性的各个标准差来进行归一化

$$x'(t) \stackrel{\text{def}}{=} D_{\sigma(t)}^{-1} x(t) \tag{7.116}$$

$$x_i'(t) = \frac{x_i(t)}{\sigma_i(t)}, 1 \leqslant i \leqslant n \tag{7.117}$$

其中，x_i及其各个标准差 σ_i都将是时间的函数。

基本状态动态模型

假设标准卡尔曼滤波器模型中状态变量 x 的动态模型可以由下列模型来定义：

$$\dot{x}(t) = f(x) + w(t) \tag{7.118}$$

其中，$f(x)$是连续可微的时不变函数，$\{w(t)\}$是恒定协方差 Q 为已知的零均值白噪声随机过程。

从式(7.116)可知，状态变量 x'的时间导数将涉及 x 和 σ 的时间导数。于是，根据式(7.118)可以导出分量 x_i' 的时间导数为

$$\frac{\mathrm{d}}{\mathrm{d}t} x_i' = \frac{\mathrm{d}}{\mathrm{d}t} \frac{x_i}{\sigma_i} \tag{7.119}$$

$$= \frac{\dot{x}_i}{\sigma_i} - x_i \frac{\dot{\sigma}_i}{\sigma_i^2} \tag{7.120}$$

$$= \frac{f_i(x)}{\sigma_i} - x_i' \frac{\dot{\sigma}_i}{\sigma_i} \tag{7.121}$$

$$\frac{\mathrm{d}}{\mathrm{d}t} x' = D_{\sigma}^{-1}[f(D_{\sigma} x') - D_{x'} \dot{\sigma}] \tag{7.122}$$

其中，f_i是向量值函数f 的第 i 个分量，$\dot{\sigma}_i$ 将在下一小节中推导出来。

基本协方差动态模型

假设 P 的动态变化可以通过下列线性化 Riccati 方程来充分建模，则 P 的动态模型可以由 σ_i和 ρ_{ij}的动态模型来代替：

$$\dot{P} = FP + PF^{\mathrm{T}} + Q \tag{7.123}$$

$$F \stackrel{\text{def}}{=} \frac{\partial}{\partial x} f(x) \tag{7.124}$$

$$= \begin{bmatrix} \frac{\partial f_1}{\partial x_1} & \frac{\partial f_1}{\partial x_2} & \frac{\partial f_1}{\partial x_3} & \cdots & \frac{\partial f_1}{\partial x_n} \\ \frac{\partial f_2}{\partial x_1} & \frac{\partial f_2}{\partial x_2} & \frac{\partial f_2}{\partial x_3} & \cdots & \frac{\partial f_2}{\partial x_n} \\ \frac{\partial f_3}{\partial x_1} & \frac{\partial f_3}{\partial x_2} & \frac{\partial f_3}{\partial x_3} & \cdots & \frac{\partial f_3}{\partial x_n} \\ \vdots & \vdots & \vdots & \ddots & \vdots \\ \frac{\partial f_n}{\partial x_1} & \frac{\partial f_n}{\partial x_2} & \frac{\partial f_n}{\partial x_3} & \cdots & \frac{\partial f_n}{\partial x_n} \end{bmatrix} \tag{7.125}$$

于是，σ_i和ρ_{ij}的动态模型可以利用式(7.108)的分解来从式(7.123)中导出。变量p_{ij}定义为P的第i行第j列元素。根据式(7.108)可知，其时间导数为

$$\dot{P}_{ij} = \frac{\mathrm{d}}{\mathrm{d}t}[\rho_{ij}\sigma_i\sigma_j] \tag{7.126}$$

$$= \dot{\rho}_{ij}\sigma_i\sigma_j + \rho_{ij}\dot{\sigma}_i\sigma_j + \rho_{ij}\sigma_i\dot{\sigma}_j \tag{7.127}$$

然而，在$i=j$的情况下，有

$$\rho_{ii} = 1 \tag{7.128}$$

$$\dot{\rho}_{ii} = 0 \tag{7.129}$$

$$\dot{P}_{ii} = 2\ \dot{\sigma}_i\sigma_i \tag{7.130}$$

并且根据式(7.123)可知

$$\dot{P}_{ii} = \sum_{j=1}^{n}[f_{ij}\rho_{ji}\sigma_j\sigma_i + f_{ij}\rho_{ij}\sigma_i\sigma_j] + q_{ii} \tag{7.131}$$

$$= 2\sum_{j=1}^{n} f_{ij}\rho_{ji}\sigma_j\sigma_i + q_{ii} \tag{7.132}$$

其中，f_{ij}是F的第i行第j列元素，q_{ij}是Q的第i行第j列元素。

然后，根据式(7.130)可知

$$\dot{\sigma}_i = \sum_{j=1}^{n} f_{ij}\rho_{ji}\sigma_j + \frac{q_{ii}}{2\sigma_i} \tag{7.133}$$

$$= \left\{FD_\sigma C_\rho + \frac{1}{2}D_\sigma Q\right\}_{ii} \tag{7.134}$$

这样就得到了采用F、Q以及σ_j和ρ_{ij}($1\leqslant j\leqslant n$)表示的σ_i的动态模型公式。

辅助变量

x'和ρ_{ij}的动态模型公式可以通过$n\times n$维中间矩阵M变得更加简洁

$$M \stackrel{\text{def}}{=} D_\sigma^{-1} F D_\sigma C_\rho \tag{7.135}$$

$$\text{元素}\ m_{ij} = \frac{1}{\sigma_i}\sum_{\ell=1}^{n} f_{i\ell}\rho_{\ell j}\sigma_\ell \tag{7.136}$$

在这种情况下，式(7.133)变为

$$\frac{\dot{\sigma}_i}{\sigma_i} = m_{ii} + \frac{q_{ii}}{2\sigma_i^2} \tag{7.137}$$

或

$$\dot{\sigma}_i = m_{ii}\sigma_i + \frac{q_{ii}}{2\sigma_i} \tag{7.138}$$

其中，式(7.137)为代入式(7.121)中的形式，而式(7.138)正好为 σ_i 的导数公式所需的形式。

当 $i \neq j$ 时，式(7.123)和式(7.127)将得到下列等式：

$$\dot{\rho}_{ij}\sigma_i\sigma_j + \rho_{ij}\dot{\sigma}_i\sigma_j + \rho_{ij}\sigma_i\dot{\sigma}_j = \sum_{\ell=1}^{n}[f_{i\ell}\rho_{\ell j}\sigma_\ell\sigma_j + f_{j\ell}\rho_{i\ell}\sigma_i\sigma_\ell] + q_{ij} \tag{7.139}$$

求解上式可以得到

$$\dot{\rho}_{ij} = -\left[\frac{\dot{\sigma}_i}{\sigma_i} + \frac{\dot{\sigma}_j}{\sigma_j}\right]\rho_{ij} + m_{ij} + m_{ji} + \frac{q_{ij}}{\sigma_i\sigma_j} \tag{7.140}$$

其中，方括号中的表达式可以利用式(7.137)来得到。

σ_i 的导数的对应方程为式(7.138)。

在表 7.17 中，总结给出了完整的连续时间形式的基本 sigmaRho 动态模型。

表 7.17　连续时间基本 sigmaRho 动态模型

状态变量	x'	$\stackrel{\text{def}}{=}$	$D_\sigma^{-1}x$
辅助变量	M	$=$	$D_\sigma^{-1}FD_\sigma C_\rho$
σ 的动态模型	$\dot{\sigma}_i$	$=$	$m_{ii}\sigma_i + \frac{q_{ii}}{2\sigma_i}$
ρ 的动态模型	$\dot{\rho}_{ij}$	$=$	$-\left[\frac{\dot{\sigma}_i}{\sigma_i} + \frac{\dot{\sigma}_j}{\sigma_j}\right]\rho_{ij} + m_{ij} + m_{ji} + \frac{q_{ij}}{\sigma_i\sigma_j}$
状态动态模型	$\dot{x}'_i$	$=$	$\frac{1}{\sigma_i}f_i(D_\sigma x') - x'_i\frac{\dot{\sigma}_i}{\sigma_i}$

备注：

f_{ij}是矩阵 $F = \frac{\partial f(x)}{\partial x}$ 的第 ij 个元素。

f_i是向量$f(\hat{s})$ 的第 i 个分量。

积分问题

对于某些应用而言，状态动态模型和统计动态模型的数值积分可以通过简单的梯形积分来完成。例如，当采样频率超过状态动态带宽的两倍时就会出现这种情况。

有更多的现代数值方法可以通过一般方式来解决非线性微分方程，而不管系统的动态带宽。这些方法需要计算机程序来计算导数(在表 7.17 和表 7.18 中给出)、在积分开始时所有动态项(状态和统计量)的值，以及进行传播的增量时间。总的积分是在输入增量时间(在测量值之间)上完成的，但是这个增量时间被分割为小的区间，以执行用户规定的准则来满足积分过程中的精度要求。在参考文献[28]中，对各种积分方法及其软件实现进行了很好的讨论。Stoer 和 Bulirsch(参见参考文献[30]或者参考文献[28]中第 921 页的 17.3 节)实现的 Richardson 外插方法[29]可能是完成平滑函数积分的最可靠且最有效的方法。具有自适应步长的四阶 Runge Kutta 方法被认为是针对含有非平滑函数的动态系统的最可靠的方法[28]。

对使用这些数值积分方法的主要贬损之处在于，即使对恒定的积分区间，其执行时间也可能不是恒定的。经常出现的情况是，在滤波器刚启动的瞬间会产生很高的变化率，导致自适应步长也产生了更多的积分子区间。在滤波器设计者从概念设计阶段进入到运行设计阶段的过程中，这种对每个测量值的变化的并且(或者)不可预测的执行时间是不希望出现的。

7.6.3 σ_i的缩放

在高速定点实现时，表 7.17 中的基本 sigmaRho 方程还存在着一些数值缩放问题。

变量ρ_{ij}的数值取值在 +1 和 -1 范围内，这使它们的计算条件很好，并且也适合采用低成本高速信号处理器进行定点算法实现。m_{ij}的计算对于采用专用信号处理器的点积实现而言也具有良好的结构，尽管在定点实现时缩放比例可能需要进行调整。

如果估计问题是充分可观测的，则σ_i的值将是有界的。在实际中，经常采用最大期望值作为初始标准差。

在任何一种情况下，动态变量(除ρ_{ij}以外)的数值都可以进行缩放，以使之位于 0 和 1 之间——通过除以各个σ_i的最大期望值

$$\sigma_{i\text{MAX}} \stackrel{\text{def}}{=} \max_t[\sigma_i(t)] \tag{7.141}$$

$$x_i^* \stackrel{\text{def}}{=} x_i'/\sigma_{i\text{MAX}} \tag{7.142}$$

$$\sigma_i' \stackrel{\text{def}}{=} \sigma_i/\sigma_{i\text{MAX}} \tag{7.143}$$

(7.144)[①]

在实际中，$\sigma_{i\text{MAX}}$将通过仿真来确定——可能要对其稍做修改，以使在所有可以预见的工作条件下都满足$\sigma_i \leqslant \sigma_{i\text{MAX}}$。

上述归一化方法也可以用于对状态向量进行缩放，以简化动态模型，但是这个缩放部分对于定点实现而言可能是不够的。在表 7.18 中，总结给出了连续时间形式的归一化sigmaRho动态方程。

表 7.18 连续时间归一化 sigmaRho 动态模型

状态变量	x^*	$\stackrel{\text{def}}{=}$	$D_{\sigma\text{MAX}}^{-1}D_{\sigma}^{-1}x$
标准差	σ'	$=$	$D_{\sigma\text{MAX}}^{-1}\sigma$
辅助变量	F'	$\stackrel{\text{def}}{=}$	$D_{\sigma\text{MAX}}^{-1}FD_{\sigma\text{MAX}}$
	f_{ij}'	$=$	$f_{ij}\sigma_{j\text{MAX}}/\sigma_{i\text{MAX}}$
	Q'	$\stackrel{\text{def}}{=}$	$D_{\sigma\text{MAX}}^{-1}QD_{\sigma\text{MAX}}^{-1}$
	q_{ij}'	$=$	$q_{ij}/\sigma_{i\text{MAX}}/\sigma_{j\text{MAX}}$
	M'	$\stackrel{\text{def}}{=}$	$D_{\sigma'}^{-1}FD_{\sigma'}C_{\rho}$
	m_{ij}'	$=$	$\frac{1}{\sigma_i'}\sum_{\ell=1}^{n}f_{i\ell}'\rho_{\ell j}\sigma_{\ell}'$
σ的动态模型	$\frac{\dot{\sigma}_i'}{\sigma_i'}$	$=$	$m_{ii}'+\frac{q_{ii}'}{2\sigma_i'^{\,2}}$
ρ的动态模型	$\dot{\rho}_{ij}$	$=$	$-\left[\frac{\dot{\sigma}_i'}{\sigma_i'}+\frac{\dot{\sigma}_j'}{\sigma_j'}\right]\rho_{ij}+m_{ij}'+m_{ji}'+\frac{q_{ij}'}{\sigma_i'\sigma_j'}$
状态动态模型	$\dot{x}_i^*$	$=$	$f_i(D_{\sigma}D_{\sigma_{\text{MAX}}}x^*)/\sigma_i/\sigma_{i\text{MAX}}-x_i^*\frac{\dot{\sigma}_i'}{\sigma_i'}$

① 此处原书有误，缺少式(7.144)—— 译者注。

7.6.4 离散时间 sigmaRho 动态模型

定点实现时状态向量的缩放

第一级归一化的目的在于使计算出的 $\sigma_i' \leqslant 1$ ，但是在得到的模型中没有其他手段能够防止归一化状态向量 x^* 的分量超过定点实现所需的范围 $-1 \leqslant x_i^* \leqslant \pm 1$ 。然而，在定点实现中的标准方法是对 x_i^* 的单位进行重新定义，使之按比例缩放到运算处理器的算术二进制点范围以内。这是通过乘上一个比例因子 λ_i（通常是 2 的幂，使得比例变化只需要位移而不是全部乘法）来实现的，这样按比例缩放后的变量能够满足比例约束 $-1 \leqslant \lambda_i x_i^* \leqslant \pm 1$ 。

缩放后的离散时间模型

离散时间滤波器的动态变量包括状态向量（x）及其不确定性的协方差矩阵（P），它们通常用下列方程来建模：

$$x_k = \Phi_{k-1} x_{k-1} + w_{k-1} \tag{7.145}$$

$$\underset{w}{\mathrm{E}} \left\langle w_i w_j^{\mathrm{T}} \right\rangle = \begin{cases} 0, & i \neq j \\ Q_i, & i = j \end{cases} \tag{7.146}$$

$$P_k = \Phi_{k-1} P_{k-1} \Phi_{k-1}^{\mathrm{T}} + Q_{k-1} \tag{7.147}$$

$$\Phi_{k-1} = \exp\ [(t_k - t_{k-1}) F] \tag{7.148}$$

其中，F 由式(7.124)给出。然而，如果 f 是非线性的，则通过积分 $\dot{x} = f(x)$ 来沿时间前向① 传播估计值也是可能的（或许也是所希望的）。

离散时间动态模型

有时候我们从熟悉的连续时间动态模型开始来发展离散时间卡尔曼滤波器会更加稳妥，并且在第 2 章中也包含了将连续时间模型转化为等效离散时间模型的公式。然而，这些公式对于时变动态模型的应用而言并非特别有效，因为需要实时计算出状态转移矩阵 Φ 的值。这样可能涉及求矩阵指数的问题，而这是有风险的[31]。如果时间间隔 Δt 足够小，则下式：

$$\Phi_{k-1} \approx [I + F(t_{k-1})\ \Delta t] \tag{7.149}$$

$$Q_{k-1} \approx Q(t_{k-1})\ \Delta t \tag{7.150}$$

中的近似可能是足够的，或者可以采用下列公式（来自于 Van Loan[32]）：

$$\exp\ \left(\begin{bmatrix} F\left(t_{k-1}\right) & Q(t_{k-1}) \\ 0 & -F^{\mathrm{T}}(t_{k-1}) \end{bmatrix} \Delta t \right) \approx \begin{bmatrix} \Psi & \Phi_{k-1}^{-1} Q_k \\ 0 & \Phi_{k-1}^{\mathrm{T}} \end{bmatrix} \tag{7.151}$$

实际上，总是很有必要在发展过程中对这些近似的有效性进行评估。

离散时间 sigmaRho 状态变量

和连续时间模型一样，sigmaRho 状态变量也按照逐个元素的方式关于标准差进行归一化

$$x' \stackrel{\mathrm{def}}{=} D_{\sigma(+)}^{-1} x \tag{7.152}$$

---

① 这种方法在“扩展”卡尔曼滤波中是常见的，它还被推广到了“无味”（unscented）卡尔曼滤波中（参见第 8 章）。

$$\{x_k'\}_i = \frac{\{x_k\}_i}{\{\sigma_{k-1(+)}\}_i} \tag{7.153}$$

其中，符号 $\{x_k\}_i$ 表示 x_k 的第 i 个分量，x_k 是状态向量在离散时刻 t_k 的值，并且 $\{\boldsymbol{\sigma}_{k-1(+)}\}_i$ 表示最后一个测量值以后标准差的第 i 个分量。

缩放后的协方差变量

状态变量改变以后，经过按比例缩放得到的估计误差为

$$\delta x' = D_{\sigma(+)}^{-1}\delta x \tag{7.154}$$

其协方差矩阵为

$$P' \stackrel{\text{def}}{=} \mathop{\mathrm{E}}_{\delta x}\langle \delta x' \delta x'^{\mathrm{T}} \rangle \tag{7.155}$$

$$= D_{\sigma(+)}^{-1} \mathop{\mathrm{E}}_{\delta x}\langle \delta x\ \delta x^{\mathrm{T}} \rangle D_{\sigma(+)}^{-1} \tag{7.156}$$

$$= D_{\sigma(+)}^{-1} P D_{\sigma(+)}^{-1} \tag{7.157}$$

$$= C_{\rho(+)} \tag{7.158}$$

其中，P 为 x 的不确定性的协方差矩阵，$C_{\rho(+)}$ 是最后一个测量值更新以后相应的相关系数矩阵。

也就是说，按比例缩放后所得状态向量的协方差矩阵现在成为了后验相关系数矩阵。

如果动态模型函数 $f(x)$ 是时不变的，并且 $\{\boldsymbol{\sigma}_{k-1(+)}\}_i$ 在测量值之间保持恒定，则时间导数

$$\frac{\mathrm{d}}{\mathrm{d}t}x' = D_{\sigma(+)}^{-1}\frac{\mathrm{d}}{\mathrm{d}t}x \tag{7.159}$$

$$= D_{\sigma(+)}^{-1}[Fx(t) + w(t)] \tag{7.160}$$

$$\dot{x}_i' = \frac{1}{\sigma_{i(+)}}\left[\sum_{j=1}^{n} f_{ij}x_j + w_i(t)\right] \tag{7.161}$$

$$= \sum_{j=1}^{n} f_{ij}\frac{\sigma_{j(+)}}{\sigma_{i(+)}}x_j' + \frac{w_i(t)}{\sigma_{i(+)}} \tag{7.162}$$

$$= \sum_{j=1}^{n} f_{ij}'x_j' + \frac{w_i(t)}{\sigma_{i(+)}} \tag{7.163}$$

$$f_{ij}' \stackrel{\text{def}}{=} \frac{\sigma_{j(+)}}{\sigma_{i(+)}}f_{ij} \tag{7.164}$$

$$F' = [f_{ij}'], \quad n \times n \text{ 矩阵} \tag{7.165}$$

$$= D_{\sigma(+)}^{-1} F D_{\sigma(+)} \tag{7.166}$$

$$F = \frac{\partial f(x)}{\partial x} \tag{7.167}$$

现在，对于这个具有动态系数矩阵 F' 的缩放后的时不变系统而言，我们可以用 F 的状态转移来定义一个对时间间隔 Δt 的新的状态转移矩阵

$$\Phi' \stackrel{\text{def}}{=} \exp\ [F'\ \Delta t] \tag{7.168}$$

$$= \sum_{k=0}^{\infty} \frac{1}{k!} F'^k \Delta t^k \tag{7.169}$$

$$= \sum_{k=0}^{\infty} \frac{1}{k!} [D_{\sigma(+)}^{-1} F D_{\sigma(+)}]^k \Delta t^k \tag{7.170}$$

$$= \sum_{k=0}^{\infty} \frac{1}{k!} D_{\sigma(+)}^{-1} [F]^k D_{\sigma(+)} \Delta t^k \tag{7.171}$$

$$= D_{\sigma(+)}^{-1} \left[\sum_{k=0}^{\infty} \frac{1}{k!} F^k \Delta t^k \right] D_{\sigma(+)} \tag{7.172}$$

$$= D_{\sigma(+)}^{-1} \exp\ [F \Delta t] D_{\sigma(+)} \tag{7.173}$$

$$= D_{\sigma(+)}^{-1} \Phi D_{\sigma(+)} \tag{7.174}$$

$$\Phi \stackrel{\text{def}}{=} \exp\ [F\ \Delta t] \tag{7.175}$$

协方差时间更新

后验协方差 $P'_{(+)} = C_{\rho(+)}$，并且下一个先验协方差为

$$P'_{k(-)} = \Phi' C_{\rho(k-1)(+)} \Phi'^{\mathrm{T}} + Q'_{k-1} \tag{7.176}$$

根据上式可知

$$\{P'_{k(-)}\}_{ii} = \left[\frac{\sigma'_{i\ k(-)}}{\sigma'_{i\ (k-1(+)}} \right]^2 \tag{7.177}$$

$$\frac{\sigma'_{k(-)i}}{\sigma'_{i\ (k-1(+)}} = \sqrt{[\Phi' C_{\rho\ k-1(+)} \Phi'^{\mathrm{T}} + Q'_k]_{ii}} \tag{7.178}$$

$$\{P_{k(-)}\}_{ij} = \rho_{k(-)ij} \sigma'_{k(-)i} \sigma'_{k(-)j} \tag{7.179}$$

$$\rho_{k(-)ij} = \left(\frac{\sigma'_{k-1(+)i}}{\sigma'_{k(+)i}} \right) \left(\frac{\sigma'_{k-1(+)j}}{\sigma'_{k(-)j}} \right) \times [\Phi'_{k-1} C_{\rho\ k-1(+)} \Phi'^{\mathrm{T}}_{k-1} + Q'_{k-1}]_{ij} \tag{7.180}$$

上面的式子可以总结如表7.19所示。

表7.19 离散时间归一化 sigmaRho 动态模型

状态变量	x'	$= \lambda D_{\sigma\mathrm{MAX}}^{-1} D_{\sigma'\ k-1(+)}^{-1} x$
辅助变量	λ	$= 2^p$(状态标定)
	Φ'	$= D_{\sigma\mathrm{MAX}}^{-1} D_{\sigma}^{-1} \Phi D_{\sigma} D_{\sigma\mathrm{MAX}}$
	Q'	$= D_{\sigma\mathrm{MAX}}^{-1} D_{\sigma}^{-1} Q D_{\sigma}^{-1} D_{\sigma\mathrm{MAX}}^{-1}$
状态动态模型	$x'_{k+1(-)}$	$= \left(\frac{\sigma_{k(+)i}}{\sigma_{k(-)i}} \right) \{\Phi'_k x'_{k(+)}\}_i$
标准差	$\frac{\sigma'_{i\ k+1(-)}}{\sigma'_{i\ (k-1(+)}}$	$= \sqrt{[\Phi' C_{\rho\ k-1(+)} \Phi'^{\mathrm{T}} + Q'_k]_{ii}}$
相关系数	$\rho_{k(-)ij}$	$= \left(\frac{\sigma'_{k-1(+)i}}{\sigma'_{k(+)i}} \right) \left(\frac{\sigma'_{k-1(+)j}}{\sigma'_{k(-)j}} \right) \times [\Phi'_{k-1} C_{\rho\ k-1(+)} \Phi'^{\mathrm{T}}_{k-1} + Q'_{k-1}]_{ij}$

7.6.5 sigmaRho 测量更新

标准方程

在传统卡尔曼滤波中，在离散时刻 t_k的测量更新利用了测量值 $z_k = H_k x_{k(-)} \boldsymbol{v}_k$ 来提高先验估计 $\hat{x}_{k(-)}$，并且利用卡尔曼增益和更新公式得到更好的后验估计 $\hat{x}_{k(+)}$ 及其相应的估计不确定性的后验协方差 $P_{k(+)}$

$$\overline{K}_k = P_{k(-)}H_k^{\mathrm{T}}\underbrace{[H_k P_{k(-)}H_k^{\mathrm{T}} + R_k]}_{P_{\nu\nu,k}}{}^{-1} \tag{7.181}$$

$$P_{k(+)} = [I - \overline{K}_k H_k]P_{k(-)} \tag{7.182}$$

$$x_{k(+)} = x_{k(-)} + \overline{K}_k\underbrace{[z_k - H_k x_{k(-)}]}_{\nu_k} \tag{7.183}$$

其中，在式(7.183)中方括号内的项称为测量新息①(Measurement innovation) $\boldsymbol{\nu}_k$ [也被称为测量残差(Measurement residual)]，它表示根据估计的状态不能预测的矩阵中的信息。在式(7.181)中方括号内的项是其理论协方差 $P_{\nu\nu,k}$，它也被称为新息的协方差(Covariance of innovations)或者测量残差的协方差(Covariance of measurement residuals)。

标量测量值

正如在卡尔曼滤波器的“平方根”实现中所指出的，我们总是可以假设测量值是标量的，因为(如果不是标量)它们很容易被转化为独立的标量测量值②。

在这种情况下，测量灵敏度矩阵 H_k将为 $1 \times n$ 维行向量，卡尔曼增益 $\overline{K}_k$ 将为 $n \times 1$ 维列向量，并且式(7.181)中方括号内的项将为一个标量，即

$$\sigma_{\nu k}^2 = P_{\nu\nu,k} \tag{7.184}$$

上式将一个矩阵除法问题转化为了标量除法问题，从而大大简化了推导过程。另外，标量

$$R_k = \sigma_{\upsilon,k}^2 \tag{7.185}$$

是测量噪声 $\boldsymbol{v}_k$ 的方差。

卡尔曼增益

当 z_k是标量时，式(7.181)中的卡尔曼增益公式可以通过下列分解来由向量表达式组成

$$P_{k(-)} = D_{\sigma\ k(-)}C_{\rho\ k(-)}D_{\sigma\ k(-)} \tag{7.186}$$

于是，向量-矩阵乘积为

$$H_k P_{k(-)} = \underbrace{H_k D_{\sigma\ k(-)}C_{\rho\ k(-)}}_{d_k}D_{\sigma\ k(-)} \tag{7.187}$$

$$= d_k D_{\sigma\ k(-)} \tag{7.188}$$

---

① 新息通常用希腊字母 ν 来表示，因为它们代表测量值中的“新的信息”。然而，排版时的 $\boldsymbol{\nu}$ 与 v(测量噪声)非常相似。

② Kaminski 等人[33]已经证明，同样的策略也能加速传统卡尔曼滤波器的实现过程。

$$d_k \stackrel{\text{def}}{=} H_k D_{\sigma\ k(-)} C_{\rho\ k(-)} \tag{7.189}$$

$$H_k P_{k(-)} H_k^{\mathrm{T}} = d_k D_{\sigma\ k(-)} H_k^{\mathrm{T}} \tag{7.190}$$

$$\sigma_{\nu\ k}^2 = H_k P_{k(-)} H_k^{\mathrm{T}} + R_k \tag{7.191}$$

$$= d_k D_{\sigma\ k(-)} H_k^{\mathrm{T}} + R_k \tag{7.192}$$

$$K_k = \frac{1}{\sigma_{\nu\ k}^2} D_{\sigma\ k(-)} d_k^{\mathrm{T}} \tag{7.193}$$

上式是一个列向量。

协方差更新

利用式(7.186)中的分解，式(7.182)成为

$$D_{\sigma\ k(+)} C_{\rho\ k(+)} D_{\sigma\ k(+)} = D_{\sigma\ k(-)} C_{\rho\ k(-)} D_{\sigma\ k(-)} - K_k H_k P_{k(-)} \tag{7.194}$$

利用式(7.188)和式(7.193)，上式成为

$$D_{\sigma\ k(+)} C_{\rho\ k(+)} D_{\sigma\ k(+)} = D_{\sigma\ k(-)} C_{\rho\ k(-)} D_{\sigma\ k(-)} - K_k d_k D_{\sigma\ k(-)} \tag{7.195}$$

$$= D_{\sigma\ k(-)} C_{\rho\ k(-)} D_{\sigma\ k(-)} - \frac{1}{\sigma_{\nu\ k}^2} D_{\sigma\ k(-)} d_k^{\mathrm{T}} d_k D_{\sigma\ k(-)} \tag{7.196}$$

$$= D_{\sigma\ k(-)} \left[C_{\rho\ k(-)} - \frac{1}{\sigma_{\nu\ k}^2} d_k^{\mathrm{T}} d_k \right] D_{\sigma\ k(-)} \tag{7.197}$$

$$C_{\rho\ k(+)} = D_{\sigma\ k(+)}^{-1} D_{\sigma\ k(-)} \left[C_{\rho\ k(-)} - \frac{1}{\sigma_{\nu\ k}^2} d_k^{\mathrm{T}} d_k \right] D_{\sigma\ k(-)} D_{\sigma\ k(+)}^{-1} \tag{7.198}$$

因为对角线元素 $\rho_{ii}=1$，所以式(7.197)的对角线元素成为

$$\sigma_{k(+),i}^2 = \sigma_{k(+),i}^2 \left[1 - \frac{d_{k,i}^2}{\sigma_{\nu\ k}^2} \right] \tag{7.199}$$

$$\sigma_{k(+),i} = \sigma_{k(+),i} \sqrt{1 - \frac{d_{k,i}^2}{\sigma_{\nu\ k}^2}} \tag{7.200}$$

比值

$$\frac{\sigma_{k(+),i}}{\sigma_{k(+),i}} = \sqrt{1 - \frac{d_{k,i}^2}{\sigma_{\nu\ k}^2}} \tag{7.201}$$

$$= \frac{1}{\sigma_{\nu\ k}} \sqrt{\sigma_{\nu\ k}^2 - d_{k,i}^2} \tag{7.202}$$

称为根据测量值更新得到的标准差改善比(Standard deviation improvement ratios)。

估计值更新

标准的更新公式为

$$\hat{x}_{k(+)} = \hat{x}_{k(+)} + K_k[z_k - H_k\hat{x}_{k(-)}] \tag{7.203}$$

归一化实现

利用7.6.4节中的比例缩放方法，归一化参数及变量变为

$$D_{\sigma' k} = D_{\sigma\mathrm{MAX}}^{-1} D_{\sigma\ k} \tag{7.204}$$

$$H'_k = D_{\sigma' k(-)} H_k \tag{7.205}$$

$$\hat{x}'_k = \lambda D_{\sigma' k} \hat{x}_k \tag{7.206}$$

并且归一化测量更新实现方程变为

$$d'_k = H'_k D_{\sigma',k(-)} C_{\rho\ k(-)} \tag{7.207}$$

7.6.6　有效性

sigmaRho卡尔曼滤波器实现方法仍然是很新的，它也需要从进一步发展和应用经验中不断获益。除了具有安全可靠地发展卡尔曼滤波器应用的自然特性以外，其实现还适合于需要采用定点算法的高速应用，以及过程噪声和测量噪声协方差会变化的自适应滤波等应用。

sigmaRho滤波器已经在软件接收机中以74 MHz的采样率实现了，用于二进制相移键控(BPSK)信号的跟踪。这种特殊的非线性应用采用四状态sigmaRho实现时，其状态转移矩阵和过程噪声协方差具有闭合解，并且结果很适合快速定点实现。其性能也是很好的，说明以这种速度来实现卡尔曼滤波器是令人鼓舞的。但愿这将激发人们在速度要求极高的嵌入式卡尔曼滤波器应用中对sigmaRho卡尔曼滤波器做进一步开发和评估的更大兴趣。

表7.20　归一化SigmaRho测量更新

状态变量	x^*	$=$	$\lambda D_{\sigma\mathrm{MAX}}^{-1} D_{\sigma}^{-1} x$
辅助变量	λ	$\stackrel{\mathrm{def}}{=}$	2^p(标定因子)
	H'_k	$=$	$D_{\sigma' k(-)} H_k$
	d'_k	$=$	$H'_k D_{\sigma' k(-)} C_{\rho\ k(-)}$
新息协方差	$\sigma_{\nu\ k}^2$	$=$	$d_k D_{\sigma\ k(-)} H_k^{\mathrm{T}} + R_k$
标准差改善比	$\dfrac{\sigma_{k(+),i}}{\sigma_{k(+),i}}$	$=$	$\sqrt{1 - \dfrac{d_{k,i}^2}{\sigma_{\nu\ k}^2}}$
相关系数	$\rho_{k(+)ij}$	$=$	$\left[\dfrac{\sigma_i'^-}{\sigma_i'^+}\right]\left[\dfrac{\sigma_j'^-}{\sigma_j'^+}\right]\left[\rho_{k(-)ij} - \dfrac{D_i D_j}{\Omega^2}\right]$
状态更新	$x'_{i(+)}$	$=$	$\left[\dfrac{\sigma_{k(-)i}}{\sigma_i^+}\right]\left\{x'_i(-) + \dfrac{D_i}{\Omega}\left[\dfrac{\lambda z_k - H'_k \sigma'_k x'_k}{\Omega}\right]\right\}$

7.7　其他实现方法

本章的主要重点在于前一节中介绍的“平方根”滤波方法。尽管分解方法可能是当前可用的最具有数值稳定性的实现方法，也有其他方法在某些应用中可以表现出足够好的性能，并且有些更早的方法也值得提及，因为它们具有重要的历史地位并且还可用于同分解方法进行比较。

7.7.1　早期的实现方法

Swerlling求逆公式

我们并不推荐将这种方法作为卡尔曼滤波器的实现方法，因为其计算复杂度和数值稳定性与其他方法相比并不占优势。为了说明这一点，下面推导其计算复杂度。

递归最小均方估计　这种递归最小均方估计的协方差更新形式是由 Swerling[34] 发表的。Swerling 的估计子实质上是卡尔曼滤波器，但是其协方差矩阵的观测更新方程的形式为

$$P_{(+)} = [P_{(-)}^{-1} + H^{\mathrm{T}}R^{-1}H]^{-1}$$

其实现需要三次矩阵求逆和二次矩阵乘法。如果观测是标量值($m=1$)，则矩阵求逆 R^{-1} 只需要一次除法运算。也可以利用对角矩阵和对称矩阵形式来使实现更加有效。

Swerling 求逆公式的计算复杂度①　对于状态维数 $n=1$ 和测量维数 $\ell=1$ 的情况，需要 4 flops即可实现这个公式。对于 $n>1$ 的情况，计算复杂度与 ℓ 和 n 的依赖关系如表 7.21 所示②。这是所有方法中计算复杂度最高的方法，其算术运算的次数随着 n^3 而增加。其他方法的运算次数随着 $n^2\ell+\ell^3$ 而增加，但是在卡尔曼滤波应用中通常 $n>\ell$。

表 7.21　Swerling 求逆公式的运算量小结

运算	Flops
R^{-1}	$\ell^3+\frac{1}{2}\ell^2+\frac{1}{2}\ell$ if $\ell>1$, 1,　$\ell=1$
$(R^{-1})H$	$n\ell^2$
$H^{\mathrm{T}}(R^{-1}H)$	$\frac{1}{2}n^2\ell+\frac{1}{2}n\ell$
$P^{-1(-)}+(H^{\mathrm{T}}R^{-1}H)$	$n^3+\frac{1}{2}n^2+\frac{1}{2}n$
$[P^{-1(-)}+H^{\mathrm{T}}R^{-1}H]^{-1}$	$n^3+\frac{1}{2}n^2+\frac{1}{2}n$
总运算量	$2n^3+n^2+n+\frac{1}{2}n^2\ell+n\ell^2+\frac{1}{2}n\ell+\ell^3+\frac{1}{2}\ell^2+\ell$

卡尔曼公式

数据流　在图 7.8 中，给出了卡尔曼[36] 确定的实现公式的数据流框图。其中显示了在矩阵运算中引入测量值(z)和模型参数(H，R，Φ 和 Q)的点位。然而，在选择如何实现这些操作时是有一定的自由度的，并且通过重复利用那些可重复的子表达式可以大大降低所需的计算量。

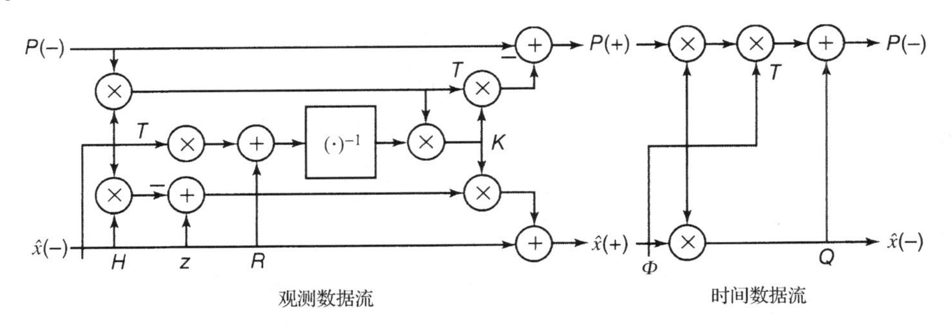

图 7.8　卡尔曼更新实现的数据流

部分结果的重复利用　在观测更新方程的这种“传统”形式中，计算 $\overline{K}$ 和 P 时因子$\{HP\}$出现了多次：

$$\overline{K} = P_{(-)}H^{\mathrm{T}}[HP_{(-)}H^{\mathrm{T}}+R]^{-1} \tag{7.208}$$

① 参见 7.4.4 节，其中对如何确定计算复杂度进行了解释。

② 还有另外一种矩阵求逆方法(由 Strassen[35] 提出)，它将 $n\times n$ 维矩阵求逆的乘法次数从 n^3 降低到 $n^{\log_2 7}$，但是大大增加了加法的次数。

$$= \{HP_{(-)}\}^{\mathrm{T}}[\{HP_{(-)}\}H^{\mathrm{T}} + R]^{-1} \tag{7.209}$$

$$P_{(+)} = P_{(-)} - \overline{K}\{HP_{(-)}\} \tag{7.210}$$

上述分解形式显示出了可重复利用的部分结果$[HP_{(-)}]$和$\overline{K}$(卡尔曼增益)。利用这些部分结果，实现分解形式时需要 4 次矩阵乘法和 1 次矩阵求逆。同 Swerling 公式中的情况一样，如果观测值的维数(ℓ)为 1，则矩阵求逆可以用除法来实现，并且可以通过只计算对称矩阵的特殊元素来提高所有运算的效率。在表 7.22 中，对采用这些方法实现卡尔曼滤波器的观测更新所需的浮点运算次数进行了总结。注意所需的总运算次数并非如 Swerling 公式那样随 n^3 而增加。

表 7.22　传统卡尔曼滤波的运算量小结

运算	Flops
$H \times P_{(-)}$	$n^2\ell$
$H \times [HP_{(-)}]^{\mathrm{T}} + R$	$\frac{1}{2}n\ell^2 + \frac{1}{2}n\ell$
$\{H[HP_{(-)}]^{\mathrm{T}} + R\}^{-1}$	$\ell^3 + \frac{1}{2}\ell^2 + \frac{1}{2}\ell$
$\{H[HP_{(-)}]^{\mathrm{T}} + R\}^{-1} \times [HP_{(-)}]$	$n\ell^2$
$P_{(-)} - [HP_{(-)}] \times \{H[HP_{(-)}]^{\mathrm{T}} + R\}^{-1}[HP_{(-)}]$	$\frac{1}{2}n^2\ell + \frac{1}{2}n\ell$
总运算量	$\frac{3}{2}n^2\ell + \frac{3}{2}n\ell^2 + n\ell + \ell^3 + \frac{1}{2}\ell^2 + \frac{1}{2}\ell$

Potter“平方根”滤波器

“平方根”滤波器是由 James E. Potter 发明的。在卡尔曼滤波器被提出以后不久，Potter 提出了对协方差矩阵进行分解的思想，并且给出了观测更新的第一个平方根方法(参见 Battin[37, pp. 338 ~ 340]以及 Potter 和 Stern[38])。

Potter 将协方差矩阵 P 的广义 Cholesky 因子定义为

$$P_{(-)} \stackrel{\mathrm{def}}{=} C_{(-)}C_{(-)}^{\mathrm{T}} \tag{7.211}$$

$$P_{(+)} \stackrel{\mathrm{def}}{=} C_{(+)}C_{(+)}^{\mathrm{T}} \tag{7.212}$$

因此，观测更新方程

$$P_{(+)} = P_{(-)} - P_{(-)}H^{\mathrm{T}}[HP_{(-)}H^{\mathrm{T}} + R]^{-1}HP_{(-)} \tag{7.213}$$

可以部分分解为

$$C_{(+)}C_{(+)}^{\mathrm{T}} = C_{(-)}C_{(-)}^{\mathrm{T}} - C_{(-)}C_{(-)}^{\mathrm{T}}H^{\mathrm{T}}[HC_{(-)}C_{(-)}^{\mathrm{T}}H^{\mathrm{T}} + R]^{-1}HC_{(-)}C_{(-)}^{\mathrm{T}} \tag{7.214}$$

$$= C_{(-)}C_{(-)}^{\mathrm{T}} - C_{(-)}V[V^{\mathrm{T}}V + R]^{-1}V^{\mathrm{T}}C_{(-)}^{\mathrm{T}} \tag{7.215}$$

$$= C_{(-)}\{I_n - V[V^{\mathrm{T}}V + R]^{-1}V^{\mathrm{T}}\}C_{(-)}^{\mathrm{T}} \tag{7.216}$$

其中

$I_n = n \times n$ 维恒等矩阵

$V = C_{(-)}^{\mathrm{T}}H^{\mathrm{T}}$ 为 $n \times \ell$ 维普通矩阵

n = 状态向量的维数

ℓ = 测量向量的维数

式(7.216)包含了没有分解的表达式$\{I_n - V[V^{\mathrm{T}}V + R]^{-1}V^{\mathrm{T}}\}$。对于测量值是标量的情

况($\ell=1$)，Potter 可以将它分解为下列形式：

$$I_n - V[V^{\mathrm{T}}V + R]^{-1}V^{\mathrm{T}} = WW^{\mathrm{T}} \tag{7.217}$$

于是，求解所得方程

$$C_{(+)}C_{(+)}^{\mathrm{T}} = C_{(-)}\{WW^{\mathrm{T}}\}C_{(-)}^{\mathrm{T}} \tag{7.218}$$

$$= \{C_{(-)}W\}\{C_{(-)}W\}^{\mathrm{T}} \tag{7.219}$$

可以得到 $P_{(+)}$ 的后验广义 Cholesky 因子为

$$C_{(+)} = C_{(-)}W \tag{7.220}$$

当测量值是标量时，被分解的表达式成为下列形式的对称初等矩阵①：

$$I_n - \frac{\boldsymbol{v}\boldsymbol{v}^{\mathrm{T}}}{R + |\boldsymbol{v}|^2} \tag{7.221}$$

其中，R 是正的标量值，并且 $\boldsymbol{v} = C_{(-)}^{\mathrm{T}}H^{\mathrm{T}}$ 是 n 维列向量。

式(7.44)给出了对称初等矩阵的对称平方根公式。对于式(7.221)中的初等矩阵形式，式(7.44)中的标量 s 的值为

$$s = \frac{1}{R + |\boldsymbol{v}|^2} \tag{7.222}$$

使得被开方数为

$$1 - s|\boldsymbol{v}|^2 = 1 - \frac{|\boldsymbol{v}|^2}{R + |\boldsymbol{v}|^2} \tag{7.223}$$

$$= \frac{R}{R + |\boldsymbol{v}|^2} \tag{7.224}$$

$$\geqslant 0 \tag{7.225}$$

因为方差 $R \geqslant 0$。因此，矩阵表达式(7.221)将总是具有实数矩阵平方根。

观测更新的 Potter 公式　由于对称初等矩阵的矩阵平方根也是对称矩阵，因此它们也是广义 Cholesky 因子。也就是说

$$(I - s\boldsymbol{v}\boldsymbol{v}^{\mathrm{T}}) = (I - \sigma\boldsymbol{v}\boldsymbol{v}^{\mathrm{T}})(I - \sigma\boldsymbol{v}\boldsymbol{v}^{\mathrm{T}}) \tag{7.226}$$

$$= (I - \sigma\boldsymbol{v}\boldsymbol{v}^{\mathrm{T}})(I - \sigma\boldsymbol{v}\boldsymbol{v}^{\mathrm{T}})^{\mathrm{T}} \tag{7.227}$$

采用得到式(7.220)相同的方法，协方差矩阵 P 的后验广义 Cholesky 因子 $C_{(+)}$ 的解可以表示为下列乘积形式：

$$C_{(+)}C_{(+)}^{\mathrm{T}} = P_{(+)} \tag{7.228}$$

$$= C_{(-)}(I - s\boldsymbol{v}\boldsymbol{v}^{\mathrm{T}})C_{(-)}^{\mathrm{T}} \tag{7.229}$$

$$= C_{(-)}(I - \sigma\boldsymbol{v}\boldsymbol{v}^{\mathrm{T}})(I - \sigma\boldsymbol{v}\boldsymbol{v}^{\mathrm{T}})^{\mathrm{T}}C_{(-)}^{\mathrm{T}} \tag{7.230}$$

---

① 这个表达式(或者与之非常相近的表达式)在观测更新的许多“平方根”滤波方法中经常被用到。Potter“平方根”滤波算法得到了一个对称因子 W，这个因子并没有保持乘积 $C_{(-)}W$ 的三角特性。Carlson 观测更新算法(在 7.5.1 节)得到了一个三角因子 W，如果 $C_{(+)}$ 和 W 这两个因子都具有相同的三角特性(即如果 $C_{(-)}$ 和 W 都是上三角形式，或者都是下三角形式)，则这个因子保持了 $C_{(+)} = C_{(-)}W$ 的三角特性。Bierman 观测更新算法利用了相关的 UD 分解。因为矩阵 vv^{T} 的秩等于 1，所以这些方法都被称为秩 1 修正方法(Rank 1 modification method)。

它可以被分解为①

$$C_{(+)} = C_{(-)}(I - \sigma \boldsymbol{v}\boldsymbol{v}^{\mathrm{T}}) \tag{7.231}$$

其中

$$\sigma = \frac{1 + \sqrt{1 - s|\boldsymbol{v}|^2}}{|\boldsymbol{v}|^2} \tag{7.232}$$

$$= \frac{1 + \sqrt{R/(R + |\boldsymbol{v}|^2)}}{|\boldsymbol{v}|^2} \tag{7.233}$$

式(7.231)和式(7.233)定义了Potter"平方根"观测更新公式，它可以通过配套的MATLAB m文件`potter.m`来实现。Potter公式可以采用替代方式实现(即通过覆盖C的方式)。

这个算法采用替代方式对状态估计x和P的广义Cholesky因子C进行更新，这个广义Cholesky因子是一个普通的$n \times n$维矩阵。也就是说，Potter更新算法并没有使之保持任何特殊形式。而其他"平方根"算法使C保持了三角形式。

Joseph稳定化实现方法

这种卡尔曼滤波器的实现方法是由Joseph[39]提出来的，他提高算法数值稳定性的方法是将观测更新的标准公式重新整理为下列形式：

$$\acute{z} = R^{-1/2} z \tag{7.234}$$

$$\acute{H} = \acute{z} H \tag{7.235}$$

$$\overline{K} = (\acute{H} P_{(-)} \acute{H}^{\mathrm{T}} + 1)^{-1} P_{(-)} \acute{H}^{\mathrm{T}} \tag{7.236}$$

$$P_{(+)} = (I - \overline{K}\acute{H}) P_{(-)} (I - \overline{K}\acute{H})^{\mathrm{T}} + \overline{K}\,\overline{K}^{\mathrm{T}} \tag{7.237}$$

上面利用了部分结果和对称带来的冗余性。式(7.237)与协方差矩阵的传统更新公式之间的数学等效性由式(5.18)给出。然而，这个公式本身还不能唯一地确定Joseph实现。正如所看到的，它的计算复杂度约为n^3。

Bierman实现　这种稍做改变的实现方法是由Bierman[24]提出的，它通过测量去相关(如果有必要的话)和极少使用部分结果来降低计算复杂度。图7.9针对标量测量值更新，给出了从上(输入)到下(输出)的数据流框图，并且显示了所有中间结果。在图中相同层次的计算可以采用并行方式来实现。中间(临时)结果被标记为$\mathcal{F}_1, \mathcal{F}_2, \cdots, \mathcal{F}_8$，其中$\mathcal{F}_6 = \overline{K}$为卡尔曼增益。如果$m \times m$维矩阵的结果(位于左侧)是对称的，则只需要计算$\frac{1}{2}m(m+1)$个元素。Bierman[24]通过重复使用这些中间结果的存储位置来提高实现的存储效率。然而，Bierman的实现方法并没有消除对称矩阵的冗余存储空间。

这种实现方法的计算复杂度为$3\ell(3n+5)/2$ flops，其中n是状态向量的分量个数，ℓ是测量向量的分量个数[24]。然而，这个公式并不要求R为对角矩阵。另外，测量去相关还需要增加$(4\ell^2 + \ell^2 - 10\ell + 3\ell^2 n - 3\ell n)/6$ flops的计算复杂度。

De Vries实现　这种实现方法是由罗克韦尔国际公司(Rockwell International)的Thomas W. De Vries提出的，它通过重新整理矩阵表达式和重复利用中间结果来降低Joseph公式的计算复杂度。在表7.23中，对这种方法的基本运算及其计算复杂度进行了总结。

① 注意当$R \to \infty$(没有测量值)时，$\sigma \to 2/|v|^2$，并且$I - \sigma v v^{\mathrm{T}}$成为一个Householder矩阵。

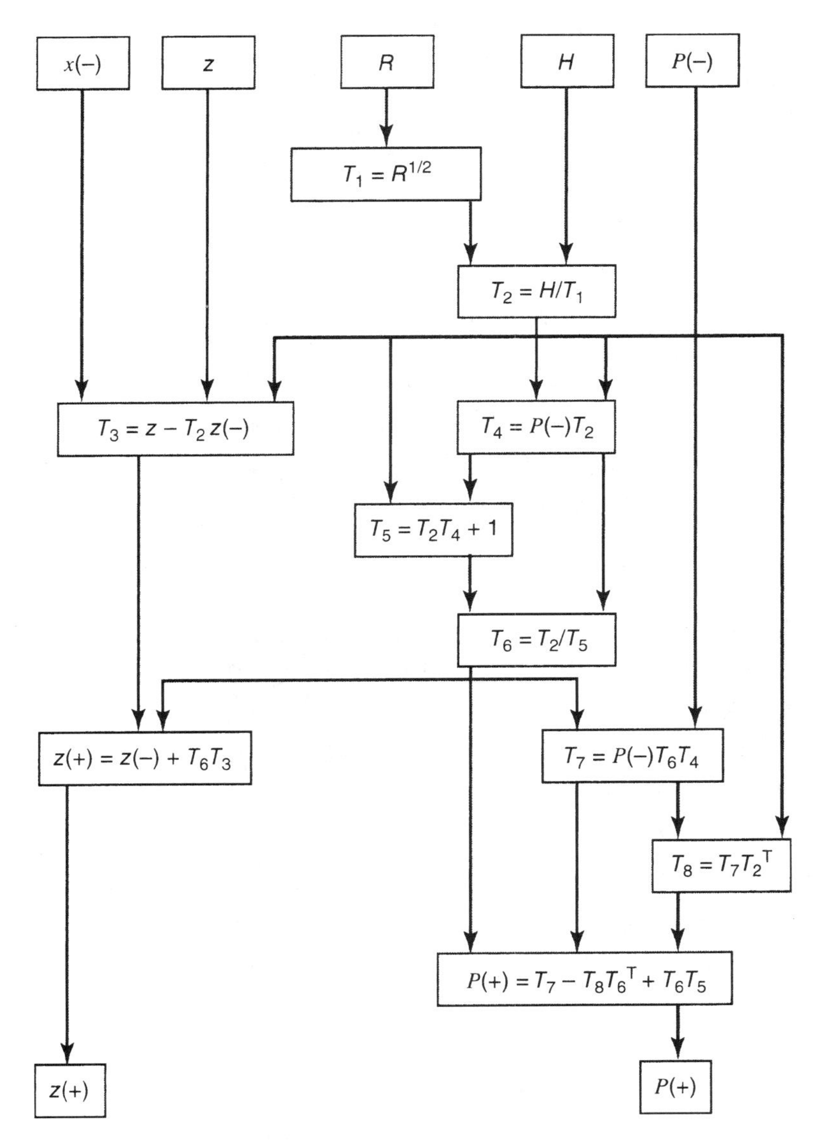

图 7.9 Bierman-Joseph 实现的数据流

表 7.23 协方差更新的 De Vries-Joseph 实现

运算	复杂度
	没有使用去相关
$\mathcal{F}_1 = P_{(-)}H^{\mathrm{T}}$	ℓn^2
$\mathcal{F}_2 = H\mathcal{F}_1 + R$	$n\ell(\ell+1)/2$
$\mathcal{UDU}^{\mathrm{T}} = \mathcal{F}_2$	$\frac{1}{6}\ell(\ell+1)(\ell+2)$ (*UD* 因数分解)
$\mathcal{UDU}^{\mathrm{T}}K^{\mathrm{T}} = \mathcal{F}_1^{\mathrm{T}}$	$\ell^2 n$ [求解 K]
$\mathcal{F}_3 = \frac{1}{2}K\mathcal{F}_2 - \mathcal{F}_1$	$\ell^2(n+1)$
$\mathcal{F}_4 = \mathcal{F}_3K^{\mathrm{T}}$	ℓn^2
$P_{(+)} = P_{(-)} + \mathcal{F}_4 + \mathcal{F}_4^{\mathrm{T}}$	(包括以上)
总运算量	$\frac{1}{6}\ell^3 + \frac{3}{2}\ell^2 + \frac{1}{3}\ell + \frac{1}{2}\ell n + \frac{5}{2}\ell^2 n + 2\ell n^2$

(续表)

运算	复杂度
	使用了去相关
去相关 ℓ 重复	$\frac{2}{3}\ell^3+\ell^2-\frac{5}{3}\ell-\frac{1}{2}\ell n+\frac{1}{2}\ell^2 n$
	$\ell\times\{$
$\mathcal{F}_1=P_{(-)}H^{\mathrm{T}}$	n^2
$\mathcal{F}_2=H\mathcal{F}_1+R$	n
$K=\mathcal{F}_1/\mathcal{F}_2$	n
$\mathcal{F}_3=\frac{1}{2}K\mathcal{F}_2-\mathcal{F}_1$	$n+1$
$\mathcal{F}_4=\mathcal{F}_3K^{\mathrm{T}}$	n^2
$P_{(+)}=P_{(-)}+\mathcal{F}_4+\mathcal{F}_4^{\mathrm{T}}$	(包括以上)$\}$
总运算量	$\frac{2}{3}\ell^3+\ell^2-\frac{2}{3}\ell+\frac{5}{3}\ell n+\frac{1}{2}\ell^2 n+2\ell n^2$

Joseph 稳定化实现方法的负面评价　在对轨道估计问题的几种卡尔曼滤波器实现方法进行比较评价时，Thornton 和 Bierman[14] 发现对于某些“平方根”方法能够很好解决的病态问题而言，Joseph 稳定化实现方法会失败。

7.7.2 Morf-Kailat 联合观测更新/时间更新

在卡尔曼滤波中，最大的计算工作在于求解 Riccati 方程。这些工作对于计算卡尔曼增益是必要的。然而，只需要协方差矩阵的先验值就可以完成此任务，其后验值只是在计算下一个先验值的过程中被用做中间结果。

实际上，没有必要明显地计算出协方差矩阵的后验值。有可能计算出从一次更新到下一次更新过程中的先验值，而不需要通过中间后验值。这个概念及其实现方法是由 Martin Morf 和 Thomas Kailath[40] 提出来的。

Cholesky 因子的联合更新

从 $P_{k(-)}$ 的三角形 Cholesky 因子 $C_{P(k+1)(-)}$ 直接计算出 $P_{k+1(-)}$ 的三角形 Cholesky 因子 $C_{P(k)(-)}$ 是可能的，它可以通过使下列 $(n+m)\times(p+n+m)$ 维分块矩阵对角化来实现

$$A_k=\begin{bmatrix} GC_{Q(k)} & \Phi_k C_{P(k)} & 0 \\ 0 & H_k C_{P(k)} & C_{R(k)} \end{bmatrix} \tag{7.238}$$

其中，$C_{R(k)}$ 是 R_k 的广义 Cholesky 因子，$C_{Q(k)}$ 是 Q_k 的广义 Cholesky 因子。注意到下列 $(n+m)\times(n+m)$ 维对称乘积

$$A_k A_k^{\mathrm{T}}=\begin{bmatrix} \Phi_k P_{k(-)}\Phi_k^{\mathrm{T}}+G_k Q_k G_k^{\mathrm{T}} & \Phi_k P_{k(-)}H_k^{\mathrm{T}} \\ H_k P_{k(-)}\Phi_k^{\mathrm{T}} & H_k P_{k(-)}H_k^{\mathrm{T}} \end{bmatrix} \tag{7.239}$$

因此，如果通过一个正交变换 T，使 A_k 上三角化为下列形式：

$$A_k T = C_k \tag{7.240}$$

$$=\begin{bmatrix} 0 & C_{P(k+1)} & \Psi_k \\ 0 & 0 & C_{E(k)} \end{bmatrix} \tag{7.241}$$

则矩阵方程

$$C_k C_k^{\mathrm{T}}=A_k A_k^{\mathrm{T}}$$

意味着新产生的分块子矩阵 $C_{E(k)}$，Ψ_k 和 $C_{P(k+1)}$ 满足下列方程：

$$C_{E(k)}C_{E(k)}^{\mathrm{T}} = H_kP_{k(-)}H_k^{\mathrm{T}} + R_k \tag{7.242}$$

$$= E_k \tag{7.243}$$

$$\Psi_k\Psi_k^{\mathrm{T}} = \Phi_kP_{k(-)}H_k^{\mathrm{T}}E_k^{-1}H_kP_{k(-)}\Phi_k \tag{7.244}$$

$$\Psi_k = \Phi_kP_{k(-)}H_k^{\mathrm{T}}C_{E(k)}^{-1} \tag{7.245}$$

$$C_{P(k+1)}C_{P(k+1)}^{\mathrm{T}} = \Phi_kP_{k(-)}\Phi_k^{\mathrm{T}} + G_kQ_kG_k^{\mathrm{T}} - \Psi_k\Psi_k^{\mathrm{T}} \tag{7.246}$$

$$= P_{k+1(-)} \tag{7.247}$$

并且可以计算出卡尔曼增益为

$$\overline{K}_k = \Psi_kC_{E(k)}^{-1} \tag{7.248}$$

可以通过 Householder 或者 Givens 三角化方法来从 A_k 计算出 C_k。

UD 因子的联合更新

这种实现方法利用了协方差矩阵 P, R 和 Q 的 UD 因子

$$P_k = U_{P(k)}D_{P(k)}U_{P(k)}^{\mathrm{T}} \tag{7.249}$$

$$R_k = U_{R(k)}D_{R(k)}U_{R(k)}^{\mathrm{T}} \tag{7.250}$$

$$Q_k = U_{Q(k)}D_{Q(k)}U_{Q(k)}^{\mathrm{T}} \tag{7.251}$$

这些因子位于下列分块矩阵中:

$$B_k = \begin{bmatrix} GU_{Q(k)} & \Phi_kU_{P(k)} & 0 \\ 0 & H_kU_{P(k)} & U_{R(k)} \end{bmatrix} \tag{7.252}$$

$$D_k = \begin{bmatrix} D_{Q(k)} & 0 & 0 \\ 0 & D_{P(k)} & 0 \\ 0 & 0 & D_{R(k)} \end{bmatrix} \tag{7.253}$$

该分块矩阵满足下列等式:

$$B_kD_kB_k^{\mathrm{T}} = \begin{bmatrix} \Phi_kP_{k(-)}\Phi_k^{\mathrm{T}} + G_kQ_kG_k^{\mathrm{T}} & \Phi_kP_{k(-)}H_k^{\mathrm{T}} \\ H_kP_{k(-)}\Phi_k^{\mathrm{T}} & H_kP_{k(-)}H_k^{\mathrm{T}} \end{bmatrix} \tag{7.254}$$

将 B_k的行关于加权矩阵 D_k进行 MWGS 正交化，将产生下列矩阵:

$$\acute{B}_k = \begin{bmatrix} U_{P(k+1)} & U_{\Psi(k)} \\ 0 & U_{E(k)} \end{bmatrix} \tag{7.255}$$

$$\acute{D}_k = \begin{bmatrix} D_{P(k+1)} & 0 \\ 0 & D_{E(k)} \end{bmatrix} \tag{7.256}$$

其中，$U_{P(k+1)}$和 $D_{P(k+1)}$是 $P_{k+1(-)}$的 UD 因子，并且

$$U_{\Psi(k)} = \Phi_kP_{k(-)}H_k^{\mathrm{T}}U_{E(k)}^{-\mathrm{T}}D_{E(k)}^{-1} \tag{7.257}$$

$$= \overline{K}_kU_{E(k)} \tag{7.258}$$

因此，卡尔曼增益

$$\overline{K}_k = U_{\Psi(k)} U_{E(k)}^{-1} \tag{7.259}$$

也可以作为 MWGS 正交化过程的附带结果而计算出来。

7.7.3 信息滤波

估计的信息矩阵

估计不确定性的协方差矩阵的逆被称为信息矩阵①，即

$$Y \stackrel{\text{def}}{=} P^{-1} \tag{7.260}$$

采用 Y(或者其广义 Cholesky 因子)而不是 P(或者其广义 Cholesky 因子)来实现的滤波器被称为信息滤波器(Information filters)[采用 P 来实现的滤波器也被称为协方差滤波器(Covariance filters)]。

信息滤波的应用

没有先验信息的问题 利用信息矩阵，可以表达出估计过程可从没有任何先验信息开始这种思想，即用下列零矩阵表示

$$Y_0 = 0 \tag{7.261}$$

从这种条件开始的信息滤波器将绝对没有偏差地接近先验估计。协方差滤波器却不能做到这一点。

也可以通过采用特征值等于零的信息矩阵，将没有信息的先验估计在状态空间的特定子空间内表示出来。在这种情况下，信息矩阵具有下列特征值-特征向量分解形式：

$$Y_0 = \sum_i \lambda_i e_i e_i^{\mathrm{T}} \tag{7.262}$$

其中有些特征值 $\lambda_i = 0$，对应的特征向量 e_i 表示状态空间中零先验信息的方向。后续的估计将没有偏差地接近这些先验估计的分量。

如果 P 是奇异矩阵，则不能采用信息滤波方法，这与如果 Y 是奇异矩阵不能采用协方差滤波方法一样。然而，如果这两种条件不是同时发生的话，可以切换两种表示方法。例如，对于初始信息为零的估计问题，可以先采用信息滤波器，然后当 Y 变为非奇异时再切换为协方差滤波器来实现。反之，对于初始不确定性为零的滤波问题，也可以先采用协方差滤波器，然后当 P 变为非奇异时再切换为信息滤波器。

鲁棒的观测更新 不确定性矩阵(uncertainty matrix)的观测更新与时间更新相比，对舍入误差的鲁棒性更差。它更容易使不确定性矩阵变为不定的，从而导致估计的反馈环路不稳定。

信息矩阵的观测更新对舍入误差的鲁棒性更好。这是信息滤波与协方差滤波之间存在的某种对偶性的结果，使得时间更新和观测更新的算法结构可以在这两种方法之间切换。这种对偶性的缺点在于，信息矩阵的时间更新与观测更新相比，对舍入误差的鲁棒性更差，并且更有可能是导致性能恶化的原因。因此，信息滤波并不是解决各种条件下所有问题的万能方

---

① 这也被称为 Fisher 信息矩阵，这是根据英国统计学家 Ronald Aylmer Fisher(1890 – 1962)的名字来命名的。更一般地，对于具有可微概率密度函数的分布而言，信息矩阵被定义为概率密度的对数关于其变量的二阶导数矩阵。对于高斯分布，它等于协方差矩阵的逆矩阵。

法，但是在不确定性矩阵的观测更新是产生问题的主要原因的情况下，信息滤波对舍入问题提供了一种可能的解决方法。

信息滤波的缺点　信息滤波的最大缺点是失去了表示的"透明化"。尽管对于某些问题而言，信息概念比不确定性概念更实际，但是却更难解释它的物理意义，并且从我们的观点来看其应用也更困难。通过少量实践可以发现，将σ(方差的平方根)与概率联系起来以及将不确定性的值表示为"3σ"还是相对比较容易的。这样在对其值进行解释以前，必须求出信息矩阵的逆矩阵。

广泛接受信息滤波的最大阻碍或许在于它丢失了相关状态向量分量的物理意义。这些状态向量分量是原始状态向量分量的线性组合，但是这些线性组合的系数会随着估计中信息/不确定性的状态而变化。

信息状态

信息滤波器采用的状态向量表示方法与协方差滤波器的不同。在滤波器实现中采用信息矩阵的方法会利用下列信息状态(Information state)：

$$d \stackrel{\text{def}}{=} Yx \tag{7.263}$$

并且那些采用其广义 Cholesky 因子 C_Y，使得

$$C_Y C_Y^{\mathrm{T}} = Y \tag{7.264}$$

的方法会利用下列"平方根"信息状态

$$s \stackrel{\text{def}}{=} C_Y x \tag{7.265}$$

信息滤波器实现

在表7.24中，给出了"直接"信息滤波器(即利用Y而不是其广义 Cholesky 因子)的实现方程。它们可以通过卡尔曼滤波器方程以及信息矩阵和信息状态的定义推导出来。注意这些方程在形式上与卡尔曼滤波器方程是相似的，并且各个观测方程和时间方程之间也相互进行切换。

表7.24　信息滤波器方程

观测更新

$$\hat{d}_{k(+)} = \hat{d}_{k(-)} + H_k^{\mathrm{T}} R_k^{-1} z_k$$

$$Y_{k(+)} = Y_{k(-)} + H_k^{\mathrm{T}} R_k^{-1} H_k$$

时间更新

$$A_k \stackrel{\text{def}}{=} \Phi_k^{-\mathrm{T}} Y_{k(+)} \Phi_k^{-1}$$

$$Y_{k+1(-)} = \{I - A_k G_k [G_k^{\mathrm{T}} A_k G_k + Q_k^{-1}]^{-1} G_k^{\mathrm{T}}\} A_k$$

$$\hat{d}_{k+1(-)} = \{I - A_k G_k [G_k^{\mathrm{T}} A_k G_k + Q_k^{-1}]^{-1} G_k^{\mathrm{T}}\} \Phi_k^{-\mathrm{T}} \hat{d}_{k(+)}$$

"平方根"信息滤波器

"平方根"信息滤波器("Square-root" information filter)通常简写为 SRIF(传统的"平方根"滤波器通常简写为 SRCF，它表示平方根协方差滤波器)。正如 SRCF 一样，SRIF 与滤波器的"直接"实现形式相比，对舍入误差的鲁棒性也更好。

历史注释　SRIF 的完整公式(即包括两种更新)是由 Dyer 和 McReynolds[11] 提出来的，

他们利用了 Golub[41]提出的“平方根”最小二乘方法(三角化方法)，这种方法被 Lawson 和 Hanson[42]应用于序贯最小二乘估计。在表 7.25 中，给出了 Dyer 和 McReynolds 研究得到的结果。

表 7.25　基于三角化的平方根信息滤波器

观测更新

$$\begin{bmatrix} C_{Y_{k(-)}} & H_k^{\mathrm{T}} C_{R_k^{-1}} \\ \hat{s}_{k(-)}^{\mathrm{T}} & z_k^{\mathrm{T}} C_{R_k^{-1}} \\ & \end{bmatrix} \mathrm{T}_{\mathrm{obs}} = \begin{bmatrix} C_{Y_{k(+)}} & 0 \\ \hat{s}_{k(+)}^{\mathrm{T}} & \epsilon \end{bmatrix}$$

时间更新

$$\begin{bmatrix} C_{Q_k^{-1}} & -G_k \Phi_k^{-\mathrm{T}} C_{Y_{k(+)}} \\ 0 & \Phi_k^{-\mathrm{T}} C_{Y_{k(+)}} \\ 0 & \hat{s}_{k(+)}^{\mathrm{T}} \end{bmatrix} \mathrm{T}_{\mathrm{temp}} = \begin{bmatrix} \Theta & 0 \\ \Gamma & C_{Y_{k+1(-)}} \\ \tau^{\mathrm{T}} & \hat{s}_{k+1(-)}^{\mathrm{T}} \end{bmatrix}$$

备注：T_{obs}和 T_{temp}是正交矩阵(由 Householder 或者 Givens 变换组成)，它们使位于其左边的矩阵下三角化。右边的除 s 和 C_Y以外的子矩阵都是无关紧要的。

7.8　本章小结

尽管卡尔曼滤波被称为“是适合数字计算机实现的理想方法”[43]，数字计算机却并不是适合这个任务的理想工具。卡尔曼滤波器的传统实现方法(采用协方差矩阵)对于舍入误差尤其敏感。

人们提出了很多方法来降低卡尔曼滤波器对舍入误差的敏感性。最成功的方法通过三角因子的对称乘积，采用了估计不确定性的协方差矩阵的另一种表示方法。这些方法可以分为下列三类：

1. “平方根”协方差滤波器，它将估计不确定性的协方差矩阵分解为三角形 Cholesky 因子的对称乘积：
$$P = CC^{\mathrm{T}}$$
2. UD 协方差滤波器，它利用了协方差矩阵的修正(没有平方根)Cholesky 分解
$$P = UDU^{\mathrm{T}}$$
3. “平方根”信息滤波器，它利用了信息矩阵 P^{-1}的对称乘积分解形式。

其他卡尔曼滤波器实现方法在下列三种类型的滤波器运算中，利用了协方差矩阵(或者其逆矩阵)的上述分解因子：

1. 时间更新
2. 观测更新
3. 联合更新(时间更新和观测更新)

在上述其他卡尔曼滤波器实现方法中，采用的基本计算方法又可以分为四类。其中前面三类方法主要关心如何将矩阵分解为三角因子，并且通过所有的卡尔曼滤波运算来维持这些因子的三角形式：

1. Cholesky 分解方法，通过这种方法可以将一个对称正定矩阵 M 表示为三角矩阵 C 的对

称乘积，即

$$M = CC^{\mathrm{T}} \text{或} M = UDU^{\mathrm{T}}$$

Cholesky 分解算法根据 M 计算出 C(或者 U 和 D)。

2. 三角化方法，通过这种方法可以将一个普通矩阵 A 的对称乘积表示为三角矩阵 C 的对称乘积，即

$$AA^{\mathrm{T}} = CC^{\mathrm{T}} \text{或} A\acute{D}A^{\mathrm{T}} = UDU^{\mathrm{T}}$$

这些方法根据 A(或者 A 和 $\acute{D}$)计算出 C(或者 U 和 D)。

3. 秩 1 修正方法，通过这种方法可以将三角矩阵 $\acute{C}$ 的对称乘积与向量(秩 1 矩阵)$\boldsymbol{v}$ 的按比例缩放对称乘积之和表示为一个新的三角矩阵 C 的对称乘积，即

$$\acute{C}\acute{C}^{\mathrm{T}} + s\boldsymbol{v}\boldsymbol{v}^{\mathrm{T}} = CC^{\mathrm{T}} \text{ or } \acute{U}\acute{D}\acute{U}^{\mathrm{T}} + s\boldsymbol{v}\boldsymbol{v}^{\mathrm{T}} = UDU^{\mathrm{T}}$$

这些方法根据 $\acute{C}$ (或者 $\acute{U}$ 和 $\acute{D}$), s 和 v, 计算出 C(或者 U 和 D)。

第四类方法包括专门针对三角矩阵的标准矩阵运算方法(乘法，求逆等)。

这些实现方法在那些采用传统卡尔曼滤波器实现方法会失败的应用中取得了成功。

在卡尔曼滤波中，过分强调良好数值方法的重要性是很难的。由于受有限精度的限制，计算机总是会产生近似误差，它们并不是绝对正确的。在分析问题时必须将这一点考虑到。舍入的影响也许是微小的，但是忽略它们则可能会酿成大错。

习题

7.1 一个 $n \times n$ 维 Moler 矩阵 M 的元素为

$$M_{ij} = \begin{cases} i, & i = j \\ \min(i,j), & i \neq j \end{cases}$$

计算出 3×3 维 Moler 矩阵以及其下三角 Cholesky 因子。

7.2 写出计算并输出 $n \times n$ 维 Moler 矩阵及其下三角 Cholesky 因子($2 \leqslant n \leqslant 20$)的 MATLAB 程序。

7.3 证明 $P = CC^{\mathrm{T}}$ 的 Cholesky 因子 C 的条件数等于 P 的条件数的平方根。

7.4 证明如果 A 和 B 是 $n \times n$ 维上三角矩阵，则它们的乘积 AB 也是上三角矩阵。

7.5 证明当且仅当三角形方阵有一个对角线元素为零时，这个三角形方阵是奇异矩阵(提示：三角矩阵的行列式等于多少)。

7.6 证明一个上(下)三角矩阵的逆矩阵也是上(下)三角矩阵。

7.7 证明如果将上三角 Cholesky 分解算法应用于下列矩阵乘积

$$\begin{bmatrix} H & z \end{bmatrix}^{\mathrm{T}} \begin{bmatrix} H & z \end{bmatrix} = \begin{bmatrix} H^{\mathrm{T}}H & H^{\mathrm{T}}z \\ z^{\mathrm{T}}H & z^{\mathrm{T}}z \end{bmatrix}$$

并且将得到的上三角因子类似地分块为 $\begin{vmatrix} U & y \\ 0 & \varepsilon \end{vmatrix}$，则方程 $U\hat{x} = y$ 的解 $\hat{x}$ (它可以采用回代方法来计算)也是最小二乘问题 $H\hat{x} \approx z$ 的解，即 $\| H\hat{x} - z \| = \varepsilon$ (最小二乘的 Cholesky 方法)。

7.8 一个对称非负定矩阵 P 的奇异值分解为 $P = EDE^{\mathrm{T}}$，使得 E 为正交矩阵，$D = \mathrm{diag}(d_1,$

$d_2, d_3, \cdots, d_n$) 为具有非负元素 $d_i \geqslant 0(1 \leqslant i \leqslant n)$ 的对角矩阵。对于 $D^{1/2} = \mathrm{diag}(d_1^{1/2}, d_2^{1/2}, d_3^{1/2}, \ , d_n^{1/2})$，证明对称矩阵 $C = ED^{1/2}E^{\mathrm{T}}$ 既是 P 的广义 Cholesky 因子，也是 P 的平方根。

7.9 证明在 P 的奇异值分解中(参见上面的习题)，正交矩阵 E 的列向量是 P 的特征向量，并且 D 的对角元素是对应的各个特征值。也就是说，对于 $1 \leqslant i \leqslant n$，如果 e_i 是 E 的第 i 个列，证明 $Pe_i = d_i e_i$。

7.10 证明如果 $P = EDE^{\mathrm{T}}$ 是 P 的奇异值分解(参见上面的定义)，则 $P = \sum_{i=1}^{n} d_i e_i e_i^{\mathrm{T}}$，其中 e_i 是 E 的第 i 个列向量。

7.11 证明如果 C 是 P 的 $n \times n$ 维广义 Cholesky 因子，则对于任意正交矩阵 T，CT 也是 P 的广义 Cholesky 因子。

7.12 证明如果 $|\nu|^2 = 1$，则 $(I - \nu\nu^{\mathrm{T}})^2 = (I - \nu\nu^{\mathrm{T}})$ 成立，并且如果 $(I - \nu\nu^{\mathrm{T}})^2 = I$，则 $|\nu|^2 = 2$ 成立。

7.13 证明下面的公式将 Potter 观测更新推广到包括向量值测量的情况

$$C_{(+)} = C_{(-)}[I - VM^{-\mathrm{T}}(M+F)^{-1}V^{\mathrm{T}}]$$

其中，$V = C_{(-)}^{\mathrm{T}} H^{\mathrm{T}}$ 并且 F 和 M 分别是 R 和 $R + V^{\mathrm{T}}V$ 的广义 Cholesky 因子。

7.14 证明下面的引理：如果 W 是一个上三角 $n \times n$ 维矩阵，使得

$$WW^{\mathrm{T}} = I - \frac{\boldsymbol{\nu}\boldsymbol{\nu}^{\mathrm{T}}}{R + |\boldsymbol{\nu}|^2}$$

则[①]

$$\sum_{k=m}^{j} W_{ik}W_{mk} = \Delta_{im} - \frac{\boldsymbol{\nu}_i\boldsymbol{\nu}_m}{R + \sum_{k=1}^{j} \boldsymbol{\nu}_k^2} \tag{7.266}$$

对于所有满足 $1 \leqslant i \leqslant m \leqslant j \leqslant n$ 的 i，m 和 j 都成立。

7.15 证明 Björck“修正”Gram-Schmidt 算法能够产生一组相互正交的向量。

7.16 假设

$$V = \begin{bmatrix} 1 & 1 & 1 \\ \epsilon & 0 & 0 \\ 0 & \epsilon & 0 \\ 0 & 0 & \epsilon \end{bmatrix}$$

其中 ϵ 很小，使得按照机器精度可以将 $1 + \epsilon^2$(而不是 $1 + \epsilon$)四舍五入为 1。计算分别采用传统和修正 Gram-Schmidt 正交化方法得到的舍入结果。哪一个结果更接近于理论值？

7.17 证明如果 A 和 B 都是正交矩阵，则

$$\begin{bmatrix} A & 0 \\ 0 & B \end{bmatrix}$$

也是一个正交矩阵。

7.18 Householder 反射矩阵 $I - 2\nu\nu^{\mathrm{T}}/\nu^{\mathrm{T}}\nu$ 的逆矩阵是什么？

---

① Kronecker $\delta(\Delta ij)$ 定义为只有当下标相等($i = j$)时它才等于 1，否则都等于 0。

7.19 当 $n<q$ 时，有多少种 Householder 变换可以使一个 $n\times q$ 维矩阵三角化？当 $n=q$ 时这个结论会改变吗？

7.20 （广义 Cholesky 因子的连续时间更新）证明线性动态方程 $\dot{P}=F(t)P(t)+P(t)F^{\mathrm{T}}(t)+G(t)Q(t)G^{\mathrm{T}}(t)$（其中 Q 是对称矩阵）的解 $P(t)$ 的所有可微广义 Cholesky 因子 $C(t)$ 也是非线性动态方程 $\dot{C}(t)=F(t)C(t)+\frac{1}{2}[G(T)Q(t)G^{\mathrm{T}}(t)+A(t)]C^{-\mathrm{T}}(t)$ 的解，其中 $A(t)$ 为反对称矩阵[44]。

7.21 证明在信息矩阵和相应协方差矩阵都不是奇异矩阵的情况下，信息矩阵的条件数等于相应协方差矩阵的条件数（条件数等于最大特征值与最小特征值的比值）。

7.22 证明 SRIF 的观测更新的三角化方程是正确的（提示：在分块矩阵的右侧乘上它们各自的转置矩阵）。

7.23 证明 SRIF 的时间更新的三角化方程是正确的。

7.24 证明用于观测更新的传统卡尔曼滤波器 Riccati 方程

$$P_{(+)}=P_{(-)}-P_{(-)}H^{\mathrm{T}}[HP_{(-)}H^{\mathrm{T}}+R]^{-1}HP_{(-)}$$

等效于 Peter Swerling 的信息形式

$$P_{(+)}^{-1}=P_{(-)}^{-1}+H^{\mathrm{T}}R^{-1}H$$

（提示：尝试将 $P_{(+)}$ 的表达式乘上 $P^{-1(+)}$ 的表达式，看它是否等于恒等矩阵 I）。

7.25 证明如果 C 是 P 的广义 Cholesky 因子（即 $P=CC^{\mathrm{T}}$），则只要 C 的逆矩阵存在，那么 $C^{-\mathrm{T}}=(C^{-1})^{\mathrm{T}}$ 也是 $Y=P^{-1}$ 的广义 Cholesky 因子。反之，信息矩阵 Y 的任意广义 Cholesky 因子的转置逆矩阵也是协方差矩阵 P 的广义 Cholesky 因子，只要这个逆矩阵存在。

7.26 写出采用 Bierman-Thornton UD 滤波器实现例 5.8 的 MATLAB 程序，画出得到的均方根（RMS）估计不确定性值 $P_{(+)}$ 和 $P_{(-)}$ 以及 $\bar{K}$ 的分量作为时间的函数关系图（可以利用源程序 `bierman.m` 和 `thornton.m`，但是必须计算出 UDU^{T}，并且取其对角元素值的平方根来得到 RMS 不确定性）。

7.27 写出采用 Potter“平方根”滤波器实现例 5.8 的 MATLAB 程序，并且如上题一样画出所得值的函数关系图。

参考文献

[1] L. Strachey, *Eminent Victorians*, Penguin Books, London, 1988.

[2] J. S. Meditch, "A survey of data smoothing for linear and nonlinear dynamic systems," *Automatica*, Vol. 9, pp. 151–162, 1973.

[3] S. R. McReynolds, "Fixed interval smoothing: revisited," *AIAA Journal of Guidance, Control, and Dynamics*, Vol. 13, pp. 913–921, 1990.

[4] G. J. Bierman, "A new computationally efficient fixed-interval discrete time smoother," *Automatica*, Vol. 19, pp. 503–561, 1983.

[5] K. Watanabe and S. G. Tzafestas, "New computationally efficient formula for backward-pass fixed interval smoother and its UD factorization algorithm," *IEE Proceedings*, Vol. 136D, pp. 73–78, 1989.

[6] J. M. Jover and T. Kailath, "A parallel architecture for Kalman filter measurement update and parameter update," *Automatica*, Vol. 22, pp. 783–786, 1986.

[7] ANSI/IEEE Std. 754-1985, *IEEE Standard for Binary Floating-Point Arithmetic*, Institute of Electrical and Electronics Engineers, New York, 1985.

[8] L. A. McGee and S. F. Schmidt, *Discovery of the Kalman Filter as a Practical Tool for Aerospace and Industry*, Technical Memorandum 86847, National Aeronautics and Space Administration, Mountain Veiw, CA, 1985.

[9] S. F. Schmidt, "The Kalman filter: its recognition and development for aerospace applications," *AIAA Journal of Guidance and Control*, Vol. 4, No. 1, pp. 4–8, 1981.

[10] R. H. Battin, "Space guidance evolution—a personal narrative," *AIAA Journal of Guidance and Control*, Vol. 5, pp. 97–110, 1982.

[11] P. Dyer and S. McReynolds, "Extension of square-root filtering to include process noise," *Journal of Optimization Theory and Applications*, Vol. 3, pp. 444–458, 1969.

[12] M. Verhaegen and P. Van Dooren, "Numerical aspects of different Kalman filter implementations," *IEEE Transactions on Automatic Control*, Vol. AC-31, pp. 907–917, 1986.

[13] J. E. Potter, "Matrix quadratic solutions," *SIAM Journal of Applied Mathematics*, Vol. 14, pp. 496–501, 1966.

[14] C. L. Thornton and G. J. Bierman, *A Numerical Comparison of Discrete Kalman Filtering Algorithms: An Orbit Determination Case Study*, JPL Technical Memorandum 33-771, NASA/JPL, Pasadena, CA, 1976.

[15] J. J. Dongarra, C. B. Moler, J. R. Bunch, and G. W. Stewart, *LINPACK Users' Guide*, Society for Industrial and Applied Mathematics, Philadelphia, PA, 1979.

[16] G. E. Forsythe, M. A. Malcolm, and C. B. Moler, *Computer Methods for Mathematical Computations*, Prentice-Hall, Englewood Cliffs, NJ, 1977.

[17] G. H. Golub and C. F. Van Loan, *Matrix Computations*, 4th ed., Johns Hopkins University Press, Baltimore, MD, 2013.

[18] P. G. Kaminski, Square root filtering and smoothing for discrete processes, PhD thesis, Stanford University, 1971.

[19] W. M. Gentleman, "Least squares computations by Givens transformations without square roots," *Journal of the Institute for Mathematical Applications*, Vol. 12, pp. 329–336, 1973.

[20] W. Givens, "Computation of plane unitary rotations transforming a general matrix to triangular form," *Journal of the Society for Industrial and Applied Mathematics*, Vol. 6, pp. 26–50, 1958.

[21] A. S. Householder, "Unitary triangularization of a nonsymmetric matrix," *Journal of the Association for Computing Machinery*, Vol. 5, pp. 339–342, 1958.

[22] N. A. Carlson, "Fast triangular formulation of the square root filter," *AIAA Journal*, Vol. 11, No. 9, pp. 1259–1265, 1973.

[23] W. S. Agee and R. H. Turner, *Triangular Decomposition of a Positive Definite Matrix Plus a Symmetric Dyad, with Applications to Kalman Filtering*, Technical Report No. 38, White Sands Missile Range Oct. 1972.

[24] G. J. Bierman, *Factorization Methods for Discrete Sequential Estimation*, Academic Press, New York, 1977.

[25] C. L. Thornton, Triangular covariance factorizations for Kalman filtering, PhD thesis, University of California at Los Angeles, 1976.

[26] Å. Björck, "Solving least squares problems by orthogonalization," *BIT*, Vol. 7, pp. 1–21, 1967.

[27] M. S. Grewal and J. Kain, "Kalman filter implementation with improved numerical properties," *IEEE Transactions on Automatic Control,* Vol. 55, No. 9, pp. 2058–2068, 2010.

[28] W. H. Press, B. P. Flannery, S. A. Teukolsky, and W. T. Vettering, *Numerical Recipes in C++: The Art of Scientific Computing*, Cambridge University Press, Cambridge, 2007.

[29] L. F. Richardson, "The approximate arithmetical solution by finite differences of physical problems including differential equations, with an application to the stresses in a masonry dam," *Philosophical Transactions of the Royal Society A*, Vol. 210, No. 459–470, pp. 307–357, 1911.

[30] J. Stoer and R. Bulirsch, *Introduction to Numerical Analysis*, 3rd ed., Springer-Verlag, New York, 2002.

[31] C. Moler and C. Van Loan, "Nineteen dubious ways to compute the exponential of a matrix, twenty-five years later," *SIAM Review*, Vol. 45, No. 1, pp. 3–49, 2003.

[32] C. F. Van Loan, "Computing integrals involving the matrix exponential," *IEEE Transactions on Automatic Control*, Vol. AC-23, pp. 395–404, 1978.

[33] P. G. Kaminski, A. E. Bryson Jr., and S. F. Schmidt, "Discrete square root filtering: a survey of current techniques," *IEEE Transactions on Automatic Control*, Vol. AC-16, pp. 727–736, 1971.

[34] P. Swerling, "First order error propagation in a stagewise differential smoothing procedure for satellite observations," *Journal of Astronautical Sciences*, Vol. 6, pp. 46–52, 1959.

[35] V. Strassen, "Gaussian elimination is not optimal," *Numerische Matematik*, Vol. 13, p. 354, 1969.

[36] R. E. Kalman, "A new approach to linear filtering and prediction problems," *ASME Journal of Basic Engineering*, Vol. 82, pp. 34–45, 1960.

[37] R. H. Battin, *Astronautical Guidance*, McGraw-Hill, New York, 1964.

[38] J. E. Potter and R. G. Stern, "Statistical filtering of space navigation measurements," in *Proceedings of the 1963 AIAA Guidance and Control Conference*, AIAA, New York, pp. 333-1–333-13, 1963.

[39] R. S. Bucy and P. D. Joseph, *Filtering for Stochastic Processes with Applications to Guidance*, American Mathematical Society, Chelsea Publishing, Providence, RI, 2005.

[40] M. Morf and T. Kailath, "Square root algorithms for least squares estimation," *IEEE Transactions on Automatic Control*, Vol. AC-20, pp. 487–497, 1975.

[41] G. H. Golub, "Numerical methods for solving linear least squares problems," *Numerische Mathematik*, Vol. 7, pp. 206–216, 1965.

[42] C. L. Lawson and R. J. Hanson, *Solving Least Squares Problems*, Prentice-Hall, Englewood Cliffs, NJ, 1974.

[43] A. Gelb, J. F. Kasper Jr., R. A. Nash Jr., C. F. Price, and A. A. Sutherland Jr., *Applied Optimal Estimation*, MIT Press, Cambridge, MA, 1974.

[44] A. Andrews, "A square root formulation of the Kalman covariance equations," *AIAA Journal*, Vol. 6, pp. 1165–1166, 1968.

第 8 章　非线性近似

如果你手中仅有的工具是一把铁锤的话，我认为你把所有事情都当做一颗钉子是令人感兴趣的。

——Abraham H. Maslow

The Psychology of Science：A Reconnaissance，Harper，1966.

8.1　本章重点

尽管卡尔曼滤波器（我们的铁锤）是针对线性最小均方估计问题而发展来的，它也可以自由地应用于（并且取得了很大成功）许多重要的非线性问题。正如第 3 章中所提到的，在动态模型或者测量模型中引入非线性以后，就在均值和协方差中带来了未知的高阶矩，从而破坏了均值和协方差的标准（线性）传播方式。

8.1.1　涵盖要点

针对这种非线性提出的解决方法通常可以分为下列四大类：

I. 推广到仿射动态和测量模型，这等效于具有非零均值动态扰动噪声和/或测量噪声的标准卡尔曼滤波器。其解是平凡的，并且也是准确的。

II. 线性近似方法：

A. 通常采用偏导数来对测量变量随状态变量的变化而变化进行线性近似，这种偏导数可能是下面两种情况：

1. 解析方法，对可微非线性函数 $z = h(x)$ 求偏导。
2. 数值方法，计算出 $h(x)$ 的估计状态值 $h(\hat{x})$ 和“扰动”值 $h(\hat{x} + \delta_j)$，然后计算比值

$$\left.\frac{\partial z_i}{\partial x_j}\right|_{x=\hat{x}} \approx \frac{h_i(\hat{x} + \delta_j) - h_i(\hat{x})}{\{\delta_j\}_j}$$

其中，$h_i(\cdot)$ 是 h 的第 i 个分量，并且 δ_j 的分量只有在第 j 行才不为零。于是，测量灵敏度矩阵 H 的线性近似将在第 i 行和第 j 列具有数值近似。

在上面两种情况下，H 的近似都只用于计算卡尔曼增益。期望的测量值总是可以用下式来计算的：

$$\hat{z} = h(\hat{x})$$

B. 同样采用解析方法或者数值偏微分方法来对协方差动态变化进行线性近似，以便通过下面四种方法中的任意一种方法来传播估计不确定性的协方差矩阵：

1. 如果非线性动态模型具有下列形式：

$$\dot{x} = f(x)$$

则采用解析偏导数

$$F = \frac{\partial f}{\partial x}$$

来传播 P

$$\dot{P} = FP + PF^{\mathrm{T}} + Q(t)$$

2. 利用从(II. B. 1)中得到的 F 值，计算

$$\Phi_{k-1} \approx \exp\left(\int_{t_{k-1}}^{t_k} F(s)\,\mathrm{d}s\right)$$

3. 对于 x 的 $n+1$ 个不同初始值，通过从 t_{k-1} 到 t_k 传播 $\dot{x}=f(x)$ 来对 Φ 进行近似，包括沿着 n 个状态向量分量的每个分量的 $\hat{x}_{(k-1)(+)}$ 和扰动 δ_j。于是

$$\{\Phi_{k-1}\}_{ij} \approx \frac{\{x_{kj} - \hat{x}_{k(-)}\}_i}{\delta_j}$$

其中，x_{kj} 是初始值为 $\hat{x}_{(k-1)(+)}+\delta_j$ 的轨迹在 t_k 时刻的摄动解(Perturbed solution)。

4. 如果非线性模型具有下列形式：

$$x_k = f_k(x_{k-1})$$

则状态转移矩阵的线性近似为 Jacobian 矩阵

$$\Phi_{k-1} \approx \frac{\partial f_k}{\partial x_{k-1}}$$

在所有情况下，这些近似都只是用来传播协方差矩阵 P 而不是估计值 $\hat{x}$。总是利用完整的非线性模型来传播 $\hat{x}$ 的。

III. 通过采用离散采样值的统计近似来代替矩阵 Riccati 微分方程或者差分方程。这些“采样-传播”方法在某种程度上类似于(II. B. 3)中的方法，除了它们更加明智地利用了扰动并且在整个测量中使用协方差解以外。对于某些应用而言，它们比线性化方法的性能更好——但它们也有其自身局限性。

IV. 除了某些有限的模型非线性以外，导出大致与卡尔曼滤波器等效的结果。它们包括：

A. Bass 等人[1]导出的包括二阶项的结果。

B. Wiberg 和 Campbell[2]导出的包括三阶项的结果。

C. Beneš[3]导出的具有有限非线性的结果，但采用了闭式解形式。

二阶和三阶推导结果的计算复杂度通常太高，这妨碍了其有限的优点，它们只是在这里被提到。这里将对 Beneš 滤波器进行介绍，尽管在一些研究中发现它的性能不如第 II 类或者第 III 类滤波器好。

除了采用方法对卡尔曼滤波器的实现进行修正以更好地应对模型的非线性以外，非线性随机系统模型已经有很长时间的历史。尽管没有产生比卡尔曼滤波器更好的成果，但它在对热力学系统、经济学系统和市场系统的行为特性建模方面取得了显著成功。它还产生了一些“基于栅格”的实现方法，已经用于计算监视(检测与跟踪)问题的概率密度。

近似方法通常依靠卡尔曼滤波器对于其问题的模型是最优的这个事实。尽管有些人认为这种最优解在一定程度上比较脆弱，实际上却并非如此。关于均方误差这种二次准则的最优

解容易使其一阶性能相对于模型变化的导数为零，因此模型的微小修正会对最优解带来可以接受的影响。

本章主要讨论一些更加成功的方法。

8.1.2 “非线性”的含义是什么

有一种说法是，“将数学问题分为线性和非线性问题就如同将宇宙分为香蕉和非香蕉这两种类型一样”，关键是现实世界中的大量数学问题在本质上都不是线性的。

于是，我们需要对“非线性”的含义进行限定，这个概念可能对于卡尔曼滤波在非线性应用中取得更大成功是很重要的。正好有很多数学函数可以把所有情况都包括在内，我们已经在第 3 章中指出，当考虑适当的非线性以后，卡尔曼滤波(均值和协方差)基本变量的传播会发生什么变化。

将这些方法取得成功的许多所谓的“非线性”问题描述为“准线性”可能会更加合适，此时包含的非线性函数在局部上会受其一阶变化所支配——至少在估计误差和测量误差的概率分布表示的变化以内。因此，线性近似引入的误差取决于估计和测量的质量，并且卡尔曼滤波的“非线性”应用方面的成功也只取决于估计不确定性确定的范围以内的线性化误差。

8.2 仿射卡尔曼滤波器

这种线性卡尔曼滤波器的简单推广形式被称为仿射卡尔曼滤波器。正如在第 3 章中所看到的，仿射变换并不是完全线性的，但是它对概率分布产生的影响与线性变换的影响没有多大区别——尤其是对均值和协方差的影响，这不会受到分布的其他矩所破坏。我们在这里指出来，是因为除了具有非零均值的噪声源以外，它也等效于标准线性卡尔曼滤波器模型。

具有控制输入的卡尔曼滤波器本质上是一个仿射卡尔曼滤波器。

8.2.1 仿射模型

仿射变换是增加了已知的常数值“偏差”的线性变换，即

$$x_k = \Phi_{k-1}x_{k-1} + b_{k-1} + w_{k-1} \tag{8.1}$$

$$z_k = H_k x_k + d_k + v_k \tag{8.2}$$

其中，b_{k-1}是已知的 n 维向量，d_k是已知的 m 维向量，并且$\{w_{k-1}\}$和$\{v_k\}$分别是协方差 Q_{k-1} 和 R_k已知的零均值白噪声序列。

8.2.2 非零均值噪声模型

放射模型与非零均值噪声模型很难区别，其中

$$\underset{w}{\mathrm{E}}\langle w_{k-1}\rangle = b_{k-1} \tag{8.3}$$

$$\underset{w}{\mathrm{E}}\langle (w_{k-1} - b_{k-1})(w_{k-1} - b_{k-1})^{\mathrm{T}}\rangle = Q_{k-1} \tag{8.4}$$

$$\underset{v}{\mathrm{E}}\langle v_k\rangle = d_k \tag{8.5}$$

$$\underset{v}{\mathrm{E}}\langle (v_k - d_k)(v_k - d_k)^{\mathrm{T}}\rangle = R_k \tag{8.6}$$

因此，将卡尔曼滤波器推广到包括非零均值噪声情形就等效于仿射推广。

8.2.3 仿射滤波器实现

于是，仿射卡尔曼滤波器的等效实现方法是

$$\begin{aligned}\hat{x}_{k(-)} &= \Phi_{k-1}\hat{x}_{(k-1)(+)} + b_{k-1} \\ P_{k(-)} &= \Phi_{k-1}P_{(k-1)(+)}\Phi_{k-1}^{\mathrm{T}} + Q_{k-1}\end{aligned} \tag{8.7}$$

$$\hat{z}_k = H_k\hat{x}_{k(-)} + d_k \tag{8.8}$$

$$\begin{aligned}\overline{K}_k &= P_{k(-)}H_k^{\mathrm{T}}[H_kP_{k(-)}H_k^{\mathrm{T}} + R_k]^{-1} \\ \hat{x}_{k(+)} &= \hat{x}_{k(-)} + \overline{K}_k(z_k - \hat{z}_k) \\ P_{k(+)} &= P_{k(-)} - \overline{K}_kH_kP_{k(-)}\end{aligned} \tag{8.9}$$

它与线性卡尔曼滤波器的不同之处只在于加了编号的方程上。

8.3 非线性模型的线性近似

8.3.1 Riccati 微分方程的线性化

假设估计问题是具有零均值误差源的可能为非线性的状态动态模型和测量模型，即

$$\begin{aligned}\dot{x} &= f(x,t) + w(t) \\ Q(t) &\stackrel{\text{def}}{=} \mathop{\mathrm{E}}_{w}\langle w(t)w^{\mathrm{T}}t\rangle\end{aligned} \tag{8.10}$$

$$\begin{aligned}z_k &= h_k(x(t_k)) + v_k \\ R_k &\stackrel{\text{def}}{=} \mathop{\mathrm{E}}_{v}\langle v_kv_k^{\mathrm{T}}\rangle\end{aligned} \tag{8.11}$$

状态估计值 $\hat{x}$ 可以利用下列积分在测量值更新期间传播

$$\frac{\mathrm{d}}{\mathrm{d}t}\hat{x}(t) = f(\hat{x}(t),t) \tag{8.12}$$

并且预测的测量值可以通过下式来计算

$$\hat{z}_k = h_k(\hat{x}_{k(-)}) \tag{8.13}$$

然而，对于估计不确定性的协方差矩阵 P（在计算卡尔曼增益时需要用到）而言，其非线性传播却没有类似的一般解——而这时计算卡尔曼增益所需要的。

如果向量值函数 $f(\cdot, t)$ 和 $h_k(\cdot)$ 是充分可微的，则可以将它们的 Jacobian 矩阵

$$F(x,t) \stackrel{\text{def}}{=} \frac{\partial f(x,t)}{\partial x} \tag{8.14}$$

$$H_k(x) \stackrel{\text{def}}{=} \frac{\partial h_k(x)}{\partial x} \tag{8.15}$$

用做传播 $\hat{x}$ 和 P 的线性近似，它们是下列方程的解：

$$\dot{P}(t) \approx F(\hat{x}(t),t)P(t) + P(t)F^{\mathrm{T}}(\hat{x}(t),t) + Q(t) \tag{8.16}$$

$$\overline{K}_k = P_{k(-)}H_k^{\mathrm{T}}(x)[H_k(x)P_{k(-)}H_k^{\mathrm{T}}(x) + R_k]^{-1} \tag{8.17}$$

$$\hat{x}_{k(+)} = \overline{K}_k[z_k - h(\hat{x}_{k(-)}, t_k)] \tag{8.18}$$

$$P_{k(+)} = P_{k(-)} - \overline{K}_k P_{k(-)} H_k(x) \tag{8.19}$$

只有当线性近似"足够接近所有实际情况"的时候，这种方法才是有效的——这个概念将在8.3.4节中进行更严格的阐述。

式(8.14)假设$f(x,t)$是x的可微函数。如果它的导数(Jacobian 矩阵)是x和t的已知矩阵函数，则该导数函数为$F(x,t)$。

如果式(8.10)中的函数$f(x,t)$是线性的，则它可以表示为

$$f(x,t) = F(t)x \tag{8.20}$$

$$F(t) = \frac{\partial f(x,t)}{\partial x} \tag{8.21}$$

否则，关于x的偏导将仍然是x的函数。在这种情况下，在计算偏导时有必要对x的某些值做出假设($\hat{x}$就可以满足这种要求)。

8.3.2 利用数值偏导作为 Φ 的近似

即使$f(x,t)$是x的可微函数，有时候采用状态转移矩阵Φ来传播协方差矩阵可能会更加有效，该状态转移矩阵Φ则采用数值偏导作为其近似。在早期对空间导航和控制进行分析和实现时就采用了这种方法，其中的动态方程描述的是多个块状体在万有引力作用下的自由落体运动。用于产生估计值$\hat{x}$轨迹的算法也被用于产生$\hat{x}$的扰动初始条件所定义的"附近的"轨迹。如果令受扰动的初始条件为

$$x_{(k-1)\,[\ell]} = \hat{x}_{k-1} + \delta_{[\ell]} \tag{8.22}$$

其中，$\delta_{[\ell]}$除了第ℓ个分量以外都为零值。于是，在t_k时刻得到的各个轨迹解就可以用做状态转移矩阵的近似

$$\Phi_k \approx \frac{\partial x_k}{\partial x_{k-1}} \tag{8.23}$$

$$\phi_{kij} \approx \frac{x_{(k-1)(-)\,[j]i} - \hat{x}_{k(-)i}}{x_{(k-1)(+)\,[j]\,j} - \hat{x}_{(k-1)(+)j}} \tag{8.24}$$

在太空时代以前已经发展了许多这类扰动技术，其间它们被用于卫星跟踪、卫星导航、弹道导弹寻址与制导等。在这方面的主要人员包括约翰·霍普金斯大学应用物理实验室的WillIam H. Guier(1926—2011)和 George C. Weiffenbach(1921—2003)，以及麻省理工学院仪表实验室的 J. Halcombe Laning(1920—2012)和 Richard H. Battin。

8.3.3 线性和扩展卡尔曼滤波器

线性卡尔曼滤波

在1961年5月25日的国会联席会议上，美国总统约翰·肯尼迪宣布了将把美国人送往月球表面并返回地球的阿波罗计划。此时，Stanley F. Schmidt 已经在加利福尼亚州芒廷维尤的 NASA 埃姆斯研究中心开始研究相关的导航和制导问题。在线性化问题中采用数值偏微分方法已经是一种标准的方法，Schmidt 第一个认识到了卡尔曼滤波在这种应用中的潜力。为

此，他一直在研究利用扰动方法计算地球到月球再返回的“标称”轨道的可行性问题。也就是采用下面的偏导近似

$$\Phi_k \approx \left.\frac{\partial x_k}{\partial x_{k-1}}\right|_{x=x_N} \tag{8.25}$$

$$H_k \approx \left.\frac{\partial h_k(x)}{\partial x}\right|_{x=x_N} \tag{8.26}$$

其中，x_N表示标称轨迹(Nominal trajectory)。

在初步设计时，真实轨道并不能精确地已知，此时这种方法是非常普遍的。采用这种技术，可以通过改变相关的误差协方差来确定出确保任务成功所需的最小传感器性能，从而确定阿波罗导航传感器(安装在惯性平台上的“空间六分仪”)的性能需求。

这些初步的性能研究并不需要完整的卡尔曼滤波器，只需要计算 Riccati 方程的协方差。几乎是唯一地采用线性卡尔曼滤波器模型来求解 Riccati 方程，而不是用于状态估计。

另外，还采用基于线性化模型的协方差分析方法来对扩展卡尔曼滤波的线性化误差等级(参见 8.3.4 节)进行评估。

扩展卡尔曼滤波

Stanley F. Schmidt 首先提出通过计算对当前时刻和估计状态变量的偏导，将线性化技术用于机载导航。也就是说

$$\Phi_k \approx \left.\frac{\partial x_k}{\partial x_{k-1}}\right|_{x=\hat{x}} \tag{8.27}$$

$$H_k(\hat{x}) \approx \left.\frac{\partial h_k(x)}{\partial x}\right|_{x=\hat{x}} \tag{8.28}$$

其中，$\hat{x}$ 表示估计的轨道。

Schmidt 将此称为扩展卡尔曼滤波器(Extended Kalman Filter，EKF)。同时代的其他人则将其称为 Kalman-Schmidt 滤波器①。

然而，有许多方法可以实现这种线性化 EKF 的线性近似问题。

例 8.1(针对 n 个物体动态变化的解析线性近似 EKF)　至少半个世纪以来，航天器的导航、跟踪和控制都采用线性卡尔曼滤波和/或扩展卡尔曼滤波模型来表示在“自由空间”中飞行的万有引力动态模型，其中位于 X 的一个相对小的质量 m 由于在位于 Y(Y 与 X 之间的距离为 R)的相对大的质量 M 所产生的重力加速度可以利用牛顿第三定律表示为

$$\begin{aligned}\ddot{X} &= g(X)\\ &= \frac{GM(Y-X)}{R^3}\\ R &= [(Y_1-X_1)^2+(Y_2-X_2)^2+(Y_3-X_3)^2]^{1/2}\end{aligned}$$

其中，G 为万有引力常数，X 和 Y 被指定为惯性(即非旋转和非加速度)坐标。

于是，单个质体的重力梯度矩阵可以表示为下列解析偏导：

$$\frac{\partial \ddot{X}}{\partial X} = -\frac{GM}{R^3}I_3 - \frac{3GM}{R^5}(Y-X)(Y-X)^{\mathrm{T}}$$

---

① Schmidt 在后来提出的新方法被称为 Schmidt-Kalman 滤波器(SKF)。

由于加速度是可加的，因此位于 X 的小质体与位于 Y_i、质量为 M_i的 n 个质体之间的净加速度为下列求和式：

$$\ddot{X} = G\left[\sum_{i=1}^{N} \frac{M_i\left(Y_i - X\right)}{R_i^3}\right] \tag{8.29}$$

$$R_i = |Y_i - X|$$

并且净梯度矩阵为

$$\frac{\partial \ddot{X}}{\partial X} = -G\left[\sum_{i=1}^{n} \frac{M_i}{R_i^3}\right] I_3 - 3G\left[\sum_{i=1}^{n} \frac{M_i}{R_i^5}\left(Y_i - X\right)\left(Y_i - X\right)^{\mathrm{T}}\right] \tag{8.30}$$

在这个动态模型中，向量 Y_i是时间的已知函数，并且质量 m 对其轨迹的影响被认为是无关紧要的。

于是，可以将式(8.29)中的动态模型写为下面的非线性状态空间模型：

$$x(t) \stackrel{\text{def}}{=} \begin{bmatrix} X(t) \\ \dot{X}(t) \end{bmatrix}$$

$$\dot{x}(t) = f(x, t)$$

$$= \begin{bmatrix} \dot{X}(t) \\ \ddot{X}(t) \end{bmatrix}$$

并且任意初始值 $x(t_0)$都可以采用式(8.29)来按时间前向传播。

在解析 EKF 近似中，x 的协方差矩阵 P 可以用一阶动态系数矩阵来传播，这个一阶动态系数矩阵是由 f 关于 x 的偏导来近似的，即

$$F(t) \stackrel{\text{def}}{=} \left.\frac{\partial f}{\partial x}\right|_{\hat{x}}$$

$$= \begin{bmatrix} 0 & I_3 \\ \left.\dfrac{\partial \ddot{X}}{\partial X}\right|_{\hat{x}(t)} & 0 \end{bmatrix}$$

上式可以用式(8.30)来计算。

得到的公式可以采用下列几种方式[①]来传播协方差矩阵 P：

$$\dot{P}(t) = F(t)P(t) + P(t)F^{\mathrm{T}}(t) + Q(t)$$

$$P_{k(-)} = \Phi_{k-1}P_{k(-)}\Phi_{k-1}^{\mathrm{T}} + Q_k$$

$$\Phi_{k-1} \stackrel{\text{def}}{=} \exp\left[\int_{t_{k-1}}^{t_k} F(s)\,\mathrm{d}s\right]$$

在图 8.1 中，给出了采用上面第一种方法实现的 EKF 流程图，其中解析偏导也被用做测量灵敏度矩阵 H_k的近似。

然而，需要注意的是，预测状态向量 $\hat{x}_{k(-)}$ 和测量向量 $\hat{z}_k$ 在计算时没有利用线性近似。这是所有 EKF 实现的特征。

例 8.2(针对 n 个物体动态变化的数值线性近似 EKF)　对于例 8.1 中的非线性动态问题，还有第三种方法可以实现 EKF，此时可采用数值偏导来估计状态转移矩阵 Φ。

---

① 这些模型用到了动态扰动噪声协方差 $Q(t)$或者 Q_k，尽管对空间轨道而言动态扰动噪声是无关紧要的。

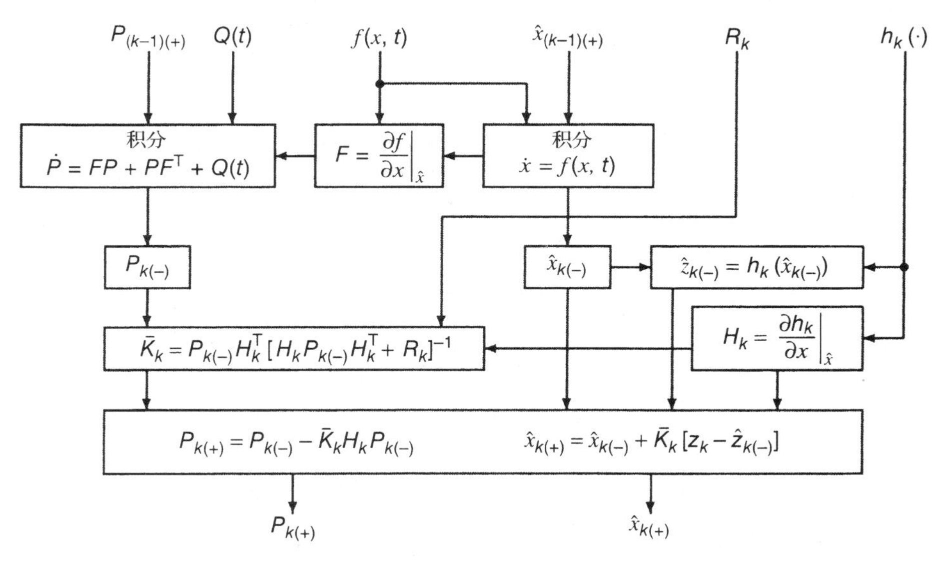

图 8.1　采用解析偏导实现的 EKF 流程图

在这种实现中，式(8.29)不仅用于传播估计值 $\hat{x}_{(k-1)(+)}$ 以得到 $\hat{x}_{k(-)}$，而且还用于传播六个扰动初始值：

$$\mathcal{S}_j(t_{k-1}) = \hat{x}_{(k-1)(+)} + \delta_j$$

$$\{\delta_j\}_i = \begin{cases} \varepsilon_j \neq 0, & i = j \\ 0, & i \neq j \end{cases}$$

其中，$\{\delta_j\}_i$ 表示 δ_j 的第 i 个分量。

如果初始值为 $\mathcal{S}_j(t_{k-1})$ 的轨道在 t_{k-1} 时刻的解为 t_k 时刻的

$$\mathcal{S}_j(t_k) = \hat{x}_{k(-)} + \Delta_j$$

则 $\boldsymbol{\Phi}_{k-1}$ 的数值偏导近似在第 i 行和第 j 列的值为

$$\phi_{ij} \approx \frac{\{\Delta_j\}_i}{\varepsilon_j}$$

其中，$\{\Delta_j\}_i$ 为 Δ_j 的第 i 个分量。

在图 8.2 中，给出了采用上述方法实现的 EKF 流程图。这在一定程度上与图 8.19 给出的无味卡尔曼滤波器(Unscented Kalman Filter，UKF)的流程图是相似的。

例 8.3(针对 2 个物体问题的解析线性近似)　并不是所有线性卡尔曼滤波或者 EKF 应用都需要通过对动态模型的微分方程进行积分运算来沿时间前向传播轨迹的解。对于那些已经存在闭式解析解的情形，可以通过求闭式“初始值”解关于初始条件的解析偏导来得到状态转移矩阵 $\boldsymbol{\Phi}$ 的近似。

对于两个物体的问题而言，比如太阳的轨道——忽略其他行星的微小影响——其解可以通过开普勒方程得到，可以对其进行处理来产生作为时间和初始条件的函数形式的位置和速度轨迹。结果是作为 $x(t_{k-1})$ 的函数形式的 $x(t_k)$ 的一组公式，这对于传播估计值来说是足够的。它还提供采用 Jacobian 矩阵表示的线性化状态转移矩阵 $\boldsymbol{\Phi}_{k-1}$ 的近似

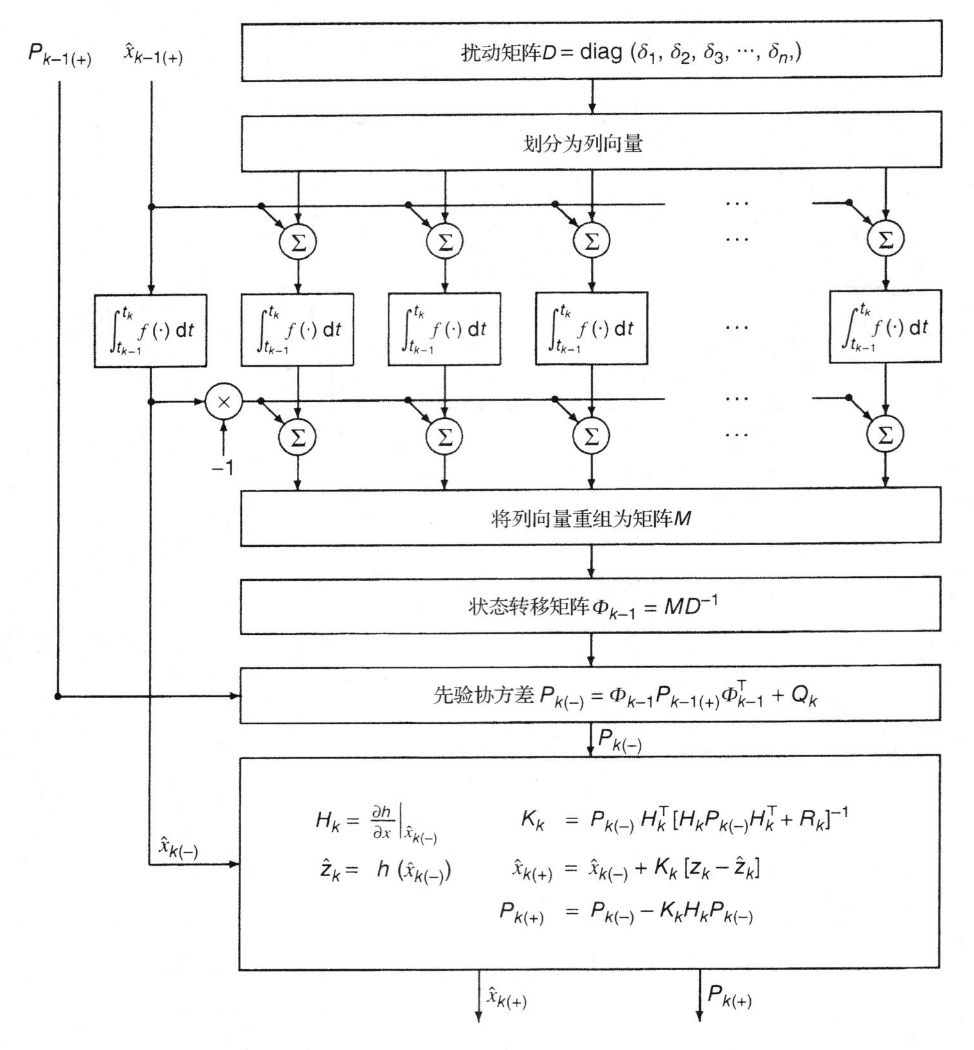

图 8.2　采用 $\dot{x}=f(x, t)$ 的数值微分实现的 EKF 流程图

$$\Phi_{k-1} \approx \left.\frac{\partial x(t_k)}{\partial x(t_{k-1})}\right|_{\hat{x}_{(k-1)(+)}}$$

对于 $n=2$ 的情形，这为例 8.1 和例 8.2 中的问题提供了第四种 EKF 解决方法。然而，对于全球导航卫星系统(GNSS)卫星或者 ICBM 制导这类高精度应用而言，这种闭式解不能提供足够精确的 EKF 估计。这类应用不能忽略地球重力场的非球形异常或者太阳和月球的万有引力影响。

例 8.4(动态模型参数估计)　估计卡尔曼滤波模型的参数是一个众所周知的非线性问题，但又是一个非常普通的问题。本例采用例 5.7 中的线性阻尼谐振器模型作为一个非线性模型参数估计问题，并且假设 ζ(阻尼系数)是一个未知常数。因此，阻尼系数可以用一个状态变量来建模，并且通过 EKF 来估计它的值。

令

$$x_3(t) = \zeta$$

以及

$$\dot{x}_3(t) = 0$$

于是，连续时间线性动态方程变为非线性的

$$\begin{bmatrix} \dot{x}_1(t) \\ \dot{x}_2(t) \\ \dot{x}_3(t) \end{bmatrix} = \begin{bmatrix} x_2 \\ -\omega^2 x_1 - 2x_2 x_3 \quad \omega \\ 0 \end{bmatrix} + \begin{bmatrix} 0 \\ 1 \\ 0 \end{bmatrix} w(t) + \begin{bmatrix} 0 \\ 12 \\ 0 \end{bmatrix}$$

然而，观测方程仍然是线性的

$$z(t) = x_1(t) + v(t)$$

对 100 个数据点进行了仿真，仿真时有随机设备噪声和测量噪声，$\zeta = 0.1$，$\omega = 10$ rad/s，并且初始条件为

$$\begin{bmatrix} x^1(0) \\ x^2(0) \\ x^3(0) \end{bmatrix} = \begin{bmatrix} 0\ \text{ft} \\ 0\ \text{ft/s} \\ 0 \end{bmatrix}, \qquad P(0) = \begin{bmatrix} 2 & 0 & 0 \\ 0 & 2 & 0 \\ 0 & 0 & 2 \end{bmatrix}$$

$$Q = 4.47(\text{ft}^2/\text{s}^3), \qquad R = 0.001(\text{ft}^2)$$

这个模型的离散非线性设备方程和线性观测方程为

$$x_k^1 = x_{(k-1)}^1 + Tx_{(k-1)}^2$$

$$x_k^2 = -25Tx_{(k-1)}^1 + (1 - 10Tx_{(k-1)}^3)x_{(k-1)}^2 + 12T + Tw_{k-1}$$

$$x_k^3 = x_{(k-1)}^3$$

$$z_k = x_k^1 + v_k$$

图 8.3 给出了利用 EKF 得到的估计位置、速度和阻尼系数状态。这是用 MATLAB 程序 `DampParamEst.m` 实现的，它采用独立随机采样进行连续调用（因为这是蒙特卡罗仿真，因此连续调用不会产生相同的结果）。

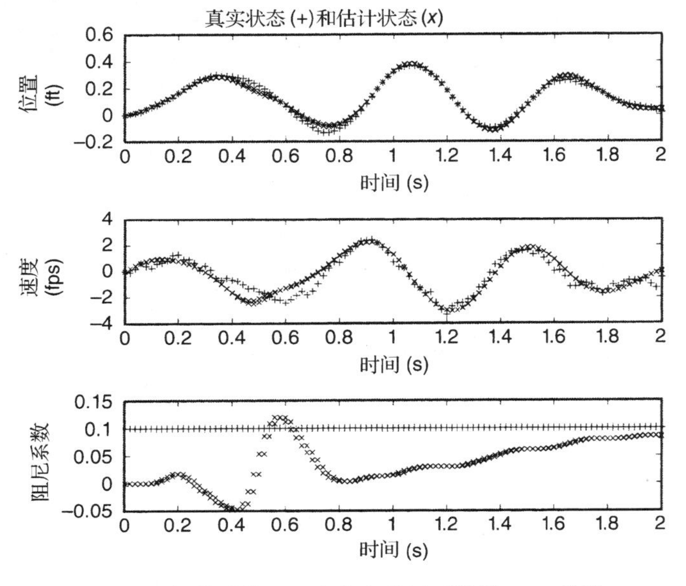

图 8.3　振荡器位置、速度和阻尼系数的 EKF 估计

例8.5(采用EKF实现的非线性高速公路流量模型)　在这个应用中，采用扩展卡尔曼滤波器来对已经是非线性动态模型的参数进行估计。本例中具体的任务目标在于估计宏观的高速公路流量模型的某些关键参数，这个模型是为了简化驾驶员级的“微观”模型而设计的[4]。

宏观高速公路流量模型　在这个具体应用中，利用加利福尼亚州从洛杉矶到长滩之间42英里长的高速公路线路内的速度和交通密度来代表高速公路流量的动态变化。这是采用现代估计和控制方法解决城市基础设施性能提高问题的一个早期应用。高速公路流量增加到了使其承运能力下降的临界点，必须采取某种措施来防止交通堵塞。在匝道控制出入口速率是一种优先方法，但是它必须与一个合理的精确的动态模型相配合，以确定出入控制如何影响流量动态，并且该模型还必须反映出驾驶员对流量状况改变的响应。

利用针对线下流量仿真提出的驾驶员响应模型来进行“微观”车辆级仿真的方法比较擅长表示真实的高速公路流量动态，但是对于实时回路控制器实现而言其速度还不够快。需要的是系统级“宏观”动态模型，这种模型是从车辆级动态行为中抽象出来的，可以用做实时流量控制的一部分。得到的模型包括一些参数，通过对参数的调整来与微观线下车辆级仿真结果相一致。

为了进行建模，将一段代表性的高速公路线路分割为一系列连续的小段，如图8.4所示①。沿着具有N个小段的高速公路的流量动态需要N个状态变量x_j, $j=1, 2, 3, \cdots, N$，而微观模型可能需要数千个仿真车辆。这些分段也可以有不同的长度，用参数L_j表示所编号分段的长度。一般而言，选取的分段长度使驾驶员的响应是由该分段及其前一个分段内的状况来决定的。

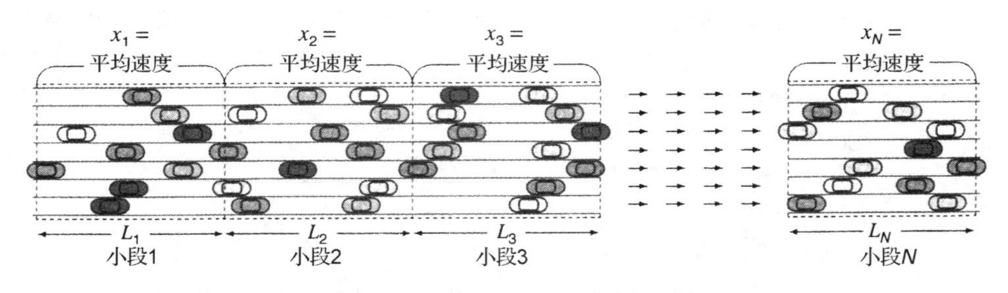

图8.4　高速公路流量模型几何示意图(未按比例画出)

非线性动态模型　从该图来看，核心状态变量是各个分段内的平均流量速度。流量动态模型包括驾驶员对各个分段内局部状态(速度、密度及其纵向梯度)的响应，还包括由于驾驶员感知和行动滞后所产生的微小的随机偏离。

得到的离散时间流量动态模型的抽象形式为

$$x_k = \phi(x_{k-1}, p_1, \cdots, p_4) + w_{k-1}, \quad w_{k-1} \in \mathcal{N}(0, Q)$$

其中，p_i为四个未知参数，w_{k-1}是具有已知协方差Q的零均值高斯白噪声序列。动态函数ϕ的第j个分量为

① 图中所示的分段由于只是图示说明，因此画得比较短。典型的分段长度在一英里或者更少的量级。

$$
\begin{aligned}
&\phi_j(x_{k-1}, p_1, \cdots, p_4) \\
&\stackrel{\text{def}}{=} x_{(k-1),j} + \Delta t \left\{ -x_{(k-1),j} \frac{x_{(k-1),j} - x_{(k-1)(j-1)}}{L_j} \right. (\text{速度梯度}) \\
&\quad - p_1[x_{(k-1),j} - \underbrace{(p_2 + p_3 \rho_{(k-1),j})}_{(\text{均衡速度})}] \\
&\quad \left. + p_4 \left[\frac{(\rho_{(k-1)(j+1)} - \rho_{(k-1),j})}{\rho_{(k-1),j} L_j} \right] \right\} (\text{密度梯度})
\end{aligned}
$$

其中，在模型方程的第一行包括了由于纵向速度梯度产生的影响，第二行（有 p_1 的这一项）包括了观察到的密度对速度的影响，最后一行则包括了由于纵向密度梯度产生的影响。模型的各个变量和参数如下：

$\Delta t \stackrel{\text{def}}{=}$ 离散时间间隔

$L_j \stackrel{\text{def}}{=}$ 第 j 个高速公路分段的长度（英里）

$\rho_{(k-1),j} \stackrel{\text{def}}{=}$ 第 j 个分段的交通密度（每英里的车辆数）

$p_1 \stackrel{\text{def}}{=}$ 驾驶员反应时间常数的倒数（1/s），这是一个未知参数

$p_2 \stackrel{\text{def}}{=}$ 在零密度点的均衡流量速度，这是一个未知参数（应该在临近速度极限的某处）

$p_3 \stackrel{\text{def}}{=}$ 对密度的均衡速度灵敏度，这是一个未知参数

$p_4 \stackrel{\text{def}}{=}$ 对密度梯度的加速度响应，这是一个未知参数

测量模型　观测包括在每个分段内车辆的平均速度，这是利用下面的微观模型来仿真的：

$$z_k = x_k + v_k, v_k \in \mathcal{N}(0, R)$$

其中，v_k 是具有已知协方差 R 的零均值高斯白噪声序列。

性能度量　为了控制目的采用的主要性能度量是分段的吞吐量，它定义为在采样时间 t_{k-1} 到 t_k 之间每个单位时间内离开各个分段的车辆数量。最初研究这个指标的目的是提出可靠的参数估计方法，并且通过利用得到的参数来预测各个分段之间的流量状态，以检验模型的精度。

最小二乘参数估计　参数 p_2 和 p_3 构成了平均速度的线性模型，它是交通密度的函数。它们的值可以通过对来自于微观模型仿真所得的速度和密度数据直接采用最小二乘曲线滤波来估计，如图 8.5 所示。这是在不同交通密度情况下仿真的车辆速度，它显示了平均速度作为交通密度函数的明显趋势。

利用扩展卡尔曼滤波进行参数估计　剩下的未知参数是 p_1 和 p_4，它们作为增广状态变量

$$x_{(N+1)} \stackrel{\text{def}}{=} p_1$$

$$x_{(N+2)} \stackrel{\text{def}}{=} p_4$$

因此，增广状态向量 $x^\star$ 变为

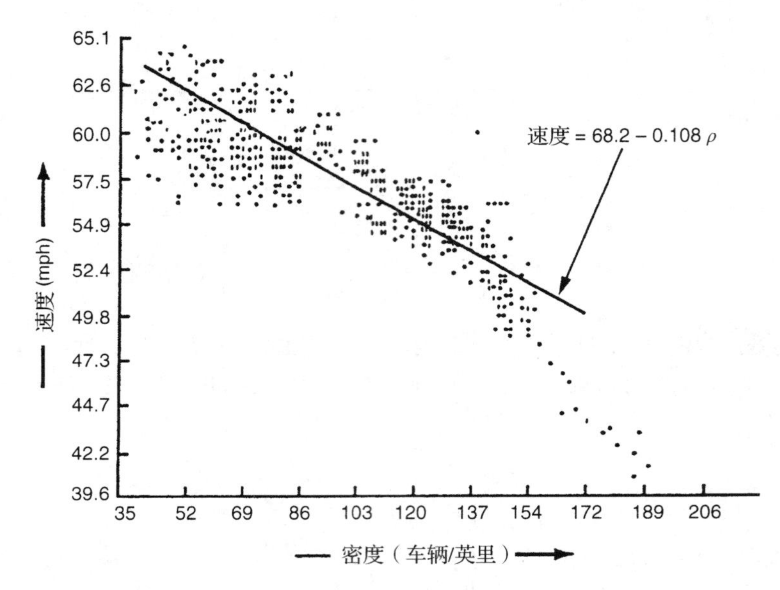

图 8.5 速度-密度关系

$$x^{\star}=\begin{bmatrix}x\\x_{N+1}\\x_{N+2}\end{bmatrix},\quad x\stackrel{\text{def}}{=}\begin{bmatrix}x_1\\x_2\\x_3\\\vdots\\x_N\end{bmatrix}$$

EKF 动态模型 于是，为了 EKF 实现，将增广动态系统模型线性化为

$$x_k^{\star}=\Phi_{k-1}x_{k-1}^{\star}+\begin{bmatrix}w_{k-1}\\0\\0\end{bmatrix}$$

$$\Phi_{k-1}\stackrel{\text{def}}{=}\left.\frac{\partial\phi}{\partial x^{\star}}\right|_{x^{\star}=\hat{x}_{k-1}^{\star}}$$

$$=\left[\begin{array}{c|c}\left.\frac{\partial\phi}{\partial x}\right|_{x=\hat{x}_{k-1}} & \left.\frac{\partial\phi}{\partial x_{N+1},x_{N+2}}\right|_{x^{\star}=\hat{x}_{k-1}^{\star}}\\\hline 0 & I_2\end{array}\right]$$

所以，增广观测方程变为

$$z_k=H_k^{\star}x_k^{\star}+v_k$$

$$H_k^{\star}=\left[I_{N\times N}\mid 0_{N\times 2}\right]$$

实现 这里采用微观模型在主计算机上对一个具有 4 车道、6000 英尺长、没有入口匝道和出口匝道、没有交通事故的高速公路进行了仿真。采集了 8 个数据集文件(高流量情形)，每个文件包含有 20 分钟的数据，以及以 1.5 s 间隔得到的分段平均速度和密度。

为了说明参数辨识方法的应用及其性能，我们给出了数字仿真得到的结果。可以观测到速度与密度之间具有相当一致的关系。通过对上述数据采用最小二乘直线拟合，可以得到"均衡"速度 - 密度关系，如图 8.5 所示。参数 p_2 和 p_3 也采用这种方法估计出来。

通常而言，时间步长的选取一般会受到动态模型带宽的影响，并且选取的分段长度要求能隔离相邻分段之间产生的动态相互影响。在这个应用中，从稳定性角度来考虑，选取了时间步长 $\Delta t=4.5$ 并且分段长度 $L_j=0.5$ 英里。

参数估计结果　我们采用 EKF 基于上述数据对 p_1 和 p_4 进行估计。为了进行数值计算，通过采用标称值来定义无维度变量会更加方便。在参数辨识算法中用到的初始值为①

标称分段平均速度 = 40 mph

估计的驾驶员反应时间的初始值为 $1/p_1=30$ s

估计的密度梯度的灵敏度因子的初始值为 $p_1p_4=4.0\ \mathrm{mi}^2/\mathrm{h}$

图 8.6 和图 8.7 显示了在估计的几分钟时间内 p_1 和 p_4 估计值的收敛情况。

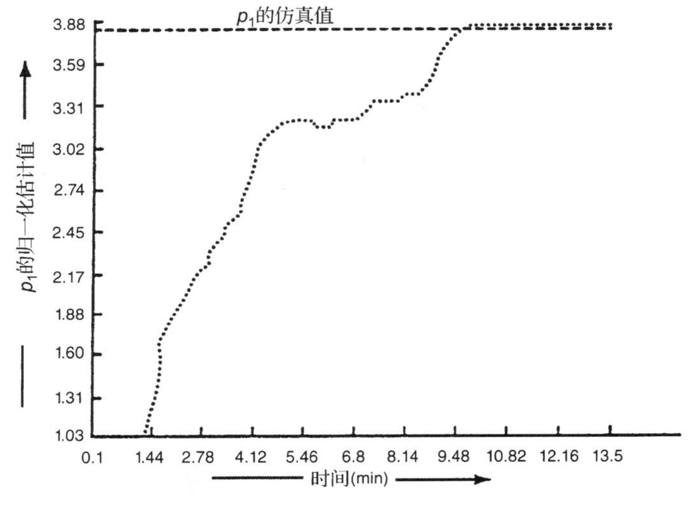

图 8.6　反应时间的估计

性能结果　为了检验所得模型对未来交通状况的预测效果，在模型方程中采用了 p_1，p_2，p_3 和 p_4 的估计值，而分段流量密度 $\rho_{k,j}$ 和吞吐量则是从得到的交通流量计算出来的。根据相邻段的可用数据（$x_{k()j-1}$，ρ_{kj}，$\rho_{k(j+1)}$ 和吞吐量），采用该模型来预测中间段的密度和速度。结果发现这个模型在对 15 分钟时间间隔内一段高速公路的交通流量的速度和密度进行预测时是非常有效的。对于交通响应控制而言，4.5 s 的时间间隔就足够了。在图 8.8 中，给出了利用该模型得到的单段密度预测结果和真实密度。在图 8.9 中，给出了利用该模型得到的单段速度预测结果和真实的分段速度。结果表明，根据上述方法估计的参数值得到的最终模型可以非常满意地对交通状况（密度和速度）进行预测。

迭代扩展卡尔曼滤波器（IEKF）

迭代方法是解决许多非线性问题的一种长期有效的方法，比如采用牛顿方法解决非线性过零问题或者最小化问题。在非线性卡尔曼滤波中，有几种迭代实现技术，包括在迭代扩展卡尔曼滤波器（Iterated Extended Kalman Filter，IEKF）中的时间更新和观测更新。这里我们将重点讨论协方差矩阵 P 的观测更新，因为它是 IEKF 与其他滤波方法相比更有优势的地方。

① 标称速度大约为 USDOT（United States Department of Transportation，美国交通部）公式预测的最大吞吐量，其量级为每车道每小时 2000 辆车。然而，在中国的美国交通工程师的早期研究发现，在某些城市这个值接近每车道每小时 30 000 辆车。区别在于这里的“车辆”是指自行车，其速度大约为 12 mph。

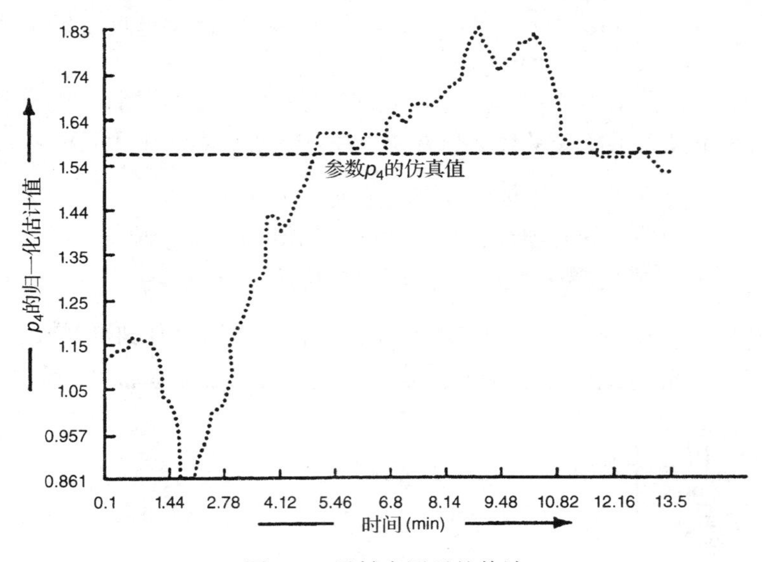

图 8.7　灵敏度因子的估计

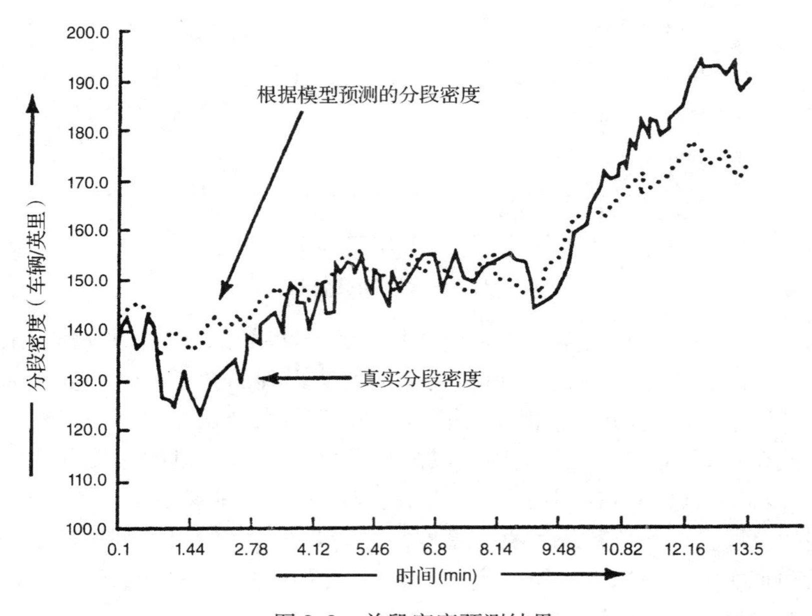

图 8.8　单段密度预测结果

迭代测量更新　Lefebvre 等人[5]对非线性滤波方法的性能比较发现，在实现协方差矩阵的测量更新方面，IEKF 比 EKF、中心差分滤波器(Central difference filter，CDF)、均差滤波器(Divided difference filter，DDF)和 UKF 的性能都更好。其他研究表明，从整体上讲基于采样的方法(如 UKF)排序更高，但是并没有单独对观测更新进行评价。

在 EKF 中，测量函数 $h(t)$ 是通过计算在先验估计值处的偏导来线性化的，即

$$H_k \approx \left.\frac{\partial h}{\partial x}\right|_{x=\hat{x}_k(-)} \tag{8.31}$$

IEKF 从 EKF 得到的后验估计开始，连续计算在 $\hat{x}$ 的更优估计值处的偏导，即

$$\hat{x}_k^{[0]} \stackrel{\text{def}}{=} \hat{x}_{k(+)} \tag{8.32}$$

这是第零次迭代。最终的估计不确定性的后验协方差只是在最后一次迭代以后，才利用 H 的最终迭代值计算出来。

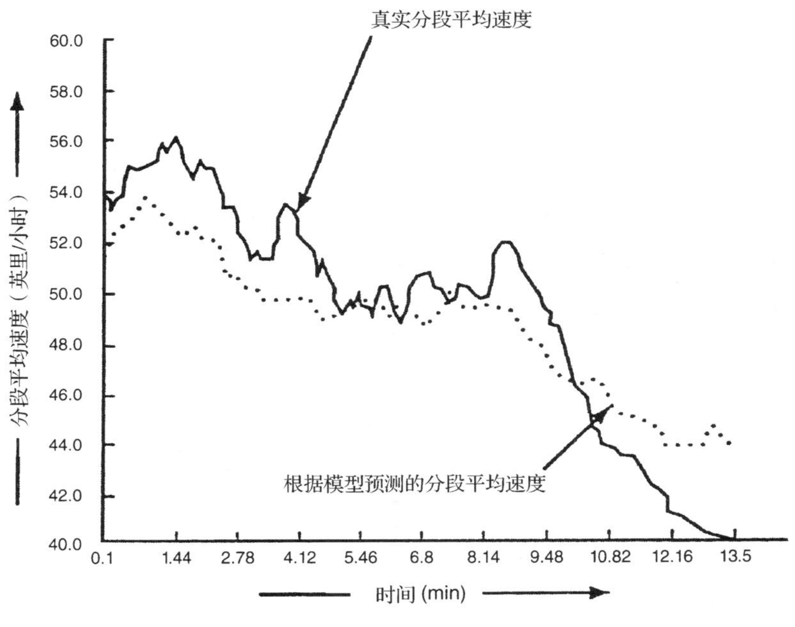

图 8.9　单段速度预测结果

$i=1, 2, 3, \cdots$的迭代过程如下：

$$H_k^{[i]} = \left.\frac{\partial h}{\partial x}\right|_{x=x_k^{[i-1]}} \tag{8.33}$$

$$\overline{K}_k^{[i]} = P_{k(-)} H_k^{\mathrm{T}\,[i]} [H_k^{[i]} P_{k(-)} H_k^{[i]\mathrm{T}} + R_k]^{-1} \tag{8.34}$$

$$\tilde{z}_k^{[i]} = z_k - h_k(\hat{x}_k^{[i-1]}) \tag{8.35}$$

$$\hat{x}_k^{[i]} = \hat{x}_{k(-)} + \overline{K}_k^{[i]} \{\tilde{z}_k^{[i]} - H_k^{[i]} [\hat{x}_{k(-)} - \hat{x}_k^{[i-1]}]\} \tag{8.36}$$

直到满足某个停止条件为止。停止条件通常是连续迭代估计值之差的向量范数小于某个预先设定的门限 ϵ_{limit}。比如，下面任何一个条件都可以作为停止迭代的条件：

$$|\hat{x}_k^{[i]} - \hat{x}_k^{[i-1]}|_2 < \epsilon_{\text{limit}} \tag{8.37}$$

$$|\hat{x}_k^{[i]} - \hat{x}_k^{[i-1]}|_\infty < \epsilon_{\text{limit}} \tag{8.38}$$

$$(\hat{x}_k^{[i]} - \hat{x}_k^{[i-1]})^{\mathrm{T}} P_k^{-1}(-) (\hat{x}_k^{[i]} - \hat{x}_k^{[i-1]}) < \epsilon_{\text{limit}} \tag{8.39}$$

其中，门限 ϵ_{limit} 是根据对真实应用数据的分析来选取的。

最终的估计值为 $\hat{x}_k^{[i]}$，并且估计不确定性的相关的后验协方差矩阵为下列标准公式：

$$P_{k(+)} = P_{k(-)} - \overline{K}_k^{[i]} H_k^{[i]} P_{k(-)} \tag{8.40}$$

只是利用了$H_k^{[i]}$的最近迭代值。这样，为得到H的更好估计的迭代不会破坏 Riccati 方程的统计特性。

例 8.6(非线性方位角测量模型) 作为非线性测量函数的例子，考虑图 8.10 中所示的传感器几何，其中角度测量值

$$z_k = \theta_k + v_k \tag{8.41}$$

$$= \arctan\left(\frac{x_k}{d}\right) + v_k \tag{8.42}$$

$$= h(x_k) + v_k \tag{8.43}$$

是角度θ(加上零均值白噪声$\{v_k\}$)，它是状态变量x_k的非线性函数。

如果采用偏导作为测量灵敏度矩阵的近似，即

$$H \approx \left.\frac{\partial h}{\partial x}\right|_x \tag{8.44}$$

$$= \frac{d}{d^2 + x^2} \tag{8.45}$$

则它是x的函数。

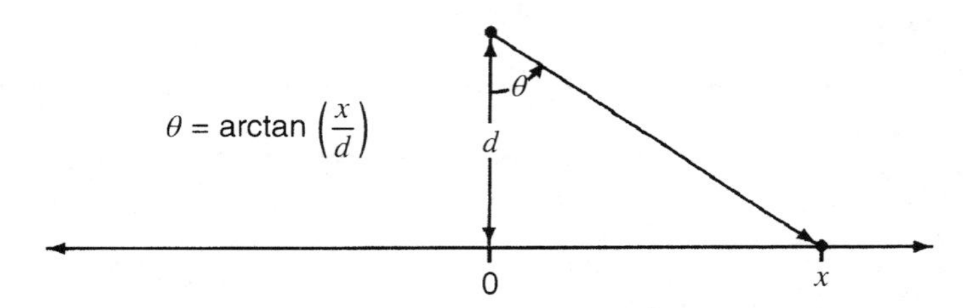

图 8.10　非线性测量模型

图 8.11 是 IEKF 的 100 次蒙特卡罗实现得到的图，该问题中进行了 5 次迭代，并且偏移距离$d = 1$。用到的参数为

$d = 1$

$R = 10^{-6}$(1mrad RMS 传感器噪声)

$P = 1$(均方估计不确定性)

$x = 1/2$(状态变量的真实值)

$z = \arctan(x) + v$，$v \in \mathcal{N}(0, \sqrt{R})$(样本测量值)

$\hat{x} = x + w$，$w \in \mathcal{N}(0, \sqrt{P})$(样本估计值)

图 8.11 说明了 100 次随机采样的初始估计值在利用式(8.33)至式(8.36)实现 IEKF 时经过 5 次迭代以后是如何收敛的。这个结果是采用 MATLAB m 文件 `ExamIEKF.m` 得到的。每次运行时，都将产生具有随机估计误差和随机测量噪声的 100 次独立的蒙特卡罗仿真。图 8.11 中所示的结果全部都收敛，这是不太正常的。读者可以通过多次运行 `ExamIEKF.m` 来进行验证，此时将发现有些结果不会收敛。这是由许多因素导致的，包括估计不确定性的初始协方差太大，以及反正切函数在初始样本值范围内的非线性程度太高等原因。可以通过在 `ExamIEKF.m` 中改变P的值来观察利用更小的P值实现时是否会提高对这类发散因素的鲁棒性。

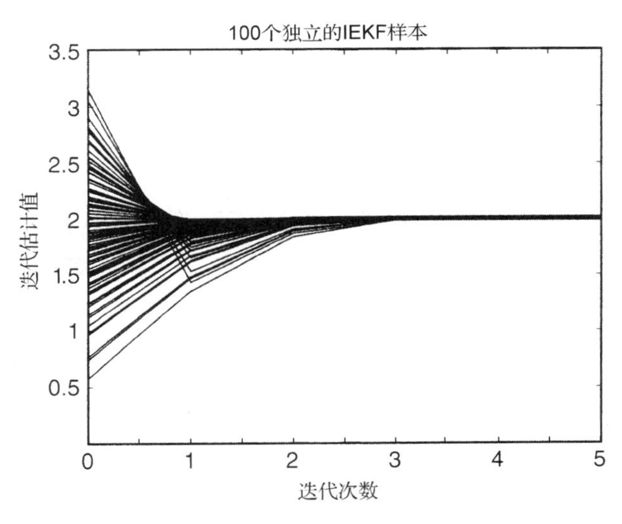

图 8.11　IEKF 收敛的 100 次蒙特卡罗仿真

8.3.4　限制 RMS 线性化误差

可以采用许多方法来对线性近似产生的滤波误差的相对幅度进行分析，这些方法包括：

1. 蒙特卡罗分析方法，将 EKF 得到的均值和协方差与蒙特卡罗仿真结果进行比较。在这种方法被允许用于阿波罗导航问题以前，它主要用做卡尔曼滤波的检查过程的一部分。然而，这种方法需要假设涉及的所有概率分布都是完全已知的。
2. 传播等概率椭圆的“1σ”(one-sigma)点的倍数并且将结果与线性化近似进行比较。

在第二种方法中，可以通过将线性化近似的 $N\sigma$ 点与 $N\geqslant 3$ 时非线性仿真得到的值进行比较来评估均值和协方差计算过程中产生的线性化误差。在这种情况下，“西格马点”是状态不确定性的协方差矩阵的特征向量与相应特征值的平方根的乘积。这可以通过计算初始协方差矩阵的奇异值分解(SVD，在 MATLAB 程序文件中是 svd 函数)来得到其下列特征值 - 特征向量分解

$$P=\sum_i \sigma_i^2 e_i e_i^{\mathrm{T}} \tag{8.46}$$

其中，σ_i^2 是 P 的奇异值，e_i是相应的特征向量，并且向量

$$\pm N\ \sigma_i e_i$$

是分布的“西格马点”的倍数。

这种方法的基本思想是，在状态向量偏离其估计值(通过状态估计不确定性的协方差来确定)的合理的变化范围内，由于线性化产生的均方误差应该由模型的不确定性来决定。对于测量非线性而言，模型不确定性由测量噪声的协方差 R 来表征。对于动态非线性而言，模型不确定性由动态扰动噪声的协方差 Q 来表征。

这些条件需要满足的扰动范围通常是由估计中不确定性的幅度来确定的，该幅度可以采用线性卡尔曼滤波(参见 8.3.3 节)的协方差来估计。这个范围可以用不确定性的标准差的单位来规定。

得到的线性化的统计条件可以用下列方式来描述：

1. 对于时间状态转移函数 $\phi(x)$：如果 $N\approx3$ 或者更大一些，并且 x 偏离 $\hat{x}$ 的扰动为 $N\sigma$，则线性近似误差与 Q 相比而言是微不足道的。也就是说，如果 $N\geqslant3$，$\hat{x}$ 的所有扰动 δx 都使下列式子成立：

$$(\delta x)^{\mathrm{T}}P^{-1}(\delta x)\leqslant nN^2 \tag{8.47}$$

$$\varepsilon=\underbrace{\phi(\hat{x}+\delta x)-\left[\phi(\hat{x})+\left.\frac{\partial\phi}{\partial x}\right|_{\hat{x}}\delta x\right]}_{\text{近似误差}} \tag{8.48}$$

$$\varepsilon^{\mathrm{T}}Q^{-1}\varepsilon\ll n \tag{8.49}$$

其中，n 为状态向量的维数。也就是说，对于估计误差变化的期望范围，非线性近似误差是由模型动态不确定性所决定的。

2. 对于测量/传感器变换 $h(x)$：如果 $\hat{x}$ 的扰动 $N\sigma\geqslant3\sigma$，则线性近似误差与 R 相比而言是微不足道的。也就是说，如果 $N\geqslant3$，$\hat{x}$ 的所有扰动 δx 都使下列式子成立：

$$(\delta x)^{\mathrm{T}}P^{-1}(\delta x)\leqslant nN^2 \tag{8.50}$$

$$\varepsilon_h=\underbrace{h(\hat{x}+\delta x)-\left[h(\hat{x})+\left.\frac{\partial h}{\partial x}\right|_{\hat{x}}\delta x\right]}_{\text{近似误差}} \tag{8.51}$$

$$\varepsilon_h^{\mathrm{T}}R^{-1}\varepsilon_h\ll\ell \tag{8.52}$$

其中，ℓ 为测量向量的维数。在式(8.50)中所用的估计不确定性协方差 P 的值通常为先验值，并且在测量值被利用以前计算出来。然而，如果测量更新采用了所谓的迭代扩展卡尔曼滤波器(IEKF)，则可以采用后验值。

上述条件的验证需要对 $x(t)$ 的标称轨迹进行仿真，实现 Riccati 方程以计算出协方差 P，对估计值 $\hat{x}$ 进行采样以满足测试条件，并且对测试条件进行评估以验证该问题是充分拟线性的。参数 N 实际上代表了线性近似在实际应用中将是无关紧要的可信程度。

测试采样

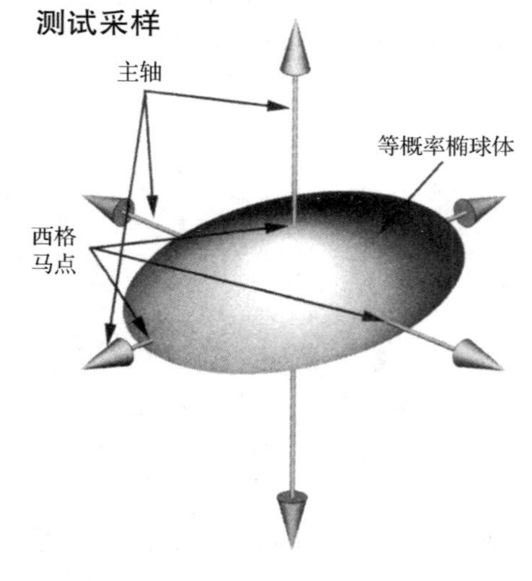

图 8.12　等概率椭球体的主轴

作为最小值，扰动 δx 可以沿着估计不确定性的高斯分布的 $N\sigma$ 等概率超椭圆的主轴来计算。图 8.12 所示的是在三维坐标中的这种等概率椭球体，其箭头是沿着椭球体的主轴来画的。这些主轴及其相应的 1σ 值可以在 MATLAB 中利用协方差矩阵 P 的 SVD① 计算出来

$$P=U\Lambda U^{\mathrm{T}} \tag{8.53}$$

$$=\sum_{i=1}^{n}u_i\sigma_i^2u_i^{\mathrm{T}} \tag{8.54}$$

$$\delta x_i=N\sigma_iu_i,\ 1\leqslant i\leqslant n \tag{8.55}$$

$$\delta x_{2n+i}=-N\sigma_iu_i,\ 1\leqslant i\leqslant n \tag{8.56}$$

① 可以采用 MATLAB 函数 `svd` 来实现。

其中，向量 u_i 是 P 的 SVD 中正交矩阵 U 的列。主标准差 σ_i 是 SVD 中矩阵 Λ 的对角元素的平方根。

式(8.55)和式(8.56)描述的方法可以产生 $2n$ 个扰动样本，其中 n 为 x 的维数。

条件式(8.47)和式(8.50)取决于估计不确定性。$\hat{x}$ 中不确定性越大，则扰动必须越大才能满足拟线性约束。

下面的例子对上述方法进行了说明。

例 8.7(卫星伪距测量)　GNSS 利用地球轨道上的卫星作为无线电导航的信标。在地球表面或接近地球表面的接收机利用其内部时钟来测量信号从每个目标卫星开始广播到它被接收到之间的时延 Δt。传播速度 c 与时延之间的乘积

$$\rho = c\,\Delta t$$

被称为从接收机到卫星的伪距(Pseudorange)。在图 8.13 中，给出了单个卫星的基本几何模型。

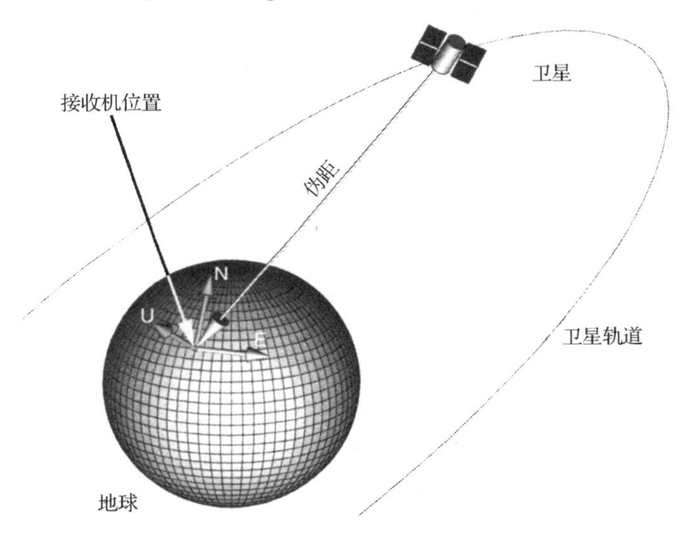

图 8.13　GNSS 卫星伪距 ρ

利用 GNSS 导航确定接收机天线位置的解决方案需要几个从不同方向到卫星的伪距。每个卫星都将其精确的传输时间和位置广播到接收机，然后接收机处理器根据这些伪距和卫星位置估计出其天线的位置。这通常采用扩展卡尔曼滤波器来完成，它利用伪距关于接收机位置的导数来作为测量灵敏度矩阵的近似。

给定接收机天线位置的不确定性、非线性伪距测量模型以及伪距测量的不确定性，可以利用式(8.51)来确定伪距测量是否为充分线性的。

为简单起见，我们假设均方根(RMS)位置不确定性在各个方向都是均匀分布的，并且

$$P = \begin{bmatrix} \sigma_{\text{pos}}^2 & 0 & 0 \\ 0 & \sigma_{\text{pos}}^2 & 0 \\ 0 & 0 & \sigma_{\text{pos}}^2 \end{bmatrix} \text{(接收机位置协方差)}$$

$R = \sigma_p^2$(伪距噪声方差)

$\sigma_p = 10$ m(RMS 伪距噪声)

$R_{\text{sat}} = 2.66 \times 10^7$ m，卫星轨道半径

$R_{\text{rec}} = 6.378 \times 10^6$ m，接收机到地球中心的半径

λ = 卫星在地平线上的仰角分别为0°、30°、60°和90°

α = 到卫星的方位方向

$\rho_0 = \sqrt{R_{\rm sat}^2 - R_{\rm rec}^2\cos(\lambda)^2} - R_{\rm rec}\sin(\lambda)$(标称伪距)

$X_{\rm sat} = \rho_0 \begin{bmatrix} -\cos(\lambda)\cos(\alpha) \\ -\cos(\lambda)\sin(\alpha) \\ \sin(\lambda) \end{bmatrix}$[在东北天坐标(east-north-up)坐标中的卫星位置]

$\hat{x} = \begin{bmatrix} 0 \\ 0 \\ 0 \end{bmatrix}$(在东北天坐标中的估计接收机位置)

$X_{\rm rec} = \delta x$

$= \begin{bmatrix} \delta x_E \\ \delta x_N \\ \delta x_U \end{bmatrix}$(在东北天坐标中的真实接收机位置)

$\rho = |X_{\rm rec} - X_{\rm sat}|$(真实伪距)

$= h(\hat{x} + \delta x)$

其中,最后一个方程是伪距关于在东北天坐标中接收机天线位置扰动 δx 的非线性函数公式。

伪距对天线位置的灵敏度的线性近似为

$$\begin{aligned} H &\approx \left.\frac{\partial h}{\partial \delta x}\right|_{\delta x=0} \\ &= \begin{bmatrix} \cos(\lambda)\cos(\alpha) & \cos(\lambda)\sin(\alpha) & -\sin(\lambda) \end{bmatrix} \end{aligned}$$

在这种情况下,式(8.51)定义的非线性近似误差将为卫星仰角 α 和扰动 δx 的函数。

在图8.14中,画出了6个扰动的RMS非线性误差

$$\delta x = \begin{bmatrix} \pm 3\sigma_{\rm pos} \\ 0 \\ 0 \end{bmatrix}, \begin{bmatrix} 0 \\ \pm 3\sigma_{\rm pos} \\ 0 \end{bmatrix}, \begin{bmatrix} 0 \\ 0 \\ \pm 3\sigma_{\rm pos} \end{bmatrix}$$

作为地平线上仰角分别为0°、30°、60°和90°时 $\sigma_{\rm pos}$ 的函数关系。图中4条几乎很难分辨的对角实线,即是针对卫星的这4个不同仰角得到的,它们对于非线性误差的影响很小。水平虚线代表RMS伪距噪声,它显示非线性近似误差主要受RMS位置不确定性大约小于7 km的伪距噪声所支配。

在GNSS导航中,典型的RMS位置误差在1~100 m量级,它较好地属于拟线性范围内。这表明采用解析偏导近似的扩展卡尔曼滤波方法在GNSS导航应用中得到了很好的验证。另外,由于它采用了简单的解析偏导公式,因此比UKF方法更加高效。

8.3.5 多局部线性化检测

这是一种克服初始非线性影响的通用方法,存在初始非线性的应用包括初始估计不确定性大大高于观测被处理以后的不确定性,以及线性近似误差倾向于起主导作用[6]等情况。当线性误差是主要问题时,这种方法减轻了在这段短暂时间内的非线性影响,当线性误差不是主要问题时,这种方法消除了额外的计算负担。

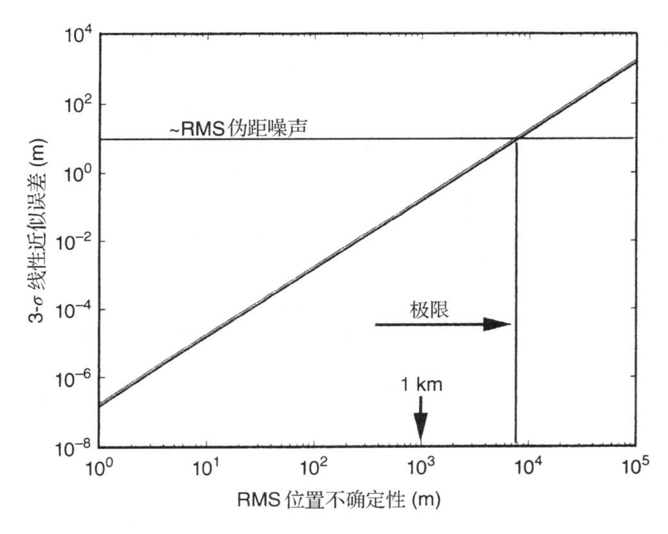

图 8.14　伪距测量的线性误差分析

检测与跟踪

卡尔曼滤波器实质上是一种跟踪算法(Tracking algorithm)。给定系统状态的初始估计值以及估计不确定性的协方差，卡尔曼滤波器根据测量值序列来对以后的系统状态进行跟踪。卡尔曼滤波的非线性近似一般取决于初始不确定性足够小，使得非线性近似误差在统计上的影响不太大。

检测(Detection)是获取开始跟踪所需的初始估计值的问题。它会在实现方面带来下列两个问题：

1. 在开始没有足够信息的应用中，有效的协方差矩阵将是无穷大的。然而，如果采用了任意大的值，这将很容易在卡尔曼滤波器中带来数值稳定问题。这是卡尔曼滤波中的一个基本问题，通过采用另外的检测算法来对估计及其协方差进行初始化，或者通过切换到基于信息的估计(这可以处理零初始信息情况)直到能获得足够的估计精度为止，这两种方法都可以很好地解决这个问题。
2. 如果采用了非线性近似方法，并且初始不确定性很大，则非线性近似误差更容易无法接受。通过采用大量的可能的初始猜测值 $\hat{x}_0$，然后采用被称为 Schweppe 高斯似然比检测(Schweppe Gaussian Likelihood Ratio Detection)[7, 8]的方法来选取其中最有可能的初始猜测值，可以解决这个问题。

统计检测与选择　在 3.6.5 节中，导出了 Schweppe 似然比检测方法，这种方法根据对滤波器新息的分析，判断两种具有竞争性的假设之中哪一种假设更有可能。

对于非线性初始化问题，可以将这种方法进行推广，用于判断在卡尔曼滤波器状态变量初始值的大量局部线性初始猜测值中哪一个猜测值最有可能，采用大量初始猜测值的目的是减小非线性带来的初始误差。在图 8.15 中，给出了这种一般方法的示意图，其中采用了多假设卡方检验(χ^2 检验)来选择最有可能的初始猜测值。

如果卡尔曼滤波器的模型恰当，则新息将是统计独立的，于是新息序列的概率正好是各个概率的乘积，并且该乘积的对数将为各个概率的对数之和。

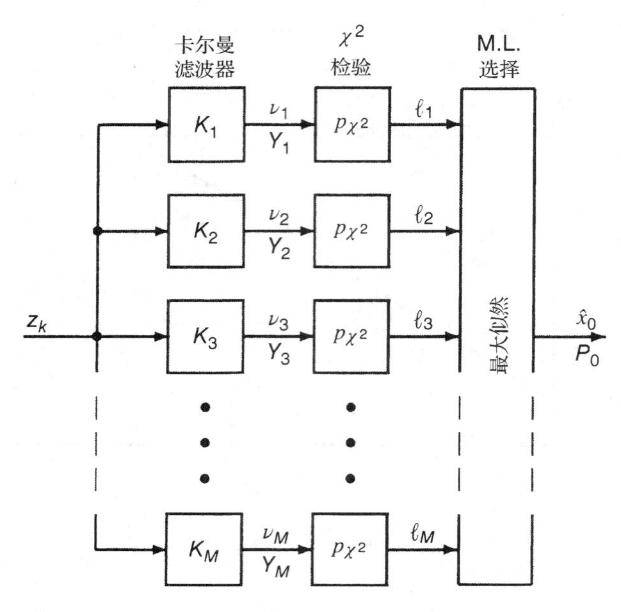

图 8.15　多假设检测/初始化

在实际中，通常的实现方法是求似然对数之和并选取其最大值，或者比较卡尔曼滤波器新息的均值与其预期值 ℓ(新息向量的维数)之间的相对接近程度，或者比较归一化均值 $\overline{\nu}/\ell$ 与 1 之间的接近程度，或者将前面这些方法进行任意组合。

检测域的分割

"检测域"(Detection domain)是状态向量的初始值可能存在的区域。如果它可以分割为具有合理数量的更小区域来抑制线性化误差，则独立的卡尔曼滤波器可以利用每个子域中的值进行初始化。这取决于检测域是否为有限的(或者用拓扑学术语来讲，它是否为"紧的")，但是存在一些问题特征使之满足这种要求。

传感器范围限制　在传感器范围有限的应用中，检测区域可能位于范围域中，其中任何信号在"噪声底部"以上都是可辨别的。例如，雷达、激光雷达、电容传感器和磁传感器的输出信号通常都倾向于按照距离乘幂的倒数来减弱。

在参考文献[7]中的磁场传感器模型被用于检测和定位磁偶极子(参见图 8.16)，它毫无疑问是非线性的，并且具有有限的检测范围。在这种情况下，可以选取少数子域使得在每个子域中的非线性误差都是可控制的，并且在每个子域中采用不同的卡尔曼滤波器。

于是，问题变为对每个卡尔曼滤波器的性能进行监视，并且选择一个卡尔曼滤波器，使之估计具有可接受的不确定性[①]的合理磁矩。

紧流形的再分割　在其他应用中，整个域可能是有界的。例如，姿态可以用三个角度变量来表示，并且通常表示为单位四元组形式，它对四维空间中三维球体的表面进行参数化表示，正如采用三维空间中的单位向量来对二维球面进行参数化表示一样。在图 8.17 中，用一维球(圆圈)覆盖二维球面，它与在姿态域中三维球体的表面被二维球面覆盖(我们不能在二维图纸中把它画出来)是相同的。

① 当然，在实际中其实现确实会比较复杂。

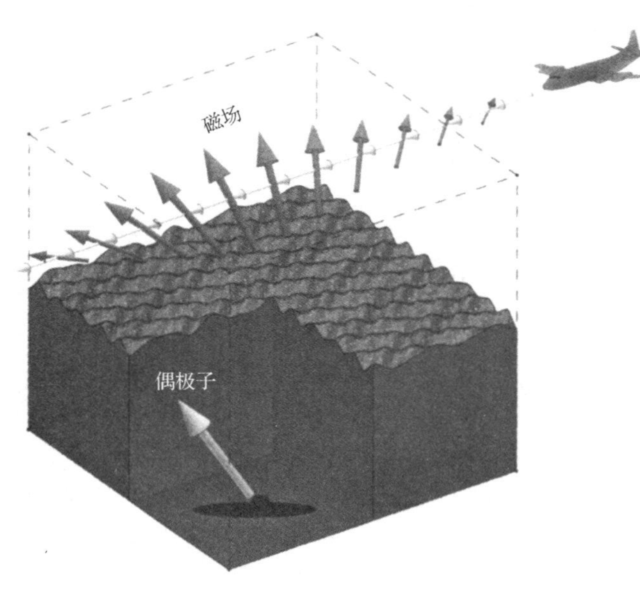

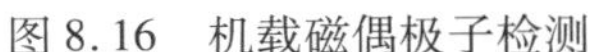
图 8.16　机载磁偶极子检测

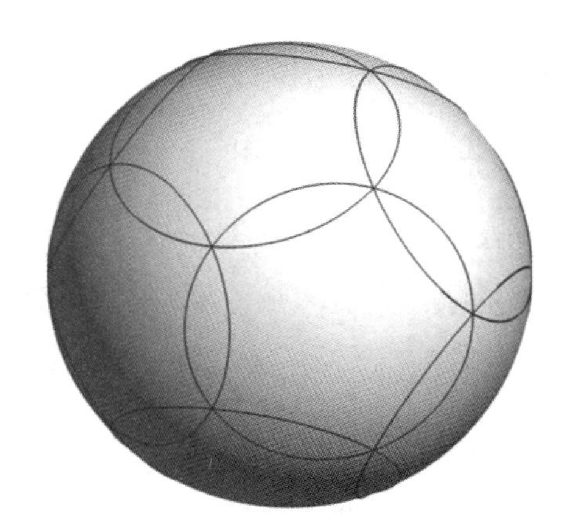

图 8.17　利用一维球覆盖二维球面

姿态估计是一个著名的非线性估计问题[9]，比如，我们可以将搜索空间分割为更小的域，以便使非线性近似误差的影响下降到 EKF 或者 UKF 可以允许的程度。

8.4　采样-传播方法

这些概率密度的非线性传播方法已经用于卡尔曼滤波器的非线性扩展，以便对均值和协方差矩阵进行传播，包括非线性动力学和非线性测量的影响。这些方法本质上是扰动方法，因为它们利用采样值作为轨迹的初始值，这种轨迹是均值轨迹的扰动。

EKF 也可以利用扰动对均值和期望的测量值进行非线性传播，但是它只利用扰动轨迹来计算数值偏导。采样 - 传播方法利用扰动轨迹作为均值和协方差的非线性变换的近似。

采样本质上是通过利用离散点集合的概率密度表示连续分布，将连续域上的概率密度分布变换为离散域上的概率密度分布。这样做可以将用连续函数不能计算的情况变为用采样数集可以计算的情况。

8.4.1　性能评估

通过任何方法对分布的均值和协方差进行非线性传播的问题都是病态的，因为没有唯一解。问题在于非线性会在均值和协方差中嵌入高阶矩，而这些高阶矩是很难处理的。有很多分布都具有相同的均值和协方差，但它们的高阶矩却是不同的。如果不知道高阶矩，则仅仅已知非线性变换是毫无用处的。

如果变量的变换是线性的，则通过合理地设计采样 - 传播方法来估计均值和协方差总是会得到准确解。除此以外，则没有准确解——并且仅仅评估性能也是很复杂的。它需要明确相关的所有概率分布，包括初始状态向量和涉及的所有动态误差和测量误差的概率分布，并且在滤波过程中传播全部状态向量的概率时会利用这种信息。如果相关的所有概率分布都可以指定并且仿真出来，则对于某个具体的非线性模型，可以通过对许多滤波器情形的蒙特卡罗分析来实现。其结果就是对具有特定概率分布的某个具体非线性模型的性能评估结果——这对于在具体应用中通过“调整”采样 - 传播实现方法的任何参数来提高性能是非常有用的。在规定某个采样 - 传播方法的性能时，仍然必须要指定出这些应用特性。

8.4.2　蒙特卡罗分析

这种方法开始是作为一种通用方法，用来估计概率分布随时间的演进。它选取足够数量的代表性随机样本，并且采用仿真方法按照系统的动态模型传播这些样本。它将概率密度表示为样本密度。于是，得到的传播样本的分布可以作为传播概率分布的估计。

通过利用样本输入来多次运行估计子，这种方法也被用于确定估计误差的概率分布。

起源

蒙特卡罗分析的基本思想来自于有经验的赌博者所学会的技巧：根据观察到的结果来计算概率。将这种思想用数学过程正式表述出来可以追溯到 17 世纪的伯努利(Bernoulli)兄弟，但是其名称和计算机实现则可以追溯到数学家 Stanislaw Ulam(1909 - 1984)，1946 年他正处于脑炎的逐步康复过程中[10]。在玩一种被称为坎菲尔纸牌(Canfield solitaire)的扑克游戏来打发康复时光时，他开始思考赢得胜利的概率问题。很快就发现这个问题不能通过铅笔和纸来解决①，但可以利用随机采样和仿真来近似。当回到洛斯·阿拉莫斯国家实验室(Los Alamos National Laboratory)工作以后，他具有开展这种方法研究的工具(ENIAC 计算机)和动机(解决核装置的中子扩散问题)。通过与 John von Neumann(1903 - 1957)和 Nicholas Metropolis②(1915 - 1999)以及其他人员[38]的合作研究，Ulam 最终将这种方法变为了现实。

Ulam 提出的这种思想是，从初始概率分布中随机选取代表性的点并让其正常工作，然后计算出所得到的感兴趣的分布统计量。尽管大数定律(Law of large number)可以确保这种方法最终结束，对于所有实际情况而言收敛却不一定很快。很多年来，人们对这种方法提出了很多改进来加速这一过程，在统计检验领域有关这种方法设计和应用方面的大量文献。

随机采样

随机采样取决于已知相关的概率分布，并且具有根据该分布产生随机样本的方法。最常用的方法是针对高斯分布或者均匀分布的，但是可以将均匀标量分布的随机数生成器用于产生任意分布的随机样本，这种分布的累积概率分布 $P(\cdot)$ 及其逆是已知的。给定满足在 0 和 1 之间均匀分布的值 $x_{[i]}$，则得到由 $P(\cdot)$ 表示的分布的对应样本为 $y_{[i]}=P^{-1}(x_{[i]})$。

民主采样

这种方法利用逆累积概率函数产生具有 N 个代表性样本的集合，每个样本都表示(在某些方面)全体样本的 $1/N$。

---

① 一叠 52 张的扑克牌经过不同洗牌后，可以得到 $52!\approx 8\times 10^{67}$ 种结果。获胜的概率并不大。这个游戏是 Richard A. Canfield(1855 - 1914)提出来的，他是美国的一个赌场老板，他让赌博者预付 50 美元玩一副牌并为获胜者提供 500 美元的奖金，通过这种方式来营利。

② Metropolis 对这种方法的贡献包括以该方法来命名摩纳哥的一个赌场，据称 Ulam 的叔叔经常去那里赌博[11]。

例 8.8(高斯变量的反正切变换)　反正切函数是一个解析函数，其幂级数展开式

$$\arctan(x)=\sum_{k=0}^{\infty}\frac{(-1)^k}{2k+1}x^{2k+1}$$

在实轴上处处收敛。由于其幂级数展开只有奇的非零系数，因此被称为奇函数(odd function)。它将零均值单变量高斯分布的无穷定义域($-\infty<x<+\infty$)映射到有限的值域($-\pi/2\leqslant\arctan(x)\leqslant+\pi/2$)。

这里的目的是检验在变量被变换为

$$y(x)=\arctan(a\,x)$$

以后，不同的非线性近似方法如何完成均值和协方差的更新。其中 a 是一个任意的正的尺度参数。

如果 X 是一个符合零均值单位正态分布(高斯分布)的变量，则变换后的变量 $Y=\arctan(aX)$ 的概率密度函数为

$$p_y(y)=\frac{1}{a\sqrt{2\pi}}\{1+[\tan(y)]^2\}\exp\left(-\frac{1}{2}\left[\frac{\tan(y)}{a}\right]^2\right) \tag{8.57}$$

这个概率密度函数在

$$-\frac{\pi}{2}<y<\frac{\pi}{2}$$

时取非零值，而在其他位置均为零。在图 8.18 中，给出了正参数 a 取不同值时它的形状。当 $a\ll1$ 时，它类似于高斯分布，但是当 $a\gg1$ 时，它显然不是高斯分布。

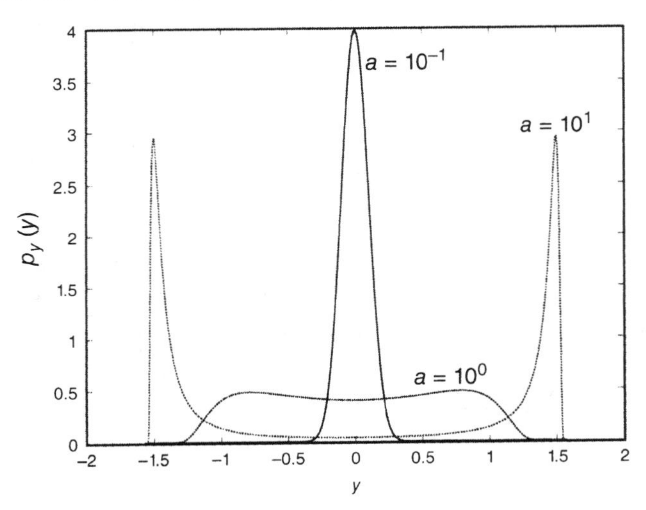

图 8.18　$y=\arctan(ax)$的概率密度，$x\in\mathcal{N}(0,1)$

在卡尔曼滤波中的应用

如果在卡尔曼滤波中应用这些方法来非线性传播分布的均值和协方差，这两个统计参数都是计算卡尔曼增益所需要的，则基本问题是并不知道初始概率分布——除了知道其均值和协方差以外。

这个问题导致需要提出一些专门的在此约束条件下的采样－传播近似方法。

8.4.3　粒子滤波器

粒子滤波器传播估计分布的代表性样本值，这些样本值可以视为在分布的动态流中产生的“粒子”[39]。它通常是随机采样的改进，因为它是根据估计出的统计量和相关的非线性特征来进行采样的。对于传播分布的协方差矩阵的情况，样本的选取倾向于使估计值的收敛比采用随机采样方法更快。这种方法也被称为序贯蒙特卡罗方法(Sequential Monte Carlo Method)[37]，因为采样会随着解的推进而变化。“重要性采样”(Importance sampling)采用的准则是根据具体应用指示出采样值的相对重要性。有些粒子滤波方法也采用粒子权重，可以通过“调整”这种粒子权重来提高某个具体应用的性能——这也嵌入到 UKF 中了。

一般非线性模型

估计问题抽象的通用非线性模型可以表示为下列形式：

$$x_k = f_{k-1}(x_{k-1}) + w_{k-1}(\text{非线性状态动态}) \tag{8.58}$$

$$z_k = h_k(x_k) + v_k(\text{非线性测量}) \tag{8.59}$$

其中，函数 $f_{k-1}(\cdot)$ 和 $h_k(\cdot)$ 是已知的。函数 $f_{k-1}(x_{k-1})$ 的数值计算可以通过一个简单的函数调用来完成，或者需要对初始值为 x_{k-1} 的轨迹进行积分运算。

粒子采样

实际上，第 i 个样本(或者“粒子”) $\mathcal{S}_{(k-1)[i]}$ (x_{k-1} 的样本)是均值 $\hat{x}_{k-1}$ 的已知扰动 $\delta_{[i]}$，即

$$\mathcal{S}_{(k-1)\,[i]} = \hat{x}_{(k-1)(+)} + \delta_{\,[i]} \tag{8.60}$$

其中，选取的扰动能够最好地表示从第 $(k-1)$ 个离散时间迭代到第 k 次迭代过程中均值 $\hat{x}$ 和协方差 P 的非线性变换。于是，预测的均值 $\hat{x}$ 和协方差 $P_{k(-)}$ 是根据下列变换后的样本

$$\mathcal{S}_{k\,[i]} = f_{k-1}(\mathcal{S}_{(k-1)\,[i]}) \tag{8.61}$$

的分布估计出来的。

解

于是，这些变换后的样本可以通过 $h_k(\cdot)$ 进行变换，得到由于状态不确定性产生的传感器输出变化的协方差(HPH^{T})的非线性近似，以及在计算卡尔曼增益时需要用到的传感器输出变化与状态向量估计误差之间的互协方差(PH^{T})的非线性近似。

8.4.4　西格马点(σ 点)滤波器

采样

这些方法通常关注在等效高斯分布的 1σ 等概率椭球体表面上关键点处的扰动，这种等效高斯分布与估计具有相同的均值和协方差。

它利用后验估计 $\hat{x}_{(k-1)(+)}$ 及其协方差矩阵 $P_{(k-1)(+)}$ 的特定统计参数来选择 t_{k-1} 时刻的采样。在最简单的情况下，样本值是由估计的均值 $\hat{x}$ 和协方差矩阵 P 的下列特征值 - 特征向量分解来确定的

$$P = \sum_i \lambda_i e_i e_i^{\mathrm{T}} \tag{8.62}$$

其中，λ_i 为正数，e_i 为使下式成立的相互正交的单位向量

$$Pe_i = \lambda_i e_i \tag{8.63}$$

于是，“正的”σ 点样本值为

$$\mathcal{S}_i = \hat{x} + \sqrt{\lambda_i} e_i \tag{8.64}$$

对于 $n \times n$ 维协方差，存在 n 个这样的值，但是采样会用到正的和负的扰动，因此一共有 $2n$ 个值。考虑到“零扰动”（即 $\hat{x}$），这种方法需要运用 $n+1$ 或者 $2n+1$ 次动态模型函数 $f_{k-1}(\mathcal{S}_i)$。

对于高斯分布，e_i对应于等概率椭球的主轴。它们可以用下面的奇异值分解计算出来（利用 MATLAB 函数 svd 计算）：

$$P = UD_\lambda U^{\mathrm{T}} \tag{8.65}$$

$$U = [e_1|e_2|e_2|\cdots|e_n] \tag{8.66}$$

$$\begin{gathered} D_\lambda = \operatorname{diag}(\lambda_1,\ \lambda_2,\ \lambda_3,\ \cdots,\ \lambda_n) \\ \lambda_1 \geqslant \lambda_2 \geqslant \lambda_3 \geqslant \cdots \geqslant \lambda_n \geqslant 0 \end{gathered} \tag{8.67}$$

其中，U 为正交矩阵。这种分解方法的唯一不同之处在于非负奇异值是按照降序产生的。

在这种情况下，σ 点距离均值的偏移量可以用下式计算：

$$\delta_{[i]} = \sqrt{\lambda_i} e_i \tag{8.68}$$

此时，矩阵

$$\Gamma = [\delta_{[1]}|\delta_{[2]}|\delta_{[3]}|\cdots|\delta_{[n]}] \tag{8.69}$$

为 P 的修正 Cholesky 因子。即

$$\Gamma\Gamma^{\mathrm{T}} = P \tag{8.70}$$

于是，这种情况下的扰动非线性轨迹的初始值为

$$\mathcal{S}_{(k-1)[i]} = \hat{x}_{(k-1)(+)} + \delta_{[i]} \tag{8.71}$$

图 8.12 给出了在三维坐标中高斯分布的等概率表面上这种 σ 点的例子。然而，在状态向量的非线性变换中，误差分布不一定会保留高斯类型。σ 点滤波也可以采用不一定与协方差矩阵的特征向量有关的样本点来定义。例如，它们可以用 P 的任意广义 Cholesky 因子 Γ（它可以是 $\Gamma\Gamma^{\mathrm{T}} = P$ 的任意解 Γ）的列来定义。

传播

σ 点滤波方法具有根据不同类型的 σ 点采用不同传播方法的潜能，这取决于相应标准差的各个幅度值。它允许采用额外的样本值来传播更大的扰动。然而，传播误差通常取决于高阶变化的幅度，以及扰动的幅度。

协方差矩阵的对称平方根

式(8.67)的对角矩阵 D_λ具有非负值和下面的矩阵“平方根”

$$\sqrt{D_\lambda} = \operatorname{diag}(\sqrt{\lambda_1},\ \sqrt{\lambda_2},\ \sqrt{\lambda_3},\ \cdots,\ \sqrt{\lambda_n}) \tag{8.72}$$

使得下列对称矩阵：

$$S \stackrel{\text{def}}{=} U\sqrt{D_\lambda}U^{\mathrm{T}} \tag{8.73}$$

$$S^2 = S \times S \tag{8.74}$$

$$= P \tag{8.75}$$

也就是说，S 是 P 的真正的矩阵平方根。因为它是对称的，所以也是一个广义 Cholesky 因子。然而，结果发现类似 σ 点滤波器不会对这种形式或者用到的“平方根”矩阵过度敏感。

8.5 无味卡尔曼滤波器(UKF)

我们称之为“滤波器”，是因为存在着一类滤波器，它们根据对速度和非线性度的相关需求采用不同的数据结构，并且采用不同的样本权重，可以对这些权重进行“调整”来提高某个具体应用的性能。

我们称之为“无味”，是因为这是 Jeffrey Uhlmann 取的名字(参见 http://www.ieeeghn.org/wiki6/index.php/First-Hand:The_Unscented_Transform，关于这个主题对 Jeffrey Uhlmann 的采访)。

Uhlmann 于 20 世纪 90 年代通过对机器人技术的非线性估计问题中不同的 σ 点采样和加权策略的性能进行分析，开始对 UKF 展开了研究。他的分析表明，与初始协方差矩阵的特殊“平方根”分解相关的性能没有很大变化，他还建立了一些加权策略，可以通过对权重的“调整”来提高不同应用的性能。这些成果以及合作研究成果包括 Simon J. Julier，Jeffrey K. Uhlmann，Hugh F. Durrant-Whyte 以及其他人员[12~24]提出的一系列非线性卡尔曼滤波器的推广形式，所有方法都是基于对均值和协方差的非线性变换进行近似的核心方法得到的。

这些滤波器实现都利用了采样 - 传播方法来非线性传播状态变量和非线性测量，尽管 EKF 利用扰动来作为偏导的数值近似。UKF 更加明智地利用扰动，因此它具有与 EKF 大约相同的计算需求，但在许多应用中提高了性能。这些特性使得 UKF 在许多非线性滤波应用中都很受欢迎。

UKF 的不同实现方法都属于 σ 点滤波器的子类，并且在有些情况下[26]等效于线性回归卡尔曼滤波器[25](Linear Regression Kalman Filters，LRKF)。

8.5.1 无味变换(UT)

这是传播均值和协方差的核心方法，它包括状态和测量之间的互相关。它代替了卡尔曼滤波中的 Riccati 方程，并且改变了卡尔曼增益的计算方法。

协方差分解

无味变换(Unscented Transform，UT)利用协方差矩阵的 Cholesky 分解的列向量来实现均值和协方差传播。正如许多其他的采样 - 传播滤波器一样，它通过对 Cholesky 因子的列进行加权，以允许某种精确调整来提高具体应用的性能。当所讨论问题是线性的时候，这些权重被约束为准确的固定值，否则它们会发生变化以适应问题所规定的非线性特性。

Cholesky 分解算法可以通过内置的 MATLAB 函数 `chol` 来实现，它产生具有非负对角元素的下三角解 $C_{(k-1)(+)}$

$$P_{(k-1)(+)} = C_{(k-1)(+)} C_{(k-1)(+)}^{\mathrm{T}} \tag{8.76}$$

采样策略

在表 8.1 中，对 UT 中采用的主要的采样和加权策略进行了归纳。

表 8.1　无味变换的采样和加权

采样策略	样本值*	样本权重†	样本大小‡	指标值
单纯采样	$n+2$	$\mathcal{S}_0=\hat{x}$	$0\leqslant\mathcal{W}_0\leqslant 1$ (可变)	
		$\mathcal{S}_{[i]}=\mathcal{S}_0+\gamma_{[i]}$	$\mathcal{W}_1=2^{-n}(1-\mathcal{W}_0)$	
		$\Gamma=C_{xx}\Psi$	$\mathcal{W}_2=\mathcal{W}_1$	
		$\Psi=[\psi_1\ \psi_2\ \cdots\ \psi_{n+1}]$	$\mathcal{W}_i=2^{i-1}\mathcal{W}_1$	$3\leqslant i\leqslant n+1$
		$\psi_{[i]}$ & $\mathcal{W}_i$ 的算法在MATLAB函数`UTsimplex`中		
对称采样	$2n$	$\mathcal{S}_{[i]}=\hat{x}+\sqrt{n}\,c_{[i]}$	$\mathcal{W}_i=1/(2n)$	$1\leqslant i\leqslant n$
		$\mathcal{S}_{i+n}=\hat{x}-\sqrt{n}\,c_{[i]}$	$\mathcal{W}_{i+n}=1/(2n)$	$1\leqslant i\leqslant n$
	$2n+1$	$\mathcal{S}_0=\hat{x}$	$\mathcal{W}_0=\kappa/\sqrt{n+\kappa}$	
		$\mathcal{S}_{[i]}=\hat{x}+\sqrt{n+\kappa}\,c_{[i]}$	$\mathcal{W}_i=1/[2(n+\kappa)]$	$1\leqslant i\leqslant n$
		$\mathcal{S}_{i+n}=\hat{x}-\sqrt{n+\kappa}\,c_{[i]}$	$\mathcal{W}_{i+n}=1/[2(n+\kappa)]$	$1\leqslant i\leqslant n$
尺度采样	$2n+1$	$\mathcal{S}_0=\hat{x}$	$\mathcal{W}_0^{[\hat{y}]}=\lambda/(n+\lambda)$	
		$\lambda=\alpha^2(n+\kappa)-n$	$\mathcal{W}_0^{[P_{yy}]}=\mathcal{W}_0^{[\hat{y}]}+(1-\alpha^2+\beta)$	
		$\mathcal{S}_{[i]}=\hat{x}+\sqrt{n+\lambda}\,c_{[i]}$	$\mathcal{W}_i=1/[2(n+\kappa)]$	$1\leqslant i\leqslant n$
		$\mathcal{S}_{n+i}=\hat{x}-\sqrt{n+\lambda}\,c_{[i]}$	$\mathcal{W}_{n+i}=1/[2(n+\kappa)]$	$1\leqslant i\leqslant n$

* n = 状态空间的维数。

† $c_{[i]}=P_{xx}$的 Cholesky 因子 C_{xx}的第 i 列，$\gamma_{[i]}$是 Γ 的第 i 列。

‡ α，β，κ 和 λ 是“可调整的”参数。

样本数量　在 UT 中用到的最多数量的采样扰动是零扰动(即均值本身)和 $C_{(k-1)(+)}$的有符号的列 $\pm c_{[i]}$。也就是说，仿真轨迹的初始条件将为

$$\mathcal{S}_{(k-1)(+)\,[i]}=\begin{cases}\hat{x}_{(k-1)(+)}, & i=0\\ \hat{x}_{(k-1)(+)}+c_{[i]}, & 1\leqslant i\leqslant n\\ \hat{x}_{(k-1)(+)}-c_{[i-n]}, & n+1\leqslant i\leqslant 2n\end{cases}\tag{8.77}$$

并且终点值将为

$$\mathcal{S}_{k(-)\,[i]}=f_{k-1}(\mathcal{S}_{(k-1)(+)\,[i]}),0\leqslant i\leqslant 2n\tag{8.78}$$

然而，也要用到$0\leqslant i\leqslant n$时的子集 $\mathcal{S}_{(k-1)(+)[i]}$。

通过采用 n 单纯采样①可以在后面得到更少的样本数量。然而，需要将所得单纯性向量的矩阵乘上 P 的 Cholesky 因子，以得到待传播的用于估计均值和协方差的样本值。这可以视为 Cholesky 因子的一种“预加权”样本形式——在传播以前(加权)。

加权策略

在表 8.1 中，对计算传播统计量的加权平均的主要策略进行了归纳——除此以外还有更多的策略。

给定扰动 - 仿真值 $\mathcal{S}_{k(-)i}$，则均值、协方差和状态与测量不确定性之间的互协方差都可以加权平均为

① n 单纯采样是在 n 维实空间中 $n+1$ 个等距离点的集合。它们可以定义为在$(n+1)$维空间中点集的顶点，这个空间的坐标为非负并且加起来等于 1。例如，1 单纯形是一条线段的两端，2 单纯形是三角形的三个顶点，3 单纯形是四面体的四个角。

$$\hat{x}_{k(-)} = \sum_i \mathcal{W}_{\hat{x},i} \mathcal{S}_{k(-)i} \tag{8.79}$$

$$= \Phi_{k-1}\hat{x}_{(k-1)(+)} \text{ 那么 } f_{k-1}(x) = \Phi_{k-1}x \tag{8.80}$$

$$P_{k(-)} = \sum_i \mathcal{W}_{Pxx,i}(\mathcal{S}_{k(-)i} - \hat{x}_{k(-)})(\mathcal{S}_{k(-)i} - \hat{x}_{k(-)})^{\mathrm{T}} + Q_{k-1} \tag{8.81}$$

$$= \Phi_{k-1}P_{(k-1)(+)}\Phi_{k-1}^{\mathrm{T}} + Q_{k-1} \text{ 那么 } f_{k-1}(x) = \Phi_{k-1}x \tag{8.82}$$

$$\hat{z}_k = \sum_i \mathcal{W}_{\hat{z},i} h_k(\mathcal{S}_{k(-)i}) \tag{8.83}$$

$$= H_k\hat{x}_{k(-)} \text{ 那么 } f_{k-1}(x) = \Phi_{k-1}x \text{ 和 } h_k(x) - H_kx \tag{8.84}$$

$$P_{zz,k} = \sum_i \mathcal{W}_{Pzz,i}[h_k(\mathcal{S}_{k(-)i}) - \hat{z}_k][h_k(\mathcal{S}_{k(-)i}) - \hat{z}_k]^{\mathrm{T}} \tag{8.85}$$

$$= H_kP_{k(-)}H_k^{\mathrm{T}} \text{ 那么 } h_k(x) = H_kx \tag{8.86}$$

$$P_{xz,k} = \sum_i \mathcal{W}_{Pxz,i}(\mathcal{S}_{k(-)i} - \hat{x}_{k(-)})[h_k(\mathcal{S}_{k(-)i}) - \hat{z}_k]^{\mathrm{T}} \tag{8.87}$$

$$= P_{k(-)}H_k^{\mathrm{T}} \text{ when } f_{k-1}(x) = \Phi_{k-1}x \text{ 和 } h_k(x) = H_kx \tag{8.88}$$

其中，对权重$\mathcal{W}_{\cdot,\cdot,i}$进行约束，以得到与$f_{k-1}(\cdot)$和$h_k(\cdot)$为线性情形的卡尔曼滤波器相同的结果。然而，这些约束不能唯一地确定权重值。

另外，如果函数f_{k-1}和h_k在$\hat{x}$处关于x的变化在$\hat{x}$处是反对称的，即对于$i>n$

$$(\mathcal{S}_{k(-)i} - \hat{x}_{k(-)}) = -(\mathcal{S}_{k(-)(i-n)} - \hat{x}_{k(-)}) \tag{8.89}$$

$$[h_k(\mathcal{S}_{k(-)i}) - \hat{z}_k] = -[h_k(\mathcal{S}_{k(-)(i-n)}) - \hat{z}_k] \tag{8.90}$$

则$i>n$时的样本是冗余的。也就是说，只需要状态向量的$n+1$个样本。

实际上，即使$h_k(\cdot)$不是反对称的，而$f_{k-1}(\cdot)$是反对称的，也只需要状态向量的$n+1$个样本。$h_k(\cdot)$的其他样本可以利用式(8.89)中$f_{k-1}(\cdot)$的反对称特性来产生。

加权与线性情形一致

当核函数为线性时，UT 的加权必然产生线性结果。

例如，对于均值来说，对于任意$0<\alpha\leqslant 1$，加权策略

$$\mathcal{W}_{\hat{x},i} = \begin{cases} \alpha, & i=0 \\ \dfrac{1-\alpha}{2n}, & i>0 \end{cases} \tag{8.91}$$

等效于当问题为线性时的卡尔曼滤波器值。也就是说

$$\hat{x}_{k(-)} = \sum_{i=1}^{2n} \underbrace{\mathcal{W}_{\hat{x},i}H_k\{\hat{x}_{(k-1)(+)} + c_i\}}_{\mathcal{W}_{\hat{x},i}\mathcal{S}_{k(-)i}} \tag{8.92}$$

$$= \left\{\alpha + 2n \times \frac{(1-\alpha)}{2n}\right\} H_k\hat{x}_{(k-1)(+)} + \frac{(1-\alpha)}{2n}H_k\sum_{i=1}^{n}(c_i - c_i) \tag{8.93}$$

$$= H_k \hat{x}_{(k-1)(+)} \tag{8.94}$$

这是线性卡尔曼滤波器公式。对于 $\hat{z}_{k(-)}$，同样的加权公式也有效。当 $\alpha = 1$ 时，结果是 EKF 值。

同样类型的验证也可以应用于协方差加权。

8.5.2 UKF 实现

例 8.9(采用不同 Cholesky 因子的单纯无味变换) 这里以初始均值和协方差分别如下式的非线性测量问题为例，对表 8.1 中的 UT“单纯”采样策略进行举例说明：

$$\hat{x} = \begin{bmatrix} 0 \\ 0 \\ 0 \\ 0 \end{bmatrix} \tag{8.95}$$

$$P_{xx} = \begin{bmatrix} 84 & -64 & -32 & 16 \\ -64 & 84 & 16 & -32 \\ -32 & 16 & 84 & -64 \\ 16 & -32 & -64 & 84 \end{bmatrix} \tag{8.96}$$

所以 UT 在样本选择时都会利用 P_{xx} 的 Cholesky 因子，而对所用的形式没有加以限制。为了说明 Cholesky 因子的选择会产生什么影响，这里采用 P_{xx} 的下列三种不同 Cholesky 因子：

$$C_{\text{UT}} = \begin{bmatrix} 3.6956 & -7.4939 & -3.3371 & 1.7457 \\ 0 & 8.3556 & -1.4118 & -3.4915 \\ 0 & 0 & 5.9362 & -6.9830 \\ 0 & 0 & 0 & 9.1652 \end{bmatrix} (\text{上三角}) \tag{8.97}$$

$$C_{\text{LT}} = \begin{bmatrix} 9.1652 & 0 & 0 & 0 \\ -6.9830 & 5.9362 & 0 & 0 \\ -3.4915 & -1.4118 & 8.3556 & 0 \\ 1.7457 & -3.3371 & -7.4939 & 3.6956 \end{bmatrix} (\text{下三角}) \tag{8.98}$$

$$C_{\text{EV}} = \begin{bmatrix} -7 & -5 & 3 & 1 \\ 7 & 5 & 3 & 1 \\ 7 & -5 & -3 & 1 \\ -7 & 5 & -3 & 1 \end{bmatrix} (\text{特征值-特征向量}) \tag{8.99}$$

并且考虑下列二阶非线性测量函数

$$z = h(x) \tag{8.100}$$

$$= \begin{bmatrix} x_2 x_3 \\ x_3 x_1 \\ x_1 x_2 \end{bmatrix} \tag{8.101}$$

对于上述非线性函数 h 值以及均值 $\hat{x}=0$，可以导出对初始高斯分布的 $\hat{z}$ 值的下列闭合形式：

$$\hat{z} = \mathrm{E}_x \langle h(x) \rangle \tag{8.102}$$

$$= \frac{1}{(2\pi)^2 \det P_{xx}^{-1}} \int \mathrm{d}x_4 \int \mathrm{d}x_3 \int \mathrm{d}x_2 \int \mathrm{d}x_1 \; h(x) \; \exp\left(-x P_{xx}^{-1} x^{\mathrm{T}}/2\right) \tag{8.103}$$

$$
= \begin{bmatrix} P_{2,3}\left(1 - P_{2,3}^2/P_{2,2}/P_{3,3}\right)^{-3/2} \\ P_{3,1}(1 - P_{3,1}^2/P_{3,3}/P_{1,1})^{-3/2} \\ P_{1,2}(1 - P_{1,2}^2/P_{1,1}/P_{2,2})^{-3/2} \end{bmatrix} \tag{8.104}
$$

也就是说，对于均值为零的初始高斯分布，真实的均值取决于协方差的值。这种依赖关系在扩展卡尔曼滤波中没有表现出来。

表 8.2 中给出的结果是利用 MATLAB 函数 `UTsimplex` 和 MATLAB m 文件 `UTsimplexDemo.m` 产生的。

在表 8.2 中，也给出了 EKF 近似值，以及式(8.104)的准确高斯解。为了使噪声协方差不会掩蔽非线性误差近似，我们也假设传感器噪声协方差 $R=0$。

表 8.2　例 8.9 中的结果：采用不同 Cholesky 因子的单纯无味变换

非线性测量问题

$$
\hat{x} = \begin{bmatrix} 0 \\ 0 \\ 0 \\ 0 \end{bmatrix},\ P_{xx} = \begin{bmatrix} 84 & -64 & -32 & 16 \\ -64 & 84 & 16 & -32 \\ -32 & 16 & 84 & -64 \\ 16 & -32 & -64 & 84 \end{bmatrix},\ z = h(x) = \begin{bmatrix} x_2x_3 \\ x_3x_1 \\ x_1x_2 \end{bmatrix},\ R = 0
$$

$W_0 = 1/2$ 时采用单纯无味变换的解

Cholesky因子	上三角	下三角	特征向量
采样 P_{zz}	$\begin{bmatrix} 4991. & -4247. & -1231. \\ -4247. & 5313. & 4374. \\ -1231. & 4374. & 14750. \end{bmatrix}$	$\begin{bmatrix} 25775. & -17738. & -29636. \\ -17738. & 13961. & 23304. \\ -29636. & 23304. & 40512. \end{bmatrix}$	$\begin{bmatrix} 4465. & -7093. & -9973. \\ -7093. & 15373. & 6985. \\ -9973. & 6985. & 44381. \end{bmatrix}$
采样 $\hat{z}$	$\begin{bmatrix} -8.38 \\ -19.81 \\ -57.90 \end{bmatrix}$	$\begin{bmatrix} 16 \\ -32 \\ -64 \end{bmatrix}$	$\begin{bmatrix} 15 \\ -33 \\ -55 \end{bmatrix}$

准确的Gauss解

$$
\hat{z} = \begin{bmatrix} 16.91 \\ -40.49 \\ -235.55 \end{bmatrix}
$$

利用扩展卡尔曼滤波器近似得到的解

$$
\hat{z} \approx h(\hat{x}) = \begin{bmatrix} 0 \\ 0 \\ 0 \end{bmatrix},\ H \approx \left.\frac{\partial h}{\partial x}\right|_{x=\hat{x}} = \begin{bmatrix} 0 & 0 & 0 & 0 \\ 0 & 0 & 0 & 0 \\ 0 & 0 & 0 & 0 \end{bmatrix},\ P_{zz} \approx HP_{xx}H^{\mathrm{T}} = \begin{bmatrix} 0 & 0 & 0 \\ 0 & 0 & 0 \\ 0 & 0 & 0 \end{bmatrix}
$$

上述结果是MATLAB m文件 `UTsimplexDemo.m` 利用MATLAB函数 `UTsimplex` 产生的

例 8.9 说明了对于这种特殊非线性问题而言，单纯 UT 所具有的许多有趣特性：

1. $\hat{z}$ 和 P_{zz} 的近似质量不是我们在真正拟线性问题的卡展卡尔曼滤波中所熟悉的。扩展卡尔曼滤波最初在阿波罗登月计划中应用时，在数百万千米量级的距离，其轨迹估计精度就可以达到几十千米的量级。然而，本例中的性能下降更主要是由应用中的非线性程度引起的，它与估计算法的质量关系不大。在这个应用中，EKF 近似的性能比 UT 的性能差得多。
2. 单纯 UT 方法对 P_{xx} 的 Cholesky 因子选择的敏感性是比较棘手的。设计单纯采样策略的目的主要是比对称采样策略更加有效——其潜在风险是可能会对 Cholesky 因子的发散具有更差的鲁棒性。
3. 单纯采样策略(尽管它相对更加有效)的精确性不太可靠。然而，我们必须记住的是，除非已知完全的初始概率分布，否则通过非线性函数传播均值和协方差不是唯一确定的。因此，所有采样方法在应用于真正的非线性滤波问题时，都需要通过仿真进行验证并且在实际应用以前还需要进行测试。

例 8.10(采用不同 Cholesky 因子的对称无味变换)　在表 8.3 中，给出了针对例 8.9 中的相同非线性测量问题采用对称 UT 采样策略得到的结果。它们是利用 MATLAB 函数 `UTscaled` 和 MATLAB m 文件 `UTscaledDemo.m` 产生的。可以将这些结果与表 8.2 中采用单纯 UT 得到的结果进行比较。

这些结果与采用单纯 UT 的结果之间的差异并不太大，并且表现出对 Cholesky 因子选择的敏感性也类似。然而，它们都比 EKF 得到的结果好得多。

这个例子也说明了在将任何非线性滤波方法用于实际应用以前，对这些方法进行验证是非常重要的。

表 8.3　例 8.10 中的结果：采用不同 Cholesky 因子的对称无味变换

非线性测量问题			
$\hat{x}=\begin{bmatrix}0\\0\\0\\0\end{bmatrix},\ P_{xx}=\begin{bmatrix}84&-64&-32&16\\-64&84&16&-32\\-32&16&84&-64\\16&-32&-64&84\end{bmatrix},\ z=h(x)=\begin{bmatrix}x_2x_3\\x_3x_1\\x_1x_2\end{bmatrix},\ R=0$			
$\alpha=1,\ \beta=2,\ \kappa=2$ 时采用单纯无味变换的解			
Cholesky因子	上三角	下三角	特征向量
采样 P_{zz}	$\begin{bmatrix}141&332&-604\\332&785&-1427\\-604&-1427&8476\end{bmatrix}$	$\begin{bmatrix}1738&-1829&-3657\\-1829&2048&4096\\-3657&4096&8192\end{bmatrix}$	$\begin{bmatrix}4465.&-7093.&-9973.\\-7093.&15373.&6985.\\-9973.&6985.&44381.\end{bmatrix}$
采样 $\hat{z}$	$\begin{bmatrix}-8.38\\-19.81\\-57.90\end{bmatrix}$	$\begin{bmatrix}16\\-32\\-64\end{bmatrix}$	$\begin{bmatrix}15\\-33\\-65\end{bmatrix}$
准确的Gauss解			
$\hat{z}=\begin{bmatrix}16.91\\-40.49\\-235.55\end{bmatrix}$			
利用扩展卡尔曼滤波器近似得到的解			
$\hat{z}\approx h(\hat{x})=\begin{bmatrix}0\\0\\0\end{bmatrix},\ H\approx\left.\frac{\partial h}{\partial x}\right\vert_{x=\hat{x}}=\begin{bmatrix}0&0&0&0\\0&0&0&0\\0&0&0&0\end{bmatrix},\ P_{zz}\approx HP_{xx}H^{\mathrm{T}}=\begin{bmatrix}0&0&0\\0&0&0\\0&0&0\end{bmatrix}$			
上述结果是MATLAB m文件 `UTscaledDemo.m` 利用MATLAB函数 `UTscaled` 产生的			

数据流与 EKF

在图 8.19 中，给出了具有 $2n+1$ 个样本的 UKF 的数据流框图。可以发现它与图 8.2 中所示的 EKF 数据流框图是类似的。在计算负担差不多的情况下，UKF 能够采用更有鲁棒性的策略来传播协方差。

例 8.11(反正切非线性情形的 UKF 与 EKF 比较)　在本例中，针对例 8.8 所用的非线性变换对 UKF 和 EKF 的性能进行比较，在例 8.8 中已经讨论了估计误差的比较方法。将 EKF 和 UKF 得到的均值 $\mathrm{E}_x\langle y(x)\rangle$ 和方差 $\mathrm{E}_x\langle[y(x)-E_\chi\langle y(\mathcal{X})\rangle]^2\rangle$ 的值与相关值采用数值积分得到的值进行比较，并且假设初始概率是高斯分布的，其均值和方差分别为

$$\hat{x}_{k-1\,(+)}=0$$

$$P_{k-1\,(+)}=1$$

EKF 实现　在 EKF 中，可以将下列非线性时间状态转移

$$x_k=\arctan(a\,x_{k-1})$$

用模型表示为

$$\hat{x}_{k(-)} = \arctan(a\,\hat{x}_{k-1(+)})$$
$$= 0$$
$$P_{k(-)} = \left[\left. \frac{\partial \arctan(ax)}{\partial x} \right|_{x=\hat{x}_{k-1(+)}} \right]^2 P_{k-1(+)}$$
$$= a^2$$

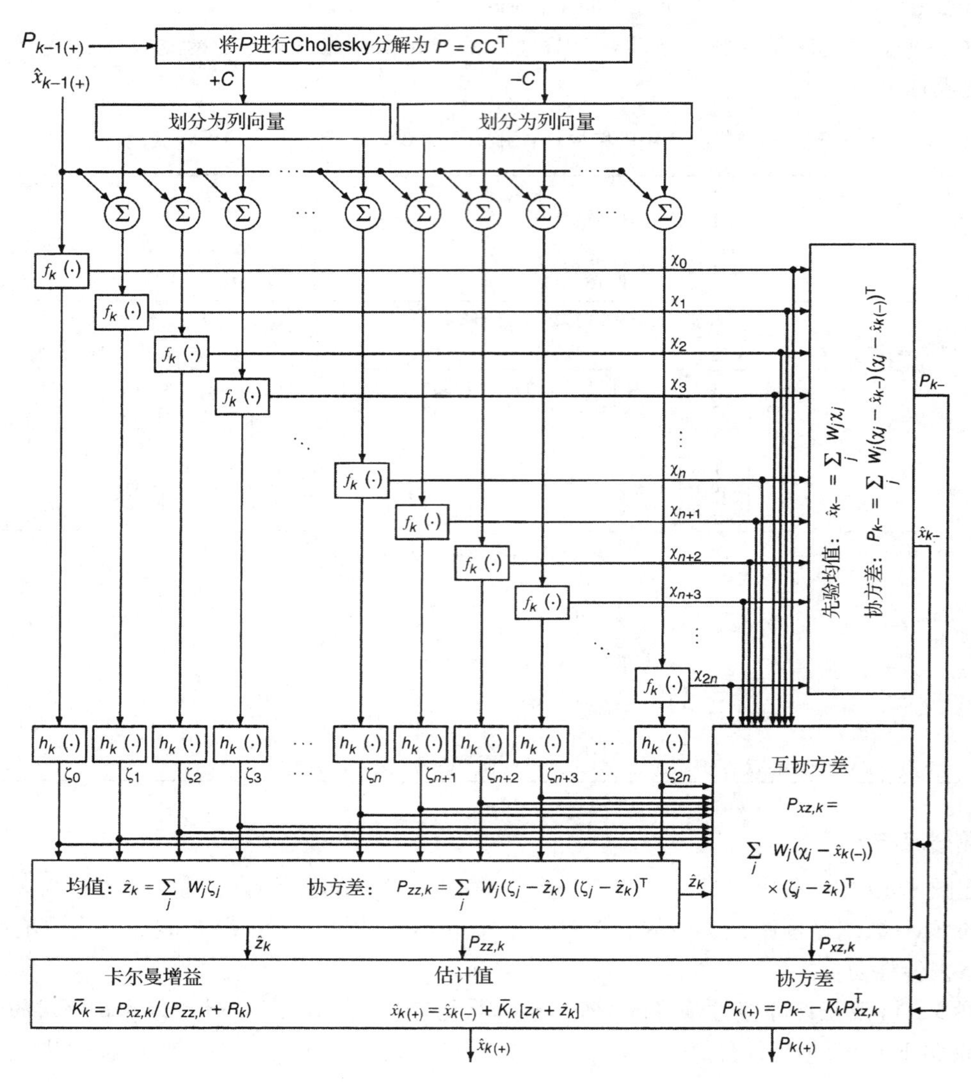

图 8.19　加权对称 UKF 的数据流框图

UKF 实现　采用 UKF 实现时，等效更新为

$$\hat{x}_{k(-)} = \arctan(a\,\hat{x}_{k-1(+)})$$
$$= 0$$
$$P_{k(-)} = [\arctan(a\sqrt{P_{k-1(+)}})]^2$$
$$= [\arctan(a)]^2$$

数值积分　因为反正切函数是奇函数，所以变换后的变量的均值为零。EKF 和 UKF 都能够正确地对均值进行变换。为了考察它们如何对方差进行变换，方差的数值积分采用单变量分布的“民主采样”，将实轴分割为 N 个相邻的小段，每个小段代表累积高斯分布的 $1/N$。每个小段都用其中值表示，它是其累积概率的中点。于是，任意函数 $f(x)$ 在实轴上的期望值都可以近似为①

$$\mathop{\mathrm{E}}_{x}\langle f(x)\rangle = \int_{-\infty}^{+\infty} f(x)\, p(x)\, \mathrm{d}x \tag{8.105}$$

$$\approx \frac{1}{N}\sum_{n=1}^{N} f(x_n) \tag{8.106}$$

其中，x_n 是各小段的中值，并且具有尺度参数值 $a>0$ 的函数

$$f(x) = \arctan^2(ax) \tag{8.107}$$

通过变化来表明尺度参数如何影响变换分布的方差。

当 $2\leqslant N\leqslant 20$ 时，在图 8.20 中将各小段的中值用符号“+”表示。在数值积分中，采用的值为 $N=10^6$，在这种情况下 x 的样本值范围大约从 -4.9σ 到 $+4.9\sigma$。

结果　结果如图 8.21 所示，其中将数值积分得到的方差值与 EKF 和 UKF 近似得到的值进行比较，a 在 12 个量级的范围内变化。图中将 UKF 所得值标记为“UKF”，并且将 EKF 所得值标记为“EKF”。

这个图显示了采用 EKF 和 UKF 方法得到的方差估计值的相对误差，可以发现采用 EKF 方法估计变换后的方差时，其相对误差随着 a 的增加而无限增加。相反，当 $a\gg 1$ 时，采用 UKF 近似得到的最差的相对误差却会越来越好。

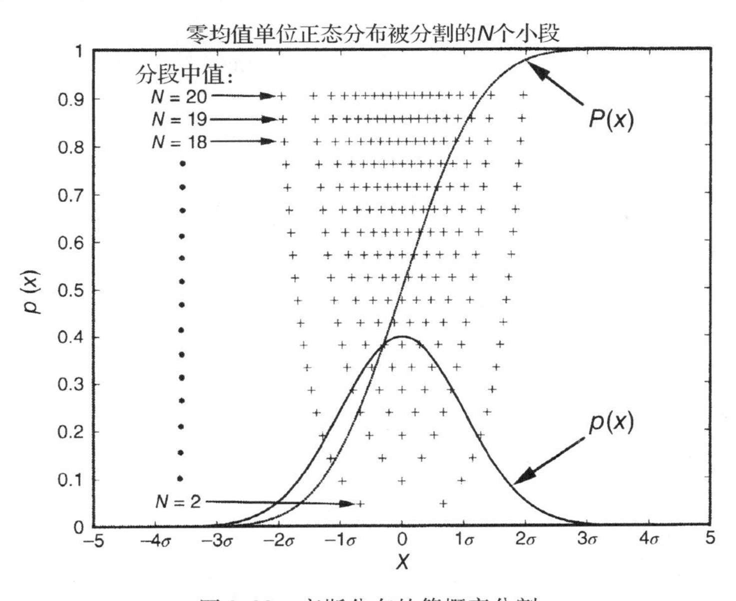

图 8.20　高斯分布的等概率分割

① 在 MATLAB 中，求和公式可以用点积来实现。

上述结果明显说明——对于这个具体例子而言——方差估计的无味变换明显优于 EKF。然而，该问题中 UKF 解决方案的峰值相对误差仍然高得难以接受——大约为 43% 。

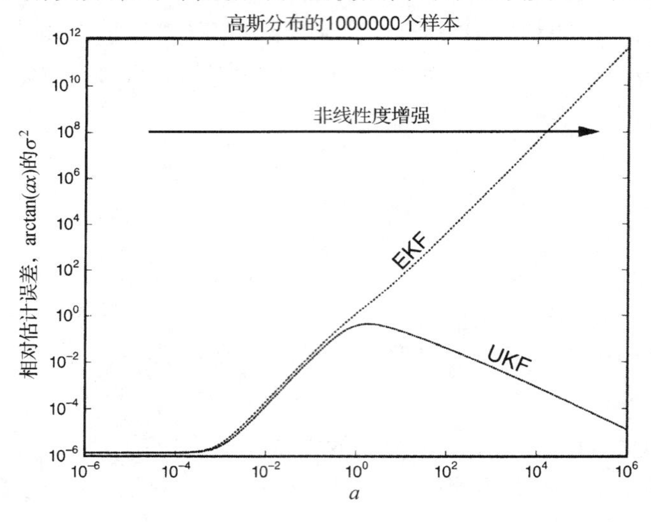

图 8.21 方差估计值的相对误差

8.5.3 无味 sigmaRho 滤波

sigmaRho 滤波器(在 7.6 节介绍过)非常适合于 UT。它将卡尔曼滤波器协方差矩阵 P 分解为

$$P = D_\sigma C_\rho D_\sigma \tag{8.108}$$

$$D_\sigma = \mathrm{diag}[\sigma_1,\ \sigma_2,\ \sigma_3,\ \ldots\ ,\ \sigma_n] \tag{8.109}$$

$$= \begin{bmatrix} \sigma_1 & 0 & 0 & \cdots & 0 \\ 0 & \sigma_2 & 0 & \cdots & 0 \\ 0 & 0 & \sigma_3 & \cdots & 0 \\ \vdots & \vdots & \vdots & \ddots & \vdots \\ 0 & 0 & 0 & \cdots & \sigma_n \end{bmatrix} \tag{8.110}$$

$$C_\rho = \begin{bmatrix} 1 & \rho_{12} & \rho_{13} & \cdots & \rho_{1n} \\ \rho_{21} & 1 & \rho_{23} & \cdots & \rho_{2n} \\ \rho_{31} & \rho_{32} & 1 & \cdots & \rho_{3n} \\ \vdots & \vdots & \vdots & \ddots & \vdots \\ \rho_{n1} & \rho_{n2} & \rho_{n3} & \cdots & 1 \end{bmatrix} \tag{8.111}$$

其中，σ_i为误差分布的标准差，ρ_{ij}为相关系数。

因此，如果 A_ρ是下式的任意解

$$A_\rho A_\rho^{\mathrm{T}} = C_\rho \tag{8.112}$$

则 $D_\rho A_\rho$是 P 的“平方根”(广义 Cholesky 因子①)。于是，可以将 $D_\rho A_\rho$的列用于任意非线性动态函数 f 和测量函数 h，以传播协方差矩阵和计算卡尔曼增益。

---

① Cholesky 因子是由 Cholesky 分解算法确定的，该算法的输出是一个下三角矩阵 L。“广义”Cholesky 因子的形式为 $C = LU$，其中 U 是正交矩阵。

8.6　真正的非线性估计

在 4.2.1 节中，已经对随机系统理论的早期发展历史进行了介绍。直到卡尔曼滤波器被发表以前，主要的贡献者包括 Max Planck(1858 – 1947)，Paul Langevin(1872 – 1946)，Marian Smoluchowski(1872 – 1917)，Albert Einstein(1879 – 1955)，Adriaan Fokker(1887 – 1972)，Andrey Kolmogorov(1903 – 1987)以及 Ruslan Stratonovich(1930 – 1997)。卡尔曼滤波器是针对估计问题的第一个准确且实用的解决方法，但是它需要假设线性动态模型和测量模型。

从此以后很少出现实际的非线性解决方法，但是应用领域包括军事侦察、经济系统建模、市场建模——这些学科中的研究成果都没有过多地公开发表。下面介绍在公开文献中发表的两个成果。

8.6.1　Beneš 滤波器

这或许是高阶导数最成功的应用，因为它能够得到准确解。这种滤波器是捷克裔美籍数学家 Václav Beneš①[3] 的许多发现之一，它利用含有加性噪声的线性测量和满足某些正则条件的非线性随机动态模型，对一类滤波器进行有限维表示。

当动态模型为线性时，这种滤波器等效于卡尔曼滤波器。

Beneš 滤波器模型具有下列形式：

$$\frac{\mathrm{d}}{\mathrm{d}t}x(t)=f(x)+Gw(t)(\text{非线性时不变}) \tag{8.113}$$

$$z_k=H_kx_k+v_k(\text{线性离散}) \tag{8.114}$$

$$\mathop{\mathrm{E}}_{w}\langle w(t)w^{\mathrm{T}}(t)\rangle=Q(\text{时不变和奇异}) \tag{8.115}$$

$$v_k\in\mathcal{N}(0,R) \tag{8.116}$$

另外加上状态向量的非条件概率密度函数的额外约束。

在参考文献[3]和[27]中，对 Beneš 滤波器的实现公式进行了推导，并且在参考文献[27 ~29]中进行了比较研究。这些文献中的结果表明，实时实现 Beneš 滤波器所需的计算量是很大的。

我们在这里提到 Beneš 滤波器，因为它可以作为有限维非线性随机估计子的例子，尽管在一些研究中它与 EKF 的比较结果并不好[29]。它在金融市场建模中的应用可能比作为卡尔曼滤波的非线性推广更多。Ocone 对其渐进性能进行了分析[30]。Farina 等人[29]针对有已知解的特定问题，将它与 EKF、线性化滤波器和粒子滤波器的性能进行了比较。感兴趣的读者可以参考 Beneš[3, 35]，Daum[31]，Bain 和 Crisan[27]的论著及其中的参考文献。

8.6.2　Richardson 和 Marsh 的监视解决方法

这种方法可以视为求解检测问题的多局部线性化方法的非线性替代方法。在对非线性检测和估计问题的数值解中，它被称为基于网格的方法(Grid-based method)。它在状态空间中

① 在捷克人名中的 š 通常音译为“s”，尽管它听起来更像英语中的“sh”。

的规则网格上解决了调理 Fokker-Planck 方程的近似问题。

下面的讨论是关于将开源理论推广应用于检测和跟踪问题的例子，首先从所谓的条件 Fokker-Planck 方程(The conditioned Fokker-Planck equation)[32]开始，然后根据与系统状态相关的测量值，采用随机微分方程表示状态概率密度函数的时间变化。

这种具体应用是针对监视问题(Surveillance problems)的，它包括在某个状态空间区域内对目标进行检测、辨识和跟踪，在这个状态空间中，检测和跟踪的潜在目标的初始发布服从某种随机“点过程模型”。

点过程(Point process)是一种随机过程，它对分布在时间和/或空间上的事件或者目标进行建模，比如在通信交换中心消息的到达①，或者天空中星星的位置。它也是许多估计问题中系统初始状态的模型，比如采用雷达装置监视飞机或者宇宙飞船的时间和空间位置，或者在海洋中采用声呐监视潜艇的位置。这些应用中的研究成果很容易被列为机密，因此在公开文献中报道的信息很少。这里提到的统计监视方法来自于公开文献[33]，但并不知道这种方法与其他保密方法的比较结果。

这类统一方法将检测与跟踪组合为一种最优估计方法，它是由 John M. Richardson(1918 –1996)提出来的，并且在多种应用中进行了专门研究[33]。单目标(Single Object)的检测与跟踪问题可以用调理 Fokker-Planck 方程表示。Richardson 从这个单目标模型推导出了代表目标密度(Object density)的偏微分方程的无限层次模型，然后利用矩之间关系的简单闭包假设将这些层次删减。利用目标密度代替单目标概率，使这种方法可以应用于多目标监视问题。结果得到简单的偏微分方程，它基于观测值来近似目标密度随时间的演进变化。Richardson 和 Marsh[33]将所得的简化模型编程得到了数值解，并且应用到了多个简单的测试问题中。结果表明，对于初始状态由点过程表示的对动态目标进行检测的这类困难问题而言，这种方法可以作为一种统一的解决方法。

这种方法可以归类为“基于网格”的方法，因为其输出是在覆盖可搜索监视空间的网格上计算得到的概率密度集合。

8.7 本章小结

8.7.1 本章要点

1. 通常情况下，当模型函数是线性时，卡尔曼滤波器的非线性推广得到的结果与卡尔曼滤波器的结果相同，当模型的线性特性逐渐降低时，其性能也逐渐下降。
2. 仿射(线性加上偏移)滤波器模型等效于包含非零均值噪声源的模型，这两种模型在卡尔曼滤波器方程中的变化很小，并且两者都能得到准确解。
3. EKF 在“曾经如此轻微的”非线性应用中经过了很长时间的应用，并且取得了相当的成功。对于许多采用解析偏导获得可接受的线性近似的许多问题而言，它仍然是最有效的实现方法。
4. UKF 与采用数值偏导的 EKF 的计算需求大致相同，但它对非线性效应的鲁棒性更好。
5. Beneš 滤波器是唯一的没有采用近似的卡尔曼滤波器的非线性推广方法(除了仿射卡

① 在这些应用中，点过程也被称为到达过程(Arrival Process)。

尔曼滤波器以外)，但是在某些应用中它的性能与 EKF 或者 UKF 相比并不令人满意。

6. 对不同非线性近似方法的相对有效性进行的任何评价都严重取决于具体的应用。对于具体应用而言，这种评价对选择近似方法是非常有用的。

8.7.2　非线性近似的局限性

一般而言，从表示概率分布的时间演进的观点来看，真正的非线性估计都具有合理的良好模型。然而，它们的计算复杂度会妨碍其实时应用，而这一直是卡尔曼滤波令人满意的地方[37]。

除了仿射滤波器和 Beneš 滤波器以外，所有现有的卡尔曼滤波器的非线性推广都是一种或者另一种方法的近似。

只有当测量和动态模型是状态向量的线性(或者仿射)函数时，均值和协方差矩阵才是最小均方误差估计的充分统计量。

否则，均值和协方差矩阵将会受到分布的高阶矩的影响，这些高阶矩在线性化滤波器、扩展滤波器或者采样－传播滤波器中都是不会传播的。近似方法试图使这种影响最小化，但是它们不能保证将其降低到所有非线性模型都能接受的程度。令人欣慰的是，即使传播均值和协方差的信息不充分，采样－传播方法也能够完成得很好。

在 EKF 中，线性近似误差的影响是可以近似的。假设为高斯分布时对采样－传播近似方法进行了比较评价。然而，非线性变换不能保留高斯特性。

习题

8.1　给定标量随机序列 x_k 如下：

$$x_k = -0.1x_{k-1} + \cos x_{k-1} + w_{k-1}, \quad z_k = x_k^2 + v_k$$
$$\mathrm{E}\langle w_k\rangle = 0 = \mathrm{E}\langle v_k\rangle, \quad \mathrm{cov}w_k = \Delta(k_2 - k_1), \quad \mathrm{cov}v_k = 0.5\Delta(k_2 - k_1)$$
$$\mathrm{E}\langle x_0\rangle = 0, \quad P_0 = 1, \quad x_k^{\mathrm{nom}} = 1$$

确定线性和扩展卡尔曼估计子方程。

8.2　给定标量随机过程 $x(t)$ 如下：

$$\dot{x}(t) = -0.5x^2(t) + w(t)$$
$$z(t) = x^3(t) + v(t)$$
$$\mathrm{E}\langle w(t)\rangle = \mathrm{E}\langle v(t)\rangle = 0$$
$$\mathrm{cov}w_t = \delta(t_1 - t_2), \quad \mathrm{cov}v(t) = 0.5\delta(t_1 - t_2)$$
$$\mathrm{E}\langle x_0\rangle = 0, \quad P_0 = 1, \quad x^{\mathrm{nom}} = 1$$

确定线性和扩展卡尔曼估计子方程。

8.3　(a)验证例 8.6 中的结果(IEKF)。

(b)利用有噪数据估计出状态值。

(c)对线性卡尔曼滤波器和 EKF 的结果进行比较。

假设设备噪声是均值为零、方差为 0.2 的正态分布，测量噪声是均值为零、方差为 0.001 的正态分布。

8.4 根据下列方程推导出线性卡尔曼滤波方程和 EKF 方程。

$$x_k = f_{k-1}(x_{k-1}) + Gw_{k-1}, \quad z_k = h_k(x_k) + v_k$$

8.5 对于一个标量动态系统，给定下列设备噪声模型和测量模型：

$$\dot{x}(t) = ax(t) + w(t), \quad z(t) = x(t) + v(t)$$

$$w(t) \sim \mathcal{N}(0,1), \quad v(t) \sim \mathcal{N}(0,2)$$

$$\mathrm{E}\langle x(0)\rangle = 1$$

$$\mathrm{E}\langle w(t)v(t)\rangle = 0$$

$$P(0) = 2$$

假设常数参数 a 是未知的，推导出根据 $z(t)$ 估计 a 的估计子。

8.6 令 r 表示距离磁体的位置向量，该磁体的偶极矩向量为 m。在 r 被测量的坐标系统原点的磁场向量 H 由下面的公式给出：

$$\boldsymbol{B} = \frac{\mu_0}{4\pi|\boldsymbol{r}|^5}\{3\boldsymbol{r}\boldsymbol{r}^{\mathrm{T}} - |\boldsymbol{r}|^2\boldsymbol{I}\}\boldsymbol{m} \tag{8.117}$$

其中各量采用国际单位制(SI)符号。

(a)将 H 作为测量值，m 作为状态向量，推导出测量灵敏度矩阵。

(b)将 r 作为状态向量，推导出灵敏度矩阵。

(c)如果 r 是已知的，但是 m 需要从测量值 B 中估计出来，这个估计问题是线性的吗？

8.7 对于例 8.4 中给出的设备和测量模型，根据过程和测量噪声协方差以及初始状态估计误差协方差的值，产生误差协方差结果。

8.8 本习题来自于参考文献[34]。航天器的运动方程由下式给出：

$$\ddot{r} - r\dot{\theta}^2 + \frac{k}{r^2} = w_r(t), \quad r\ddot{\theta} + 2\dot{r}\dot{\theta} = w_\theta(t)$$

其中，r 是距离，θ 是方位角，k 是一个常数，$\omega_r(t)$ 和 $\omega_\theta(t)$ 分别是 r 和 θ 方向上的小的随机强制函数。

观测方程由下式给出：

$$z(t) = \begin{bmatrix} \sin^{-1}\frac{R_e}{r} \\ \alpha_0 - \theta \end{bmatrix}$$

其中，R_e是地球半径，α_0是一个常数。

当 $r_{\mathrm{nom}} = R_0$ 和 $\theta_{\mathrm{nom}} = \omega_0 t$ 时，使上述方程线性化。

8.9 令 3×3 维协方差矩阵为①

$$P = \begin{bmatrix} 11 & 7 & -9 \\ 7 & 11 & -9 \\ -9 & -9 & 27 \end{bmatrix} \tag{8.118}$$

(a)利用内置的 MATLAB 函数 `chol` 计算 P 的下三角 Cholesky 因子。注意 MATLAB 命令 `C = chol(P)` 得到上三角矩阵 C，使得 $C^{\mathrm{T}}C = P$，此时 C^{T} 是一个下三角 Cholesky 因子。

① 采用式(8.118)中的 P 值来产生图 8.12 所示的等概率椭球。

(b)利用 MATLAB 函数 `utchol` 计算 P 的上三角 Cholesky 因子。

(c)利用 MATLAB 函数 `svd` 计算其对称平方根，它也是一个 Cholesky 因子(注意`[U, Lamba, V] = svd(P)`返回 V，使得 $P = U\Lambda V^{\mathrm{T}}$，其中 $V = U$。)于是，P 的平方根为 $S_P = U\Lambda^{1/2}U^{\mathrm{T}}$，其中 $S_P = C$ 也是一个 P 的对称 Cholesky 因子。将所得结果乘以自身来验证你的答案。

(d)P 的最大特征值和最小特征值是多少?

(e)P 的条件数是多少?

8.10　对于上题中的每个 Cholesky 因子，为 UT 计算 $\kappa = 0$ 时对应的 $2n + 1 = 7 - \sigma$ 点。假设 $\hat{x} = 0$，并且将所得 Cholesky 因子乘上$\sqrt{n} = \sqrt{3}$，以得到正确的按比例调整的 σ 点。

8.11　利用上题中的三个 σ 点集合，写出 MATLAB 程序来计算均值和方差，这些均值和方差是通过下列非线性函数对 σ 点变换以后得到的

$$\vec{f}\left(\begin{bmatrix} x_1 \\ x_2 \\ x_3 \end{bmatrix}\right) = \begin{bmatrix} x_2 x_3 \\ x_3 x_1 \\ x_1 x_2 \end{bmatrix}$$

8.12　将上题得到的均值与下列准确的均值进行比较:

$$\mathrm{E}\left\langle \begin{bmatrix} x_2 x_3 \\ x_3 x_1 \\ x_1 x_2 \end{bmatrix} \right\rangle = \begin{bmatrix} p_{2,3}\left(1 - p_{2,3}^2/p_{2,2}/p_{3,3}\right)^{-3/2} \\ p_{3,1}(1 - p_{3,1}^2/p_{3,3}/p_{1,1})^{-3/2} \\ p_{1,2}(1 - p_{1,2}^2/p_{1,1}/p_{2,2})^{-3/2} \end{bmatrix}$$

高斯初始分布的均值为零、方差为 P。在计算时采用式(8.118)中的 P 值。

8.13　采用具有 $2n + 1$ 个样本的对称 UKF 实现方法重做例 8.4。采用 `utchol` 计算上三角 Cholesky 因子，并且采用 MATLAB 函数 `ode45`(四到五阶 Runge - Kutta 积分)沿时间前向传播样本值。采用 EKF 近似方法根据 $Q = FQF^{\mathrm{T}} + Q_t$ 计算出 Q_k，其中 $Q(t_{k-1}) = 0$，并且$F = \dfrac{\partial \dot{x}}{\partial x}$。

8.14　对称正定矩阵的对称平方根也是一个 Cholesky 因子吗? 请解释。

参考文献

[1] R. W. Bass, V. D. Norum, and L. Schwartz, "Optimal multichannel nonlinear filtering," *Journal of Mathematical Analysis and Applications*, Vol. 16, pp. 152–164, 1966.

[2] D. M. Wiberg and L. A. Campbell, "A discrete-time convergent approximation of the optimal recursive parameter estimator", in *Proceedings of the IFAC Identification and System Parameter Identification Symposium*, Vol. 1, International Federation on Automatic Control, Laxenburg, Austria, pp. 140–144, 1991.

[3] V. E. Beneš, "Exact finite-dimensional filters with certain diffusion non-linear drift," *Stochastics*, Vol. 5, pp. 65–92, 1981.

[4] M. S. Grewal and H. J. Payne, "Identification of parameters in a freeway traffic model," *IEEE Transactions on Systems, Man, and Cybernetics*, Vol. SMC-6, pp. 176–185, 1976.

[5] T. Lefebvre, H. Bruyninckx, and J. De Schutter, "Kalman Filters for nonlinear systems: a comparison of performance," *International Journal of Control*, Vol. 77, No. 7, pp. 639–653, 2004.

[6] A. P. Andrews, U.S. Patent No. 5381095, "Method of estimating location and orientation of magnetic dipoles using extended Kalman filtering and Schweppe likelihood ratio detection," 1995.

[7] A. P. Andrews, "The accuracy of navigation using magnetic dipole beacons," *Navigation, The Journal of the Institute of Navigation*, Vol. 38, pp. 369–397, 1991–1992.

[8] F. C. Schweppe, "Evaluation of likelihood functions for Gaussian signals," *IEEE Transactions on Information Theory*, Vol. IT-11, pp. 61–70, 1965.

[9] F. L. Markley. "Attitude error representations for Kalman Filtering," *Journal of Guidance, Control, and Dynamics*, Vol. 26, No. 2, pp. 311–317, 2003.

[10] S. M. Ulam, *Adventures of a Mathematician*, University of California Press, Berkeley, CA, 1991.

[11] N. Metropolis, "The beginning of the Monte Carlo method," *Los Alamos Science*, No. 15, Special Issue: Stanislaw Ulam (1909–1984), pp. 125–130, 1987.

[12] S. J. Julier and J. K. Uhlmann, "A general method for approximating nonlinear transformations of probability distributions," Technical Report, Robotics Research Group, Department of Engineering Science, University of Oxford, 1994.

[13] S. J. Julier, J. K. Uhlmann, and H. F. Durrenat-Whyte, "A new approach to filtering nonlinear systems," in *Proceedings of the 1995 American Control Conference*, Seattle, WA, pp. 1628–1632, 1995.

[14] S. J. Julier and J. K. Uhlmann, "A general method for approximating nonlinear transformations of probability distributions," Technical Report, Robotics Research Group, Department of Engineering Science, University of Oxford, Oxford, 1996.

[15] S. J. Julier and J. K. Uhlmann, "A new extension of the Kalman filter to nonlinear systems," *Proceedings of AeroSense: The 11th International Symposium on Aerospace/Defense Sensing, Simulation and Controls, Multi Sensor Fusion, Tracking and Resource Management*, SPIE, Orlando, FL, pp. 182–193, 1997.

[16] S. J. Julier, J. K. Uhlmann and H. F. Durrant-Whyte, "A new approach for the nonlinear transformation of means and covariances in linear filters," *IEEE Transactions on Automatic Control*, Vol. 45, No. 3, pp. 477–482, 2000.

[17] S. J. Julier and J. K. Uhlmann, "Reduced sigma point filters for the propagation of means and covariances through nonlinear transformations," *Proceedings of the IEEE American Control Conference*, Anchorage, Alaska, Vol. 2, pp. 887–892, 2002.

[18] S. J. Julier and J. K. Uhlmann, "Comment on 'a new method for the nonlinear transformation of means and covariances in filters and estimators' [author's reply]," *IEEE Transactions on Automatic Control*, Vol. 47, No. 8, pp. 1408–1409, 2002.

[19] S. J. Julier, "The spherical simplex unscented transformation," in *Proceedings of the 2003 American Control Conference*, Denver, Colorado, Vol. 3, pp. 2430–2434, 2003.

[20] S. J. Julier and J. K. Uhlmann, "Unscented filtering and nonlinear estimation," *Proceedings of the IEEE*, Vol. 92, No. 3, pp. 401–422, 2004.

[21] S. J. Julier and J. K. Uhlmann, "Corrections to Unscented filtering and nonlinear estimation," *Proceedings of the IEEE*, Vol. 92, No. 12, p. 1958, 2004.

[22] J. J. LaViola, "A comparison of unscented and extended Kalman filtering for estimating quaternion motion," in *Proceedings of the 2003 American Control Conference*, Denver, Colorado, Vol. 3, pp. 2435–2440, June2003.

[23] R. Van der Merwe and E. A. Wan, "The square-root unscented Kalman filter for state and parameter-estimation," in *Proceedings of 2001 IEEE International Conference on Acoustics, Speech, and Signal Processing*, Salt Lake City, Utah, Vol. 6, pp. 3461–3464, 2001.

[24] J. R. Van Zandt, "A more robust unscented transform," *Proceedings of SPIE Conference on Signal and Data Processing of Small Targets*, San Diego, CA, 2001.

[25] T. Lefebvre, H. Bruyninckx, and J. De Schutter, *"The linear regression Kalman filter,"* in *Nonlinear Kalman Filtering for Force-Controlled Robot Tasks, Springer Tracts in Advanced Robotics*, Springer-Verlag, Berlin, Vol. 19, pp. 205–210, 2005.

[26] T. Lefebvre, H. Bruyninckx, and J. De Schutter, "Comment on A new method for the nonlinear transformation of means and covariances in filters and estimators," *IEEE Transactions on Automatic Control*, Vol. 47, No. 8, pp. 1406–1408, 2002.

[27] A. Bain and D. Crisan, *Fundamentals of Stochastic Filtering, Stochastic Modeling and Applied Probability Series*, No. 60, Springer, New York, 2009.

[28] L. V. Bagaschi, "A comparative study of nonlinear tracking algorithms," Doctorate dissertation, Swiss Federation of Technology (ETH), Zurich, 1991.

[29] A. Farina, D. Benvenuti, and B. Ristic, "A comparative study of the Benes filtering problem," *Signal Processing*, Vol. 82, No. 2, pp. 133–147, 2002.

[30] D. L. Ocone, "Asymptotic stability of Beneš filters," *Stochastic Analysis and Applications*, Vol. 17, No. 6, pp. 1053–1074, 1999.

[31] F. E. Daum, "Exact finite-dimensional nonlinear filters," *IEEE Transactions on Automatic Control*, Vol. AC-31, No. 7, pp. 616–622, 1986.

[32] H. Risken and T. Frank, *The Fokker–Planck equation: methods of solution and applications*, 2nd ed., Springer, Berlin, 1989.

[33] J. M. Richardson and K. A. Marsh, *"Point process theory and the surveillance of many objects,"* in *Maximum Entropy and Bayesian Methods*, Seattle, Kluwer Academic Publishers, Norwell, MA, pp. 213–220, 1991.

[34] H. W. Sorenson, *"Kalman filtering techniques,"* in *Advances in Control Systems* Vol. 3 (C. T. Leondes, ed.), Academic Press, New York, pp. 219–292, 1966.

[35] V. Beneš and R. J. Elliott, "Finite-dimensional solutions of a modified Zakai equation," *Mathematics of Control, Signals, and Systems*, 9, pp. 341–351, 1996.

[36] A. Budhirajaa, L. Chenb, and C. Leea, "A survey of numerical methods for nonlinear filtering problems," *Physica D: Nonlinear Phenomena*, Vol. 230, No. 1 and 2, pp. 27–36, 2007.

[37] A. Doucet, N. de Freitas, and N. Gordon, *Sequential Monte Carlo Methods in Practice*, Springer, New York, 2001.

[38] R. Eckhardt, "Stan Ulam, John von Neumann, and the Monte Carlo Method," *Los Alamos Science*, No. 15, Special Issue: Stanislaw Ulam (1909–1984), pp. 131–141, 1987.

[39] B. Ristic, S. Arulampalam, and N. Gordon, *Beyond the Kalman Filter: Particle Filters for Tracking Applications*, Artech, Boston, MA, 2004.

第9章 实际考虑

传统观点(更准确地说，是过时的观点)认为，只有当一个数学问题的解可以用公式来表示时，它才真正得到了解决。然而，在公式中代入数字也并不是一件容易的事①。

9.1 本章重点

现在，将讨论转向什么可以称为卡尔曼滤波器工程(Kalman Filter Engineering)的问题，这部分应用知识是根据卡尔曼滤波器在长期的应用和误用实践中发展得到的。前面两章(平方根滤波和非线性滤波)中的内容也是这样发展来的，它们也是相同主题的一部分成果。然而，这里的讨论包含了比非线性和有限精度算法更广泛得多的实践问题。

9.1.1 涵盖要点

1. 舍入误差并不是卡尔曼滤波器不能达到其理论性能的唯一原因:有一些判断方法可以确定出常见的其他不正当行为模式产生的原因和纠正办法。
2. 预滤波降低计算需求:如果测量变量的动态变化相对于采样速率“更慢”，则简单的预滤波处理可以在不牺牲性能的情况下降低整体计算需求。
3. 异常传感器数据的检测和摒弃：矩阵($HPH^{\mathrm{T}}+R$)的逆表示新息 $z-H\hat{x}$概率分布的特征，可以用于检验外部发生的测量误差，比如由传感器或者传输故障引起的误差。
4. 传感器和估计系统的统计设计：卡尔曼滤波器的协方差方程为预先设计动态系统状态估计的系统提供了分析基础。它们也可以用于得到次优(但是可行的)观测计划。
5. 渐进稳定性的测验：卡尔曼滤波器对不严重的模型误差具有相对鲁棒性，其部分原因在于规定性能的 Riccati 方程具有渐进稳定性。
6. 简化模型以降低计算需求：根据对动态系统模型和/或测量模型的简化，可以利用对偶状态滤波器实现方法来分析简化卡尔曼滤波器的预期性能。这些分析表征了性能与计算需求之间的折中。
7. 存储和吞吐需求：这些需求可以表示为状态和测量向量维数这类“问题参数”的函数。
8. 离线处理以降低在线计算需求：除了在扩展(非线性)卡尔曼滤波中以外，增益计算不依赖于实时数据。因此，它们可以预先计算出来，以降低实时计算负担。
9. 新息分析：这是预先判断模型错误的一种非常简单的检查方法。

9.2 诊断统计量和启发式方法

这些方法对于理解卡尔曼滤波器的表现行为并且检查和纠正其异常行为都是非常有用的。

---

① R. E. Kalman and R. S. Bucy, “New results in linear filtering and prediction theory,” Journal of Basic Engineering, Series D, Vol. 83, pp. 95 – 108, 1961.

9.2.1　新息分析

新息①是指观测测量值和预测测量值之间的差值，即

$$\nu_k \stackrel{\text{def}}{=} z_k - H_k \hat{x}_{k(-)} \tag{9.1}$$

新息是卡尔曼滤波器的颈动脉。它们为在不影响正常工作的情况下监视重要健康状况提供了很容易的进入点，并且其波动的统计特性和时间特性也可以告诉我们关于卡尔曼滤波器实现的正确和不当之处。

新息的特性

如果卡尔曼滤波器的模型对其任务是恰当的，则其新息具有以下特性：

1. 它的均值为零

$$\underset{k}{\mathrm{E}}\langle \nu_k \rangle = 0 \tag{9.2}$$

2. 它是白色的(即时间不相关)

$$\underset{k \neq j}{\mathrm{E}}\langle \nu_k \nu_j^{\mathrm{T}} \rangle = 0 \tag{9.3}$$

3. 它具有已知的协方差

$$P_{\nu\nu k} \stackrel{\text{def}}{=} \mathrm{E}_k \langle \nu_k \nu_k^{\mathrm{T}} \rangle \tag{9.4}$$

$$= H_k P_{k(-)} H_k^{\mathrm{T}} + R_k \tag{9.5}$$

4. 它具有已知的信息矩阵

$$Y_{\nu\nu k} \stackrel{\text{def}}{=} P_{\nu\nu k}^{-1} \tag{9.6}$$

$$= [H_k P_{k(-)} H_k^{\mathrm{T}} + R_k]^{-1} \tag{9.7}$$

这是在计算卡尔曼增益时得到的部分结果。

5. 它的信息二次型具有已知的均值，即

$$\underset{k}{\mathrm{E}}\langle \nu_k Y_{\nu\nu k} \nu_k^{\mathrm{T}} \rangle = \ell \tag{9.8}$$

这是测量向量 z_k 的维数

6. 如果所有误差都是高斯分布的，则信息二次型是有 ℓ 个自由度的卡方分布，即

$$\{\nu_k Y_{\nu\nu k} \nu_k^{\mathrm{T}}\} \in \chi_\ell^2 \tag{9.9}$$

在后续小节中，讨论了这些新息统计量出现异常值的可能原因。

将各种原因隔离来分析可以判断它是源自传感器(z_k)还是动态系统模型($H_k \hat{x}_{k(-)}$)，或者来自外部源。在任何一种情况下，都需要重新检验整个卡尔曼滤波模型，并且判断这种原因可能是诸如电源噪声和环境条件引起的机械震动这种外部来源，还是亮度、温度和湿度等每天的变化引起的。即使由于加热、换气和空调系统产生的周期变化都可能产生明显的误差。对新息的分析可以为找到可能的原因提供线索。

在所有情况下，对新息诊断检测出的异常行为进行纠正所做的任何改变，都必须通过相同诊断程序的后续评价来进行验证，才能确认所做的诊断结论。

---

① Kailath[1] 为新息引入了符号 ν(希腊字母“nu”)，因为它代表在测量中的“新的信息”。

例9.1(对模型不当的简单新息检验方法) 作为对上述一般方法的简单举例，利用MATLAB文件 `InnovAnalysis.m` 对具有9个不同卡尔曼滤波器的线性随机过程进行仿真：其中1个滤波器在仿真过程中具有相同的模型参数，另外8个滤波器具有4个模型参数 Φ, H, Q 和 R，这些参数以2的倍数按比例增大或者减小。然后对 χ^2 统计量的实验均值进行比较。另外，由于这个过程是仿真的，因此可以采用仿真状态变量和9个卡尔曼滤波器的估计值之间的均方根(RMS)差值来计算出仿真滤波器的性能。

在表9.1中，给出了高斯-蒙特卡罗仿真经过1000个时间步长以后得到的结果。这些结果确实表明，具有正确模型的卡尔曼滤波器的 χ^2 统计量接近于 $\ell=1$，而另外8个具有不同模型偏差的卡尔曼滤波器的相同 χ^2 统计量则存在很大差异。有些 χ^2 统计量均值比具有正确模型的滤波器的更大，有些则更小。在所有情况下，模型不当的卡尔曼滤波器实现方法的先验和后验RMS估计精度都比模型正确的卡尔曼滤波器的更差——但是除了在仿真中以外，不能知道真实的状态变量。另一方面，总是可以根据卡尔曼滤波器的参数值和滤波器新息计算出 χ^2 统计量。

这些结果确实表明——对于这个具体应用的实现而言——新息均值是能够很好地显示某种模型不当的合理指标。以2的倍数改变参数值或许不会使卡方均值也以2的倍数来变化，但它确实会使之发生明显变化。

表9.1 对模型不当实现的新息分析举例

卡尔曼滤波器				性能		
参数值*				先验值	后验值	χ^2 均值
Φ	H	Q	R	0.4813	0.2624	0.9894
2Φ	H	Q	R	1.4794	0.5839	3.5701
$\Phi/2$	H	Q	R	0.7237	0.4893	1.9269
Φ	$2H$	Q	R	0.6762	0.5938	0.3843
Φ	$H/2$	Q	R	0.9637	0.9604	1.9526
Φ	H	$2Q$	R	0.6133	0.5015	0.6411
Φ	H	$Q/2$	R	0.6036	0.4860	1.4248
Φ	H	Q	$2R$	0.6036	0.4861	0.7130
Φ	H	Q	$R/2$	0.6133	0.5015	1.2810

* 仿真过程中的模型参数为 Φ, H, Q 和 R。

诊断均值

新息序列的均值不为零的常见原因包括下列几个方面：

1. 非零均值传感器噪声，也被称为传感器偏差误差(Sensor bias error)。如果偏差是常数，则它可以通过对相关传感器进行重新校准来核实和纠正。否则，也可以将传感器偏差附加在状态向量上，作为一个指数相关过程或者随机游走过程。
2. 被高估的传感器噪声，此时 R 值被设置得太高。当状态变量是未知常数时，这将使卡尔曼增益变得太小，从而导致延迟收敛。同样地，它也可以通过对传感器进行重新校准来核实和纠正，或者将 R 的元素附加在状态向量上作为未知参数。
3. 被低估的动态扰动噪声，它也会导致收敛滞后。对于明显的慢收敛情况，“调整”动态扰动噪声的协方差是一个非常普遍的补救办法，并且这有时候会作为一个参数估计问题来实现。然而，在某些情况下，这种方法可能只会掩蔽导致模型不当的其他误差。

自相关分析

可以采用信号处理工具箱中的 MATLAB 函数 xcov 来计算新息的自协方差，它除了在零延迟点以外应该接近于零。正如式(9.5)所给出的，零延迟值应该等于 P_{vv}。

如果零延迟值与 P_{vv}的差别很大，则有多种选择，包括“调整”Q 或者 R。

谱分析

这种方法对于检测未建模的谐振尤其有用，包括在传感器噪声中未建模的谐波和工作环境中的任意谐波。可以利用前面小节中的自协方差的快速傅里叶变换(FFT)，或者直接从新息序列计算出谱和余谱来计算功率谱密度和互谱密度。

检测出的谐波频率对于判断是否将电子、振动、温度控制或者昼间变化等作为误差的可能来源是非常有用的。

如果产生影响的谐波只出现在单个传感器输出中，则该传感器是值得怀疑的。在这种情况下，可以扩增传感器噪声模型以包括这种谐波噪声。

如果同样的谐波频率在多个传感器输出中都有，则逆传感器变换 $H_k^\dagger$(H_k的 Moore-Penrose 逆)可能会提供系统级来源的线索。例如，如果 $H_k^\dagger$ 将问题映射回单状态变量，则可以扩增该状态变量的动态模型以包括此谐波项。

根据谐波峰值的中心可以识别出缺失谐波模型的频率，并且谐波峰值的宽度可以为所用模型的阻尼系数提供一些暗示。

协方差/信息分析

在9.2.1节中描述的分析方法得到的统计量应该与 P_{vv}类似，它是在计算卡尔曼增益过程中的部分成果。

如果与 P_{vv}不同，则 R_k或者 $H_kP_{k(-)}H_k^{\mathrm{T}}$ 都可能是产生的根源，因此可以相应地对其进行调整。

卡方均值

新息-范数序列的均值

$$\{\nu_k Y_{\nu\nu k}\nu_k^{\mathrm{T}}\}$$

应该等于测量向量 z_k的维数 ℓ 。

如果它大于该维数，则 R_k或者 $H_kP_{k(-)}H_k^{\mathrm{T}}$ 都可能是产生的根源，因此可以相应地对其进行调整。

卡方分布

卡方分布的协方差应该是其均值的两倍，即

$$\mathrm{E}_k\langle[\nu_k Y_{\nu\nu k}\nu_k^{\mathrm{T}}\ell]^2\rangle = 2\ell \tag{9.10}$$

这为判断新息范数的分布是否为真正的卡方分布提供了另一个指标。

然而，即使所讨论的随机过程不一定是高斯分布，卡尔曼滤波器看起来也能正常运行，因此新息序列的直方图看起来不像卡方分布这个结论或许是值得怀疑的。

例9.2(传感器舍入误差) 舍入误差在卡尔曼滤波器的实现中是无处不在的。通常而言，是不能对这种误差进行监督的，因为它们在实现的精度范围内是不可检测的——除非数字传感器输出的最低有效位(Least significant bit，LSB)大于处理器的LSB(这是比较常见的)。

在这种情况下，传感器噪声会受舍入误差所主导，这种误差显然不是高斯分布的。

在一个设计良好的数字转换器中，舍入误差 $\varepsilon_{\mathrm{rnd}}$ 倾向于是 $-1/2$ LSB 到 $+1/2$ LSB 之间的均匀分布。也就是说，$\varepsilon_{\mathrm{rnd}} \in \mathcal{U}([-1/2\ \mathrm{LSB},\ +1/2\ \mathrm{LSB}])$，这是从 $-1/2$ LSB 到 $+1/2$ LSB 之间的均匀分布。这种分布的均值为零，其方差和信息将分别为

$$\begin{aligned}\sigma_{\mathrm{rnd}}^2 &\stackrel{\mathrm{def}}{=} \mathop{\mathrm{E}}_{\varepsilon_{\mathrm{rnd}}}\langle \varepsilon_{\mathrm{rnd}}^2 \rangle \\ &= \frac{1}{\mathrm{LSB}} \int_{-1/2\ \mathrm{LSB}}^{+1/2\ \mathrm{LSB}} \varepsilon^2\, \mathrm{d}\varepsilon \\ &= \frac{1}{\mathrm{LSB}} \left[\frac{\varepsilon^3}{3}\right]_{-1/2\ \mathrm{LSB}}^{+1/2\ \mathrm{LSB}} \\ &= \mathrm{LSB}^2/12\end{aligned}$$

和

$$Y_{\mathrm{rnd}} = 12/\mathrm{LSB}^2$$

于是，传感器舍入误差将主导新息

$$\begin{aligned}&\text{若 } R \approx \mathrm{LSB}^2/12 \\ &\text{和 } R \gg HPH^{\mathrm{T}} \\ &\text{则 } v_k \in \mathcal{U}([-1/2\ \mathrm{LSB}, +1/2\ \mathrm{LSB}]) \\ &\text{和 } Y_{vv} \approx Y_{\mathrm{rnd}} \\ &\qquad = 12/\mathrm{LSB}^2\end{aligned}$$

在这种情况下，χ^2 统计量的类似量是新息 $\nu = \varepsilon_{\mathrm{rnd}}$ 的平方被信息－归一化后的所得量，即

$$\begin{aligned}|\varepsilon_{\mathrm{rnd}}|_Y^2 &\stackrel{\mathrm{def}}{=} \varepsilon_{\mathrm{rnd}}^2 \times Y_{\mathrm{rnd}} \\ &= \varepsilon_{\mathrm{rnd}}^2 \frac{12}{\mathrm{LSB}^2}\end{aligned}$$

其均值为 1，它与具有一个自由度(χ_1^2)的 χ^2 分布的均值相同。因此，传感器舍入误差——即使它们是均匀分布的——可以通过零均值和卡方均值检验。然而，这个统计量的分布不是卡方分布。

利用式(3.127)，可以导出 $y = |\varepsilon_{\mathrm{rnd}}|_Y^2$ 的分布为

$$p(y) = \begin{cases} 0, & y < 0 \\ \frac{1}{2\sqrt{3y}}, & 0 \leqslant y \leqslant 3 \\ 0, & y > 3 \end{cases}$$

如图 9.1 所示。在图 9.1(a)中，显示了舍入误差分布与具有相同均值和方差的高斯分布的比较情况。图 9.1(b)是一个半对数图，它显示了相对平方舍入分布与 χ_1^2 分布的比较情况。

上述结果表明，基于观测到的新息得到的实验分布比卡方分布更适宜用于确定观测到的新息是否可以接受。

实时监控

因为在卡尔曼滤波器实现中可以“免费”得到新息 v_k 的数值及其信息矩阵 Y_{vvk}，因此监控新息统计量的边缘计算成本(Marginal computational cost)是相对较低的。这种监控的预期成果将取决于应用的特性。然而，在所有情况下，这种监控通常需要：

1. 根据将异常事件与正常事件分离的相对效能，选择对哪一种统计量进行监控。
2. 确定出门限值，以便判断哪些事件超过了容限。这可能需要对误报和漏报的相对成本进行分析。
3. 异常处理软件来决定需要做什么并且采取必要的行动。

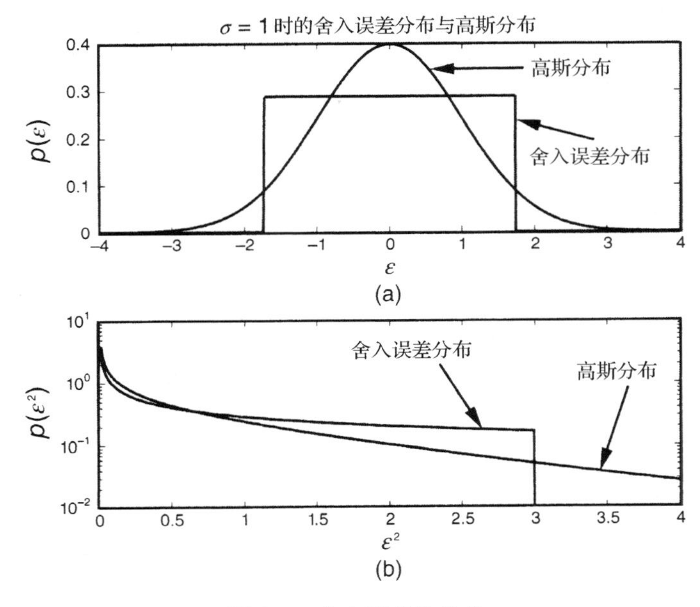

图 9.1　舍入误差的分布

在某些应用中，实际上通常需要保存监控的统计量以便进行离线分析——特别是在早期的检验和评估阶段。

也可能根据长期统计值来完成这种监控，以便确定出性能下降趋势。

9.2.2　收敛和发散

一些定义

对于一个实值向量 $\boldsymbol{\eta}_k$ 构成的序列 $\{\boldsymbol{\eta}_k | k=1, 2, 3, \cdots\}$，如果对于每个 $\varepsilon>0$ 和某个 n，对于所有 $k>n$，差值的范数 $\|\boldsymbol{\eta}_k-\boldsymbol{\eta}_\infty\|<\varepsilon$，则这个向量序列被称为收敛到极限 $\boldsymbol{\eta}_\infty$。通常采用下列表达式

$$\lim_{k\to\infty}\eta_k=\eta_\infty \text{ 或 } \eta_k\to\eta_\infty$$

来表示收敛。如果一个向量序列与另一个向量序列之间的差值收敛到零向量，则它被称为收敛到这个向量序列。对于一个序列，如果对每个 $\varepsilon>0$ 和某个整数 n，对于所有 k 和 $\ell>n$，$\|\boldsymbol{\eta}_k-\boldsymbol{\eta}_\ell\|<\varepsilon$，则这个序列被称为是收敛的[①]。

发散被定义为收敛到 ∞：对每个 $\varepsilon>0$ 和某个整数 n，对于所有 $k>n$，$|\boldsymbol{\eta}_k|>\varepsilon$。在这种情况下，$\|\boldsymbol{\eta}_k\|$ 被称为是无限制增加的(grow without bound)。

① 这种序列被称为 Cauchy 序列，它是以 Augustin Louis Cauchy(1789—1857)的名字来命名的。

不收敛

在对卡尔曼滤波器进行性能评价时，这个问题比严格收敛更加普遍。也就是说，因为滤波器没有收敛到期望的极限，所以它会失效，尽管这个滤波器不一定是发散的。

容易发散的变量

卡尔曼滤波器在工作时，会涉及下面的序列，这些序列可能会收敛，也可能会发散。

x_k为真实状态值构成的序列

$\mathrm{E}\langle x_k - x_k^{\mathrm{T}}\rangle$为均方状态

$\hat{x}_k$ 为估计的状态

$\tilde{x}_{k(-)} = \hat{x}_{k(-)} - x_k$ 为先验估计误差

$\tilde{x}_{k(+)} = \hat{x}_{k(+)} - x_k$ 为后验估计误差

$P_{k(-)}$为先验估计误差的协方差

$P_{k(+)}$为后验估计误差的协方差

人们也可能会对根据 Riccati 方程计算出的序列$\{P_{k(-)}\}$和$\{P_{k(+)}\}$是否收敛到估计误差的对应的真实协方差感兴趣。

9.2.3　协方差分析

估计不确定性的协方差矩阵表征了卡尔曼滤波器的理论性能。它是具有给定初始条件的矩阵 Riccati 方程的解，其计算结果作为卡尔曼滤波器中的辅助变量。它对于性能预测也是有用的。如果它的特征值无限制增大，则卡尔曼滤波器的理论性能被称为是发散的。例如，如果系统状态是不稳定的且不可观测的，这种现象就会出现。通过求解 Riccati 方程来计算协方差矩阵，可以检测出这种发散。

Riccati 方程并非总是具有良好的数值解条件，此时需要采用第 7 章中的更加稳定的数值方法来得到合理的结果。例如，可以利用解的特征值-特征向量分解来检验其特征根(它们应该是正值)和条件数。当条件数在 ε^{-1}(计算机精度中单位舍入误差的倒数)的 1 到 2 个数量级以内时，可以认为是值得关注并采用平方根方法的原因。

9.2.4　检验不可预测的行为

并不是所有滤波器发散都是可以根据 Riccati 方程的解来预测的。有时候实际性能会与理论性能不一致。

除非仿真以外，是不能直接对估计误差进行测量的，因此需要寻找到可以检验估计精度的其他方法。只要认为估计误差与其预期值(由 Riccati 方程计算出来)的差异很大，就可以说滤波器偏离了其预测的性能。现在将考虑如何检测滤波器的这种发散。

在图 9.2 中，举例展示出了滤波器的典型行为，它是利用独立的伪随机误差序列，对滤波器实现进行 10 次不同仿真得到的估计误差。注意到滤波器在每次运行时，即使初始条件 $\hat{x}(t)$相同，也会得到不同的估计误差结果 $\hat{x}$。另外还注意到，在任何特定时刻，平均估计误差(所有仿真结果的全体集平均)都近似为零，即

$$\frac{1}{N}\sum_{i=1}^{N}[\hat{x}_{[i]}(t_k) - x(t_k)] \approx \mathop{\mathrm{E}}_{i}\langle \hat{x}_{[i]}(t_k) - x(t_k)\rangle = 0 \tag{9.11}$$

其中，N 为仿真运行的次数，$\hat{x}_{[i]}(t_k)-x(t_k)$ 为在第 i 次仿真运行中 t_k 时刻的估计误差。

卡尔曼滤波器性能的蒙特卡罗分析(Monte Carlo analysis)利用多次这样的运行结果来检验集平均估计误差是无偏的(即实际上具有零均值)，并且检验其集协方差与理论值是非常一致的，该理论值是 Riccati 方程的解。

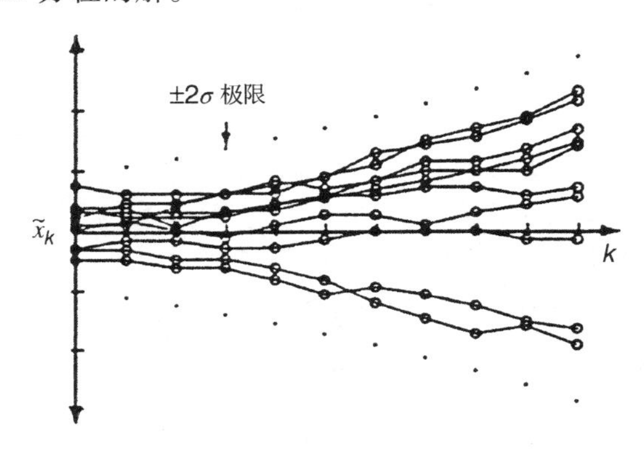

图 9.2 多次运行结果的分布

次优滤波器的收敛

在 9.5 节中讨论的次优滤波器中，估计可以是有偏的。因此，在分析次优滤波器时，$P(t)$ 的行为不足以确定其收敛性。一个次优滤波器被称为是收敛的，如果它的协方差矩阵收敛，即

$$\lim_{t\to\infty}[\mathrm{trace}(P_{\text{sub-opt}}-P_{\text{opt}})]=0 \tag{9.12}$$

并且其渐进估计误差是无偏的，即

$$\lim_{t\to\infty}\mathrm{E}[\tilde{x}(t)]=0 \tag{9.13}$$

例 9.3 在图 9.3(a) 中，通过 $P(t)$ 的图展现出了次优滤波器收敛的几种典型行为模式，这里以举例的形式给出了具有这些表现的系统的特征。

情形 A：令标量连续系统方程由下式给出：

$$\dot{x}(t)=Fx(t),\qquad F>0 \tag{9.14}$$

其中系统是不稳定的，或者由下式给出：

$$\dot{x}(t)=Fx(t)+w(t) \tag{9.15}$$

其中系统具有驱动噪声，并且也是不稳定的。

情形 B：系统具有恒定的稳态不确定性

$$\lim_{t\to\infty}\dot{P}(t)=0 \tag{9.16}$$

情形 C：系统是稳定的，并且没有驱动噪声

$$\dot{x}(t)=-Fx(t),\qquad F>0 \tag{9.17}$$

例 9.4(离散时间系统的行为特性) 在图 9.3(b) 中所示 P_k 的图具有下列系统特征：

情形 A：动态扰动噪声和测量噪声的影响相对于 $P_0(t)$(初始不确定性)是很大的。

情形 B：$P_0=P_\infty$(维纳滤波器)。

情形 C：动态扰动噪声和测量噪声的影响相对于 $P_0(t)$ 是很小的。

例 9.5(具有离散测量的连续系统) 在图 9.3(c)中，举例给出了协方差传播方程($P_k(-)$，$\dot{P}(t)$)和协方差更新方程 $P_k(+)$ 的行为模式的标量情形

$$\dot{x}(t) = Fx(t) + w(t), F < 0$$

$$z(t) = x(t) + v(t)$$

根据 $P(t)$ 的行为可以观察到下列特性：

1. 处理测量值趋于降低 P。
2. 过程噪声协方差(Q)趋于增加 P。
3. 稳定系统中的阻尼趋于降低 P。
4. 不稳定的系统动态变化($F>0$)趋于增加 P。
5. 具有高斯白色测量噪声时，可以减小样本之间的时间(T)来降低 P。

在图 9.3(c)中，P 的行为特性代表了上述所有特性(1 ~5)的综合影响。

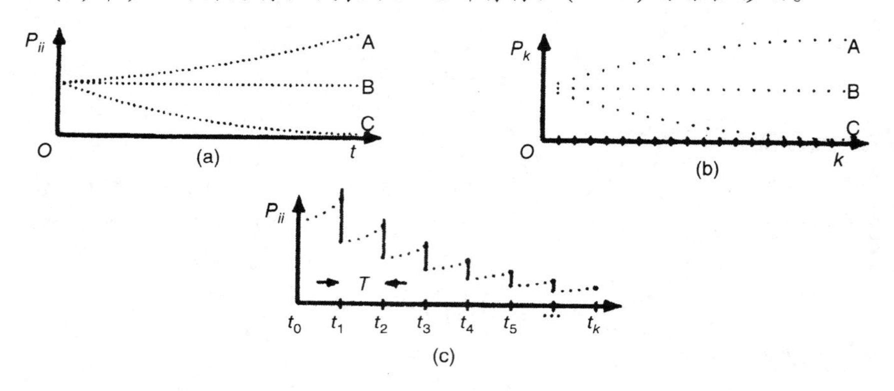

图 9.3 估计不确定性的渐进行为特性。(a)连续时间情形；(b)离散时间情形；(c)连续动态系统的离散测量

预测的不收敛的原因

Riccati 方程预测的 P 不收敛可能由下列原因引起：

1. 动态方程的“自然行为”。
2. 给定测量值的不可观测性。

下面的例子对这些行为模式进行了说明。

例 9.6 在某些情况下，P 的“自然行为”是

$$\lim_{t\to\infty} P(t) = P_\infty \quad (\text{为常量}) \tag{9.18}$$

比如

$$\left.\begin{array}{ll} \dot{x} = w, & \mathrm{cov}(w) = Q \\ z = x + v, & \mathrm{cov}(v) = R \end{array}\right) \Rightarrow \begin{array}{c} F = 0 \\ G = H = 1 \end{array} \qquad \begin{array}{c} \dot{x} = Fx + Gw \\ z = Hx + v \end{array} \tag{9.19}$$

应用第 5 章中的连续卡尔曼滤波器方程，则

$$\dot{P} = FP + PF^{\mathrm{T}} + GQG^{\mathrm{T}} - \overline{K}R\overline{K}^{\mathrm{T}}$$

和

$$\overline{K} = PH^{\mathrm{T}}R^{-1}$$

变为

$$\dot{P} = Q - \overline{K}^2 R$$

和

$$\overline{K} = \frac{P}{R}$$

或者

$$\dot{P} = Q - \frac{P^2}{R}$$

其解为

$$P(t) = \alpha\left(\frac{P_0\cosh(\beta t) + \alpha\sinh(\beta t)}{P_0\sinh(\beta t) + \alpha\cosh(\beta t)}\right) \tag{9.20}$$

其中

$$\alpha = \sqrt{RQ}, \quad \beta = \sqrt{Q/R} \tag{9.21}$$

注意到 Riccati 方程的解收敛到一个有限的极限值：

1. $\lim_{t\to\infty} P(t) = \alpha > 0$，这是一个有限的但不为零的极限值[参见图9.4(a)]。
2. 如果渐进均方不确定性是可以容忍的，则不会产生预警，并且没有必要对这种情况进行纠正。如果它是不能容忍的，则必须在硬件(比如，关注 R 或者 Q——或者两者的物理原因)而不是软件中寻找补救方法。

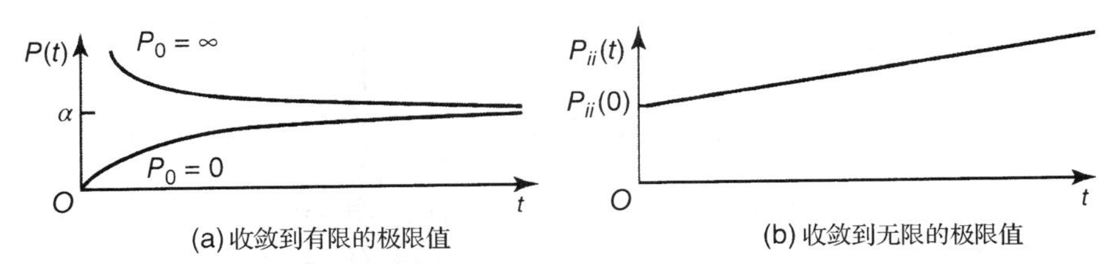

图9.4　P 的行为模式

例9.7(由于"结构上的"不可观测性引起的发散)　如果滤波器的极限值是无界的，即

$$\lim_{t\to\infty} P(t) = \infty \tag{9.22}$$

则它被称为在无穷点发散。

作为上述情况的例子，考虑下面的系统：

$$\begin{aligned} \dot{x}_1 &= w \\ \dot{x}_2 &= 0, \\ z &= x_2 + v \end{aligned} \quad \begin{aligned} \mathrm{cov}(w) &= Q \\ \mathrm{cov}(v) &= R \end{aligned} \tag{9.23}$$

其初始条件为

$$P_0 = \begin{bmatrix} \sigma_1^2 & 0 \\ 0 & \sigma_2^2 \end{bmatrix} = \begin{bmatrix} P_{11}(0) & 0 \\ 0 & P_{22}(0) \end{bmatrix} \tag{9.24}$$

连续卡尔曼滤波器方程

$$\dot{P}=FP+PF^{\mathrm{T}}+GQG^{\mathrm{T}}-\overline{K}R\overline{K}^{\mathrm{T}}$$
$$\overline{K}=PH^{\mathrm{T}}R^{-1}$$

可以组合为

$$\dot{P}=FP+PF^{\mathrm{T}}+GQG^{\mathrm{T}}-PH^{\mathrm{T}}R^{-1}HP \tag{9.25}$$

或者

$$\dot{P}_{11}=Q-\frac{p_{12}^2}{R},\quad \dot{P}_{12}=-\frac{p_{12}p_{22}}{R},\quad \dot{P}_{22}=-\frac{p_{22}^2}{R} \tag{9.26}$$

它的解为

$$p_{11}(t)=p_{11}(0)+Qt,\quad p_{12}(t)=0,\quad p_{22}(t)=\frac{p_{22}(0)}{1+[p_{22}(0)/R]t} \tag{9.27}$$

如图 9.4(b)所示。在这个例子中，唯一的补救方法是更改或者增加测量值(传感器)以实现可观测性。

例 9.8(由于“结构上的”不可观测性引起的不收敛) 参数估计问题没有状态动态方程，也没有过程噪声。可以合理地预料，随着测量值越来越多，估计不确定性将渐进趋近于零。然而，仍然会发生滤波器不收敛到确定值的情况。也就是说，估计不确定性的渐进极限值

$$0<\lim_{k\to\infty}P_k<\infty \tag{9.28}$$

实际上是偏离零不确定性的有界值。

连续时间情形的参数估计模型 考虑下列二维参数估计问题

$$\left.\begin{aligned}&\dot{x}_1=0,\qquad \dot{x}_2=0, P_0=\begin{bmatrix}\sigma_1^2(0) & 0\\ 0 & \sigma_2^2(0)\end{bmatrix},\quad H=\begin{bmatrix}1 & 1\end{bmatrix}\\ &z=H\begin{bmatrix}x_1\\ x_2\end{bmatrix}+v,\qquad \operatorname{cov}(v)=R\end{aligned}\right\} \tag{9.29}$$

其中，只有两个状态变量的求和是可测量的。于是，这两个状态变量的差值是不可观测的。

离散时间问题 例 9.8 也说明采用标准简写符号利用下标来表示离散实际动态系统存在困难。下标更常用于标示向量的分量。这里的解决方法是将分量标志移到“楼上”并且使之成为上标(由于问题是线性的，这种方法只有在这里才起作用。因此，不需要采用上标来标示分量的幂)。为此，令 x_k^i 表示状态向量在 t_k 时刻的第 i 个分量。于是，可以将参数估计问题的连续形式“离散化”为离散时间卡尔曼滤波器的模型(其状态转移矩阵为恒等矩阵，参见 5.2 节)

$$x_k^1=x_{k-1}^1\quad (x^1\text{ 为常量}) \tag{9.30}$$

$$x_k^2=x_{k-1}^2\quad (x^2\text{ 为常量}) \tag{9.31}$$

$$z_k=\begin{bmatrix}1 & 1\end{bmatrix}\begin{bmatrix}x_k^1\\ x_k^2\end{bmatrix}+v_k \tag{9.32}$$

令

$$\hat{x}_0=0$$

于是，估计子具有两个信息来源可以构成 x_k 的一个最优估计：

1. 在 $\hat{x}_0$ 中的先验信息和 P_0
2. 测量值序列 $z_k = x_k^1 + x_k^2 + v_k$，$k = 1, 2, 3, \cdots$

在这种情况下，最优滤波器能对测量值做得最好的事情，是“平均掉”噪声序列 $v_1, \cdots, v_k$ 的影响。可以认为无穷多的测量值(z_k)将等效于一个无噪声测量值，即

$$z_1 = (x_1^1 + x_1^2), \quad \text{其中} \ v_1 \to 0 \quad \text{和} \quad R = \text{cov}(v_1) \to 0 \tag{9.33}$$

单个无噪声测量值的估计不确定性　对测量值在 z_1 运用只有一个估计阶段的离散滤波器方程，可以得到增益为下列形式：

$$\overline{K}_1 = \begin{bmatrix} \dfrac{\sigma_1^2(0)}{(\sigma_1^2(0) + \sigma_2^2(0) + R)} \\ \dfrac{\sigma_2^2(0)}{\sigma_1^2(0) + \sigma_2^2(0) + R} \end{bmatrix} \tag{9.34}$$

于是，可以证明估计不确定性协方差矩阵为

$$P_{1(+)} = \begin{bmatrix} \dfrac{\sigma_1^2(0)\sigma_2^2(0) + R\sigma_1^2(0)}{\sigma_1^2(0) + \sigma_2^2(0) + R} & \dfrac{-\sigma_1^2(0)\sigma_2^2(0)}{\sigma_1^2(0) + \sigma_2^2(0) + R} \\ \dfrac{-\sigma_1^2(0)\sigma_2^2(0)}{\sigma_1^2(0) + \sigma_2^2(0) + R} & \dfrac{\sigma_1^2(0)\sigma_2^2(0) + R\sigma_2^2(0)}{\sigma_1^2(0) + \sigma_2^2(0) + R} \end{bmatrix} \equiv \begin{bmatrix} p_{11} & p_{12} \\ p_{12} & p_{22} \end{bmatrix} \tag{9.35}$$

其中，相关系数[参见式(3.40)中的定义]为

$$\rho_{12} = \frac{p_{12}}{\sqrt{p_{11}p_{22}}} = \frac{-\sigma_1^2(0)\sigma_2^2(0)}{\sqrt{[\sigma_1^2(0)\sigma_2^2(0) + R\sigma_1^2(0)][\sigma_1^2(0)\sigma_2^2(0) + R\sigma_2^2(0)]}} \tag{9.36}$$

并且状态估计值为

$$\hat{x}_1 = \hat{x}_1(0) + \overline{K}_1[z_1 - H\hat{x}_1(0)] = [I - \overline{K}_1 H]\hat{x}_1(0) + \overline{K}_1 z_1 \tag{9.37}$$

然而，对于无噪声情形

$$v_1 = 0, \quad R = \text{cov}(v_1) = 0$$

相关系数为

$$\rho_{12} = -1 \tag{9.38}$$

并且 $\hat{x}_1(0) = 0$ 的估计值

$$\hat{x}_1^1 = \left(\frac{\sigma_1^2(0)}{\sigma_1^2(0) + \sigma_2^2(0)}\right)(x_1^1 + x_1^2)$$

$$\hat{x}_1^2 = \left(\frac{\sigma_2^2(0)}{\sigma_1^2(0) + \sigma_2^2(0)}\right)(x_1^1 + x_1^2)$$

在总体上对差值 $x_1^1 - x_1^2$ 不敏感。因此，滤波器几乎从来都不会得到正确的解答！然而，这是该问题的基本特征，并且不是由滤波器的设计引起的。有两个未知量(x_1^1 和 x_1^2)以及一个约束：

$$z_1 = (x_1^1 + x_1^2) \tag{9.39}$$

偶然发现的设计条件 很容易推导出使滤波器仍然能够得到正确解答的条件。因为 x_1^1 和 x_1^2 都是常数，所以它们的比值

$$C \stackrel{\text{def}}{=} \frac{x_1^2}{x_1^1} \tag{9.40}$$

也将是一个常数，使得下列求和：

$$\begin{aligned} x_1^1 + x_1^2 &= (1+C)x_1^1 \\ &= \left(\frac{1+C}{C}\right)x_1^2 \end{aligned}$$

于是

$$\hat{x}_1^1 = \left(\frac{\sigma_1^2(0)}{\sigma_1^2(0)+\sigma_2^2(0)}\right)[(1+C)x_1^1] = x_1^1 \quad \text{只有当} \quad \frac{\sigma_1^2(0)(1+C)}{\sigma_1^2(0)+\sigma_2^2(0)} = 1 \text{ 时才成立}$$

$$\hat{x}_1^2 = \left(\frac{\sigma_2^2(0)}{\sigma_1^2(0)+\sigma_2^2(0)}\right)\left(\frac{1+C}{C}\right)x_1^2 = x_1^2 \quad \text{只有当} \quad \frac{\sigma_2^2(0)(1+C)}{[\sigma_1^2(0)+\sigma_2^2(0)](C)} = 1 \text{ 时才成立}$$

因为 $\sigma_1^2(0)$ 和 $\sigma_2^2(0)$ 都是非负数，所以只有当

$$\frac{\sigma_2^2(0)}{\sigma_1^2(0)} = C = \frac{x_1^2}{x_1^1} \geqslant 0 \tag{9.41}$$

时，上面两个条件才能满足。

偶然发现的设计似然 为了使滤波器能够得到正确的解，必须满足下列条件：

1. x_1^1 和 x_1^2 具有相同符号。
2. 它们的比值 $C = x_1^2/x_1^1$ 是已知的。

由于这两个条件都很难满足，因此滤波器估计很少是正确的。

解决办法 可以采用下面的方法来检测由于这种结构上的不可观测性导致的不收敛：

- 利用 2.5 节中的“可观测性定理”来检验系统的可观测性。
- 寻找完美的相关系数($\rho = \pm 1$)，并且对高相关系数(比如，$|\rho| > 0.9$)保持高度怀疑。
- 对 P 进行特征值-特征向量分解，以检验负的特征值或者大的条件数(就检测不可观测性来说，这种检验方法比检验相关系数更好)。
- 利用无噪声输出(测量)在系统仿真器上对滤波器进行检验。

对于这个问题的补救方法包括：

- 通过增加另外类型的测量值来达到可观测性条件。
- 将 $\dot{x} \equiv x^1 + x^2$ 定义为唯一的被估计状态变量。

例 9.9(由于采样率选择不好导致的不可观测性) 例 9.8 中的问题可以通过采用附加测量的方法来解决——或者通过采用具有时变灵敏度矩阵的测量值来解决。下面，考虑即使采用时变测量灵敏度，如果采样率选择不好的话会出现什么问题。为此，考虑测量灵敏度矩阵分量为常数和正弦函数时的未知参数(常数状态)估计问题：

$$H(t) = [1 \quad \cos(\omega t)]$$

如图 9.5 所示。在离散卡尔曼滤波器中采用的等效模型为

$$x_k^1 = x_{k-1}^1, \quad x_k^2 = x_{k-1}^2, \quad H_k = H(kT), \quad z_k = H_k \begin{bmatrix} x_k^1 \\ x_k^2 \end{bmatrix} + v_k$$

其中，T 为采样间的间隔。

当墨菲法则(Murphy's Law)生效时会出现什么情况　如果选择采样间间隔为 $T=2\pi/\omega$，并且 $t_k=kT$，则测量灵敏度矩阵的分量将为相等的常数值

$$\begin{aligned} H_k &= [1 \quad \cos(\omega kT)] \\ &= [1 \quad \cos(2\pi k)] \\ &= [1 \quad 1] \end{aligned}$$

如图9.5所示(这是许多工程师发现"混叠现象"的方式)。如果选择这样的采样间隔(参见图9.5)，则状态 x^1 和 x^2 都是不可观测的(Unobservable)。并且如果选择这样的采样时刻，则系统和滤波器都和前面的例子一样。

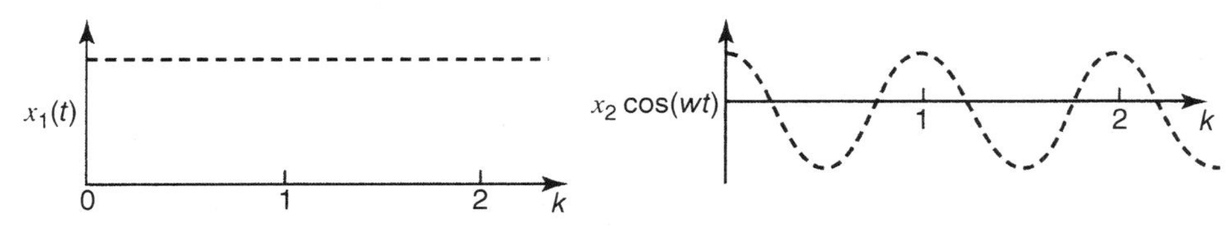

图9.5　有混叠的测量值分量

对不可观测性进行检测和纠正的方法包括例9.8中所给出的那些方法，另外还可以采用更明显的补救方法，即改变采样间隔 T 来得到可观测性，比如

$$T = \frac{\pi}{\omega} \tag{9.42}$$

就是更好的选择。

出现不可预测的不收敛现象的原因　不可预测的不收敛现象可能由下列原因导致：

1. 不良数据
2. 数值问题
3. 模型不当

例9.10(由于不良数据引起的不可预测的不收敛问题)　"不良数据"是由某些错误运行引起的，在卡尔曼滤波的现实应用中，这几乎是肯定会出现的。证实墨菲法则存在主要有下面两种方式：

- 初始估计值选取较差，比如

$$|\hat{x}(0) - x|^2 = |\tilde{x}|^2 \gg \mathrm{trace} P_0 \tag{9.43}$$

- 测量值中包含很大的外部产生的分量(错误而不是误差)，比如

$$|v|^2 \gg \mathrm{trace} R \tag{9.44}$$

从不良数据中渐进恢复　在上面的任何一种情况下，如果系统是真实的线性系统，并且卡尔曼滤波器继续采用测量值 z_k 来估计状态 x，则它将会在有限时间内(在理论上)恢复(最好的方法是防止不良数据从一开始就进入滤波器)，如图9.6所示。

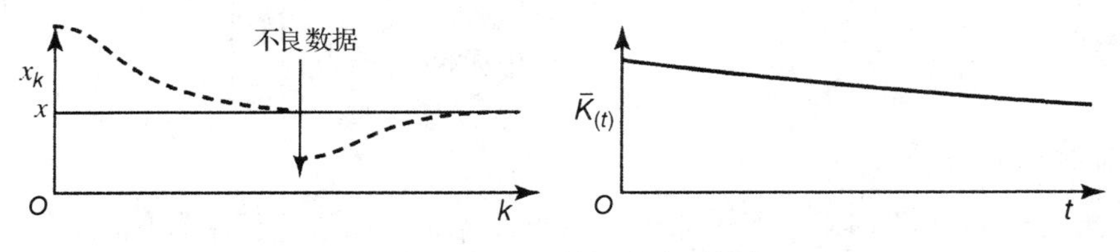

图 9.6　从不良数据中渐进恢复

恢复的实际限制　在实际中，往往不能在有限的时间内进行足够恢复。因为可以得到的测量值的间隔(0, T)是固定的，它可能太短而不允许充分恢复(如图 9.7 所示)。另外，增益矩阵 $\bar{K}$ 的正常行为向其稳态值 $\bar{K}=0$ 收敛时可能太快(如图 9.8 所示)。这些都可能导致恢复失败。

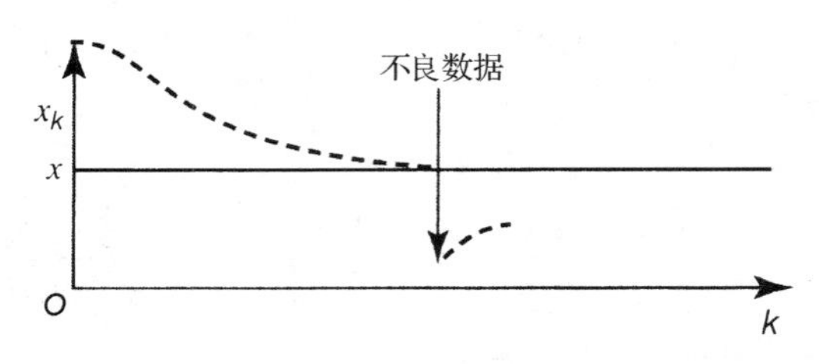

图 9.7　短期内恢复失败

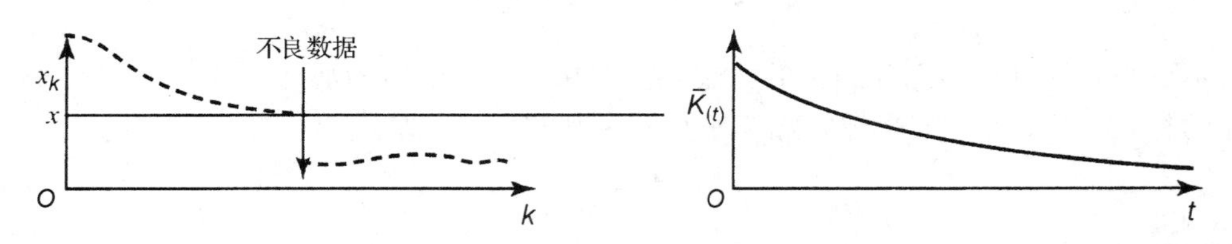

图 9.8　由于增益衰减导致恢复失败

防止不良数据发生

- 检查 $P(t)$ 和 $\bar{K}(t)$ 是没有用的，因为它们不会受到数据的影响。
- 有时候可以检查状态估计值 $\hat{x}(t)$ 的突然跳变(在滤波器已经采用了不良测量值以后)，但是在这样做以后，仍然没有消除掉问题中对估计值的破坏。
- 更有用的方法是检查"新息"向量$[z-H\hat{x}]$的突然跳变或者出现大的元素值(在滤波器处理不良测量值以前)，因为可以对这种差异进行统计解释，并且可以在不良数据损害估计以前就把它丢弃掉(参见 9.3 节)。

对这个问题的最好的补救方法是实现一个"不良数据检测器"，以在不良数据损害估计以前对其予以剔除。如果这种方法要求实时完成，可以将不良数据保存下来，以便通过一个"异常处理者"(通常是一个人，但有时候也是一个二级数据分析程序)来对其进行离线检查，从而确定出发生不良数据的原因和补救方法，这样做有时候是有效的。

人工增加过程噪声协方差以提高不良数据的恢复能力　如果不良数据在使用以后才被检测出来，可以通过增加滤波器采用的系统模型中的过程噪声协方差 Q 来使滤波器"继续有效"(更多地关注后续数据)。最理想的是，新的过程噪声协方差应该反映出真实的测量误差协方差，包括不良数据和其他随机噪声。

例9.11(由数值问题引起的不收敛)　这种现象有时候可以通过观察不可能的 P_k 行为来检测到。P_k 的主对角项可能变为负的，或者在处理测量值以后比处理以前立即变得更大，即 $\sigma(+)>\sigma(-)$。一种更不明显(但是可检测到的)的失效模型是 P 的特征值变为负的。它可以通过 P 的特征值-特征向量分解来检测。其他检测方法包括通过仿真(具有已知状态)来对估计误差及其估计的协方差进行比较。也可以采用双精度代替单精度的方法来检测由于精度产生的差异。有时候可以查找出产生数值问题的原因是由于主机的字长(精度)不够导致的。当状态变量的数量更大时，这些问题可能会更加严重。

数值问题的补救方法　这些问题已经被许多"强制"方法("Brute-force" methods)解决过了，比如采用更高的精度(如双精度代替单精度)。也可以通过合并或者去掉不可观测的状态、去掉"影响很小"的状态、或者采用其他次优滤波器技术，如分解为低维状态空间等方法来尝试减少状态的个数。

可能的补救方法包括采用数值更稳定的方法(采用相同的计算机精度得到更好的计算准确度)，以及采用更高的精度。后一种方法(采用更高精度)将增加执行时间，但是所做的重编程序的工作一般会更少。有时候可以采用更好的算法(比如，采用第7章介绍的Cholesky分解方法)来提高矩阵求逆 $(HPH^{\mathrm{T}}+R)^{-1}$ 的精度，或者通过使 R 对角化并且对测量值进行序贯处理(也在第7章中介绍)来完全消除求逆矩阵的过程。

9.2.5　模型不当产生的影响

接近滤波器

如果用于计算卡尔曼增益和协方差矩阵 P 的模型是正确的，那么它们的计算结果也就是正确的。如果模型不当，则 P 矩阵就可能会发生错误，并且对检测不收敛问题也没有用处，或者 P 甚至会收敛到零，同时状态估计误差 $\tilde{x}$ 也会发散(这种现象确实会出现)。

人们已经对 x 或者 P 的不良初始估计值带来的问题进行了研究。现在，将对另外4种类型的问题进行讨论：

1. 没有对动态系统的状态变量建模。
2. 没有对过程噪声建模 。
3. 动态系数或者状态转移矩阵中存在的误差。
4. 忽略了非线性。

例9.12(没有对状态变量建模引起的不收敛)　考虑下面的例子：

实际模型(蠕变状态)	卡尔曼滤波器模型(恒定状态)
$\dot{x}_1=0$	$\dot{x}_2=0$
$\dot{x}_2=x_1$	$z=x_2+v$
$z=x_2+v$	
$\Rightarrow x_2(t)=x_2(0)+x_1(0)t$	$\Rightarrow x_2(t)=x_2(0)$

(9.45)

对于这个例子，在滤波器模型中，当 $t\to\infty$ 时，卡尔曼增益 $\bar{K}(t)\to 0$ 当 $x_2(t)$ 的估计误差随时间增加(即使其增加缓慢)时，滤波器不能为这种误差提供反馈。最终会导致 $\tilde{x}_2(t)=\hat{x}_2(t)-x_2(t)$ 发散，如图9.9所示。

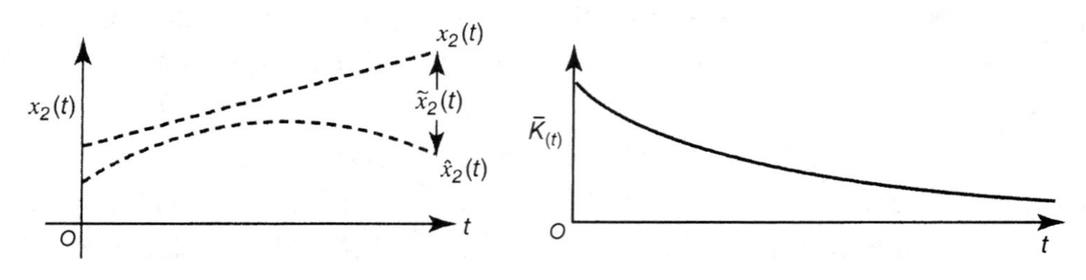

图 9.9 由于模型不当引起的发散

通过对滤波器新息进行傅里叶分析来检测无模型状态的动态变化 除非排除了所有引起不收敛的其他原因，否则对无模型状态变量进行诊断是很困难的。如果对采用的模型高度信任，则可以通过仿真方法来排除上述任意一种其他原因。一旦排除了这些其他原因，采用滤波器新息(预测误差$\{z_k - H_k\hat{x}_k\}$)的傅里叶分析方法来发现无模型状态动态变化的特征频率就是非常有效的。如果滤波器的模型正确，则新息应该是不相关的，其功率谱密度(PSD)实质上就是平坦的。在 PSD 中出现的持续峰值就会指示出无模型效应的特征频率。这些峰值可能位于零频率点，它表明在新息中的偏移误差。

无模型状态变量的补救方法 解决无模型状态引起的不收敛问题的最好措施是对模型进行纠正，但这并不是容易做到的。作为一种临时性的应急方法，可以在卡尔曼滤波器所用的系统模型上增加一个“虚构的”过程噪声。

例 9.13(在卡尔曼滤波器模型上增加“虚构的”过程噪声) 现在继续讨论例 7.10 中的连续时间问题，考虑下面另一种卡尔曼滤波器模型

$$\dot{x}_2(t) = w(t), \quad z(t) = x_2(t) + v(t)$$

“1 型伺服”行为 滤波器的这种行为可以应用第 5 章中的连续卡尔曼滤波器方程来进行分析，利用参数

$$F = 0, \quad H = 1, \quad G = 1$$

将通用 Riccati 微分方程

$$\begin{aligned}\dot{P} &= FP + PF^{\mathrm{T}} - PH^{\mathrm{T}}R^{-1}HP + GQG^{\mathrm{T}}\\ &= \frac{-P^2}{R} + Q\end{aligned}$$

变换为具有下列稳态解($\dot{P}=0$ 的解)的标量方程：

$$P(\infty) = \sqrt{RQ}$$

稳态卡尔曼增益为

$$\overline{K}(\infty) = \frac{P(\infty)}{R} = \sqrt{\frac{Q}{R}} \tag{9.46}$$

现在，可以将卡尔曼滤波器的等效稳态模型表示如下[2]：

$$\dot{\hat{x}}_2 = F\hat{x}_2 + \overline{K}[z - H\hat{x}_2] \tag{9.47}$$

其中，$F=0$，$H=1$，$\overline{K}=\overline{K}(\infty)$，$\hat{x}=\hat{x}_2$，于是有

$$\dot{\hat{x}}_2 + \overline{K}(\infty)\hat{x}_2 = \overline{K}(\infty)z \tag{9.48}$$

通过 Laplace 变化可以确定出这个估计子的稳态响应

$$[s+\overline{K}(\infty)]\hat{x}_2(s)=\overline{K}(\infty)z(s) \tag{9.49}$$

$$\Rightarrow \frac{\hat{x}_2(s)}{z(s)}=\frac{\overline{K}(\infty)}{s+\overline{K}(\infty)} \tag{9.50}$$

图 9.10(a)给出了一个“1 型伺服系统”。在现实情况中，它的稳态跟随误差(即使在无噪声情况下)不会为零

$$z(t)=x_2(t)=x_2(0)+x_1(0)t \quad 且 \quad v=0$$

$$z(s)=x_2(s)=\frac{x_2(0)}{s}+\frac{x_1(0)}{s^2}$$

在 $x_2(t)$ 中的误差为

$$\tilde{x}_2(t)=\hat{x}_2(t)-x_2(t)$$

对上述方程取 Laplace 变换，并代入式(9.50)中的 $\hat{x}_2(s)$ 值，得到

$$\begin{aligned}\tilde{x}_2(s)&=\frac{\overline{K}(\infty)}{s+\overline{K}(\infty)}x_2(s)-x_2(s)\\&=\left[-\frac{s}{s+\overline{K}(\infty)}\right]x_2(s)\end{aligned}$$

应用终值定理，可以得到

$$\begin{aligned}\tilde{x}_2(\infty)=[\hat{x}_2(\infty)-x_2(\infty)]&=\lim_{s\to 0}s[\hat{x}_2(s)-x_2(s)]\\&=\lim_{s\to 0}s\left[-\frac{s}{s+\overline{K}(\infty)}\right][x_2(s)]\\&=\lim_{s\to 0}s\left[-\frac{s}{s+\overline{K}(\infty)}\right]\left[\frac{x_2(0)}{s}+\frac{x_1(0)}{s^2}\right]\\&=-\frac{x_1(0)}{\overline{K}(\infty)}(\text{a bias})\end{aligned}$$

这类行为特性如图 9.10(b)所示。

如果对例 9.13 中的方法得到的估计误差中的稳态偏差不满意，还可以更进一步，在卡尔曼滤波器所用的系统模型中增加另一个状态变量和虚构的过程噪声。

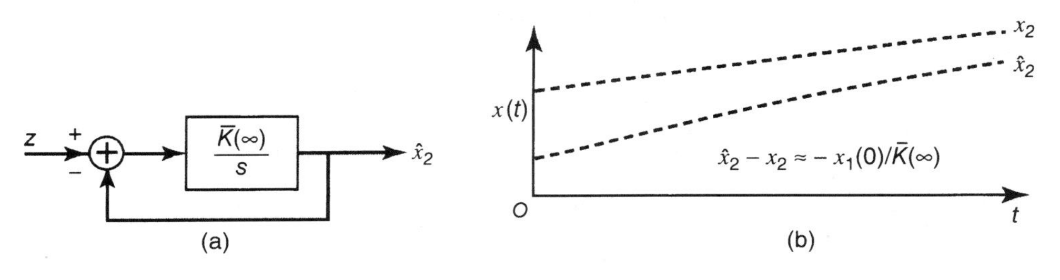

图 9.10　(a)1 型伺服系统；(b)估计结果

例 9.14(在卡尔曼滤波器模型中增加状态和过程噪声的效果)　假设将例 7.11 中的模型修改为下列形式：

实际模型	卡尔曼滤波器模型
$\dot{x}_1 = 0$	$\dot{x}_1 = w$
$\dot{x}_2 = x_1$	$\dot{x}_2 = x_1$
$z = x_2 + v$	$z = x_2 + v$

(9.51)

也就是说，现在将$x_2(t)$建模为一个“积分随机游走”(Integrated random walk)模型。在这种情况下，稳态卡尔曼滤波器增加了一个积分器，并且其行为类似“2 型伺服系统”[如图 9.11(a)所示]。2 型伺服系统的稳态跟随误差(Following error)是斜线上升的。然而，它的瞬态响应可能变得更加缓慢，并且噪声引起的稳态误差不为零，这与现实中采用正确模型的结果是相同的。这里

$$F=\begin{bmatrix}0 & 0\\ 1 & 0\end{bmatrix},\quad G=\begin{bmatrix}1\\ 0\end{bmatrix},\quad H=[0\quad 1],\quad Q=\mathrm{cov}(w),\quad R=\mathrm{cov}(v) \tag{9.52}$$

$$\dot{P}=FP+PF^{\mathrm{T}}+GQG^{\mathrm{T}}-PH^{\mathrm{T}}R^{-1}HP \text{ 和 } \overline{K}=PH^{\mathrm{T}}R^{-1} \tag{9.53}$$

在稳态时变为

$$\left.\begin{aligned}\dot{P}_{11}&=Q-\frac{p_{12}^2}{R}=0\\ \dot{P}_{12}&=p_{11}-\frac{p_{12}p_{22}}{R}=0\\ \dot{P}_{22}&=2p_{12}-\frac{p_{22}^2}{R}=0\end{aligned}\right\}\Rightarrow \begin{aligned}&p_{12}(\infty)=\sqrt{RQ}\\ &p_{22}(\infty)=\sqrt{2}(R^3Q)^{1/4}\\ &p_{11}(\infty)=\sqrt{2}(Q^3R)^{1/4}\\ &\overline{K}(\infty)=\begin{bmatrix}\sqrt{\frac{Q}{R}}\\ \sqrt{2}\sqrt[4]{\frac{Q}{R}}\end{bmatrix}=\begin{bmatrix}\overline{K}_1(\infty)\\ \overline{K}_2(\infty)\end{bmatrix}\end{aligned} \tag{9.54}$$

对上述方程取 Laplace 变换，得到

$$\hat{x}(s)=[sI-F+\overline{K}(\infty)H]^{-1}\overline{K}(\infty)z(s) \tag{9.55}$$

采用分量形式有

$$\hat{x}_2(s)=\frac{(\overline{K}_2s+\overline{K}_1)/s^2}{1+(\overline{K}_2s+\overline{K}_1)/s^2}z(s) \tag{9.56}$$

很容易将得到的斜线上升的稳态跟随误差(在无噪声情形)确定为

$$z(t)=x_2(t)=x_2(0)+x_1(0)t,\quad v=0$$

$$\tilde{x}_2(s)=\hat{x}_2(s)-x_2(s)=-\left(\frac{s^2}{s^2+\overline{K}_2s+\overline{K}_1}\right)x_2(s)$$

$$\tilde{x}_2(\infty)=\lim_{s\to 0}s\left(\frac{-s^2}{s^2+\overline{K}_2s+\overline{K}_1}\right)\left(\frac{x_2(0)}{s}+\frac{x_1(0)}{s^2}\right)=0$$

这类行为特性如图 9.11(b)所示。

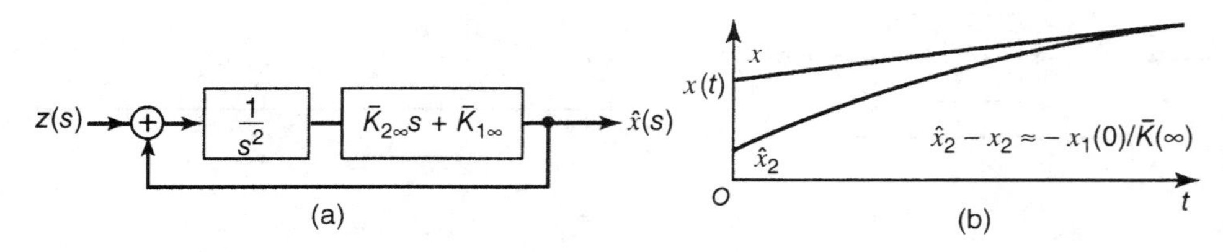

图 9.11 (a)2 型伺服系统，(b)伺服估计结果

例9.15(没有对动态扰动噪声建模引起的统计模型误差) 利用下列模型：

实际模型	卡尔曼滤波器模型
$\dot{x}_1 = w$	$\dot{x}_1 = 0$
$\dot{x}_2 = x_1$	$\dot{x}_2 = x_1$
$z = x_2 + v$	$z = x_2 + v$

(9.57)

根据卡尔曼滤波器方程可以得到下列关系：

$$\left.\begin{aligned}\dot{p}_{11} &= \frac{-1}{R}p_{12}^2\\ \dot{p}_{12} &= p_{11} - \frac{p_{12}p_{22}}{R}\\ \dot{p}_{22} &= 2p_{12} - \frac{p_{22}^2}{R}\end{aligned}\right\} \Rightarrow \quad \text{在稳态时:} \quad \begin{aligned}&p_{12} = 0, \quad \overline{K} = PH^{\mathrm{T}}R^{-1} = 0\\ &p_{11} = 0, \quad \hat{x}_1 = \text{const}\\ &p_{22} = 0, \quad \hat{x}_2 = \text{ramp}\end{aligned} \tag{9.58}$$

由于x_1不是恒定的(因为存在驱动噪声w)，所以状态估计值将不会收敛到状态，如图9.12中的仿真结果所示。图中展示了对上述模型进行离散时间仿真得到的卡尔曼增益$\overline{K}_1$、估计的状态分量$\hat{x}_1$以及“真实的”状态分量x_1的行为特性。由于假设的过程噪声为零，因此卡尔曼滤波器增益$\overline{K}_1$收敛到零。由于增益收敛到零，因此滤波器不能跟踪错误的状态向量分量x_1，这个分量是随机游走过程。由于滤波器不能跟踪真实的状态，因此新息(预测的测量值和实际的测量值之间的差)将会没有限制地继续增大。即使增益收敛到零，增益和新息(在更新状态估计值时用到)之间的乘积也会很大。

在这个特殊例子中，$\sigma_{x_1}^2(t) = \sigma_{x_1}^2(0) + \sigma_w^2 t$。也就是说，系统状态自身的方差会发散。与无模型状态的情形一样，新息向量$[z - H\hat{x}]$将会表现出“失去”动态扰动噪声的影响。

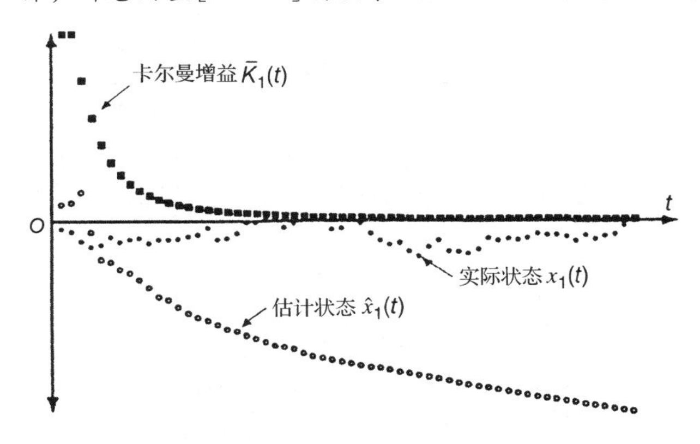

图9.12 无模型过程噪声产生的发散估计误差

例9.16(参数建模误差) 在系统动态系数F、状态转移矩阵Φ或者输出矩阵H中的错误参数可能会使滤波器不收敛，并且也确实带来了这个问题。这类不收敛现象可以通过下面的在输出矩阵中正弦函数具有错误周期的例子来进行说明：

实际模型	卡尔曼滤波器模型
$\begin{bmatrix}\dot{x}_1\\ \dot{x}_2\end{bmatrix} = 0$	$\begin{bmatrix}\dot{x}_1\\ \dot{x}_2\end{bmatrix} = 0$
$z = [\sin \Omega t \mid \cos \Omega t]\begin{bmatrix}x_1\\ x_2\end{bmatrix} + v$	$z = [\sin \omega t \mid \cos \omega t]\begin{bmatrix}x_1\\ x_2\end{bmatrix} + v$
$v =$ 白噪声	$v =$ 白噪声
无先验信息	无先验信息

(9.59)

在这种情况下，最优滤波器是在测量区间$(0, T)$上的“最小二乘”估计子。由于这是连续情形，所以需要最小化的性能指标为

$$J = \int_0^{\mathrm{T}} (z - H\hat{x})^{\mathrm{T}}(z - H\hat{x})\mathrm{d}t \tag{9.60}$$

其梯度为

$$\frac{\partial J}{\partial \hat{x}} = 0 \quad \Rightarrow \quad 0 = 2\int_0^{\mathrm{T}} H^{\mathrm{T}}z \quad \mathrm{d}t - 2\int_0^{\mathrm{T}} (H^{\mathrm{T}}H)\hat{x}\,\mathrm{d}t \tag{9.61}$$

其中，$\hat{x}$是未知的常数。因此

$$\hat{x} = \left[\int_0^{\mathrm{T}} H^{\mathrm{T}}H\ \mathrm{d}t\right]^{-1}\left[\int_0^{\mathrm{T}} H^{\mathrm{T}}z\ \mathrm{d}t\right] \tag{9.62}$$

其中

$$H = [\sin\omega t|\cos\omega t]; \qquad z = [\sin\Omega t|\cos\Omega t]\begin{bmatrix} x_1 \\ x_2 \end{bmatrix} + v \tag{9.63}$$

并且

$$\omega = 2\pi f = \frac{2\pi}{p} \tag{9.64}$$

其中，p为正弦函数的周期。为简单起见，选取采样时刻为$T = Np$，它是周期的整数倍，因此

$$\hat{x} = \begin{bmatrix} \frac{Np}{2} & 0 \\ 0 & \frac{Np}{2} \end{bmatrix}^{-1}\begin{bmatrix} \int_0^{Np} \sin(\omega t)z(t)\,\mathrm{d}t \\ \int_0^{Np} \cos(\omega t)z(t)\,\mathrm{d}t \end{bmatrix} = \begin{bmatrix} \frac{2}{Np}\int_0^{Np} z(t)\sin\omega t\,\mathrm{d}t \\ \frac{2}{Np}\int_0^{Np} z(t)\cos\omega t\,\mathrm{d}t \end{bmatrix} \tag{9.65}$$

如果只关注第一个分量$\hat{x}$，可以得到其解为

$$\begin{aligned} \hat{x}_1 = & \left\{\frac{2}{Np}\left[\frac{\sin(\omega-\Omega)t}{2(\omega-\Omega)} - \frac{\sin(\omega+\Omega)t}{2(\omega+\Omega)}\right]\Bigg|_{t=0}^{t=Np}\right\}x_1 \\ & + \left\{\frac{2}{Np}\left[\frac{-\cos(\omega-\Omega)t}{2(\omega-\Omega)} - \frac{\cos(\omega+\Omega)t}{2(\omega+\Omega)}\right]\Bigg|_{t=0}^{t=Np}\right\}x_2 \\ & + \frac{2}{Np}\int_0^{Np} v(t)\sin\omega t\ \mathrm{d}t \end{aligned}$$

令$\boldsymbol{v} = 0$(忽略测量噪声引起的估计误差)，可以得到下列结果：

$$\begin{aligned} \hat{x}_1 = & \frac{2}{Np}\left[\frac{\sin(\omega-\Omega)Np}{2(\omega-\Omega)} - \frac{\sin(\omega+\Omega)Np}{2(\omega+\Omega)}\right]x_1 \\ & + \frac{2}{Np}\left[\frac{1-\cos(\omega-\Omega)Np}{2(\omega-\Omega)} + \frac{1-\cos(\omega+\Omega)Np}{2(\omega+\Omega)}\right]x_2 \end{aligned}$$

对于$\omega \to \Omega$的情况，有

$$\left.\begin{aligned} \frac{\sin(\omega-\Omega)Np}{2(\omega-\Omega)} &= \frac{Np}{2}\frac{\sin x}{x}\Big|_{x\to 0} = \frac{Np}{2} \\ \frac{\sin(\omega+\Omega)Np}{2(\omega+\Omega)} &= \frac{\sin[(4\pi/p)Np]}{2\,\Omega} = 0 \\ \frac{1-\cos(\omega-\Omega)Np}{2(\omega-\Omega)} &= \frac{1-\cos x}{x}\Bigg|_{x\to 0} = 0 \\ \frac{1-\cos(\omega+\Omega)Np}{2(\omega+\Omega)} &= \frac{1-\cos[(4\pi/p)Np]}{2\,\Omega} = 0 \end{aligned}\right\} \tag{9.66}$$

并且 $\hat{x}_1 = x_1$。在任何其他情况下，$\hat{x}_1$ 将为下列形式的有偏估计

$$\hat{x}_1 = Y_1 x_1 + Y_2 x_2, \qquad Y_1 \neq 1, \quad Y_2 \neq 0 \tag{9.67}$$

对于 $\hat{x}_2$，也会出现类似的行为。

在系统和/或输出矩阵中的错误参数不会使滤波器的协方差矩阵或者状态向量看起来出现异常。然而，新息向量 $[Z - H\hat{x}]$ 通常会表现出可以检测到的不收敛效果。

上述问题只有通过使滤波器模型中采用正确的参数值才能解决。在现实中，这是不可能完全精确地实现的，因为"正确"值是未知的，只有通过估计得到。如果降低程度无法接受，可以考虑用状态变量代替问题参数来解决，这个状态变量可以通过扩展(线性化非线性)滤波方法估计出来。

例 9.17(参数估计) 这里重新给出一个非线性估计问题的例子

$$\begin{bmatrix} \dot{x}_1 \\ \dot{x}_2 \\ \dot{x}_3 \end{bmatrix} = 0, \qquad x_3 = \Omega \tag{9.68}$$

此时，Ω 的某些信息是已知的，但不能精确地知道它的值。必须选取

$\bar{x}_3(0) = \Omega$ 的"最佳估计"值

$P_{33}(0)\sigma^2_{x_3}(0) =$ 在 $\tilde{x}_3(0) =$ 中的不确定性的度量

在现实系统中的非线性特性也会导致不收敛，甚至会使卡尔曼估计值发散。

9.2.6 协方差矩阵的分析和纠正

协方差矩阵必然是非负定的(Nonnegative definite)。根据定义，它们的特征值也必然是非负的。然而，如果任意一个协方差矩阵在理论上为零(或者接近于零)则总会存在舍入导致某些根成为负值的风险。如果舍入误差产生一个不定的(Indefinite)协方差矩阵(即协方差矩阵既有正的特征值也有负的特征值)，则有一种方法可以采用"附近的"非负定矩阵来代替它。

正定性的检验

检验对称矩阵 P 的确定性的方法包括：

- 如果一个对角元素 $a_{ii} < 0$，则均值不是正定的，但是有可能矩阵的所有对角元素都为零，而它仍然不是正定矩阵。
- 如果因为平方根中存在一个负值而导致 Cholesky 分解 $P = CC^{\mathrm{T}}$ 不成立，则矩阵是不定的，或者至少是足够地接近为不定的，这样舍入误差会使检验失败。
- 如果修正 Cholesky 分解 $P = UDU^{\mathrm{T}}$ 得到的对角因子 D 中有一个元素 $d_{ii} \leqslant 0$，则矩阵不是正定的。
- 奇异值分解产生对称矩阵的所有特征值和特征向量。它可以用 MATLAB 函数 `svd` 来实现。

上面第一个检验方法不是非常可靠，除非矩阵的维数等于1。

例 9.18 下面两个 3×3 维矩阵的对角元素值都为正值，并且具有一致的相关系数，但是两个矩阵都不是正定矩阵，第一个矩阵实际上是不定的

矩阵	相关矩阵	奇异值
$\begin{bmatrix} 343.341 & 248.836 & 320.379 \\ 248.836 & 336.83 & 370.217 \\ 320.379 & 370.217 & 418.829 \end{bmatrix}$	$\begin{bmatrix} 1 & 0.73172 & 0.844857 \\ 0.73172 & 1 & 0.985672 \\ 0.844857 & 0.985672 & 1 \end{bmatrix}$	{1000, 100, −1}
$\begin{bmatrix} 343.388 & 248.976 & 320.22 \\ 248.976 & 337.245 & 369.744 \\ 320.22 & 369.744 & 419.367 \end{bmatrix}$	$\begin{bmatrix} 1 & 0.731631 & 0.843837 \\ 0.731631 & 1 & 0.983178 \\ 0.843837 & 0.983178 & 1 \end{bmatrix}$	{1000, 100, 0}

不定协方差矩阵的纠正方法 对称特征值-特征向量分解是一种更能提供信息的检验方法，因为它能产生实际的特征值及其相应的特征向量。特征向量揭示出具有等效负值方差的状态组合。这个信息允许构造出一个具有相同特征向量的矩阵，但是其负的特征值强制为零

$$P = TDT^{\mathrm{T}}\text{(对称特征值-特征向量分解)} \tag{9.69}$$

$$D = \operatorname{diag}_i\{d_i\} \tag{9.70}$$

$$d_1 \geqslant d_2 \geqslant d_3 \geqslant \cdots \geqslant d_n \tag{9.71}$$

如果

$$d_n < 0 \tag{9.72}$$

则将 P 替换为

$$P^* = TD^*T^{\mathrm{T}} \tag{9.73}$$

$$D^* = \operatorname{diag}_i\{d_i^*\} \tag{9.74}$$

$$d_i^* = \begin{cases} d_i, & d_i \geqslant 0 \\ 0, & d_i < 0 \end{cases} \tag{9.75}$$

9.3 预滤波和数据剔除方法

9.3.1 预滤波

预滤波对卡尔曼滤波器的输入进行数据压缩。它们可以是线性连续的、线性离散的或者非线性的。它们对下面几个目的而言是有好处的：

1. 它们允许在连续系统中采用离散卡尔曼滤波器，而不需要“摒弃”信息。比如，图 9.13 中所示的积分-保持预滤波器在 T 时间内进行积分，其中 T 是采样时间，它们选择得足够小，使得在两个估计值之间动态状态不能发生显著变化。
2. 它们可以使某些状态衰减到可以被安全忽略(在次优滤波器中)的程度。
3. 它们可以降低离散滤波器中所需要的迭代速率，从而节省计算机时间[2]。
4. 它们趋向于减小额外噪声引起的动态变量的范围，从而使卡尔曼滤波器的估计受非线性的影响更小。

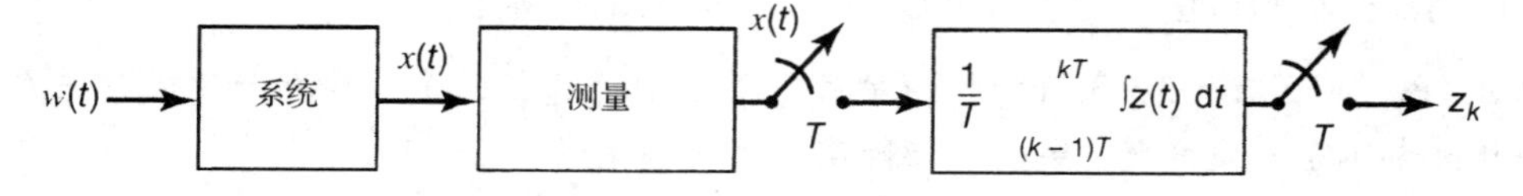

图 9.13 积分-保持预滤波器

连续(模拟)线性滤波器

例9.19　连续线性滤波器通常用于前面三个目的，它必须在采样过程前面插入。在图9.14中，给出了一个连续线性预滤波器的例子。这种预滤波器的一个应用例子是数字电压表(Digital Voltmeter，DVM)。DVM实质上是包含采样器和量化器的时间门平均器。

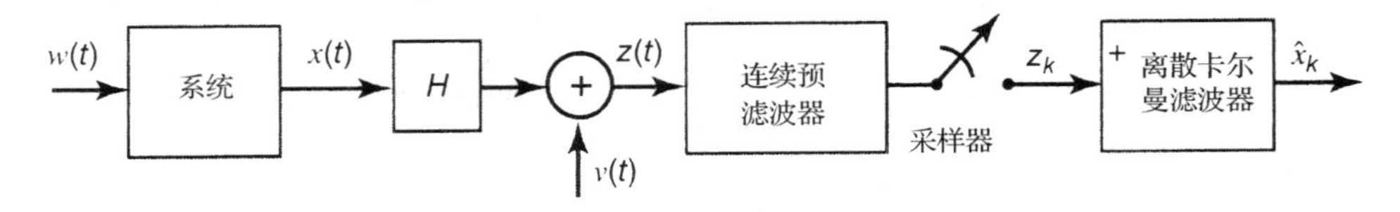

图9.14　连续线性预滤波和采样

因此，输入信号是连续的而输出信号是离散的。其函数表示如图9.15至图9.17所示，其中

$$\Delta T = \text{采样间隔}$$
$$\varepsilon = \text{使积分器重新调零的寂静时间}$$
$$\Delta T - \varepsilon = \text{平均时间}$$

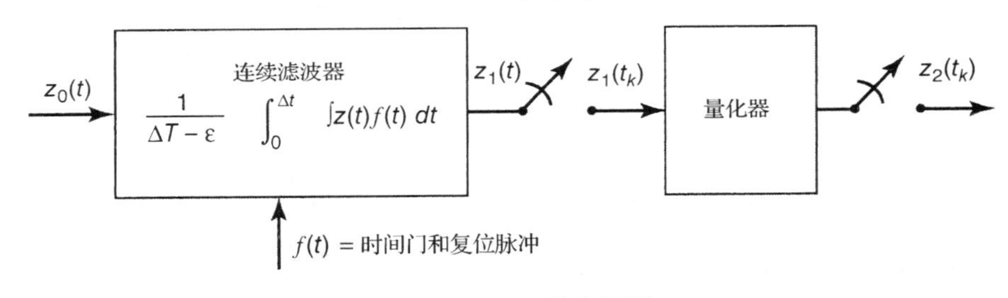

图9.15　DVM的方框图

输出为

$$z^1(t_i) = \frac{1}{\Delta T - \varepsilon}\int_{t_i-\Delta T+\varepsilon}^{t_i} z(t)\,\mathrm{d}t \tag{9.76}$$

可以证明，DVM的频率响应为

$$|H(\mathrm{j}\omega| = \left|\frac{\sin\omega[(\Delta T-\varepsilon)/2]}{\omega[(\Delta T-\varepsilon)/2]}\right| \quad \text{和} \quad \theta(\mathrm{j}\omega) = -\omega\left(\frac{\Delta T-\varepsilon}{2}\right) \tag{9.77}$$

如果输入为白噪声连续信号，则输出是一个白噪声序列(因为平均间隔是不相重叠的)。如果输入是相关时间为τ_c的指数相关随机连续信号，并且其自协方差为

$$\psi_z(\tau) = \sigma_z^2 e^{-(|\tau|/\tau_c)} \tag{9.78}$$

则可以证明，输出随机序列的方差和自相关函数为

$$\left.\begin{aligned} &\sigma_{z^1}^2 = \psi_{z^1z^1}(0) = f(u)\sigma_z^2, && u = \tfrac{\Delta T-\varepsilon}{T_c} \\ & && f(u) = \tfrac{2}{u^2}(e^{-u}+u-1) \\ &\psi(j-i) = g(u)\sigma_z^2 e^{-(j-i)\frac{\Delta T}{\tau_c}}, && g(u) = \tfrac{e^u+e^{-u}-2}{u^2} \end{aligned}\right\} \tag{9.79}$$

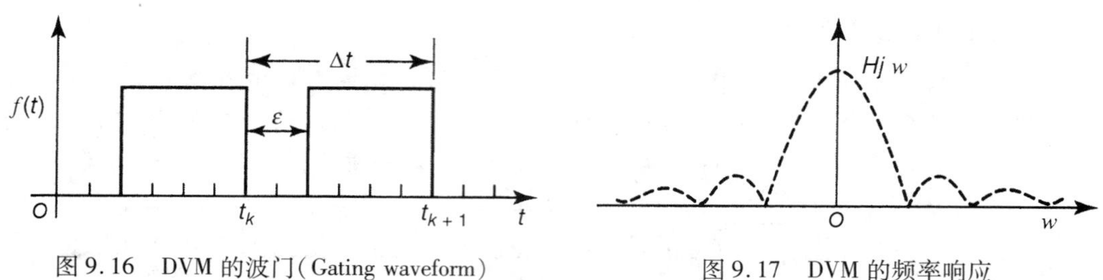

图 9.16　DVM 的波门(Gating waveform)　　　图 9.17　DVM 的频率响应

离散线性滤波器

这些滤波器可以有效地用于将某些状态变量的作用衰减到可以安全忽略的程度(然而,滤波器输入的采样率必须足够高以避免出现混叠)。

注意到离散滤波器还可以用于第三个目的,即降低离散滤波器的迭代速率。选取的输入采样周期可以比输出采样周期更短。它可以大大降低计算机的(时间)负担(如图 9.18 所示)。

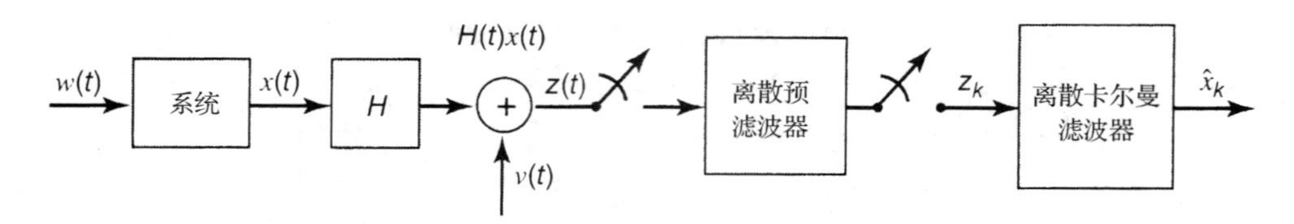

图 9.18　离散线性预滤波器

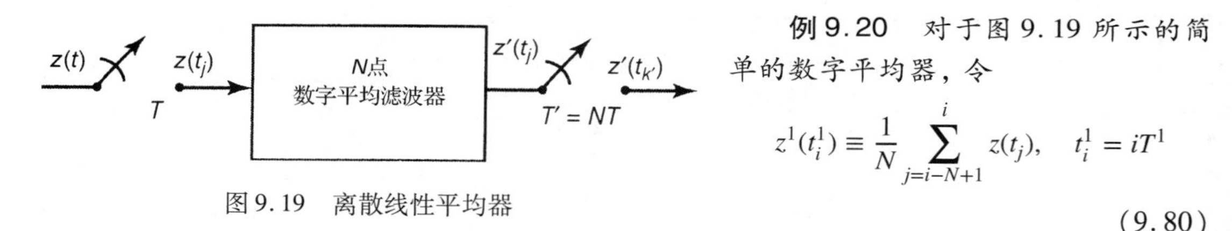

图 9.19　离散线性平均器

例 9.20　对于图 9.19 所示的简单的数字平均器,令

$$z^1(t_i^1) \equiv \frac{1}{N}\sum_{j=i-N+1}^{i} z(t_j), \quad t_i^1 = iT^1 \tag{9.80}$$

它是 $z(t_j)$ 的 N 个相邻采样值的平均。注意到 $z^1(t_i^1)$ 和 $z^1(t_{i+1}^1)$ 利用了 $z(t_j)$ 的非重叠采样值。于是可以证明,其频率响应为

$$|H(\mathrm{j}\omega)| = \frac{|\sin(N\omega T/2)|}{N|\sin(\omega T/2)|}, \qquad \theta(\mathrm{j}\omega) = -\left(\frac{N-1}{2}\right)\omega T \tag{9.81}$$

9.3.2　数据剔除

如果新息向量 $[z - H\hat{x}]$ 存在足够的知识,则可以实现非线性"数据剔除滤波器"。在 9.2.1 节中,对统计方法进行了讨论。下面引用一些简单的例子。

例 9.21(数据剔除滤波器)　对于幅度过量的情况

$$|(z - H\hat{x})_i| > A_{\max}, \text{数据剔除} \tag{9.82}$$

对于速率(或者变化)过量的情况

$$|(z - H\hat{x})_{i+1} - (z - H\hat{x})_i| > \delta A_{\max}, \text{数据剔除} \tag{9.83}$$

还有其他许多巧妙的方法可以采用,但它们通常都由具体问题而定。

9.4　卡尔曼滤波器的稳定性

系统的动态稳定性(Dynamic stability)通常是指状态变量而不是估计误差的行为特性。这也适用于滤波器方程的齐次部分的行为特性。然而，即使系统不稳定，均方估计误差也可能是有界的①。

如果忽略掉卡尔曼滤波器状态方程中实际的测量处理，则得到的方程可以表征滤波器自身的稳定性。在连续情况下，这些方程为

$$\dot{\hat{x}}(t) = [F(t) - \overline{K}(t)H(t)]\hat{x}(t) \tag{9.84}$$

在离散情况下

$$\begin{aligned}\hat{x}_{k(+)} &= \Phi_{k-1}\hat{x}_{k-1(+)} - \overline{K}_k H_k \Phi_{k-1}\hat{x}_{k-1(+)} \\ &= [I - \overline{K}_k H_k]\Phi_{k-1}\hat{x}_{k-1(+)}\end{aligned} \tag{9.85}$$

滤波器方程式(9.84)或者式(9.85)的解是一致渐进稳定的，这意味着它是有界输入-有界输出(Bounded input-bounded output，BIBO)稳定的。从数学上讲，这意味着无论初始条件如何，都有

$$\lim_{t\to\infty} \|\hat{x}(t)\| = 0 \tag{9.86}$$

或者

$$\lim_{k\to\infty} \|\hat{x}_k(+)\| = 0 \tag{9.87}$$

换句话说，如果系统模型是随机可控的和可观测的，则滤波器是一致渐进稳定的。见第 5 章中矩阵 Riccati 方程的解 $P(t)$，或者对大的 t 值 $P_k(+)$ 是一致有上界的，或者 $\overline{K}$ 是与 $P(0)$ 独立的。有界的 Q，R(有上界和下界)和有界的 F(或者 Φ)可以确保随机可控性和可观测性。

与稳定性有关的最重要问题在关于无模型效应、有限字长和其他误差的章节(参见 9.2 节)中已经阐述过了。

9.5　次优滤波器和降阶滤波器

9.5.1　次优滤波器

众所周知，卡尔曼滤波器对某些类型的模型误差具有鲁棒性，比如统计参数 R 和 Q 的假设值中的误差。有时候可以通过对已知的(或者至少是"可信的")系统模型进行故意简化来对其进行验证。这样做的动机通常是以牺牲一定的最优性来降低实现的复杂度。得到的结果被称为次优滤波器(Suboptimal filter)。

次优滤波的基本原理

通常的情况是，实际硬件是非线性的，但在滤波器模型中它由线性系统来近似。在第 5 章至第 7 章中提出的算法将提供次优估计，它们是:

1. 卡尔曼滤波器(线性最优估计)。
2. 线性化卡尔曼滤波器。
3. 扩展卡尔曼滤波器。

---

① 比如，可以参考 Gelb 等人[3，pp. 22，31，36，53，72]或者 Maybeck[4，p. 278]的文献。

即使有很好的理由可以相信实际硬件确实是线性的，仍然有理由考虑次优滤波器。如果对于模型的绝对必然性有所怀疑，则总是有动机对它进行干预，尤其当这种干预能够降低实现需求时更是如此。最优滤波器通常对计算机吞吐量需求很高，如果不能达到所需计算机能力，则不能实现这种最优性。次优滤波能够降低对计算机存储器、吞吐量和成本的需求。如果设计次优滤波器时对各种因素而不是滤波器的理论性能进行综合(折中)考虑，则它可能是“最好的”。

次优滤波技术

这些技术可以分为三类：

1. 修改最优增益 $\overline{K}_k$ 或者 $\overline{K}(t)$。
2. 修改滤波器模型。
3. 其他技术。

次优滤波器评估

协方差矩阵 P 也许不能代表实际的估计误差，并且估计可能是有偏的。在接下来的小节中，将讨论用于线性次优滤波器性能评估的双状态(Dual-state)技术。

修改 $\overline{K}(t)$ 或者 $\overline{K}_k$　考虑下面的系统：

$$
\begin{aligned}
\dot{x} &= Fx + Gw, \qquad Q = \operatorname{cov}(w)\\
z &= Hx + v, \quad R = \operatorname{cov}(v)
\end{aligned}
\tag{9.88}
$$

其状态转移矩阵为 $\boldsymbol{\Phi}$。

于是，对于连续情形，最优线性估计算法的状态估计部分为

$$
\dot{\hat{x}} = F\hat{x} + \overline{K}(t)[z - H\hat{x}] \quad \text{且} \quad \hat{x}(0) = \hat{x}_0 \tag{9.89}
$$

对于离散情形，则为

$$
\hat{x}_{k(+)} = \Phi_{k-1}\hat{x}_{k-1(+)} + \overline{K}_k[z_k - H_k(\Phi_{k-1}\hat{x}_{k-1(+)})] \tag{9.90}
$$

其初始条件为 $\hat{x}_0$。

采用修改后的增益并且能够保留这些算法结构的方法包括维纳滤波器(Wiener filter)和逼近函数。

首先考虑维纳滤波器，当增益向量 $\overline{K}(t)$ 是时变的但能够快速达到恒定的非零稳态值时，这是一种有效的次优滤波方法。典型的沉降行为(Settling behavior)如图 9.20 所示。

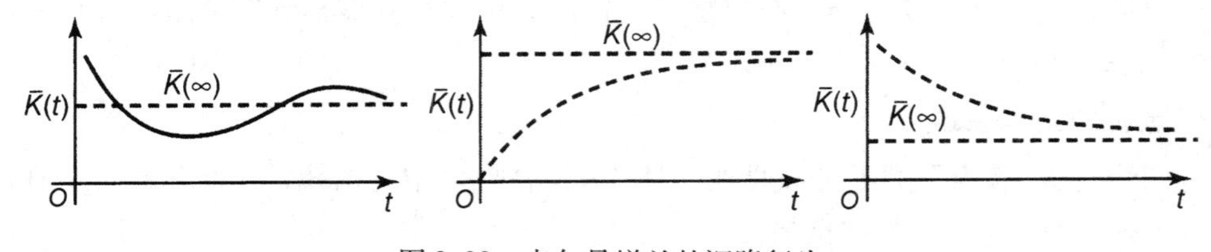

图 9.20　卡尔曼增益的沉降行为

维纳滤波器是由下列近似得到的

$$
\overline{K}(t) \approx \overline{K}(\infty) \tag{9.91}
$$

另外，如果矩阵 F 和 H 是时不变的，则表征维纳滤波器的转移函数矩阵很容易计算出来：

$$\dot{\hat{x}} = F\hat{x} + \overline{K}(\infty)[z - H\hat{x}] \tag{9.92}$$

$$\Rightarrow \frac{\hat{x}(s)}{z(s)} = [sI - F + \overline{K}(\infty)H]^{-1} \tag{9.93}$$

对应的稳态正弦频率响应矩阵为

$$\frac{|\hat{x}(j\omega)|}{|z(j\omega)|} = |[(j\omega)I - F + \overline{K}(\infty)H]^{-1}| \tag{9.94}$$

维纳滤波器的优点是——它的结构与传统滤波器相同——并且可以利用零极点、频率响应、利用 Laplace 变换的瞬态响应分析等所有工具来从工程角度观察滤波器的行为特性。这种方法的缺点是，如果 $\overline{K}(\infty) \neq$ 常数或者 $\overline{K}(\infty) = 0$，则它就不能使用。典型的害处是，它的瞬态响应比采用最优增益时更差(收敛速度更慢)。

采用修改后的增益并且能够保留算法结构的第二种方法是逼近函数(Approximating function)。经常采用简单函数来近似最优时变增益 $\overline{K}_{OP}(t)$。

比如，可以采用分段常数近似 $\overline{K}_{pwc}$、分段线性近似 $\overline{K}_{pwl}$ 或者基于平滑函数 $\overline{K}_{CF}$ 的曲线拟合，如图 9.21 所示。

$$\overline{K}_{CF}(t) = C_1 e^{-a_1 t} + C_2(1 - e^{-a_2 t}) \tag{9.95}$$

逼近函数方法与维纳滤波器相比，其优点在于它可以处理 $\overline{K}(\infty)$ 不为常数或者 $\overline{K}(\infty) = 0$ 的情形，并且还可以得到更接近最优性能的结果。

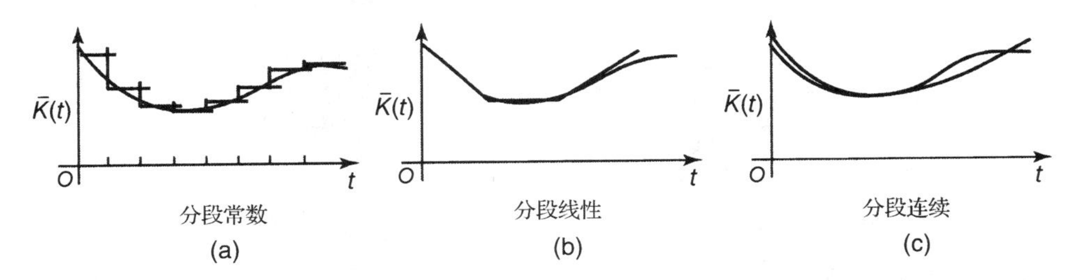

图 9.21　时变卡尔曼增益的近似。(a)分段常数近似；(b)分段线性近似；(c)分段连续近似

修正滤波器模型

设现实模型(实际系统为 S)是线性的

$$\dot{x}^s = F_s x_s + G_s w^s, \qquad z^s = H_s x_s + v^s$$

一般而言，系统的滤波器模型将是(有意或者无意的)不同的：

$$\dot{x}_F = F_F x_F + G_F w_F, \qquad z_F = H_F x_F + v_F$$

通常的目的是使滤波器模型比实际系统的复杂度更低。这可以通过忽略某些状态、预滤波处理以减少某些状态、去耦状态或者采用频域近似等方法来实现。忽略某些状态可以降低模型的复杂度，并且提供次优设计。然而，采用这种方法常常会使性能略微降低。

例 9.22　在这个例子中，将两个具有相同传播的不可观测的状态组合为 z

$$\begin{aligned} \text{从:} \quad & \dot{x}_1 = -ax_1, \\ & \dot{x}_2 = -ax_2, \qquad \text{到:} \quad \dot{x}^1 = -ax^1 \\ & z = [23]\begin{bmatrix} x_1 \\ x_2 \end{bmatrix} + v, \qquad z = x^1 + v \end{aligned} \tag{9.96}$$

显然，$x^1 \equiv 2x_1 + 3x_2$，并且先验信息必须表示为

$$\hat{x}^1(0) = 2\hat{x}_1(0) + 3\hat{x}_2(0)$$

$$P_{x^1x^1}(0) = 4P_{x_1x_1}(0) + 12P_{x_1x_2}(0) + 9P_{x_2x_2}(0)$$

例 9.23 继续例 9.13 中未完成的内容，可以将两个状态组合起来，如果它们在整个测量区间是“闭函数”

$$\text{从:}\quad \begin{array}{l} \dot{x}_1 = 0, \\ \dot{x}_2 = 0, \\ z = [t|\sin t]\begin{bmatrix} x_1 \\ x_2 \end{bmatrix} + v, \end{array} \qquad \text{到:}\quad \begin{array}{l} \dot{x}^1 = 0 \\ z = tx^1 + v \end{array} \tag{9.97}$$

其中，x^1的先验信息必须用公式表示出来，并且在区间$(0, \pi/20)$上z是可以得到的。

例 9.24(忽略微小的作用)

$$\text{从:}\quad \begin{array}{l} \dot{x}_1 = -ax_1, \\ \dot{x}_2 = -bx_2, \\ z = x_1 + x_2 + v \text{ on } (0, T), \end{array} \qquad \text{到:}\quad \begin{array}{l} \dot{x}_2 = -bx_2 \\ z = x_2 + v \end{array} \tag{9.98}$$

其中

$$E(x_1^2) = 0.1, \quad E(x_2^2) = 10.0, \qquad \text{期望值}\quad P_{22}(T) = 1.0 \tag{9.99}$$

例 9.25(利用状态的时间正交性)

$$\begin{array}{ll} \text{从:} & \dot{x}_1 = 0, \\ & \dot{x}_2 = 0, \qquad\qquad\qquad\qquad \text{到:}\ \dot{x}_2 = 0, \\ & z = [1|\sin t]\begin{bmatrix} x_1 \\ x_2 \end{bmatrix} + \nu, \qquad\qquad z = (\sin t)x_2 + v \\ & z\ \text{在}\ (0, T)\ \text{范围存在},\ T\text{为较大值} \\ P_{22}(0) = \text{较大值} & \end{array} \tag{9.100}$$

通过预滤波简化模型

修正现实滤波器模型的第二种技术是忽略预滤波以后的状态，以便减少状态。如图 9.22 所示。

当然，预滤波也会产生有害的副作用。可能需要采取其他的改变，以补偿测量噪声$\boldsymbol{v}$，因为它通过预滤波器以后变为时间相关了。还需要通过改变来解决在预滤波器通带内状态的“失真”问题(比如，正弦信号的幅度和相位以及信号的波形都可能产生一定的失真)。可以如图 9.23 所示那样对滤波器进行修正以补偿这些效应。值得期待的是，最后的结果可以得到比以前更小的滤波器。

例 9.26 考虑具有耦合系数τ的二阶系统，它由下列方程表示：

$$\begin{bmatrix} \dot{x}_1 \\ \dot{x}_2 \end{bmatrix} = \begin{bmatrix} -\alpha_1 & 0 \\ \tau & -\alpha_2 \end{bmatrix}\begin{bmatrix} x_1 \\ x_2 \end{bmatrix} + \begin{bmatrix} w_1 \\ w_2 \end{bmatrix}$$

$$\begin{bmatrix} z_1 \\ z_2 \end{bmatrix} = \begin{bmatrix} 1 & 0 \\ 0 & 1 \end{bmatrix}\begin{bmatrix} x_1 \\ x_2 \end{bmatrix} + \begin{bmatrix} v_1 \\ v_2 \end{bmatrix}$$

如果τ足够小，则可以将这个系统视为两个分离的解耦合系统，它们具有两个分离的对应的卡尔曼滤波器

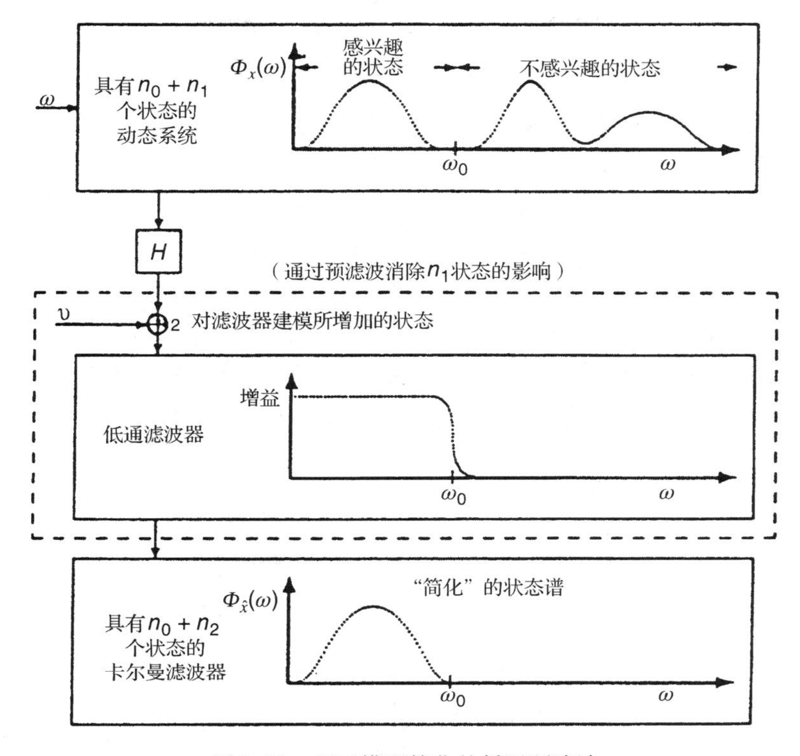

图 9.22 用于模型简化的低通预滤波

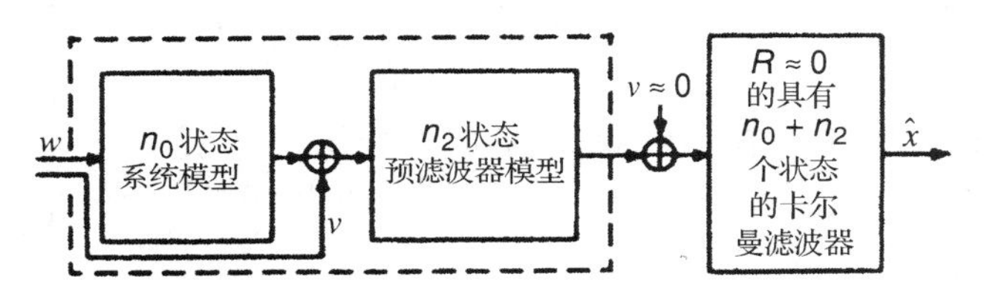

图 9.23 针对低通预滤波的修正系统模型

$$\begin{aligned}\dot{x}_1 &= -\alpha_1 x_1 + w_1, \quad \dot{x}_2 = -\alpha_2 x_2 + w_2 \\ z_1 &= x_1 + v_1, \qquad z_2 = x_2 + v_2\end{aligned} \tag{9.101}$$

这种去耦合方法的优点是可以大大减轻计算机的负担。然而，其缺点是估计误差的方差会增加，并且估计也是有偏的。

频域近似

这种方法可以用于表示下列类型系统的次优滤波器

$$\dot{x} = Fx + Gw, \qquad z = Hx + v$$

经常有些状态是平稳随机过程，其功率谱密度可以做近似处理，如图 9.24 所示。针对近似功率谱设计的滤波器可能会用到更少的状态。

例 9.27 有时候随机过程模型的一般结构是已知的，但是不能准确地已知其参数

$$\dot{x} = -\alpha x + w \text{ 和 } \sigma_w \text{ 是“不确定的”} \tag{9.102}$$

用随机游走模型代替上述模型

$$\dot{x} = w \tag{9.103}$$

并且结合“敏感性研究”通常可以明智地选取出 σ_w，它对 α 的不确定性的敏感度很低，并且滤波器性能降低也很小。

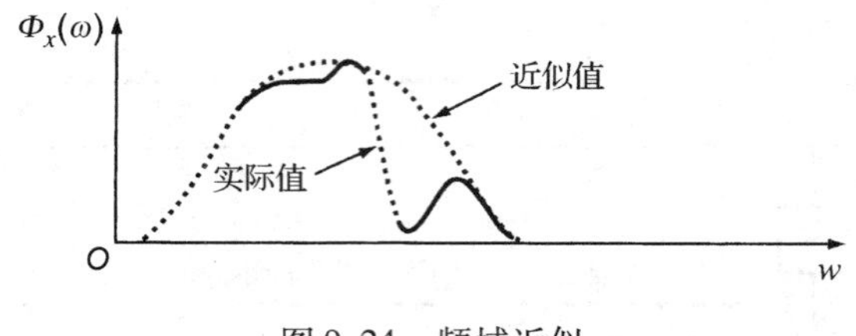

图 9.24　频域近似

例 9.28(宽带噪声的白噪声近似)　如果系统驱动噪声和测量噪声都是“宽带”噪声，但是具有足够平坦的 PSD，则它们可以通过“白噪声”近似来代替，如图 9.25 所示。

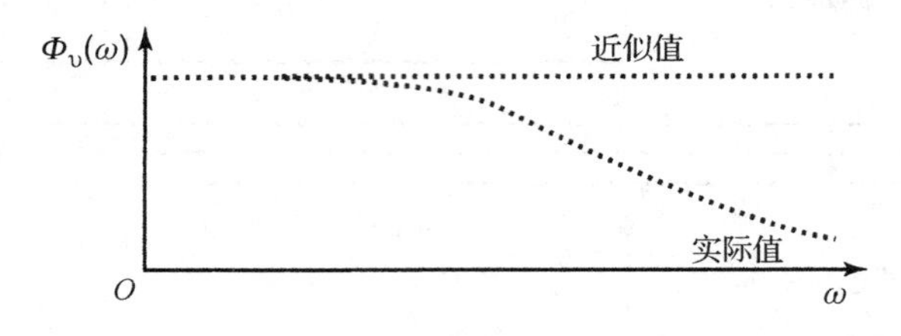

图 9.25　宽带噪声的白噪声近似

最小二乘滤波器　在实践中，另外一种经常采用的故意的次优线性滤波器是最小二乘估计。如果没有状态动态变化($F=0$ 和 $Q=0$)，则它与卡尔曼滤波是等效的，并且如果 Q 和 F(或者 Φ)的真实值对卡尔曼增益的值影响很小的话，它也经常被作为一种可供选择的次优滤波器。

观察法　通过选取具有特殊结构的滤波器的特征值，可以设计出这些更简单的滤波器。利用工程思维设计次优滤波器常常是可能的。根据一些实践者的经验来看，次优滤波器的设计是一门艺术而不仅仅是科学。

9.5.2　次优滤波器的双状态评估

双状态分析

这种分析方法之所以取这个名字，是因为对现实系统存在两种观点：

1. 对研究的实际系统的所谓系统模型(System model)[或者“真实模型(Truth model)”]。这种模型用于产生次优滤波器的观察输入。它应该是所考虑的实际系统的相当完整的模型，包括可能对估计子性能产生影响的所有已知现象。
2. 滤波器模型(Filter model)，它是系统模型的降阶形式，它通常局限于包含在测量灵敏度矩阵的定义域中的所有状态(即对测量有贡献的状态)，也有可能包含系统模型的其他状态分量。滤波器模型是由提出的滤波器实现方法所采用的，它大大降低了计算复杂度，但是(希望)不会严重降低准确度。降阶滤波器实现方法的性能一般是通过比较它的估计值与实际系统的状态值的吻合程度来度量的。然而，它可能不会对系统模型的所有状态向量分量进行估计。在这种情况下，对其估计精度的评估仅局限于普通的状态向量分量。

对次优滤波器误差的性能分析需要同时考虑两种状态向量（即系统状态向量和滤波器状态向量），它们被组合为一个双状态向量（Dual-state vector）。

标记符号

我们采用上标记号来区别这两种模型。上标 S 表示系统模型，而上标 F 表示滤波器模型，如图 9.31 所示①。双状态向量有两种常用的定义：

1. $x_k^{\text{dual}} = \begin{bmatrix} x_k^S \\ \hat{x}_{k(+)}^F \end{bmatrix}$（两个向量的串接）

2. $\tilde{x}_k^{\text{dual}} = \begin{bmatrix} \tilde{x}_{k(+)}^S \\ x_k^S \end{bmatrix}$，$\tilde{x}_{k(+)}^S = \hat{x}_k^S(+) = \hat{x}_{k(+)}^F - x_k^S$

在第二种定义中，滤波器状态向量 x^F 的维数可能比系统状态向量 x^S 的维数更低——因为在次优滤波器模型中忽略了某些系统状态分量。在这种情况下，在 x^F 中摒弃的分量可以用零来填补，以使维数相匹配。

在评估次优滤波器的双状态分析时，采用下列的定义：

实际系统	滤波器模型	
$\dot{x}^S = F_S x^S + G_S w^S$	$\dot{x}^F = F_F x^F + G_F w^F$	(9.104)
$z^S = H_S x^S + v^S$	$z^F = H_F x^F + v^F$	
$z^F = z^S$	$H_F = H_S, v^F = v^S$	(9.105)

$$\left.\begin{array}{l} \eta_k^S \equiv \int_{t_{k-1}}^{t_k} \Phi_S(t_k - \tau) G_S(\tau) w^S(\tau)\,\mathrm{d}\tau \\ \hat{x}_{k(+)}^F = \Phi_F \hat{x}_{k-1(+)}^F + \overline{K}_k [z_k^F - H_F \Phi_F \hat{x}_{k-1(+)}^F] \\ \Phi_S \equiv \text{系统状态转移矩阵} \\ \Phi_F \equiv \text{滤波器模型的状态转移矩阵} \\ Q_S \equiv \operatorname{cov}(w^S) \\ Q_F \equiv \operatorname{cov}(w^F) \end{array}\right] \tag{9.106}$$

令 $\Gamma_k \equiv (I - \overline{K}_k H_F)$，并且令

$$A \equiv \begin{bmatrix} \Phi_F & \Phi_F - \Phi_S \\ 0 & \Phi_S \end{bmatrix} \tag{9.107}$$

$$B \equiv \begin{bmatrix} \Gamma_k & 0 \\ 0 & I \end{bmatrix} \tag{9.108}$$

令“预测”估计误差为

$$\tilde{x}_k^S(+) \equiv \hat{x}_k^F(+) - x_k^S \tag{9.109}$$

并且令“滤波”估计误差为

$$\tilde{x}_{k-1}^S(+) \equiv \hat{x}_{k-1}^F(+) - x_{k-1}^S \tag{9.110}$$

于是，预测误差方程为

① 在图中将“系统”模型称为真实模型（Truth model）。如果这样，根据命名规则就需要采用上标 T 来表示，然而，这个符号已经用于表示转置（Transposition）。

$$\begin{bmatrix} \tilde{x}^S_{k(-)} \\ x^S_k \end{bmatrix} = A \begin{bmatrix} \tilde{x}^S_{k-1(+)} \\ x^S_{k-1} \end{bmatrix} + \begin{bmatrix} -\eta^S_{k-1} \\ \eta^S_{k-1} \end{bmatrix} \tag{9.111}$$

并且滤波误差方程为

$$\begin{bmatrix} \tilde{x}^S_{k-1(+)} \\ x^S_{k-1} \end{bmatrix} = B \begin{bmatrix} \tilde{x}^S_{k-1(-)} \\ x^S_{k-1} \end{bmatrix} + \begin{bmatrix} \overline{K}_{k-1} v^S_{k-1} \\ 0 \end{bmatrix} \tag{9.112}$$

对式(9.111)和式(9.112)取期望值 E 和协方差，得到下列递归关系：

$$\left.\begin{aligned} E_{\text{cov}} &= A \cdot P_{\text{cov}} \cdot A^{\text{T}} + \text{cov}L \\ P_{\text{cov}} &= B \cdot E_{\text{cov}} \cdot B^{\text{T}} + \text{cov}P \end{aligned}\right\}\text{(协方差传播)} \tag{9.113}$$

$$\left.\begin{aligned} E_{\text{DX}} &= A \cdot P_{\text{DX}} \\ P_{\text{DX}} &= B \cdot E_{\text{DX}} \end{aligned}\right\}\text{(偏差传播)} \tag{9.114}$$

其中，新引入的符号定义如下：

$$\begin{aligned}
E_{\text{cov}} &\equiv \text{cov}\begin{bmatrix} \tilde{x}^S_{k(-)} \\ x^S_k \end{bmatrix} \text{(预测双状态向量)} \\
\text{cov}L &\equiv \text{cov}\begin{bmatrix} -\eta^S_{k-1} \\ \eta^S_{k-1} \end{bmatrix} \\
P_{\text{cov}} &\equiv \text{cov}\begin{bmatrix} \tilde{x}^S_{k-1(+)} \\ x^S_{k-1} \end{bmatrix} \text{(滤波协方差)} \\
\text{cov}P &\equiv \text{cov}\begin{bmatrix} \overline{K}_{k-1} v^S_{k-1} \\ 0 \end{bmatrix} \\
&= \begin{bmatrix} \overline{K}_{k-1}\text{cov}(v^S_{k-1})\overline{K}^{\text{T}}_{k-1} & 0 \\ 0 & 0 \end{bmatrix} \\
P_{\text{DX}} &= \text{E}\begin{bmatrix} \tilde{x}^S_{k-1(+)} \\ x^S_{k-1} \end{bmatrix} \text{(滤波双状态向量的期望值)} \\
E_{\text{DX}} &= \text{E}\begin{bmatrix} \tilde{x}^S_{k(-)} \\ x^S_k \end{bmatrix} \text{(预测双状态向量的期望值)}
\end{aligned} \tag{9.115}$$

次优估计值 $\hat{x}$ 可能是有偏的。估计误差协方差取决于系统状态协方差。为了证明这一点，可以采用双状态方程。偏差传播方程

$$E_{\text{DX}} = A \cdot P_{\text{DX}}, P_{\text{DX}} = B \cdot E_{\text{DX}}$$

成为

$$\text{E}\begin{bmatrix} \tilde{x}^S_{k(-)} \\ x^S_k \end{bmatrix} = A\text{E}\begin{bmatrix} \tilde{x}^S_{k-1(+)} \\ x^S_{k-1} \end{bmatrix} \tag{9.116}$$

和

$$\text{E}\begin{bmatrix} \tilde{x}^S_{k-1(+)} \\ x^S_{k-1} \end{bmatrix} = B\text{E}\begin{bmatrix} \tilde{x}^S_{k-1(-)} \\ x^S_{k-1} \end{bmatrix} \tag{9.117}$$

显然，如果 $E[\tilde{x}_k^S(+)]\neq 0$，则估计是有偏的。如果

$$\Phi_F \neq \Phi_S \tag{9.118}$$

和

$$E(x^S) \neq 0 \tag{9.119}$$

这通常是成立的(比如，x^S可能是一个确定性变量，使得 $E(x^S)=x^S\neq 0$，或者 x^S也可能是一个具有非零均值的随机变量)。类似地，考察协方差传播方程

$$E_{\text{cov}} = A(P_{\text{cov}})A^{\text{T}} + \text{cov}L$$

$$P_{\text{cov}} = B(E_{\text{cov}})B^{\text{T}} + \text{cov}P$$

表明 $\text{cov}[\tilde{x}_k^S(-)]$取决于 $\text{cov}(x_k^S)$(参见习题7.5)。

如果

$$\Phi_F \neq \Phi_S \tag{9.120}$$

和

$$\text{cov}(x^S) \neq 0 \tag{9.121}$$

对于次优滤波器这通常是成立的，估计 $\hat{x}$ 是有偏的，并且估计误差协方差是独立于系统状态的。

9.6 Schmidt-Kalman 滤波

9.6.1 历史背景

Stanley F. Schmidt 是卡尔曼滤波早期成功的倡导者。当卡尔曼1959年发表他的相关成果时，Schmidt 正在加利福尼亚州芒廷维尤的 NASA 艾姆斯实验室工作。他很快就将其应用到艾姆斯实验室正在研究的问题，这是针对即将开展的载人探测月球的阿波罗计划项目中的空间导航问题(即轨道估计问题)(在此过程中，Schmidt 发现了现在被称为扩展卡尔曼滤波的方法)。Schmidt 对他的成果如此着迷，以至于开始劝说他的专业同事和伙伴尝试运用卡尔曼滤波。

Schmidt 还提出了许多提高数值稳定性并降低卡尔曼滤波计算需求的实际方法，并对它们进行了评价。许多这些成果都发表在期刊论文、技术报告和著作里面。在参考文献[5]中，Schmidt 提出了一种方法(现在被称为 Schmidt-Kalman 滤波)，通过消除一些"多余变量"(Nuisance variable)的计算来降低卡尔曼滤波器的计算复杂度，这些变量是对所讨论问题没有利害关系的状态变量——只是因为它们是系统状态向量的一部分而已。

Schmidt 的方法是次优的，因为它牺牲估计性能来换取计算性能。它对卡尔曼滤波器进行近似，使之能够在当时(20世纪60年代中期)的计算机上实时实现。然而即使今天，这些方法仍然能够找到其令人满意的应用，可以在小的嵌入式微处理器上实现卡尔曼滤波器。

在卡尔曼滤波器状态向量中的"多余变量"的类型包括那些用于相关测量噪声(如有色噪声、pastel 噪声或者随机游走噪声等)建模的向量。我们通常对这类噪声的记忆状态不感兴趣，我们只是希望把它们滤除掉。

因为测量噪声的动态变化一般不会与其他系统状态变量有关联，所以这些增加的状态变量也不会与其他状态变量动态耦合。确切地讲，在动态系数矩阵中将这两类状态变量(涉及相关测量噪声的状态和不涉及相关测量噪声的状态)联系起来的元素为零。换句话说，如果

第 i 个状态变量属于第一种类型，而第 j 个状态变量属于其他类型，则动态系数矩阵 F 的第 i 行第 j 列元素 f_{ij}将总是为零。

Schmidt 能够利用这一点，因为它意味着可以把状态向量中的状态变量重新排序，使“多余变量”出现在最后。于是，得到下列形式的动态方程：

$$\frac{\mathrm{d}}{\mathrm{d}t}\boldsymbol{x}(t)=\begin{bmatrix}F_{\varepsilon}(t) & 0\\ 0 & F_{\nu}(t)\end{bmatrix}\boldsymbol{x}(t)+\boldsymbol{w}(t) \tag{9.122}$$

这样，F_ν表示多余变量的动态模型，F_ε表示其他状态变量的动态模型。

正是上述对状态向量的分割产生了这种被称为 Schmidt-Kalman 滤波器的降阶、次优滤波器。

9.6.2 推导过程

模型分割

令①

$n=n_\varepsilon+n_\nu$为状态变量的总个数。

n_ε为基本变量(Essential variables)的个数，它们的值对应用有利害关系。

n_ν为多余变量的个数，它们的值对应用没有实质上的利害关系，并且它们的动态模型也与基本状态变量的动态模型没有耦合关系。

于是，可以将状态向量中的状态变量重新排序，使基本变量位于多余变量前面

$$\boldsymbol{X}=\begin{bmatrix}\left.\begin{matrix}x_1\\ x_2\\ x_3\\ \vdots\\ x_{n_\varepsilon}\end{matrix}\right\}\text{基本变量}\\ \left.\begin{matrix}x_{n_\varepsilon+1}\\ x_{n_\varepsilon+2}\\ x_{n_\varepsilon+3}\\ \vdots\\ x_{n_\varepsilon+n_\nu}\end{matrix}\right\}\text{多余变量}\end{bmatrix} \tag{9.123}$$

$$=\begin{bmatrix}\boldsymbol{x}_\varepsilon\\ \hline \boldsymbol{x}_\nu\end{bmatrix} \tag{9.124}$$

其中，将状态向量分割为基本变量的子向量 $\boldsymbol{x}_\varepsilon$和多余变量的子向量 $\boldsymbol{x}_\nu$。

动态模型分割

我们知道这两种类型的状态变量不是动态关联的，因此连续时间的系统动态模型具有下列形式：

$$\frac{\mathrm{d}}{\mathrm{d}t}\left[\begin{array}{c}\boldsymbol{x}_\varepsilon(t)\\ \hline \boldsymbol{x}_\nu(t)\end{array}\right]=\left[\begin{array}{c|c}F_\varepsilon(t) & 0\\ \hline 0 & F_\nu(t)\end{array}\right]\left[\begin{array}{c}\boldsymbol{x}_\varepsilon(t)\\ \hline \boldsymbol{x}_\nu(t)\end{array}\right]+\left[\begin{array}{c}w_\varepsilon(t)\\ \hline w_\nu(t)\end{array}\right] \tag{9.125}$$

① 这里的推导过程采用参考文献[6]中的方法。

其中，过程噪声向量 $\boldsymbol{w}_\varepsilon$ 和 $\boldsymbol{w}_\nu$ 是不相关的。也就是说，连续时间模型(以及离散时间模型)中过程噪声的协方差矩阵为

$$Q = \left[\begin{array}{c|c} Q_{\varepsilon\varepsilon} & 0 \\ \hline 0 & Q_{\nu\nu} \end{array}\right] \tag{9.126}$$

确切地讲，互协方差分块矩阵 $Q_{\varepsilon\nu} = 0$。

分割后的协方差矩阵

估计不确定性(Riccati 方程的因变量)的协方差矩阵也可以分割为

$$P = \left[\begin{array}{c|c} P_{\varepsilon\varepsilon} & P_{\varepsilon\nu} \\ \hline P_{\nu\varepsilon} & P_{\nu\nu} \end{array}\right] \tag{9.127}$$

其中

分块矩阵 $P_{\varepsilon\varepsilon}$ 的维数是 $n_\varepsilon \times n_\varepsilon$
分块矩阵 $P_{\varepsilon\nu}$ 的维数是 $n_\varepsilon \times n_\nu$
分块矩阵 $P_{\nu\varepsilon}$ 的维数是 $n_\nu \times n_\varepsilon$
分块矩阵 $P_{\nu\nu}$ 的维数是 $n_\nu \times n_\nu$

时间协方差更新

于是，离散时间模型的对应的状态转移矩阵具有下列形式：

$$\Phi_\kappa = \left[\begin{array}{c|c} \Phi_{\varepsilon\kappa} & 0 \\ \hline 0 & \Phi_{\nu\kappa} \end{array}\right] \tag{9.128}$$

$$\Phi_{\varepsilon k} = \exp\left(\int_{t_{k-1}}^{t_k} F_\varepsilon(t)\,\mathrm{d}t\right) \tag{9.129}$$

$$\Phi_{\nu k} = \exp\left(\int_{t_{k-1}}^{t_k} F_\nu(t)\,\mathrm{d}t\right) \tag{9.130}$$

并且 P 的时间更新具有下列分割形式：

$$\begin{aligned}&\left[\begin{array}{c|c} P_{\varepsilon\varepsilon k+1-} & P_{\varepsilon\nu k+1-} \\ \hline P_{\nu\varepsilon k+1-} & P_{\nu\nu k+1-} \end{array}\right] \\ &= \left[\begin{array}{c|c} \Phi_{\varepsilon k} & 0 \\ \hline 0 & \Phi_{\nu k} \end{array}\right]\left[\begin{array}{c|c} P_{\varepsilon\varepsilon k+} & P_{\varepsilon\nu k+} \\ \hline P_{\nu\varepsilon k+} & P_{\nu\nu k+} \end{array}\right]\left[\begin{array}{c|c} \Phi_{\varepsilon k}^{\mathrm{T}} & 0 \\ \hline 0 & \Phi_{\nu k}^{\mathrm{T}} \end{array}\right] + \left[\begin{array}{c|c} Q_{\varepsilon\varepsilon} & 0 \\ \hline 0 & Q_{\nu\nu} \end{array}\right]\end{aligned} \tag{9.131}$$

或者用各个分块矩阵表示为

$$P_{\epsilon\epsilon k+1-} = \Phi_{\epsilon k} P_{\epsilon\epsilon k+} \Phi_{\epsilon k}^{\mathrm{T}} + Q_{\epsilon\epsilon} \tag{9.132}$$

$$P_{\epsilon\upsilon k+1-} = \Phi_{\epsilon k} P_{\epsilon\upsilon k+} \Phi_{\upsilon k}^{\mathrm{T}} \tag{9.133}$$

$$P_{\upsilon\epsilon k+1-} = \Phi_{\upsilon k} P_{\upsilon\epsilon k+} \Phi_{\epsilon k}^{\mathrm{T}} \tag{9.134}$$

$$P_{\upsilon\upsilon k+1-} = \Phi_{\upsilon k} P_{\upsilon\upsilon k+} \Phi_{\upsilon k}^{\mathrm{T}} + Q_{\upsilon\upsilon} \tag{9.135}$$

分割后的测量灵敏度矩阵

利用状态向量的这种分割方法，可以将测量模型表示为下列形式：

$$z = [H_\varepsilon \quad | \quad H_\upsilon]\left[\frac{\boldsymbol{x}_\varepsilon(t)}{\boldsymbol{x}_\upsilon(t)}\right] + \upsilon \tag{9.136}$$

$$= \underbrace{H_\varepsilon \boldsymbol{x}_\varepsilon}_{\text{与基本状态有关}} + \underbrace{H_\upsilon \boldsymbol{x}_\upsilon}_{\text{相关噪声}} + \underbrace{\upsilon}_{\text{非相关噪声}} \tag{9.137}$$

9.6.3 Schmidt-Kalman 增益

卡尔曼增益

Schmidt-Kalman 滤波器没有利用卡尔曼增益矩阵。然而，我们必须要用分割形式写出它的定义，以便说明如何通过这种修改得到 Schmidt-Kalman 增益。

卡尔曼增益矩阵可以进行适当地分割，使得

$$\overline{K} = \left[\frac{K_\epsilon}{K_\nu}\right] = \left[\begin{array}{c|c} P_{\varepsilon\epsilon} & P_{\epsilon\nu} \\ \hline P_{\nu\varepsilon} & P_{\upsilon\nu} \end{array}\right]\left[\frac{H_\epsilon^{\mathrm{T}}}{H_\nu^{\mathrm{T}}}\right] \tag{9.138}$$

$$\left\{[H_\epsilon \quad | \quad H_\nu]\left[\begin{array}{c|c} P_{\epsilon\epsilon} & P_{\epsilon\nu} \\ \hline P_{\nu\epsilon} & P_{\nu\nu} \end{array}\right]\left[\frac{H_\epsilon^{\mathrm{T}}}{H_\nu^{\mathrm{T}}}\right] + R\right\}^{-1} \tag{9.139}$$

并且各个分块矩阵为

$$K_\epsilon = \{P_{\epsilon\epsilon}H_\epsilon^{\mathrm{T}} + P_{\epsilon\upsilon}H_\upsilon^{\mathrm{T}}\}C \tag{9.140}$$

$$K_\upsilon = \{P_{\upsilon\epsilon}H_\epsilon^{\mathrm{T}} + P_{\upsilon\upsilon}H_\upsilon^{\mathrm{T}}\}C \tag{9.141}$$

其中，公因子为

$$C = \left\{[H_\epsilon \quad | \quad H_\upsilon]\begin{bmatrix} P_{\epsilon\epsilon} & P_{\epsilon\upsilon} \\ P_{\upsilon\epsilon} & P_{\upsilon\upsilon} \end{bmatrix}\left[\frac{H_\epsilon^{\mathrm{T}}}{H_\upsilon^{\mathrm{T}}}\right] + R\right\}^{-1} \tag{9.142}$$

$$= \{H_\epsilon P_{\epsilon\epsilon}H_\epsilon^{\mathrm{T}} + H_\epsilon P_{\epsilon\upsilon}H_\upsilon^{\mathrm{T}} + H_\upsilon P_{\upsilon\epsilon}H_\epsilon^{\mathrm{T}} + H_\upsilon P_{\upsilon\upsilon}H_\upsilon^{\mathrm{T}} + R\}^{-1} \tag{9.143}$$

然而，事实上 Schmidt-Kalman 滤波器将迫使 K_ν 为零，并且在这种约束下对上面的分块矩阵(不再是卡尔曼滤波器中的 K_ε)进行重新定义。

次优方法

这种方法将定义一种次优滤波器，这种滤波器不需要估计多余状态变量，但确实会跟踪它们对采用其他状态变量增益的影响。

Schmidt-Kalman 滤波器的次优增益矩阵具有下列形式：

$$\overline{K}_{\text{suboptimal}} = \begin{bmatrix} K_{\text{SK}} \\ 0 \end{bmatrix} \tag{9.144}$$

其中，K_{SK} 为 $n_\varepsilon \times \ell$ 维 Schmidt-Kalman 增益矩阵。

这种次优滤波器有效地忽略了多余变量。

然而，计算增益 K_{SK} 定义式中用到的协方差矩阵 P 仍然必须考虑这种约束对状态估计不确定性的影响，为此还必须使 K_{SK} 最优化。这里，在不估计多余状态的约束下，K_{SK} 事实上也将是最优的。然而，同时采用两个卡尔曼增益分块矩阵(K_ε 和 K_ν)的滤波器性能将比单独采用 K_{SK} 的性能更好，从这个意义上讲，该滤波器仍然是次优的。

这种方法仍然会传播完整的协方差矩阵 P，但是需要改变观测更新方程，以反映（实际上）$K_v=0$ 这一事实。

次优观测更新

采用任意增益 K_k 的观测更新方程可以表示为下列形式：

$$P_{k(+)}=(I_n-\overline{K}_kH_k)P_{k(-)}(I_n-\overline{K}_kH_k)^{\mathrm{T}}+\overline{K}_kR\overline{K}_k^{\mathrm{T}} \tag{9.145}$$

其中，n 为状态向量的维数，I_n 为 $n\times n$ 维恒等矩阵，ℓ 为测量的维数，H_k 为 $\ell\times n$ 维测量灵敏度矩阵，并且 R_k 为不相关测量噪声的 $\ell\times\ell$ 维协方差矩阵。

在次优增益 K_k 具有式(9.144)所示分割形式的情况下，P 的观测更新方程的分割形式为

$$\begin{aligned}\begin{bmatrix}P_{\epsilon\epsilon,k(+)} & P_{\epsilon v,k(+)}\\ P_{v\epsilon,k(+)} & P_{vv,k(+)}\end{bmatrix}&=\left(\begin{bmatrix}I_{n_\epsilon} & 0\\ 0 & I_{n_v}\end{bmatrix}-\left[\frac{K_{\mathrm{SK},k}}{0}\right][H_{\epsilon,k}\quad|\quad H_{v,k}]\right)\\&\times\begin{bmatrix}P_{\epsilon\epsilon,k(-)} & P_{\epsilon v,k(-)}\\ P_{v\epsilon,k(-)} & P_{vv,k(-)}\end{bmatrix}\\&\times\left(\begin{bmatrix}I_{n_\epsilon} & 0\\ 0 & I_{n_v}\end{bmatrix}-\left[\frac{K_{\mathrm{SK},k}}{0}\right][H_{\epsilon,k}\quad H_{v,k}]\right)^{\mathrm{T}}\\&+\left[\frac{K_{\mathrm{SK},k}a}{0}\right]R_k[K_{\mathrm{SK},k}^{\mathrm{T}}\quad 0]\end{aligned} \tag{9.146}$$

上面圆括号中的求和项可以组合为下列形式：

$$\begin{aligned}&=\begin{bmatrix}I_{n_\epsilon}-K_{\mathrm{SK},k}H_{\epsilon,k} & -K_{\mathrm{SK},k}H_{v,k}\\ 0 & I_{n_v}\end{bmatrix}\times\begin{bmatrix}P_{\epsilon\epsilon,k(-)} & P_{\epsilon v,k(-)}\\ P_{v\epsilon,k(-)} & P_{vv,k(-)}\end{bmatrix}\\&\times\begin{bmatrix}I_{n_\epsilon}-H_{\epsilon,k}^{\mathrm{T}}K_{\mathrm{SK},k}^{\mathrm{T}} & 0\\ -H_{v,k}^{\mathrm{T}}K_{\mathrm{SK},k}^{\mathrm{T}} & I_{n_v}\end{bmatrix}+\begin{bmatrix}K_{\mathrm{SK},k}R_kK_{\mathrm{SK},k}^{\mathrm{T}} & 0\\ 0 & 0\end{bmatrix}\end{aligned} \tag{9.147}$$

于是，展开上式可以得到 P 的分块矩阵的下列公式（其中对中间结果加上了标注，它们可以重复使用以便减少计算量）：

$$\begin{aligned}P_{\epsilon\epsilon,k(+)}&=\underbrace{(I_{n_\epsilon}-K_{\mathrm{SK},k}H_{\epsilon,k})}_{\mathcal{A}}P_{\epsilon\epsilon,k(-)}\underbrace{(I_{n_\epsilon}-K_{\mathrm{SK},k}H_{\epsilon,k})^{\mathrm{T}}}_{\mathcal{A}^{\mathrm{T}}}\\&-\underbrace{\overbrace{(I_{n_\epsilon}-K_{\mathrm{SK},k}H_{\epsilon,k})}^{\mathcal{A}}P_{v\epsilon,k(-)}H_{v,k}^{\mathrm{T}}K_{\mathrm{SK},k}^{\mathrm{T}}}_{\mathcal{B}}\\&-\overbrace{K_{\mathrm{SK},k}H_{v,k}\,P_{\epsilon v,k(-)}(I_{n_\epsilon}-K_{\mathrm{SK},k}H_{\epsilon,k})^{\mathrm{T}}}^{\mathcal{B}^{\mathrm{T}}}\\&+K_{\mathrm{SK},k}R_kK_{\mathrm{SK},k}^{\mathrm{T}}\end{aligned} \tag{9.148}$$

$$P_{\epsilon v,k(+)}=\overbrace{(I_{n_\epsilon}-K_{\mathrm{SK},k}H_{\epsilon,k})}^{\mathcal{A}}P_{\epsilon v,k(-)}-K_{\mathrm{SK},k}H_{v,k}P_{vv,k(-)} \tag{9.149}$$

$$P_{\upsilon\epsilon,k(+)} = P^{\mathrm{T}}_{\epsilon\upsilon,k(+)} \tag{9.150}$$

$$P_{\upsilon\upsilon,k(+)} = P_{\upsilon\upsilon,k(-)} \tag{9.151}$$

注意到因为 x_υ 没有更新，所以在观测更新时 $P_{\upsilon\upsilon}$ 没有变化。

这样，就完成了 Schmidt-Kalman 滤波器的整个推导过程。在 Schmidt-Kalman 滤波器中对 P 的时间更新将与卡尔曼滤波器相同。这是因为时间更新只对状态变量的传播进行建模，而两种情况下的传播模型是相同的。

9.6.4　实现方程

现在，可以根据上面的推导结果对基本方程进行归纳，如表 9.2 所示。为了重复使用中间结果，对这些方程适当地做了重新调整。

表 9.2　Schmidt-Kalman 滤波器的实现方程

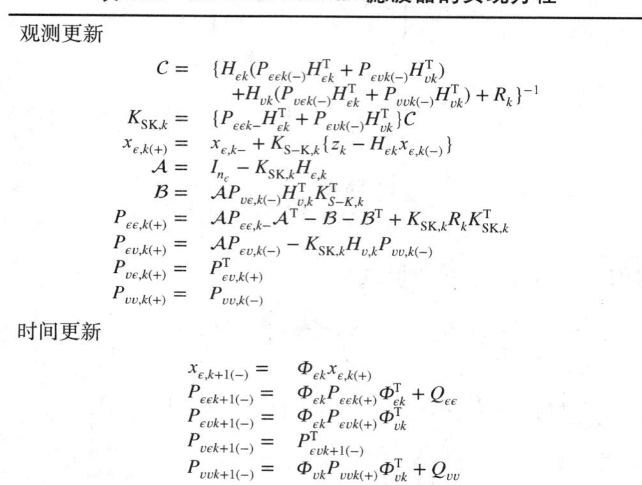

观测更新

$$\begin{aligned}
C =\ & \{H_{\epsilon k}(P_{\epsilon\epsilon k(-)}H^{\mathrm{T}}_{\epsilon k} + P_{\epsilon\upsilon k(-)}H^{\mathrm{T}}_{\upsilon k}) \\
& +H_{\upsilon k}(P_{\upsilon\epsilon k(-)}H^{\mathrm{T}}_{\epsilon k} + P_{\upsilon\upsilon k(-)}H^{\mathrm{T}}_{\upsilon k}) + R_k\}^{-1} \\
K_{\mathrm{SK},k} =\ & \{P_{\epsilon\epsilon k-}H^{\mathrm{T}}_{\epsilon k} + P_{\epsilon\upsilon k(-)}H^{\mathrm{T}}_{\upsilon k}\}C \\
x_{\epsilon,k(+)} =\ & x_{\epsilon,k-} + K_{\mathrm{S-K},k}\{z_k - H_{\epsilon k}x_{\epsilon,k(-)}\} \\
\mathcal{A} =\ & I_{n_\epsilon} - K_{\mathrm{SK},k}H_{\epsilon,k} \\
\mathcal{B} =\ & \mathcal{A}P_{\upsilon\epsilon,k(-)}H^{\mathrm{T}}_{\upsilon,k}K^{\mathrm{T}}_{S-K,k} \\
P_{\epsilon\epsilon,k(+)} =\ & \mathcal{A}P_{\epsilon\epsilon,k-}\mathcal{A}^{\mathrm{T}} - \mathcal{B} - \mathcal{B}^{\mathrm{T}} + K_{\mathrm{SK},k}R_kK^{\mathrm{T}}_{\mathrm{SK},k} \\
P_{\epsilon\upsilon,k(+)} =\ & \mathcal{A}P_{\epsilon\upsilon,k(-)} - K_{\mathrm{SK},k}H_{\upsilon,k}P_{\upsilon\upsilon,k(-)} \\
P_{\upsilon\epsilon,k(+)} =\ & P^{\mathrm{T}}_{\epsilon\upsilon,k(+)} \\
P_{\upsilon\upsilon,k(+)} =\ & P_{\upsilon\upsilon,k(-)}
\end{aligned}$$

时间更新

$$\begin{aligned}
x_{\epsilon,k+1(-)} =\ & \Phi_{\epsilon k}x_{\epsilon,k(+)} \\
P_{\epsilon\epsilon k+1(-)} =\ & \Phi_{\epsilon k}P_{\epsilon\epsilon k(+)}\Phi^{\mathrm{T}}_{\epsilon k} + Q_{\epsilon\epsilon} \\
P_{\epsilon\upsilon k+1(-)} =\ & \Phi_{\epsilon k}P_{\epsilon\upsilon k(+)}\Phi^{\mathrm{T}}_{\upsilon k} \\
P_{\upsilon\epsilon k+1(-)} =\ & P^{\mathrm{T}}_{\epsilon\upsilon k+1(-)} \\
P_{\upsilon\upsilon k+1(-)} =\ & \Phi_{\upsilon k}P_{\upsilon\upsilon k(+)}\Phi^{\mathrm{T}}_{\upsilon k} + Q_{\upsilon\upsilon}
\end{aligned}$$

9.6.5　计算复杂度

Schmidt-Kalman 滤波器的目的是降低完整卡尔曼滤波器所需的计算需求。尽管其方程看起来更加复杂，涉及的矩阵维数却比卡尔曼滤波器中矩阵的维数更低。

现在，我们将对这些实现方程的运算量进行粗略计数，以便确信它们实实在在地降低了计算需求。

表 9.3 是实现表 9.2 中的方程时运算次数的分解。其中矩阵公式上方的公式(在尖括号内)给出了实现这些公式所需的大致运算次数。这里的“运算”大体上等效于乘法和加法。运算次数是采用测量的个数(ℓ，测量向量的维数)、基本状态变量的个数(n_ε)和多余状态变量的个数(n_υ)来表示的。

这些复杂度公式是基于表 9.4 中所列矩阵维数来得到的。

Schmidt-Kalman 滤波器的 MATLAB 实现可见 m 文件 `KFvsSKF.m`。

表 9.3　Schmidt-Kalman 滤波器的运算次数

矩阵运算的标量运算次数	每一行的总运算次数
$C=\{\overbrace{H_{\epsilon k}\times}^{\langle n_\epsilon\ell^2\rangle}\underbrace{(\overbrace{P_{\epsilon\epsilon k(-)}H^{\mathrm{T}}_{\epsilon k}}^{\langle n_\epsilon^2\ell\rangle}+\overbrace{P_{\epsilon vk(-)}H^{\mathrm{T}}_{vk}}^{\langle n_\epsilon n_v\ell\rangle})}_{\text{(下面将再次用到)}}$	$n_\epsilon\ell^2+n_\epsilon^2\ell+n_\epsilon n_v\ell$
$+\overbrace{H_{vk}\times}^{\langle n_v\ell^2\rangle}(\overbrace{P_{v\epsilon k(-)}H^{\mathrm{T}}_{\epsilon k}}^{\langle n_\epsilon n_v\ell\rangle}+\overbrace{P_{vvk(-)}H^{\mathrm{T}}_{vk}}^{\langle n_v^2\ell\rangle})$	$n_v\ell^2+n_\epsilon n_v\ell+n_v^2\ell$
$+R_k\}^{-1\langle\ell^3\rangle}$(矩阵求逆)	ℓ^3
$K_{SK,k}=\overbrace{\{P_{\epsilon\epsilon k(-)}H^{\mathrm{T}}_{\epsilon k}+P_{\epsilon vk(-)}H^{\mathrm{T}}_{vk}\}}^{\text{(上面已经计算出来)}}\overbrace{\times C}^{\langle n_\epsilon\ell^2\rangle}$	$n_\epsilon\ell^2$
$x_{\epsilon,k(+)}=x_{\epsilon,k(-)}+\overbrace{K_{\mathrm{SK},k}}^{\langle n_\epsilon\ell\rangle}\times\overbrace{\{z_k-H_{\epsilon k}x_{\epsilon,k(-)}\}}^{\langle n_\epsilon\ell\rangle}$	$2n_\epsilon\ell$
$\mathcal{A}=I_{n_\epsilon}-\overbrace{K_{\mathrm{SK},k}H_{\epsilon,k}}^{\langle n_\epsilon^2\ell\rangle}$	$n_\epsilon^2\ell$
$\mathcal{B}=\underbrace{\overbrace{\mathcal{A}\times P_{\epsilon v,k(-)}}^{\langle n_\epsilon^2n_v\rangle}\times\overbrace{H^{\mathrm{T}}_{v,k}\times K^{\mathrm{T}}_{\mathrm{SK},k}}^{\langle n_\epsilon n_v\ell\rangle}}_{\langle n_\epsilon^2n_v\rangle}$	$2n_\epsilon^2n_v+n_\epsilon n_v\ell$
$P_{\epsilon\epsilon,k(+)}=\mathcal{A}P_{\epsilon\epsilon,k(-)}\mathcal{A}^{\mathrm{T}}-\mathcal{B}-\mathcal{B}^{\mathrm{T}}$	$\frac{3}{2}n_\epsilon^3+\frac{1}{2}n_\epsilon^2$
$+\underbrace{K_{\mathrm{SK},k}\overbrace{[H_{vk},P_{vv,k(-)}H^{\mathrm{T}}_{v,k}+R_k]}^{\langle n_v^2\ell+\frac{1}{2}n_v\ell^2+\frac{1}{2}n_v\ell\rangle}K^{\mathrm{T}}_{\mathrm{SK},k}}_{\langle\frac{1}{2}n_\epsilon^2\ell+n_\epsilon\ell^2+\frac{1}{2}n_\epsilon\ell\rangle}$	$\frac{3}{2}n_v^3+n_v^2\ell+\frac{1}{2}n_v\ell^2+\frac{1}{2}n_v^2+\frac{1}{2}n_v\ell$
$P_{\epsilon v,k(+)}=\overbrace{\mathcal{A}\times P_{\epsilon v,k(-)}}^{\langle n_\epsilon^2n_v\rangle}-\overbrace{K_{\mathrm{SK},k}\times H_{v,k}}^{\langle n_\epsilon n_v\ell\rangle}\overbrace{\times P_{vv,k(-)}}^{\langle n_\epsilon n_v^2\rangle}$	$n_\epsilon^2n_v+n_\epsilon n_v\ell+n_\epsilon n_v^2$
$P_{v\epsilon,k(+)}=P^{\mathrm{T}}_{\epsilon v,k(+)}$	0
$P_{vv,k(+)}=P_{vv,k(-)}$	0
观测更新的总运算次数	$3n_\epsilon\ell^2+\frac{5}{2}n_\epsilon^2\ell+4n_\epsilon n_v\ell$ $+\frac{3}{2}n_v\ell^2+2n_v^2\ell+\ell^3$ $+\frac{5}{2}n_\epsilon\ell+3n_\epsilon^2n_v$ $+\frac{1}{2}n_v\ell+n_\epsilon n_v^2$
时间更新	
$\hat{\boldsymbol{x}}_{\epsilon,k+1(-)}=\Phi_{\epsilon k}\hat{x}_{\epsilon,k(+)}$	n_ϵ^2
$P_{\epsilon\epsilon k+1(-)}=\Phi_{\epsilon k}P_{\epsilon\epsilon k(+)}\Phi^{\mathrm{T}}_{\epsilon k}+Q_{\epsilon\epsilon}$	$\frac{3}{2}n_\epsilon^3+\frac{1}{2}n_\epsilon^2$
$P_{\epsilon vk+1(-)}=\Phi_{\epsilon k}P_{\epsilon vk(+)}\Phi^{\mathrm{T}}_{vk}$	$n_\epsilon n_v^2+n_vn_\epsilon^2$
$P_{v\epsilon k+1(-)}=P^{\mathrm{T}}_{\epsilon vk+1-}$	0
$P_{vvk+1(-)}=\Phi_{vk}P_{vvk(+)}\Phi^{\mathrm{T}}_{vk}+Q_{vv}$	$\frac{3}{2}n_v^3+\frac{1}{2}n_v^2$
时间更新的总运算次数	$\frac{3}{2}n_\epsilon^2+\frac{3}{2}n_\epsilon^3+n_\epsilon n_v^2+n_\epsilon^2n_v+\frac{3}{2}n_v^3+\frac{1}{2}n_v^2$
Schmidt-Kalman滤波器的总运算次数	$3n_\epsilon\ell^2+\frac{5}{2}n_\epsilon^2\ell+4n_\epsilon n_v\ell$ $+\frac{3}{2}n_v\ell^2+2n_v^2\ell+\ell^3+\frac{5}{2}n_\epsilon\ell$ $+4n_\epsilon^2n_v+\frac{3}{2}n_\epsilon^3+\frac{3}{2}n_\epsilon^2+\frac{1}{2}n_v\ell$ $+\frac{3}{2}n_v^3+\frac{1}{2}n_v^2+\frac{1}{2}n_v\ell+2n_\epsilon n_v^2$

表 9.4　矩 阵 维 数

符号	行	列	符号	行	列	符号	行	列
$\mathcal{A}$	n_ϵ	n_ϵ	$P_{\epsilon\epsilon}$	n_ϵ	n_ϵ	R	ℓ	ℓ
$\mathcal{B}$	n_ϵ	n_ϵ	$P_{\epsilon v}$	n_ϵ	n_v	$\boldsymbol{\Phi}_\epsilon$	n_ϵ	n_ϵ
$\mathcal{C}$	ℓ	ℓ	$P_{v\epsilon}$	n_v	n_ϵ	$\boldsymbol{\Phi}_v$	n_v	n_v
H_ϵ	ℓ	n_ϵ	P_{vv}	n_v	n_v	$\hat{\mathbf{x}}_\epsilon$	n_ϵ	1
H_v	ℓ	n_v	$Q_{\epsilon\epsilon}$	n_ϵ	n_ϵ	$\mathbf{z}$	ℓ	1
K_{SK}	n_ϵ	ℓ	Q_{vv}	n_v	n_v			

9.7 存储量、吞吐量和字长需求

在大型科学计算机上离线实现卡尔曼滤波器时，这些都不是重要问题，但是在嵌入式处理器中实时实现，尤其当状态向量或者测量的维数很大时，它们就变成了关键问题。我们在这里针对一个假定应用给出一些方法，可以对这些需求进行评价，并且提高它们在边缘情况下的可行性。这些方法包括存储需求和计算复杂度的数量级图，它们是状态向量和测量向量维数的函数。这些图覆盖了维数从 1 ~ 1000 的范围，它们应该能够囊括大多数感兴趣的问题。

9.7.1 字长问题

精度问题

字长问题包括精度问题(与尾数域中的有效位数有关)和动态范围问题(与指数域中的位数有关)。在第 7 章中，对与精度有关的问题及补救方法进行了讨论。

尺度问题

下溢和溢出是出现动态范围问题的征兆。这些问题可以通过对相关变量进行尺度改变来纠正。这等效于改变测量的单位，比如采用千米代替厘米来表示长度。在有些情况但不是所有情况下，可以通过尺度改变来提高矩阵的条件数。比如，下面两个协方差矩阵：

$$\begin{bmatrix}1 & 0\\0 & \epsilon^2\end{bmatrix} \quad 和 \quad \frac{1}{2}\begin{bmatrix}1+\epsilon^2 & 1-\epsilon^2\\1-\epsilon^2 & 1+\epsilon^2\end{bmatrix}$$

具有相同的条件数($1/\epsilon^2$)，当 ϵ 的值很小时会带来问题。简单地将左边矩阵的第二个分量用 $1/\epsilon$ 来改变尺度比例，就可以使其条件数变为 1。

9.7.2 存储需求

在早期实现卡尔曼滤波器时，一个字节存储器的价格大约相当于一个人每小时的最低工资数。由于这些经济约束，程序员发展了许多技术来降低卡尔曼滤波器的存储需求。在第 7 章中提到了许多这类技术，尽管它们不如原来那么重要了。自从这些方法提出来以后，存储器的价格已经有了很大的下降。今天关注存储需求的主要原因在于，可以通过配置固定的存储器来确定对问题规模(大小)的限制。尽管存储器很廉价，但它仍然是有限的。

程序存储器与数据存储器

在处理系统的“冯·诺依曼结构”中，包含算法的存储器与包含算法所用数据的存储器之间是没有区别的。在具体应用中，程序可能包括 Φ 或者 H 这种矩阵的元素计算公式。除此以外，算法的存储需求还倾向于与具体应用和“问题规模”(Problem size)无关。对于卡尔曼滤波器而言，问题规模是由状态的维数(n)、测量的维数(ℓ)和过程噪声的维数(p)所规定的。用于保存具有这些维数的数组的数据存储需求则与问题规模非常相关。这里我们给出一些表示这种相关性的一般公式。

数据存储器和字长

数据存储需求将取决于数据字长(用比特位表示)和数据结构的大小。数据需求是用“浮点字”来表示的。对于本书给出的例子，它们是 4 字节或者 8 字节的字（按照 IEEE 浮点标准格式）。

数据存储需求

数据存储需求在一定程度上还受到编程风格的影响，尤其受到包含部分结果的数据结构的重复使用方式的影响。

对于卡尔曼滤波器的或多或少属于“传统”方法的实现来讲，其数据存储需求由表 9.5 给出，并且在图 9.26 中画出来了。这是针对图 7.2 中画出的卡尔曼滤波器实现方法得到的，它重复使用了某些部分结果。数组维数与它们包含的矩阵子表达式有关。这些子表达式可以分为下列三组类型：

1. 计算 Riccati 方程（用于协方差和增益计算）和线性估计都共有的数组。
2. 求解 Riccati 方程所需要的额外的数组表达式，它将卡尔曼增益作为部分结果。
3. 给定卡尔曼增益情况下线性估计状态变量所需要的额外的数组表达式。

表 9.5　“传统”卡尔曼滤波器实现的数组需求

功能分组	矩阵表达式	数组维数	总存储需求
Riccati方程	P	$n\times n$	
	ΦP	$n\times n$	
	GQG^{T}	$n\times n$	$3n^2$
	HP, PH^{T} }	$\ell\times n$	$+\ell n$
	R	$\ell\times\ell$	
	$HPH^{\mathrm{T}}+R$, $[HPH^{\mathrm{T}}+R]^{-1}$ }	$\ell\times\ell$	$+2\ell^2$
公共部分	Φ	$n\times n$	n^2
	H	$\ell\times n$	
	$\overline{K}$	$n\times\ell$	$+2\ell n$
线性估计	z, $z-Hx$ }	ℓ	ℓ
	x	n	
	Φx	n	$+2n$

* 以浮点数据字为单位。

上面花括号中的表达式都假设采用相同的数据结构。这种实现方法假设：

- 乘积 GQG^{T}是输入，它们不需要计算（这样就消除了对 Q 的维数 p 的任何依赖）
- 给定 ΦP，Φ 和 GQG^{T}，运算 $P\leftarrow\Phi P\Phi+GQG^{\mathrm{T}}$ 是采用替代方式完成的
- 涉及子表达式 PH^{T} 的计算可以通过改变指标用 HP 来实现
- $HPH^{\mathrm{T}}+R$ 可以用替代方式来计算（从 HP，H 和 R 得到）和求逆
- $z-Hx$ 可以用替代方式来计算（在 z 矩阵中）；并且
- 状态更新计算 $x\leftarrow(\Phi x)+\overline{K}[z-H(\Phi x)]$需要额外的存储来计算中间结果（$\Phi x$）。

图 9.26 说明了预先计算卡尔曼增益并存储在大容量存储器中的数值优点。对于测量维数和状态维数较小的情况，其数据存储需求大约节约了 4 倍，对于测量维数更大时甚至会节约更多。

消除数据冗余

重复使用时间矩阵并不是节约存储需求的唯一方法。通过消除数据结构中的冗余量也可

以节约数据存储器。协方差矩阵的对称性就是这种冗余的例子。这里讨论的方法取决于对矩阵的约束，在设计其数据结构时也可以利用这种约束。然而，它们确实需要增加额外的编程工作量，并且得到的运行程序代码可能需要稍微增加一些存储器和处理时间。区别主要来自于指标计算，这不是最优化编译器采用的标准方法。在表 9.6 中，给出了对方阵的一些公共约束、最小存储需求(作为标量变量所需存储器的倍数)以及对应的索引机制。这种索引机制将矩阵封装为一个单下标数组，它是以单下标(k)的公式给出的，这个单下标对应于二维矩阵的行(i)和列(j)指标。

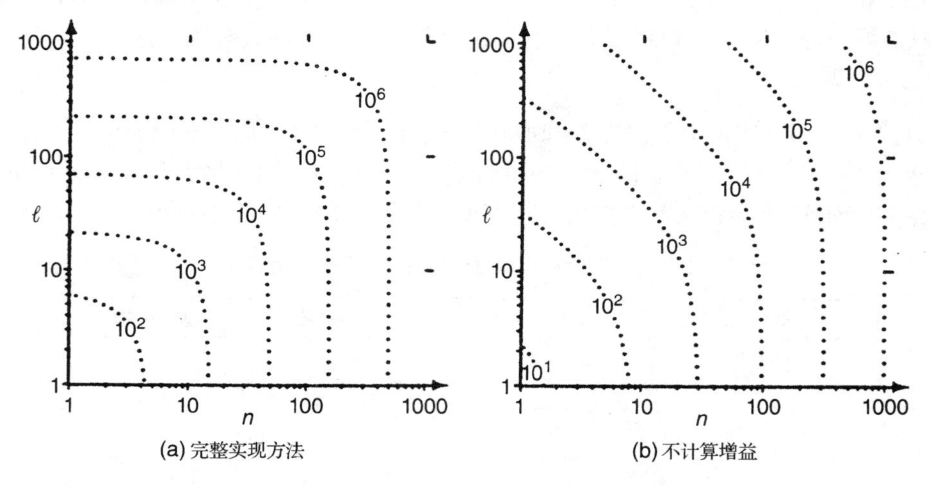

图 9.26　传统滤波器存储需求(以字为单位)与状态维数(n)和测量维数(ℓ)之间的关系

表 9.6　$n\times n$ 维矩阵* 的最小存储需求

矩阵类型	最小存储量需求†	索引指标 $k(i,j)$
对称矩阵	$\frac{n(n+1)}{2}$	$i+\frac{j(j-1)}{2}$ $\frac{(2n-i)(i-1)}{2}+j$
上三角矩阵	$\frac{n(n+1)}{2}$	$i+\frac{j(j-1)}{2}$
单位上三角矩阵	$\frac{n(n+1)}{2}$	$i+\frac{(j-1)(j-2)}{2}$
严格上三角矩阵	$\frac{n(n-1)}{2}$	$i+\frac{(j-1)(j-2)}{2}$
对角矩阵	n	i
Toeplitz矩阵	n	$i+j-1$

* 备注：n 是矩阵的维数，i 和 j 是二维矩阵的指标，k 是对应的一维数组的指标。

† 以数据字为单位。

对称矩阵的两个公式对应于两个不同的索引机制：

$$\begin{bmatrix} 1 & 2 & 4 & \cdots & \frac{1}{2}n(n-1)+1 \\ & 3 & 5 & \cdots & \frac{1}{2}n(n-1)+2 \\ & & 6 & \cdots & \frac{1}{2}n(n-1)+3 \\ & & & \ddots & \vdots \\ & & & \cdots & \frac{1}{2}n(n+1) \end{bmatrix} \text{或} \begin{bmatrix} 1 & 2 & 3 & \cdots & n \\ & n+1 & n+2 & \cdots & 2n-1 \\ & & 2n & \cdots & 3n-3 \\ \vdots & \vdots & \vdots & \ddots & \vdots \\ & & & \cdots & \frac{1}{2}n(n+1) \end{bmatrix}$$

其中，在第 i 行第 j 列的元素为 $k(i,j)$。

仅仅利用对称性质或者三角性质，在状态向量维数固定的条件下，这些方法就可以节约大约2倍的存储器，或者在存储器数量相同的条件下，它可以允许状态向量的维数增加大约$\sqrt{2}$倍(即维数增加大约40%)。

可以用算法代替的矩阵　在特殊情况下，通过利用算法计算矩阵元素，可以完全消除掉数据矩阵。例如，微分算子 d^n/dt^n 的相伴型系数矩阵(F)和对应的状态转移矩阵(Φ)为

$$F = \begin{bmatrix} 0 & 1 & 0 & \cdots & 0 \\ 0 & 0 & 1 & \cdots & 0 \\ \vdots & \vdots & \vdots & \ddots & \vdots \\ 0 & 0 & 0 & \cdots & 1 \\ 0 & 0 & 0 & \cdots & 0 \end{bmatrix} \tag{9.152}$$

$$\Phi(t) = e^{Ft} \tag{9.153}$$

$$= \begin{bmatrix} 1 & t & \frac{1}{2}t^2 & \cdots & \frac{1}{(n-1)!}t^{n-1} \\ 0 & 1 & t & \cdots & \frac{1}{(n-2)!}t^{n-2} \\ 0 & 0 & 1 & \cdots & \frac{1}{(n-3)!}t^{n-3} \\ \vdots & \vdots & \vdots & \ddots & \vdots \\ 0 & 0 & 0 & \cdots & 1 \end{bmatrix} \tag{9.154}$$

其中，t 是离散时间间隔。下面的算法只利用 P 和 t，根据式(9.154)中给定的 Φ，可以计算出乘积 $M=\Phi P$：

```
for i = 1: n,
    for j = 1: n,
        s = P (n, j);
        m = n - 1;
        for k = n - 1: 1: i,
            s = P (k, j) + s * t/m;
            m = m - 1;
        end;
        M (i, j) = s;
    end;
end;
```

与普通的矩阵乘法相比，上述方法大约只需要一半的算术运算，也不需要分配存储器来保存矩阵因子。

9.7.3　吞吐量、处理器速度和计算复杂度

计算复杂度和吞吐量

卡尔曼滤波器实现中的“吞吐量”是指在单位时间内它能够完成多少次更新。它取决于主处理器的速度[单位为每秒的浮点运算次数(Flop)]和应用的计算复杂度(单位为每次滤波器更新的Flop)：

$$\text{吞吐量}\left(\frac{\text{更新次数}}{\text{s}}\right) = \frac{\text{处理器速度(Flop/s)}}{\text{计算复杂度(Flop/更新)}}$$

在上式右边的表达式中，分子取决于主处理器，而分母是应用问题规模的函数，其公式在第7章中已经导出。这是第7章中给出的实现方法的最大计算复杂度。如果应用中包含有稀疏矩阵运算，则它可以更加有效地实现，因此该应用的计算复杂度也会更低。

传统卡尔曼滤波器

在图 9.27 中，画出了传统卡尔曼滤波器实现的最大计算复杂度与问题规模之间的关系。这种实现利用了 9.7.2 节中列出的所有简化方法，并且消除了对称矩阵乘积中的冗余计算。右图假设计算卡尔曼增益的矩阵 Riccati 方程是采用离线方式求解的，它与预先计算增益的实现方法或者稳态实现方法一样。

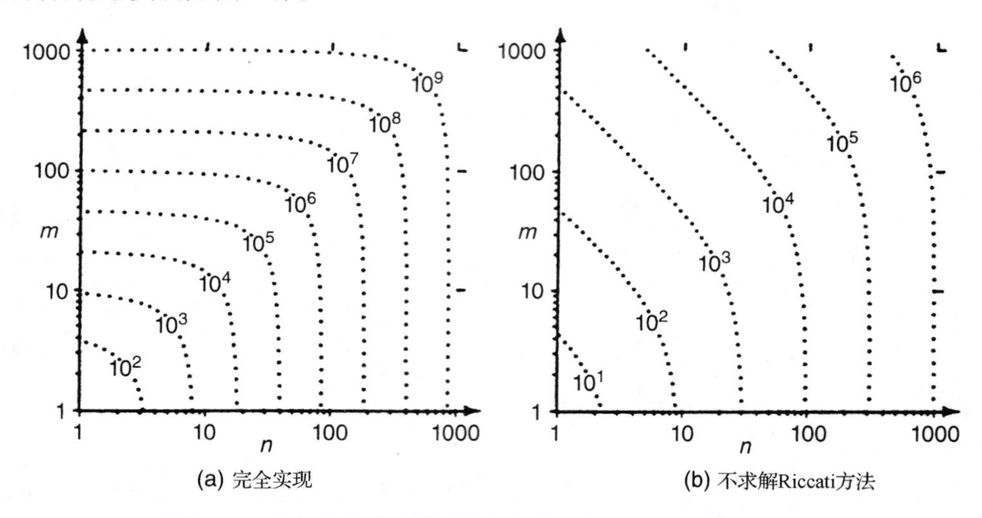

图 9.27　卡尔曼滤波器的计算复杂度(单位为 Flop/测量)的等值线图，它是状态维数(n)和测量维数(m)的函数

Bierman-Thornton 平方根实现

在图 9.28(a)中，展示了采用 UD 滤波器实现时计算复杂度对问题规模的依赖关系。这些数据包括在每个时间更新和观测更新时分别对角化 Q 和 R 的计算成本。在图 9.28(b)中，显示了 Q 和 R 已经是对角矩阵的情况下得到的对应结果。

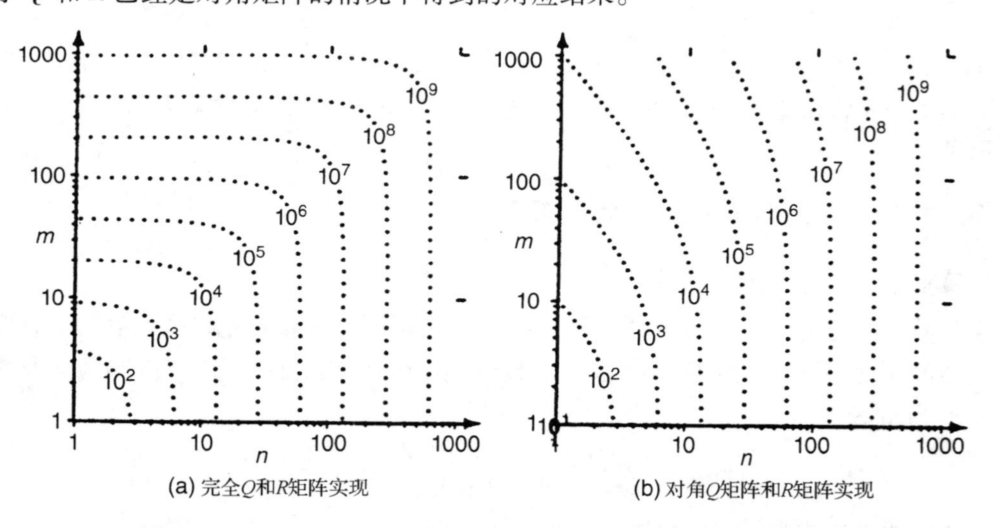

图 9.28　Bierman-Thornton 实现的计算复杂度(单位为 Flop/测量)的等值线图，它是状态维数(n)和测量维数(m)的函数

9.7.4 编程成本与运行成本

卡尔曼滤波中的计算复杂度问题通常是由于实时执行的需要所引起的。计算复杂度随着问题规模的增加而快速增加，对于足够大的系统模型而言，即使最快的处理器也难以承受。因此，计算复杂度问题是滤波器设计周期中必须尽早解决的问题。

卡尔曼滤波器设计中另一个需要权衡的问题，是编程实现的一次成本与在计算机上运行的重复成本之间的问题。由于计算机相比于程序员而言，其成本增加更低，因此这种权衡倾向于采用最直接的方法，即使这样会导致数值分析师压力大增。然而，需要注意的是，这是一种低成本/高风险的方法，因为开发更好的实现方法的原因在于，采用直接编程解决方案不能得到令人满意的结果。

9.8 降低计算需求的方法

9.8.1 降低矩阵乘积的复杂度

两个矩阵的乘积

计算两个普通的$\ell \times m$维矩阵和$m \times n$维矩阵之间的乘积所需的 Flop 数是$\ell\ m^2 n$。如果矩阵的零元素分布模式可以预测或者具有对称特性，则这个数字可以大大减小。在计算对称矩阵的乘积和包含对角因子或者三角因子的乘积时，可以采用这些技巧来促进计算。只要H或者Φ是稀疏矩阵，就总是可以利用这些技巧的。

三个矩阵的乘积

矩阵乘积的结合性并不意味着计算复杂度的不变性，这个结论具有非常重要的实际意义。矩阵乘积的结合性是指下列性质：

$$M_1 \times (M_2 \times M_3) = (M_1 \times M_2) \times M_3 \tag{9.155}$$

其中矩阵M_1，M_2和M_3具有合适的维数。也就是说，乘积结果能够确保与两个矩阵相乘的顺序无关。然而，得到这个结果需要做的工作(计算量)却并不总是与乘积的顺序无关。如果对相关矩阵指定合适的维数并对得到计算结果所需的标量乘积次数进行评估，会发现存在明显的差异，如表9.7所示。所需的 Flop 数量取决于乘积的顺序，在一种情况下是$n_2(n_3^3+n_1n_2)n_4$，而在另外一种情况下则是$n_1(n_2^2+n_3n_4)n_3$。如果$n_1n_2^2(n_4-n_3)<(n_1-n_2)n_3^2n_4$，则$M_1\times(M_2\times M_3)$实现方式更受欢迎，如果这个不等式反过来，则$(M_1\times M_2)\times M_3$实现方式更受欢迎。在卡尔曼滤波器的更加实际的实现，如 De Vries 实现(参见7.6.1节)方法中，需要采用正确的来降低复杂度。

表9.7 三个矩阵乘积的计算复杂度

属性	取值	
实现方式	$\underbrace{M_1}_{n_1\times n_2}\times(\underbrace{M_2}_{n_2\times n_3}\times\underbrace{M_3}_{n_3\times n_4})$	$(\underbrace{M_1}_{n_1\times n_2}\times\underbrace{M_2}_{n_2\times n_3})\times\underbrace{M_3}_{n_3\times n_4}$
第一个乘积所需的Flop数量	$n_2n_3^2n_4$	$n_1n_2^2n_3$
第二个乘积所需的Flop数量	$n_1n_2^2n_4$	$n_1n_3^2n_4$
总的Flop数量	$n_2(n_3^3+n_1n_2)n_4$	$n_1(n_2^2+n_3n_4)n_3$

9.8.2　离线与在线计算需求

卡尔曼滤波器根据得到的测量值，实时计算出系统当前状态的估计值，从这个意义上讲，它是一种“实时”算法。然而，为了使滤波器能够实时实现，必须能够在可用的计算资源条件下实时执行算法。在进行评估时，重要的是将滤波器算法中必须“在线”执行的部分与可以“离线”执行的部分(即提前完成计算并将所得结果保存在存储器中，包括大容量媒介如磁带或者 CDROM，然后再实时读回数据[①])区别开来。在线计算部分依赖于实时系统的测量值，直到可以得到其输入数据时才能进行这种计算。

在第 5 章中已经注意到，计算卡尔曼增益所需的计算不依赖于实时数据，因此，它们可以用离线方式执行。这里对一些实际的实现方法再次重复强调。

最直接的方法是预先计算出增益，并且保存起来以便实时取回。这也是最普遍的应用中所采取的方法。在下一小节中，将讨论一些效率更高(但是通用性更低)的方法。在 9.5 节中，已经对这些次优估计方法的性能分析方法进行了讨论。

9.8.3　增益调度

这是估计问题的一种近似方法，其中卡尔曼增益的变化速率比采样速率低得多。通常在两次观测时刻之间卡尔曼增益的相对变化只有百分之几甚至更小。在这种情况下，卡尔曼增益的一次估计值可以在多次观测时间中使用。每一次的增益值都在滤波过程的一个“阶段”使用。

这种方法通常用于具有恒定系数的问题。在这种情况下，增益具有渐进恒定值，但是由于初始不确定性比稳态不确定性更大或者更小，因此必须经过初始瞬态阶段。在此瞬态阶段期间增益的几个“分段”值可能就足以达到足够的性能。所用的值可以是这个阶段内的采样值，或者是在整个范围内所有准确值的加权平均值。

通过仿真，可以对降低存储需求(为了利用更少的增益值)和增加近似误差(由于最优增益和调度增益之间的差值)之间的性能折中进行分析。

9.8.4　时不变系统的稳态增益

这是增益调度的极限情况——只有一个阶段——它是代数 Riccati 方程的更常使用的情况之一。在这种情况下，只用到了增益的渐进值。这需要求解代数(稳态)矩阵 Riccati 方程。

在后面的小节中，将介绍几种求解稳态矩阵 Riccati 方程的方法。其中一种方法(倍加法)是基于第 5 章中给出的 Riccati 方程的线性化方法得到的。理论上讲，它的指数收敛比连续迭代方法更快。但是，实际上在得到精确解以前，收敛就可能停止了(由于数值问题)。然而，这种方法仍然可以用于得到 Newton-Raphson 方法(在第 5 章中介绍过)的良好初始估计。

时不变系统的倍加法

这是一种迭代方法，它基于引理 5.2 给出的公式，对时不变 Riccati 方程的渐进解进行近似。正如连续情形一样，渐进解应该等于稳态方程的解

$$P_\infty = \Phi[P_\infty - P_\infty H^{\mathrm{T}}(HP_\infty H^{\mathrm{T}} + R)^{-1}HP_\infty]\Phi^{\mathrm{T}} + Q \tag{9.156}$$

尽管这不是所用的方程形式。通过使连续解之间的时间间隔加倍，倍加法(Doubling methods)

---

① 在对实时实现的计算需求进行评估时，必须对读取这些预存数据的时间与计算它们所需的时间进行权衡。在某些情况下，读取时间可能会超过计算时间。

产生非代数矩阵 Riccati 方程的解序列如下：

$$P_{1(-)}, P_{2(-)}, P_{4(-)}, P_{8(-)}, \cdots, P_{2^k(-)}, P_{2^{k+1}(-)}, \cdots$$

它是一个初始值问题。通过对时不变 Hamiltonian 矩阵的下列等效状态转移矩阵进行连续平方，可以实现成倍加速

$$\Psi = \begin{bmatrix} (\Phi + Q\Phi^{-\mathrm{T}}HR^{-1}H^{\mathrm{T}}) & Q\Phi^{-\mathrm{T}} \\ \Phi^{-\mathrm{T}}R^{-1} & \Phi^{-\mathrm{T}} \end{bmatrix} \tag{9.157}$$

于是，Ψ 的第 p 次平方将产生 Ψ^{2^p}，并且得到

$$P_{2p(-)} = A_{2p}B_{2p}^{-1} \tag{9.158}$$

作为

$$\begin{bmatrix} A_{2p} \\ B_{2p} \end{bmatrix} = \Psi^{2p} \begin{bmatrix} A_0 \\ B_0 \end{bmatrix} \tag{9.159}$$

的解。

Davison-Maki-Friedlander-Kailath 平方算法 注意到如果将 Ψ^{2^N} 表示为下列符号形式：

$$\Psi^{2^N} = \begin{bmatrix} \mathcal{A}_N^{\mathrm{T}} + \mathcal{C}_N\mathcal{A}_N^{-1}\mathcal{B}_N & \mathcal{C}_N\mathcal{A}_N^{-1} \\ \mathcal{A}_N^{-1}\mathcal{B}_N & \mathcal{A}_N^{-1} \end{bmatrix} \tag{9.160}$$

则其平方可以表示为下列形式：

$$\Psi^{2^{N+1}} = \begin{bmatrix} \mathcal{A}_N^{\mathrm{T}} + \mathcal{C}_N\mathcal{A}_N^{-1}\mathcal{B}_N & \mathcal{C}_N\mathcal{A}_N^{-1} \\ \mathcal{A}_N^{-1}\mathcal{B}_N & \mathcal{A}_N^{-1} \end{bmatrix}^2 \tag{9.161}$$

$$= \begin{bmatrix} \mathcal{A}_{N+1}^{\mathrm{T}} + \mathcal{C}_{N+1}\mathcal{A}_{N+1}^{-1}\mathcal{B}_{N+1} & \mathcal{C}_{N+1}\mathcal{A}_{N+1}^{-1} \\ \mathcal{A}_{N+1}^{-1}\mathcal{B}_{N+1} & \mathcal{A}_{N+1}^{-1} \end{bmatrix} \tag{9.162}$$

$$\mathcal{A}_{N+1} = \mathcal{A}_N(I + \mathcal{B}_N\mathcal{C}_N)^{-1}\mathcal{A}_N \tag{9.163}$$

$$\mathcal{B}_{N+1} = \mathcal{B}_N + \mathcal{A}_N(I + \mathcal{B}_N\mathcal{C}_N)^{-1}\mathcal{B}_N\mathcal{A}_N^{\mathrm{T}} \tag{9.164}$$

$$\mathcal{C}_{N+1} = \mathcal{C}_N + \mathcal{A}_N^{\mathrm{T}}\mathcal{C}_N(I + \mathcal{B}_N\mathcal{C}_N)^{-1}\mathcal{A}_N \tag{9.165}$$

最后三个方程定义了平方 Ψ^{2^N} 的算法，由式(9.157)给出，从 $N=0$ 时的 $\mathcal{A}_N$，$\mathcal{B}_N$和 $\mathcal{C}_N$开始

$$\mathcal{A}_0 = \Phi^{\mathrm{T}} \tag{9.166}$$

$$\mathcal{B}_0 = H^{\mathrm{T}}R^{-1}H \tag{9.167}$$

$$\mathcal{C}_0 = Q \tag{9.168}$$

初始条件

如果 Riccati 方程的初始值为零矩阵，即 $P_0=0$，则它可以用 $P_0=A_0B_0^{-1}$ 表示，其中 $A_0=0$，B_0为任意非奇异矩阵。于是，加倍算法的第 N 次迭代将得到

$$\begin{bmatrix} A_{2^N} \\ B_{2^N} \end{bmatrix} = \Psi^{2^N} \begin{bmatrix} A_0 \\ B_0 \end{bmatrix} \tag{9.169}$$

$$= \begin{bmatrix} \mathcal{A}_N^{\mathrm{T}} + \mathcal{C}_N\mathcal{A}_N^{-1}\mathcal{B}_N & \mathcal{C}_N\mathcal{A}_N^{-1} \\ \mathcal{A}_N^{-1}\mathcal{B}_N & \mathcal{A}_N^{-1} \end{bmatrix} \begin{bmatrix} 0 \\ B_1 \end{bmatrix} \tag{9.170}$$

$$= \begin{bmatrix} \mathcal{C}_N\mathcal{A}_N^{-1}B_1 \\ \mathcal{A}_N^{-1}B_1 \end{bmatrix} \tag{9.171}$$

$$P_{2^N} = A_{2^N} B_{2^N}^{-1} \tag{9.172}$$

$$= \mathcal{C}_N \mathcal{A}_N^{-1} B_1 (\mathcal{A}_N^{-1} B_1)^{-1} \tag{9.173}$$

$$= \mathcal{C}_N \tag{9.174}$$

也就是说，经过第 N 次平方以后，子矩阵

$$\mathcal{C}_N = P_{2^N} \tag{9.175}$$

得到的算法在表 9.8 中进行了总结。它计算 P_k 的复杂度为 $\mathcal{O}(n^3 \log k)$ Flop，每次迭代需要 1 次 $n \times n$ 维矩阵求逆，以及 8 次 $n \times n$ 维矩阵乘积①。在图 9.29 中，给出了只利用 6 个 $n \times n$ 维矩阵完成平方算法的数组分配策略。

表 9.8　Davison-Maki-Friedlander-Kailath 平方算法

初始化	迭代（N次）
$\mathcal{A} = \Phi^{\mathrm{T}}$	$\mathcal{A} \leftarrow \mathcal{A}(I + \mathcal{B}\mathcal{C})^{-1}\mathcal{A}^{\mathrm{T}}$
$\mathcal{B} = H^{\mathrm{T}} R^{-1} H$	$\mathcal{B} \leftarrow \mathcal{B} + \mathcal{A}(I + \mathcal{B}\mathcal{C})^{-1}\mathcal{B}\mathcal{A}^{\mathrm{T}}$
$\mathcal{C} = Q = P_1$	$\mathcal{C} \leftarrow \mathcal{C} + \mathcal{A}^{\mathrm{T}}\mathcal{C}(I + \mathcal{B}\mathcal{C})^{-1}\mathcal{A}$
结束	
$P_{2^N} = \mathcal{C}$	

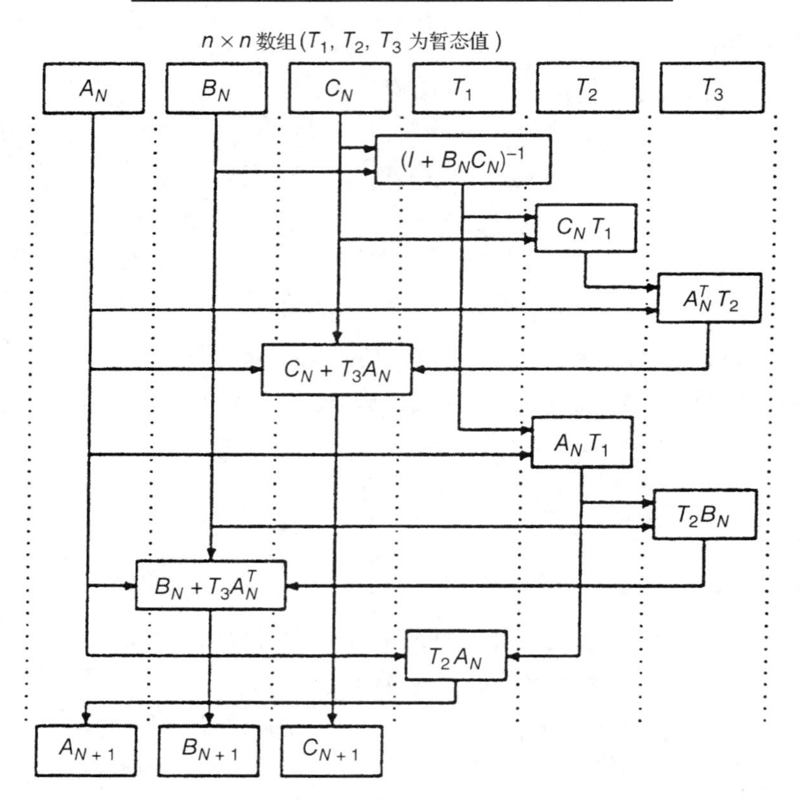

图 9.29　加倍算法的数组使用

① 矩阵 $\mathcal{B}_N$ 和 $\mathcal{C}_N$ 以及矩阵乘积 $(I + \mathcal{B}_N \mathcal{C}_N)^{-1} \mathcal{B}_N$ 和 $\mathcal{C}_N (I + \mathcal{B}_N \mathcal{C}_N)^{-1}$ 都是对称的。利用这个事实可以在每次迭代中去掉 $2n^2(n-1)$ Flop。节省这些计算量以后，这种算法需要的 Flop 比直接平方方法稍微更少一些。另外，它需要的存储器也比直接平方方法减少大约四分之一。

数值收敛问题

由于精度的限制，收敛可能在它结束以前就出现失速现象。问题是矩阵 $\mathcal{A}$ 在每次迭代中都进行了平方运算，并且在 $\mathcal{B}$ 和 $\mathcal{C}$ 的更新方程中都以二次形式出现。因此，如果 $\| \mathcal{A}_N \| \ll 1$，则当 $\| \mathcal{A}_N \| \to 0$(以指数形式)时，计算出的 $\mathcal{B}_N$和 $\mathcal{C}_N$的值可能会数值失速。可以通过监控 $\mathcal{A}_N$ 的值来测试这种失速条件(Stall condition)。即使在失速状态下，加倍算法也仍然是得到近似非负定解的有效方法。

9.9 误差预算和灵敏度分析

9.9.1 满足统计性能需求的设计问题

这个问题是指对传感器系统的统计性能进行估计，该系统将对某些动态和随机过程进行测量并估计其状态。统计性能是通过“系统级”的均方误差来定义的，它取决于子系统级的均方误差，一直向下延伸到单个传感器和部件等级。这里的目的在于能够证明分配给这些更低等级的性能需求是合理的。

这种性能分析通常在估计系统的初步设计阶段就需要完成。分析的目的是对估计系统设计的可行性进行评估，看它得到的估计中不确定性是否能够满足某种预先设定的可接受的程度。

卡尔曼滤波器本身不能设计传感器系统，但是它提供了完成这种设计的工具。这种工具就是估计不确定性的模型。在将估计不确定性表征为设计“参数”的函数时，可以利用由这个模型导出的协方差传播方程。这些参数中有些属于统计参数，比如所考虑的传感器的噪声模型。其他参数则是确定性的，它们也可以取离散值(如传感器类型)，或者取连续值(如传感器的位置)。

卡尔曼滤波理论的主要用途之一，是用于下列传感器系统的设计：

1. 包含传感器的某种组合的车辆导航系统。这些传感器包括：
   (a)姿态和姿态率传感器
      (i)磁罗盘(磁场传感器)
      (ii)位移陀螺仪
      (iii)星象跟踪仪或者六分仪
      (iv)速度陀螺仪
      (v)电场传感器(地引力势场)
   (b)加速度传感器(加速计)
   (c)速度传感器(如舱内多普勒雷达)
   (d)位置传感器
      (i)全球导航卫星系统(Global Navigation Satellite System, GNSS)
      (ii)地形测绘雷达(Terrain-mapping radar)
      (iii)远程导航(Long-range navigation, LORAN)
      (iv)仪表着陆系统(Instrument Landing System, ILS)
2. 基于表面的、机载的或者星载跟踪系统。

(a)测距雷达和多普勒雷达

(b)成像传感器(如可视照相机或者红外照相机)。

在设计这些系统时，假设要采用卡尔曼滤波器来估计运载工具的动态状态(位置和速度)。因此，可以利用相应的协方差方程，并根据估计不确定性的协方差来对性能进行估计。

9.9.2　误差预算

大型系统，如机载系统和星载系统都包含有许多类型的传感器，卡尔曼滤波器为这些系统的综合设计提供了一套方法学。误差预算是灵敏度分析的一种特殊形式。它利用卡尔曼滤波器的误差协方差方程来表示系统精度对其各个传感器的部件精度的依赖关系。就此目的而言，这种协方差分析形式比蒙特卡罗分析方法更加有效得多，尽管它确实依赖于动态过程的线性特性。

误差预算是对大型系统的传感器和子系统之间的性能需求进行综合权衡的过程，以便满足施加在“系统级”上的各种整体性能约束。这里的讨论仅限于与精度有关的系统级需求，尽管大多数系统需求还包括与成本、质量、大小和功率相关的其他因素。

误差预算是指将精度需求通过子系统的层次结构往下分配到各个传感器甚至到它们的器件部分。采用这种方法有多种目的，比如：

1. 通过确定在可用的、计划的或者理论可得的传感器子系统的性能能力范围内，给定系统的给定应用的性能需求是否可以实现，来对其理论或者技术上的性能极限进行评估。
2. 确定可行设计空间(Feasible design space)的范围，它是能够满足系统性能需求的传感器类型及其设计参数(如位置、方向、灵敏度和准确度)的范围。
3. 寻找一种能够满足系统总体准确度要求的各个子系统或者传感器的准确度分配的可行方法。
4. 识别出关键子系统，即那些其性能轻微恶化或者降额都会严重影响系统性能的子系统。这些子系统有时候也被称为“需要解决的最难部分”(The long poles in the tent)，因为它们更容易在这种评估中“凸显出来”。
5. 寻找能够满足新的性能需求的对已有系统进行升级和再次设计的可行方法。这可能包括放宽某些要求和收紧其他要求。
6. 对子系统的需求进行综合权衡。这样做是因为下面各种原因：
   (a)重新分配误差预算以满足新的需求集合(上面第5条)。
   (b)放宽那些难以(或者成本很高)达到的准确度要求，通过收紧那些更容易达到的要求来补偿。有时候可以采用这种方法来克服在开发和测试过程中发现的传感器问题。
   (c)减少其他系统级性能属性，如成本、大小、质量和功率等。这也包括用于降低计算需求的次优滤波方法这种做法。

误差预算

多性能需求　系统级性能需求包括对多个不同时刻的多种类型误差的均方值的约束。比如，基于空间的成像系统的导航误差可以在对应于摄影任务或者行星相遇的多个点上施加约

束。这些约束可以包括姿态、位置和速度中的误差。因此，误差预算必须考虑每个器件、器件组或者子系统如何对每个这种性能需求做出贡献。所以预算必须具有二维形式——就像电子表格一样——如图9.30所示。其中，行代表主要传感器子系统的贡献，列代表它们对多个系统级误差约束的每个约束的贡献。然而，确定每个误差源如何对每个系统级误差贡献的公式比普通电子表格的公式更加复杂。

误差预算					
误差源分组	系统误差				
	E_1	E_2	E_3	…	E_n
G_1				…	
G_2				…	
G_3				…	
⋮	⋮	⋮	⋮		⋮
G_m				…	
总和				…	

图9.30　误差预算分解

9.9.3　误差灵敏度分析和预算

非线性规划问题　均方系统级误差对均方子系统级误差的依赖关系是非线性的，预算过程通过一个类似梯度的方法寻找到满意的分配方案或者子系统级的误差协方差。这包括采用灵敏度分析方法来确定出各个均方系统级误差关于均方子系统级误差的梯度。

双状态系统建模

在误差预算过程中考虑的误差包括由于对假设进行简化产生的，或者为降低滤波器计算负担采取的其他措施所产生的已知“建模误差”。为了确定这类误差对系统性能的影响，有必要在分析中采用两种模型：即“真实模型”和“滤波器模型”。分析中采用的预算模型如图9.31所示。在灵敏度分析中，必须对两种模型中的某些参数进行等效变化。于是，在系统预期性能特征中得到的变化参数被用来确定对于子系统中相应变化参数的灵敏度。然后利用这些灵敏度来规划如何对当前的“原始预算”进行修改，使之达到分配的误差预算，从而满足所有性能需求。这种工作通常需要重复很多次，因为根据变化参数估计出的灵敏度只有在预算发生微小变化时才是准确的。

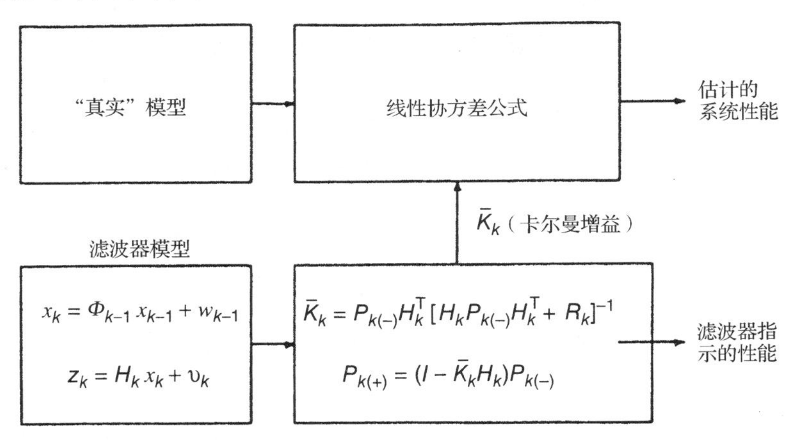

图9.31　误差预算模型

预算过程的两个阶段　第一个阶段产生一个“足够的”误差预算。它必须满足系统级性能需求，并且合理地接近可以达到的子系统级性能能力。第二个阶段包括对这些子系统级误差分配进行“巧妙处理”，以达到更加合理的分布（分配）。

9.9.4 通过蒙特卡罗分析进行预算确认

利用解析和实验方法有可能对误差预算过程中采用的某些假设进行确认。尽管协方差分析方法对于得到误差预算更加有效，蒙特卡罗分析方法却有利于对采用变化模型近似的非线性的影响进行评估。通常这是在认为误差预算已经通过线性方法令人满意地完成以后再进行的。因此，可以针对关于一些标称轨迹的实际轨迹执行蒙特卡罗分析方法，以便对根据标称轨迹得到的估计结果的有效性进行检验。这是检验非线性影响的唯一方法，但是其计算成本很高。通常的做法是，以大量蒙特卡罗运行次数来获得对结果的合理信任。

然而，蒙特卡罗分析方法比协方差分析方法具有一定的优势。比如，可以将蒙特卡罗仿真与实际硬件结合在一起，来对不同发展阶段的系统性能进行测试。在利用可以得到的实际硬件实现的舱内计算机中，这种方法对于测试滤波器性能是尤其有用的。在这些测试条件下，协方差分析中并不重要的滤波算法中的符号误差将暴露出来。

9.10 最优测量选取策略

9.10.1 测量选取问题

与卡尔曼滤波和误差预算的关系

我们已经看到，卡尔曼滤波如何利用从测量中得到的数据来解决最优化问题，以及如何利用误差预算对不同传感器设计的相对优点进行量化。但是，还有一个更重要的基本的最优化问题，它与这些测量值的选取有关。严格地讲，这不是一个估计问题，而是一个决策问题。因为对测量做出决策可以被视为一个广义的控制行为，所以通常认为它是一个最优控制理论中的问题。这个问题可能不存在唯一的最优解，从这个意义上讲它也是病态的[7]。

关于二次损失函数的最优化

卡尔曼滤波器对于所有二次损失函数都是最优的(这些二次损失函数将性能定义为估计误差的函数)，但是测量选取问题则不具有这个特性。它与定义性能的具体损失函数有很大关系。

我们这里给出一种解决方法，它是基于所谓的最大边际效益(Maximum marginal benefit)得到的。这种方法的计算有效较高，但是对给定的所得估计误差 $\hat{x}-x$ 的二次损失函数却是次优的

$$\mathcal{L}=\sum_{\ell=1}^{N}||A_{\ell}(\hat{x}_{\ell(+)}-x_{\ell})||^2 \tag{9.176}$$

其中，给定的矩阵 A_{ℓ} 将估计误差变换为另一个“感兴趣的变量”，这可以通过下面的例子来说明：

1. 如果只对估计误差的最终值感兴趣，则 $A_N=I$(恒等矩阵)，并且对于 $\ell<N$ 有 $A_{\ell}=0$(零矩阵)。
2. 如果只对状态向量分量的子集感兴趣，则 A_{ℓ} 将全部等于到那些感兴趣的分量上的投影。
3. 如果对估计误差的任意线性变换都感兴趣，则 A_{ℓ} 将由这个变换来定义。

4. 如果对估计误差的线性变换的任意的时间加权组合感兴趣，则相应的 A_ℓ 将是这些线性变换的加权矩阵。也就是说，$A_\ell = f_\ell B_\ell$，其中 $0 \leqslant f_\ell$ 是时间加权，并且 B_ℓ 是线性变换矩阵。

9.10.2 边际优化

上面定义的损失函数是在测量以后得到的后验估计误差的函数。接下来的问题是如何表示相应风险①函数对测量值选取的依赖关系。

潜在测量值的参数化

只要涉及卡尔曼滤波器，测量值就可以通过 H（测量灵敏度矩阵）和 R（测量不确定性的协方差矩阵）来表征。即采用这些参数对构成的下列序列来表征测量值序列：

$$\{\{H_1, R_1\}, \{H_2, R_2\}, \{H_3, R_3\}, \cdots, \{H_N, R_N\}\}$$

如果对每个 k，选取的第 k 个测量值使下列子序列的风险最小化

$$\{\{H_1, R_1\}, \{H_2, R_2\}, \{H_3, R_3\}, \cdots, \{H_k, R_k\}\}$$

则该序列被称为是关于上述风险函数边际最优（Marginally optimal）的。

也就是说，边际优化假设

1. 对以前的测量值的选择已经做出了决策。
2. 在当前测量值被选择以后，不需要再做进一步测量。

无可否认的是，边际最优解不一定是全局最优解。但是，它确实能够得到有效的次优解决方法。

边际风险

风险是损失的预期值。边际风险函数（Marginal risk function）表示在第 k 个测量值是最后一个测量值的假设条件下，风险对第 k 个测量值的函数依赖关系。边际风险只取决于做出决策以后的后验估计误差。它可以表示为决策的隐函数形式

$$\mathcal{R}_k(P_k(+)) = E\left\{\sum_{\ell=k}^{N} \|A_\ell(\hat{x}_{\ell(+)} - x_\ell)\|^2\right\} \tag{9.177}$$

其中，$P_k(+)$ 将取决于对第 k 个测量值的选择，并且对于 $k < \ell \leqslant N$，只要没有利用增加的测量值，就有

$$\hat{x}_{\ell+1(+)} = \hat{x}_{\ell+1(-)} \tag{9.178}$$

$$\hat{x}_{\ell+1(+)} - x_{\ell+1} = \Phi_\ell(\hat{x}_{\ell(+)} - x_\ell) - w_\ell \tag{9.179}$$

边际风险函数

在进一步讨论求解方法以前，有必要推导出将边际风险表示为所用测量值的显函数表达式。为此，可以利用下面引理给出的风险函数的迹公式（trace formulation）。

引理 9.1 对于 $0 \leqslant k \leqslant N$，式（9.177）定义的风险函数可以表示为下列形式：

$$\mathcal{R}_k(P_k) = \text{trace}\ \{P_k W_k + V_k\} \tag{9.180}$$

① 这里采用“风险”这个词来表示预期损失。

其中

$$W_N = A_N^{\mathrm{T}} A_N \tag{9.181}$$

$$V_N = 0 \tag{9.182}$$

并且，对于 $\ell < N$

$$W_\ell = \Phi_\ell^{\mathrm{T}} W_{\ell+1} \Phi_\ell + A_\ell^{\mathrm{T}} A_\ell \tag{9.183}$$

$$V_\ell = Q_\ell W_{\ell+1} + V_{\ell+1} \tag{9.184}$$

证明：如果要正式地证明这两个等式的等效性，则需要证明其中一个是由另一个产生的(导出的)。我们在这里证明它可以作为一个可逆等式，从一种形式开始以另外一种形式结束。证明采用反向归纳法，首先从 $k=N$ 开始，反向归纳到任意 $k \leqslant N$ 都成立。在推导过程中大量用到的性质是，在乘积顺序循环移位的条件下，矩阵乘积的迹是不变的。

开始步骤　在利用归纳法证明时，首先需要证明引理中的表述对 $k = N$ 成立。将式(9.181)和式(9.182)代入式(9.180)，并用 N 替换 k，则可以得到下面的一系列等式：

$$\begin{aligned}
\mathcal{R}_N(P_N) &= \mathrm{trace}\{P_N W_N + V_N\} \\
&= \mathrm{trace}\{P_N A_N^{\mathrm{T}} A_N + 0_{n\times n}\} \\
&= \mathrm{trace}\{A_N P_N A_N^{\mathrm{T}}\} \\
&= \mathrm{trace}\{A_N E\langle(\hat{x}_N - x_N)(\hat{x}_N - x_N)^{\mathrm{T}}\rangle A_N^{\mathrm{T}}\} \\
&= \mathrm{trace}\{\mathrm{E}\langle A_N(\hat{x}_N - x_N)(\hat{x}_N - x_N)^{\mathrm{T}} A_N^{\mathrm{T}}\rangle\} \\
&= \mathrm{trace}\{\mathrm{E}\langle[A_N(\hat{x}_N - x_N)][A_N(\hat{x}_N - x_N)]^{\mathrm{T}}\rangle\} \\
&= \mathrm{trace}\{\mathrm{E}\langle[A_N(\hat{x}_N - x_N)]^{\mathrm{T}}[A_N(\hat{x}_N - x_N)]\rangle\} \\
&= \mathrm{E}\langle\|A_N(\hat{x}_N - x_N)\|^2\rangle
\end{aligned}$$

上面第一个等式是式(9.180)在 $k=N$ 时的结果，最后一个等式是式(9.177)在 $k=N$ 时的结果。也就是说，引理中的表述对 $k=N$ 是正确的。这就完成了归纳证明的第一步。

归纳步骤　可以假设式(9.180)在 $k = \ell + 1$ 时与式(9.177)等效，并且据此证明它对于 $k = \ell$ 也有效。于是，从式(9.177)开始，注意到它可以写为下列形式：

$$\begin{aligned}
\mathcal{R}_\ell(P_\ell) &= \mathcal{R}_{\ell+1}(P_{\ell+1}) + \mathrm{E}\langle\|A_\ell(\hat{x}_\ell - x_\ell)\|^2\rangle \\
&= \mathcal{R}_{\ell+1}(P_{\ell+1}) + \mathrm{trace}\{\mathrm{E}\langle\|A_\ell(\hat{x}_\ell - x_\ell)\|^2\rangle\} \\
&= \mathcal{R}_{\ell+1}(P_{\ell+1}) + \mathrm{trace}\{\mathrm{E}\langle[A_\ell(\hat{x}_\ell - x_\ell)]^{\mathrm{T}}[A_\ell(\hat{x}_\ell - x_\ell)]\rangle\} \\
&= \mathcal{R}_{\ell+1}(P_{\ell+1}) + \mathrm{trace}\{\mathrm{E}\langle[A_\ell(\hat{x}_\ell - x_\ell)][A_\ell(\hat{x}_\ell - x_\ell)]^{\mathrm{T}}\rangle\} \\
&= \mathcal{R}_{\ell+1}(P_{\ell+1}) + \mathrm{trace}\{A_\ell \mathrm{E}\langle(\hat{x}_\ell - x_\ell)(\hat{x}_\ell - x_\ell)^{\mathrm{T}}\rangle A_\ell^{\mathrm{T}}\} \\
&= \mathcal{R}_{\ell+1}(P_{\ell+1}) + \mathrm{trace}\{A_\ell P_\ell A_\ell^{\mathrm{T}}\} \\
&= \mathcal{R}_{\ell+1}(P_{\ell+1}) + \mathrm{trace}\{P_\ell A_\ell^{\mathrm{T}} A_\ell\}
\end{aligned}$$

现在，可以利用式(9.180)对 $k = \ell + 1$ 成立这个假设，并且将得到的 $R_{\ell+1}$ 的值代入到上面最后一个等式。结果得到下面的一系列等式：

$$
\begin{aligned}
\mathcal{R}_\ell(P_\ell) &= \mathrm{trace}\{P_{\ell+1}\ W_{\ell+1} + V_{\ell+1}\} + \mathrm{trace}\{P_\ell A_\ell^{\mathrm{T}} A_\ell\} \\
&= \mathrm{trace}\{P_{\ell+1}\ W_{\ell+1} + V_{\ell+1} + P_\ell A_\ell^{\mathrm{T}} A_\ell\} \\
&= \mathrm{trace}\{[\Phi_\ell P_\ell \Phi_\ell^{\mathrm{T}} + Q_\ell] W_{\ell+1} + V_{\ell+1} + P_\ell A_\ell^{\mathrm{T}} A_\ell\} \\
&= \mathrm{trace}\{\Phi_\ell P_\ell \Phi_\ell^{\mathrm{T}} W_{\ell+1} + Q_\ell W_{\ell+1} + V_{\ell+1} + P_\ell A_\ell^{\mathrm{T}} A_\ell\} \\
&= \mathrm{trace}\{P_\ell \Phi_\ell^{\mathrm{T}} W_{\ell+1} \Phi_\ell + Q_\ell W_{\ell+1} + V_{\ell+1} + P_\ell A_\ell^{\mathrm{T}} A_\ell\} \\
&= \mathrm{trace}\{P_\ell [\Phi_\ell^{\mathrm{T}} W_{\ell+1} \Phi_\ell + A_\ell^{\mathrm{T}} A_\ell] + [Q_\ell W_{\ell+1} + V_{\ell+1}]\} \\
&= \mathrm{trace}\{P_\ell [W_\ell] + [V_\ell]\}
\end{aligned}
$$

在上面最后一次替代过程中，利用了式(9.183)和式(9.184)中的结果。最后一个等式就是式(9.180)在 $k=\ell$ 时的结果，这就完成了归纳步骤的证明过程。因此，通过归纳可知，对于 $k \leqslant N$，定义边际风险函数的等式是等效的。证毕。

实现备注 最后一个公式将边际风险分离为两个部分之和。第一部分只取决于对测量值的选择以及确定性状态的动态模型。第二部分只取决于随机状态的动态模型，并且不会受到测量值选择的影响。因此，经过分离后决策过程将只利用第一部分。然而，在评价决策过程的边际风险性能本身时，仍然需要计算完整的边际风险函数。

边际效益

利用测量值得到的边际效益(Marginal benefit)定义为有关边际风险的下降。根据这个定义，利用灵敏度矩阵为 H、测量不确定性协方差为 R 的测量值得到的在 t_k 时刻的边际效益将为先验边际风险和后验边际风险的差值，即

$$\mathcal{B}(H,R) = \mathcal{R}_k(P_{k(-)}) - \mathcal{R}_k(P_{k(+)}) \tag{9.185}$$

$$= \mathrm{trace}\{[P_{k(-)} - P_{k(+)}] W_k\} \tag{9.186}$$

$$= \mathrm{trace}\{[P_{k(-)} H^{\mathrm{T}} (H P_{k(-)} H^{\mathrm{T}} + R)^{-1} H P_{k(-)}] W_k\} \tag{9.187}$$

$$= \mathrm{trace}\{(H P_{k(-)} H^{\mathrm{T}} + R)^{-1} H P_{k(-)} W_k P_{k(-)} H^{\mathrm{T}}\} \tag{9.188}$$

上面最后一个公式的形式对实现是有用的。

9.10.3 最大边际效益的求解算法

1. 利用式(9.181)和式(9.183)中的公式计算矩阵 W_ℓ。
2. 按照时间顺序 $k=0,1,2,3,\cdots,N$，选择测量值：
   (a)对于每个可能的测量值，利用式(9.188)计算利用这个测量值得到的边际效益。
   (b)选择能够产生最大边际效益的测量值。

再次注意到这个算法没有利用风险函数的“迹公式”中的矩阵 V_ℓ。只有当允许增加的计算成本对相关风险的具体值足够感兴趣时，才有必要计算 V_ℓ。

9.10.4 计算复杂度

计算 W_ℓ 的复杂度

复杂度将取决于矩阵 A_ℓ 的维数。如果每个矩阵 A_ℓ 都是 $p \times n$ 矩阵，则乘积 $A_\ell^{\mathrm{T}} A_\ell$ 需要 $\mathcal{O}(pn^2)$ 次运算。因此，计算 W_ℓ 的 $\mathcal{O}(N)$ 的复杂度将为 $\mathcal{O}(Nn^2(p+n))$。

测量值选择的复杂度

在表9.9中，总结给出了确定一次维数为m的测量值的边际效益的计算复杂度。在每一行中，其复杂度值都是基于重复利用上面行中计算出的部分结果来得到的。如果所有可能的测量值都具有相同的维数ℓ，并且要评估的这种测量值的个数是μ，则评估所有测量值[①]的复杂度将为$\mathcal{O}(\mu\ell(\ell^2+n^2))$。如果在选择$\mathcal{O}(N)$个测量值时每一次都重复这样，则总的复杂度将为$\mathcal{O}(N\mu\ell(\ell^2+n^2))$。

表9.9 确定一次测量值的边际效益的计算复杂度

运算	复杂度
$HP_{k(-)}$	$\mathcal{O}(\ell n^2)$
$HP_{k(-)}H^T+R$	$\mathcal{O}(\ell^2 n)$
$[HP_{k(-)}H^T+R]^{-1}$	$\mathcal{O}(\ell^3)$
$HP_{k(-)}W_k$	$\mathcal{O}(\ell n^2)$
$HP_{k(-)}W_kP_{k(-)}H^T$	$\mathcal{O}(\ell^2 n)$
$\text{trace}\{(HP_{k(-)}H^T+R)^{-1}HP_{k(-)}W_kP_{k(-)}H^T\}$	$\mathcal{O}(\ell^2)$
总复杂度	$\mathcal{O}(\ell(\ell^2+n^2))$

备注：ℓ是测量值向量的维数，n是状态向量的维数。

9.11 本章小结

在本章中，对采用卡尔曼滤波的估计系统的设计和评估方法进行了讨论。讨论的具体主题包括：

1. 估计子异常行为的检测和纠正方法。
2. 对模型不当的影响和较差的不可观测性的影响进行预测和检测。
3. 对次优滤波器(采用双状态滤波器)和灵敏度分析方法进行评估。
4. 对不同实现方法的存储器、吞吐量和字长需求进行比较。
5. 降低计算需求的方法。
6. 关于传感器位置、类型和数量对估计子性能的影响的评估方法。
7. 自顶向下的分层系统级误差预算方法。
8. 举例说明平方根滤波技术在惯性导航系统(INS)辅助的GPS导航仪中的应用。

习题

9.1 证明采用9.10节中边际最优技术得到的风险的最终值等于初始风险减去选择的测量值的边际效益之和。

9.2 通过将式(9.107)和式(9.108)代入到式(9.111)和式(9.112)中，并且利用式(9.114)推导出双状态误差传播方程。

9.3 推导出关于系统和误差的协方差的双状态向量方程，其中x_1是斜坡函数加上随机游走，x_2是常数

$$\dot{x}_1^S=x_2^S+w^S,\quad \dot{x}_2^S=0,\quad z_k=x_k^1+v_k$$

① 尽管中间乘积$P_{k(-)}W_kP_{k(-)}$(复杂度为$\mathcal{O}(n^3)$)不取决于对测量值的选择，即使它只被计算一次并且在所有测量中都重复使用，也不能降低复杂度。

利用随机游走作为滤波器模型

$$\dot{x}^F = w^F, \quad z_K = x_k^F + v_k$$

9.4　推导出例 7.4 中的结果。

9.5　证明 $\operatorname{cov}[\tilde{x}_k^s]$ 取决于 $\operatorname{cov}(x_k^s)$。

9.6　利用 UDU^{T} 公式重做习题 5.7，并将结果与习题 5.7 中的结果进行比较。

9.7　利用 UDU^{T} 公式重做习题 5.8，并将结果与习题 5.8 中的结果进行比较。

9.8　利用 Schmidt-Kalman 滤波器(参见 9.6 节)求解习题 5.7，并将结果与例 5.8 中的结果进行比较。

参考文献

[1] T. Kailath, “A general likelihood-ratio formula for random signals in Gaussian noise,” *IEEE Transactions on Information Theory*, Vol. 15, No. 3, pp. 350–361, 1969.

[2] M. S. Grewal, V. D. Henderson, and R. S. Miyasako, “Application of Kalman filtering to the calibration and alignment of inertial navigation systems,” *IEEE Transactions on Automatic Control*, Vol. AC-38, pp. 4–13, 1991.

[3] A. Gelb, J. F. Kasper Jr., R. A. Nash Jr., C. F. Price, and A. A. Sutherland Jr., *Applied Optimal Estimation*, MIT Press, Cambridge, MA, 1974.

[4] P. S. Maybeck, *Stochastic Models, Estimation, and Control*, Vol. 1, Academic Press, New York, 1979.

[5] S. F. Schmidt, “Applications of state-space methods to navigation problems,” in *Advances in Control Systems*, Vol. 3 (C. T. Leondes, ed.), Academic Press, New York, pp. 293–340, 1966.

[6] R. G. Brown and P. Y. C. Hwang, *Introduction to Random Signals and Applied Kalman Filtering*, 4th ed., John Wiley & Sons, Inc., New York, 2012.

[7] A. Andrews, “Marginal optimization of observation schedules,” *AIAA Journal of Guidance and Control*, Vol. 5, pp. 95–96, 1982.

第 10 章　在导航中的应用

获取导航知识对于人类心灵会产生奇怪的影响。 ——Jack London

The Cruise of the Snark, Macmillan, 1911.

10.1　本章重点

很难想象卡尔曼滤波还有其他应用能够比它在导航中更有成效了。在卡尔曼滤波以前，导航只有通过技术专家经过多年的训练才能完成。今天，它已经成为普通消费者的商业服务了，除了利用一部智能手机以外不需要任何更多的技能。

卡尔曼滤波器于1960 年发表以后，人们很快发现它可以应用于许多军事系统中，包括惯性导航和卫星导航。特别是在卫星导航的发展以及惯性导航与卫星导航系统的组合过程中，它都发挥了重要作用。

卡尔曼滤波器促进了很多技术领域的出现，直到20 世纪晚期才被大量分类，从此以后发现它具有许多成功的商业应用，这展现了卡尔曼滤波器能够满足非常复杂的估计问题的需求。

本章重点讨论图 10.1 中所示的卡尔曼滤波器结构，尤其是标记为“卡尔曼滤波器”的两个方框中的虚框内容。我们将不会深入讨论其他方框中的内容，但将会推导和展示卡尔曼滤波器模型以便说明它是如何工作的。配套软件还产生了这里所看到的内容以外的结果，可以显示出卡尔曼滤波方法在导航中的巨大能力。

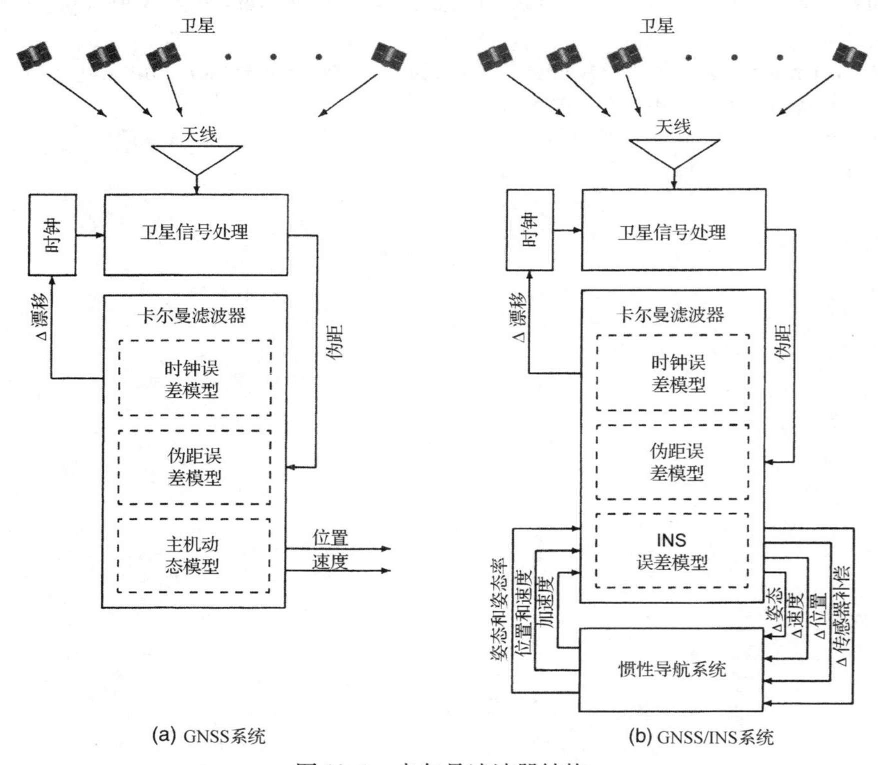

(a) GNSS系统　　(b) GNSS/INS系统

图 10.1　卡尔曼滤波器结构

10.2　导航概述

10.2.1　导航问题

导航的目的是指出运载工具(轮式的、人工的、水面的、空中的或者太空的)运动的方向以便到达给定的目的地。导航的重要部分在于确定出相对于目的地的位置,以及与行程(道路、运河、航道等)有关的本地特征。

解决导航问题通常需要某种观测值或者测量值,并且能够利用这些信息确定出相对于目的地的位置。卡尔曼滤波器在解决导航问题中起着重要作用。

有 5 种基本的导航形式:

1. 引航方法(Pilotage),它本质上依赖于识别路标,以便知道你的位置以及你的方向如何。这种导航方法的出现比人类还早。
2. 航位推测法(Dead reckoning),它依赖于已知你从哪里开始,加上一些头信息的形式(如磁罗盘)以及对行程距离的估计。它的实现方式最初是利用制图工具在图表上绘图,但是这种工作现在由软件来完成了。
3. 天文导航方法(Celestial navigation),它根据时间和本地垂线与已知的天体目标(如太阳、月亮、行星、卫星等)之间的角度来估计方位、纬度和经度。这种方法取决于清晰的视线条件,并且通常需要六分仪和经纬仪等专用仪器。
4. 无线电导航方法(Radio navigation),它依靠具有已知信号特征和已知位置的射频源来完成。全球导航卫星系统(Global Navigation Satellite Systems, GNSS)采用卫星上的信标来达到这个目的。
5. 惯性导航方法(Inertial navigation),它依靠已知的初始位置、速度和姿态,以及后续测量得到的姿态速度和加速度。它是不依靠外部参考条件的唯一的导航形式。

本章主要是关于卡尔曼滤波器在解决导航问题中的应用,尤其是上述最后两种方法的组合。低成本 GNSS 接收机和惯性导航系统(INS)的低成本微机电系统(MEMS)的发展,使高精度导航的潜在性价比发生了革命性的变化。

本章重点是这些应用中卡尔曼滤波器的设计与实现问题,包括在相应 Riccati 方程中所用模型的设计,从而可以预测出潜在传感器系统设计的性能。本章还包括了 GNSS 和 INS 误差的卡尔曼滤波器模型举例,以及在组合导航解决方案中实际卡尔曼滤波器的实现结构等。

然而,在诸如勘测等应用中还需要另外一种等级的导航精度。它们也采用基本相同的卡尔曼滤波方法,只是需要进行更加详细地建模。

10.2.2　惯性导航与卫星导航的发展历史

惯性导航是在 20 世纪中期针对导弹制导发展起来的,并且在冷战时期作为一种远程投送核武器的技术而成熟起来。早期结果主要针对军事应用,比如独立制导、弹道和巡航导弹的控制系统、潜艇携带的弹道导弹、军用船只和军用飞机等,但是这种技术很快就在诸如商用飞机导航等非军事应用中传播开来。

由于其隐蔽性和反侦察能力,惯性导航非常适合于弹道导弹制导。在导弹发射期间它的工作时间是几分钟量级，这不会允许有很多时间产生任何严重的导航误差的累积。这有助于采用惯性导航技术来达到可接受的目标精度。

潜艇长期使用陀螺仪来完成在潜水的同时保持方位的跟踪，并且将这种方法与加速度传感器集成使用是实现独立秘密导航的自然发展。然而，携带核导弹的潜艇往往需要在水下工作数月，这个时间对于保持发射弹道导弹所需的惯性导航经度来说太长了。于是，需要某些种类的辅助导航信息来保持足够的导航精度。

在1957年发射世界上第一颗人造卫星以后，很快就研制出了卫星导航技术。美国海军很快意识到这种技术可以解决远程潜艇的导航问题。为了这种特殊目的，研制出了世界上第一个卫星导航系统(Transit，又称子午仪卫星导航系统)并使之野战化。在大约四分之一个世纪只用于军事应用以后，民用系统成功地接入了GPS卫星导航系统的一路信号。这对全球民用导航的影响是革命性的，许多其他国家也在发展他们自己的GNSS系统及其增强系统。

尽管在开始设计军事卫星导航系统时就是为了与INS系统组合在一起，民用GNSS/INS组合系统的商业发展却要慢得多——部分原因在于对于其在性能方面期望带来的效益而言，惯性导航①增加的成本还没有得到验证。虽然第一个非军事应用就是自动露天采矿和筛选这种高回报的应用，但是足以实现GNSS组合的低成本惯性导航技术更增加了潜在应用的数量。

10.2.3 GNSS导航

通过GNSS导航的卫星信号处理能够得到接收机天线和卫星天线之间的"伪距"(估算距离)，这里卫星的位置在所有时刻都是已知的。利用这些伪距作为测量值，卡尔曼滤波器可以得到GNSS接收机天线关于地固坐标的位置和速度的估计值。为此，它需要接收机时钟的随机误差模型、GNSS伪距离数据以及宿主运载工具的动态变化。在这些情形中，宿主运载工具可以是宇宙飞船、飞机、船舶、轮式车辆或者牲畜(包括人)等。其中每一种都具有不同的动态统计量，并且各自的统计特征都可以用于提高导航性能。

10.2.4 GNSS/INS组合导航

对于具有一个INS和其他辅助传感器(如高度计、航空雷达、星象跟踪仪或者GNSS)的导航而言，INS是获得短期导航信息的关键部分，并且卡尔曼滤波器使这种导航信息尽可能保持在噪声源能够允许的精度。

对于GNSS/INS组合导航情形，滤波器利用INS的模型来代替不可预测的宿主运载工具动态变化的随机模型，并且利用这个模型来估计、纠正和补偿INS实现中的误差。卡尔曼滤波器从INS输入其导航解(位置、速度和姿态)以及实现INS误差模型[加速度和姿态变化率(Attitude rate)]所需的附加变量，并将它的导航解(位置、速度和姿态)以及用于补偿惯性传感器误差的参数更新输出到INS作为其更新。得到的结果是大大提高了INS的长期性能和惯性导航的短期性能。组合导航的关键特性是在没有GNSS信号的情况下能够保持其短期精度。

① 在20世纪70年代，当航空公司被首次要求携带两个惯性导航器用于水面飞行时，每架飞机增加的装备成本在100 000美元量级。

10.2.5　导航性能的度量

海里

在历史上，航海者在谈论距离时通常采用海里(Nautical mile，NMi)作为单位，这种计数法又一直延续给新水手。它最初定义为在海平面上等效于一个弧分的纬度变化。在地球被认为是球面的年代，这种定义作为航海不确定性的单位是有意义的，维度是通过测量海平面上北极星的角度来确定的，一个弧分近似为海上光学瞄准仪的极限分辨率。

然而，(正如牛顿推测的那样)地球的形状并不完全是球形的。因此，等效于一个弧分纬度变化的南北距离会有几米的不同。作为一种规定，国际单位制(SI)将海里定义为一种派生的 SI 单位，相当于 1852 m。它大约等于 1.15078 US 法定英里或者 6076.12 US 英尺。

圆径概率误差

它也被称为圆概率误差(Circular error probable，CEP)，定义为以地球表面上估计位置为中心的圆的半径，使得真实位置在圆内或者圆外的概率相同。

在导航和跟踪领域，这个概念很有用，它对表征精度的简单数字赋予了准确的含义。

然而，在卡尔曼滤波中，它的实现却是比较麻烦的，因为如果除了均值和协方差以外不对概率分布做出更多假设，则不能将估计位置的误差协方差转化为 CEP。这个问题通常的解决办法是，假设概率分布是高斯分布，并且将 CEP 近似为均方根(RMS)径向水平误差的 1.2 倍。

10.2.6　在导航系统设计中的性能预测

协方差分析

在估计技术中，卡尔曼滤波器扮演者两个角色，它不仅是一个最优估计子，而且还根据被估计变量的动态模型以及用于估计的传感器系统的统计特征对性能进行预测。

为实现导航而开发的卡尔曼滤波器模型同样也能用于设计一个导航系统，这个导航系统将被用在携带传感器的宿主运载工具的全体轨道上。这些通用方法也适用于导航卫星系统、惯性导航仪和 GNSS/INS 组合导航系统的设计。

在第一种情况中(GNSS)，卡尔曼滤波器不仅可以作为设计评估工具，而且在系统集成中也起着关键作用。

在第二种情况中(INS)，采用参数 INS 模型表示在 INS 中可能选择的惯性传感器，并且通过典型的轨道仿真方法对备选设计的相对性能进行比较。

在 GNSS/INS 情况中，可以采用卡尔曼滤波器模型来对备选 INS 传感器能力的性能折中进行评估。另外，GNSS/INS 组合导航的设计问题还包括一些辅助的性能目标，比如：

1. 使机载 GNSS/INS 组合系统的成本最小化。
2. 当 GNSS 信号丢失以后，能够达到只有 INS“独立”工作时的规定性能。
3. 减少 GNSS 信号的重新捕获时间。
4. 利用 INS 信息来增强 GNSS 信号锁定(Signal lock)，尤其在主运载工具变化很大的机动时期，或者具有过量卫星信号干扰的时期。

测试与评估

用于预测性设计的协方差分析方法必须在可控条件下通过测试和评估来最终验证。对于针对特殊应用而设计的系统，测试条件一般要与特殊应用相适应。也有一套正规的测试和评估程序，用于描述怎么进行测试？采集哪些数据？如何处理这些数据？以及应该评价哪些具体的性能指标，等等。对于军用飞机导航系统，这些程序在位于美国新墨西哥州阿拉莫戈多附近的霍罗曼空军基地的惯性和 GPS 测试设备中心(Central Inertial and GPS Test Facility, CIGTF)已经执行了超过半个世纪。这些设备包括在可控环境条件下对系统进行评估的实验室设备、飞行或者地面测试系统的精确跟踪系统、针对特殊军事应用的正规测试和评估程序、用于评估与军用标准有关性能的数据处理方法。

其他信息来源

对于这个主题的更广泛的历史背景可以参见参考文献[1]，其技术涵盖范围则可见参考文献[2]，对惯性导航的更深入论述可见参考文献[3~5]，对 GNSS 接收机技术的更好介绍可见参考文献[6]。

由于 GNSS 和 INS 技术仍然在非常快速地发展，因此关于这个主题的技术杂志和期刊也是有关最新进展的很好来源。搜索“GIGTF”可以得到关于 INS、GNSS 和 GNSS/INS 组合导航系统测试和评估程序的更加正式的阐述。

10.2.7 预测导航性能的动态仿真

在进行任何的实验室或者现场测试以前，可以根据一组常见的仿真动态条件来对 GNSS 导航、INS 导航和 GNSS/INS 组合导航的性能进行预测。通过在人为工作条件包括动态条件下进行的测试和评估，可以得到任何发展中的导航系统的性能评价。在对预期性能进行评估时，需要一些动态仿真器来产生基本输入，以便得到在那些条件下的导航解。例如，在演示 GNSS、INS 和 GNSS/INS 组合导航仪的导航性能时，就开发并采用了 MATLAB 仿真器，其 m 文件可从网站下载。

定置试验

在检验导航系统时，通常先在一个已知的固定位置运行。对于 GNSS 导航，这必须包括一个用于模拟卫星位置随时间变化的仿真器。即使对于惯性导航，虽然它本质上是不同的，在动态测试以前通常也需要在实验室先进行验证。在所有情况下，此时的卡尔曼滤波器都是相对简单的，它主要用于在没有受到主运载工具动态变化影响的“纯净”条件下，对不同误差源的影响效果进行验证。对于 INS 而言，可以采用这种实验方法来验证陀螺罗已经对准，并且验证在引入初始误差以后，INS 及其误差模型能够表现出同样的行为特性。

跑道形仿真器

在大多数仿真中，主运载工具(车辆)常用的动态模型是它在不同长度的 8 字形跑道上以 100 kph 的平均速度运动。在图 10.2 中，给出了 2 个具有指定长度的跑道平面图，然而有些版本的跑道仿真器对两个跑道长度和指定的运行速度都适用。在设计主运载工具(车辆)的随机动态模型时，利用了跑道中有限的位置偏移，在利用相关卡尔曼滤波器解决导航问题时要用到这个模型。

一个以 100 kph 速度运动的车辆很难具有“赛车”的资格，但是在电视比赛中 GNSS/INS 组合导航常常成为封闭式环形跑道上的“赛车”——不是为了让驾驶员知道他们在哪里，而是为了让广播电视系统全程知道每个赛车在哪里。跑道电视记录系统对舱内的导航解进行遥测，并将结果用于生成屏幕图像，以便指出在比赛期间各个“赛车”的位置。导航解的精度一般在米的量级，这对于本应用目的来说是足够的。将跑道电视摄像机光轴的航向角和俯仰角与摄像机的透镜焦距一起使用，计算出每个赛车将出现在记录图像中的位置，然后再利用该信息生成文本和指针，以便对比赛期间图像上挑选的赛车进行定位和识别。在这个应用中，主车辆的动态模型可以简化为一个具有纵向和横向分量的二维模型。车辆姿态将总是这两个位置分量的已知函数。在我们的演示中，即使 8 字形定位模型只利用了纵向位置信息，我们也不会采用这么复杂的模型。利用 MATLAB m 文件 `GNSSshootoutNCE.m` 进行仿真，表明采用这种模型得到的 RMS 位置不确定性比采用更加传统的主车辆动态模型得到的结果小 30 ~50 倍。

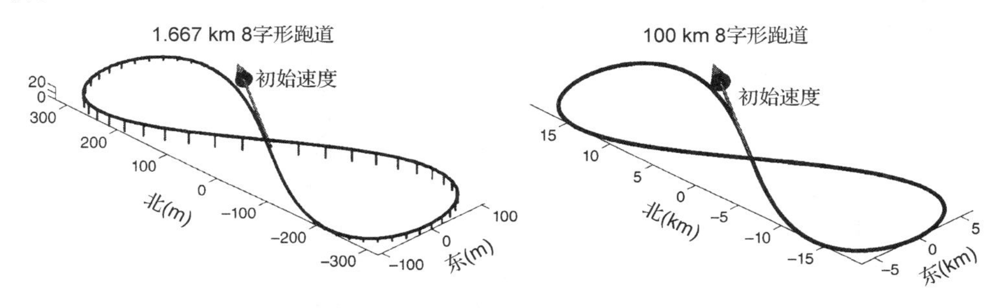

图 10.2　8 字形跑道平面图

跑道动态变化的统计量：

对于图 10.2 中所示的跑道布局，在 8 字形跑道仿真期间得到的平均车辆动态统计量的值由表 10.1 给出。为了得到 GNSS 导航的卡尔曼滤波器模型中动态扰动协方差 Q 的经验数值，在跑道仿真时以 GNSS 导航的更新间隔对 RMS 速度变化进行采样。

这些统计量与 GNSS 导航期间用于表示主车辆动态变化的随机动态模型的参数是一致的。

表 10.1　8 字形跑道仿真器的动态统计量

FIG8 跑道*		BIG8 跑道	
统计量	值	值	单位
跑道长度	1.667	100.0	km
平均速度	100.0	100.0	kph
RMS N-S 位置偏移	230.2564	13 699.7706	m
RMS E-W 位置偏移	76.7521	4 566.5902	m
RMS 垂直位置偏移	12.3508	6.1237	m
RMS N-S 速度	24.3125	23.9139	m/s
RMS E-W 速度	16.2083	15.9426	m/s
RMS 垂直速度	0.74673	0.0061707	m/s
RMS N-S 加速度	2.525	0.041732	m/s/s

(续表)

FIG8 跑道 *		BIG8 跑道	
统计量	值	值	单位
RMS E-W 加速度	3.3667	0.055643	m/s/s
RMS 垂直加速度	0.078846	1.0771_{10-5}	m/s/s
RMS 增量速度北†	2.5133	0.041732	m/s/s
RMS 增量速度东†	3.3464	0.055642	m/s/s
RMS 增量速度上†	0.077832	1.077_{10-5}	m/s/s
RMS 滚动速度	0.0092193	‡	rad/s
RMS 俯仰角速度	0.06351	‡	rad/s
RMS 偏航角速度	0.15311	‡	rad/s
RMS 增量滚动速度†	0.0022114	‡	rad/s/s
RMS 增量俯仰角速度†	0.010502	‡	rad/s/s
RMS 增量偏航角速度†	0.023113	‡	rad/s/s
北位置相关时间	13.4097	735.6834	s
东位置相关时间	7.6696	354.155	s
垂直位置相关时间	9.6786	1 661.1583	s
北速度相关时间	9.6786	635.1474	s
东速度相关时间	21.4921	354.155	s
垂直速度相关时间	13.4097	735.6834	s
北加速度相关时间	13.4097	735.6834	s
东加速度相关时间	7.6696	354.155	s
垂直加速度相关时间	9.6786	635.1474	s

* 这里给出的值是利用 `Fig8TrackSimRPY.m` 的捷联惯导版本得到的。跑道长度和速度可以与其他版本的输入变量不同。

† 以 1 s 间隔采样。

‡ 在平台上惯性导航系统(INS)仿真中没有计算出来。

仿真 GNSS 信号丢失

GNSS 信号的可用性取决于从发射卫星到接收机天线之间的视线没有受到阻挡，并且在接收机天线位置也没有受到诸如无意(或者有意)干扰或者多径反射这类干扰源的信号干扰。由于许多原因，这些条件可能会不满足。然而，在大多数情况下，信号中断都只是暂时的。当 GNSS 信号丢失以后，导航解会迅速恶化，其恶化速度一般取决于主车辆动态变化的相对可预测性。我们利用改进的 8 字形测试跑道仿真器对信号丢失以后的性能下降进行了评估，仿真试验条件是一个隧道覆盖了部分

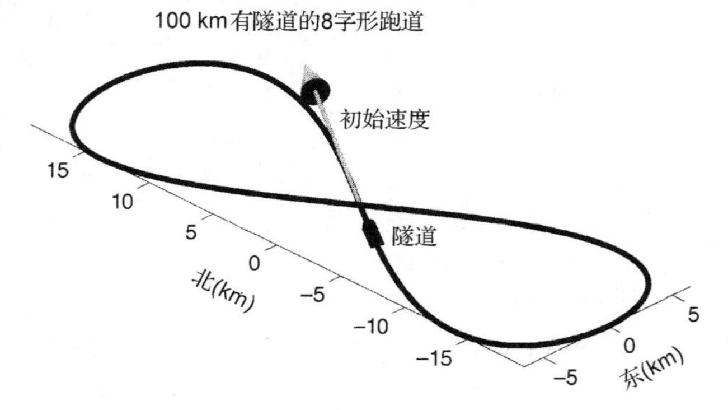

图 10.3　丢失信号情况的仿真器

车辆轨道，如图 10.3 所示。该仿真器假设主车辆围绕一个 100 km 的 8 字形跑道以 100 kph 的速度运动，其运动一圈的时间等于 1 小时。假设隧道覆盖了 1 分钟跑程的跑道，在跑道交叉前 1 分钟的距离处结束。

10.3　全球导航卫星系统(GNSS)

10.3.1　历史背景

正如我们在上一节和第 1 章中所提到的，在美国独创的“卫星时刻”(Sputnik moment)①，即前苏联发射世界上第一颗人造地球卫星的 1957 年 10 月 4 日以后不久，很快就出现了实用的卫星导航技术。这种技术很快就促使美国海军研发了子午仪卫星导航系统(Transit satellite navigation system)，其主要功能是用于辅助提高军事系统——尤其是携带核导弹的潜艇的惯性导航能力。然而，由于军事保密和安全的需求，普通大众并不知道它所具有的能力。在 20 世纪 80 年代子午仪卫星导航系统被全球定位系统(GPS)代替以后，这种限制才在一定程度上得以解除。在 1983 年 9 月 1 日，韩国航空公司 007 航班上的惯性导航误差导致飞机短暂地进入了前苏联领空，随后在国际空域被前苏联的军用飞机击落。在此以后，美国总统罗纳德·里根签署命令，要求以后研发的 GPS 卫星导航系统必须可以被公众使用。这一结果引起了导航技术的革命，并且促使其他国家和地区也采取了类似的行动。到目前为止(2014)，可以作为 GPS 替代品的唯一完全独立的系统是俄罗斯的 GLONASS 卫星导航系统，但是欧盟(European Union，EU)和欧洲航天局(European Space Agency，ESA)也正在计划使其自己的系统(Galileo)在 2019 年能够达到运行状态，中国也计划在 2020 年以前将其开发的区域导航系统(Beidou)推广为全球系统(Compass)。另外，法国、日本和印度也正在研发他们各自的区域增强系统。

这些系统一般包含有地基设备(地面部分)和天基设备(空间部分)，它们是通过卡尔曼滤波集成起来的。这些卡尔曼滤波器是 GNSS 软件基础设施的主要部分，但是在相应的 GNSS 接收机中还需要独立的卡尔曼滤波器，以便根据卫星“空间信号”估计出导航解(包括接收机天线的位置)。

本节主要讨论为了获得 GNSS 导航的基于接收机的卡尔曼滤波器结构。在接收机层次，有很多类型的卡尔曼滤波器设计方法，因为这个层次的性能主要取决于具体的应用目的。

10.3.2　卫星导航的工作原理

基于 Doppler 的解决方法

正如在第 1 章中所描述的，子午仪导航卫星系统采用当卫星通过头顶上空时卫星信号中的 Doppler 频移作为其基本的测量变量。它的导航解决方法是将天线位置与从轨道已知的卫星上观测到的 Doppler 频移序列进行线性最小二乘拟合(后来采用卡尔曼滤波方法)。Transit 最初是针对军事应用而设计的，在卫星从地平线到地平线转动的几分钟时间内它的接收机天线实际上是不动的。在 20 世纪 70 年代和 80 年代，Transit 和 Timation(另一个美国海军卫星

① “Sputnik”是根据俄语中卫星的单词音译而来的。

系统)还作为研发下一代卫星导航系统所需的极高精度地基和天基时钟技术①的实验平台。这就是美国空军的 GPS 系统，它大概在 20 世纪 90 年代 Transit 准备退役时就可以投入运行了。此后的所有卫星导航系统都是基于高精度定时技术研发出来的。

基于定时的解决方法

在发展了足够的定时能力以后，卫星导航解决方法就变为了“基于定时的”方法了。也就是说，它们利用同步时钟系统来对电磁信号从卫星上的发射天线到达接收机天线之间所花的时间进行测量。给定传输时间 Δt，电磁波传播速度为 c，则可以测得两个天线之间的距离为 $\rho = c\Delta t$。如果已知三个卫星上的三个发射天线的位置是时间的函数，这样允许得到接收机天线位置的解，如图 10.4 所示。更确切地说，由四个天线构成了一个四面体，其三角基座是由三个卫星构成的，如果给定这三个卫星的空间位置以及三条边 ρ_i，则接收机天线的位置存在一个唯一解。然而，在实际中需要多于三个卫星来保持时钟同步。

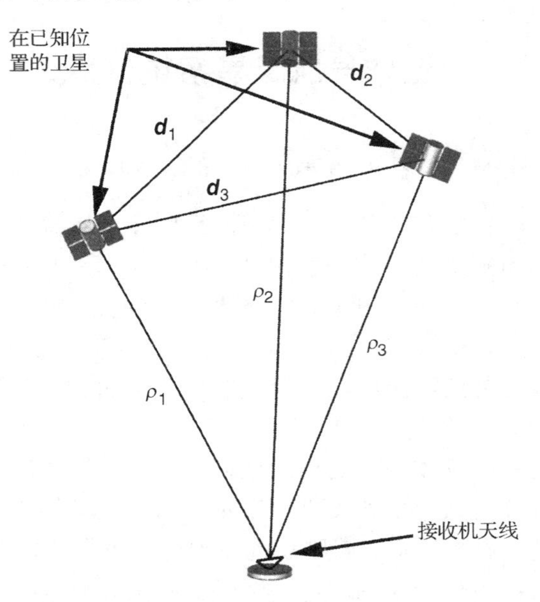

图 10.4　基于定时的卫星导航几何示意图

10.3.3　GNSS 的误差源

卡尔曼滤波器需要全部测量的误差模型。对于 GNSS 接收机来说，基本的测量是传播时延，它用于计算卫星天线和接收机天线之间的距离。在研发 GNSS 系统时，从理论分析和经验分析角度确立了相应的测量误差模型。

空间段误差

卫星导航系统会受到各种误差源的影响，其中部分误差源通过卡尔曼滤波技术得到了解决，它所带来的额外好处是，可以利用 Riccati 方程的相应解，采用协方差分析方法确定出对导航误差的各种贡献源的 RMS 误差。比如，对于 GPS 而言，由于各个卫星(通过所有卫星广播)的精确的星历表(轨道)产生的位置误差在 2 m RMS 量级，这是所有基于卫星的时钟同步所贡献的误差。目前，GLONASS K 级空间段的性能是与之类似的。

传播延迟误差

从 GNSS 用户的观点来看，最大的误差源来自于卫星天线和接收机天线之间信号传播延迟的变化。这主要受电离层中自由电子密度的影响，它随着太阳辐射和空间气象而变化很

① 这并不是第一次将精确定时技术用于导航。众所周知，需要精确的定时来确定海上的经度可以追溯到 17 世纪，当时钟摆时钟不能应用到大海上。因此，英国由于搁浅损失的舰艇比战斗中损失的还多，1704 年四艘海军舰艇在锡利群岛上灾难性的搁浅更突显了需要快速找到解决方法的重要性。在 1707 年大不列颠联合王国建立以后，其议会在 1714 年通过了经度法案，由“海上经度发现”(1714 – 1828)专员对达到指定等级的定时经度和可靠性的发明人员实施重奖。这个问题最终由 John Harrison(1691 – 1776)设计的世界上第一个航行表解决了。然而，所有奖励都受到了 Nevil Maskeline(1732 – 1811)和专员的阻挠，直到经过乔治三世国王(1738 – 1820)代表 Harrison 的大力斡旋[7]以后才得以实施。

大。这些变化对传输距离的影响在 10 m RMS 量级——根据太阳活动周期可能在一个数量级的范围内上下变化[8]。在接收机端传播延迟误差的动态变化还受轨道上卫星的运动而影响，它随着时间的变化使卫星到接收机之间的信号路径穿过电离层的不同部分。

GPS 接收机采用不同方法来消除这些误差的影响：

1. 基于大气分层模型的全球校正公式，它利用了在多个位置地面站得到的测量值。这些地面站知道它们的位置，因此可以估计出沿着地面站天线和卫星天线之间路径的电离层延迟。在目前提出的与不同 GNSS 系统相关的增强系统中，就用到了几种这样的公式。在大多数单频 GPS 接收机中采用了 Klobuchar[9] 提出的公式，它采用参数广播作为 GPS 信号的一部分。它可以降低对用户位置误差大约 2 倍或者 3 倍的影响，但即使这样，还可以通过增大接收机中卡尔曼滤波器的状态向量的方法来进一步改善，其中卡尔曼滤波器被用于估计导航解。在这种情况下，增加的状态变量是利用 Klobuchar 模型校正得到的残留误差，这种残留误差是时间相关的，其有效相关时间的量级从几分钟到几个小时[10]。
2. 双频校正方法，它是基于主要信号延迟和微分延迟之间的已知关系得到的，其中微分延迟是指间隔几百 MHz 的两个不同 GHz 载波频率之间的延迟。这种特点最初只在军事运用的 GPS 中才用到，它需要解密密码才能获得第二个频率的定时信息。但是，当前的 GPS 升级系统和其他 GNSS① 系统都包括了未加密的民用信号频率(用于 GPS 的 L2C 和 L5 频段)，这些频率可以达到同样目的。这种方法可以将电离层延迟的贡献下降到 1 m RMS 的量级，这已经足够小了，所以不再需要利用接收机中的卡尔曼滤波器来估计残留电离层传播延迟误差。
3. 微分 GNSS 导航方法，它利用了位置已知的本地地面固定接收站计算出的传播延迟值，然后在另一个分离信道上发射出去以供本地 GNSS 接收机使用。美国海岸警卫队在 20 世纪 90 年代为美国的主要航道和港口周围的 GPS 开创了这种服务。这种方法使美国国防部针对 GPS 民用信道设计的“选择可用性”方法失效，将 RMS 导航性能降低到大约 100 m RMS。美国和其他国家还将类似的服务设计到了各个广域增强系统(Wide Area Augmentation System，WAAS)中。因此，针对微分 GPS 导航配备的接收机可以实现 5 m 或者更低的 RMS 水平导航精度。在 2000 年，将选择可用性方法从 GPS 系统中取消了。

除此以外，还有对流程传播延迟误差以及由大气折射引起的误差，但是它们的贡献一般小于 1 m RMS。

传播延迟还依赖于大气传播路径的长度，它由从卫星到接收机天线之间穿过大气的直线距离所决定。它可以使位于地平线附近的卫星产生的信号传播延迟误差比直接在正上方的卫星产生的误差大 2 ~ 3 倍。

接收机时钟误差

时钟是我们所制造的最容易解释和改进的设备之一，并且每天都会用到，它们随时间的

① GLONASS 正在从频分多址(FDMA)协议到码分多址(CDMA)协议的改变过程中，它采用一个公共的载波频率，并且不同卫星采用不同的扩频码。GPS 从一开始就设计采用具有“Gold 码”(由 Robert Gold 设计的)的 CDMA 协议来使扩谱信号的相互干扰最小化。

行为很容易理解和建模。GNSS 接收机采用相对廉价的石英钟也基本可行，它利用星载和地面的“原子钟”定时来维持 GNSS 全系统范围的同步。这种方法利用了石英钟的超短期稳定性。它的关键部分是接收机时钟的相位误差和频率误差的线性随机过程模型，以及它们分别作为时间函数的不确定性。这个问题是通过求出导航解的时钟偏差(相位误差)和时钟漂移(频率误差)来解决的。

精度因子(DOP)

求解单个 GNSS 位置所需的最小基本状态变量是接收机天线位置的三个分量，加上接收机时钟误差。时钟误差的估计是很重要的，因为它太大而不能被忽略。考虑到其他时间相关的误差来源，也可以对其他“多余变量”进行估计，但这四个变量是得到单个位置解所必需的最小集合。这四个变量估计的好坏取决于定时测量噪声和卫星的几何位置。“精度因子”(Dilution of Precision，DOP)这个词被定义来表征相对信标位置如何影响 LORAN 导航精度，它还被推广用来表征卫星的几何位置如何影响 GNSS 导航精度。在这两种情况下，它都可以通过相关的测量信息矩阵来定义。

GNSS 定时测量灵敏度和信息矩阵　正如例 8.7 所描述的，定时变化关于接收机位置的测量灵敏度矩阵是从接收机天线到第 j 个卫星的方向上的一个单位向量 u_j。如果将时钟误差定义为相位滞后，并且将它乘上 c 变为一个等效距离，则单个定时测量的位置和时钟误差的测量灵敏度矩阵为

$$\boldsymbol{H}_j = \begin{bmatrix} u_j^{\mathrm{T}} & -1 \end{bmatrix} \tag{10.1}$$

N 个这种测量的测量灵敏度矩阵为

$$\boldsymbol{H} = \begin{bmatrix} u_1^{\mathrm{T}} & -1 \\ u_2^{\mathrm{T}} & -1 \\ u_3^{\mathrm{T}} & -1 \\ \vdots & \vdots \\ u_N^{\mathrm{T}} & -1 \end{bmatrix} \tag{10.2}$$

并且 N 个测量的相应信息矩阵为

$$\boldsymbol{Y} = \boldsymbol{H}^{\mathrm{T}} R^{-1} \boldsymbol{H} \tag{10.3}$$

$$= R^{-1} \sum_{j=1}^{N} \begin{bmatrix} u_j \\ -1 \end{bmatrix} \begin{bmatrix} u_j \\ -1 \end{bmatrix}^{\mathrm{T}} \tag{10.4}$$

其中，标量参数 R 为均方测量误差。

位置和时钟误差估计协方差　得到的状态估计不确定性的协方差矩阵将为相应信息矩阵的逆矩阵

$$\boldsymbol{P} = \boldsymbol{Y}^{-1} \tag{10.5}$$

$$= R\mathcal{D} \tag{10.6}$$

$$\mathcal{D} = \left(\sum_{j=1}^{N} \begin{bmatrix} u_j \\ -1 \end{bmatrix} \begin{bmatrix} u_j \\ -1 \end{bmatrix}^{\mathrm{T}} \right)^{-1} \tag{10.7}$$

$$= \begin{bmatrix} d_{11} & d_{12} & d_{13} & d_{14} \\ d_{21} & d_{22} & d_{23} & d_{24} \\ d_{31} & d_{32} & d_{33} & d_{34} \\ d_{41} & d_{42} & d_{43} & d_{44} \end{bmatrix} \tag{10.8}$$

上面的 4 ×4 维矩阵 $\mathcal{D}$ 代表了均方测量噪声 R 与位置和时钟误差估计的均方不确定性之间的乘积因子，后者是由卫星几何位置产生的。

精度因子这个词是指 RMS(不是均方)测量误差对由卫星几何位置产生的 RMS 估计误差的相关的乘积效果。总的效果被称为几何精度因子(Geometric Dilution of Precision)，它可以通过 $\mathcal{D}$ 的矩阵迹的平方根来表征。

然而更好的情况是，如果在估计中到各个卫星方向的单位向量 u_j 采用东-北-天坐标表示，则 $\mathcal{D}$ 的连续对角元素的平方根分别表征了 DOP 关于东位置、北位置、上位置(垂直方向)和时钟误差不确定性的分量。这种惯例导致下列利用 $\mathcal{D}$ 的各个对角元素定义的不同的"子 DOP"：

$$\left.\begin{array}{llll} \text{GDOP} & \stackrel{\text{def}}{=} & \sqrt{\text{tr}(\mathcal{D})} & (\text{几何 DOP}) \\ & \stackrel{\text{def}}{=} & \sqrt{d_{11}+d_{22}+d_{33}+d_{44}} & \\ \text{PDOP} & \stackrel{\text{def}}{=} & \sqrt{d_{11}+d_{22}+d_{33}} & (\text{位置 DOP}) \\ \text{HDOP} & \stackrel{\text{def}}{=} & \sqrt{d_{11}+d_{22}} & (\text{水平 DOP}) \\ \text{VDOP} & \stackrel{\text{def}}{=} & \sqrt{d_{33}} & (\text{垂直 DOP}) \\ \text{TDOP} & \stackrel{\text{def}}{=} & \sqrt{d_{44}} & (\text{时间 DOP}) \end{array}\right\} \tag{10.9}$$

多径效应

"多径"这个词被用来描述在地面或者海平面这类表面上反射的信号导致的 GNSS 信号失真。许多 GNSS 接收机设计的天线增益模式是对地平线上或者其附近的信号进行衰减，但是不能纠正天线上接收的山脉、丘陵、建筑物或者车辆的反射信号。在到处充满平面建筑物的"城市峡谷"，这个问题尤其严重，目前已经提出了几种信号处理方法来解决这个问题[2]。

它通常不是作为卡尔曼滤波问题来解决的，而是作为必须在用于得到导航解的卡尔曼滤波器的信号处理"上游领域"解决的问题。

其他接收机误差

接收机噪声　大多数 GNSS 接收机的设计都要求接收机信号处理产生的所有误差的贡献通常共计不会超过 1 m RMS 位置误差。

10.3.4　GNSS 导航误差建模

导航误差不能通过 GNSS 系统的地面部分或者空间部分的卡尔曼滤波器来抑制，而是必须由接收机中的卡尔曼滤波器来解决。地面和空中部分的卡尔曼滤波器在 GNSS 投入运行以前就已经设计完成并实现了。本节主要讨论那些基于接收机的模型，这些模型在导航中会用到，并且也在 GNSS 接收机与其他导航传感器组合时需要用到。

GNSS 导航测量模型

伪距　图 10.4 所示的四面体的解只有当所有必要信息都没有误差时才准确——而这是

不可能的。即使可以精确地知道(这一点几乎是成立的)卫星的位置，由定时确定出的接收机天线到卫星天线之间的距离也被称为伪距(Pseudorange)，因为它们确实包含误差。需要纠正的主要误差源可以依据它们对伪距误差的影响来建模。

真实情况更像图 10.5 中所示的情形，其中在地平线上所有可用的卫星(用实线与接收机相连)在求解时都要用到，并且到各个卫星的实际距离更可能是

$$\rho_j = c \times (t_{j,\text{received}} - t_{j,\text{transmitted}} - \delta t_{j,\text{iono delay modeled}} - \delta t_{j,\text{iono delay unmmodeled}} - \delta t_{\text{receiver clock bias}}) \tag{10.10}$$

其中，各个变量定义为

ρ_j，在 $t_{j,\text{ transmitted}}$时刻第 j 个卫星上的天线与 $t_{j,\text{ received}}$时刻 GNSS 接收机上的天线之间的物理距离。

$c \overset{\text{def}}{=} 299\ 792\ 458$，采用 SI 单位的光速。

$t_{j,\text{ received}}$，接收机天线收到第 j 个卫星信号中定时记号的时刻。

$t_{j,\text{ transmitted}}$，从第 j 个卫星天线发射第 j 个卫星信号中定时记号的发射时刻。

$\delta t_{j,\text{ iono delay modeled}}$，在间隔$[t_{j,\text{ transmitted}},\ t_{j,\text{ receied}}]$内的平均传播时延，它是基于下列方法得到的：

(a) Klobuchar 参数模型，其参数值是通过卫星发射的。这些参数是根据覆盖了大部分陆地表面的许多地面站接收机的定时测量值实时确定出来的，得到的模型消除了大多数电离层延迟(但还不够)。

(b)利用同一个卫星在两个不同频率点发射信号的公式。

(c)在已知固定位置的本地辅助 GNSS 接收机确定的微分延迟校正值，并且广播到本地 GNSS 接收机。

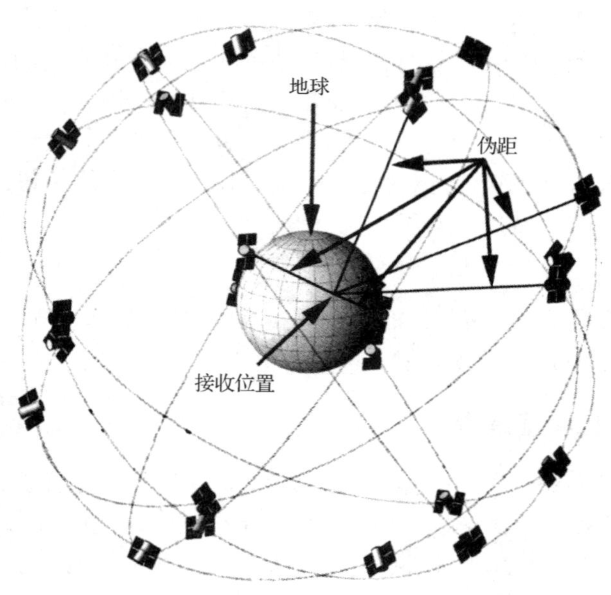

图 10.5　卫星导航几何示意图

$\delta t_{j,\text{ into delay unmmodeled}}$，由于类似 Klobuchar 的参数模型的限制产生的未建模传播延迟。对于

双频率方法和微分方法而言，这个误差项可以忽略，因为这些方法可以充分地校正时延，所以不需要进行第二次滤波。

$\delta t_{\text{receiver clock bais}}$，在信号接收时刻接收机时钟的偏差。

实际上，上面最后两个变量(未建模电离层延迟和接收机时钟偏差)都可以由用于估计接收机天线位置的同一个卡尔曼滤波器估计出来，比例因子 c 是用来将所有定时误差变量转化为等效距离变量的。所有其他变量都已经从其他地方已知了。

还有一些未知随机变量需要随机动态模型来计算其时间相关，并且增加了卡尔曼滤波器中被估计状态变量的个数。

测量灵敏度矩阵结构

GNSS 测量值是伪距，其中含有会损害测量值的误差变量，但是这些误差变量都可以估计出来并进行补偿。这些误差变量包括时钟误差以及可能的未补偿的电离层延迟误差(它取决于采用了什么消除方法)。

将式(10.10)中右边的因子 c 分散到各项中，得到下列采用距离单位表示的测量函数：

$$\begin{aligned}\rho_j = & \underbrace{c\,(t_{j,\text{received}} - t_{j,\text{transmitted}} - c\ \delta t_{j,\text{iono delay modeled}})}_{\rho_{0,j}} \\ & \underbrace{-c\ \delta t_{j,\text{iono delay unmmodeled}}}_{\delta_{\text{iono},j}} - \underbrace{c\ \delta t_{\text{receiver clock bias}}}_{C_b}\end{aligned} \tag{10.11}$$

其中，C_b 是时钟偏差在伪距测量值中贡献的误差，$\delta_{\text{iono},j}$ 是未补偿电离层传播延迟贡献的误差，并且 $\rho_{0,j}$ 是(相对)无误差测量分量——它是卫星天线和接收机天线之间的物理距离。

由于未补偿电离层延迟引起的伪距误差 $\delta_{\text{iono},j}$ 是一个“多余变量”，因为我们需要它提高导航精度，但是并不关心它的值到底是多少。

时钟偏差 C_b 却稍有不同，它是一个要用来补偿所有定时计算的变量。它还是用于补偿时钟频率的模型的一部分，这是接收机实现的重要部分。

于是，对这五个状态变量(三个天线位置分量、时钟偏差以及未补偿电离层延迟误差)的相应测量灵敏度为

$$H_j \stackrel{\text{def}}{=} \frac{\partial \rho_j}{\partial x_{\text{antenna}}, \cdots, C_b, \cdots, \delta_{\text{iono},j}} \tag{10.12}$$

$$= \begin{bmatrix} u_j^{\text{T}} & \cdots & -1 & \cdots & -1 & \cdots \end{bmatrix} \tag{10.13}$$

其中，行向量 H_j 的未指定的元素为零，并且

x_{antenna} 是接收机天线的位置。

u_j 是从接收机天线指向卫星的单位向量。

第一个“ -1”代表对接收机时钟偏差的灵敏度。

第二个“ -1”代表对第 j 个卫星的未补偿传播延迟的灵敏度。

动态模型结构

这些模型都是根据卡尔曼滤波器中所用的矩阵 F(或者 Φ)，Q，H 和 R 的所得值来定义的。

F 和 Q 矩阵的结构如图 10.6 所示。这种分块对角结构在实际中是很有用的，因为

$$\Phi_{k-1} = \exp\left[\int_{t_{k-1}}^{t_k} F(s)\,\mathrm{d}x\right] \tag{10.14}$$

具有与 F 相同的分块对角结构，其对角线子块等于 F 的相关子块的矩阵指数。这样允许滤波器设计人员独立地处理动态子模型，只取一次时不变子矩阵的指数。

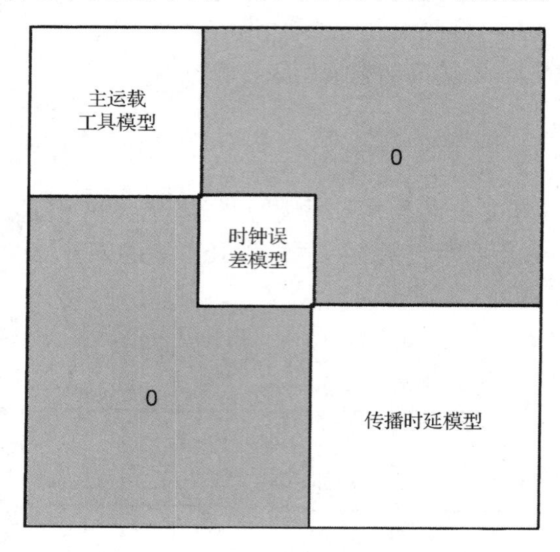

图 10.6　GNSS 导航的卡尔曼滤波器模型中 F 矩阵和 Q 矩阵的结构

分块对角矩阵的指数

对于如图 10.6 中所示具有分块对角结构的矩阵而言，存在一些有效的方法可以降低取它们的指数所需的运算量——尤其当其子矩阵只有适当的子集是时变的时候。对于具有下列分块对角结构的任意矩阵

$$\boldsymbol{M} = \begin{bmatrix} M_{11} & 0 & \cdots & 0 \\ 0 & M_{22} & \cdots & 0 \\ \vdots & \vdots & \ddots & 0 \\ 0 & 0 & \cdots & M_{NN} \end{bmatrix} \tag{10.15}$$

$$\exp\ (M) = \begin{bmatrix} \exp\ (M_{11}) & 0 & \cdots & 0 \\ 0 & \exp\ (M_{22}) & \cdots & 0 \\ \vdots & \vdots & \ddots & 0 \\ 0 & 0 & \cdots & \exp\ (M_{NN}) \end{bmatrix} \tag{10.16}$$

计算矩阵指数所需的标量算术运算次数随着矩阵维数的三次方增长，因此以这种方式分割矩阵会节省大量的运算时间和工作量。

在这种情况下，如果矩阵 M 是线性动态系统的动态系数矩阵 F，其相应的状态转移矩阵由式(10.14)定义。于是，如果 F 的任意对角块 F_{ii} 是时不变的，其指数

$$\Phi_{(k-1)\ ii} = \exp\ \left(\int_{t_{k-1}}^{t_k} F_{ii}\ \mathrm{d}t\right) \tag{10.17}$$

$$= \exp\ (F_{ii}\ \Delta t) \tag{10.18}$$

也是时不变的。

在求解 GNSS 导航问题采用的动态系数矩阵中，所有对角子矩阵都将是这种情形。然而，当我们将 GNSS 与 INS 组合使用时，则不会是这种情形。此时，只有与惯性导航误差传播相应的时变块矩阵才需要作为时间的函数而重新计算。具有时不变 F_{ii} 的块矩阵则不变。

这些对角子块的维数将由选取哪一种可能的模型来确定，正如 H 和 R 矩阵的维数也由选取的模型确定一样。

主运载工具动态模型

基于定时的 GNSS 导航是在接收到卫星信号中定时记号的时刻，根据某个接收机天线的位置来定义的，并且针对这个测量的基于定时的导航校正分量总是位于卫星和接收机位置之间的方向。如果天线保持在相同位置的时间足够长，可以对所有可得的卫星进行类似的校正，则（假设 GDOP 良好）位置将是根据全体测量值可观测的。在测量类应用中，这不是一个问题，因为接收机天线保持在地球上的某个固定位置。但是对其他应用而言，它将会带来问题。

图 10.5 所示的 GNSS 几何示意图考虑了卫星天线的运动，它是由卫星发射的短期星历表决定的。对接收机天线来说，不存在等效的预先确定的轨道。

跟踪滤波器　对于在机动运载工具上的导航而言，问题会变得更加复杂，此时接收机天线的位置是关于时间的一个未知函数。这也是 20 世纪 50 年代早期所面临的同一类问题，当时将雷达系统与检测和跟踪飞机的实时计算机集成在一起，作为防空系统的一部分[11]，现在的 GNSS 导航解可以采用那个时期研发的同类型的“跟踪滤波器”。在 20 世纪 50 年代时卡尔曼滤波器还不能应用，但是今天的跟踪滤波器同时采用接收机天线①的位置和速度作为卡尔曼滤波器中的状态变量。在 GNSS 导航情况下，如果滤波器的参数与携带接收机天线的主运载工具的动态模型很好地匹配，则可以提高性能。这些参数包括动态系数矩阵 F 和均方动态扰动协方差 Q。

数学公式　在表 10.2 中，给出了一些参数模型，它们是用来对主运载工具运动的单个部件进行建模的。这些模型是针对单个运动轴情形，利用动态系数矩阵 F 和扰动噪声协方差 Q 来规定的。根据具体应用，主运载工具动态模型针对不同轴可能具有不同的模型。比如，水面舰艇可能假设恒定的姿态，并且只估计北轴和东轴的位置与速度。

模型描述　表 10.2 中列出的模型参数包括标准差 σ 和位置、速度、加速度及急动度（Jerk，加速度的导数）的相关时间常数 τ。那些标记为“独立”的参数可以由设计人员来确定，那些标记为“从属”的参数则取决于独立变量的值（详情可参见参考文献[2]）。

对模型及其参数值的选择将取决于主运载工具的动态性能和/或者在所考虑导航问题中主运载工具的可能轨道。

1. 平稳模型。表 10.2 中的第一个模型是针对固定在地球上的对象提出的，比如在固定位置的 GNSS 天线。在这些情况下，参数 $F=0$，$Q=0$，并且“主运载工具”还可以是一个建筑。当测量中采用 GNSS 确定一个平稳天线的位置——通常是相对于在已知、固定位置的另一个天线的位置时，这种模型也可以应用。这种模型没有参数需要调整。

---

① 在防空术语中，采用“目标”（target）这个词语表示被跟踪的对象（object）。

表 10.2　主运载工具动态模型

模型序号	模型参数（每个轴） F	Q	独立参数	从属参数
1	0	0	none	none
2	$\begin{bmatrix} 0 & 1 \\ -\dfrac{\sigma_{\text{vel}}^2}{\sigma_{\text{pos}}^2} & \dfrac{-2\,\sigma_{\text{vel}}}{\sigma_{\text{pos}}} \end{bmatrix}$	$\begin{bmatrix} 0 & 0 \\ 0 & \dfrac{4\,\sigma_{\text{vel}}^3}{\sigma_{\text{pos}}} \end{bmatrix}$	σ_{pos}^2 σ_{vel}^2	δ (阻尼) σ_{acc}^2
3	$\begin{bmatrix} 0 & 1 \\ 0 & 0 \end{bmatrix}$	$\begin{bmatrix} 0 & 0 \\ 0 & \sigma_{\text{acc}}^2\,\Delta t^2 \end{bmatrix}$	σ_{acc}^2	$\sigma_{\text{pos}}^2 \to \infty$ $\sigma_{\text{vel}}^2 \to \infty$
4	$\begin{bmatrix} 0 & 1 \\ 0 & -1/\tau_{\text{vel}} \end{bmatrix}$	$\begin{bmatrix} 0 & 0 \\ 0 & \sigma_{\text{acc}}^2\,\Delta t^2 \end{bmatrix}$	σ_{vel}^2 τ_{vel}	$\sigma_{\text{pos}}^2 \to \infty$ σ_{acc}^2
5	$\begin{bmatrix} 0 & 1 & 0 \\ 0 & \dfrac{-1}{\tau_{\text{vel}}} & 1 \\ 0 & 0 & \dfrac{-1}{\tau_{\text{acc}}} \end{bmatrix}$	$\begin{bmatrix} 0 & 0 & 0 \\ 0 & 0 & 0 \\ 0 & 0 & \sigma_{\text{jerk}}^2\,\Delta t^2 \end{bmatrix}$	σ_{vel}^2 σ_{acc}^2 τ_{acc}	$\sigma_{\text{pos}}^2 \to \infty$ τ_{vel} $\rho_{\text{vel, acc}}$ σ_{jerk}^2
6	$\begin{bmatrix} \dfrac{-1}{\tau_{\text{pos}}} & 1 & 0 \\ 0 & \dfrac{-1}{\tau_{\text{vel}}} & 1 \\ 0 & 0 & \dfrac{-1}{\tau_{\text{acc}}} \end{bmatrix}$	$\begin{bmatrix} 0 & 0 & 0 \\ 0 & 0 & 0 \\ 0 & 0 & \sigma_{\text{jerk}}^2\,\Delta t^2 \end{bmatrix}$	σ_{pos}^2 σ_{vel}^2 σ_{acc}^2 τ_{acc}	τ_{pos} τ_{vel} $\rho_{\text{pos, vel}}$ $\rho_{\text{pos, acc}}$ $\rho_{\text{vel, acc}}$ σ_{jerk}^2

2. 准平稳模型。表 10.2 中的第二个模型是针对具有随机加速度激励的临界阻尼谐振运动提出的。这种模型可以用于对那些在名义上平稳但具有有限动态扰动的主运载工具进行建模。它可以应用于停泊在码头的舰船，以及在补充燃料和装载期间停放的飞机或者陆地运载工具。当惯性传感器能够检测到加速和转动过程中轻微的不受控制的扰动时，在准平稳主运载工具上进行初始校准操作期间 INS 也采用这类模型。类似的模型也应用于海上舰船的垂直动态建模。

   在这个模型中，独立参数是 RMS 位置偏移 σ_{pos} 和 RMS 速度 σ_{vel}，它们通常根据正常工作期间从主运载工具上获取的经验数据确定出来的。这些参数与临界阻尼因子 δ 和均方加速度激励 σ_{acc}^2 有关，其方程为

$$\delta = \frac{2\,\sigma_{\text{vel}}}{\sigma_{\text{pos}}} \tag{10.19}$$

$$\sigma_{\text{acc}}^2 = \frac{4\,\sigma_{\text{vel}}^3}{\sigma_{\text{pos}}} \tag{10.20}$$

   在这种情况下，σ_{acc}^2 的单位是加速度的平方除以时间，它与连续时间模型是一致的。其离散时间等效值将取决于离散时间间隔 Δt。

   对于飞机中的自适应悬架系统来说，这是一个较好的模型。

   临界阻尼车辆悬架系统模型也可以推广到具有已知谐振频率和阻尼因子的过阻尼悬架系统或者欠阻尼悬架系统。类似的模型还可以用于旋转动态系统，它对于中等精度捷联式惯性导航系统的陀螺罗盘对准而言是非常重要的。

3. 2 型跟踪系统。表 10.2 中的第三个模型是导航中应用最普遍的模型之一。它被用于跟踪 GNSS 接收机的相位和频率误差，也经常用于跟踪主运载工具的位置和速度。

唯一可调整的参数是均方加速度噪声 σ_{acc}^2。在等效离散时间模型中，扰动噪声协方差的值有时候可以凭经验确定为在采样间隔内的 RMS 速度变化值。

4. 修正 2 型跟踪系统。表 10.2 中的第四个模型是 2 型跟踪系统的改进，它是针对具有有界速度性能的运载工具提出的。当 GNSS 信号丢失时，这些跟踪系统能够很好地运行。

   在这种情况下，可调整的参数包括均方速度和速度相关时间，它们通常根据经验来确定。

5. 有界 RMS 速度和加速度情况下的模型。第五个模型是针对具有有界速度和加速度的运载工具而进一步改进得到的。因为这些模型考虑了主运载工具的实际限制，所以它们在信号丢失时也能更好地运行。

   参数值(均方速度和加速度，以及加速度相关时间)通常是根据经验确定的。采样经验数据的仪器包括三轴加速度计群或者一个 INS。

6. 有界 RMS 位置情况下的模型。表 10.2 中的最后一个模型是针对具有有界位置的运载工具提出的。这种模型可能适用于舰船或者陆地运载工具的有限高度偏移情况，包括在紧约束区域内工作的运载工具。

其他基于控制的模型　对于受到白色急动度噪声干扰的运载工具，有一种相关的控制模型可以限制其 RMS 位置、速度和加速度

$$\frac{\mathrm{d}}{\mathrm{d}t}\begin{bmatrix} x \\ \dot{x} \\ \ddot{x} \end{bmatrix} = \begin{bmatrix} 0 & 1 & 0 \\ 0 & 0 & 1 \\ f_{3,1} & f_{3,2} & f_{3,3} \end{bmatrix}\begin{bmatrix} x \\ \dot{x} \\ \ddot{x} \end{bmatrix} + \begin{bmatrix} 0 \\ 0 \\ w_{\mathrm{jerk}}(t) \end{bmatrix} \tag{10.21}$$

$$f_{3,1} = -\frac{\sigma_{\mathrm{jerk}}^2 \sigma_{\mathrm{vel}}^2}{2(\sigma_{\mathrm{pos}}^2 \sigma_{\mathrm{acc}}^2 - \sigma_{\mathrm{vel}}^4)} \tag{10.22}$$

$$f_{3,2} = -\frac{\sigma_{\mathrm{acc}}^2}{\sigma_{\mathrm{vel}}^2} \tag{10.23}$$

$$f_{3,3} = -\frac{\sigma_{\mathrm{pos}}^2 \sigma_{\mathrm{jerk}}^2}{2(\sigma_{\mathrm{pos}}^2 \sigma_{\mathrm{acc}}^2 - \sigma_{\mathrm{vel}}^4)} \tag{10.24}$$

$$\begin{aligned} \sigma_{\mathrm{jerk}}^2 &= \mathrm{E}_t\langle w_{\mathrm{jerk}}^2(t)\rangle \\ &= \text{均方急动度噪声} \\ \sigma_{\mathrm{pos}} &= \text{RMS 位置偏移} \\ \sigma_{\mathrm{vel}} &= \text{RMS 速度} \end{aligned} \tag{10.25}$$

$$\begin{aligned} \sigma_{\mathrm{acc}} &= \text{RMS 加速度} \\ \sigma_{\mathrm{pos}}^2 \sigma_{\mathrm{acc}}^2 &> \sigma_{\mathrm{vel}}^4 \end{aligned} \tag{10.26}$$

这可以通过对下列相应的稳态 Riccati 方程：

$$0 = FP + PF^{\mathrm{T}} + Q \tag{10.27}$$

$$Q = \begin{bmatrix} 0 & 0 & 0 \\ 0 & 0 & 0 \\ 0 & 0 & \sigma_{\text{jerk}}^2 \end{bmatrix} \tag{10.28}$$

求解 P 来验证，给定对角元素为稳态 σ_{pos}^2，σ_{vel}^2 和 σ_{acc}^2。求解 F 的结果是一个关于 σ_{pos}^2，σ_{vel}^2，σ_{acc}^2 和 σ_{jerk}^2 的函数。

经验模型　对于大多数主运载工具来说，确定所需动态模型统计量的最好仪器是带有数据记录仪的 INS。

重新排列主运载工具的模型状态

在表 10.2 中，动态系数矩阵是针对只有一个坐标轴的情况来定义的，这允许主运载工具动态建模人员能够根据不同的自由度采用不同的模型。这已经作为 m 文件实现了，可以返回根据某个具体轴模型得到的 F(或者 Φ)和 P_0 矩阵。

得到的状态变量的顺序可以通过一个正交矩阵变换为更加常规的顺序(如惯性导航误差模型中采用的顺序)。比如，针对表 10.2 中第六个模型情形下的变换为

$$\underbrace{\begin{bmatrix} \varepsilon_E \\ \varepsilon_N \\ \varepsilon_U \\ \dot{\varepsilon}_E \\ \dot{\varepsilon}_N \\ \dot{\varepsilon}_U \\ \ddot{\varepsilon}_E \\ \ddot{\varepsilon}_N \\ \ddot{\varepsilon}_U \end{bmatrix}}_{x_d} = \underbrace{\begin{bmatrix} 1 & 0 & 0 & 0 & 0 & 0 & 0 & 0 & 0 \\ 0 & 0 & 0 & 1 & 0 & 0 & 0 & 0 & 0 \\ 0 & 0 & 0 & 0 & 0 & 0 & 1 & 0 & 0 \\ 0 & 1 & 0 & 0 & 0 & 0 & 0 & 1 & 0 \\ 0 & 0 & 0 & 0 & 1 & 0 & 0 & 0 & 0 \\ 0 & 0 & 0 & 0 & 0 & 0 & 0 & 1 & 0 \\ 0 & 0 & 1 & 0 & 0 & 0 & 0 & 0 & 0 \\ 0 & 0 & 0 & 0 & 0 & 1 & 0 & 0 & 0 \\ 0 & 0 & 0 & 0 & 0 & 0 & 0 & 0 & 1 \end{bmatrix}}_{T} \underbrace{\begin{bmatrix} \varepsilon_E \\ \dot{\varepsilon}_E \\ \ddot{\varepsilon}_E \\ \varepsilon_N \\ \dot{\varepsilon}_N \\ \ddot{\varepsilon}_N \\ \varepsilon_U \\ \dot{\varepsilon}_U \\ \ddot{\varepsilon}_U \end{bmatrix}}_{x_a} \tag{10.29}$$

其中，等式右边的状态变量 x_a 的排列顺序是先按照坐标轴顺序排列，然后再按照求导阶数排列。而等式左边的状态变量 x_d 的排列顺序则是先按照求导阶数排列，然后再按照坐标轴顺序排列。

在这种情况下，变换矩阵 T 是对称的正交矩阵，因此

$$T^{-1} = T^{\mathrm{T}} = T$$

于是，两类模型的 F，P 和 Q 矩阵之间通过下列公式相联系：

$$F_d = TF_aT$$

$$P_d = TP_aT$$

$$Q_d = TQ_qT$$

$$F_a = TF_dT$$

$$P_a = TP_dT$$

$$Q_a = TQ_dT$$

这是因为 T 是一个对称正交矩阵。

在误差分析的 m 文件中，采用这种技巧将由 m 文件 `DAMP3ParamsD.m`(在 8 字形跑道动态模型中采用)产生的模型参数矩阵转化为更加常规的按照导数阶数排列的顺序。

时钟误差模型

大多数接收机时钟都是相对廉价的石英钟，它在 0 ~ 10 s 量级的时间范围内是相当稳定的。只要接收机能够利用 GNSS 卫星上的超高精度时钟提供的定时信息来使其自身的时钟维持所需的长期稳定性和准确度，则对 GNSS 接收机应用来说就可以很好地运行。GNSS 接收机的测量更新周期通常在 1 s 量级。这允许接收机能够相对准确地跟踪其自身的时钟误差，从而使接收机设计人员可以采用更加廉价的时钟。

时钟相位和频率跟踪　在实现大多数普通接收机的时钟频率和相位跟踪时，都采用表 10.2 中的 2 型跟踪系统，使接收机时钟与 GNSS 卫星时钟的相位和频率同步。这实质上是包含如下两个状态变量的卡尔曼滤波器：

C_b 为接收机的时钟偏差（即相对卫星时间的偏移量）。它的值的单位是秒，乘以光速 c 以后可使 C_b 用距离单位表示（即米）。

C_d 为接收机的时钟漂移率，或者偏差的时间变化速率，乘以光速 c 以后可使 C_d 用速度单位表示。

连续时间时钟动态模型　因此，时钟状态向量是二维的，它的连续时间动态模型为

$$\boldsymbol{x} = \begin{bmatrix} C_b \\ C_d \end{bmatrix} \tag{10.30}$$

$$\dot{\boldsymbol{x}} = \underbrace{\begin{bmatrix} 0 & 1 \\ 0 & 0 \end{bmatrix}}_{F} x + w(t) \tag{10.31}$$

$$\boldsymbol{w}(t) \stackrel{\text{def}}{=} \begin{bmatrix} w_b(t) \\ w_d(t) \end{bmatrix} \tag{10.32}$$

$$Q_t \stackrel{\text{def}}{=} \mathrm{E}_t \langle w(t) w^{\mathrm{T}}(t) \rangle \tag{10.33}$$

$$= \begin{bmatrix} q_{tbb} & 0 \\ 0 & q_{tdd} \end{bmatrix} \tag{10.34}$$

也就是说，零均值白噪声过程 $w_b(t)$ 和 $w_d(t)$ 是互不相关的。

这个模型是所谓的时钟闪烁噪声（Flicker noise）的短期近似。闪烁噪声的功率谱密度是频率 f 的函数，它随着 $1/f$ 而下降。然而，这种行为是不能用线性随机微分方程来准确建模的。

离散时间时钟动态模型　离散时间等效模型为

$$x_k = \Phi(\Delta t) x_{k-1} + w_{k-1} \tag{10.35}$$

$$\Phi(\Delta t) \stackrel{\text{def}}{=} \exp\ (F\ \Delta t) \tag{10.36}$$

$$= \begin{bmatrix} 1 & \Delta t \\ 0 & 1 \end{bmatrix} \tag{10.37}$$

$$w_{k-1} \stackrel{\text{def}}{=} \begin{bmatrix} w_{b,\ k-1} \\ w_{d,\ k-1} \end{bmatrix} \tag{10.38}$$

$$Q_{k-1} \stackrel{\text{def}}{=} \underset{k}{\mathrm{E}}\langle w_{k-1} w_{k-1}^{\mathrm{T}}\rangle \tag{10.39}$$

$$= \Phi(\Delta t)\left[\int_0^{\Delta t} \Phi^{-1}(s) Q_t(s) \Phi^{-\mathrm{T}}(s)\, ds\right] \Phi^{\mathrm{T}}(\Delta t) \tag{10.40}$$

$$= \begin{bmatrix} q_{tbb}\Delta t + q_{tdd}\Delta t^3/3 & q_{tdd}\Delta t^2/2 \\ q_{tdd}\Delta t^2/2 & q_{tdd}\Delta t \end{bmatrix} \tag{10.41}$$

其中，式(10.40)是根据式(4.131)得到的，我们利用它来根据 Q_t计算出 Q_{k-1}。

离散时间协方差传播　在离散时间更新之间的协方差传播具有下列形式：

$$P_k = \Phi(\Delta t) P_{k-1} \Phi^{\mathrm{T}}(\Delta t) + Q_{k-1} \tag{10.42}$$

$$\boldsymbol{Q}_{k-1} = \begin{bmatrix} q_{bb} & q_{bd} \\ q_{db} & q_{dd} \end{bmatrix} \tag{10.43}$$

$$q_{bb} = q_{tbb}\Delta t + q_{tdd}\Delta t^3/3 \tag{10.44}$$

$$q_{bd} = q_{tdd}\Delta t^2/2 \tag{10.45}$$

$$q_{db} = q_{bd} \tag{10.46}$$

$$q_{dd} = q_{tdd}\Delta t \tag{10.47}$$

过程噪声协方差典型值　均方偏差噪声 q_{bb}和均方漂移噪声 q_{dd}的值随着所用时钟的质量(和价格)而变化。一般用来表示时钟质量的统计量是它在规定时期内的 RMS 相对频率稳定性。我们这里给出一种方法，它利用在采样周期(约 1 s)内的 RMS 相对频率稳定性来计算 Q_t和 Q_{k-1}。对任意 RMS 相对频率稳定性和采样周期的情况，这种方法都是有效的。

例 10.1(计算时钟模型扰动噪声)　价格比较合理的廉价石英钟的频率稳定性是在 GPS 伪距测量期间(1 s)大约为 $10^{-9} \sim 10^{-6}$数量级。更确切地说，对于时钟频率 f，在相对频率 $[f(t)-f(t-1)]/f(t-1)$ 中的 RMS 递增量为

$$\frac{\sigma_f}{f} \approx 10^{-9} \sim 10^{-6} \tag{10.48}$$

我们将采用下限值(10^{-9})来说明将这个数转化为等效过程噪声协方差的方法。但是，这个结果乘以时钟稳定性值的平方后可以变为表示稳定性的任意数字。比如，$\sigma_f/f = 10^{-7}$的值为

$$Q_{10^{-7}} = \left(\frac{10^{-7}}{10^{-9}}\right)^2 Q_{10^{-9}} \tag{10.49}$$

其中，$Q_{10^{-9}}$是 $\sigma_f/f = 10^{-9}$的等效过程噪声协方差。

如果我们将时钟模型参数转化为速度单位，则对采样周期为 $\Delta t = 1$ s 的情况，有

$$q_{dd} = (c\,\sigma_f/f)^2 \tag{10.50}$$

$$\approx (3 \times 10^8 \times 10^{-9})^2 \tag{10.51}$$

$$\approx 0.1(\mathrm{m}^2/\mathrm{s}^2) \tag{10.52}$$

根据上面的 q_{dd}和 Δt 的值，可以求出连续时间形式的等效过程噪声协方差 q_{tdd}为

$$q_{tdd} = q_{dd}/\Delta t \tag{10.53}$$

$$= 0.1(\mathrm{m}^2/\mathrm{s}^3) \tag{10.54}$$

频率漂移方差 q_{tdd} 的值主要取决于石英晶体的质量、它的温度控制及其相应的控制电子器件的稳定性。相位噪声方差 q_{tbb} 的值则更多地取决于电子器件。

在“平衡”设计中，两者对于均方定时误差的贡献大约是相等的。如果假设 q_{tbb} 和 q_{tdd} 对 q_{bb} 的贡献大约相等，则有

$$q_{tbb}\Delta t \approx q_{tdd}\Delta t^3/3 \tag{10.55}$$

$$q_{tbb} \approx q_{tdd}\Delta t^2/3 \tag{10.56}$$

$$\approx 0.03(\mathrm{m}^2/\mathrm{s}) \tag{10.57}$$

$$Q_t \approx \begin{bmatrix} 0.03 & 0 \\ 0 & 0.10 \end{bmatrix} \tag{10.58}$$

如果采用距离和速度单位，则有

$$q_{bb} = q_{tbb}\Delta t + q_{tdd}\Delta t^3/3 \tag{10.59}$$

$$\approx 0.06(\mathrm{m}^2) \tag{10.60}$$

$$q_{bd} = q_{tdd}\Delta t^2/2 \tag{10.61}$$

$$\approx 0.05(\mathrm{m}^2/\mathrm{s}) \tag{10.62}$$

$$\boldsymbol{Q}_{k-1} \approx \begin{bmatrix} 0.06 & 0.05 \\ 0.05 & 0.10 \end{bmatrix} \tag{10.63}$$

在图 10.7 中，给出了对于一个具有良好卫星几何位置的平稳接收机，得到的时钟估计不确定性与时钟稳定性之间的关系。在这种理想条件下，时钟稳定性不会严重损害位置不确定性，但是它确实会损害时钟同步(频率跟踪)。当接收机天线在移动时，这也将损害导航解。

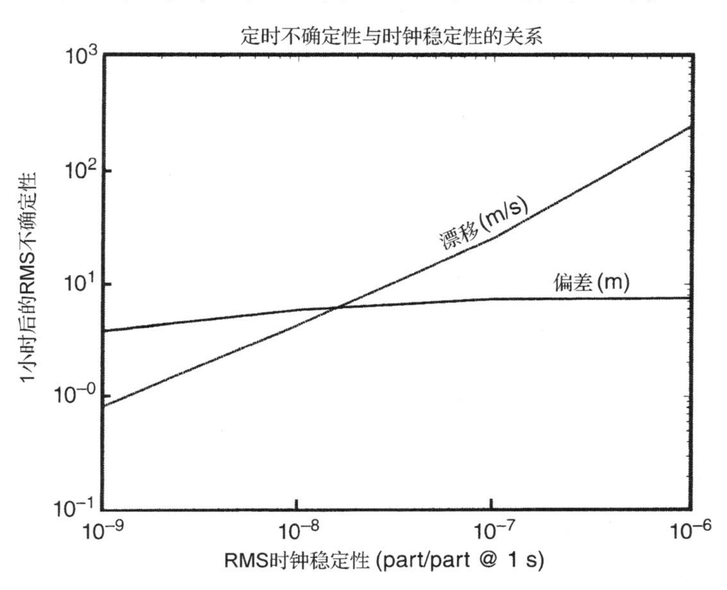

图 10.7　时钟偏差(同步)和漂移(共振)不确定性

时钟测量灵敏度矩阵　任何伪距 ρ 对时钟状态向量的灵敏度都具有下列形式：

$$H_{\text{clock}} = \frac{\partial \rho}{\partial\, C_b,\ C_d} \tag{10.64}$$

$$= \begin{bmatrix} -1 & 0 \end{bmatrix} \tag{10.65}$$

其中，C_b用距离单位表示。也就是说，时钟偏差误差 ε_b等效于在所有伪距中同时增加相同的 ε_b米。

未补偿电离层延迟误差模型

对于双频率接收机而言，这些误差可能不需要进一步补偿，但它们却是单频率接收机的主要误差来源。

Klobuchar 相关残差模型 如果 GPS 接收机不具有双频率性能或者微分修正能力，则用于计算本地延迟修正值的粗略三维断层模型将作为信号的一部分由卫星发射出去(参见 10.3.3 节)。

为了进一步降低传播延迟产生的误差，每个接收机都利用一个卡尔曼滤波器来估计和补偿每个卫星信号中残留的时间相关伪距误差。延迟被近似为一个指数相关过程，其连续时间模型为

$$\dot{\delta}_{\text{iono},j} = -\delta_{\text{iono},j}/\tau + w(t) \tag{10.66}$$

$$\begin{aligned} w(t) &\in \mathcal{N}(0, Q_t) \\ Q_t &= 2\sigma^2/\tau \\ \sigma &\approx 10\ \text{m} \\ \tau &\approx 60\ \text{s} \end{aligned} \tag{10.67}$$

等效的离散时间伪距误差模型为

$$\delta_{\text{iono},j,k(-)} = \Phi\delta_{\text{iono},j,(k-1)(+)} + w_{k-1} \tag{10.68}$$

$$\begin{aligned} \Phi &= \exp\,(-\Delta t/\tau) \\ \Delta t &= \text{离散时间步} \\ \tau &\approx 60\ \text{s} \end{aligned} \tag{10.69}$$

$$\begin{aligned} w_k &\in \mathcal{N}(0, Q) \\ Q &= \sigma^2(1 - \Phi^2) \\ \sigma &\approx 10\ \text{m} \end{aligned} \tag{10.70}$$

测量灵敏度矩阵 导航状态向量必须通过添加一个在导航解中用到的每个卫星的状态变量来扩增。它的实现方法是采用每个 GNSS 卫星的状态变量，并且只要卫星在导航中没有用到，就将测量灵敏度矩阵的对应行设置为零。

通过稍微多一些的编程工作，它还可以实现为使状态向量总是具有所需的最小维数。当卫星在视野内消失掉以后，它们相应的伪距误差变量就应该从状态向量中去除。当新的卫星加入以后，它们的伪距误差变量就可以插入状态向量中，并且相应方差的初始值为 σ^2。只要个别卫星至少在几个相关时间常数内保持未被使用，这种实现方法就不会牺牲性能。

10.3.5 性能评估

卡尔曼滤波的真正能力在于其实现，它可以从所有可用数据中提供最大的好处。第二个好处在于它可以在建立以前，利用仿真手段对预期性能进行评估。

利用主运载工具动态系统和 GNSS 卫星运动的仿真器，可以对不同卡尔曼滤波器实现 GNSS 的相对性能进行评估。这些内容将在下面的各节中描述。

主运载工具动态仿真器

平稳接收机　平稳 GNSS 接收机经常被用做时钟。除非已经知道接收机天线的准确位置，否则它可以和导航解一起被估计出来。这种卡尔曼滤波器是相对简单的，它被用来说明在没有主运载工具动态变化的损害情况下，不同误差源的影响效果。

跑道仿真器　在 10.2.7 节中进行过介绍。

跑道动态模型　表 10.1 中总结的统计参数用来调整在表 10.2 中给出的主运载工具动态模型。

运载工具动态模型的有效性

图 10.8 所示是经过 8 小时的动态仿真得到的 GNSS 导航 CEP 作为时间的函数关系，仿真条件是在一个 100 km 长的 8 字形测试跑道上，并且在临近每个小时结束前 GNSS 信号丢失了 1 分钟。实线表示从估计不确定性的协方差矩阵导出的 CEP，它是包含主运载工具动态随机模型的 Riccati 方程的解。主运载工具动态模型采用表 10.2 中的第六个模型，其参数值从表 10.1 中得到。卡尔曼滤波器具有的表示运载工具动态变化的唯一模型是随机模型。

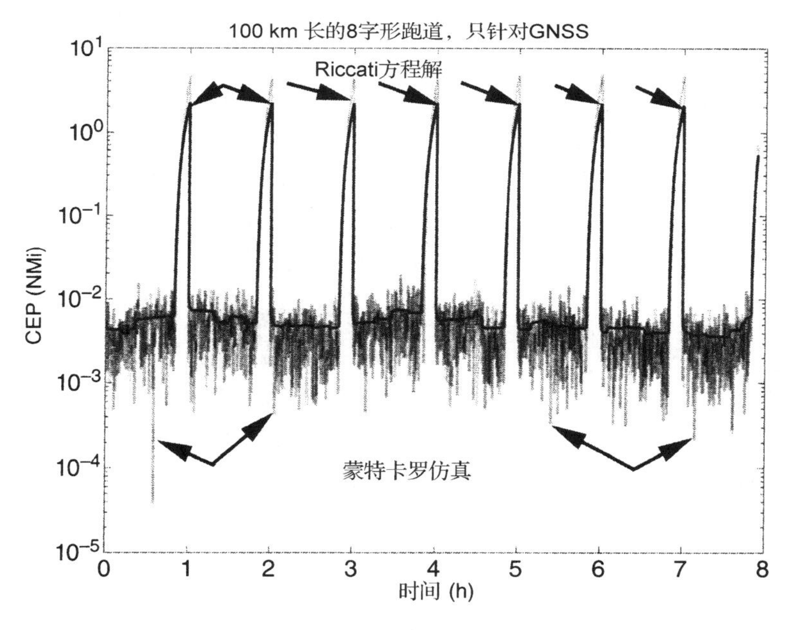

图 10.8　GNSS 导航的仿真性能和理论性能

更淡的虚线表示从蒙特卡罗仿真得到的采样 CEP，仿真时具有适当的伪噪声源，并且运载工具的动态条件由仿真的跑道几何模型所规定。

上面得到的两个解之间的一致性是令人鼓舞的，其中主运载工具动态变化的卡尔曼滤波器模型只是基于仿真器的经验统计量得到的，而蒙特卡罗分析则采用了确定性跑道动态仿真器，它得到了主运载工具的随机模型参数。对于这两种情形，在信号可用期间的 CEP 值大约为 10 m RMS。

只根据测试跑道上运载工具的横向和纵向运动也可能导出随机动态模型。可以预计，如果动态模型的准确度越高，则性能越好。然而，只基于统计参数得到的模型能够达到的性能也是非常显著的。

GNSS 仿真模型

卫星位置固定情形 这些模型在 MATLAB 程序 `ClockStab.m`(去除卫星运动的影响)和 `SatelliteGeometry.m`(说明卫星的几何位置对性能的影响)中被采用。

“实际”卫星运动情形 这些 GNSS 仿真利用了 2014 年 3 月的 GPS 卫星位置(布局)，可以从美国海岸警卫队网站下载。当时有 30 颗 GPS 卫星正在运行。设计的 MATLAB 程序 `ReadYUMAdata.m` 将该网站的 ASCII 文本文件转化为对卫星仿真器进行初始化的 MATLAB m 文件。MATLAB 程序 `YUMAdata.m` 是由 `ReadYUMAdata.m` 生成的。它包含 2014 年 3 月的 GPS 星历表信息，并产生两个供 GPS 仿真的全局数组。MATLAB 函数 `HsatSim.m` 利用这些全局数组生成在给定纬度、经度和时间的 GNSS 接收机的伪距测量灵敏度矩阵。

圆轨道假设 为了简化需要的计算，GPS 卫星仿真器假设采用圆形轨道。这种水平的模型准确度对性能分析来说一般是可以接受的，即使它对于得到导航解是不允许的。

10.3.6 导航解的质量

在 GNSS 导航中，导航解(Navigation solution)是 GNSS 接收机天线位置的估计值。

GNSS 接收机的“前端”产生有关被跟踪的所有 GNSS 卫星的伪距测量值。GNSS 接收机“后端”的数字处理器根据给定的卫星位置(在每个卫星信号中广播)和通过跟踪卫星信号得到的伪距，利用卡尔曼滤波器估计导航解。导航解总是包括接收机天线相对于地球的位置，但也会包括其他“多余变量”的解。完整的导航解可能包括如下任何信息。

1. 接收机天线关于指定“基点”(地球形状的参考水准面)的经度、纬度和海拔高度。
2. 协调世界时(Universal Time Coordinated, UTC)，这是国际标准时间。UTC 是全球原子钟的参考，但是偶尔会通过增加或者减少“闰秒”(Leap second)来进行调整，以维持在约 ±7.5 弧分范围内对地球自转的相位锁定。但是，如果不把突然增加的299 792 458 m 伪距强加给导航解，则“GNSS 时间”不能接受这种离散变化。
3. 接收机时钟偏差(与 GNSS 时钟时间不同)，它通常是作为导航解的一部分估计出来的。
4. 接收机时钟频率误差，通常也是被估计出来的。
5. 主运载工具的速度，这通常是估计出来的——除非已知接收机天线是稳定的。
6. 主运载工具的加速度，在某些应用中这可能是有趣的。
7. 时间相关的未补偿伪距误差，这主要是由于电离层延迟中的更小变化引起的。一般情况下，这些误差的 RMS 幅度在 10 m 数量级，并且相关时间在 1 分钟数量级。估计这些多余变量要求对导航解中采用的每颗卫星都增加一个卡尔曼滤波器状态变量——这样可能增加十多个额外状态变量。

如果接收机时钟偏差和频率总是包含在导航解中，则得到的接收机卡尔曼滤波器状态向量的维数可能从 5 增加到大于 20。如果为传播延迟校正增加额外的状态变量，则状态向量的维数可能会达到 50 甚至更大。

卫星几何位置的影响

状态估计不确定性的协方差矩阵为度量 GNSS 导航性能提供了更好的方法，它比 10.3.3 节中计算 DOP 的方法更好。

下面的例子采用具有五个状态变量的简单卡尔曼滤波器模型：三个关于位置的状态变量和两个关于时钟误差校正的状态变量。利用相应 Riccati 方程的解来说明相对卫星位置对卡尔曼滤波器估计中位置不确定性的影响。

例 10.2（卫星几何位置的影响）　这个最简单的例子针对固定天线位置和固定卫星几何的情形，采用估计不确定性来说明导航性能如何由卫星几何决定。

我们可以利用测量得到的到四个卫星（是估计位置和时钟误差所需卫星的最少数量）的伪距。可观测性对卫星几何的依赖性是通过利用这四个卫星固定方向的不同集合来表现的。

采用例 10.4.5 中的两状态时钟误差模型和在局部极坐标中的三个天线位置坐标，总共有五个状态变量，即

$$\boldsymbol{x}^{\mathrm{T}} = [N \quad E \quad D \quad C_b \quad C_d] \tag{10.71}$$

其中，N 为北向位置（单位：米）

E 为东向位置（单位：米）

D 为向下位置（单位：米）

C_b 为接收机时钟偏差（单位：米）

C_d 为接收机相对时钟漂移率（单位：m/s）

天线位置的本地极坐标$[N, E, D]$是未知常数，因此 $\boldsymbol{\Phi}$ 的左上角 3×3 维子矩阵是一个恒等矩阵，并且 $\boldsymbol{Q}$ 的左上角 3×3 维子矩阵为零。$\boldsymbol{Q}$ 的右下角 2×2 维子矩阵与接收机时钟相一致，这个接收机时钟在 $\Delta t = 1$ s 内具有 10^{-8}part/part 的 RMS 频率稳定度。更确切地说，

$$\boldsymbol{Q} = \begin{bmatrix} 0 & 0 & 0 & 0 & 0 \\ 0 & 0 & 0 & 0 & 0 \\ 0 & 0 & 0 & 0 & 0 \\ 0 & 0 & 0 & 6 & 5 \\ 0 & 0 & 0 & 5 & 10 \end{bmatrix} \tag{10.72}$$

$$\boldsymbol{\Phi} = \begin{bmatrix} 1 & 0 & 0 & 0 & 0 \\ 0 & 1 & 0 & 0 & 0 \\ 0 & 0 & 1 & 0 & 0 \\ 0 & 0 & 0 & 1 & 1 \\ 0 & 0 & 0 & 0 & 1 \end{bmatrix} \tag{10.73}$$

进一步假设：

- RMS 伪距测量误差是 15 m
- 初始 RMS 天线位置不确定性是 1 km
- 初始 RMS 时钟偏差是 3 km（10 ms）

- 初始 RMS 相对频率不确定性是 30 m/s(10^{-7}part/part)

$$\boldsymbol{R}=\begin{bmatrix}225 & 0 & 0 & 0\\ 0 & 225 & 0 & 0\\ 0 & 0 & 225 & 0\\ 0 & 0 & 0 & 225\end{bmatrix} \tag{10.74}$$

$$\boldsymbol{P}_0=\begin{bmatrix}10^6 & 0 & 0 & 0 & 0\\ 0 & 10^6 & 0 & 0 & 0\\ 0 & 0 & 10^6 & 0 & 0\\ 0 & 0 & 0 & 9\times10^6 & 0\\ 0 & 0 & 0 & 0 & 900\end{bmatrix} \tag{10.75}$$

式(10.74)中 R 的非对角线元素值为零，因为不同 GNSS 卫星的伪距误差之间实际上没有相关性。除了接收机时钟误差以外，一个卫星与另一个卫星之间的伪距测量误差机制实际上是统计独立的。因为时钟误差是状态向量的一部分，所以剩余误差是不相关的。

离散时间卡尔曼滤波器模型是由 $\boldsymbol{\Phi}_k$，Q_k，H_k和 R_k完全定义的，其性能也取决于 P_0。在本例中，H 将取决于到四个卫星的方向。如果令到第 j 个卫星的方向由它的方位角 θ_j(从正北方按顺时针方向测量)和仰角 ϕ_j(从水平线向上测量)来规定，则

$$\boldsymbol{H}=\begin{bmatrix}-\cos(\theta_1)\cos(\phi_1) & -\sin(\theta_1)\cos(\phi_1) & \sin(\phi_1) & 1 & 0\\ -\cos(\theta_2)\cos(\phi_2) & -\sin(\theta_2)\cos(\phi_2) & \sin(\phi_2) & 1 & 0\\ -\cos(\theta_3)\cos(\phi_3) & -\sin(\theta_3)\cos(\phi_3) & \sin(\phi_3) & 1 & 0\\ -\cos(\theta_4)\cos(\phi_4) & -\sin(\theta_4)\cos(\phi_4) & \sin(\phi_4) & 1 & 0\end{bmatrix} \tag{10.76}$$

这些方程编写成了 MATLAB 程序 `SatelliteGeometry.m`，可以输入到 GNSS 卫星的四个方向，然后利用它计算并画出 1 分钟内导航性能与时间的关系，导航性能是采用位置(三个分量)和时钟误差(两个参数)的 RMS 位置不确定性来表示的。

图 10.9 和图 10.10 是采用上述程序产生的，它们表示时钟偏差(C_b)和时钟漂移(C_d)的 RMS 不确定性与时间的关系。第一个图利用了比较好的卫星几何条件，第二个图则利用了比较差的卫星几何条件。

“好的”卫星几何包括三颗卫星，它们在水平面中以 120°等间隔分布，这对于确定水平位置和接收机时钟时间误差是足够的。接收机时钟时间误差等效于使所有伪距都加长或者缩短相同的量，利用这种几何条件，三个水平伪距就足以同时确定出水平位置和时钟时间误差。第四颗卫星在头顶上方，它的伪距只对海拔高度和时钟时间误差敏感。然而，时钟时间误差已经通过前面三个伪距唯一确定了。

“差的”卫星几何包括全部四颗卫星，都在 45°高度并且以 90°方位角等间隔分布。在这种布局中，时钟时间误差通过天线的海拔高度误差是无法区别的。

主运载工具模型的影响

MATLAB 程序 `GNSSshootoutNCE.m`① 对相同导航问题的四个不同主运载工具动态模型进行了并列分析，采用 10.2.7 节描述的 8 字形跑道模型，并且运载工具具有时间相关的随机速度变化。采用的三个主运载工具动态模型分别是：

① “NCE”代表“没有时钟误差(No Clock Errors)”。

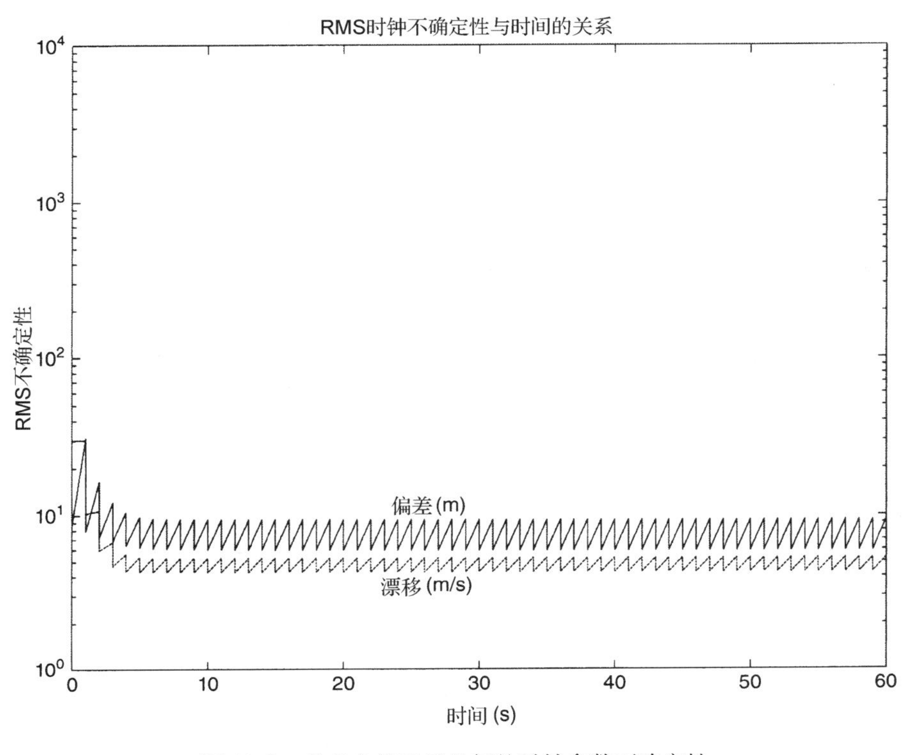

图 10.9　具有良好卫星几何的时钟参数不确定性

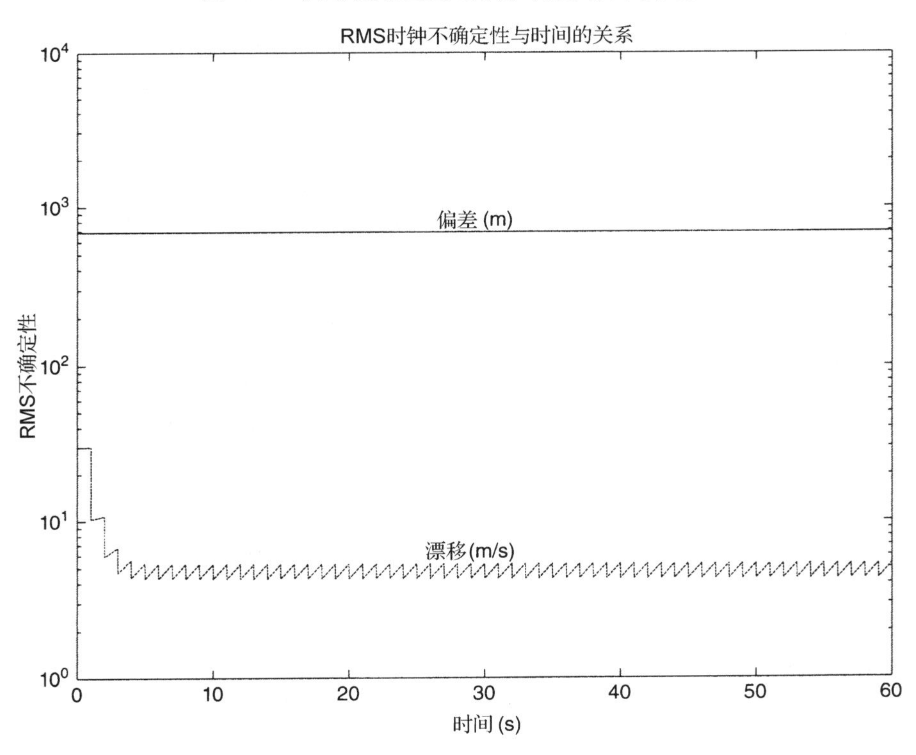

图 10.10　具有不良卫星几何的时钟参数不确定性

(a) [MODL3], 它是表 10.2 中的第 3 个模型(2 型跟踪系统), 其参数值取自于跑道仿真器统计量。这种运载工具模型有 6 个状态变量。

(b) [MODL5], 它是表 10.2 中的第 5 个模型(有界 RMS 速度), 其参数值取自于跑道仿真器统计量。这种运载工具模型有 6 个状态变量。

(c) [MODL6], 它是表 10.2 中的第 6 个模型(有界 RMS 位置), 其参数值来自于跑道仿真器统计量。这种运载工具模型有 9 个状态变量。

(d) [FIG8], 它采用 8 字形跑道动态系统的专门的一维模型, 只用到了沿轨道的距离、速度和加速度。这种模型有 3 个状态变量, 其程序为 GNSSshootoutNCE.m。

在仿真主运载工具动态系统时, 对每一种模型都进行了"调整", 通过设置其独立模型参数来与表 10.1 中的值相匹配。在所有情况下, 完全卡尔曼滤波器模型都包括了时间相关传播延迟误差的状态变量, 但是没有包括时钟误差(两个状态变量)。

不包括时钟误差是为了更好地说明主运载工具动态模型对动态状态变量估计的影响。考虑接收机时钟误差以后, 可以达到的各个性能值将取决于时钟的质量, 但在所有情况下一般都会更差。所有结果都包括了仿真的时间相关传播延迟误差以及实际的 GPS 卫星轨道。

利用 GNSSshootoutNCE.m 得到的各个 RMS 位置和速度误差如表 10.3 所示。

表 10.3 中给出的状态变量的个数只用于运载工具动态模型。传播延迟误差所需的额外状态变量个数是可以观察到的(在地平线上≥15°)卫星的个数。没有包括时钟误差模型, 但是它将在模型中再增加两个状态变量。

这些结果清晰地表明, 主运载工具动态模型是非常重要的, 尽管包括时钟误差以后差别将更不明显。

表 10.3　采用不同运载工具模型并且没有时钟误差情况下的 GNSS 导航

运载工具动态模型	状态变量的个数	RMS 位置误差(m)			RMS 速度误差(m/s)		
		北	东	垂直	北	东	垂直
MODL3	6	49.3	34.6	5.7	18.1	16.1	0.4
MODL5	6	27.5	17.2	3.5	20.1	15.0	0.4
MODL6	9	8.4	7.9	3.3	22.2	16.7	0.4
FIG8	3	1.2	0.7	0.02	0.11	0.16	0.002

单频率与双频率 GNSS 导航

单频率 GNSS 导航与采用双频率接收机(或者差动校正)的导航之间的主要区别在于, 单频率情况下的状态变量包括未补偿电离层延迟, 并且它的状态变量个数要多得多。因此, 卡尔曼滤波器必须消耗它的某些信息来求解额外的状态变量, 只能为导航变量留下更少的信息。

利用 m 文件 GPS2FreqOnly.m 求解 Riccati 方程, 其动态系数矩阵结构与下文中图 10.29 所示左下角的矩阵结构类似, 可以产生不同的 RMS 导航不确定性, 包括图 10.11 所示的 RMS 水平位置不确定性。

相比之下, 利用 m 文件 GPS1FreqOnly.m 求解 Riccati 方程, 其 F 和 Q 矩阵结构与下文中图 10.29所示左上角的矩阵结构类似, 但是模型参数的公共部分具有相同值。得到的 RMS 水平位置不确定性如图 10.12 所示。

正如所预料的, 单频率接收机的 RMS 导航误差会更差一些。

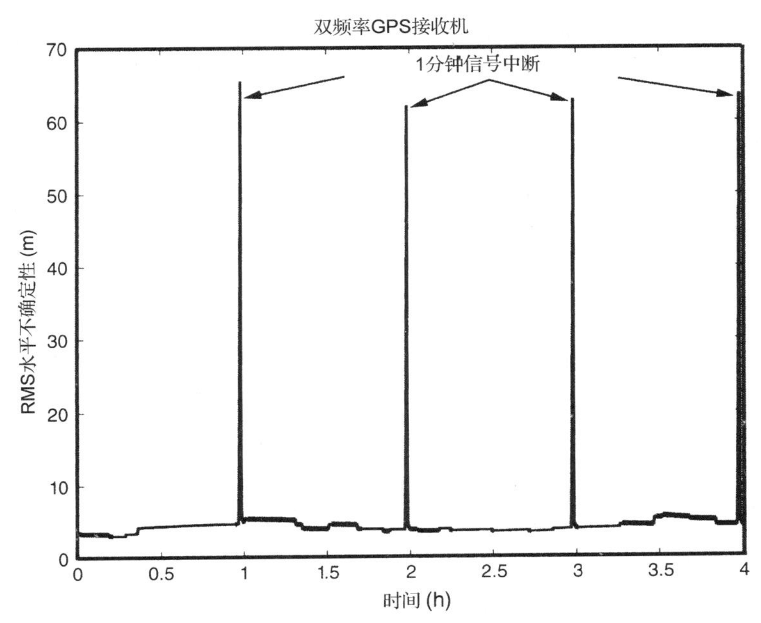

图 10.11　利用双频率 GPS 得到的 RMS 水平位置不确定性

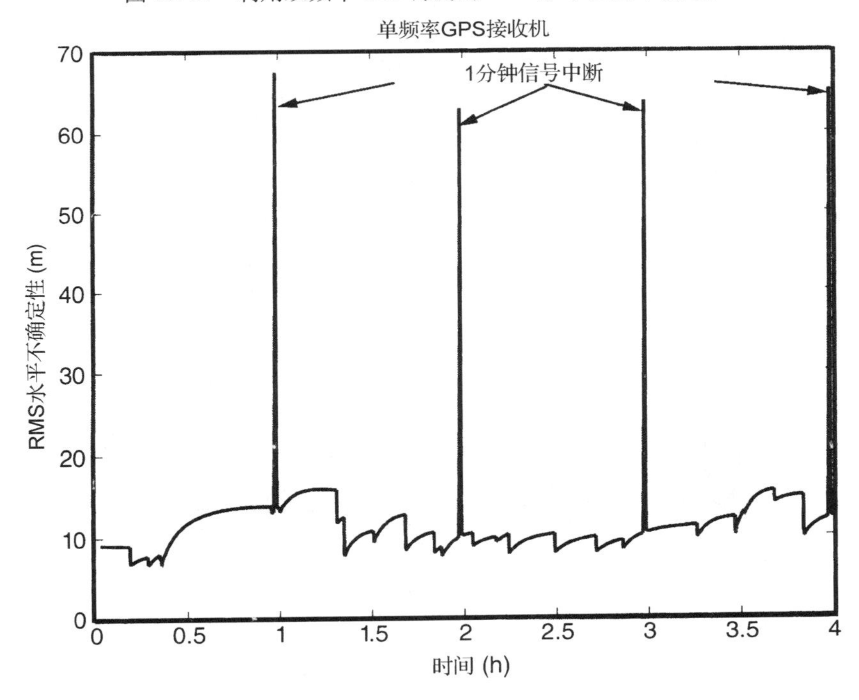

图 10.12　利用单频率 GPS 得到的 RMS 水平位置不确定性

10.3.7　Schmidt-Kalman 滤波用于残差电离层校正

单频率 GPS 接收机采用参数 Klobuchar 模型建立 GPS 卫星的消息结构，以便去除接收信号的大部分(但还不够)电离层传播延迟。为了校正剩余部分，还需要对用到的每个卫星的残留电离层误差增加额外的卡尔曼滤波器状态变量。其实现方法是，可以对 GPS 星座中的每个卫星分配一个状态变量，或者采用状态交换策略使状态变量个数恰好足以满足当前用到的卫星数量。对于这两种方法，将在卡尔曼滤波器状态变量中增加 4 个(最小解)到 30 个以上(最大解)的附加变量。

设计 Schmidt-Kalman 滤波器(已在第 9 章中介绍)的目的是通过忽略附加变量——因此牺牲一定的估计性能来降低滤波器的计算需求。然而，在实现相应的 Riccati 方程时，也考虑了减少状态变量个数以后得到的滤波器性能。这样就要求滤波器设计人员在综合权衡各种实现方法时，需要对性能降低进行评估。

在选择系统处理器时，这种权衡是很重要的，因为在采用更加昂贵的处理器和更加便宜但速度更慢的处理器这两种选择之间，Schmidt-Kalman 方法会产生很大的差异。

MATLAB m 文件 `SchmidtKalmanTest.m` 利用在仿真动态测试过程中，Schmidt-Kalman 滤波器增加的 RMS 位置误差中的损失来对性能降低进行评估。在比较时，另一种卡尔曼滤波器实现方法对星座中的每个卫星都采用一个状态变量，尽管只对那些在地平线以上超过 15°的卫星进行跟踪。其他详细的仿真条件由 MATLAB 文本给出。得到的结果如图 10.13 所示，它通过直接卡尔曼滤波器实现方法和 Schmidt-Kalman 实现方法之间的“un-RMSed”差值来表示

$$\sigma_{\mathrm{unRMS}} = \sqrt{\sigma_{\mathrm{SKF}}^2 - \sigma_{\mathrm{KF}}^2}$$

图 10.13(a)是 Schmidt-Kalman 近似方法贡献的额外的位置误差，图 10.13(b)是被跟踪的卫星个数。从图中可以明显看出，在每次增加或者减少被跟踪卫星的个数时，都会出现瞬态性能降低。这些瞬态效应相当于增加的误差差值从几米数量级到大于 10 m，并且在几分钟以后消失。在这个具体例子中，考虑到卡尔曼滤波器的基线导航性能在 10 m RMS 数量级，因此其性能下降是很小的。

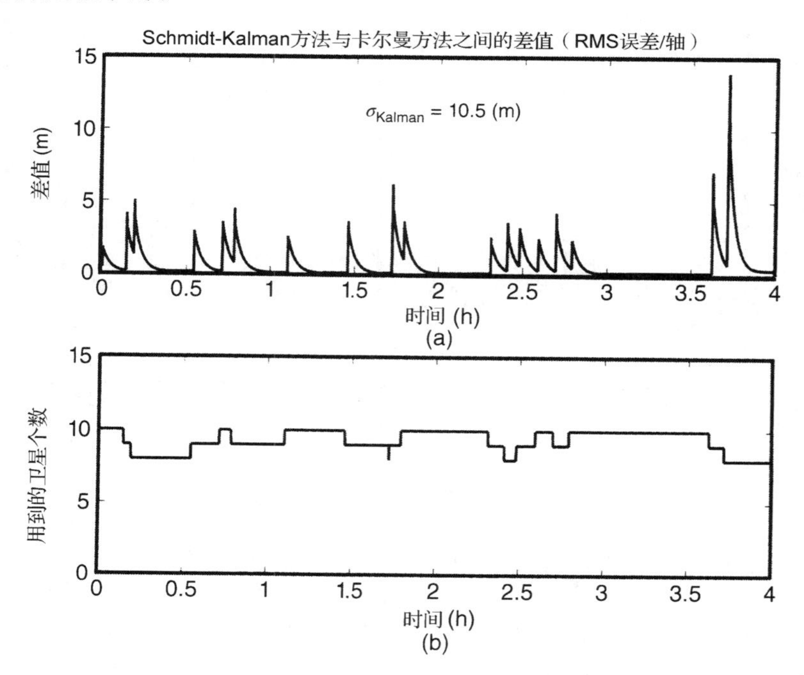

图 10.13 采用 Schmidt-Kalman 滤波方法的性能降低情况

任何关于是否采用 Schmidt-Kalman 滤波器的决定，都应该根据预计的实现条件来做出。在做出这种权衡决定时，对计算量的节省情况及相应的性能下降情况进行定量分析也是很重要的。

10.3.8 利用伪距差

通过利用信号中已知的误差特征，GNSS 使用者发明了下面的方法(并且还有更多方法)来提高 GNSS 导航性能。我们在这里对它们进行介绍，以便在系统实现时可以确定出采用哪些方法。

时间差

GNSS 导航解可以利用对同一个卫星的连续的伪距测量之间的差，作为卫星与接收机天线之间速度差的度量。因为卫星速度可以非常精确地知道，并且速度差对信号传播延迟相对不敏感，所以这些测量对于估计主运载工具速度来说是非常有用的。

空间差

在 GNSS 导航中，也会用到分离(独立)天线测量的伪距。已知的固定位置的接收机天线可用来估计每个可用卫星的伪距误差，这种误差是由于未补偿传播时延引起的。在数十千米或者数百千米范围，传播延迟不会变化很大。将估计出来的伪距校正值广播到邻近的接收机，并且用于提高每个卫星的伪距测量精度。如果采用了载波相位跟踪技术，则这种方法可以获得厘米数量级的位置精度。

导出姿态估计

牢固安装在公共基座上的天线阵可用来估计姿态。在这种应用中，GNSS 接收机一般利用载波相位干涉测量法来获得比单独利用伪距测量法更好的姿态测量值。天线分离的距离在米数量级时，得到的 RMS 姿态精度可以达到毫弧度或者更低。

尽管在单个天线上的 GNSS 伪距测量值对于天线姿态不敏感，通常采用估计出的天线速度和加速度产生偏航角、俯仰角和横滚角的估计值。这里在得到这些间接估计时将假设运载工具的滚动轴与速度的方向成一直线，并且这种旋转是“联动的”。也就是说，感知加速度与运载工具的偏航轴保持准平行。

更加复杂的模型还包括对 slide-slip(由于沿着运载工具俯仰轴方向的加速度形成的速度向量和运载工具滚动轴之间的夹角)、气动扰动和悬架反作用效应的建模。除了可能将这些其他效应作为间接估计中 RMS 不确定性的一部分以外，这里都没有考虑它们的影响。

简化的姿态估计模型为

$$\tan(\hat{\theta}_Y)=\frac{\hat{V}_E}{\hat{V}_N}\text{(偏航角)} \tag{10.77}$$

$$\sin(\hat{\theta}_P)=\frac{-\hat{V}_D}{\sqrt{\hat{V}_N^2+\hat{V}_E^2+\hat{V}_D^2}}\text{(俯仰角)} \tag{10.78}$$

$$\sin(\hat{\theta}_R)=\frac{U_D}{\cos(\hat{\theta}_P)}\text{(横滚角)} \tag{10.79}$$

$$U=\frac{\hat{V}\otimes\left[I-\frac{\hat{V}\hat{V}^{\mathrm{T}}}{\hat{V}^{\mathrm{T}}\hat{V}}\right]\hat{A}}{\left|\hat{V}\otimes\left[I-\frac{\hat{V}\hat{V}^{\mathrm{T}}}{\hat{V}^{\mathrm{T}}\hat{V}}\right]\hat{A}\right|} \tag{10.80}$$

其中，$\hat{V}$ 是估计出的速度向量，$\hat{A}$ 是估计出的感知加速度向量(即不包括重力加速度)，它们是在北-东-地(north-east-down，NED)坐标系中的。并且 $\hat{\theta}_Y$，$\hat{\theta}_P$ 和 $\hat{\theta}_R$ 分别是估计出的运载工具的偏航角、俯仰角和横滚角。

只要速度大小比 RMS 速度不确定性更大，这种模型就是比较好的。

在图 10.14 中，画出了在 8 字形跑道上只用 GNSS 得到的仿真结果。仿真时在 GNSS 信号可用期间，速度大小为 $|V| \approx 25$ m/s，其标准差为每轴 $\sigma_V \approx 7.7$ m/s。由于速度不确定性产生的等效 RMS 导出角不确定性将在 $\sigma_\theta \approx 0.3\text{rad} \approx 17°$ 数量级。这比 INS 导航中的短期 RMS 倾斜不确定性要差得多，对于航位推测法也没有太大用处。

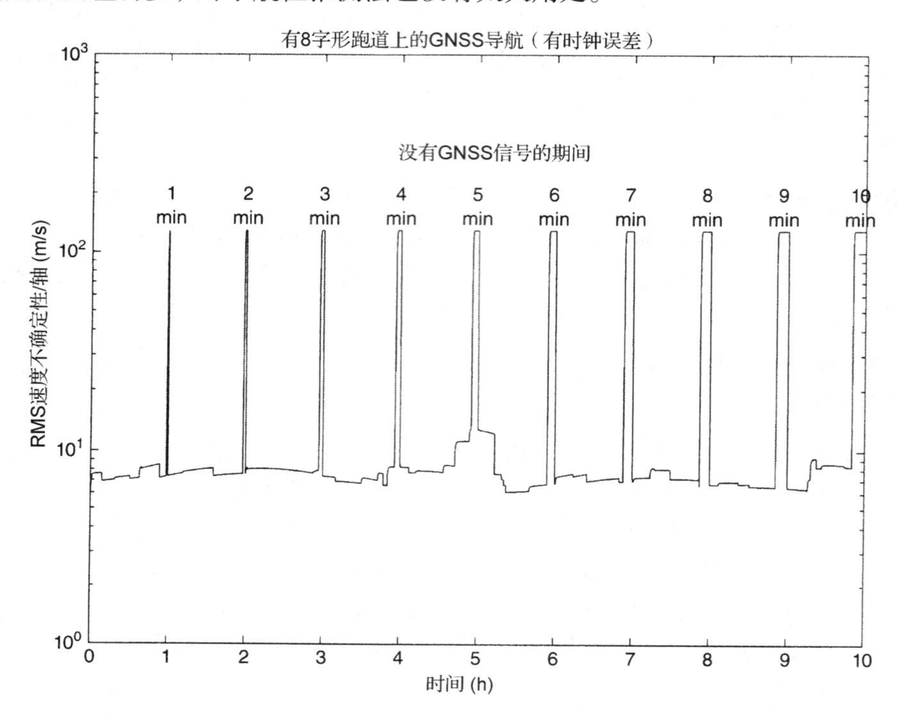

图 10.14 在 8 字形跑道上采用 GNSS 导航得到的 RMS 速度不确定性

然而，角度不确定性大体上与 RMS 速度不确定性成正比，并且与速度成反比。给定相同的 GNSS 速度估计不确定性，在高速公路上，速度为 $|V| \approx 100$ m/s 的车辆的姿态不确定性在 4 ~5 的数量级。对于速度为 $|V| \approx 300$ m/s 的高性能飞机，采用这种近似得到的 RMS 姿态不确定性在 1 ~2 的数量级。但是，这些运载工具将不会采用与轨道仿真中采用的相同动态模型(MODL6)，并且它们的 RMS 速度不确定性可能是不同的。

10.4 惯性导航系统(INS)

本节的目的是，对 GNSS/INS 组合导航中用到的卡尔曼滤波器的 INS 导航误差模型进行推导、实现和示范。由于 INS 在卡尔曼滤波器能够应用之前就开始发展了，所以早期军事上应用的“独立”(即没有辅助的)惯性导航器没有利用卡尔曼滤波器来导航，但是惯性导航和机载雷达对于发展可用于飞行的计算机是有帮助的，而这也有益于后来的卡尔曼滤波器实现。

只有几个可以使用的 GNSS 系统，或许还有少数几个正在研制过程中。它们在接收机层级的误差模型有许多共同的地方。

惯性导航的种类则要多得多，或许有成百上千的不同 INS 设计。在 GNSS/INS 组合导航层级，它们的误差模型也更具多样性。我们将选择几个误差模型的例子来说明它们用于卡尔曼滤波中的一般原理，但是需要记住的是，这仅仅是许多模型中的少数部分。

采用惯性导航的主要问题是，它的误差会随着时间而增加，除非利用其他导航技术来对它们进行抑制。对于弹道导弹来说这不一定是严重的问题，因为它们的主动惯性导航时间只有发射的几分钟。但是对于陆地车辆、飞机和舰船的惯性导航来说，它就是一个需要解决的问题。

在引进卡尔曼滤波器以后不久，人们就习惯于对采用不同形式的“外部”导航解决方法(包括 GNSS)来抑制 INS 误差的相对优点进行评估。在基于卫星的导航系统的初步设计、开发和实现过程中，针对各种解决方法提出的模型将具有重要作用。

10.4.1　简要背景

惯性导航也被称为牛顿导航。其基本思想来源于牛顿微积分：加速度的二次积分是位置。基于这种思想以及对加速度的三个分量随时间变化能够测量的传感器，再加上位置和速度的初始值，就把导航系统[①]转化为一个比较直接的积分问题。然而，将这种思想变为实际却是一个更加复杂的问题。

现在已知的最早的 INS 是人们大脑中随身携带的。它们有两个系统，并且是位于每个耳朵后面骨头块中的前庭系统的一部分，自从人类祖先是鱼的时候就开始进化了。每个系统都包括三个旋转加速度传感器(半规管)和两个 3 轴加速度计(耳石组织)。它们的主要功能是在人们摇动头部时能对视觉系统进行补偿。它们对于长距离导航来说是不够准确的，但是能够使人保持平衡并且在短距离完全黑暗中前行。

发展历史

直到 20 世纪以来，才出现了能够用于实际长距离惯性导航的技术，最初通过发展精确的陀螺仪来代替磁罗盘——这在铁船上是没有什么用处的。

在 1919 年凡尔赛和约禁止在德国发展远程火炮以后，有关工作就转移到了远程巡航导弹(V-1)和弹道导弹(V-2)的研究方面。这要求制导和控制系统能够将它们指引到其目标方向，利用旋转传感器(陀螺仪)和加速度传感器(加速度计)可以完成这个功能。旋转传感器被用来对加速度传感器指向目标的位置保持跟踪。

第二次世界大战(WWII)的结束意味着“原子时代”的开始，前苏联和北约之间开始冷战，并且开始竞相发展核武器的远程投送系统。在德国第二次世界大战经验(以及某些成员国的帮助)的基础上，美国和前苏联在惯性导航技术方面的发展非常迅速。它们发展的许多技术都是(现在仍然是)高度机密的，因此技术细节很难得到。

直到 1953 年，MIT 设计的一种 INS 能够成功地将第二次世界大战时代的 B-29 轰炸机从马萨诸塞州的贝德福德导航到加利福尼亚州的洛杉矶。仅仅是 INS 自身的质量就超过 1 吨，

---

① 德国企业家 Johann M. Boykow(1878 – 1935)预见到了这种可能性，并且在第二次世界大战前在柏林生产陀螺仪的公司 Kreiselgerate GMBH 开创性地发展了德国的惯性传感器。

其尺寸大约为一辆Smart小轿车的大小。到1991年前苏联解体为止，惯性导航技术已经非常成熟了。当时，惯性系统已经更加准确、更加小巧了，但仍然非常昂贵。

大约在这个时候(20世纪90年代早期)，美国正在从其第一代卫星导航系统(Transit)转移到第二代系统(GPS)。这两种系统都集成了惯性导航系统，这样大大增加了INS的工作时间和范围，并且降低了惯性传感器对于实现给定导航精度的性能需求。

惯性导航系统最初是针对独立、自治、安全的导航系统而设计的，它不需要依赖任何外部辅助，除了需要初始化以外——这对于它最初应用于远程弹道导弹的制导和控制是非常理想的。尽管是静止不动的，它也能够关于地固(earth fixed)坐标系进行自动调整，并且自己确定其纬度，只是需要根据其他来源得到其初始经度和纬度的输入值。

当卡尔曼滤波器第一次出现以后，它首先代替了校准惯性传感器和初始自动调整采用的大多数方法。然而，它很快就将任何可用的辅助信息应用到提高INS的功能和性能上，这些应用包括机载雷达(用于飞机)和(用于高纬度飞行的)星象跟踪仪。它们还包括利用Transit，LORAN和GPS来辅助导航，以及利用感知加速度和旋转来匹配舰载INS的初始校准。

在20世纪70年代和20世纪80年代发展的MEMS技术大大降低了惯性传感器的成本，它们在GNSS/INS组合导航中需要的性能等级更低。MEMS传感器不仅廉价而且极其微小轻巧，并且所需的功率也很低。这些特性结合起来，使GNSS/INS组合导航系统的应用市场非常广阔。

基本概念

惯性(Inertial)　指刚体保持恒定的平移速度和旋转速度的倾向，除非分别受到外力或者力矩的影响(牛顿第一定律或者牛顿运动定律)。

惯性参考坐标系　在这个坐标系中，牛顿运动定律是有效的。惯性参考坐标系既不是旋转的也不是加速的。它们不一定与导航坐标相同，后者通常是由所讨论的导航问题来决定。比如，在地球表面上或者其附近导航采用的“本地级”坐标就是旋转的(和地球一起)和加速的(克服重力的影响)。在实际实现惯性导航时必须将这种旋转和加速度考虑在内。

惯性传感器　测量惯性加速度和旋转，这两个都是向量值变量。

- 陀螺仪(Gyroscopes，通常简写为“Gyros”)　是测量旋转的传感器。速度陀螺仪(Rate Gyros)测量旋转速率，位移陀螺仪[Displacement Gyros，也被称为全角陀螺仪(Whole-angle Gyros)]测量累积的旋转角度。惯性导航依赖于陀螺仪来使加速度计在惯性坐标系和导航坐标系中知道如何标定方向。有许多基本的物理机制可以感知旋转，包括：
  - 动能-旋转陀螺仪　利用旋转体的角动量守恒定律(在方向上和大小上)来建立惯性参考方向——旋转体的转动轴。Foucault陀螺仪就是一个动能-旋转陀螺仪。
  - 光波陀螺仪　利用沿着闭合路径的反方向的恒定光速来检测该路径平面中的旋转。两种基本设计是：
    * 激光陀螺仪　其中光束通过激光腔传播并反射回来，以完成整个环路。它通过在反向旋转光路径中相对相位的干涉仪测量方法来检测旋转。激光陀螺仪是速度积分陀螺仪。
    * 光纤陀螺仪(Fiber-optic gyroscopes，FOG)　其中从激光源产生的光束进入光纤，并且沿着闭合路径进行很多次缠绕。它基于所谓的萨奈克效应的现象，通过激光源与离开回路的光束之间的干涉仪测量来检测旋转。

- ◆ 振动科里奥利陀螺仪 它检测由于轨道旋转(科里奥利效应)产生的在平面内振动的物体上的外平面作用力。有很多不同的设计方法。比如,“音叉”陀螺仪检测在振动叉上由于科里奥利效应产生的音叉的旋转振动。半球谐振陀螺仪也称酒杯陀螺仪,检测在旋转阶段由于科里奥利效应产生的机械振动模式中的相位漂移。由 Charles Stark Draper 实验室(现在称为 Draper Laboratory)设计的微尺度 MEMS 检测硅振荡自由层的平面外运动,硅振荡自由层的支座是硅“金属丝”,并且由加利福尼亚大学伯克利传感器和激励器中心(BSAC)研制的静电“梳状驱动器”提供电能。

- 加速度计 是测量惯性加速度的传感器,惯性加速度又称为比力(Specific force),以将它与我们所指的“重力加速度”相区别。加速度计不能测量重力加速度,重力加速度用重力场中的空时连续系统的翘曲来建模可能会更加准确。在重力场中的惯性运动(如在轨道中)的加速度计是不能检测其输入的。加速度计所测量的可以用牛顿第二定律来建模,即 $a = F/m$,其中 F 为物理作用力(不包括重力),m 为作用的质量,比力为 F/m 的比值。这些量对于惯性导航误差传播都具有重要影响。加速度传感器包括下列基本类型:
  - ◆ 摆式积分陀螺加速度计(Pendulous integrating gyroscopic accelerometers,PIGA①) 其中动能-旋转陀螺仪的支座中心从它的质心向轴的方向偏移,从而产生与加速度分量成正比的进动扭矩,加速度是与质量偏移垂直的。它们是积分加速度计,因为输出累积进动角是与输入加速度的积分成正比的。它们也是最准确的(也是最昂贵的)加速度计。
  - ◆ Proof-mass 加速度计 它测量为使质量保持以它的仪表壳体为中心所必需的作用力。有许多方法可以测量这种作用力,从而得到许多不同的加速度计设计方法。

- 惯性传感器的输入轴 定义了它对加速度或者转速的哪一个向量分量进行测量。多轴传感器对多个分量进行测量。

惯性传感器组件 ISA 是牢固固定在公用底座上保持一致相对方向的惯性传感器的集合,如图10.15所示。其中,惯性导航采用的惯性传感器组件包含至少三个加速度计(用每个面上标记有 A 的方块表示)和三个陀螺仪(用每个面上标记有 G 的方块表示),但是也可以包含更多数量的加速度计和陀螺仪,并且也可以利用一个多轴传感器来代替相同数量的单轴传感器。在 ISA 中采用多于三个传感器输入轴的原因有:

- 增加传感器冗余,以便解决单传感器失效的问题。
- 降低某些输入方向的有效传感器误差。

术语“惯性参考装置”(Inertial reference unit,IRU)有时候是指只涉及姿态信息的惯性传感器系统(即只使用陀螺仪)。ISA 使用的其他术语还有仪表板(用于平台式系统)、稳定元件、惯性平台或者稳定平台等。

惯性测量装置(Inertial measurement unit,IMU) 包括 ISA 以及校准和控制(可能包括温度控制)ISA 的相关支持电子设备。这些装置可能足够小到能封装在一只手表内。

---

① 这是由 Fritz K. Mueller(1907 - 2001)于20世纪30年代在德国发明的,后来于1945年被(Mueller)引入美国。它最初在德国被用于控制弹道导弹的射程,当达到预先确定的射程时,对感知到的总推力加速度进行积分并发信号使发动机停车。它很快就成为了主要的高精度加速度计设计方法。

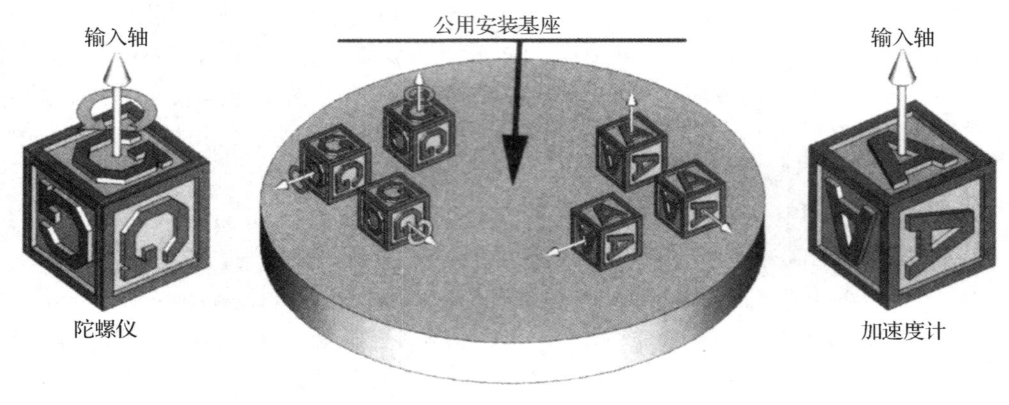

图 10.15　惯性传感器组件(ISA)构成

惯性导航系统(Inertial navigation system, INS)是由 IMU 以及下列部件组成的:

- 导航计算机(一台或者多台), 用于计算重力加速度(不是由加速度计测量的), 并且对 IMU 的加速度计和陀螺仪的输出进行处理, 以保持 IMU 的位置估计。这种实现方法的中间结果通常包括 IMU 的速度、姿态和姿态速率的估计值。
- 用户界面, 比如操作员的显示控制台, 以及用于运载工具制导①和控制功能的模拟和/或者数字数据接口。
- 电源和/或者完整 INS 所需的功率调节等设备。

有些 INS 设计还包括温度控制。

导航参考　一个 INS 对其 ISA 的位置进行估计, 正如一个 GNSS 接收机对其天线位置进行估计一样。当这两个系统组合在一起时, 必须考虑到这两个参考点(ISA 和天线)之间的偏移。

传感器结构

实现惯性导航时有两种基本结构, 并且在下面几种情况之一中也有某些变化。

- *平台式系统*(Gimbaled system)　它利用万向支架[也被称为卡丹式悬架(Cardan② suspension)]将 ISA 与惯性转轮隔离, 或者采用图 10.16 所示的等效结构。ISA 的定向可以控制为使之与惯性坐标、导航坐标或者旋转导航坐标相一致。对于近地环境中的导航, 还可以包括本地级定向, 此时一个 ISA 轴从属于本地垂线(重力)方向, 另外两个轴为下列假设的任意方向:
  - 一个轴向东, 另一个轴向北(不可能在极点位置)。
  - 一个在本地级轴线和地固方向之间具有已知角度 α 的"α 漂移"系统, 它解决了在极点位置的问题。

---

① "制导"通常包括产生对运载工具的运动和姿态进行控制的控制信号, 使之沿着指定轨道运行或者到达某个指定目的。

② 这是以文艺复兴时期学识渊博的 Gerolamo Cardano(1501 – 1576)的名字命名的, 他并没有声明自己发明了万向支架。已知最早的对万向支架的描述可以追溯到公元前(BCE)三世纪的古希腊和中国。

◆ 其方向沿着垂直轴以连续（“转盘式”）或者离散（“索引式”）方式进行旋转，这两种方式都能够抵消掉某些类型的导航误差。

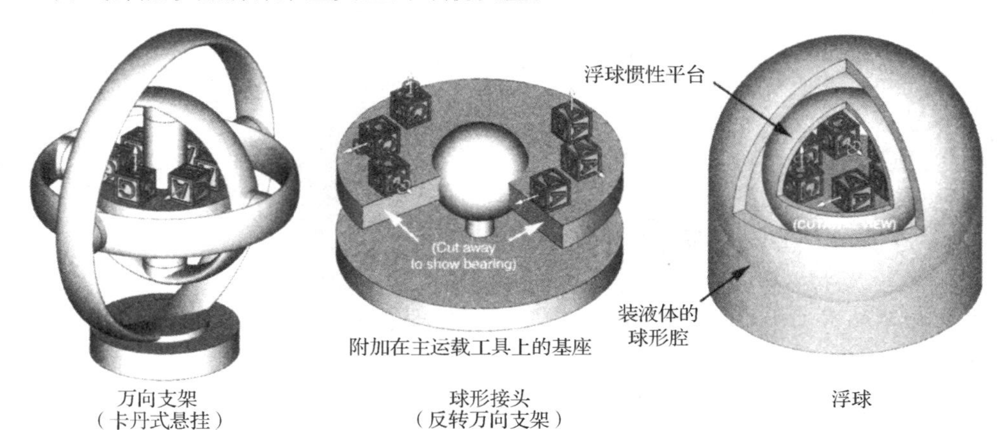

图 10.16　ISA 姿态隔离方法

- 捷联式系统（Strapdown system）：其中 ISA“准牢固地”固定（即可能有一定的冲击与震动隔离）在运载飞行器上面。这些系统实质上具有“软万向支架”，利用陀螺仪输出保持在所有时间都总能对 ISA 方向进行跟踪。采用捷联结构的动机是因为软件一般比硬件更加廉价。MEMS 惯性导航仪一般采用捷联方式，并且有些设计允许在 MEMS 的衬底平面中有一个以上独立正交的输入轴。
- 捷联式系统与单个万向轴的混合系统，使 ISA（以连续方式或者离散方式）沿着“近似垂直的”轴旋转（比如，大多数人工操纵的运载工具都使其乘客面向靠近垂直线的高轴线方向）。这种方法具有与转盘式或者索引式旋转几乎相同的好处，不需要增加其他万向支架的额外成本。

10.4.2　导航解

作为最低限度，任何导航解都必须包括主运载工具在导航坐标中的当前位置。对于惯性导航而言，中间结果还必须包括速度和姿态。这些辅助变量可能对其他方面的任务有用，包括：

- 姿态，它对于驱动飞行器座舱显示偏航角（罗经刻度盘）、横滚角和俯仰角（人工地平仪）是有用的。它对于确定横向风速（如侧风着陆时防偏流）也是有用的。
- 姿态速率，它对于自动导航或者导弹转向的控制环是有用的，并且在 GNSS/INS 组合系统中有助于天线转换和锁定导航卫星信号相位的控制环。
- 速度，它对于确定到达时间，以及自动导航和瞄准目标的控制环都是有用的。它还可以用于在 GNSS 信号捕获和跟踪阶段对多普勒频移的补偿。
- 加速度，它可以在运载工具制导和控制时作为控制环的输入，并且作为 GNSS/INS 组合系统中，以帮助对卫星信号的相位跟踪。

平台实现

对于平台式系统，姿态解是由万向支架来维持的，它必须包括万向角编码器，以确定主运载工具的相对姿态。

在图 10.17(a)中，以流程图形式给出了平台 INS 的基本处理功能。该流程图中的方框代表了主要处理功能，包括：

- 万向支架的功能，它使惯性传感器的输入轴保持在导航坐标中的已知方向。在这种具体结构中，加速度计和陀螺仪的输入轴指向东、向北和向上。万向角(θ_j)被用于驱动姿态显示。
- 对加速度积分以得到速度。
- 对速度积分以得到位置。
- 对校准阶段确定的传感器输出中的误差进行补偿。
- 产生导航坐标(本地级)中预测的重力加速度。
- 产生预测的本地级坐标旋转速率，以及在弧形地面上速度的科里奥利加速度。
- 补偿地球自转速率。
- 补偿旋转坐标中的科里奥利效应。
- 产生万向扭矩指令，使 ISA 与导航坐标保持一致。

在平台式系统中，加速度和姿态传感器是以大的转速来隔离(区别对待)的，这在传感器设计中具有一定的优点。

捷联实现

对于捷联式系统，姿态信息被保存在存储器中，并且没有万向支架使惯性传感器与主运载工具的旋转隔离开。这样就无须采用陀螺(如 PIGA)加速度计，因为它们也是对旋转敏感的。它对旋转传感器的需求更高，要求能够在更宽的动态范围内工作。否则，其基本实现功能与平台式系统几乎一样。

捷联实现的基本处理功能如图 10.17(b)所示。

平台实现和捷联实现的根本区别在于：

1. 平台式系统是以硬件方式解决姿态问题的。对于捷联式系统，其解必须在软件中实现。
2. 捷联式系统使其传感器的转速必须具有更宽的动态范围，这对其设计的要求更高，并且对保持“姿态解”的算法的要求也更高了。
3. “姿态解”是由 $C_{\rm SEN}^{\rm NAV}$ 来表征的，它是从固定传感器坐标到导航坐标的坐标变换矩阵。因子 $C_{\rm SEN}^{\rm NAV}$ 是捷联式系统和平台式系统的误差模型之间的唯一区别。

10.4.3　导航解的初始化

正如在 10.4.1 节中开始部分所提到的，惯性导航需要其 ISA 的位置、速度和姿态的初始值。在历史上，有些初始值是只用内部资源可以得到的——如果 ISA 可以相对于地球表面在几分钟到几小时之内(这取决于所需要的精度)保持静止的话。当卡尔曼滤波器在 20 世纪 60 年代早期出现以后，提出了很多方法可以在更少的时间内“在飞行中”(快速地)进行初始化。

陀螺罗经对准

这是只利用惯性传感器的“几乎完整的”初始化方法。

对准(Alignment)是确定 ISA 关于导航坐标的方向过程。

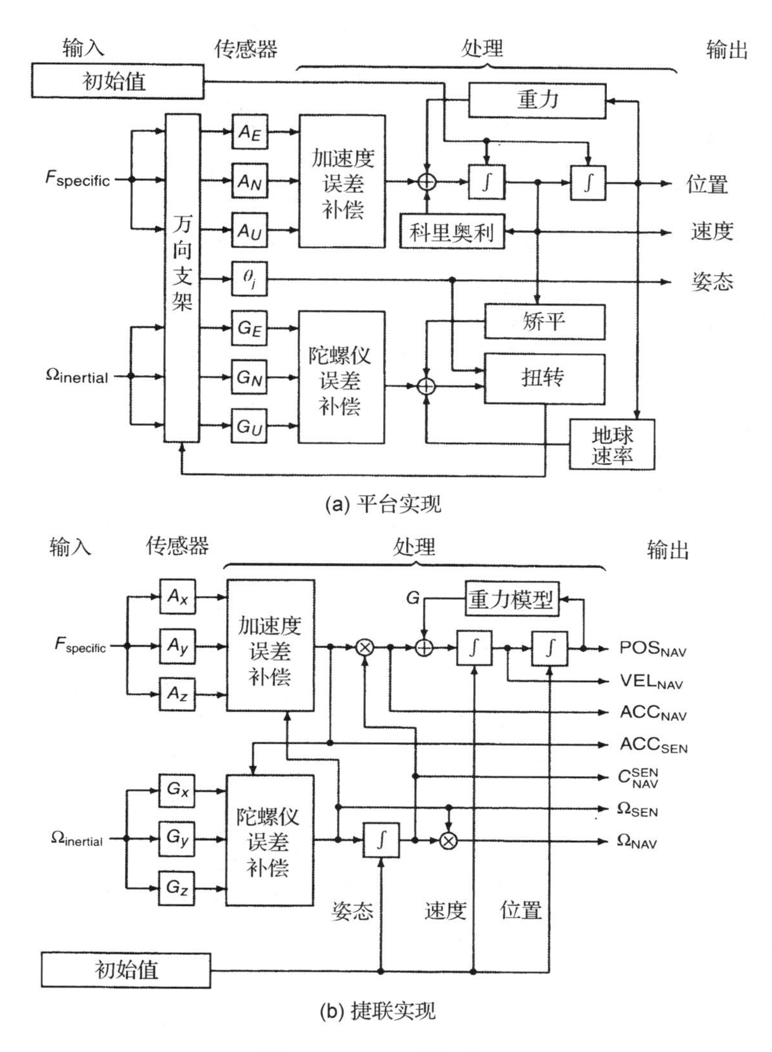

图 10.17　INS 数据流程图

陀螺罗经对准(Gyrocompass alignment)是一种确定 ISA 关于地固坐标(Earth-fixed coordinates)的初始方向的方法。当 INS 相对于地球表面保持静止时可以做到这一点，在这种情况下，它在地固坐标中的初始速度为零，并且其位置是已知的。因此，剩下的问题是确定出它的方向，图 10.18 说明了如何完成此工作。

1. 感知加速度的方向是向上的，它建立了在 ISA 坐标中的方向。
2. 除了在极点以外，感知地球旋转向量有一个向北的分量。这足以建立 ISA 关于东-北-天(ENU)坐标中的方向。陀螺罗经对准方法在极点位置是无效的。
3. 在垂直轴和地球自转轴之间的夹角等于 90°减去纬度，根据这个关系可以确定出纬度值。

唯一缺失的初始条件是经度和高度。给定纬度值和感知加速度的幅度，可以比较粗略地估计出高度值——但一般不能达到足够的精度来进行导航。在 GNSS 或者其等效系统以前，这些数据必须用人工方式输入或者通过本地无线资源得到。

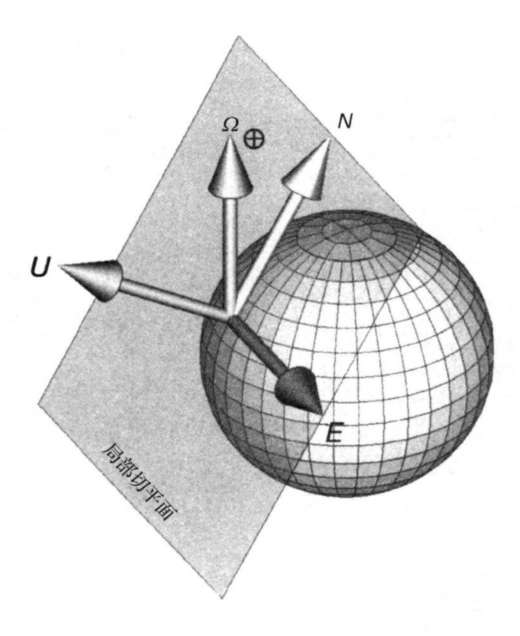

图 10.18　陀螺罗经对准几何示意图

平台实现　如果 ISA 保持在一个关于地球的静止状态，则平台 INS 的对准可以通过旋转万向支架，使东加速度计、北加速度计和东陀螺仪的输出为零来实现。这三个约束足以求解对准问题——除了在极点以外。

毫地球速率单位(Milli Earth Rate Units, MERU)　在平台式系统中的陀螺仪主要用于使 ISA 与导航坐标保持一致。为此，主要的输入速率将为地球自转速率，大约为每小时 15°。以这个速率，则相对比例因子误差 10^{-3} 将等效于 0.015/h，或者 1“MERU”(即毫地球速率单位“Milli Earth Rate Unit”的缩写)，这个单位是由 MIT 仪表实验室[现在的德雷珀实验室(Draper[①] Laboratory)]定义的，表示陀螺罗经对准的精度为 1 mrad 时所需的陀螺仪偏差精度。

陀螺偏差和比例因子要求　陀螺偏差(Gyro bias)是指陀螺仪输出偏移误差。中等精度导航(1 NMi/H CEP 速率)的陀螺偏差要求一般确定为远小于 1 MERU，即在 10^{-3} ~ 10^{-2} degrees/h 数量级，平台式系统的比例因子要求则通常确定为在 10^{-4} parts/part 数量级(只增加少量的缓冲值)。这对平台式系统中陀螺仪的比例因子急迫需求提供了一定程度的缓解。另一方面，在捷联式系统中这种性能等级的比例因子需求将取决于主运载工具的预期转速，它可能达到每秒几百度——或者无数的 MERU。在这种情况下，捷联惯性导航的比例因子稳定性需求将为平台式系统的需求的无数倍。因此，在捷联式系统中消除万向支架带来的节省会被采用更好的陀螺仪所增加的成本部分抵消掉。

卡尔曼滤波器实现　在停放的飞机上以及停靠在码头的舰船上，陀螺罗经对准方法的实现会更加困难，因为它们会受到由于风、潮汐和波浪等外部干扰的影响，以及在补充燃料、货物装载、乘客上下等内部干扰的影响。在这些情况下，陀螺罗经对准方法仍然可以用卡尔曼滤波器来完成，将这些扰动用随机动态模型来表示。这些模型一般是对阻尼谐振子模型进行适当修正，以便与执行上述操作期间的主运载工具的支撑系统或者悬架系统(包括旋转动态系统)相匹配。

初始化位置　尽管陀螺罗经对准方法可以估计出 INS 纬度，采用外部资源(包括 GNSS)来对经度、纬度和高度进行初始化也成为了很普遍的做法，但在 GNSS/INS 组合系统实现中，当主运载工具在航行时有可能对姿态、位置和速度进行估计。GNSS 解也估计出了运动的方向，它可以作为航向的初始估计值。

利用辅助信息对准

有许多方法可以利用其他信息源来加快对准的速度，比如：

---

① 当被要求对 1 MERU 的大小给出某种通用解释时，Charles Stark Draper 的回答是“它大约就像你拧住我的胳膊让我喝一杯的速度那么快”。

1. 一个装备有 INS 的运载工具由另一个主运载工具所运载，它自己的 INS 可以利用主 INS 的信息来对卡尔曼滤波程序中它自己的 INS 进行初始化，这个卡尔曼滤波程序被称为速度匹配(Velocity matching)。比如，航空母舰上的飞机可以利用感知到的航空母舰的横摇角和纵摇角(俯仰角)，以及已知的相对于航空母舰的弹射起飞方向。这要求卡尔曼滤波器在一定程度上与在陀螺定向中采用的滤波器类似，但是由于增加了信息，所以通常初始化会更快。
2. 传递对准(Transfer alignment)，通过在机动阶段的速度匹配，利用卡尔曼滤波器对战术导弹的导航解初始化，这个战术导弹是由具有自己的 INS 的飞机携带的。可以以离线方式应用同样的卡尔曼滤波器模型，以选择那些对加速对准最有用的机动类型，并且确定初始化何时能够足以完成预定任务。
3. GNSS/INS 组合导航能够利用 GNSS 解“在飞行中”(快速地)对 INS 初始化。

10.4.4　INS 导航误差源

惯性导航系统的输入包括：

- 导航解的初始条件，包括其 ISA 的位置、速度和方向。
- 在 ISA 上的加速度传感器和旋转传感器的输出，用于在 ISA 的动态扰动阶段传递初始导航解。
- 导航坐标中无感觉旋转和加速度的内部模型的输出。比如，在关于地球表面的导航中，它们将包括地球自转速率、重力加速度、离心力(地心引力)以及关于自转中地球的速率的科里奥利效应。
- 用于抑制惯性导航误差的任何辅助导航手段。它们可能包括无线电导航措施，如来自导航卫星的措施。

上述每一种输入都可能是误差源，正如在计算机软件实现中任何建模误差和舍入误差都可能是误差源一样。

核心误差变量

为了保持对工作中惯性导航误差进行跟踪的导航误差变量的最少个数是 9 个。这“9 个核心”误差变量包括：

1 ~ 3：位置误差的三个分量。
4 ~ 6：速度误差的三个分量。
7 ~ 9：姿态误差的三个分量。

动态噪声源

在惯性导航中，有效动态扰动噪声的一种来源是惯性传感器(陀螺仪和加速度计)输出中的噪声，包括数字传感器的舍入误差。这些并没有被作为在卡尔曼滤波器实现中的传感器噪声来处理，而是作为导航解的核心变量上的动态扰动噪声来处理的。至少有 6 种这样的噪声源，每个传感器的每个输入轴都有一种：

- 来自于三个或者更多速率陀螺仪的三个或者更多的“角随机游走”(Angular random

walk)噪声源。即使“全角”陀螺仪也会呈现出噪声，但是它用角白噪声(Angular white noise)模型表示更合适。

- 来自于三个或者更多加速度计的三个或者更多的加速度噪声源。

通过观察具有恒定传感器输入的传感器输出，可以凭经验确定出各个输出噪声的特征。如果噪声不是白色的(不相关的)，则在对传感器噪声进行建模时需要增加状态变量。

传感器补偿误差

由于制造精度的限制和校准不确定性，6 个(或者更多)惯性传感器的每一个都会存在输入/输出误差，并且由于固有的和环境的因素，这些误差都是非恒定的，它们会随着时间缓慢变化。它们通常用“慢变量”模型，比如随机游走过程或者指数相关随机过程来表示，每一种模型都需要在卡尔曼滤波器状态向量中增加一个状态变量。最简单并且最普通的传感器补偿误差是：(i) 输出偏差；(ii) 输入/输出比例因子，但是也有其他非线性来源。仅仅是偏差和比例因子的个数就可能达到 12 个或者更多(6 个或者更多传感器的每一个都对应 2 个变量)，但是高精度传感器甚至有更多的需要从传感器-积分卡尔曼滤波器连续更新的误差特征。

平台模型与捷联模型　尽管这里是在本地级坐标(Locally level coordinates)中对 INS 导航误差的动态变化进行建模，同样的动态模型也可以应用于任何 INS 结构——平台结构或者捷联结构。然而，对于不同的平台实现(如 ENU 与转盘式)和捷联实现，将传感器噪声和传感器补偿误差组合为导航误差的模型也将是不同的。这里及下一节中采用的模型都是针对平台 ENU 实现的，但是将它变换为其他实现也很简单明了，如在 10.4.5 节和 10.4.6 节中所描述的那样。

INS 误差预算

误差预算(Error budgeting)是为了实现某个指定的系统级性能而对子系统性能进行分配的过程。对于 INS 而言，主要的子系统是传感器。这是系统设计的重要部分，因为它允许重新分配子系统的性能等级以便系统成本最小化，或者通过加强其他子系统的性能需求来允许某个部分降低性能。在 GNSS 的发展过程中，误差预算一直都是极其重要的。

在惯性导航情况下，可以根据应用，通过不同方式来规定系统级性能。比如，洲际弹道导弹的性能通常采用 RMS 脱靶距离或者在目标处的 CEP 来规定。在巡航导航应用中，导航精度可能会随着时间而下降，因此其性能通常采用 RMS 导航不确定性随时间增长的速度来规定。对于后一种情形的性能，通常采用的单位是海里/小时 CEP 速率。

在某些情况下，INS 误差预算过程可能只需要对可用加速度计和陀螺仪的不同选择时的预期性能进行评估。在其他情况下，也可能涉及对某个具体应用开发的传感器所需要的性能规格进行确定，或者根据提出的子系统性能提升来对预期的系统级性能提升进行评估。传感器子系统性能通常采用传感器误差源的 RMS 值来规定，比如上面描述的指标。

在任何情况下，误差预算的基本工具都是卡尔曼滤波器的 Riccati 方程。它需要这些误差源的卡尔曼滤波器模型，这是用卡尔曼滤波器模型的基本参数来规定的。这些参数是 F(或者 Φ)，Q，H 和 R 矩阵。这些参数的公式将在下一节中导出。

另外，因为 INS 误差源如比例因子误差对导航误差的影响取决于传感器输入，所以在求解 Riccati 方程时，需要对预计的 INS 应用的典型动态条件进行仿真。

10.4.5　INS 导航误差动态

尽管概念很简单，惯性导航的误差传播模型却相当复杂。注意，INS 导航误差分析会变得非常复杂。至今关于这个主题的唯一出版著作或许是由 Britting[12] 大约在半个世纪以前所著的。下面给出的惯性导航误差传播模型的最新推导过程可以参见参考文献[2]的第 11 章。这些模型是针对在地面上或者临近地面导航得到的，尽管它们也能应用于(通过对参数值做适当改变)具有良好定义表面的任何类球状或者椭球状星体。

导航误差坐标

ENU 坐标　在近地环境中导航的主要误差机理取决于(不可测量的)重力加速度方向(向下)，以及地球自转轴的方向(两极)。它们相对于“本地级”坐标(NED 或者 ENU 坐标)具有固定的方向。具有良好定义的翻滚、俯仰和偏航坐标(如图 10.19 所示)的运载工具的驾驶员更宁愿采用横滚-俯仰-偏航(roll-pitch-yaw，RYP)坐标，当运载工具正好侧面向上并且向北时，它与 NED 坐标一致。另一方面，当纵轴在高度增加的方向且其他轴在经度和纬度增加的方向时，驾驶员会感觉更加舒服，更宁愿采用 ENU 坐标。GNSS 和惯性导航都采用近地环境中的(海拔)高度，因此这里的推导过程将采用 ENU 坐标。

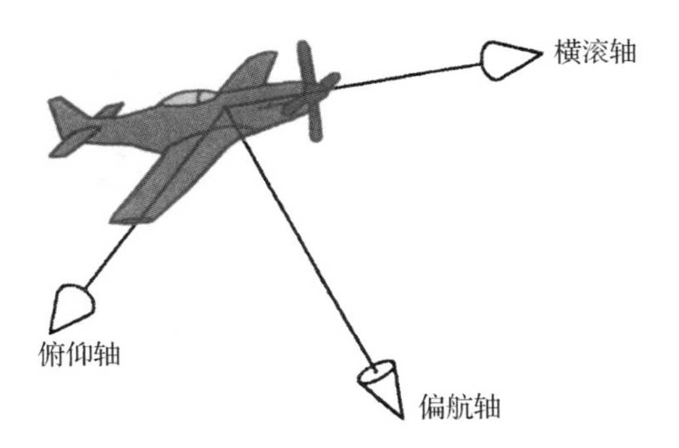

图 10.19　横滚-俯仰-偏航坐标

传感器坐标　对于捷联式系统而言，传感器输入轴相对于运载工具固定(Vehicle-fixed)的 RPY 坐标而言具有固定的方向。INS 安装和对准过程的主要部分，是确定出从传感器固定(Sensor-fixed)坐标到运载工具固定坐标的坐标变换矩阵，即

$$C_{\mathrm{RPY}}^{\mathrm{SEN}}$$

捷联惯性导航解的主要部分，是确定出从传感器固定(Sensor-fixed)坐标到导航坐标(Navigation coordinates)的坐标变换矩阵，即

$$C_{\mathrm{NAV}}^{\mathrm{SEN}}$$

在将平台惯性导航误差模型变换到等效的捷联惯性导航误差模型时，也会用到上述坐标变换矩阵。

于是，在导航坐标中的运载工具姿态可以用从导航坐标到运载工具固定坐标的坐标变换矩阵表征为

$$C_{\mathrm{RPY}}^{\mathrm{NAV}} = C_{\mathrm{RPY}}^{\mathrm{SEN}}\left(C_{\mathrm{NAV}}^{\mathrm{SEN}}\right)^{\mathrm{T}} \tag{10.81}$$

一阶动态模型

惯性导航误差与导航解相比一般很小，因此在导航时可以利用一阶近似来对它们的动态行为进行建模。然而，对于某些采用辅助传感器的 INS 初始化方法而言，由于初始方向不确定性会大得多，因此这个假设不能成立。

因为 INS 是独立自治的，因此导航解的一部分中存在的误差很容易会关联(耦合)到它的其他部分中。这可以通过图 10.20 中的处理流程框图看出来，其中按照一些方框代表的误差耦合机制对它们进行了编号：

1. 速度误差通过积分耦合到位置误差中。
2. 位置和姿态误差通过重力补偿耦合到加速度误差中。
3. 速度和地球速率(Earthrate)建模误差通过科里奥利补偿耦合到姿态速率误差中。
4. 位置和姿态误差通过离心补偿耦合到加速度误差中。
5. 位置和姿态误差通过地球速率补偿耦合到姿态速率误差中。
6. 速度和姿态误差通过矫平(leveling)耦合到姿态速率误差中。
7. 加速度误差通过积分耦合到速度误差中。
8. 姿态速率误差通过积分耦合到姿态误差中。

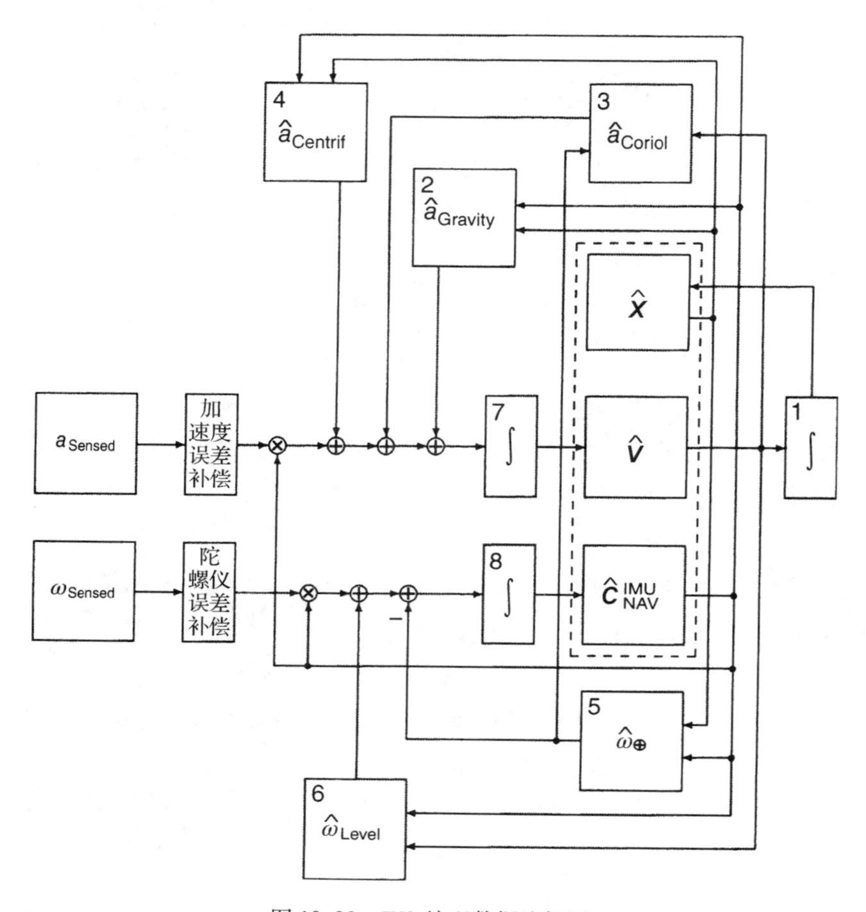

图 10.20　INS 处理数据流框图

对于 INS 误差建模的更详细讨论，可以参见参考文献[12，13]和[35]或者参考文献[2]中的第 11 章。

9 状态动态模型

惯性导航误差的 9 个状态变量分别为位置误差的三个分量、速度误差的三个分量以及姿态误差的三个分量。在本地级 ENU 坐标中，它们将为

ε_E为 INS 东向误差(单位：m)
ε_N为 INS 北向误差(单位：m)
ε_U为 INS 高度误差(单位：m)
$\dot{\varepsilon}_E$为 INS 东向速度误差(单位：m/s)
$\dot{\varepsilon}_N$为 INS 北向速度误差(单位：m/s)
$\dot{\varepsilon}_U$为 INS 垂直速度误差(单位：m/s)
ρ_E为 INS 关于东向轴的角度误差(misalignment)(单位：rad)
ρ_N为 INS 关于北向轴的角度误差(单位：rad)
ρ_U为 INS 关于垂直轴的角度误差(单位：rad)

这些误差变量可以表示为一个误差动态模型状态向量的分量，即

$$\varepsilon_{\text{NAV}} \stackrel{\text{def}}{=} [\varepsilon_E \quad \varepsilon_N \quad \varepsilon_U \quad \dot{\varepsilon}_E \quad \dot{\varepsilon}_N \quad \dot{\varepsilon}_U \quad \rho_E \quad \rho_N \quad \rho_U]^{\text{T}} \tag{10.82}$$

于是，这 9 个 INS 误差变量产生的 9 ×9 维动态系数矩阵可以用 3 ×3 维块矩阵分割为下列分块形式：

$$\frac{\mathrm{d}\varepsilon_{\text{NAV}}(t)}{\mathrm{d}t} = \boldsymbol{F}(t)\varepsilon_{\text{NAV}}(t) + w(t) \tag{10.83}$$

$$\boldsymbol{F} = \begin{bmatrix} 0_{3\times3} & I_3 & 0_{3\times3} \\ F_{21} & F_{22} & F_{23} \\ F_{21} & F_{22} & F_{23} \end{bmatrix} \tag{10.84}$$

$$\boldsymbol{F}_{21} = \begin{bmatrix} 0 & 2\frac{\Omega_\oplus \sin\phi v_U}{\bar{R}_\oplus} + 2\frac{\Omega_\oplus \cos\phi v_N}{\bar{R}_\oplus} & 0 \\ 0 & -2\frac{\Omega_\oplus \cos\phi v_E}{\bar{R}_\oplus} + \Omega_\oplus^2 \sin^2\phi - \Omega_\oplus^2 \cos^2\phi & -\Omega_\oplus^2 \sin\phi\cos\phi \\ 0 & -2\frac{\Omega_\oplus \sin\phi v_E}{\bar{R}_\oplus} - 2\Omega_\oplus^2 \sin\phi\cos\phi & 2\frac{\text{GM}_\oplus}{\bar{R}_\oplus^3} + \Omega_\oplus^2 \cos^2\phi \end{bmatrix} \tag{10.85}$$

$$\boldsymbol{F}_{22} = \begin{bmatrix} 0 & 2\Omega_\oplus \sin\phi & -2\Omega_\oplus \cos\phi \\ -2\Omega_\oplus \sin\phi & 0 & 0 \\ 2\Omega_\oplus \cos\phi & 0 & 0 \end{bmatrix} \tag{10.86}$$

$$\boldsymbol{F}_{23}=\begin{bmatrix} 2\Omega_{\oplus}\sin\phi v_U+2\Omega_{\oplus}\cos\phi v_N & -a_U-\dfrac{\mathrm{GM}_{\oplus}}{\overline{R}_{\oplus}^{\;2}}+\Omega_{\oplus}^{\;2}\cos^2\phi\overline{R}_{\oplus} & a_N+\Omega_{\oplus}^{\;2}\sin\phi\cos\phi\overline{R}_{\oplus} \\ a_U+\dfrac{\mathrm{GM}_{\oplus}}{\overline{R}_{\oplus}^{\;2}}-2\Omega_{\oplus}\cos\phi v_E-\Omega_{\oplus}^{\;2}\cos^2\phi\overline{R}_{\oplus} & 2\Omega_{\oplus}\sin\phi v_U & -a_E-2\Omega_{\oplus}\cos\phi v_U \\ -a_N-2\Omega_{\oplus}\sin\phi v_E-\Omega_{\oplus}^{\;2}\sin\phi\cos\phi\overline{R}_{\oplus} & a_E-2\Omega_{\oplus}\sin\phi v_N & 2\Omega_{\oplus}\cos\phi v_N \end{bmatrix} \tag{10.87}$$

$$\boldsymbol{F}_{31}=\begin{bmatrix} 0 & 0 & \dfrac{v_N}{\overline{R}_{\oplus}^{\;2}} \\ 0 & \dfrac{\Omega_{\oplus}\sin\phi}{\overline{R}_{\oplus}} & -\dfrac{v_E}{\overline{R}_{\oplus}^{\;2}} \\ 0 & -\dfrac{\Omega_{\oplus}\cos\phi}{\overline{R}_{\oplus}} & 0 \end{bmatrix} \tag{10.88}$$

$$\boldsymbol{F}_{32}=\begin{bmatrix} 0 & -\overline{R}_{\oplus}^{\;-1} & 0 \\ \overline{R}_{\oplus}^{\;-1} & 0 & 0 \\ 0 & 0 & 0 \end{bmatrix} \tag{10.89}$$

$$\boldsymbol{F}_{33}=\begin{bmatrix} -\dfrac{v_U}{\overline{R}_{\oplus}} & -\Omega_{\oplus}\sin\phi & \Omega_{\oplus}\cos\phi \\ \Omega_{\oplus}\sin\phi & -\dfrac{v_U}{\overline{R}_{\oplus}} & 0 \\ -\Omega_{\oplus}\cos\phi+\dfrac{v_E}{\overline{R}_{\oplus}} & \dfrac{v_N}{\overline{R}_{\oplus}} & 0 \end{bmatrix} \tag{10.90}$$

其中，INS误差模型动态系数矩阵是根据下列参数和变量来定义的：

$$\left.\begin{array}{llll} \overline{R}_{\oplus} & \stackrel{\text{def}}{=} & \text{地球平均半径} & \approx 0.6371009\times10^{7}(\text{m}) \\ \mathrm{GM}_{\oplus} & \stackrel{\text{def}}{=} & \text{地球重力常数} & \approx 0.3986004\times10^{15}(\text{m}^3/\text{s}^2) \\ \Omega_{\oplus} & \stackrel{\text{def}}{=} & \text{地球转速} & \approx 0.7292115\times10^{-4}(\text{rad/s}) \\ \widehat{\phi} & = & \phi+\varepsilon_N/\overline{R}_{\oplus} & \text{纬度 (rad)} \\ \widehat{\theta} & = & \theta+\varepsilon_E/\left(\overline{R}_{\oplus}\cos\phi\right) & \text{经度 (rad)} \\ \hat{E} & = & E+\varepsilon_E & \text{关于INS的东向 (m)} \\ \widehat{N} & = & N+\varepsilon_N & \text{关于INS的北向 (m)} \\ \hat{h} & = & h+\varepsilon_U & \text{姿态(m)} \\ \widehat{v}_E & = & v_E+\dot{\varepsilon}_E & \text{东向INS速度 (m/s)} \\ \widehat{v}_N & = & v_N+\dot{\varepsilon}_N & \text{北向INS速度(m/s)} \\ \widehat{v}_U & = & v_U+\dot{\varepsilon}_U & \text{垂直INS速度(m/s)} \end{array}\right\} \tag{10.91}$$

这里，“加帽”(^)变量是由 INS 提供的，并且利用 GNSS/INS 组合导航中的卡尔曼滤波器来更新。

上述方程可以用 MATLAB 函数 `Fcore9.m` 来实现。更详细的推导过程可以参见参考文献[2]的第 11 章。

核心模型的通用性

惯性导航误差的 9 状态模型是 INS 实现的所有类型——平台实现和捷联实现的基础。平台模型和捷联模型之间的唯一区别在于 10.4.5 节中定义的下列变换矩阵因子：

$$C_{\mathrm{NAV}}^{\mathrm{SEN}}$$

同样的结论也适用于转盘式(Carouseled)或者索引式(Indexed)平台实现。

7 状态动态模型

7 状态模型适用于 INS 中高度和高度变化率(Altitude rate)不是 INS 解的一部分，而是从其他来源——如高度计输出中独立确定得到的情况。这种误差模型省略了 9 状态模型中位置的垂直分量(高度)和速度的垂直分量(高度变化率)。这样可以避免垂直信道不稳定的问题，这个模型通常用于预测 CEP 速率。

产生的 7×7 维动态系数矩阵公式可以利用 MATLAB 函数 `Fcore7.m` 来实现。

INS 误差的一般特性

当第二次世界大战以后美国正在发展惯性导航技术时，许多实际的和理论的误差建模问题都已经由德国工程师和科学家解决了，他们是在第二次世界大战以前及期间研制飞机和导弹的惯性仪器设备时完成的。

舒勒(Schuler)振荡　在 INS 实现中，位置误差耦合到重力补偿误差中以后，会产生位置误差振荡，它的周期与 INS 具有相同高度的卫星周期相等，被称为舒勒周期(Schuler period)。它是根据 Maximilian Schuler(1882 - 1972)的名字命名的，这是他于 1923 年在对其表兄 Hermann Anschutz-Kaempfe(1832 - 1931)设计的陀螺罗盘进行分析[14]时发现这一现象的。在陀螺罗盘设计中，通过一个钟摆连接装置将陀螺仪保持在相对于本地垂线的一个固定方向上。Schuler 能够证明，支撑连接装置的有效摆动周期大约在 84.4 分钟左右，以使横向加速度不受其运行的影响。当在惯性导航误差中发现相同的振荡周期时，它们被称为舒勒振荡(Schuler oscillation)。

在实验室对 INS 实现进行测试时，通常利用速度误差进行初始化，并寻找它会产生的特征舒勒振荡。同样的测试方法也可以用于验证 INS 仿真软件。图 10.21 画出的是由 GP-Soft[15]的 MATLAB INS 工具箱产生的仿真 INS 误差。从图中可以看出，初始北向速度误差 0.1 m/s 是如何在 INS 导航误差中激发起舒勒振荡的，以及科里奥利加速度是如何使振荡方向旋转的，就像一个具有舒勒周期的傅科摆(Foucault pendulum)一样。总的仿真时间大约为 14 小时，这个时间足以相对于 10 个舒勒振荡周期。

垂直信道不稳定性　这是在惯性导航投入实践以前发现的 INS 误差的另一个弱点。在 1946 年，美国正在研究核武器投掷系统的几项关键技术，俄罗斯出生的美国科学家 George Gamow(1904 - 1968)是政府咨询委员会的成员。他强烈反对就发展惯性导航进行军事支持，因为它在垂直方向上具有内在的不稳定性。Gamow 是正确的，但是他最终被 Charles Stark

Draper以策略战胜了，后者是MIT仪表实验室的创始人，并且被认为是“惯性导航之父”。Draper通过一个气压高度表的辅助，演示了这个问题可以在飞机导航中解决，气压高度表当时已经是大多数飞机上的标准设备了。这或许是第一次利用附加的传感器来辅助INS导航了。

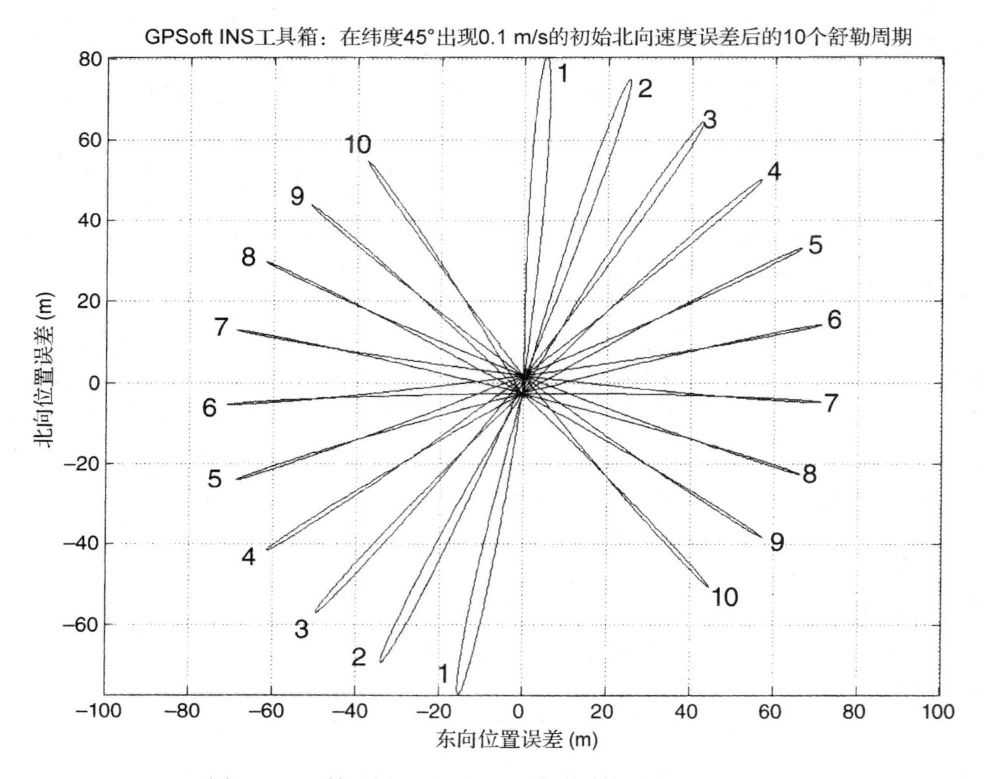

图10.21　利用GPSoft INS工具箱仿真舒勒振荡的结果

正是因为理论重力梯度模型导致了这种不稳定性。实质上，正的高度误差会在计算出的向下重力加速度中产生误差，从而导致在海平面上的高度误差呈指数增长，其指数时间常数在几分钟数量级。

性能随时间下降　没有辅助(除了在垂直信道中以外)的惯性导航称为固有惯性(Free-inertial)导航。与水平舒勒振荡和垂直信道不稳定性不同的是，大多数自由惯性导航误差倾向于随时间下降。对于弹道导弹制导而言，这是不太严重的，其中总的INS导航/制导相位只能持续到发射的前几分钟。对于在地球表面或者其附近进行飞机和船舶导航的这类“巡航”应用而言，它就会更加严重得多。

CEP速率　对于巡航应用，自由惯性导航性能等级是根据导航误差随时间增加的速率来定义的。所建立的性能度量是CEP(在10.2.5节中已定义)的增长率。采用的距离单位是海里(在10.2.5节中已定义)，增长率则用海里/小时来表示。

INS性能等级　在20世纪70年代，美国空军定义了如下三种等级的INS性能：

- 高精度，INS导航精度的CEP下降速率为0.1 NMi/h。这个等级最初包括针对战略军事活动设计的系统，尽管大多数这种系统最后都超过了这个规定。

- 中等精度，INS 导航精度的 CEP 下降速率为 1 NMi/h。这个等级适用于大多数飞机，包括民用飞机(在 GPS 以前)。
- 低精度，INS 导航精度的 CEP 下降速率为 10 NMi/h。这个等级适用于短程战术导弹。

当卫星导航技术可用时，上面所有的特性都会变化。

10.4.6 INS 传感器补偿参数误差

惯性传感器校准

当卡尔曼滤波器在 20 世纪 60 年代出现以后，它很快就被用于确定对惯性导航中传感器进行补偿的参数。我们已经知道，可以通过利用万向支架来标定 ISA 关于本地垂线(控制输入加速度)和地球自转轴(控制输入转速)的某些方向，以便在实验室(和导弹发射井)里对平台式系统进行校准。因此，利用 Riccati 方程的协方差分析方法可以对 INS 性能进行量化，使之作为传感器误差特征和校准程序的函数。这种方法很快被推广到包括采用许多外部导航辅助设备的自校准情形。

传感器补偿参数误差

Stanley F. Schmidt 被认为是“INS 与其他传感器系统组合导航之父”，他对在 20 世纪 60 年代中期针对 C5A 飞机[16]发展的 INS 与机载雷达组合导航系统①有很大贡献。

从 1946 年开始，Northrop 公司②发展了一系列具有平台 INS 的巡航导弹，其中有些在台体上加装了星象跟踪仪。最早的设计利用星象跟踪仪伺服台体，使之保持水平并校准到真北方向。后来的设计(包括为 U-2 间谍飞机设计的导航仪)也采用卡尔曼滤波器来校正传感器误差。

在 20 世纪 60 年代和 20 世纪 70 年代期间秘密开展的一些工作可以确定采用的辅助传感器的种类，以便通过在飞行中重新校准 INS 传感器来抑制 INS 导航误差。直到在 20 世纪 90 年代早期能够利用 GPS 导航卫星上的民用信道以后，许多这种技术才被移植到公共领域。

INS 传感器校准和补偿

GNSS/INS 组合导航的一个重要功能是，能够对惯性导航中用于补偿传感器误差参数的漂移值进行估计和校正。这种能力降低了传感器稳定性需求和成本。下面对其进行简单介绍，并且对它所需要的模型进行推导。

传感器校准　由于不能使惯性传感器的制造公差(Manufacturing tolerance)足够紧以满足导航的需要，因此通过对传感器的输出补偿任何已知的残留误差特征来得到最后几位精度，就很快变为标准的常规做法了。这需要期望误差的参数模型，它是传感器输出和校准方法的函数，其中针对已知输入测量其输出。于是，给定输入/输出数据以后，可以利用卡尔曼滤波器来估计模型参数。

仿射补偿参数　在更常见的传感器误差中，下面这些项要求采用上述方式进行校准和补偿：

---

① 在这个时期，卡尔曼滤波的大多数军事应用都是保密的，但这是首次将卡尔曼滤波器和其他传感器用于纠正导航期间的 INS(六分仪)仪器误差。将海军 Transit 导航卫星系统与舰载 INS 系统进行组合也是在这个时期出现的，但是其技术细节比较缺乏。

② 这是航空航天技术先驱 Jack Northrop(1895 – 1981)创立的第三个公司，并且以他的名字来命名。

- 传感器偏差，它等于传感器输入为零时的传感器输出。
- 传感器比例因子，它是输入输出的一阶变化。
- 传感器输入轴的未对准误差。

上面所有项都可以用三级仿射变换模型，即名义上的正交传感器(陀螺仪或者加速度计)表示为

$$z_{\text{output}} = Mz_{\text{input}} + b \tag{10.92}$$

其中，M 是 3×3 维矩阵，b 是 3 维列向量。M 和 b 的值可以用最小二乘方法或者输入-输出对的卡尔曼滤波器拟合来确定。一旦 M 和 b 被确定以后，很容易对仿射变换求逆，得到下列仿射变换形式的误差补偿公式：

$$z_{\text{input}} = Nz_{\text{output}} + d \tag{10.93}$$

$$N = M^{-1} \tag{10.94}$$

$$d = -Nb \tag{10.95}$$

或者通过对相同输入-输出进行最小二乘拟合来确定出补偿模型参数 N 和 d。

仿射变换正好是输入/输出关系的幂级数展开式中的零阶(偏差)和一阶(比例因子和失调)项，并且这种同样的建模和补偿方法也可以推广到任意阶数。然而，对于许多传感器设计和应用而言，零阶和一阶项是主要误差。

还有其他的传感器输出误差模型，比如陀螺仪对加速度的灵敏度、加速度计对转速的灵敏度或者这两者对温度的灵敏度，等等。这些模型也通常表示为参数模型，它们的参数可以在可控条件下进行校准。

漂移补偿参数

参数漂移　惯性传感器会受到各种类型的误差影响，可以对其中的许多误差进行建模、校准和补偿。传感器失效模式包括由于子部件的失效而引起的输入/输出特征的突然变化。有些高可靠性 INS 设计已经包含了冗余传感器，以及可检测出可疑失效类型的软件，并且切换到利用剩余传感器的模式。除此以外，还存在一种由于“补偿参数漂移”导致的缓慢变化的输入/输出特征。

原因及补救方法　许多传感器误差补偿参数(特别是那些更加昂贵的传感器)都有相对稳定的值，但是也有一些可能会随时间缓慢漂移并且不可预测。这种漂移可能是由于很多因素产生的，包括环境温度的变化。稳定敏感性可以在一定程度上进行补偿，将这种影响作为传感器温度的函数来校正，并且在 ISA 运行期间采用一个或者更多温度传感器来补偿误差。但是，有些漂移现象却没有这么容易理解和建模，并且通常可简单地归因于传感器的“老化”。这可能部分由于在制造过程中的内应力导致材料的缓慢变化，但是对这种过程的预测一般是不足以用于建模和补偿的。在那些传感器误差补偿参数中，针对这种“老化”通常采用的是偏差和比例因子。在下一节中，我们将采用比例因子和偏差参数来说明在 GNSS/INS 组合导航中，实际上是如何对补偿模型参数值的偏移进行纠正的。为此，我们将依据这些参数如何耦合为导航解误差来对它们进行建模。

漂移动态模型　最好的模型来自于对在工作条件下传感器的真实漂移数据进行的分析。比如，知道真实的漂移是否类似于一个完全恒等的参数、指数相关过程或者是随机游走过程，并且在后面的情况下知道近似的驱动噪声协方差和相关时间，这些都是非常有用的。再

比如，对于某些传感器技术而言，输入轴的方向与偏差和比例因子相比，倾向于相对稳定(尤其对于限定温度控制的传感器而言)。

随机游走模型　如果假设偏差和比例因子是随机游走模型，则补偿参数误差的动态模型将具有下列形式：

$$\boldsymbol{\varepsilon}_{ca} \stackrel{\text{def}}{=} \begin{bmatrix} \varepsilon_{saE} \\ \varepsilon_{saN} \\ \varepsilon_{saU} \\ \varepsilon_{baE} \\ \varepsilon_{baN} \\ \varepsilon_{baU} \end{bmatrix} \tag{10.96}$$

$$\frac{\mathrm{d}}{\mathrm{d}t}\varepsilon_{ca} = w_{ca}(t) \tag{10.97}$$

$$\underset{W_{ca}}{\mathrm{E}}\langle w_{ca}(t)\rangle = 0 \tag{10.98}$$

$$\underset{W_{ca}}{\mathrm{E}}\langle w_{ca}w_{ca}^{\mathrm{T}}\rangle = Q_{ca} \tag{10.99}$$

$$\boldsymbol{\varepsilon}_{c\omega} \stackrel{\text{def}}{=} \begin{bmatrix} \varepsilon_{s\omega E} \\ \varepsilon_{s\omega N} \\ \varepsilon_{s\omega U} \\ \varepsilon_{b\omega E} \\ \varepsilon_{b\omega N} \\ \varepsilon_{b\omega U} \end{bmatrix} \tag{10.100}$$

$$\frac{\mathrm{d}}{\mathrm{d}t}\varepsilon_{c\omega} = w_{c\omega}(t) \tag{10.101}$$

$$\underset{W_{c\omega}}{\mathrm{E}}\langle w_{c\omega}(t)\rangle = 0 \tag{10.102}$$

$$\underset{W_{c\omega}}{\mathrm{E}}\langle w_{c\omega}w_{c\omega}^{\mathrm{T}}\rangle = Q_{c\omega} \tag{10.103}$$

(10.104)

其中，下标：

ca 适用于加速度计补偿参数误差

sa 适用于加速度计比例因子误差

ba 适用于加速度计偏差误差

$c\omega$ 适用于速度陀螺仪补偿参数误差

$s\omega$ 适用于速度陀螺仪比例因子误差

$b\omega$ 适用于速度陀螺仪偏差误差

并且下标最后的 E，N 和 U 适用于各个不同的输入轴。这种选择意味着采用了 ENU 平台式系统，但是相同类型的指标也可以用于捷联式系统中主运载工具固定的轴，或者用于转盘式系统中的类似轴。

确定模型参数　如果随机游走过程对于不同传感器补偿参数来说是独立的，则动态扰动噪声 Q_{ca} 和 $Q_{c\omega}$ 的协方差矩阵将是对角矩阵。然而，由于当模型参数接近于正确值时性能通常会提高，所以通过对实际的漂移规律进行分析来验证独立性一般是值得的。GNSS/INS 组合导航的中间结果可以为这种分析提供漂移的变化数据。

补偿误差耦合为导航误差

在图 10.22 中，说明了比例因子和偏差参数中的误差如何产生导航误差，图 10.22(a)是针对加速度计的，图 10.22(b)是针对陀螺仪的。于是，得到的加速度和姿态误差可以表示为下列代数形式：

$$\boldsymbol{\varepsilon}_a = \underbrace{[D_a \quad I_3]}_{F_{24}} \begin{bmatrix} \varepsilon_{sa} \\ \varepsilon_{ba} \end{bmatrix} \tag{10.105}$$

$$D_a = \mathrm{diag}[a_E,\ a_N,\ a_U] \tag{10.106}$$

$$\boldsymbol{\varepsilon}_\omega = \underbrace{[D_\omega \quad I_3]}_{F_{35}} \begin{bmatrix} \varepsilon_{s\omega} \\ \varepsilon_{b\omega} \end{bmatrix} \tag{10.107}$$

$$D_\omega = \mathrm{diag}[\omega_E,\ \omega_N,\ \omega_U] \tag{10.108}$$

其中，F_{24}和 F_{35}的重要性将在下面解释。

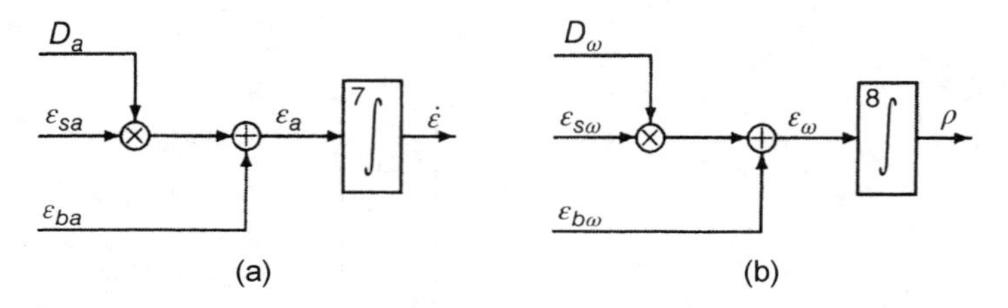

图 10.22　传感器比例因子和偏差补偿误差流图

加速度计补偿误差耦合为加速度误差，它将作为图 10.20 中编号为“7”的方框的输入。速度陀螺仪补偿误差耦合为姿态变化率误差，它将作为图 10.20 中编号为“8”的方框的输入。

增广动态系数矩阵

在 9 个核心导航误差状态变量基础上，增加在 6 个传感器(3 个测量加速度，3 个测量姿态变化率)上偏差和比例因子漂移的 12 个状态变量，将会得到随机游走参数漂移模型的下列 21 ×21 维增广动态系数矩阵：

$$\boldsymbol{F}_{\text{aug}} = \begin{bmatrix} 0_{3\times3} & I_3 & 0_{3\times3} & 0_{3\times6} & 0_{3\times6} \\ F_{21} & F_{22} & F_{23} & F_{24} & 0_{3\times6} \\ F_{31} & F_{32} & F_{33} & 0_{3\times6} & F_{35} \\ 0_{6\times3} & 0_{6\times3} & 0_{6\times3} & 0_{6\times6} & 0_{6\times6} \\ 0_{6\times3} & 0_{6\times3} & 0_{6\times3} & 0_{6\times6} & 0_{6\times6} \end{bmatrix} \tag{10.109}$$

$$\boldsymbol{F}_{24} = \begin{bmatrix} a_E & 0 & 0 & 1 & 0 & 0 \\ 0 & a_N & 0 & 0 & 1 & 0 \\ 0 & 0 & a_U & 0 & 0 & 1 \end{bmatrix} \tag{10.110}$$

$$\boldsymbol{F}_{35} = \begin{bmatrix} \omega_E & 0 & 0 & 1 & 0 & 0 \\ 0 & \omega_N & 0 & 0 & 1 & 0 \\ 0 & 0 & \omega_U & 0 & 0 & 1 \end{bmatrix} \tag{10.111}$$

正如在前面所提到的，为了使之正常工作，加速度和姿态变化率向量分量必须在传感器输入轴坐标中。ENU 坐标只对本地级 ENU 平台实现才是正确的。否则，输入加速度和姿态变化率必须从导航坐标转化为传感器输入轴坐标，然后在转化回导航坐标。实际上，传感器的输出将为第一部分工作，但是得到的加速度和旋转率误差还需要转化回导航坐标（在这种情况下，它是本地级 ENU 坐标）。

捷联和转盘式模型的区别

上面导出的补偿漂移误差模型是针对平台式系统的，其中 ISA 固定坐标是向东、向北和向上，此时传感器输入属于导航（NAV）坐标中。

对于转盘式或者 α 漂移（α-wander）平台实现而言，ISA 轴关于垂直轴旋转一个已知角度 α，此时 ISA-to-NAV 坐标转换矩阵为

$$\boldsymbol{C}_{\text{ISA}\rightarrow\text{NAV}} = \begin{bmatrix} \cos(\alpha) & \sin(\alpha) & 0 \\ -\sin(\alpha) & \cos(\alpha) & 0 \\ 0 & 0 & 1 \end{bmatrix} \tag{10.112}$$

在这种情况下，唯一的区别在于系统误差动态系数矩阵的子矩阵 F_{24}［参见式（10.109）］和 F_{35}［式（10.110）］的定义不同，即

$$\boldsymbol{F}_{24} = \boldsymbol{C}_{\text{ISA}\rightarrow\text{NAV}} \begin{bmatrix} a_E & 0 & 0 & 1 & 0 & 0 \\ 0 & a_N & 0 & 0 & 1 & 0 \\ 0 & 0 & a_U & 0 & 0 & 1 \end{bmatrix} \tag{10.113}$$

$$\boldsymbol{F}_{35} = \boldsymbol{C}_{\text{ISA}\rightarrow\text{NAV}} \begin{bmatrix} \omega_E & 0 & 0 & 1 & 0 & 0 \\ 0 & \omega_N & 0 & 0 & 1 & 0 \\ 0 & 0 & \omega_U & 0 & 0 & 1 \end{bmatrix} \tag{10.114}$$

其中，在 D_α 中的加速度 α 和在 D_ω 中的加速度 ω 现在是在传感器固定的 ISA 坐标中，它可以在变换为 NAV 坐标以前，通过利用加速度计（在 ISA 坐标中）的补偿输出来实现。所需的值 $\boldsymbol{C}_{\text{ISA}\rightarrow\text{NAV}}$ 已经是导航解的一部分了。

对于捷联实现，传感器固定的输入也在传感器固定的（ISA）坐标中，它不再是 NAV 坐标。但是 ISA-to-NAV 的坐标变换矩阵 $\boldsymbol{C}_{\text{ISA}\rightarrow\text{NAV}}$ 仍然是导航解的一部分。在这种情况下，式（10.112）和式（10.113）用到的将是 $\boldsymbol{C}_{\text{ISA}\rightarrow\text{NAV}}$ 的值。

10.4.7　MATLAB 实现

初始导航不确定性

初始导航误差确实对测试中确定的后续 CEP 速率具有重要影响。标准的 INS 性能测试通常包括已授权的对测试系统的初始校准和导航初始化，我们在这里还没有对它们进行定义。

作为一种备选方法，我们在所有情况下都采用一种标准的相对精确的初始导航解决方法。表 10.4 列出了这种初始化误差预算的 RMS 不确定性。

这些值都很小，以便使所得的 CEP 速率估计值受 INS 误差预算的影响更大，而受初始化误差的影响更小。然而，这种“奢侈”在实际中通常是不允许的。

表 10.4　RMS 初始导航不确定性

导航变量	RMS 值	单位
东进	2	(m)
北进	2	(m)
高度	2	(m)
东向速度	10^{-1}	(m/s)
北向速度	10^{-1}	(m/s)
高度速度	10^{-1}	(m/s)
东向倾斜	10^{-8}	(rad)
北向倾斜	10^{-8}	(rad)
航向	10^{-8}	(rad)

控制垂直信道不稳定性

这种实现方法采用一个气压高度表，使 INS 工作在“自由惯性”模式下的高度保持稳定。也就是说，INS 导航是在三维中的，但是它利用高度计测量值来估计和纠正其垂直位置和速度误差。通过采用另一个位于固定位置的气压计对局部校正进行遥测，来确保气压计对于局部气压变化是正确的。得到的 RMS 高度偏移误差假设为 2 m，校正时间常数为 1 h，加上 0.1 m 的 RMS 白噪声。INS 被认为是“中等精度”的，在这种增广模式下的 CEP 速率为 1 NMi/h，如图 10.23 所示。

在 Riccati 方程中采用完整的 22 状态误差模型(9 个导航误差，12 个传感器补偿误差，以及 1 个高度计偏移误差)，对有气压计和没有气压计情况的性能进行评估，详见 m 文件 `MediumAccuracyINS.m`。它在 100 km 长的 8 字形跑道上进行仿真测试，对 RMS 垂直信道误差进行评估，结果如图 10.24 所示。该图显示了在有气压计和没有气压计辅助的情况下，得到的在 4 h 以内的 RMS 高度不确定性。可以发现，有辅助情况下的高度不确定性停留在 2 m 附近，而没有辅助情况下的 RMS 不确定性在 4 h 以内上升至超过 10^4 km。如果没有控制垂直信道稳定，则水平误差也会增加到不合理的程度。

如果有垂直信道稳定控制，则计算出的 CEP 的增加情况如图 10.23 所示，对它进行最小二乘直线拟合，可以得到在假设的初始导航不确定性条件下针对这个具体的仿真测试轨迹的 CEP 速率估计值为 0.96 NMi/h。该图中还显示出值得注意的 Schuler 频率分量，这从初始导航误差中是可以预料到的。

利用协方差分析进行 INS 误差预算

在表 10.5 中，针对可以被视为“高精度”(0.1 NMi/h CEP 速率)、“中等精度”(1 NMi/h CEP 速率)和“低精度”(10 NMi/h CEP 速率)的惯性导航仪给出了试验性的误差预算①，并且还给出了用于稳定垂直导航的气压高度表系统的性能规格。采用中等误差预算来说明这种垂直信道稳定形式的效率，如图 10.24 所示。

三个 m 文件为：

`INSErrBud0point1NMiPerHr.m`　　(约为 0.1 NMi/h CEP 速率)

`INSErrBud1NMiPerHr.m`　　(约为 1 NMi/h CEP 速率)

`INSErrBud10NMiPerHr.m`　　(约为 10 NMi/h CEP 速率)

① 这些误差预算不是基于实际 INS 得到的。它们只是假设的例子，在 100 km 长的 8 字形测试跑道上仿真正好可以得到合适的高精度、中等精度和低精度 CEP 速率。

用于说明在对应的 INS 误差预算中，改变各自的参数会对具体动态仿真中得到的 INS CEP 速率带来什么影响。

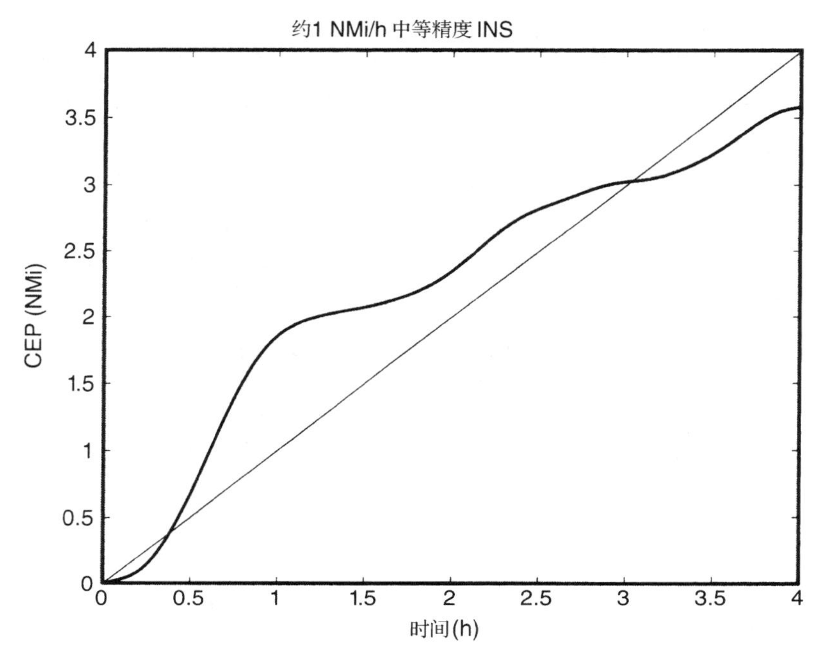

图 10.23　中等精度 INS：水平不确定性与时间的关系曲线

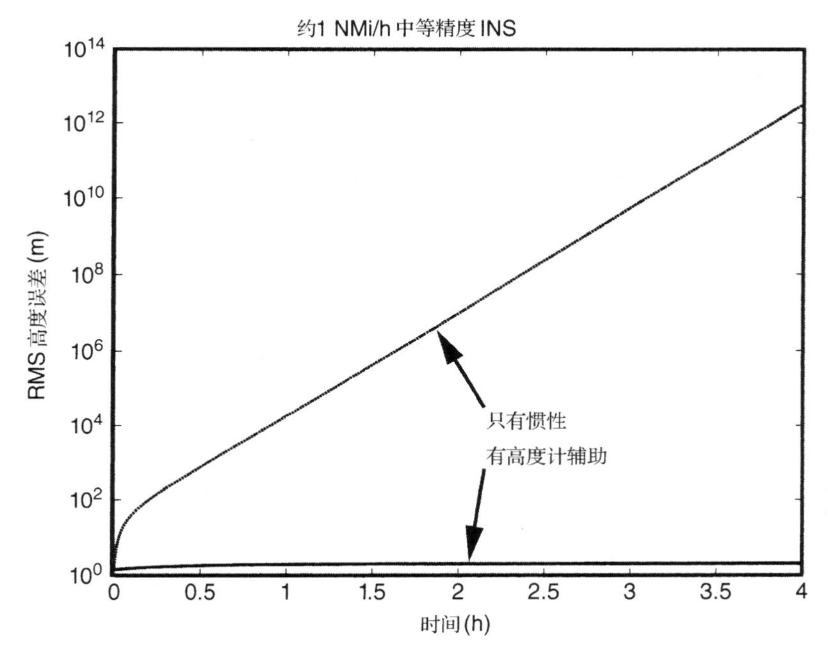

图 10.24　中等精度 INS：RMS 高度不确定性与时间的关系曲线

常见的动态仿真以 100 kph 的速率在 100 km 长的 8 字形测试跑道上运行 4 h，并且利用气压高度表来稳定垂直导航。

输出包括画出 CEP 与时间的关系曲线，还包括对各个误差预算项按照数量级比例增加或者减少所得到的仿真结果。这些误差预算包括针对 INS 传感器的 7 个参数、与用做高度稳定的气压高度表相关的 3 个参数，以及与仿真条件相关的 1 个参数(即采样时间周期)。在表 10.5 中，给出了三种误差预算的 m 文件中用到的标准值。在表格上方，也给出了将各个误差预算保存为 mat 文件的标准文件。因此，这些文件也可以下载来供其他 m 文件使用。

分析这种情况，需要估计当每个 INS 误差预算项按照数量级比例增加或者减少时，所得到的按比例增加或者减少的 CEP 速率。在分析中只有前面 7 个误差预算值是变化的，因为其他值与 INS 不相关。第 8 个误差预算值是采样间隔，其余的则与用做垂直信道稳定的辅助气压高度表相关。表 10.5 中与陀螺仪相关的参数的单位应为度/小时(deg/h)，但是为了仿真将它内部转换为弧度/秒(rad/s)。

表 10.5　针对 0.1 NMi/h、1 NMi/h 和 10NMi/h CEP 速率情况的基线 INS 误差预算

参数序号	参数描述	单位	CEP 速率		
			0.1	1	10
			INSEBHiAcc. mat	INSEBMedAcc. mat	INSEBLoAcc. mat
1	RMS 加速度计噪声	m/s/sqrt(s)	10^{-6}	10^{-4}	10^{-4}
2	RMS 陀螺仪噪声	deg/hr/sqrt(s)	10^{-4}	10^{-2}	10^{-2}
3	传感器补偿误差相关时间	s	15	600	1800
4	RMS 加速度计偏移误差	m/s/s	9.8×10^{-5}	9.8×10^{-5}	9.8×10^{-4}
5	RMS 加速度计比例因子误差	part/part	10^{-5}	10^{-5}	10^{-4}
6	RMS 陀螺仪偏移误差	deg/hr	10^{-4}	0.03	0.19
7	RMS 陀螺仪比例因子误差	part/part	10^{-4}	10^{-4}	10^{-3}
8	采样间隔	s	1	1	1
9	RMS 高度误差	m	2	2	2
10	高度偏移误差相关时间	s	3600	3600	3600
11	RMS 高度计噪声	m/sqrt(s)	0.1	0.1	0.1

例 10.3(中等精度 INS 的误差预算分析)　本例采用 INSErrBud1NMiPerHr.m 实现的中等精度误差预算，得到的 CEP 变化曲线如图 10.23 所示，并且误差预算分析如图 10.25 所示，该图是相对缩放比例对 CEP 产生影响的半对数图，它是参数个数的函数。

按照数量级增加或者减小的方式改变前面两个 INS 误差预算参数：

1. RMS 加速度计噪声
2. RMS 陀螺仪噪声

实质上不会对 CEP 速率产生影响。这表明它们已经非常小了，以至于对 CEP 速率的影响也很小。根据这一点，可以推测能够使它们再降低一个数量级或者更多，而不会对性能产生影响或者只产生很小的影响。

按照 10 倍因子增加或者减小第三个参数(传感器补偿误差相关时间τ_{SC})会在两个方向对 CEP 速率产生重大影响。然而，误差相关时间并不是这么容易改变的。并且性能随相关时间的变化也不一定是单调的。图 10.26 是在几个数量级上的 CEP 速率与τ_{SC}的函数关系图。从图中可以看出，有两个τ_{SC}值得到的 CEP 速率都是 1 NMi/h，并且在两者之间有一个峰值。行为特性对相关时间的这种类型的依赖关系是比较常见的。

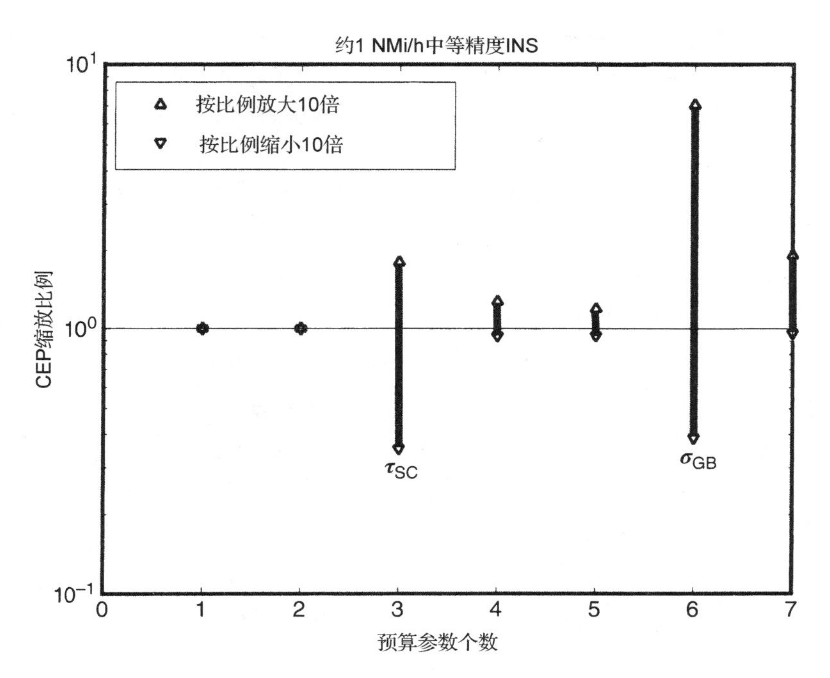

图 10.25 改变 INS 误差预算参数得到的相对 CEP 缩放比例

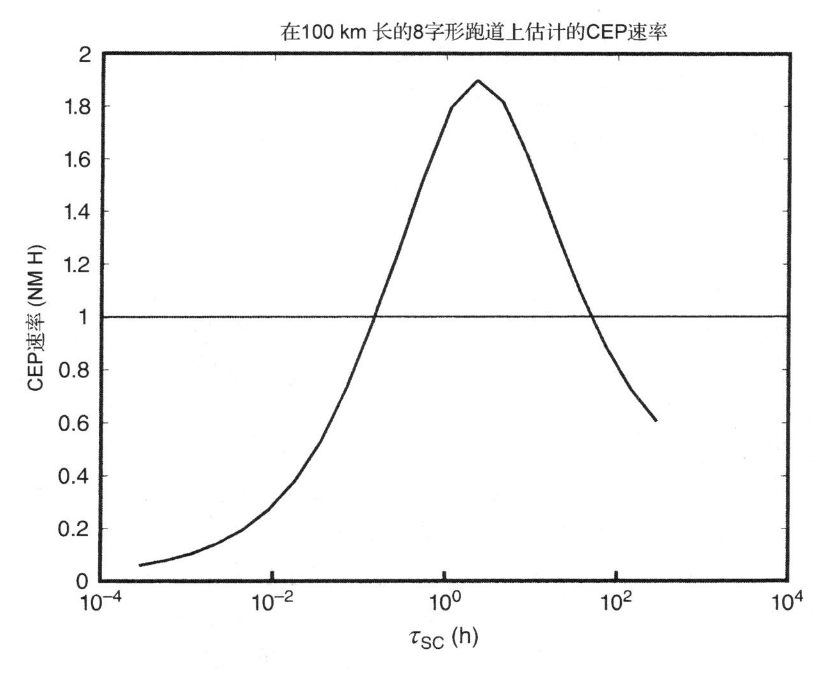

图 10.26 CEP 速率与τ_{SC}的函数关系

下面的两个 INS 误差预算参数：

1. RMS 加速度计偏移误差
2. RMS 加速度计比例因子误差

表明放松它们的值会使性能下降更大，而收紧它们的值却只能得到少量的性能增加。

第6个参数(RMS陀螺仪偏移误差σ_{GB})表明，收紧它时性能的相对增加大致与τ_{SC}的相同，而放松它时性能下降则要大得多。这或许是主要的误差源，也是提高整体性能应该首先考虑的参数。

对于最后一个参数，即RMS陀螺仪比例因子误差，结果表明放松它引起的性能下降比收紧它得到的性能增加更多。

分别运行 INSErrBud0point1NMiPerHr.m 和 INSErrBud10NMiPerHr.m，可以研究更高和更低精度INS系统的误差预算的敏感性。

性能对误差预算变化的如下这些敏感性可以为系统设计提供有益的参考：

1. 就对预计的INS CEP速率的影响而言，关键的传感器性能参数是什么?
2. 传感器性能需求在哪个方面可以放宽而不会对导航性能产生很大影响?
3. 传感器性能需求在哪个方面可以收紧，从而使导航性能最大限度地提高?
4. 如何降低系统成本而不会牺牲其性能?
5. 如何在提高性能的同时具有最低成本?

在发展惯性传感器和系统的过程中，这些总是在设计时需要考虑的关键问题。

10.5 GNSS/INS组合导航

在前面两节中，导出了INS和GNSS导航误差的随机模型。GNSS/INS组合导航采用的卡尔曼滤波器将这些类型的模型插入相关的参数矩阵F(或者Φ)，Q，H和R。但是我们需要首先建立一些在GNSS/INS组合导航技术中要用到的专门术语。

10.5.1 背景

简短历史

最早尝试GNSS/INS组合导航的是海军Transit导航卫星系统，它是20世纪60年代由美国海军潜艇使用的，但是很多工作都是秘密开展的并且已无相关的历史记载。大约在同一时期，在军用飞机上的INS系统已经开始与一些辅助传感器，如机载雷达、星象跟踪仪、LORAN或者Omega等组合使用。

将Transit的后继者与GPS结合在一起的最早的硬件演示系统是在20世纪80年代开始的，这时GPS还没有完全运行。为了保持更低的技术风险和计划风险，这些工作利用已有的惯性导航仪和最小的硬件修改来演示它在美国空军的武器投放精度方面的提高潜力。为了使风险更低，它从低计算复杂度和成本到更高计算复杂度和成本，按照各个阶段逐步进行。测试结果的确验证了采用更加复杂的实现方程在计算机上仿真演示得到的结果。在有机会用于民用系统中以前，GPS/INS组合导航的军事应用就已经很好地建立起来了。

松耦合实现与紧耦合实现

根据卡尔曼滤波器实现对独立配置的每个子系统内部工作机制的改变程度，可以将GNSS/INS组合结构简单地标记为“松耦合”或者“紧耦合”，如图10.27所示。

最松耦合的实现方式将每个子系统(即GNSS或者INS)的标准输出作为测量值来对待。集成卡尔曼滤波器将每个子系统作为一个独立的传感器来把它们的输出组合起来。当GNSS

可用时可以提高导航精度，但是当它不可用时，只能得到自由惯性导航精度。

更加紧密的如下耦合实现方式在多个方面改变了 INS 和 GNSS 接收机的内部工作机制：

- 利用两个系统的非标准输出，比如 GNSS 接收机的伪距或者 INS 感知的加速度。
- 利用非标准输入，比如通过利用 INS 感知的加速度，在接收机中控制多普勒跟踪频率资源的转换速率，或者通过利用集成卡尔曼滤波器得到的惯性传感器校准误差的估计值，改变 INS 中的内部传感器补偿。后者允许利用 GNSS 对 INS 进行连续重新校准，使得即使 GNSS 信号丢失，导航解也仍然是良好的，并且当信号确实又可用时，GNSS 信号的重新捕获速度更快。另外，当主运载工具机动时，通过利用 INS 的姿态和姿态变化率信息来预测哪一个卫星将在 GNSS 接收机天线模式范围内，从而能够提高卫星选择的准确性。

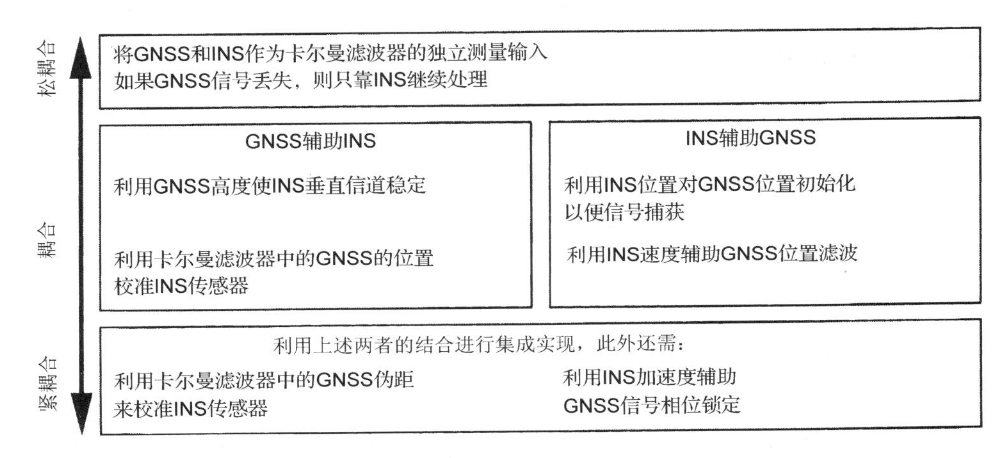

图 10.27　松耦合/紧耦合 GNSS/INS 组合导航策略

紧耦合实现的主要优点在于，它们通常比松耦合实现的性能更好。其中一个原因是，紧耦合实现的卡尔曼滤波器模型一般会更加正确地代表真实硬件。

倾向于紧耦合实现的另一个因素是，它们的性能对 INS 传感器质量(和价格)的敏感性通常会更低。在历史上，INS 一直都是更加昂贵的子系统，因此这一点会使系统的总成本有很大差别。另一方面，紧耦合实现一般需要重新设计 GNSS 接收机和/或者 INS，以便支持和/或者利用集成所需的其他信息。在对成本/收益进行分析时，必须包括这种设计变化增加的任何成本。

松耦合实现

以下内容更多的是出于对历史的兴趣而介绍的，因为紧耦合能够提供同样的好处——并且还更多。

1. INS 位置初始化。中等精度和高精度的惯性导航仪能够感知它们的纬度，但无法感知它们的经度。人工输入经度的初始值是不受鼓励的，因为输入误差的后果会很严重。GNSS 产生的位置更可靠。
2. INS 高度的稳定化。从惯性导航最早出现以来，就一直采用气压高度表来稳定高度误差，如例 10.4 中所指出的。在这种实现中，高度计的功能可以用一个 GNSS 接收机来代替，并且得到的性能可以采用与高度计相同的方式来建模和分析。这两种辅助传感器(高度计或者 GNSS)都存在时间相关的误差，但是 GNSS 误差的相关时间倾向于更短。

3. INS 辅助 GNSS 卫星信号相位跟踪。GNSS 接收机需要对相对较高的卫星速度①产生的卫星信号的多普勒频移进行校正。在单独的 GNSS 接收机中，采用锁频环和锁相环来保持信号的锁定。这些类型的控制环的动态能力是有限的，并且在导弹或者无人驾驶自动车辆这类运载工具的剧烈运动期间，它们很容易使信号失锁。在 GNSS/INS 组合导航实现中，INS 感知的加速度可以用于在这种机动期间辅助保持信号的锁定。这类 GNSS 接收机辅助可以大大提高这种机动期间信号的锁定。由于主运载工具的姿态机动可以使方向指向安装在其表面的 GNSS 天线的天线模式以外的卫星，高度机动的运载工具通常需要多于一个天线来保持信号锁定。在这种情况下，INS 的姿态和姿态变化率信息也可以用于辅助实现天线切换。

例 10.4(具有 GNSS 的 INS 垂直信道阻尼) 我们可以将惯性导航系统中高度误差 ε_h 的动态变化建模为

$$\frac{\mathrm{d}}{\mathrm{d}t}\varepsilon_h = \dot{\varepsilon}_h \tag{10.115}$$

$$\frac{\mathrm{d}}{\mathrm{d}t}\dot{\varepsilon}_h = \frac{1}{\tau_S}\varepsilon_h + \varepsilon_a(t) \tag{10.116}$$

$$\frac{\mathrm{d}}{\mathrm{d}t}\varepsilon_a(t) = \frac{-1}{\tau_a}\varepsilon_a(t) + w(t) \tag{10.117}$$

$$\tau_S \approx 806.4 \text{ s} \tag{10.118}$$

其中，增加了一项指数相关随机扰动噪声 $\varepsilon_a(t)$，它表示垂直加速度计偏差和比例因子的缓慢漂移。$\varepsilon_a(t)$ 的相关时间常数为 τ_a，并且零均值白噪声过程 $w(t)$ 的方差将为

$$Q_{ta} = \frac{2\,\sigma_a^2}{\tau_a} \tag{10.119}$$

其中，σ_a^2 为均方加速度计误差。

于是，垂直信道的连续时间状态空间模型为

$$\boldsymbol{x} = \begin{bmatrix} \varepsilon_h \\ \dot{\varepsilon}_h \\ \varepsilon_a \end{bmatrix} \tag{10.120}$$

$$\dot{\boldsymbol{x}} = \begin{bmatrix} 0 & 1 & 0 \\ \frac{1}{\tau_S} & 0 & 1 \\ 0 & 0 & \frac{-1}{\tau_a} \end{bmatrix} x + \begin{bmatrix} 0 \\ 0 \\ w(t) \end{bmatrix} \tag{10.121}$$

其中，零均值白噪声过程 $w(t) \in \mathcal{N}(0,\ Q_{ta})$。

于是，离散时间间隔 Δt 的状态转移矩阵为

$$\Phi = \exp\,(F\,\Delta t) \tag{10.122}$$

---

① 有少数 GNSS 卫星也可能在地球同步轨道上。然而，为了保持全球覆盖，大多数卫星都将在更低的轨道上，并且对赤道具有相对较高的倾角。

$$=\begin{bmatrix}\phi_{1,1} & \phi_{1,2} & \phi_{1,3}\\ \phi_{2,1} & \phi_{2,2} & \phi_{2,3}\\ 0 & 0 & \lambda_a\end{bmatrix} \tag{10.123}$$

$$\phi_{1,1}=\frac{\lambda_S^2+1}{2\ \lambda_S} \tag{10.124}$$

$$\phi_{1,2}=\frac{\tau_S(\lambda_S^2-1)}{2\ \lambda_S} \tag{10.125}$$

$$\phi_{1,3}=\frac{\tau_a{\tau_S}^2(\tau_S+\tau_a-2\ \tau_a\lambda_a\lambda_S+\tau_a\lambda_S^2-\tau_S\lambda_S^2)}{2\ \lambda_S(\tau_a^2-\tau_S^2)} \tag{10.126}$$

$$\phi_{2,1}=\frac{(\lambda_S-1)(\lambda_S+1)}{2\ \tau_S\lambda_S} \tag{10.127}$$

$$\phi_{2,2}=\frac{\lambda_S^2+1}{\lambda_S} \tag{10.128}$$

$$\phi_{2,3}=\frac{\tau_S\tau_a(-\tau_S-\tau_a+2\ \tau_S\lambda_a\lambda_S+\tau_a\lambda_S^2-\tau_S\lambda_S^2)}{2\ \lambda_S(\tau_a^2-\tau_S^2)} \tag{10.129}$$

$$\lambda_S=\exp\ (\Delta t/\tau_S) \tag{10.130}$$

$$\lambda_a=\exp\ (-\Delta t/\tau_a) \tag{10.131}$$

对应的离散时间过程噪声协方差为

$$Q_a\approx\Delta t\ Q_{ta} \tag{10.132}$$

$$\approx\frac{2\ \Delta t\ \sigma_a^2}{\tau_a} \tag{10.133}$$

INS 和 GNSS 接收机的第 k 个高度输出将分别为

$$\hat{h}_k^{[\mathrm{INS}]}=h_k^{[\mathrm{TRUE}]}+\varepsilon_h \tag{10.134}$$

$$\hat{h}_k^{[\mathrm{GNSS}]}=h_k^{[\mathrm{TRUE}]}+w_k \tag{10.135}$$

其中，$h_k^{[\mathrm{TRUE}]}$ 为真实的高度值，w_k为 GNSS 接收机高度误差。

于是，两者之差

$$z_k=\hat{h}_k^{[\mathrm{INS}]}-\hat{h}_k^{[\mathrm{GNSS}]} \tag{10.136}$$

$$=\varepsilon_h-w_k \tag{10.137}$$

$$=\underbrace{\begin{bmatrix}1 & 0 & 0\end{bmatrix}}_{H}\hat{x}_k-w_k \tag{10.138}$$

可以作为卡尔曼滤波器中的“伪测量值”来估计 x。真实的高度估计值将为

$$\hat{h}_k^{[\mathrm{TRUE}]}=\hat{h}_k^{[\mathrm{INS}]}-\hat{x}_{k,\ 1} \tag{10.139}$$

其中，$\hat{x}_{k,\ 1}$是式(10.120)的状态向量 $\hat{x}_k$的第一个分量。

表征高度误差与加速度计误差　以这种方式得到的高度估计的方差将作为卡尔曼滤波器中 Riccati 方程的协方差矩阵 P 的元素 $p_{1,1}$。根据连续形式 Riccati 方程的稳态解也可以求解出 $p_{1,1}$的值。得到的稳态 RMS 高度不确定性如图 10.28 所示，它是 RMS 加速度计误差的函数，此时 RMS GNSS 高度误差等于20 m，其相关时间常数等于 5 min。该图表明在高度误差和垂直信道加速度计的质量(和成本)之间的权衡。

MATLAB m 文件 `AltStab.m` 仿真并画出了 RMS 稳定和“非稳定”(即没有 GNSS 的辅助)高度误差随时间的变化规律，这里采用的 RMS 加速度计噪声等级范围与图 10.28 相同。因为它们是蒙特卡罗仿真，所以每次运行得到的结果会有所不同。

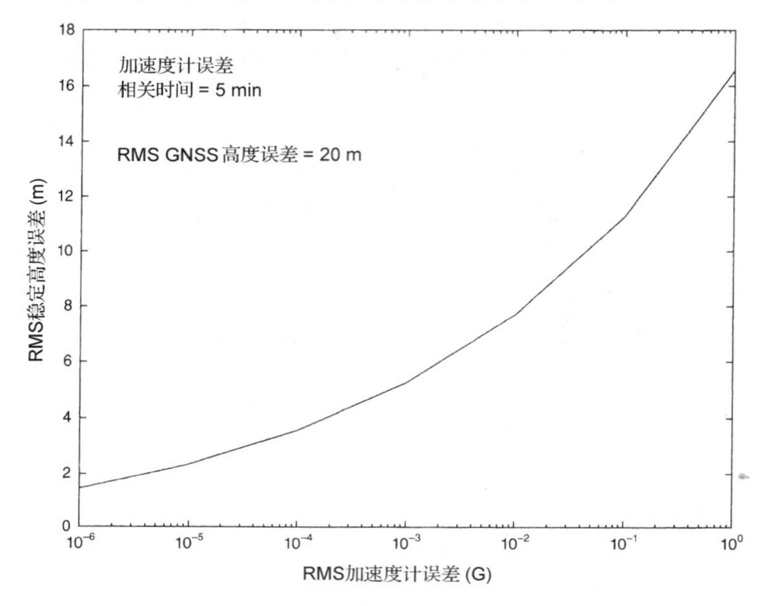

图 10.28　GNSS 辅助的 INS 姿态不确定性与 RMS 加速度计误差之间的变化曲线

紧耦合实现

这些实现方法采用完整的 INS 误差传播模型，包括传感器补偿误差的效应。作为最低限度，它们对导航解中的任何变化以及传感器补偿参数中的任何变化进行估计和校正。

不可预测的运载工具的动态变化的随机模型由 INS 所代替，它对运载工具的动态变化进行测量。然而，此时全部导航解包括 INS 姿态和传感器补偿参数，它增加了被估计的状态变量个数。GNSS/INS 组合导航一般会增加计算负担。

需要记住的是，对于 GNSS/INS 组合导航而言，不存在一种通用的适合所有情况的模型，因为没有万能的 GNSS 或者 INS。尽管所用的导航原理是通用的，每一个物理实现都有其自身的误差特征，并且每一种误差特征也都有其自身的模型。比如，在单频率和双频率 GNSS 接收机之间就存在根本的区别，并且在采用不同传感器套件的惯性导航仪之间也存在根本的区别。例如，图 10.29 给出了卡尔曼滤波器中动态系数矩阵的一些可能的结构，这些卡尔曼滤波器分别是针对只有 GNSS 导航(左边的列)、GNSS/INS 组合导航(右边的列)、单频率 GNSS 接收机(上面的行)和双频率 GNSS 接收机(下面的行)等四种情况的。此外，GNSS/INS 组合导航的 F 矩阵的特点将在很大程度上取决于 INS 的传感器的质量和设计(例如，平台实现或者捷联实现)。

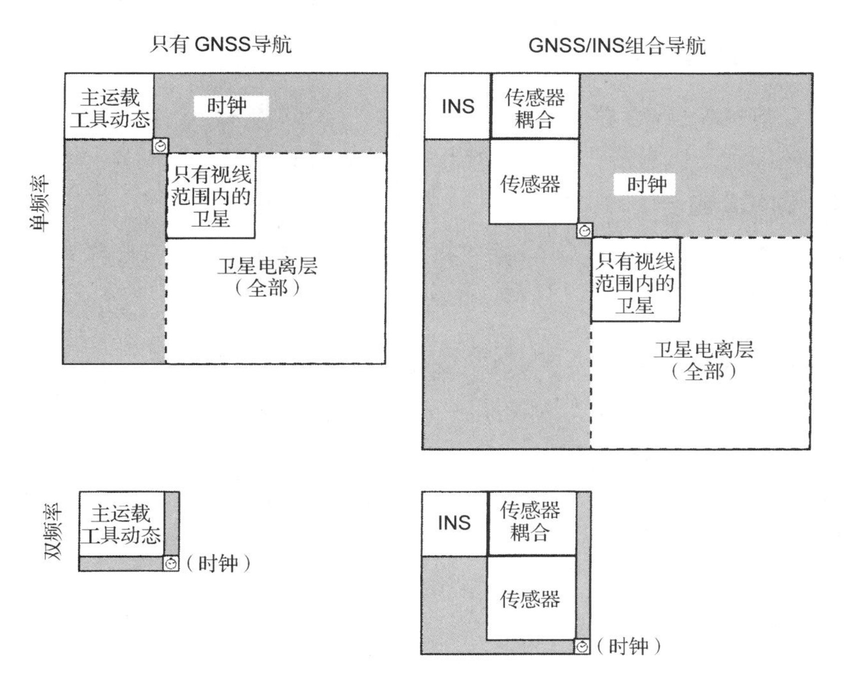

图 10.29　GNSS 和 GNSS/INS 组合导航的动态系数矩阵

组合 INS 的好处

通过在 GNSS 可用时对 INS 进行重新校准，可以提高 GNSS 中断期间的 INS 性能。下面给出的方法将每个子系统（GNSS 和 INS）作为一个独立的传感器来对待，但是具有非标准输出。

1. GNSS 接收机测量伪距，它对下列因素敏感：
   (a) 运载工具天线的真实位置。
   (b) 未补偿信号传播延迟（大多数是由于电离层产生的）。
   (c) 接收机时钟时间的误差。
2. INS 测量"运载工具状态"，它包括位置、速度、加速度、姿态和姿态变化率中每一个状态的三个分量。然而，INS 实际上"测量"的是真实的运载工具状态加上 INS 导航误差和传感器误差。于是，它的输出对下列因素敏感：
   (a) 真实的运载工具状态，包括 GNSS 天线的真实位置。
   (b) INS 导航误差，它的动态特性是已知的。
   (c) INS 传感器误差，它会引起导航误差。

   上面三种因素动态耦合在一起，可以被卡尔曼滤波器所利用。通过利用 GNSS 的独立测量值，滤波器可以利用动态耦合产生的相关来对原因（如传感器误差）及其结果（如导航误差）进行估计。这样可以使卡尔曼滤波器在一个适当的 GNSS/INS 组合实现中重新校准 INS。

所有上述输出都组合到卡尔曼滤波器中，代表所有组成部分的随机动态行为及其相互作用情况。

10.5.2 MATLAB 实现

为了说明 GNSS/INS 组合导航的一般方法，基于 10.3 节和 10.4 节中导出的模型，利用 10.2.7 节中描述的动态仿真器，在这里给出一些具体的例子。

平台 INS/GNSS 组合

例 10.5(平台 INS 和双频率 GPS 接收机) 在这个例子中，采用与单独 INS 导航和单独 GPS 导航相同的 INS 模型及 GNSS 模型，并且利用相同的 100 km 长的 8 字形测试跑道仿真器，以便对三种导航模式进行比较。

在 MATLAB m 文件 `GNSSINS1.m` 中，采用了图 10.29 中右下角所示的矩阵结构来表示其动态模型的 F 矩阵，并且采用与前面例子的中等精度 INS 和双频率 GPS 相同的过程噪声值。在图 10.30 中，给出了在 100 km 长的 8 字形测试跑道仿真器上进行 4 h 运动得到的 RMS 水平位置不确定性。在 GNSS 信号可用期间的不确定性等级变化与卫星进入视线和离开视线时 DOP 改变引起的不确定性等级变化是类似的。

为了比较，在图 10.31 中，以多个图的形式给出了下面所有三种导航模式得到的 RMS 水平位置不确定性：

1. 只有双频率 GPS
2. 中等精度 INS
3. 上面两种的组合

在上述三种情况下，在每个小时快结束时都有 1 min 没有 GPS 信号。组合 GNSS/INS 导航表现出降低了这 1 min 信号中断的影响。

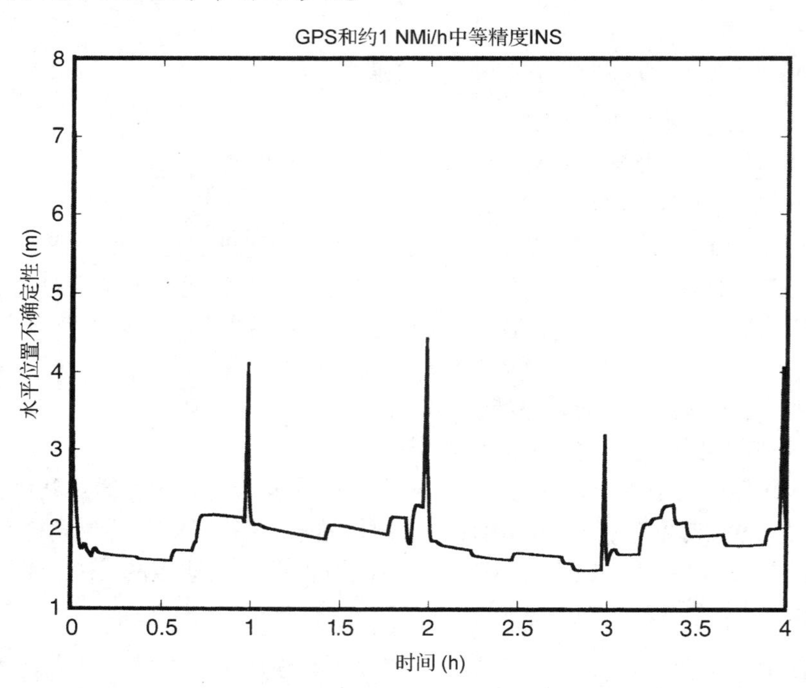

图 10.30 将 1 NMi/h 的 INS 与双频率 GPS 组合导航的结果

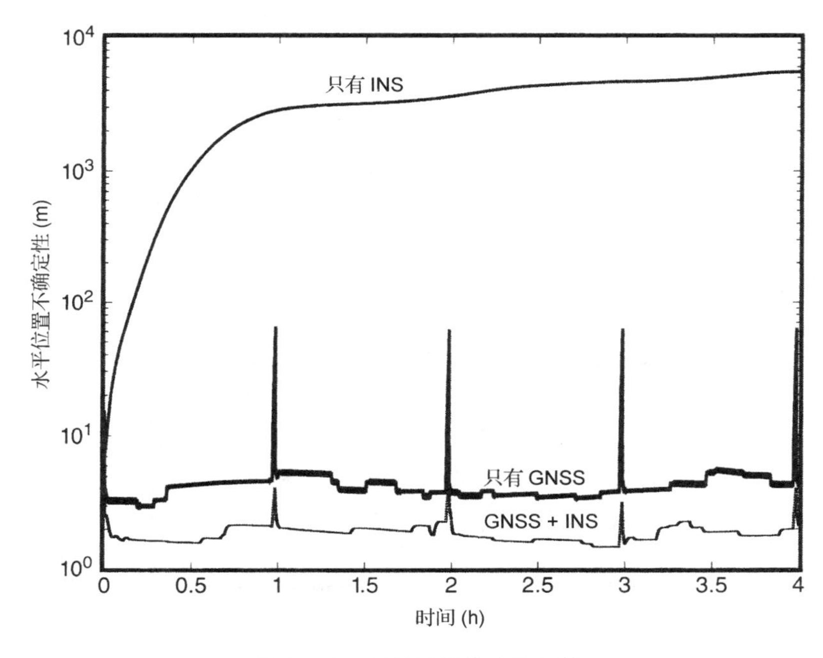

图 10.31　三种导航模式的比较

注意到对 GNSS/INS 组合导航情况，信号中断导致 RMS 水平误差积累的数量级为 5 m，但是对只有 GNSS 导航的情况，信号中断导致 RMS 水平误差积累的数量级为 60 m——提高了一个数量级以上。在只有 GNSS 导航的情况下，是主运载工具的动态模型决定了在信号丢失时导航误差恶化的速度有多快。

INS 辅助的 GNSS 卫星信号相位跟踪

卫星信号跟踪　GNSS 接收机需要对由于相对较高的卫星速度产生的卫星信号的多普勒频移进行校正。

接收机跟踪环　在 GNSS 独立的接收机中，利用锁频环和锁相环来使信号保持锁定。这种类型的控制环的动态能力是有限的，它们在导弹或者无人自动驾驶车辆这种运载工具的高度机动期间，很容易使信号失锁。

INS 辅助信号跟踪　在 GNSS/INS 组合导航实现中，可以利用 INS 感知的加速度来辅助使这种机动期间的信号保持锁定。这种类型的 GNSS 接收机辅助方式能够大大提高这种机动期间的信号锁定。

GNSS 接收机天线切换　由于主运载工具的姿态机动可以使方向指向安装在其表面的 GNSS 天线的天线模式以外的卫星，高度机动的运载工具通常需要多于一个天线来使信号保持锁定。在这种情况下，INS 的姿态和姿态变化率信息也可以用于辅助实现天线切换。

捷联 INS/GNSS 组合的模型修正

我们在推导 GNSS/INS 组合的 INS 误差模型时，采用的平台 INS 的传感器轴与 ENU 导航坐标是一致(匹配)的。

正如在 10.4.4 节、10.4.5 节和 10.4.5 节中曾经提到的，采用其他 INS 实现方法所需要

的误差模型修正是与 INS ENU 模型相关的，它通过从传感器固定坐标到导航坐标的坐标变换矩阵

$$C_{\text{NAV}}^{\text{SEN}}$$

来联系——其计算结果是任何 INS 实现的重要部分。

导航误差传播的动态系数矩阵 F_{CORE} 仍然与前面保持相同，正如在传感器补偿参数中误差的动态系数矩阵 F_{SC} 一样。

唯一的变化发生在传感器补偿参数误差和导航误差之间的动态耦合矩阵的子矩阵 F_{24} 和 F_{35} 上面，如图 10.32 所示。

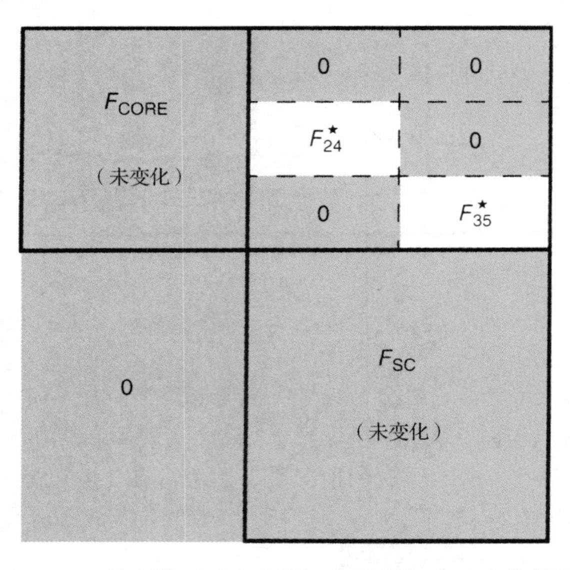

图 10.32　捷联模型动态系数矩阵的变化。★为变化部分

这些变化将取决于传感器补偿参数的具体情况。对于在上面推导过程中所用的偏差和比例因子补偿参数而言，其变化是比较小的。在这种情况下，新的值为

$$F_{24}^{\star} = \left[C_{\text{NAV}}^{\text{SEN}} \quad C_{\text{NAV}}^{\text{SEN}} D_{a^{\star}}\right] \tag{10.140}$$

$$a^{\star} = a_{\text{SEN}} \tag{10.141}$$

$$F_{35}^{\star} = \left[C_{\text{NAV}}^{\text{SEN}} \quad C_{\text{NAV}}^{\text{SEN}} D_{\omega^{\star}}\right] \tag{10.142}$$

$$\omega^{\star} = \omega_{\text{SEN}} \tag{10.143}$$

其中，a_{SEN} 和 $\boldsymbol{\omega}_{\text{SEN}}$ 是各个(加速度和转速)传感器补偿后的输出，并且 D_v 代表对角矩阵，其对角元素是由向量 $\boldsymbol{v}$ 规定的。

如果在动态仿真中，加速度(a)和转速(ω)是在导航坐标中仿真的，则仿真值为

$$a_{\text{SEN}} = (C_{\text{NAV}}^{\text{SEN}})^{\text{T}} a_{\text{NAV}} \tag{10.144}$$

$$\omega_{\text{SEN}} = (C_{\text{NAV}}^{\text{SEN}})^{\text{T}} \omega_{\text{NAV}} \tag{10.145}$$

其中，a_{NAV} 和 $\boldsymbol{\omega}_{\text{NAV}}$ 是仿真动态条件，并且矩阵 $C_{\text{NAV}}^{\text{SEN}}$(或者其转置)是作为姿态仿真的一部分而产生的。

一般而言，GNSS/INS 组合导航的性能将与具有相同传感器性能规格的捷联和平台惯性系统的性能不同。主要的区别是由于在两种（捷联或者平台）实现中传感器的输入不同导致的。对于捷联式系统来说，旋转输入的可能的动态范围通常会大得多，并且捷联式系统也有更多机会感知到用来克服重力影响（在许多应用中主要是可感知到的加速度）的部分支承力。因此，当可以得到 GNSS 导航解时，捷联式系统的传感器补偿误差的可观测性更强。

另外，由于补偿参数误差动态耦合的不同，转盘式和索引式平台式系统通常比保持在北向校准的系统的性能更好。

10.6　本章小结

1. 卡尔曼滤波器对于导航的角度、效率和效能都一直产生着重大影响。许多更新的导航系统（如 GNSS 或者 GNSS/INS 组合导航）都是为了运用卡尔曼滤波器而设计，并且也是利用卡尔曼滤波器设计出来的。
2. 如果针对某种主运载工具（如货船、汽车和战斗机）的具体类型而设计卫星导航系统，则其卡尔曼滤波器设计可以采用专门针对这种主运载工具的机动能力而修正（量身定制）的随机动态模型来提高导航性能。
3. 将卫星导航与惯性导航进行组合的设计方式只局限于 GNSS 接收机和 INS 可用的输入和输出，以及设计人员能够改变每个子系统（GNSS 接收机或者 INS）的内部工作机制的程度。这样可以得到各种组合方法：
   (a) 松耦合实现，就组合机制对每个子系统的标准输入和输出的改变程度而言，这是一种更加保守的方法。
   (b) 紧耦合实现，能够对子系统实现的内部细节做更多改变，并且通常也比松耦合实现的性能更好。
4. 本章给出了表征 GNSS 和 INS 误差动态行为的线性随机系统模型的详细的举例，并且还说明了在典型动态条件下这些模型的行为特性。
5. 对于具体的惯性传感器误差类型，推导出来了一些示范性模型。这些模型不能涵盖在惯性传感器中所遇到的所有可能的误差类型，但是能够作为如何推导模型的例子。
6. 任何传感器系统（包括惯性导航仪）的误差预算是指对其不同子系统的各个性能进行分配，以便满足系统的整体性能。这个过程允许某些折中，即通过使其他部件具有更高精度来使某些部件的精度更低。对于一个导航系统而言，存在总的性能标准，但是这并不能决定如何分配每个子系统的性能。因此，这样在使成本最小化或者提高其他性能指标方面可以允许一定程度的自由度。
7. 实际误差预算是基于实际硬件具有已知的、凭经验导出的误差模型得到的。然而，这里提供的误差预算例子是严格按假设给出的。传感器供货商和研发人员是获得传感器误差特征的更好来源，并且针对 GNSS 和 INS 的经过充分检查的商业 MATLAB 工具箱可能也是更可靠的软件来源。
8. 卡尔曼滤波器的 Riccati 方程是设计导航系统的不可缺少的工具，特别是那些将 GNSS 和 INS 这种误差特征差异非常大的传感器集成在一起的导航系统。Riccati 方程允许我们将具体系统设计的性能作为子系统和部件误差特征的函数来进行预测。因此，设计人员可以寻找到各个部件的最优组合，以便利用最小的系统成本达到规定的性能特性。

9. GNSS/INS 组合导航系统的性能对独立 INS 的性能不太敏感，这意味着可以利用相对较廉价的 INS 技术来降低组合系统的总成本。现在，这种技术发展正在压低很多高精度 GNSS/INS 组合导航系统应用的成本，如无人驾驶飞机、无人驾驶汽车和卡车、自动露天采矿、农场设备的自动控制以及道路的自动分级等。这种能力的潜在经济效益是十分巨大的，卡尔曼滤波在此发展过程中将起着十分重要的作用。
10. GNSS 和 INS 导航问题为卡尔曼滤波器在现实物理系统中的应用提供了很好的例子，其中卡尔曼滤波器模型必须根据它们所代表系统的物理过程(性质)来得到，这也验证了卡尔曼的格言："只要你得到了正确的物理性质，剩下的就是数学问题了。"

习题

10.1 在式(10.9)中，包含了垂直精度因子(Vertical Dilution of Precision，VDOP)和水平精度因子(Horizontal Dilution of Precision，HDOP)的公式。如何将水平精度因子分解为东精度因子(East Dilution of Precision，EDOP)和北精度因子(North Dilution of Precision，NDOP)？

10.2 用公式表示出具有三个位置误差、三个速度误差和三个加速度误差的 GPS 设备模型，以及将伪距和伪距增量作为测量值的对应测量模型。

10.3 运行 MATLAB 程序 `ClockStab.m`，时钟稳定性值分别为 10^{-9}，10^{-8}，10^{-7}和 10^{-6}。这是针对最佳条件，即具有良好卫星几何的平稳接收机情况下的仿真。在最佳条件下时钟稳定性对时钟漂移 C_d的估计会产生什么影响？

10.4 利用下面两组卫星方向运行 MATLAB 程序 `SatelliteGeometry.m`：

序号	卫星	高度	方位角
1	1	0	0
	2	0	120
	3	0	240
	4	90	0
2	1	45	0
	2	45	90
	3	45	180
	4	45	270

哪一组的性能更好？请解释原因。

10.5 回答例 10.3 提出的前三个问题。

10.6 为什么在北极和南极陀螺罗盘对准会失效？

10.7 运行 MATLAB m 文件 `AltStab.m` 对 GNSS 辅助的高度稳定化方法进行仿真。按照最后显示的指令，将稳态均方高度估计不确定性的 10 阶多项式方程的根显示出来，稳态均方高度估计不确定性是 RMS 加速度计噪声的函数。连续的列代表 10^{-6}，10^{-5}，10^{-6}，…，10^{0} g RMS 加速度计噪声，并且它的行是多项式根。能够推测哪一个根是

“正确”值吗？如果可以，画出它们的平方根(即稳态 RMS 高度不确定性)与 RMS 加速度计噪声 σ_a 的关系曲线。这些结果与最终显示的图相比有什么不同？

10.8 在 `GNSSshootoutNCE.m` 的模型中加上时钟误差。假设在 1 s 内的相对时钟稳定性是 10^{-9}(参见例 10.1 中它是如何完成的)。将所得结果与表 10.3 中的结果进行比较。

10.9 求解式(10.27)得到 P 的值，它是 F 和 Q 的元素的函数。

10.10 在图 10.11 中，每当 GNSS 信号丢失时，RMS 水平位置误差就是有界的。请解释原因。

参考文献

[1] L. J. Levy, “The Kalman filter: navigation's integration workhorse,” *GPS World*, Vol. 8, No. 9, pp. 65–71, 1997.

[2] M. S. Grewal, A. P. Andrews, and C. G. Bartone, *Global Positioning Systems, Inertial Navigation and Integration*, 3rd ed., John Wiley & Sons, Inc., New York, 2013.

[3] A. Lawrence, *Modern Inertial Technology: Navigation, Guidance, and Control*, 2nd ed., Springer, New York, 1998.

[4] D. H. Titterton and J. L. Weston, *Strapdown Inertial Navigation Technology*, 2nd ed. IEE and Peter Peregrinus, UK, 2004.

[5] W. S. Widnall and P. A. Grundy, *Inertial Navigation System Error Models*, Technical Report TR-03-73, Intermetrics, Cambridge, MA, 1973.

[6] J. B.Y. Tsui, *Fundamentals of Global Positioning System Receivers: A Software Approach*, 2nd ed., John Wiley & Sons, Inc., New York, 2004.

[7] D. Sobel, *Longitude: The True Story of a Lone Genius Who Solved the Greatest Scientific Problem of His Time*, Penguin, New York, 1995.

[8] D. J. Allain and C. N. Mitchell, “Ionospheric delay corrections for single-frequency GPS receivers over Europe using tomographic mapping,” *GPS Solutions*, Vol. 13, No. 2, pp. 141–151, 2009.

[9] J. Klobuchar, “Ionospheric time-delay algorithms for single-frequency GPS users,” *IEEE Transactions on Aerospace and Electronic Systems*, Vol. AES-23, No. 3, pp. 325-331, 1987.

[10] H. Dekkiche, S. Kahlouche, and H. Abbas, “Differential ionosphere modelling for single-reference long-baseline GPS kinematic positioning,” *Earth Planets Space*, Vol. 62, 915–922, 2010.

[11] K. C. Redmond and T. M. Smith, *From Whirlwind to MITRE: The R&D Story of the SAGE Air Defense Computer*, MIT Press, Cambridge, MA, 2000.

[12] K. R. Britting, *Inertial Navigation Systems Analysis*, Artech House, Norwood, MA, 2010.

[13] P. G. Savage, *Strapdown Analytics*, Vol. 2, Strapdown Associates, Maple Plain, MN, 2000.

[14] M. Schuler, “Die Störung von Pendel-und Kreiselapparaten durch die Beschleunigung der Fahrzeuges,” *Physicalische Zeitschrift*, Vol. B, p. 24, 1923.

[15] GPSoft, *GPSoft Inertial Navigation System Toolbox for Matlab*, Version 3.0, GPSoft, Athens, OH, 2007.

[16] S. F. Schmidt, “The Kalman filter—its recognition and development for aerospace applications,” *AIAA Journal of Guidance, Control, and Dynamics*, Vol. 4, No. 1, pp. 4–7, 1981.

附录A 软　　件

软件就像熵一样。它很难被抓住，也没有重量，并且服从热力学第二定律。它总是在增加的。

——Norman R. Augustine, Law Number XVII, p. 114, Augustine's Law, AIAA, 1997.

本附录重点

本附录对全书各章用到的 MATLAB 软件以及必要的支持软件进行了梳理和总结①。它们是实现卡尔曼滤波器并对其运用进行示范的 MATLAB 函数和脚本。在开始运用所有这些软件以前，必须首先阅读根目录下的 ASCII 文件 `READMEFIRST.TXT`。它对当前内容和文件的目录结构进行了描述。在大多数情况下，脚本中的注释对输入、处理和输出做了进一步描述。

对于导航系统而言软件的真实性是至关重要的，因为人的生命和安全可能会存在风险。

本书提供的软件只是用于示范和教学目的。本书作者和出版社并不明确或者含蓄地对这些程序满足任何商用标准做出任何形式的保证。这些程序不应该用于可能导致损失或者伤害的任何目的或者应用，并且出版社和作者也不对与这些程序的设备、性能或使用有关或者由它引起的任何偶然事件或者间接损害承担责任。

本书提供的 MATLAB 脚本是针对 MATLAB 环境设计的。如果需要，可以利用 MATLAB 编辑器对这些脚本进行修改。列表中的注释包含了有关调用程序和矩阵维数的其他信息。

这里的 m 文件描述是根据支撑概念出现的章节来组织的，并且在每一章中是按照字母顺序来组织的。在根目录下的微软 Word 文件 `WhatsUp.Doc` 对本书付印以后目录结构或者软件的任何改变进行了描述。它也需要在开始使用所有软件之前阅读。

因为有些 MATLAB 脚本需要调用其他脚本，建议使用人员将所有 MATLAB 脚本复制到自己计算机上 MATLAB 的"work"目录中的公共子目录。

第 1 章

`LeastSquareFit.m` 是采用最小二乘方法对穿过趋势数据的直线进行拟合的例子。在第 10 章中，采用这种方法表征惯性导航系统(INS)的误差增长率。

`RMSHorINS1m.mat` 是从第 10 章中借用的数据文件，它包含了 INS 的均方根(RMS)位置误差的值。它被 `LeastSquareFit.m` 使用。

第 2 章

`expm1.m` 对 MATLAB 可调用的矩阵指数函数 `expm` 进行示范，它取 6 个随机生成矩阵的指数，加上一个移位矩阵。

第 3 章

`CumProbGauss.m` 对零均值单位正态高斯分布的累积概率函数进行计算。

---

① 登录华信教育资源网(www.hxedu.com.cn)可注册并免费下载本书代码及附录 B 和附录 C。——编者注

GaussEqPart.m 将零均值单变量高斯概率函数的定义域分割为 n 个小段，每个小段的概率测度为 $1/n$，并且返回这些小段的中值向量。

meansqesterr.m 产生图 3.1，它是均方估计误差作为估计值函数的多图形式——针对下列 5 个具有相同均值(2)和方差(4)的不同概率分布：

1. 高斯分布(或者正态分布)。
2. 对数正态分布。
3. Laplace 分布。
4. 具有两个自由度的卡方分布。
5. 均匀分布。

pChiSquared.m 返回具有给定均值的卡方分布在 x 点的概率密度(对于卡方分布而言，方差总是其均值的两倍)。

pLaplace.m 返回具有给定均值和方差的 Laplace 分布在 x 点的概率密度。

pLogNormal.m 返回具有给定均值和方差的对数正态分布在 x 点的概率密度。

PlotpYArctanaX.m 产生图 3.3 和一个网格图，说明反正切 - 正态分布的形状如何随比例变化——从单峰变为双峰。它需要调用 pYArctanaX.m。

pNormal.m 返回具有给定均值和方差的正态分布在 x 点的概率密度。

pUniform.m 返回具有给定均值和方差的均匀分布在 x 点的概率密度。

pYArctanaX.m 给定 a 和 X，计算 $Y = \arctan(aX)$ 的概率密度函数，其中 X 是具有零均值的单位正态单变量分布。

第 4 章

VanLoan.m 实现 Van Loan 方法，它根据 Kalman-Bucy 滤波器模型参数矩阵(即连续时间形式)计算卡尔曼滤波器模型参数矩阵(即离散时间形式)。

MATLAB 信号处理工具箱对于产生和分析随机序列也有很多用处。

第 5 章

exam57.m 是用 MATLAB 对例 5.7 进行说明的 MATLAB 脚本。它展示了卡尔曼滤波器对具有恒力的阻尼谐振子的状态(位置和速度)进行估计。

exam58.m 是用 MATLAB 对例 5.8 进行说明的 MATLAB 脚本。它利用距离、方位和海拔高度测量值对 6DOF 飞行器进行雷达跟踪，画出了以采样间隔 5 s，10 s 和 15 s 分别得到的 6 个均方状态不确定性和 6 个卡尔曼增益幅度的变化规律。

F2Phi.m 显示了将动态系数矩阵 F 转化为状态转移矩阵 Φ 时，由于近似产生的 KF 执行错误。

obsup.m 是卡尔曼滤波器观测更新方程的 MATLAB 脚本实现，它包括状态更新和协方差更新(Riccati 方程)。

ProbCond.m 显示了由于有噪测量值导致的随机游走变量的高斯概率分布的条件。画出了概率密度函数随时间的变化规律，以说明测量值如何使分布收紧，否则分布会发散并变宽。

timeup.m 是卡尔曼滤波器时间更新方程的 MATLAB 脚本实现，它包括状态更新和协方差更新(Riccati 方程)。

第 6 章

BMFLS.m 实现了完整的 Biswas-Mahalanabis 固定滞后平滑器，显示了经过从第一个测量值开始的瞬态阶段，再经过向稳态状态扩增的过渡阶段，并且继续演进的过程。

FiniteFIS.m 计算并画出了固定间隔平滑器的“末端效应”(end effect)。

FIS3pass.m 是固定间隔 3 通道平滑器的示范。对伪随机测量噪声和动态扰动噪声驱动的标量线性时不变模型的轨迹进行了仿真，将 3 通道固定间隔平滑器运用到所得测量值序列上，画出得到的估计值和真实(仿真)值，并且计算出估计不确定性的标准差 σ。

FPSperformance.m 计算出固定点平滑器直到估计时刻这一固定点并且超过该点以后，其预期性能随时间变化的函数关系，并画出结果图。

RTSvsKF.m 是对随机游走过程的状态变量估计进行蒙特卡罗仿真的 MATLAB 脚本，它利用：

1. 卡尔曼滤波，只采用到估计时刻为止的数据。
2. Rauch-Tung-Striebel 平滑，采用所有数据。

在脚本中还包括了 Rauch-Tung-Striebel 平滑器的 MATLAB 实现，以及对应的卡尔曼滤波器实现。

第 7 章

shootout.m 对例 7.2 中进行协方差校正的 9 种不同方法的相对数值稳定性进行了展示。为了对相对于机器舍入误差 ε 的条件更差时各种不同解决方法的性能进行测试，在 $10^{-9}\varepsilon^{2/3} \leqslant \delta \leqslant 10^{9}\varepsilon^{2/3}$ 条件下采用下面 9 种不同实现方法来完成观测更新：

1. 传统卡尔曼滤波器，采用 R. E. Kalman 提出的方法。
2. Swerling 逆实现方法，采用卡尔曼滤波器以前 P. Swerling 提出的方法。
3. Joseph 稳定实现方法，采用 P. D. Joseph 提出的方法。
4. Joseph 稳定实现方法，采用 G. J. bierman 修改的方法。
5. Joseph 稳定实现方法，采用 T. W. DeVries 修改的方法。
6. Potter 算法(由 J. E. Potter 提出)。
7. Carlson“三角化”算法(N. A. Carlson)。
8. Bierman“UD”算法(G. J. Bierman)。
9. 针对这个具体问题的闭式解。

上述第 1 个、第 2 个和最后一个方法是由 m 文件 shootout.m 实现的。其他方法由下面列出的 m 文件实现。

将计算出的 P 值的 RMS 误差相对于闭式解的关系用图表的形式画出来。为了画出全部结果(包括失败的结果)，将值 NaN(不是一个数)解释为下溢且设置为零，将值 Inf 解释为除以零的结果，并且设置为 10^4。

本例说明对于这个具体问题而言，当 $\delta \to \varepsilon$ 时，Carlson 方法和 Bierman 方法实现的精度比其他方法下降得更加“优美”。这促使在怀疑存在舍入问题的应用中采用 Carlson 方法和 Bierman 方法，尽管并不一定能够证明这些方法对于所有应用都具有优势。

bierman.m 完成卡尔曼滤波器测量值更新的 Bierman *UD* 实现。

carlson.m 完成卡尔曼滤波器测量值更新的 Carlson“快速三角化”实现。

housetri.m 完成矩阵的 Householder 上三角化。

joseph.m 完成卡尔曼滤波器测量值更新的 Joseph 稳定实现，这是由 Joseph 提出来的[1]。

josephb.m 完成卡尔曼滤波器测量值更新的 Joseph 稳定实现，这是由 Bierman 修改的。

josephdv.m 完成卡尔曼滤波器测量值更新的 Joseph 稳定实现，这是由 DeVries 修改的。

potter.m 完成卡尔曼滤波器测量值更新的 Potter“平方根”实现。

Schmidt.m 完成估计不确定性的后验协方差矩阵的三角形 Cholesky 因子的 Schmidt-Householder 时间更新。

SPDinIP.m 采用 UD 分解方法以替代方式完成对称正定矩阵的求逆。

SPDinv.m 采用 UD 分解方法完成对称正定矩阵的求逆。

thornton.m 实现 UD 滤波器的时间更新，这是由 Thornton 提出来的。

UD_decomp.m 以替代方式完成对称正定矩阵的 UD 分解。

UDinv.m 完成对称正定矩阵的 UD 分解因子 U 和 D 的求逆。

UDInvInPlace.m 利用随机生成的维数从 1×1 到 12×12 的对称正定矩阵，测试替代式算法 UD_decomp. m，UDinv. m 和 SPDinvIP. m 的精度。

utchol.m 完成上三角 Cholesky 分解，对卡尔曼滤波器测量更新的 Carlson 快速三角实现进行初始化。

udu.m 完成对称正定矩阵 P 的 UDU(“修正”Cholesky)分解，将其分解为 $P=UDU^{\mathrm{T}}$，其中 U 为单位上三角矩阵，D 为对角矩阵。

VerifySchmidt.m 对 Schmidt-Householder 时间协方差更新函数 Schmidt.m 进行验证，它利用伪随机矩阵 $A(n,n)=\Phi C_P$，$B(n,r)=GC_Q$，(其中 $1\leqslant n\leqslant12$，$1\leqslant r\leqslant12$)，计算 $C=\mathrm{Schmidt}(A,B)$ 和相对误差 $\max(\max(\mathrm{abs}(A*A'+B*B'-C*C')))/\max(\max(\mathrm{abs}(C*C')))$。

第 8 章

ArctanExample.m 针对例 8.11 画出图 8.21，它对扩展卡尔曼滤波器和无味卡尔曼滤波器近似方法进行比较，它们是当缩放比例在几个数量级范围变化时单位正态分布的反正切的近似。

dhdxarctan.m 反正切灵敏度矩阵的推广卡尔曼滤波器近似，其偏导是关于状态变量的。

EKFDampParamEst.m 实现并展示推广卡尔曼滤波器，它对白噪声驱动的阻尼谐振子的阻尼参数进行估计。

ExamIEKF.m 完成针对非线性传感器问题的迭代扩展卡尔曼滤波的蒙特卡罗分析。

harctan.m 反正切测量函数。

hCompSens.m 测量值作为传感器输入、传感器比例因子和传感器输出偏差的函数。

NonLin.m 是 n 维传感器输出向量，它是传感器输入向量的二次函数。

utchol.m 上三角 Cholesky 分解。

UTsimplex.m 利用“单纯”采样实现最低复杂度的无味变换。

UTsimplexDemo.m 是应用 UTsimplex.m 的 MATLAB 示范。

UTscaled.m 实现比例无味变换。

UTscaledDemo.m 对 UTscaled.m 的应用进行示范。

第 9 章

InnovAnalysis.m 新息分析①，将模型参数故意以 2 倍因子按比例放大和缩小——以便说明它对加权平方新息的影响。

KFvsSKF.m 对 Schmidt-Kalman 滤波器与卡尔曼滤波器的性能进行比较，针对白噪声激励的阻尼谐振子的状态估计问题，利用受到白噪声和指数相关偏差污染的谐振子位移的测量值。

SKF_Obs.m 实现 Schmidt-Kalman 观测更新方程。

SKF_Temp.m 实现 Schmidt-kalman 时间更新方程。

第 10 章

AltStab.m 针对一定范围的 RMS 加速计噪声等级，对 RMS 稳定和“不稳定”[如没有全球导航卫星系统(GNSS)的辅助]高度误差进行仿真并画出其随时间的变化规律。

ClockStab.m 给定在 1 s 间隔内的相对 RMS GNSS 接收机时钟稳定性，对有固定卫星几何的滤波进行 10 min 仿真，并且画出 RMS 位置和时钟不确定性的变化规律。

DAMP3ParamsD.m 完成与 MODL6Params.m 相同的功能。

Fcore4.m 完成与 Fcore9.m 相同的功能，除了纬度是以弧度输入(不是以度表示纬度)以外。

Fcore7.m 完成与 Fcore9.m 相同的功能，但是没有高度和高度速率的误差状态变量。对于得到的 7 状态导航误差模型，输出是 7×7 维动态系数矩阵。

Fcore9.m 给定主运载工具的纬度以及它在 ENU 坐标中的速度和加速度，计算 9 个核心导航误差变量的 9×9 维动态系数矩阵。

Fig8Mod1D.m 被 GNSSShootoutNCE.m 调用，针对具有一个自由度(沿着跑道的距离)的主运载工具动态模型。

Fig8TrackSimRPY.m 在翻滚 - 俯仰 - 偏航坐标中的 8 字形跑道动态仿真器。给定时间(t)，返回在东 - 北 - 上(ENU)坐标中的运载工具位置，加上运载工具的横摇角(横滚角)、纵摇角(俯仰角)和偏航角，感知到的在翻滚 - 俯仰 - 偏航(RPY)坐标中的加速度和转速，以及从 ENU 到 RPY 坐标的变换矩阵 $C_{\mathrm{BPY}}^{\mathrm{ENU}}$。

GNSSINS1.m 完成对 GPS 和 INS 组合导航的仿真和性能分析，INS 的圆径概率误差(CEP)速率大约为 1 NMi/h。

GNSSINS123.m 完成对 GPS 同时与三个惯性导航仪组合导航时的协方差分析，这三个惯性导航仪的 CEP 速率分别为 0.1，1 和 10 NMi/h。测试条件是在 100 km 的 8 字形测试跑道上，GPS 信号在 4 h 内每个小时有 1 min 的中断。

GNSSINS1230.m 完成与 GNSSINS123.m 相同的功能，但是 GNSS 信号中断在测试最后

---

① 信号处理工具箱中有程序可以通过计算新息的自相关来验证白噪声假设，并且部分这些程序在 GNU Octave 中也有对应程序，GNU Octave 是一个在公共领域中的类似于 MATLAB 的仿真环境。

一个小时内集中出现。

`GNSSshootoutNCE.m` 利用表10.2中所示的主运载工具模型，产生如表10.3所示的GNSS导航性能统计量。假设没有时钟误差。

`GPS1FreqOnly.m` 对在100 km长的8字形测试跑道上采用单频率GPS接收机的导航进行4 h的仿真，每个小时信号中断1 min。包括将未补偿Klobuchar补偿残差作为状态变量。画出RMS导航统计量与时间的变化关系。

`GPS2FreqOnly.m` 对在100 km长的8字形测试跑道上采用双频率GPS接收机的导航进行4 h的仿真，每个小时信号中断1 min。画出RMS导航统计量与时间的变化关系。

`HSatSim.m` 被 `GNSSshootoutNCE.m` 调用来得到仿真的GPS卫星观察。需要利用 `YUMAdata.m` 计算出的全局参数矩阵RA和PA。

`INSErrBud0point1NMiPerHr.m` 对CEP速率大约为0.1 NMi/h的INS，完成其误差预算分析。输出是通过使预算RMS传感器误差以10倍因子按比例上下调整得到的有效CEP速率。

`INSErrBud1NMiPerHr.m` 完成与 `INSErrBud0point1NMiPerHr.m` 相同的功能，但是其INS的CEP速率大约为1 NMi/h。

`INSErrBud10NMiPerHr.m` 完成与 `INSErrBud0point1NMiPerHr.m` 相同的功能，但是其INS的CEP速率大约为10 NMi/h。

`MediumAccuracyINS.m` 完成INS(其CEP速率大约为1 NMi/h)的协方差分析，它利用气压高度表来稳定垂直导航误差。

`MODL5Params.m` 给定加速度的标准差(σ_{acc})和速度的标准差(σ_{vel})，加上沿着单轴的加速度的指数相关时间(τ_{acc})和离散时间步长Δt，返回采用表10.2中第5个主运载工具动态模型得到的卡尔曼滤波器矩阵参数Φ，Q和P_0。

`MODL6Params.m` 给定加速度的标准差(σ_{acc})、速度的标准差(σ_{vel})和位置的标准差(σ_{pos})，加上沿着单轴的加速度的指数相关时间(τ_{acc})和离散时间步长Δt，返回采用表10.2中第6个主运载工具动态模型得到的卡尔曼滤波器矩阵参数Φ，Q和P_0。

`ReadYUMAdata.m` 将从 `www.navcen.uscg.gov - /ftp/GPS/almanacs/yuma/` 下载的 `ascii` 文件转化为m文件 `YUMAdata.m`，以便用于GPS卫星几何仿真。这样允许用户可以得到最近的GPS卫星配置。

`SatelliteGeometry.m` 需要输入四个卫星的方位角和仰角，然后对这种卫星几何的滤波进行10 min仿真。画出RMS位置和时钟不确定性的变化规律。

`SchmidtKalmanTest.m` 评估在利用单频率GPS接收机进行的仿真动态测试过程中，采用Schmidt-Kalman滤波器导致的性能下降，这种性能下降是利用对RMS位置误差的惩罚来表示的。

`YUMAdata.m` 这是MATLAB可调用的m文件，用于对在参考时间点卫星的赤经(right ascensions, RA)和平面(in-plane)位置进行初始化。它被用于仿真GPS星座，假设圆形轨道有55°的倾斜度。MATLAB函数 `HSatSim.m` 利用这些全局数组产生给定纬度、经度和时刻的GPS接收机的伪距测量灵敏度矩阵。

其他软件资源

MATLAB编程环境非常适合于开发和验证卡尔曼滤波应用，现在已经有很多专门针对卡尔曼滤波的 MATLAB“工具箱”。这里给出其中的几个。另外，MathWorks 网站也是有关卡尔曼滤波及其应用的例子和指南的很好资源。

控制工具箱

控制工具箱可以从 MathWorks 得到，它包括一些 MATLAB 程序，可以针对线性时不变系统的卡尔曼滤波问题，求解其代数 Riccati 方程的数值解。这些程序实际上提供了稳态卡尔曼增益(维纳增益)。

信号处理工具箱

信号处理工具箱也可以从 MathWorks 得到，它包括一些对传感器进行频域分析的程序，可以用来根据动态测量值对动态模型进行表征和合成。它尤其适用于对惯性测量单元的数据进行分析，以揭示出在感兴趣的应用中运载工具的可供利用的动态特征。

GNU Octave 和共享软件基金会

GNU Octave 是可以免费下载的类似于 MATLAB 的替代软件的集合。正如在第 3 章中所提到的(针对 `chi2pdf` 脚本)，共享软件基金会(Free Software Foundation)的贡献者提供了很多 MATLAB 脚本，据说完成的功能与 MATLAB 工具箱中具有相同名字的脚本的功能一样。如果可以免费下载，一般可以通过在 Google 上用 MATLAB m 文件或者函数名称来搜索得到。

卡尔曼滤波器实现的软件

有几个至今为止很好的软件资源，是专门针对卡尔曼滤波中数值稳定性问题来设计的。科学软件库和设计控制与信号处理系统的工作站环境通常利用现有的更具鲁棒性的实现方法。另外，作为卡尔曼滤波的一种非商用的算法资源，美国计算机协会(Association for Computing Machinery，ACM)的数学软件交易(Transactions on Mathematical Software，TOMS)提供的算法文档和源代码是可以用中等价格得到电子版的。TOMS 收藏中包含有几个设计来解决卡尔曼滤波器实现相关数值稳定性问题的程序，并且还经常对其进行修改以纠正用户发现的不足。这些都不是 MATLAB 工具箱或者 MATLAB 脚本，但是它们都是用计算机鲁棒实现卡尔曼滤波的很好资源。

用于蒙特卡罗仿真的函数

在 TOMS 收集的软件中，包含有几个程序是设计来产生具有良好统计特性的伪随机数的。另外，大多数著名的软件库也包含有好的伪随机数产生器，并且许多编译器都将它们作为内部函数。还有几本书(如参考文献[3]或者[2])配套提供了在机器可读媒介上的适当源代码。

GNSS 和惯性导航软件

有很多软件资源是专门针对 INS 和 GNSS 的设计和分析而设计的。在这里只举几个例子。在加拿大卡尔加里大学的测绘研究小组为 GNSS 的仿真与分析提供了软件和服务，包括 MATLAB 的辅助惯性导航系统(Aided Inertial Navigation System，AINS)工具箱。通过搜索万维网可以发现关于无味卡尔曼滤波器的许多资源，比如 MATLAB 的 EKF/UKF 工具箱，它是位于芬兰埃斯波市 Otaniemi 校园的阿尔托大学科学学院的生物医学工程和计算机科学系(Department of Biomedical Engineering and Computational Science,

BECS)研制的。GPSoft 的下列 MATLAB 工具箱是由 GPSoft 研制的:

1. MATLAB 的惯性导航系统(INS)工具箱。
2. MATLAB 的导航系统集成与卡尔曼滤波器工具箱。
3. MATLAB 的卫星导航(SatNav)工具箱。

通过搜索万维网还可以发现许多其他商业资源的地址。

参考文献

[1] Bucy, R.S. and Joseph, P.D. (2005) *Filtering for Stochastic Processes with Applications to Guidance*, American Mathematical Society, Chelsea Publishing.

[2] Kahaner, D., Moler, C., and Nash, S. (1989) *Numerical Methods and Software*, Prentice-Hall.

[3] Press, W.H., Flannery, B.P., Teukolsky, S.A., and Vettering, W.T. (2007) *Numerical Recipes in C++: The Art of Scientific Computing*, 3rd edn, Cambridge University Press.